T0207271

Berichtigung.

Seite 14: Unter **b) Druck** soll der erste Satz wie folgt lauten: Es sind Stauchproben von 15 mm Höhe und Durchmesser vorgesehen (früher 20 mm wie in Abb. 13).

Seite 27: Fußnote 1 muß es „Die Tragkristallhypothese" anstatt Nutzflächenhypothese heißen.

Seite 28: Zahlentafel 2, 2. Spalte muß es „v m/sec" anstatt p m/sec heißen.

Seite 51: 1. Zeile von oben muß es „Parallel mit . . ." anstatt Parallele, mit . . . heißen.

Seite 162: Zahlentafel 2, 3. Zeile von oben muß es heißen: (Nach *A. Buske*, entnommen bei *R. Sterner-Rainer*).

Seite 218: Zahlentafel 7: Für den Ausdehnungskoeffizienten muß es 10^{-6} anstatt 10^G heißen.

Seite 331: 9./10. Zeile von unten muß es „Gleitverhalten" anstatt Gleitverfahren heißen.

Seite 337: 15. Zeile von unten muß es höhere anstatt höherer heißen.

Seite 346: 6. Zeile von oben muß es Einbaubeispiel anstatt Einbauspiel heißen.

Seite 444: Der erste Abschnitt unter der Überschrift „Anwendung" gehört an den Schluß des vorhergehenden Kapitels.

Kühnel, Gleitlager, 2. Aufl.

Werkstoffe für Gleitlager

Bearbeitet von

J. Arens · W. Bungardt · R. Kühnel · H. Mann
E. Martin · W. Meboldt · C. M. v. Meysenbug
A. Thum · R. Weber · H. Wiemer

Herausgegeben von

Dr.-Ing. R. Kühnel

Reichsbahndirektor i. R.,
Minden

Zweite verbesserte Auflage

Mit 323 Abbildungen

Springer-Verlag
Berlin / Göttingen / Heidelberg
1952

ISBN 978-3-642-92585-6   ISBN 978-3-642-92584-9 (eBook)
DOI 10.1007/978-3-642-92584-9

Vorwort.

Die erste Auflage dieses Buches — 1939 — war nach zwei Jahren bereits vergriffen. Die Verhältnisse der Kriegs- und Nachkriegszeit brachten es mit sich, daß erst 1949 mit der Bearbeitung der zweiten Auflage begonnen werden konnte. Die Rohstoffnot des vergangenen Jahrzehnts zwang Deutschland, die Forschungen auf dem Gebiet der Lagerwerkstoffe besonders vorwärts zu treiben. Die reichen Ergebnisse dieser Untersuchungen bedingten eine völlige Neubearbeitung der einzelnen Absätze und eine Umstellung. Die Abschnitte Grundlagen der Konstruktion und Prüfung der *Lager* sind entfallen. Das, was für die Lagerwerkstoffe davon noch in Frage kam, ist mit dem Abschnitt Prüfung und Bewertung der Gleitlagerwerkstoffe vereinigt worden, der den ersten Teil des Buches bildet. Der dadurch entstandene Raumgewinn kam dem zweiten und dritten Teil zugute. Der zweite Teil enthält jetzt die metallischen Gleitstoffe und wurde um die Abschnitte Silber und Gußeisen vermehrt. In den dritten Teil sind die nichtmetallischen Gleitstoffe aufgenommen. Zusätzlich wurden noch Holz und Kohle eingefügt. Die einzelnen Kapitel sind, soweit möglich, in die Abschnitte Allgemeines, Aufbau, Eigenschaften, Erfahrungen auf dem Prüfstand und im Betriebe eingeteilt. Der Verlag hat das Buch wieder bestens ausgestattet. Ihm sei dafür vielmals gedankt, ebenso den Herren Verfassern der einzelnen Absätze, denen es bei ihrer heutigen Beanspruchung — sie sind teils an Hochschulen, teils bei Behörden, teils in Herstellerbetrieben tätig — nicht leicht wurde, auch für diese Arbeit noch die nötige Zeit aufzubringen. Ferner danke ich Herrn *R. Buchmann* für die Unterstützung bei den Korrekturarbeiten. Die Nachfrage nach diesem Buch war in der Zwischenzeit im In- und Ausland rege. So darf man hoffen, daß es eine freundliche Aufnahme finden wird.

Minden/Westf. im Juli 1952.

R. Kühnel.

Inhaltsverzeichnis.

Erster Teil.

Prüfung und Bewertung der Gleitlagerwerkstoffe.

Von Reichsbahndirektor i. R. Dr.-Ing. *R. Kühnel*, Minden.

Mit 26 Abbildungen.

Zweiter Teil.

Metallische Gleitlagerwerkstoffe.

Dritter Teil.

Nichtmetallische Werkstoffe.

Prüfung und Bewertung der Gleitlagerwerkstoffe.

Von Reichsbahndirektor i. R. Dr.-Ing. R. Kühnel, Minden.

Mit 26 Abbildungen.

Im Gegensatz zum Bauwerk enthält eine Maschine bewegte Teile, die gleiten müssen. Die Beherrschung der Lagerreibung ist also ein technisch sehr wichtiges Problem und G. *Vogelpohl* hat vor kurzem[1] noch darauf hingewiesen, daß auch heute noch trotz aller Fortschritte ein unerwartet großer Teil der Antriebskraft in der Lagerreibung vernichtet wird. Wenn auch das Lager nur ein gewichtsmäßig meist sehr kleiner Bauteil der Maschine ist, so bedeutet seine einwandfreie Gestaltung und die Auswahl der Gleitstoffe für den guten Lauf eine unerläßliche Voraussetzung. Sie steht an Bedeutung in einer Reihe mit der richtigen Behandlung des Schmierproblems und muß vom Konstrukteur ebenso weitgehend beherrscht werden.

Dieses Buch soll den Eigenschaften und der Auswahl der Gleitlagerwerkstoffe gewidmet sein. Schmierung und Formgebung, die eine Wissenschaft für sich darstellen, können in diesem Zusammenhang nur gestreift werden, soweit sie in unmittelbarer Wechselwirkung mit dem Gleitstoff stehen.

A. Geschichtliche Entwicklung.

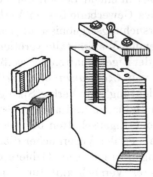

Der hauptsächlichste Baustoff des Mittelalters war das Holz. Soweit in den Maschinen Wellen zu lagern waren, sah man eine Einbuchtung in dem Tragbalken vor. Später gab man darüber ein gebogenes Eisen, und das Lager war fertig. Aber schon 1750 findet sich ein geteiltes Drehbanklager mit Einsätzen s. Abb. 1.

In den Webstühlen und in Walzwerken hat sich Holz als Werkstoff noch lange gehalten. Zum Teil wurde es später durch die Preßstoffe verdrängt. Metallische Gleitlager-

Abb. 1. Geteiltes Drehbanklager.

---

[1] *Vogelpohl, G.:* Die Reibung ausreichend geschmierter Maschinenteile im Hinblick auf die rationelle Energiewirtschaft. Stahl u. Eisen 1950 H. 21 S. 930.

werkstoffe, wie Messinge und Bronzen, finden sich schon vor 1800 im Gebrauch, ebenso vereinzelt auch Gußeisen. Bald nach 1800 ist das erste Patent für Weißmetalle angemeldet worden. Die technische Erkenntnis, daß hiermit ein voraussichtlich guter Gleitwerkstoff gewonnen war, ist also schon ziemlich frühzeitig vorhanden gewesen. Obwohl die umfassende Einführung dieser neuen Gleitwerkstoffe eine Neuerung von großer Tragweite war, scheint sie sich sozusagen auf kaltem Wege durchgesetzt zu haben, ohne daß darüber im Schrifttum größere Erörterungen zu finden sind. Das ist nicht überraschend, denn einerseits steckte die Werkstofforschung damals noch in den ersten Anfängen, und andererseits hielt man die Zusammensetzung solcher Legierungen noch streng geheim.

Die Hüttenwerke lieferten also Lagerwerkstoffe unter einer Markenbezeichnung ohne Angabe der chemischen Zusammensetzung oder mechanischer Eigenschaften. In der Regel verwendete man eine Legierung, die etwa dem heutigen WM80 entsprach, und kam damit sehr gut aus. Dieser Werkstoff hatte gute gleittechnische Eigenschaften und war auch Fehlern der metallurgischen Behandlung gegenüber nicht sehr empfindlich. Man konnte also Lager gestalten, berechnen und betreiben, ohne auf den Werkstoff irgendwelche Rücksicht zu nehmen, oder mit seinem Einfluß rechnen zu müssen. Da aber kamen mit dem ersten Weltkrieg die Rohstoffschwierigkeiten, und der Mangel an Zinn und Kupfer zwang die Technik, sich nun auch mit den Eigenschaften anderer Gleitlagerwerkstoffe eingehend zu beschäftigen. Bei deren Gebrauch stellte sich sehr bald heraus, daß es in der Mehrzahl der Fälle doch einen sehr erheblichen Einfluß des Werkstoffs auf das Gleitverhalten gab. Einen wesentlichen Beitrag zur Erkenntnis der Eigenschaften der Weißmetalle brachten schon 1914 *Heyn und Bauer* in einem Beiheft der Verhandlungen des Vereins zur Beförderung des Gewerbefleißes im Verlag Leonhardt Simion Nachf. in dem sie Untersuchungsergebnisse über die Härte und den Aufbau der in Frage kommenden Weißmetalle veröffentlichten[1]. Im Jahre 1919 wurde die Kenntnis der Eigenschaften der weißen und roten Lagermetalle durch ein Buch von *Czochralski* und *Welter* „Lagermetalle und ihre technologische Bedeutung" im Verlag Springer wesentlich erweitert. Überall setzte nun in Industrie und auf den Forschungsstellen eine weitere Untersuchung der Eigenschaften der Gleitlagerwerkstoffe ein. Die Reichsbahn hatte als großer Verbraucher dieses Werkstoffs den Wert eigener Untersuchungen auf diesem Gebiete erkannt und errichtete 1921/22 ein besonderes Versuchsamt für Lager in Göttingen. In weiterer Folge entwickelte sie zusammen mit den Metallhütten aus einem hochbleihaltigen Kalzium — und einem hochbariumhaltigen Bleimetall das Bahnmetall, das lange Zeit für die Ver-

---

[1] S. auch S. 46.

wendung bei Güterwagen vorherrschend blieb. Inzwischen hatten auch die Normungsarbeiten eingesetzt und die Normblätter 1703 für Weißmetalle und 1705 für Rotmetalle erschienen in erster Ausgabe. Auf der Werkstofftagung und -Ausstellung 1927 in Berlin, die die Aufwärtsentwicklung der Werkstofftechnik seit Kriegsende darstellen sollte, konnte vom Berichter eine Übersicht über den damaligen Stand der Erkenntnis der Eigenschaften der Blei- und Zinnlagermetalle gegeben werden[1].

Im Jahre 1936 erschien im VDI-Verlag das Ergebnis einer Gemeinschaftsarbeit deutscher Konstruktionsingenieure — Die Grundlagen und Richtlinien für die Gestaltung der Gleitlager — herausgegeben von *Erkens*. Die dann folgenden Jahre brachten im Zuge der immer größer werdenden Rohstoffnot eine Fülle von Untersuchungsergebnissen über die Gleitstoffe, auf die in den einzelnen Abschnitten des Teiles II und III näher eingegangen ist.

B. Die Lagerprüfverfahren und die Auswertung ihrer Ergebnisse für die Werkstoffwahl.

Erkenntnisse für die Auswahl aus dem praktischen Betriebe werden leider wenig bekannt. Es ist hier nur selten möglich, genaue Beobachtungen anzustellen und die Betriebsbedingungen so abzustimmen und über längere Zeit gleichmäßig zu halten, daß neben dem Einfluß von Schmierung und Gestaltung auch der des Werkstoffs noch klar erkennbar wird. So bleibt man auf den Prüfstand angewiesen, aber auch hier ist es keineswegs leicht, die Versuchsbedingungen stets so abzustimmen und gleichmäßig zu halten, daß eindeutige Ergebnisse gewonnen werden können. Das fängt schon beim Prüföl an, und auch beim Lager ist es keineswegs einfach, die Herstellungsbedingungen so zu halten, daß ein Lager in seinem Verhalten genau dem anderen Versuchslager gleicht.

Man unterscheidet drei Arten der Prüfung:

Dient die Prüfung nur der Erprobung des Gleitverhaltens des Werkstoffs, so kann man mit einer einfachen Maschine nach Abb. 2 auskommen.

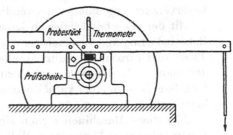

Abb. 2. Einfache Gleitprüfmaschine.

Hierbei liegt aber eine andere Art der Schmierung vor, und die Einwirkung der Lagerabmessungen, die sich ja immer mit der des Werkstoffs überdeckt, wird nicht erfaßt. Die Übertragbarkeit der Prüfergebnisse dieser Maschine auf praktische Ver-

---

[1] *Kühnel, R.:* Lagermetalle auf Blei- und Zinnbasis. Gießerei 1928 H. 19.

hältnisse ist daher nur sehr bedingt gegeben. Besser ist es daher schon,
man wählt Prüfmaschinen nach Abb. 3, in denen ein einzelnes Lager
unter gewissen Betriebsbedingungen geprüft werden kann.

Werden hierbei die Eigenschaften der untersuchten Gleitstoffe
ausreichend mitbe-
stimmt, so kann
man die Ergebnisse
nicht nur für die
Konstruktion und
Betrieb, sondern
auch für die Be-
wertung des Gleit-
werkstoffs verwen-
den.

Es müssen da-
bei mindestens die
Härte und che-
mische Zusammen-
setzung des Gleit-
werkstoffs bekannt
sein, ebenso der
Grad seiner Bear-
beitung und der

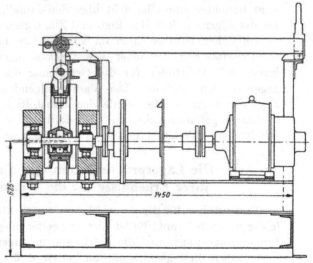

Abb. 3. Prüfstand nach *Welter-Kammerer*.

Werkstoff der Welle und deren Bearbeitung. Die Lagertemperatur
muß vermerkt sein. Selbstverständlich dürfen die sonstigen lager-
technischen Angaben — Belastung, Abmessung, Geschwindigkeit,
Eigenschaften des Schmiermittels und der Art seiner Zuführung —
nicht vergessen werden. Die Gruppe D. 4a — Gleit- und Rollreibung —
des F. N. M. hat es sich zur Aufgabe gemacht, ein Richtlinienblatt
aufzustellen, das alle Angaben festlegt, die für die Übertragbarkeit von
Lagerversuchsergebnissen notwendig sind.

Mit der eben beschriebenen Lagerprüfmaschine werden aber nur die
Betriebsbedingungen einfachster Art erfaßt, z. B. für Transmissionslager.
Thum und *Strohauer* gelang es, eine Prüfmaschine zu entwickeln, mit
der man auch die stoßartige Beanspruchung — beispielsweise eines
Pleuellagers — in einer verhältnismäßig einfachen Maschine mit erfassen
kann s. Abb. 4.

Alle diese Maschinen eignen sich aber eben nur zur Prüfung von
Lagern kleinerer Abmessung. Will man noch weiter kommen, so muß
man sich zum Bau von Achsprüfständen oder Motorenständen entschließen. Damit kommt man der praktischen Beanspruchung schon
wesentlich näher. Ganz erreicht man sie nie, und es bleiben immer noch
Konzessionen genug, die man machen muß, um den Versuch wirtschaft-

lich zu gestalten, in denen man aber von der wirklichen praktischen Beanspruchung sich wieder entfernt. Bei den Kosten dieser Versuche ist es erst recht notwendig, alle nur denkbaren Versuchsdaten zu vermerken, damit eine Übertragbarkeit dieser Versuchsergebnisse auf andere oder

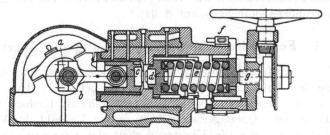

Abb. 4. Prüfmaschine nach *Thum* und *Strohauer*.

gleiche Fälle gegeben ist, und außerdem erkennbar wird, wo die Übertragbarkeit aufhört.

G. *Vogelpohl* äußert sich über den Wert von Ergebnissen auf Prüfmaschinen für die Bewertung von Ölen, wie folgt[1]: „Bei Vergleichsmessungen zwischen Ölprüf- und Betriebsmaschinen sind übertragbare Ergebnisse auf den Prüfmaschinen nicht gewonnen worden. Große Versuchsanstalten haben mit erheblichen Kosten Untersuchungen an Motoren gemacht und fanden, daß ein im Motor gut brauchbares Öl auf dem Prüfstand sich als schlecht erkennen ließ und umgekehrt. Wenn beispielsweise die Prüfmaschine im Bereich des linken Astes der Stribeck-kurve (Grenzreibung bei kleiner Geschwindigkeit) arbeitet und die Prüfmaschine, für die das Öl bestimmt ist, im Bereich der rechten, so erhält man auf der Prüfmaschine ein der Wirklichkeit entgegengesetztes Ergebnis." Nun sind Untersuchungen auf Motorenprüfständen wohl besonders schwierig durchzuführen, und man kommt dem praktischen Betriebe doch nicht so recht nahe, aber auch sonst muß zugegeben werden, daß die günstigen Bedingungen, unter denen Versuche auf Prüfständen laufen, auch zu sehr guten Ergebnissen beim Verhalten von Schmierung und Werkstoff führen, deren Übertragbarkeit auf wesentlich andere Betriebsbedingungen meist nicht gegeben ist und die daher leicht zu viel zu günstiger Beurteilung und entsprechendem Fehleinsatz führt. A. *Buske*[2] kommt sogar zu folgender Ausführung: „Es ist möglich, die Versuchsbedingungen so zu wählen, daß bei objektiver Durchführung der Versuchsreihe unter genau eingehaltenen gleichen Versuchsbedingungen das Ergebnis ganz den Wünschen des Auf-

---

[1] *Vogelpohl, G.:* Reibungsmessungen auf Prüfmaschinen und ihr Wert zur Ermittlung der Schmierfähigkeit. Z. Erdöl und Kohle 1949 S. 557.

[2] *Buske, A.:* Der Einfluß der Lagergestaltung auf die Belastbarkeit und Betriebssicherheit. Stahl u. Eisen 1951 Heft 26 S. 1420.

traggebers entspricht." Will man also z. B. nachweisen, daß harte
Lagerwerkstoffe besonders geeignet sind, so braucht man nur die
Versuchsbelastung außergewöhnlich hoch zu treiben — etwa auf
500 bis 1000 kg/cm²; dann fallen die sonst sehr geeigneten Weiß-
metalle sowie Preßstoffe und Holz aus, und man erhält eine ganz andere
Bewertungsreihenfolge (s. auf S. 32).

C. Formgebung in Wechselwirkung zum Werkstoff.

Nach Ausführung sowohl wie nach Verwendung gibt es eine sehr
große Zahl unterschiedlich gestalteter und betriebener Lager. Diese alle
können nun noch teils als geteilte Lager, teils als Buchsen und weiter
als Längs- oder Querlager ausgeführt werden. Das gibt eine Vielzahl von
Anwendungen, die die Übertragbarkeit der an einem Lagertyp gewonnenen Versuchsergebnisse auf andere naturgemäß sehr erschwert.
Allgemein aber kann man doch folgende Feststellungen über die Wechselwirkung zwischen Formgebung und Werkstoff machen:

Die Lagerlänge wird durch die Formel $l/d = 0,5$ bis 1 vom Wellendurchmesser abhängig gemacht. Buchsen und ortsfeste kurze Lager ergeben
bei großen Wellendurchmessern wenig Wellendurchbiegung, sie stellen
dem Werkstoff keine zusätzlichen Anforderungen. Soweit dann noch
Druck und Geschwindigkeit sich in mäßigen Grenzen halten, wird man
selbst mit gleittechnisch empfindlichen Werkstoffen bei richtiger Bearbeitung keine schlechten Erfahrungen machen. Kommt es aber zu
einer größeren Durchbiegung der Welle — s. Abb. 5, so tritt nicht nur

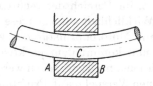

Abb. 5. Durchbiegung der Welle.

an den Kanten A und B eine Ver-
engerung des Ölspalts ein, die zur
Grenzreibung führt, sondern es ist auch
die Ausgußmitte bei C gefährdet. Dies ist
die Stelle, wo sich bei Eisenbahnfahrzeugen sogar noch Schäden an der Welle
zeigen. Es treten dann unter dem Einfluß der starken Oberflächenausdehnung
durch die Heißlaufwärme konzentrische feine Anrisse auf, die schwer
zu erkennen sind, aber ziemlich tief gehen. Werden sie nicht beseitigt,
so entwickelt sich von hier ein Dauerbruch der Welle, der zu Ent-
gleisungen und entsprechend schweren Schäden führt.

Gute Wärmeableitung der Lagerwerkstoffe und der Lagerschale hält
die Lagertemperatur niedrig und schafft damit günstige Voraussetzungen
für gute Schmierung und für guten Lauf, besonders der wärmeempfind-
lichen Bleilagermetalle. Je dünner der Ausguß, desto besser die Wärmeableitung, desto größer auch die Erhöhung der Dauerfestigkeit des Lagerwerkstoffs durch die Mitwirkung der Lagerschale bei der Aufnahme der

Lagerlast. Je dünner der Ausguß, desto höher wird seine Härte und Dauerfestigkeit, weil der Aufbau feinkörniger wird. Es kommt auch weniger Gießwärme in die Schale, die Zusammenziehung beim Erkalten verringert sich und die Bindung zwischen Schale und Ausguß bleibt fester. Bei Instandsetzungen wird allerdings vielfach der verschlissene Querschnitt der Welle durch entsprechend dickeren Ausguß ersetzt werden müssen. Man begibt sich aber damit all der eben beschriebenen Vorteile, die mit der Anwendung eines dünnen Ausgusses verbunden sind.

D. Gleitbedingungen in Wechselwirkung mit dem Werkstoff.

Einige Beispiele mögen nun belegen, wie wesentlich sich das Verhalten der Gleitstoffe verändert, wenn man entweder die Schmierverhältnisse abweichend gestaltet, oder bei Grenz- und bei Vollschmierung die Lager laufen läßt, oder wenn man die Oberflächenbeschaffenheit verändert.

1. Einfluß des Schmiermittels.

W. Lenz[1] hat Versuchsergebnisse über die verbessernde Wirkung eines Graphitzusatzes zum Schmiermittel veröffentlicht und hierbei

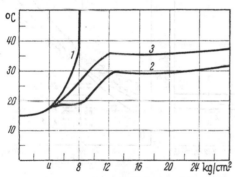

WM 80 und weichen Grauguß miteinander verglichen. Die Welle der Lagerprüfmaschine bestand aus weichem Stahl und hatte einen Durchmesser von 40 mm. Sie lief mit 200 Umdr./min. Von den beiden Lagerschalen von 70 mm Breite wurde die linke mit hellem Maschinenöl (Viskosität 4,5/50 — Flammpunkt 190° Cels.) geschmiert, während die rechte einen Zusatz

Abb. 6. Graphitschmierung und Lagermetall *(Lenz)*.

von Graphit zum gleichen Öl erhielt. Der Graphitgehalt der fertigen Mischung betrug 0,5%. Die übrigen Eigenschaften des Öls wurden durch den Zusatz nicht verändert. Die Belastung betrug bei dem 24-Stunden-Einlauf zunächst 2,5 kg/cm² und wurde dann je Tag um 1 kg gesteigert. Ab 15 kg betrug die Steigerung 3 kg je Tag. Die Ergebnisse enthält die Abb. 6.

Kurve 1 zeigt das Verhalten des Graugusses mit Maschinenölschmierung, Kurve 2 dasselbe bei Graphitzusatz, Kurve 3 das Verhalten des Weißmetalls mit Maschinenölschmierung. Unter den hier gegebenen Versuchsbedingungen — höchste Belastung 24 kg/cm² — konnte das

---

[1] *Lenz, W.:* Graphitschmierung und Lagermetall. Petroleum 1935 H. 33.

gleittechnisch schwierige Gußeisen zur gleichen Laufleistung wie das hochwertige Weißmetall gebracht werden. Über die Art der Bearbeitung sind keine näheren Angaben gemacht, man kann wohl aber mit Sicherheit annehmen, daß Feinstbearbeitung vorgelegen hat. Im Absatz Gußeisen ist nachgewiesen, daß unter ähnlichen Laufbedingungen beim Betrieb von Landmaschinen sich vielfach Anwendungsmöglichkeiten für Gußeisen als Gleitmetall finden.

2. Einfluß des Werkstoffs bei steigender Belastung und Grenzreibung oder Vollschmierung.

Einen Beitrag zu der Frage, wann bei Änderung der Geschwindigkeit und steigender Belastung ein Einfluß des Gleitwerkstoffs bemerkbar

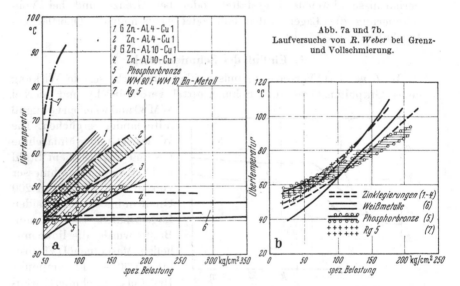

Abb. 7a und 7b.
Laufversuche von R. Weber bei Grenz- und Vollschmierung.

wird und wann nicht, hat R. Weber durch Versuche bei Grenz- und Vollschmierung mit verschiedenen Gleitwerkstoffen veröffentlicht. Er prüfte[1] die Reibungszahl und Übertemperatur eines Versuchslagers mit einer Gleitgeschwindigkeit von 0,1 und 6 m/sec. Der Wellenwerkstoff war bei der kleineren Geschwindigkeit St. 60. 11; bei der größeren St. 50. 11. Der Durchmesser war 40 mm, der Bearbeitungszustand geschliffen und poliert. Die Breite der Halbschalen war 50 mm, die Länge 30 mm, das Lagerspiel 0,05 mm und bei der größeren Geschwindigkeit 0,06 mm. Der Gleitwerkstoff wurde gedreht, geschliffen und poliert. Die Ringschmierung erfolgte mit Shell BF 3. Die Abb. 7 enthält das Ergebnis von Laufversuchen bei 0,1 m/sec und 6 m/sec Geschwindigkeit und einer Öl-

---

[1] Weber, R.: Gleiteigenschaften von Lagerlegierungen. Z. Metallkde. 1940 H. 11 S. 384.

temperatur von 70°. Links ist die Übertemperatur bei steigender Belastung[1] und 0,1m/sec Geschwindigkeit aufgetragen. Wie zu erwarten, tritt hier im Kurvenanstiegwinkel der Einfluß des Werkstoffs klar in Erscheinung.

Bei Rotmetall steigt in Abb. 7a die Kurve fast senkrecht an, ebenso bei einer Zinklegierung. Weitere Zinklegierungen und die Phosphorbronze verlaufen mit einem Anstiegwinkel von 45°, während die Weißmetalle fast keinen Anstieg zeigen. Der Gleitwerkstoff beeinflußt also bei Grenzreibung die Lagertemperatur und jeder Gleitwerkstoff hat eine ihm eigentümliche Anstiegskurve. Hier ist ein Zusammenhang mit dem Reibungskoeffizienten zu suchen, auf dessen Eigenheiten auf S. 87 näher eingegangen ist. Als reine Werkstoffeigenschaft ist er allerdings kaum anzusprechen, weil andere Einflüsse ihn verändern und überdecken können.

Kommt man in den Bereich der Vollschmierung (s. Abb. 7 b), so ergibt sich ein wesentlich anderes Bild. Alle Kurven verlaufen unter demselben Anstiegwinkel und es ist offensichtlich volle flüssige Reibung eingetreten. Völlig ist der Einfluß des Werkstoffs aber auch hier nicht beseitigt, denn die Weißmetalle nehmen infolge ihrer Wärmeempfindlichkeit einen Platzwechsel vor und rücken in die obere Seite des Feldes. Es ist bekannt, daß höhere Temperaturen bei längerer Betriebszeit und besonders beim stoßartigen Lastwechsel die Dauerfestigkeit der Blei- und Zinnhaltigen Legierungen gefährden. Nähert sich die Belastung der oberen Grenzschmierung, so tritt ebenfalls der Einfluß des Gleitwerkstoffs wieder in Erscheinung. Die Vollschmierung wird wieder unterbrochen und nun kommt der gleittechnisch bessere Werkstoff später, der andere früher zum Erliegen bzw. zum Heißlauf (über Notlauf, s. S. 125).

3. Einfluß des Werkstoffs auf den Oberflächenzustand und den Lagerlauf.

Die Prüfstandsergebnisse und die praktische Erfahrung lassen also immer wieder einen Einfluß des Werkstoffs auf das Gleitverhalten erkennen, der sich je nach der Art der vorliegenden Schmierung mehr oder weniger deutlich zeigt. Die näheren Umstände seiner Einwirkung auf den Lagerlauf sind der Forschung noch vorbehalten. Dr. Ing. R. Kobitsch gibt hierzu in einem Übersichtsreferat zu Reibung, Schmierung und Verschleiß von Lagerwerkstoffen eine Stellungnahme, aus der nachstehend ein Auszug wiedergegeben sei[2].

„Durch das Verschieben verzahnter Flächen — s. Abb. 8 — entstehen Verformungen und Abtragungen, da beim Verhaken Teilchen abgerissen werden und sich

---

[1] *Weber, R.*: Gleiteigenshaften von Lagerlegierungen. Z. Metallke. 1940 H. 11 S. 384.

[2] *Kobitsch, R.*: Erdöl u. Kohle 1951 H. 1 S. 9. Reibung, Schmierung, Verschleiß-Übersicht über die Veröffentlichungen 1944/48.

neue Unebenheiten bilden. Die wirkliche Berührungsfläche ist infolge ihrer Oberflächenrauhigkeit und des auf die Gesamtfläche bezogenen Flächendrucks nur ein
Bruchteil der gemeinsamen Fläche (*Kindscher*). *Holm* ermittelt diese Größe aus dem
Verhältnis des vorliegenden Flächendrucks zur Härte des betreffenden Werkstoffs, weil
als höchstmöglicher Flächendruck die Härte
angesehen wird. Sowohl der Widerstand gegen
seitliches Verschieben wie die Größe des Verschleißes hängen also von der Größe der
gemeinsamen Berührungsfläche ab — d. h.
vom Flächendruck, der Oberflächenrauhigkeit sowie von den Werkstoffen der Gleit-
paarung (und ihrer Härte). Damit läßt
sich der Einfluß der Oberflächenrauhigkeit
auf die Größe der Reibungszahl aufklären.
Die zunehmende Oberflächengüte vermindert
anfangs die Reibung. Allmählich kommen
aber immer größere Anteile der Oberfläche in gegenseitige Berührung bis schließ-

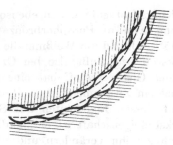

Abb. 8. Oberfläche von Lagerausguß
und Welle.

lich ein Haften eintritt. Die beim Gleiten eintretende Erwärmung örtlich
engbegrenzter Bereiche mit nachfolgendem Abschrecken hat nach *Beilby.*
die Bildung einer amorphen Oberflächenschicht mit höherer Härte zur Folge.
Die Arbeiten von *Heidebroek* über die Haftung des Öls an der Oberfläche
durch Untersuchung mit Abreißgerät und in diesem Zusammenhang ebenfalls mit
einzugliedern.“

Die Feststellung der Oberflächengüte hat inzwischen weitere Fortschritte gemacht und es liegen schon Ergebnisse von Oberflächenmessungen
mit dem Forstergerät an Gleitlagerwerkstoffen vor. Es lassen sich hierbei
nur Längsuntersuchungen an der Lageroberfläche durchführen, aber
diese sind besonders erwünscht, weil neben den Bearbeitungsriefen auch
die Längswellen der Lageroberfläche mit erscheinen, denen sich der
Werkstoff bei Lauf und Einlauf anpassen muß. Die Höhe der Riefen
erscheint bei diesen Untersuchungen in der Vergr. 1 : 1000, während die
Länge 1 : 20 dargestellt ist.

Derartige Untersuchungen hat *K. Longard* durchgeführt[1]. Es wurde
geprüft: eine Kadmiumlegierung, eine Aluminiumlegierung, eine WM10
legiert, und eine Bleibronze. Die ungefähre Zusammensetzung der einzelnen
Legierungen war folgende: Kadmium: $0,75^0/_0$ Ag—$0,5^0/_0$ Cu · —Blei·
bronze: $30^0/_0$ Pb—Aluminium: je $1^0/_0$ Fe—Mn—Sb, je $0,5^0/_0$ Cr,—
Ni—Ti; Bleilegierung: $7^0/_0$ Sn, $15^0/_0$ Sb, je $1^0/_0$ As—Cd—Ni—$—0,5^0/_0$ Cu.
Die auf dem Motorenprüfstand angewendeten Lagerschalen hatten etwa
60 mm Durchmesser und 44 mm Länge bei 0,5 mm Ausgußdicke. Der
Motor wurde über die Welle ohne Zündung angetrieben. Die Tempera-
tur des Ölaustritts lag zwischen 70 bis 90° C. Geschmiert wurde mit
Motorenöl M 573 12 Engler bei 20°. In weiteren Einzelheiten muß auf

[1] *Longard, K.:* Entwicklung und Erprobung eines Pleuellagerprüfstands unter
der besonderen Berücksichtigung der Betriebsverhältnisse im V 8 Motor. Dissertation Stuttgart 1949, ferner Metall 51 Heft 21/22 S. 480.

die Arbeit selbst verwiesen werden, in der alle nur möglichen Versuchsgrundlagen berücksichtigt sind, die auch auszugsweise leider nicht entfernt hier angeführt werden könnten. Die Abb. 9 zeigt nun die Oberflächengestalt der vier Legierungen, von denen die oberen drei feinstbearbeitet sind, während die Bleibronze schon geschliffen ist.

Bei den auf gleiche Art bearbeiteten drei Legierungen zeigen sich erhebliche Unterschiede in der Oberflächengestaltung, die offenbar auf die Eigenart des Gleitwerkstoffs zurückzuführen sind.

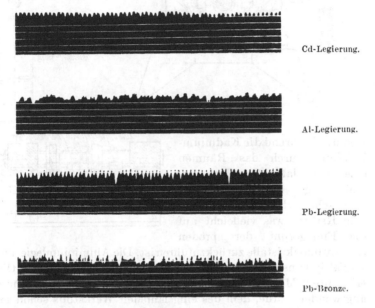

Cd-Legierung.

Al-Legierung.

Pb-Legierung.

Pb-Bronze.

Abb. 9. Oberflächengestalt von 4 Legierungen feinstgedreht nach *Longard*, gemessen mit Forstergerät.

Die gröbste Oberfläche zeigt die Pb-Legierung. Versuche, die in ähnlicher Richtung von dem Versuchsamt für Lager in Göttingen auf der in Abb. 10 abgebildeten Prüfmaschine durchgeführt wurden, erwiesen, daß WM 80 in der gleichen Oberflächenausbildung ohne Schwierigkeit bei einem Lagerdruck von 30 kg/cm² in 700 Stunden bei einer Lagertemperatur von 50° zum Einlauf gebracht werden konnte, wobei die Welle, deren Oberfläche ebenfalls vor und nach dem Einlauf gemessen wurde, sich nicht sichtbar veränderte, also keinerlei Verschleiß erfuhr.

Nur die Blei- und Zinnlegierungen werden sich einen Einlauf bei dieser Oberflächengestalt gefallen lassen. Diese Legierungen passen sich infolge ihrer niedrigen Warmfestigkeit der Oberflächengestalt der Welle gut an und bauen Unebenheiten durch Verformung ohne Gefährdung des Lagerlaufs ab. Innen gab *Longard* den Ausgüssen die Oberfläche, die die nächste Abbildung 11 zeigt. Die Oberfläche wurde noch geräumt. Hierbei hatte man allerdings Schwierigkeiten mit der Aluminiumlegierung und sogar auch mit der Bleilegierung. Er sagt

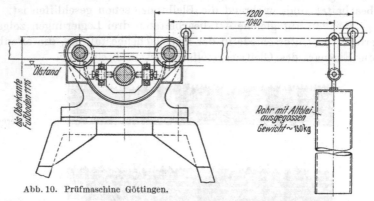

Abb. 10. Prüfmaschine Göttingen.

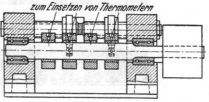

hierzu: „Während die Kadmiumlegierung durch das Räumen eine sehr glatte Oberfläche erhält, zeigt die Bleilegierung eine sehr erhebliche Neigung zum Reißen, was vielleicht auf die Einlagerung der spröden Zinnantimonkristalle zurückzuführen ist. Die Aluminiumlegierung mußte sorgfältig feinstgedreht werden, da das Räumen keine glatte Oberfläche erbrachte." Man kann annehmen, daß der Oberflächenzustand der hier angewendet wurde, dem des eingelaufenen Werkstoffs schon sehr nahe kommt, so daß die Einformung von Welle- und Werkstoffoberfläche aufeinander sich verhältnismäßig schnell vollziehen wird, ohne daß es dabei örtlich zu unzuträglichen Temperatursteigerungen kommt. Bei der Aluminiumlegierung, die hier angewandt wurde, zeigte sich Neigung zum Fressen, obwohl die Welle aus dem bei Ford verwendeten Halbstahl mit $1,3 - 1,6^0/_0$ Kohlenstoff bestand und eine Zugfestigkeit von etwa 80 kg/cm² und eine mittlere Brinellhärte von 300 aufwies. Die Bleilegierung versagte in Übereinstimmung mit den Ergebnissen von *Weber* in der Dauerfestigkeit. Das überrascht nicht, denn die Temperatur des Ölaustritts war ja schon, wie oben erwähnt, etwa 80° (außerdem Lastwechsel.

Die hier gewonnenen Erkenntnisse lassen erwarten, daß bei weiterer Durchführung ähnlicher Untersuchungen erhebliche Fortschritte in der Erforschung des Werkstoffverhaltens beim Lagerlauf zu erwarten sind, insbesondere wird zunehmende Genauigkeit in der Bearbeitung empfindlichen Lagerwerkstoffen noch zu besserer Bewährung verhelfen, s. Abschn. Bearbeitbarkeit[1].

E. Die Bedeutung der einzelnen Werkstoffeigenschaften für den Lagerlauf.

Wenn die Ausführungen der vorstehenden Absätze erwiesen haben, daß immer wieder mit einem zusätzlichen Einfluß des Werkstoffs des Lagerausgusses auf den Lagerlauf zu rechnen ist, so wird man wissen

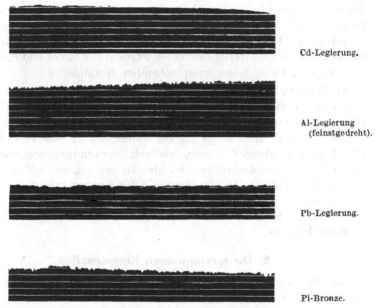

Cd-Legierung.

Al-Legierung (feinstgedreht).

Pb-Legierung.

Pl-Bronze.

Abb. 11. Oberflächengestalt der Innenlager geräumt nach *Longard*.

wollen, wo man denn im Bereich der chemischen Zusammensetzung, der mechanischen und gießtechnischen Eigenschaften und anderen nachzusuchen hat, um als Metallurge oder Konstrukteur diejenigen Werte zu finden, die für die Auswahl von Bedeutung sind.

1. Die chemische Zusammensetzung.

Der Durchführung der chemischen Untersuchung fällt eine dreifache Aufgabe zu. Sie soll die Gleichmäßigkeit der Fertigung innerhalb der vorgesehenen Streubereiche gewährleisten, sie soll den Anteil der günstig wirkenden Bestandteile erkennen lassen, denn danach wird

---

[1] S. auch *H. Mäkelt.*: Die Anforderungen an Gleitlager, insbesondere aus Kunststoffen, 3. VDI 1952 Heft 5. S. 138.

vi elfach der Preis errechnet, und schließlich soll sie auch nachweisen,
ob schädlich wirkende Bestandteile innerhalb der vorgesehenen Grenzen
bleiben. Lagerwerkstoffe sind meist Mehrfachlegierungen, die ein
Metall als Grundstoff zu 80—90% enthalten. Man wird also nach den
Normblättern greifen, und suchen, wo man in ihnen geeignete Lagerlegierungen findet, und welche Zusammensetzung sie haben. Dieses
Vorhaben ist nicht ganz einfach, denn ein zusammenfassendes Normblatt für Lagerwerkstoffe gibt es nicht.

a) Weißmetalle. Die Legierungen mit Zinn und Blei findet man in
den Blättern 1703 und 1728. Sie enthalten nur Lagerwerkstoffe. In den
Blättern für Leichtmetalle suchen wir vergeblich nach Lagerwerkstoffen.
Es sind noch keine genormt (DIN 1725/29). Bei Zinklegierungen im
Normblatt 1724 sind wir besser daran. Es finden sich zwei Legierungen,
die für Lager und Gleitteile empfohlen werden. Für Silber und Kadmiumlegierungen gibt es keine entsprechenden Normblätter.

b) Rotmetalle. Hier ist zunächst die Bleibronze zu nennen, die der
gegebene Werkstoff für hochbeanspruchte Lagerausgüsse ist. Das DIN
1716 ist daher wieder fast nur ein Normblatt für Lagerlegierungen. Für
andere Gleitteile und Lagerschalen finden wir in den Normblättern
1705.1 und 2, Rotguß-Bronze, vielfach Verwendungsbeispiele. Auch
DIN 1714, Aluminiumbronzen, ist hier zu nennen, schließlich ist auch
noch in DIN 1709 ein Sondermessing A für Lagerzwecke genannt.

Für die sonstigen Lagerwerkstoffe, wie Preßstoff, Sintermetalle,
Gußeisen und Holz finden wir keine entsprechenden Angaben in Werk-
stoffnormblättern.

2. Die mechanischen Eigenschaften.

Man benötigt sie teils für die Beanspruchung der Lagerteile auf Zug
und Biegung, sowie Schlag, teils für das Gleitverhalten.

a) Zugfestigkeit. Die meisten der vordem genannten Normblätter
enthalten Angaben über Zugfestigkeitswerte, bei den eigentlichen
Lagerwerkstoffblättern finden wir statt dessen Angaben über
die Druckfestigkeit. Bei den schwachen Querschnitten der Ausgüsse
lassen sich entsprechende Zugproben nicht herstellen. Muß man sie
trotzdem anwenden, so werden sie nach einer Vereinbarung unter den
Materialprüfungsämtern in einer Kokille gemäß nachstehender Abbildung
angefertigt.

Aus dem senkrechten Ast werden die Probeabschnitte entnommen.
Die Anordnung ergibt sich aus der Abb. 13

b) Druck. Wie die Abbildung 13 erkennen läßt, sind Stauchproben von 15 mm Höhe und Durchmesser vorgesehen. Der Versuch
wird bis zum ersten Anriß, sonst bis zu 50% Stauchung durchgeführt,

einige Ergebnisse s. Abb. 14. Für ruhende Beanspruchung wird die Belastung in 5 s aufgebracht und wirkt 15 s. Bei schlagartiger Beanspruchung fällt ein Bär von 30 kg aus 0,5 m Höhe.

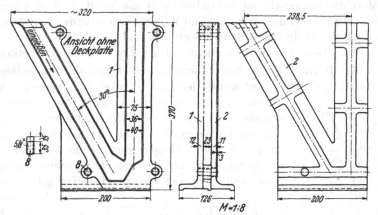

Abb. 12. Gießform für Probegußstücke.

Druckprüfungen in der Wärme werden durchgeführt. Ergebnisse enthält Teil II, S. 70.

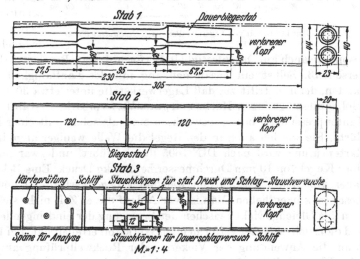

Abb. 13. Anordnung der Zug-, Biege- und Druckproben bei Lagerausgüssen.

c) Biegefestigkeit. Biegeprüfungen werden an Ausgüssen und Schalen seltener ausgeführt. Man benutzt dann die Proben gemäß Abb. 13. Dauerbiegeprüfungen haben Werte von 1 bis 3 kg/mm² für Weißmetalle erbracht, also sehr niedrige Zahlen, die aber nicht so ungünstig in Erscheinung treten, weil ja wenigstens bei dünnen Ausgüssen die Schale stets mitträgt.

Schlagbiegeversuche auf dem Pendel- oder Dauerschlagwerk sind nur sehr selten durchgeführt worden, dagegen haben sich *Thum* und *Strohauer* bemüht, die schlagartige Belastung des Ausgusses in der Maschine nachzuahmen. Sie haben dafür die bereits in Abb. 4 beschriebene Prüfmaschine entworfen und Wöhlerkurven für den Lagerwerkstoff ermittelt, die in der Abb. 65 ersichtlich sind.

Die Überlegenheit des hochzinnhaltigen Lagerwerkstoffs ist erkennbar.

d) Härte. Die bisher beschriebenen Prüfverfahren hatten den Nachteil, daß zur Entnahme des Probestückes der Ausguß oder die Schale zerstört werden mußte. Die Härteprüfung erlaubt uns nun, neben der Entnahme besonderer Prüfabschnitte auch an der fertigen Schale oder am Ausguß Untersuchungen vorzunehmen. Daher hat sie als gleichzeitig zerstörungsfreie Prüfung die größte Anwendung bei den Lagerwerkstoffen gefunden. Zudem sind von ihren Ergebnissen noch Schlüsse auf andere Eigenschaften des Werkstoffs möglich, ins-

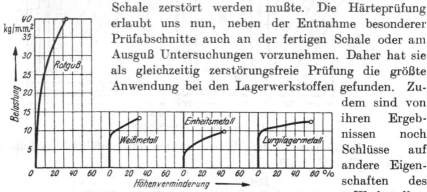

Abb. 14. Druckfestigkeit von Lagermetallen nach *Czochralski-Welter.*

besondere auch auf Druckfestigkeit, Verformbarkeit, Bearbeitbarkeit und Verschleiß. Selbst ein Zusammenhang mit der Lauffähigkeit ist vorhanden, denn es trifft zu, daß Lagerwerkstoffe unter etwa 30 Brinell — infolge dieser geringen Härte und guten Verformbarkeit — auftretenden Kantenpressungen besser gewachsen sind als solche mit einer höheren Härte. Sie werden auch in der Regel die Welle weniger angreifen. Die Härteprüfung wird nach DIN 1605 durchgeführt, und zwar meist mit einer Kugel von 10 mm Durchmesser bei 250 kg Druck. Eine Belastungsdauer von 3 Min. ist bei den weicheren Lagerwerkstoffen nötig, weil diese stark nachfließen. Man ist vor Ablauf dieser Zeit nicht sicher, daß man das Gleichgewicht zwischen der Bewegung der eindringenden Kugel und dem sich darunter verformenden Werkstoff erreicht hat. Bei Bändern kann die Anwendung der Vickers- oder Rockwellprüfung angebracht sein; Werte dafür sind aber noch nicht festgelegt. Bei stark nachhärtenden Lagerwerkstoffen wird man möglichst erst nach 24 Stunden prüfen.

Warmhärteprüfung: Sehr wesentlich für die Bewertung und Auswahl ist das Verhalten des Lagerwerkstoffs in der Wärme. Leider enthalten nicht alle Normblätter von Lagerwerkstoffen Angaben darüber. Ein besonderes Normblatt für die Durchführung der Warmhärteprüfung ist entwickelt worden, und da es sich in dem Taschenbuch der Werkstoffnormen noch nicht findet, so seien hier einige Angaben darüber gemacht. Wie die Abbildung zeigt, wird am Härteprüfer ein elektrisch geheiztes Ölbad angebracht, das an der Unterlage nach der Prüfmaschine mit einer wärmeisolierenden Platte versehen ist. Dadurch wird der Wärmeabfluß behindert und die Temperatur leichter gleichmäßig gehalten. Die Wärme des Bades kann mit einem für Temperaturen bis 250° geeigneten Glasthermometer nachgeprüft werden. Die nächste Abbildung gibt uns nun einen Überblick, wie die einzelnen Gleitwerkstoffe sich bei ansteigender Wärme verhalten.

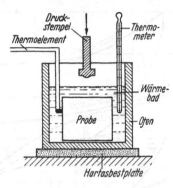

Abb. 15. Warmhärteprüfgerät.
nach DIN 50132.

Es sind hier ältere Ergebnisse zusammengestellt, wobei von jeder Werkstoffart eine kennzeichnende Legierung ausgewählt wurde. Hierbei muß berücksichtigt werden, daß die Angaben über Warmhärtewerte vielfach stark streuen. Das ist darauf zurückzuführen, daß entweder Unterschiede in der chemischen Zusammensetzung beim gleichen Legierungstyp vorlagen und auch, daß wahrscheinlich beim Anwärmen für die Prüfung verschieden lange Zeit verging. Die hier zusammengestellten Werte sollen daher mehr das grundsätzliche Verhalten des betreffenden Legierungstyps darstellen.

Im unteren Teil des Kurvenbildes liegen die Weißmetalle, die von ihrer an sich nicht sehr hohen Härte von 20—30 bei Erwärmung schnell abfallen, so daß sie bei 60—80° etwa die Hälfte ihrer Härte schon verloren haben; anscheinend passen sie sich aber gerade in diesem Zustand den Unebenheiten der Welle besonders gut an. Darüber hinaus aber werden sie zu weich, und zermürben zu schnell; sei es bei höherer, ruhender oder bei schlagartiger Belastung. Den Weißmetallen am nächsten kommen dann die Kadmiumlegierungen. Sie haben zwar schon eine höhere Ausgangshärte von 30—40, erweichen aber schnell und befinden sich bei 50° im Zustand guter Verformbarkeit, ohne jedoch bei höherer Temperatur zu weich zu werden. Daher bilden sie ein aussichtsreiches Lagermetall. Einen etwas anderen Verlauf nimmt die Warmhärtekurve der Bleibronze mit 25—30% Pb. Ihre Ausgangshärte ist fast die der Weißmetalle, in der Wärme verliert sie aber wenig davon, so daß die Kurve nur einen geringen Abfall zeigt und die Kurven der Kadmiumlegierungen kreuzt. Bleibronze ist ein gesuchtes Lagermetall für höhere Temperaturen, und höhere Lagerbelastungen. Alle weiteren Lagermetalle weisen nun überwiegend höhere Ausgangshärten auf. Die hier abgebildeten Leichtmetallegierungen liegen in der Ausgangshärte zwischen 40—50, verlieren aber in der Wärme wenig an Härte, verhalten sich also ähnlich wie die Bleibronze. Neuerdings strebt man aber auch hier Legierungen mit einer Ausgangshärte von 30 an — s. den Absatz Leichtmetalle —. Zinklegierungen mit einem Zinkgehalt von etwa 70—80%, etwa 2—9% Zinn, etwa 5% Kupfer und etwa 3% Blei beginnen mit einer Ausgangshärte von 70; bei 50° senkt sie sich auf etwa 50 und bei 100° auf etwa 38—45. Die Kurve beginnt also etwa in der linken oberen Ecke, um dann parallel den Kadmiumlegierungen abzu-fallen. Zinklegierungen sind also schon Lagerlegierungen die bei gehärteter Welle nur noch bei mäßigen Geschwin-digkeiten mit Erfolg anzu-setzen sind, sehr gute Be-arbeitung bleibt dabei Vor-aussetzung. Rotmetalle und härtere Bleibronzen haben ähnliche Ausgangshärten und hohe Warmhärte. Für ihren Gebrauch als Lagerwerk-stoffe gilt das gleiche wie

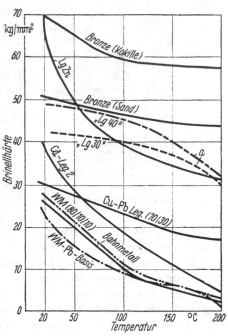

Abb. 16. Warmhärte von Lagermetallen.

für die Zinklegierungen. Gußeisen hat als perlitisches Eisen eine hohe Härte von 180 Brinell als Mindestwert. Im Abschnitt Gußeisen ist ausgeführt, wie trotzdem unter Beachtung der für diesen Werkstoff gegebenen Voraussetzungen im praktischen Betriebe eine erfolgreiche Anwendung gegeben ist. Die Härte wird in der Wärme kaum nennenswert abfallen.

Die Kenntnis der Warmhärte ist also für die Bewertung und Aus-wahl der Gleitlagerwerkstoffe eine unerläßliche Voraussetzung.

e) **Verschleißfestigkeit.** Die Beziehungen zwischen Härte und Verschleißfestigkeit werden viel bestritten. Sie sind aber zweifellos auch bei den Lagerwerkstoffen vorhanden. Erkennbar sind sie allerdings nur dann, wenn die Versuchsbedingungen entsprechende Schlußfolge-rungen erlauben. Wenn beispielsweise ein Versuch bei Grenzschmierung und ein anderer bei Vollschmierung durchgeführt wird, so fällt eine Ver-gleichsmöglichkeit aus. Vielfach wird das nicht genügend berücksichtigt, und dann lassen sich natürlich keine Schlüsse auf die Verschleißfestigkeit ziehen. Die Verschleißfestigkeit wird für den wirtschaftlichen Betrieb einer Maschine sofort wichtig, wenn sie nicht mehr in richtiger Beziehung zum Verschleiß der Welle steht. Aber auch der Fall, daß der Ausguß zu früh verschleißt, ist sehr unerwünscht, denn es ist nicht so einfach, den fehlenden Querschnitt zu ersetzen. Macht man den neuen Ausguß entsprechend dicker, so verringert sich seine Verschleißfestigkeit, versucht man die Welle entsprechend zu verdicken, so hat das auch seine Schwierigkeit. Dabei ist noch darauf hinzuweisen, daß auch die Kosten häufigeren Ersatzes zu berücksichtigen sind. So hat man beispielsweise in Zeiten der Rohstoffnot WM10 für Lokomotivlager anwenden können, aber die Kosten für häufigeren Ersatz waren doch so hoch, daß WM80 wirtschaftlicher war. In den Einzelabschnitten finden sich daher Angaben über die Verschleißfestigkeit. Hier sei als allgemeine Übersicht im nachstehenden Bild das Ergebnis von Versuchen gegeben, das R. Weber bei Versuchen mit einer Gleitgeschwindigkeit von 0,1 m/sec. gewann.

Die chemische Zusammensetzung und die Härtewerte enthält die nachstehende Zahlentafel.

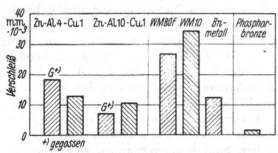

Abb. 17. Verschleiß von Gleitlegierungen nach R. Weber.

Zahlentafel 1.

Chemische Zusammensetzung und Härte der von R. Weber auf Verschleiß geprüften Gleitwerkstoffe.

Gleitwerkstoff	G Zn Al 4 Cu 1	G Zn Al 10 Cu 1	Phosphorbronze	WM 10	WM 80
Härte HB	77	91	102	22	25

Einen sehr wesentlichen Beitrag zu der Frage der Gewinnung von Verschleißwerten auf dem Prüfstand gibt nun K. Longard. Er untersuchte den Verschleiß einer Kadmium-, einer WM 10-, einer Aluminiumlegierung und einer Bleibronze sowohl auf der Verschleißprüfmaschine wie auf dem erwähnten Prüfstand und kam zu folgendem Ergebnis: Ein Vergleich der auf dem Prüfstand gewonnenen Ergebnisse mit denen der Siebel-Kehl-Verschleißprüfmaschine zeigt, daß Untersuchungen auf letzterer zwar wertvoll und richtungweisend, aber nicht entscheidend für die Beurteilung des Verschleißes von Lagerwerkstoffen in bestimmten Fällen sein können. So ergab die Aluminiumlegierung auf der Verschleißprüfmaschine ein vollkommen anderes Bild wie auf dem

Prüfstand. Das ist wohl darauf zurückzuführen, daß bei der Verschleißprüfmaschine eine ganz andere Ölzuführung besteht, s. auch S. 10.

f) Bearbeitbarkeit. Verschleiß und Bearbeitbarkeit stehen in
Beziehung zueinander[1], und zwar wird ein gut bearbeitbarer Werkstoff
in der Regel weniger verschleißfest sein als ein schwer bearbeitbarer.
Der Einlaufvorgang ist einem Bearbeitungsvorgang sehr ähnlich.
Opitz und *K. Emscher*[2] äußern sich hierzu wie folgt: „Aufgabe der
mechanischen Vorbearbeitung ist es, eine Glättung der Oberfläche
herbeizuführen, so daß ein möglichst großer Teil derselben zum
Tragen kommt. Die spezifische Flächenpressung hängt bei gleichen
Laufverhältnissen vom Traganteil der Oberfläche ab. Durch die Gleitbeanspruchung wird dann zusätzlich eine Glättung der Oberflächen veranlaßt. Neben plastischer Verformung werden Gefügeanteile, die zu
weit herausragen oder die bei der Bearbeitung gelockert wurden, herausgerissen. Den hierbei gebildeten Verschleißstaub muß das Schmiermittel
mit sich und abführen. Zum größeren Teil wird er sich wohl dabei in die
Randschichten der Laufflächen eindrücken und von hier aus das Gleitverhalten beeinflussen." — Man ist versucht, bei solchen Betrachtungen
an die Ausführungen von *W. Burkhart*[3] zu denken. Er bezeichnet
das Polieren als eine Art der Bearbeitung, bei der Oberflächenunter-
schiede nur noch durch Verformung ausgeglichen werden, während beim
Schleifen noch ein Spanabheben stattfindet. Ist zu grob geschliffen, so
kann das Polieren die Fehler des Schleifens nicht mehr ausgleichen.
Etwas Ähnliches wird für die vorbereitende Bearbeitung der Lagerwerkstoffe für den Einlauf gelten. Sind sie gut verformbar, so gleichen sie die
Oberfläche des Ausgusses beim Einlauf der der Welle gut an, ohne daß
ein Spanabheben und damit eine Gefährdung des Laufs eintritt. Liegt
aber eine höhere Härte vor, so tritt Verformung nicht mehr im erwünschten Ausmaß ein und der Einlauf wechselt vom Poliervorgang zum Schleif-
vorgang über. Es tritt Spanabheben ein und der Lauf wird gefährdet.
Man muß daher bei der Vorbearbeitung empfindlicherer Lagerwerkstoffe möglichst schon zum Polieren schreiten, damit sich nachher der
Einlauf als polierender und nicht als spanabhebender Vorgang vollzieht.

g) Wärmeleitfähigkeit. Hier sei auf die Ausführungen auf S. 95
verwiesen.

3. Die metallurgischen Eigenschaften.

Die Lagermetalle werden in Blockform in den Handel gebracht. Aus
den Blöcken werden dann sowohl in der Weiterverarbeitung bei den

[1] *Rühnebeck, A.:* Eine neue Hochleistungsautomatenlegierung als Beispiel
für die Anwendung der Gleitlagererfahrungen auf den Bearbeitungsvorgang,
Metall 1951 H. 21/22 S. 486.
[2] Gleitführungen aus Gußeisen und Kunststoffen. Der Betrieb 1942 H. 7·
[3] *Burkhart, W.:* Schleifen und Polieren. Metall 1951 H. 11 S. 250.

Hüttenwerken wie auch bei Maschinenbauanstalten und Verkehrs-
betrieben Lagerausgüsse hergestellt. Es haben daher sowohl Erzeuger
wie Verbraucher Interesse an den gießtechnischen Eigenschaften der
metallischen Lagerwerkstoffe.

a) Schmelzpunkt. Je niedriger der Schmelzpunkt eines Lagermetalls
liegt, desto einfacher wird die Schmelzvorrichtung, desto geringer der
Abbrand, desto geringer auch die Zusammenziehung beim Erstarren auf
der Lagerschale. Die Weißmetalle und die Zink- und Kadmiumlegierungen
erfüllen diese Forderung in erster Linie, da ihr Schmelzpunkt bei 200
bis 400° liegt. S. auch S. 121.

Die Beobachtung der Erstarrungsvorgänge hat uns nun gelehrt, daß
es bei Legierungen nicht
einen Schmelz- bzw.
Erstarrungspunkt, son-
dern einen Erstarrungs-
bereich gibt. Es ist daher
notwendig, sich mit dem
Erstarrungsschaubild
der hier in Frage kom-
menden Legierungen ein
wenig vertraut zu
machen. Das kann in
einfachster Form bei den
Zweistofflegierungen
geschehen. Für die Weiß-

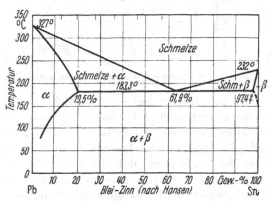

Abb. 18. Erstarrungsschaubild Blei-Zinn nach *Hansen*.

metalle genügt die Betrachtung des Erstarrungsschaubildes der Legierung
Blei-Zinn, s. Abb. 18. Es ist dem Handbuch — Blei- und Bleilegierungen[1] — entnommen.

Zinnreiche Legierungen schmelzen früher und sind heißlauf-
empfindlicher wie bleireiche Legierungen. Der Erstarrungsbereich wird
durch eine untere Linie bei 183° abgegrenzt, und es ist für das Verhalten
der hochbleihaltigen Legierungen zu beachten, daß diese Linie ab etwa
20% Zinn noch wesentlich abfällt bis unter 150°. Es ist damit zu rechnen,
daß auch unterhalb dieser Linie noch Umwandlungen im festen Zustand
stattfinden, die zum Härteverlust führen. Je niedriger die untere Erstarrungslinie liegt, desto größer ist die Wahrscheinlichkeit, daß schon
bei geringer Erhöhung der Lagertemperatur Veränderungen im Aufbau
vor sich gehen, die einen erheblichen Verlust an Härte und Dauerfestigkeit bedingen.

Das nächste Schaubild zeigt die Erstarrungsvorgänge bei der Legierung Zink-Aluminium. Auf der Zinkseite sehen wir eine untere

---

[1] *Hofmann, W.:* Handbuch Blei und Bleilegierungen. S. 62 Abb. 87. Berlin:
Springer 1941.

Erstarrungslinie bei 272°. Legierungen für Lager enthalten meist etwa 10% Aluminium. Sie liegen also im Bereich dieser Linie. Die Warmhärte der Zinklegierungen fällt wie bekannt— s. Abschnitt Warmhärte — bei geringer Erhöhung der Lagertemperatur auch steil ab. Anders ist dies auf der Aluminiumseite, und wir haben im Abschnitt Warmhärte erfahren, daß die Warmhärte der Aluminiumlegierungen sehr viel langsamer abfällt.

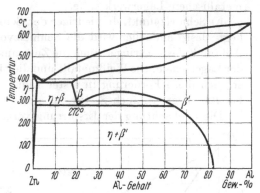

Abb. 19. Erstarrungsschaubild, Zink-Aluminium nach *Burkhardt*.

Schließlich sei noch das Erstarrungsschaubild der Bleibronze betrachtet[1], s. Abb. 185. Blei und Kupfer legieren sich nicht, sondern mischen sich nur. Das führt zu erheblichen Gießschwierigkeiten. Wir finden zwar hier noch einen unteren Abschluß des Erstarrungsvorgangs bei 326°, doch sind wesentliche kristallinische Umwandlungen nicht zu erwarten. So kommt es, daß die Härte der Bleibronze bei Steigerung der Lagertemperatur nicht wesentlich abfällt.

b) Dünnflüssigkeit. Eine gewisse Mindestdünnflüssigkeit des Werkstoffs ist notwendig, wenn man einwandfrei dünne Ausgüsse erzielen will. Zur Erprobung kann man eine Keilkokille[1] verwenden, in die der Werkstoff nach dem Schmelzen eingegossen wird, wobei er sie möglichst bis zur Spitze ausfüllen soll. Auch die Anwendung einer Spiralkokille ist möglich. Eine Beschreibung der Form und Anwendung dieser Kokille gibt *N. Ludwig*[2]. Auf die Vorwärmung der Kokillen ist zu achten, sie muß der Vorwärmung der eisernen Lagergießform angepaßt werden.

c) Schwindmaß und Bindung. Zur Ermittlung des Schwindmaßes ist DIN DVM.A.131 vorgesehen. Hier sind die Bedingungen für das Schmelzen und Vergießen des Werkstoffs, dessen Schwindmaß bestimmt werden soll, festgelegt, damit stets vergleichbare Ergebnisse erzielt werden können. Die dabei anzuwendende Kokille zeigt die Abb. 20.

Von der Mitte her werden etwa 20 ccm der Schmelze eingegossen. Von oben her ist die Kokille durch ein Blech abzudecken, damit die Erstarrung möglichst gleichmäßig erfolgt. Je größer der Unterschied

---

[1] Gießkeilprobe zur Ermittlung der Erstarrungseigenschaften. V.d.G. Merkblatt Gießerei 1951 H. 2 S. 40.

[2] *Ludwig, N.:* Spiralkokille für die Ermittlung der Gießfähigkeit von Lagermetallen-Werkstatt u. Betrieb 1950 H. 8 S. 372. S. auch Abb. 41.

im Schwindmaß ist, desto größer ist die Gefahr, daß sich der Einguß beim Erstarren von der Lagerschale wieder ablöst, selbst wenn durch Lötung und Verklammerung für den Halt des Eingusses schon erste Vorsorge getroffen ist. S. auch S. 51—61 und 104.

Die Nachprüfung der Bindung ohne Zerstörung der Lagerschale erfolgt am einfachsten durch die Klangprobe, die auch in den Lieferbedingungen der Bundesbahn vorgesehen ist. Bei Bleibronzen wendet man vielfach die Röntgendurchleuchtung an, weil sich herausgestellt hat, daß Stellen von Bleianhäufungen, die im Röntgenbild gut erkennbar sind, auch auf Bindefehler hinweisen[1]. Auch mit Ultraschall sind zerstörungsfreie Untersuchungen von Lagerschalen auf Binde-

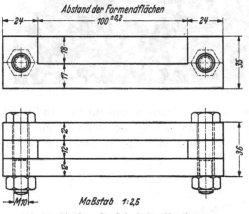

Abb. 20. Gießform für Schwindmaßbestimmung.

fehler durchgeführt worden. L. Bergmann[2] schreibt dazu: die Lagerschale liegt in einem Öltrog, der um eine senkrechte Achse drehbar ist. Zwei Rohre, an deren unterem Ende sich Schallgeber und -empfänger befinden, werden dabei gleichzeitig mit einer Leitspindel auf- und abwärts bewegt, so daß der Schallstrahl die Lagerschale in einer Schraubenlinie abtastet. Kann man die Lagerschalen zerstören, so läßt sich die Güte der Bindung auch durch Druck- und Biegeversuche nachweisen.

d) Grob- und Feinaufbau. Die meisten Lagerlegierungen haben ein niedrigschmelzendes und leichtflüssiges Eutektikum. Während der Erstarrung können nun Bewegungen dieses Schmelzerestes gegenüber den bereits entstandenen Mischkristallen stattfinden, die zu einem Absaugen der Restschmelze führen. Dabei entstehen feine Hohlstellen, die die Dauerfestigkeit herabsetzen. Mitunter sind sie dem Auge noch sichtbar, mitunter sind sie aber auch mikroskopisch klein. Entmischungen können ebenfalls eintreten, besonders sind sie bei hochbleihaltigen Lagermetallen und bei Bleibronze zu befürchten. Bei dünnen Ausgüssen und bei Kokillenguß sind derartige Schäden am wenigsten zu erwarten, weil

---

[1] *Keil, A:* Bemerkungen zur Gießereikontrolle von Bleibronzelagern. Z. f. Metallkde. 1950. H. 10 S. 325.

[2] *Bergmann, L.:* Anwendung von Ultraschall bei der Werkstoffprüfung. Z. VDI 1950 H. 25 S. 711.

die schnelle Erstarrung keine nennenswerte Veränderung der Schmelze zuläßt, so daß ein gleichmäßiger und feinkörniger Aufbau entsteht.

Oftmals wird die Frage erörtert, ob schmierende Bestandteile im Kristallaufbau vorhanden sein sollen. Solche schmierende Wirkung ist

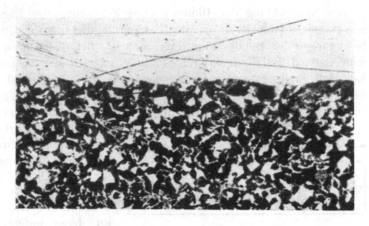

von den Bleikristallen in der Bleibronze anzunehmen. Grafit gehört zum Aufbau des grauen Gußeisens und er wird hier sicherlich eine schmierende Wirkung hervorbringen. Eigenartig ist, daß nicht die Gußeisen-

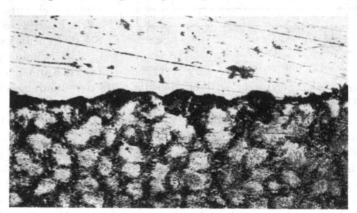

Abb. 21a. Blei- und Kadmiumlegierung feinstgedreht × 200
(oben: Bleilegierung; unten: Kadmiumlegierung).

sorten mit langen und groben Grafitblättern sich als besonders gute Gleitstoffe erwiesen haben, sondern gerade die mit kurzen und kleinen Blättern, also Ge22 und Ge26. Anderen Metallegierungen wird künstlich zum Zwecke der besseren Schmierung Grafit beigemischt, so dem Gittermetall, einer Bleizinnlegierung. Auch bei Leichtmetallen und Sinterlegierungen kennt man einen besonderen Grafitzusatz. Derartige Legierungen müssen aber beim Erhitzen sehr vorsichtig behandelt werden, sonst entmischt sich der sehr leichte Grafit, steigt an die Oberfläche und ist im Gefügebild nicht mehr nachzuweisen. Die schmierende Wirkung bleibt dann natürlich aus[1].

Über den Einfluß des Gießverfahrens — steigender und fallender Guß sowie Druck- und Schleuderguß — auf die Gefügeausbildung berichtet *Fr. Richter*[2].

Weiterhin wird immer wieder die Frage erörtert, ob harte Kristalle in weicher Grundmasse den besten Aufbau für eine Lagerlegierung bilden oder auch umgekehrt — weiche schmierende Kristalle in härterer Grundmasse. Zu letzterer Frage ist schon Stellung genommen, zur

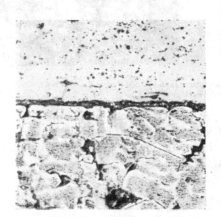

Abb. 21b. Bleibronze geschliffen (links), Aluminiumlegierung feinstgedreht × 200 (rechts).

ersteren sei folgendes bemerkt: *K. Longard* hat neben den Oberflächenmessungen mit dem Forstergerät, über die schon berichtet ist, die Gefügeausbildung der von ihm angewendeten Gleitstoffe in senkrechten Schnitt zur Lauffläche geprüft. Die Schliffproben wurden vorher verkupfert, um die Oberfläche gegen einen hellen Hintergrund möglichst deutlich erscheinen zu lassen und außerdem ein etwaiges Ausbrechen an der Schnittkante zu vermeiden. S. S. 10.

Die Abb. 21a zeigt das Schliffbild der Bleilegierung und das der Kadmiumlegierung unten-feinstgedreht.

---

[1] *Winkelmann, H.:* Neue selbstschmierende Werkstoffe für den Maschinenbau Z. f. Metallkde., 1950 H. 23/24 S. 504.

[2] *Richter, Fr.:* Über den Einfluß von steigenden und fallenden Gusses sowie von Druck und Schleuderguß auf die Ausbildung des Feingefüges von Lagerwerkstoffen: Werkst. u. Betr., 1950 H. 10 S. 443.

Die Abb. 21b gibt das Aussehen der geschliffenen Bleibronze und der gedrehten Al-Legierung wieder.

Nur bei den Schliffbildern Abb. 21a kann man noch heraus- ragende tragende Kristalle erkennen.

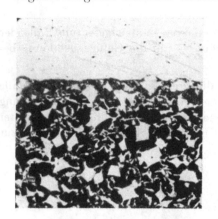

Abb. 22a. Blei- und Kadmium-Legierung geräumt × 200 (links: Bleilegierung, rechts: Kadmiumlegierung).

Die nun folgenden Bilder zeigen eine Oberfläche mit Feinstbearbei- tung, wie sie dem eingelaufenen Gleitlagerwerkstoff ungefähr entspricht, Die Abb. 22a zeigt links wieder die Bleilegierung und rechts die Kad- miumlegierung — beide geräumt.

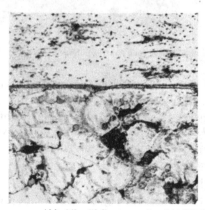

Abb. 22b. Bleibronze geräumt × 200 (links), Aluminiumlegierung mit Diamant feinstgedreht × 200 (rechts).

In Abb. 22b sehen wir die Bleibronze geräumt, die Al-Legierung feinstgedreht.

In beiden Fällen ist eine weitgehende Einebnung eingetreten, so daß man herausragende tragende Kristalle nicht mehr erkennen kann.

V. Schneider kommt[1]) ebenfalls zu dem Schluß, daß sich die Hypothese von den tragenden Kristallen heute wohl kaum noch aufrechterhalten läßt. Es sei noch darauf hingewiesen, daß gut vorgearbeitete Gleitflächen bei Vergrößerung von 200 — wie hier — sich doch recht erheblich von dem groben Bilde unterscheiden, das man sich im allgemeinen von den Oberflächenrauhigkeiten von Ausguß und Welle macht — vgl. Abb. 8 S. 10. In diesem Zusammenhang sei noch auf Abb. 23 hingewiesen. Hier gibt *W. Hoffmann*[2] eine Übersicht über die Härte der tragenden Kristalle in Weißmetall-Legierungen. Sie wird m. W. auch von denen der Zink- und Aluminium-Legierungen nicht nennenswert übertroffen. Zur Gefügeausbildung der Bleibronzen bemerkt das Kupferinstitut[3]:

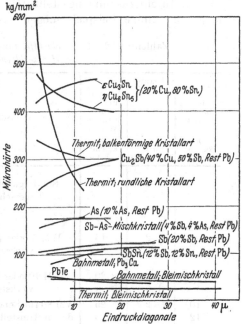

Abb. 23. Mikrohärte der Gefügebestandteile von Weißmetallen nach *Rapp* u. *Hannemann.*

„Bei Lagern für höchste Ansprüche, besonders Flugmotoren, hat sich nach der heute allgemein herrschenden Auffassung eine feine Gefügeausbildung als überlegen erwiesen. Vereinzelt findet sich die Auffassung, daß ein feiner dendritischer Aufbau dem völlig gelösten kugeligen Aufbau vorzuziehen ist. Diese Auffassung findet aber in den praktischen Ergebnissen keine Stütze."

F. Zweckmäßige Darstellung von Prüfungs- und Erfahrungswerten der Lagerwerkstoffe.

Die Veröffentlichungen über Gleitlagerwerkstoffe schließen vielfach mit einer Übersicht über die erzielten Ergebnisse ab, die die Auswahl erleichtern soll. Entweder werden Zusammenstellungen bestimmter

---

[1] *Schneider, V.:* Die Nutzflächenhypothese bei Metall-Legierungen für Gleitzwecke. Metall 51 Heft 21/22, S. 490.
[2] *Hoffmann, W.:* Blei und Bleilegierungen. S. 209. Berlin: Springer 1941.
[3] Bleibronzen als Lagerwerkstoffe. Heft des Deutschen Kupferinstituts Berlin W. 50.

Werkstoffeigenschaften gegeben oder es sind die zulässigen Belastungsgrenzen vermerkt. Die Arten der Darstellung sind verschieden. Teils werden Tafeln zusammengestellt, teils zieht man zeichnerische Darstellung vor. Einige Beispiele mögen das zeigen. Schon vor etwa einem

Zahlentafel 2. *Übersichtstafel für Belastungen und Werkstoffe im Hartzerkleinerungsbau.*

Belastungen			Werkstoffe	Bemerkungen
bei Dauerbetrieb p kg/cm² höchstens	p m/sec höchstens	bei zeitweisem Belastungswechsel p kg/cm² höchstens		
8	1	15	Sondergußeisen für Lagerschalen	Es ist wegen höherer Härte des Ge mit größerer Abnutzung der Welle zu rechnen
8	$\{\begin{matrix}2\\3\end{matrix}$	15	WM 5 oder Umstellwerkstoff	Wellenwerkstoff wird mehr angegriffen als bei hochzinnhaltigem Ausguß
10	$\{\begin{matrix}2\\5\end{matrix}$	20	WM 10 oder Umstellwerkstoff	Ab $v = 4$ Kühlung vorgesehen
10	2	25	WM 80 für Sonderfälle, bei	Kühlung
12	7	36	denen Umstellwerkstoffe	
15	10	40	noch nicht erprobt sind	Drucköl und Kühlung
40	1	80	Bl-Bz 8 oder Umstell	Ab $p = 50$ kg Kühlung
50	1	150	werkstoff	vorsehen
80	1	200		Kühlung durch durchbohrten Zapfen
40	1	80	GBz 10 oder Umstell	Kühlung, wie vor, für
50	1	150	werkstoff	hämmernde
80	1	200		Beanspruchung
100	2 bis 0,5	150	GBz 14	Nur für Spurlager

reichlichen Jahrzehnt wurde das DIN-Blatt 1703 U geschaffen, das in neuerer Zeit durch das Blatt 1728 ersetzt wurde. Das erstere Blatt sollte dem Konstrukteur eine Richtlinie für die Auswahl unter den Legierungen sein, die bei der damaligen Rohstoffknappheit und dem damaligen Stand der Erkenntnis zur Verfügung standen. Unter diesem Gesichtspunkt sind die hochbleihaltigen Legierungen, die sich zwar untereinander noch erheblich unterscheiden, aber letztes Endes doch demselben Typ angehören, besonders ausführlich und zahlreich angegeben. Das neuere DIN-Blatt 1728 hat sich dem älteren Blatt fast völlig angeschlossen. Es genügt aber den heutigen Auswahlmöglichkeiten nicht mehr, denn inzwischen haben sich ziemlich viele andere Gleitwerkstoffe metallischer und nichtmetallischer Art ein Anwendungsgebiet erobert. Die Gruppe D 4a im Fachnormenausschuß für Materialprüfung hat es übernommen, ein solches Übersichtsblatt aufzustellen. Bis zum Schluß der Abfassung dieses Berichts lag es aber noch nicht vor.

Nun war schon vordem erwähnt, daß sich auch Angaben über Belastungsgrenzen für den jeweiligen Werkstoff im Schrifttum finden. Hier sind einigermaßen genaue Werte aber viel schwieriger zu geben als bei den Werkstoffeigenschaften. Es finden sich daher überwiegend nur allgemeine Angaben, wie: zulässig für leichte, mittlere oder schwere Belastung. In den Normblatt-Richtlinien für Schmierstoffe — Normalschmieröle — DIN 51 501, Januar 1952, enthält die zweite Seite unter Betriebsbedingungen Angaben über Belastungsgrenzen, und zwar: leicht bis 10 kg/cm², mittel bis 80 kg/cm², schwer über 80 kg/cm². Auch für Einzelfälle finden sich im Schrifttum und in den Absätzen II und III dieses Buches Angaben. Außerdem sei auf folgendes hingewiesen: die VDI.-Richtlinien[1] von *Erkens* enthalten eine Zahlentafel für zulässige Belastungen und Geschwindigkeiten im Hartzerkleinerungsbau die von *Gottschalk* aufgestellt und in Zahlentafel 2 wiedergegeben ist.

Zahlentafel 3. *Beanspruchung von Kunstharzbüchsen im Laufkran 20 t, Spannweite 23,6 m.*

	Flächenpressung p in kg/cm²	Gleitgeschwindigkeit v in m/sec
Laufradbüchse	80	0,31
Vorgelegewelle zum Kranfahrwerk: Büchse am Ritzel ...	16,8	0,45
Laufkatze: Laufradbüchse ...	58,5	0,155
	2	0,51
	47	0,024
Sonstige Büchsen	0,21	2
	44,3	0,18
	7,1	0 437

Leider findet sich in den Richtlinien nur diese eine Zahlentafel. Eine weitere kann als Zahlentafel 3 für die Verwendung von Kunstharz im Kranbau nach *Barner*[2] angegeben werden.

Schließlich gibt noch G. *Niemann*[3] in der Hütte Belastungstafeln für ausgeführte Gleitlager an, und zwar für Weißmetalle, Bleibronze und Gußeisen, die einen Anhalt für die zulässigen Belastungs- und Geschwindigkeitsgrenzen geben. Zahlentafel 4 enthält zunächst diese Angaben für Weißmetalle.

Vielfach konnte nicht angegeben werden, um welche Art von Weiß-

---

[1] *Erkens:* Grundlagen und Richtlinien für die Gestaltung von Gleitlagern S. 35, Berlin: VDI. 1936.

[2] *Barner, G.:* Erfahrungen mit Kunstharzlagern. Kunststoffe 1927 H. 12., ferner *H. Mäkelt:* Die Anforderungen an Gleitlager, insbesondere Kunststoffe, s. VDI. 52, Heft 138.

[3] *Niemann, G.:* Maschinenlager. Hütte II S. 183. Berlin: Verlag Ernst u. Sohn.

metall es sich jeweils handelt, offenbar, weil ältere Veröffentlichungen solche Angaben nicht enthalten.

Zahlentafel 5 enthält nun die gleichen Angaben für Bleibronzen. Bemerkt muß noch werden, daß die in der Hütte veröffentlichten

Zahlentafel 4.
*Weißmetall: Belastungswerte ausgeführter Gleitlager
nach Niemann.*

Art der Maschinen	Werkstoff der Welle	Belastung kg/cm²	Geschw. m/sec	Verhältnis Länge/ Durchmesser	Werkstoff des Lager- ausgusses
Transmission	Stahl	5	6	1—2	WM 4
	,,	15	2	,,	WM
Hartzerkleinerung	Stahl	8	3	1—2	WM 5
	,,	10	2	,,	WM 10
	,,	15	10	,,	WM 10
Elektrowasserkraft	St 50	12	10	0,8—1,5	WM 10
	,,	7	10	,,	,,
	,,	5	14	,,	,,
Turbomaschinen	Stahl	30	60	0,8—1,5	WM
Dampfturbine	Stahl	8	60	0,8—1,5	—
Dampfmaschine Pleuellagerwelle	Stahl geh.	90	2,5	1	WM
	,,	35	3,5	1,4	—

Tafeln für den Zweck dieses Buches etwas umgestellt wurden. Schließlich enthält Zahlentafel 6 noch die entsprechenden Werte für Gußeisen.

Eine Schlüsseltafel für die Werkstoffwahl mit Richtlinien für Belastung und Geschwindigkeit bei verschiedenen Bewegungsfällen bietet *O. Hummel* im Archiv für Metallkunde 1947 Heft 9 in dem Bericht — Neuzeitliche Gleitlagerwerkstoffe und ihre Verwendung — auf S. 428.

Nun wählt man gerne statt der Darstellung der Werte in einer Tafel die zeichnerische Darstellung in einem Achsenfeld. Ein Beispiel aus einer neueren Veröffentlichung von *R. Weber*[1] sei in Abb. 157 wiedergegeben.

Im Ausland hat man für die zusammenfassende Darstellung der Eigenschaften noch den Weg beschritten, die Werte beiderseits der Achsen aufzutragen. Dadurch gewinnt das Bild an Übersichtlichkeit. Eine ältere Darstellung Abb. 24 mag noch zeigen, was man alles in die Aufstellung aufnehmen müßte, um möglichst alle Versuchsergebnisse

---

[1] *Weber, R.:* Eigenschaften und Anwendung metallischer Gleitlagerwerkstoffe. Z. f. Metallkde. 1948 H. 8 S. 244.

darzustellen. Hierbei aber leidet schon wieder die Übersichtlichkeit. Einen Sonderweg für die zeichnerische Darstellung von zulässiger Be-

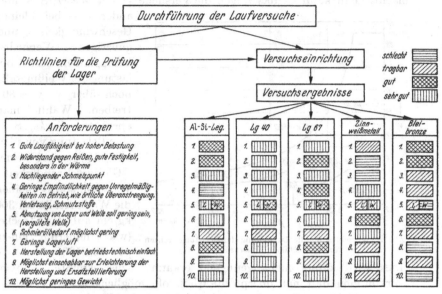

Abb. 24. Richtlinien für die Durchführung von Laufversuchen nach *Steudel.*

lastung ist nun *Armbruster* gegangen, Abb. 25. Er setzt voraus, daß das Zusammenwirken von Belastung und Geschwindigkeit sich so vollzieht, daß die im Bild dargestellten Kurven angewendet werden können. Dies

Zahlentafel 5.

Bleibronze: Belastungswerte ausgeführter Gleitlager nach Niemann.

Art der Maschine	Werkstoff der Welle	Belastung kg/cm²	Geschw. m/sec	Verhältnis Länge/ Durchmesser	Werkstoff des Lager- ausgusses
Hartzerkleinerung	Stahl	80	1	1—2	BlLeg.
Dampfturbine	,,	15	60	0,8—1,25	,,
Sonstige Turbomaschinen .	,,	15	—	1,5—2	,,
Dampfmaschinen	Stahl geh.	90	2,5	1	,,
Stirnkurbel (Pleuelwellen).	,,	35	3,3	1,4	,,
Gekröpftes Pleuellager ...	,,	75	3,5	0,85	,,
Kurbel-Wellenlager	,,	45	3 5	1	,,

bedingt, daß die Werte aus Belastung und Geschwindigkeit — mitein-ander multipliziert — stets eine Konstante ergeben. *Armbruster* will diese Grenzen auch nur für Weißmetalle angewendet wissen. Jedenfalls hat diese Darstellung den Vorteil, daß sie den Konstrukteur auf das Zusammenwirken von Belastung und Geschwindigkeit aufmerksam macht. Man kann — das zeigen die Versuche von *R. Weber*, S. 8, und anderen — bei kleiner Geschwindigkeit und günstigen Versuchsbedingungen die Belastung der Weißmetalle noch über p . v = 800 treiben. Wählt man aber, wie *Buske*, S. 5, eine Belastung von über 500—1000, bei einer Gleitgeschwindigkeit von 8 m/sec, so bleiben die Weißmetalle bei 300 kg/cm auf der Strecke, (was immerhin einem p.v von 2400 entspricht).

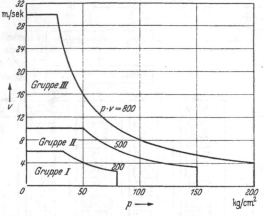

Abb. 25. Vorschlag für die Darstellung der Belastungsgrenzen für Weißmetalle *(Armbruster)*.

Dies wird öfters nicht genügend erkannt, sonst könnte es nicht vorkommen, daß man unerprobte Gleitstoffe möglichst zuerst in Lagern erprobt haben will, in denen gleichzeitig hohe Geschwindigkeit und

Zahlentafel 6. *Gußeisen: Belastungen und Geschwindigkeiten ausgeführter Gleitlager nach Niemann.*

Art der Maschine	Werkstoff der Welle	Belastung kg/cm²	Geschw. m/sec	Verhältnis Länge/ Durchmesser	Werkstoff des Lagerausgusses
Transmission	Stahl	2	3,5	1—2	Ge
Hebezunge .... Laufende Rolle, Trommel	St 50	60	—	0,8—1,8	Ge 21
Hartzerkleinerung	St 50	8	1	1—2	Ge
Dampfmaschinen .... Kreuzkopfgleitschuh	—	3	—	—	Ge
Gelenke................	—	30	—	—	Ge
Allgemein	—	≦ 10	0,1—1	—	—

hoher Druck vorliegen, die also ungünstigste Anwendungsbeispiele darstellen. Das muß zu Mißerfolgen führen und hat dann zur Folge, daß man solchen Gleitstoff auch für Fälle einfacherer Beanspruchung ablehnt, in denen er sich möglicherweise ganz gut bewähren könnte.

Nun wird der Konstrukteur aber bei der Entscheidung über die zu verwendenden Werkstoffe erst gewisse Vorüberlegungen zu treffen haben, die seinem Entschluß bereits eine Einschränkung auferlegen. Sie beginnen mit der Feststellung des Werkstoffs und Zustands der Welle. Steht ein St 50 zur Anwendung, so scheidet schon eine Anzahl von Werkstoffen aus, weil sie voraussichtlich nicht ein befriedigendes Verhalten des Lagers bzw. der Welle auf die Dauer gewährleisten würden. Zinn- und Bleilagerwerkstoffe sind ohne weiteres anzuwenden, bei Kadmium- und Aluminiumlegierungen muß man schon eine gewisse Auswahl treffen, mit Bleibronze werden sich auch schon gewisse Schwierigkeiten ergeben. Die übrigen Werkstoffe bleiben besser überwiegend weg. Liegt dagegen St 60 oder gehärtete Welle oder auch Halbstahl vor, so ist man in der Auswahl weit weniger behindert. Bestimmend ist

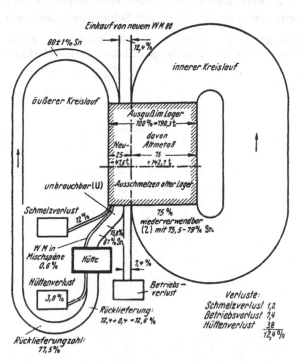

Abb. 26. Kreislauf des Wm 80 im Betriebe der Bundesbahn nach *Ph. Haas.*

dann in erster Linie, welchen Grad der Bearbeitung und die Formgenauigkeit man Ausguß und Welle geben kann. Je feiner die Oberfläche bearbeitet werden kann, desto weniger läuft man Gefahr, auch mit härteren Gleitwerkstoffen irgend welche Enttäuschungen zu erleben. Ist mit hohen Lagertemperaturen zu rechnen, so werden Weißmetalle, Preßstoffe und Holz empfindlich, auch bei Vollschmierung.

Verkehrsunternehmungen, die in einer hohen Zahl von Fahrzeugen viele Lager in Betrieb haben, werden sich auch für den Wert des gewählten Werkstoffs als Umschmelzmaterial interessieren. Es dürfen in ihm nicht Beimengungen enthalten sein, die den Wert der Legierung nach dem Umschmelzen beeinträchtigen oder den Umschmelzvorgang erschweren. Der verlustlose Kreislauf des Werkstoffs muß soweit als möglich gewährleistet bleiben. S. Abb. 26. Näheres hierüber s. die Ausführungen von *Ph. Haas*[1].

Sind die beschriebenen Vorüberlegungen getroffen, so beginnt die engere Auswahl des Lagerwerkstoffs aus dem noch verbleibenden Bereich, der sich dann die Formgebung und die Wahl der Schmierung anschließt.

---

[1] *Haas, Ph.*: Die Altstoffe in der Metallwirtschaft der Reichsbahn. Glasers Ann. 1935 S. 1385/86 und 1390/91 und Altstoffe und Abfälle. Berlin: Markwart-Verlag m. b. H.

Zweiter Teil

Metallische Gleitlagerwerkstoffe.

A. Legierungen mit Blei oder Zinn als Hauptbestandteil.

Von Professor Dr.-Ing. W. Bungardt, Essen.

Mit 53 Abbildungen.

1. Definition und Zusammensetzung der wichtigsten Weißmetalle.

Die Lagerweißmetalle umfassen drei Legierungsgruppen[1]: 1. *Zinn-reiche*, bleifreie bzw. bleiarme Legierungen mit 80% und mehr Zinn; 2. *blei*reiche Legierungen mit etwa 80% Blei und 1 bis nahezu 12% Zinn und 3. Legierungen mit mittleren Blei- und Zinngehalten, deren praktische Bedeutung abgenommen hat. Außer den Hauptbestandteilen Zinn und Blei enthalten die Weißmetalle *Antimon* als härtenden Bestandteil und *Kupfer*. In besonderen Fällen werden zur Verbesserung der Eigenschaften auch Kadmium, Nickel, Arsen und Tellur hinzugefügt.

Den Abschluß der Blei-Zinn-Weißmetalle auf der Bleiseite bilden die *zinnfreien, gehärteten Bleilagermetalle*, die an anderer Stelle gesondert behandelt werden[2].

Den Weißmetallen werden meist auch noch die *Kadmiumlagermetalle* zugezählt, denen ebenfalls ein besonderer Abschnitt in diesem Buch vorbehalten ist[3].

Alle Zinn- bzw. Blei-Zinn-Lagermetalle haben einen *gleichartigen Gefügeaufbau:* In einer weichen eutektischen oder pseudoeutektischen Grundmasse sind primär oder sekundär ausgeschiedene, harte und spröde Kristalle aus intermetallischen Verbindungen eingelagert. — Man hat diese Tatsache für ein besonders kennzeichnendes Merkmal von *allgemeiner Bedeutung* gehalten und demzufolge beim Übergang zu Lagerwerkstoffen mit anderer Metallbasis einen ähnlichen heterogenen Gefüge-

---

[1] Im angelsächsischen Schrifttum werden diese drei Legierungsgruppen unter der Sammelbezeichnung „Babbitt Metals" oder „Babbitt Alloys" zusammengefaßt. — *J. Babbitt* hat sie als erster praktisch verwertbar gemacht, indem er diese Legierungen als festhaftende Ausgußschichten in Stahl- oder Bronzestützschalen in den Gleitlagerbau einführte (USA Patent Nr. 1252, 17. Juli 1839). Das Patent bezieht sich in erster Linie auf die Lagerkonstruktion und nicht auf das Lagermetall. *Babbitt* schlug eine Legierung mit 89,5% Sn; 8,8% Sb und 1,7% Cu als günstig vor. (Siehe hierzu *W. M. Corse*: Bearing Metals and Bearings, The Chemical Catalog Company, Inc. Monograph Series Nr. 53, Seite 201, NewYork 1930).

[2] S. Seite 97. [3] S. Seite 133.

aufbau angestrebt. Die Gültigkeit dieser Gefügeregel ist aber immer noch umstritten; es spricht viel dafür, daß sie nicht allgemein gültig ist.

Je nach der Zusammensetzung der Grundmasse und der Primärkristalle (und der Korngröße und Verteilung der letzteren) unterscheiden sich die Festigkeitseigenschaften der Weißmetalle beträchtlich. Andererseits ist aber sämtlichen Weißmetallen eine Gruppe schwer exakt definierbarer und meßbarer Eigenschaften gemeinsam, die sie besonders für ihren speziellen Verwendungszweck wertvoll machen. Hierzu gehören in erster Linie ihre ausgezeichneten Gleiteigenschaften, auch bei weichen Wellen. Sie laufen leicht und gut ein, ohne daß eine Oberflächenfeinstbearbeitung notwendig ist. Bei Schmierölmangel wird ihre Funktionsfähigkeit nicht schlagartig aufgehoben; treten z. B. Lagerstörungen durch Überlastung, Konstruktionsmängel, Versager in der Ölzufuhr oder ähnliches ein, so schmelzen die Weißmetalle ungünstigstenfalls; sie ermöglichen aber meist eine aus betriebsmäßigen Gründen zu fordernde Mindestauslaufzeit. Die Welle bleibt bei diesem Vorgang durchweg vor der Zerstörung bewahrt. Die Weißmetalle haben die Fähigkeit, Ölverunreinigungen und Schmutzteilchen in der Grundmasse einzubetten und hierdurch unschädlich zu machen. Ganz allgemein ist die geringe Freßneigung ein hervorragendes Merkmal dieser Legierungsgattung. Sie haben ferner eine sehr geringe Korrosionsanfälligkeit. Hinzu kommt schließlich noch, daß sie relativ leicht zu handhaben sind. Es ist auch im allgemeinen nicht besonders schwierig, bei Einhaltung einiger aus der Erfahrung gewonnener Arbeitsregeln eine gute Bindung in Stahl- und Bronzestützschalen zu erzielen.

Nachteilig für die Weißmetalle ist ihre verhältnismäßig geringe Härte, Druck- und Dauerfestigkeit wie auch das schnelle Absinken aller technologischen Kennwerte bei steigender Temperatur. Ihre Verwendung in *Hochleistungslagern* ist daher nicht mehr möglich, wenn auch durch besondere Maßnahmen, z. B. Verringerung der Ausgußschichtdicke, der Belastungsbereich nach oben erweitert werden kann.

Zinn- und Blei-Zinn-Lagerlegierungen spielen im Bereich mittlerer und geringer Beanspruchungen eine hervorragende Rolle; sie sind für den allgemeinen Maschinenbau unentbehrlich.

In den Zahlentafeln 1 und 2 sind charakteristische Lagerwerkstoffe auf *Zinn-* bzw. *Blei-Zinn-Basis* wiedergegeben. Die Legierungsgruppe mit *mittleren Blei- und Zinngehalten,* etwa gekennzeichnet durch die früher in Deutschland genormten Weißmetalle WM 20 bis WM 70 und einige amerikanische Lagerlegierungen ähnlicher Art, Zahlentafel 3, hat heute an Bedeutung verloren. Auf die Gründe hierfür wird noch einzugehen sein. —

In *zinnreichen* Weißmetallen ist die untere Grenze des Zinngehaltes dadurch gegeben, daß mit steigenden Antimon- und Kupferzusätzen die Legierung schließlich stark versprödet. Die üblichen Legierungsgrenzen für *Kupfer* und *Antimon* sind aus Zahlentafel 1 abzulesen. Zur Verbesserung der Härte, Zugfestigkeit und Dauerfestigkeit finden in diesen Legierungen *Kadmium*zusätze Verwendung. Die Bedeutung kleiner *Nickel*zugaben (bei Anwesenheit von Kadmium soll der Nickelgehalt nicht mehr als 0,2% betragen) ist noch umstritten. In hochwertigen Zinn-Weißmetallen ist der zulässige *Blei*gehalt scharf begrenzt; die deutschen Normen (DIN 1703; 4. Ausgabe, August 1941) sahen für WM 80 einen Höchstgehalt von 0,5% vor; die amerikanischen Normen lassen höchstens 0,35% zu. Der Nachteil des Bleis rührt daher, daß es die betriebsmäßig zulässigen Lagertemperaturen auf höchstens 185°

Zahlentafel 1. *Zusammensetzung von Zinn-Weißmetallen.*

Normblatt	Legierungsbezeichnung	Zusammensetzung in %				Gehalt an Verunreinigungen in %
		Sn	Sb	Cu	Sonstige	
DIN Einheitsblatt 1728 (Mai 1944) [1]	Lg Sn 80 (WM 80)	79 bis 81	11 bis 13	5 bis 7	1 bis 3 Pb	< 0,15 As < 0,10 Fe < 0,05 Zn < 0,05 Al Σ (Fe Zn Al) < 0,15
Amer. Soc. for Test. Materials (ASTM) B 23—46 T) nach: „USA Metals Handbook" 1948	Alloy Grade 1 2 3	91 89 83,3	4,5 7,5 8,3	4,5 3,5 8,3	— — —	< 0,35 Pb < 0,10 As < 0,08 Bi < 0,08 Fe < 0,005 Zn < 0,005 Al
Society Automotive Engineers nach: „USA Metals Handbook" 1948	SAE 10 11 110	90 86 87,75	4 bis 5 6 bis 7,5 7 bis 8,5	4 bis 5 5 bis 6,5 2,25 bis 3,75	— — —	< 0,35 Pb < 0,10 As < 0,08 Bi < 0,08 Fe < 0,00 Zn < 0,00 Al
Englische Zinn-Weißmetalle nach: „Metal Industry Handbook" 1950		82 80 85	14 10 7	3 10 8		

[1] Das im Weißmetall-Normblatt DIN 1703 (4. Ausgabe, August 1941) angegebene WM 80 F: 80 ± 1% Sn; 11 ± 1% Sb; 9 ± 1% Cu; bis 0,5% Pb; Verunreinigungen: bis 0,10% Fe; bis 0,05% Zn; bis 0,05% Al; bis 0,15% As; Σ (ZnFeAl) < 0,15% ist im Einheitsblatt 1728 nicht mehr aufgeführt.

Zahlentafel 2. *Zusammensetzung von Blei-Zinn-Weißmetallen mit hohen Bleigehalten.*

Normblatt	Legierungs-bezeichnung	Chemische Zusammensetzung in %					Zulässige Verunreinigungen in %
		Pb	Sn	Sb	Cu	Sonstige	
DIN Einheitsblatt 1728 (Mai 1944)	LgPbSb 12	Rest	—	11,5 bis 12,5	0,3 bis 0,7	Ni 0 bis 0,3; As 0,5 bis 1,5; Graphit bis 0,2	Sn: 0,7
	LgPbSb 16	Rest	—	15,5 bis 16,5	0,3 bis 0,7	Ni 0 bis 0,3; As 0,5 bis 1,5; Graphit bis 0,2	Sn: 0,7
	LgPbSn 5 (WM 5)	77,5 bis 79,5	4,5 bis 5,5	14,5 bis 16,5	0,5 1,5	—	Fe: < 0,1; Zn: < 0,05; Al: < 0,05; (Fe + Zn + Al) < 0,15
	LgPbSn 10 (WM 10)	72,5 bis 74,5	9,5 bis 10,5	14,5 bis 16,5	0,5 1,5	—	
	LgPbSn6Cd	Rest	5 bis 7	14 bis 16	0,8 bis 1,2	Cd 0,6 bis 1,0; As 0,6 bis 1,0; Ni 0,4 bis 0,6	nicht festgelegt
	LgPbSn9Cd	Rest	8 bis 10	13 bis 15	0,8 bis 1,2	Cd 0,3 bis 0,7; As 0,6 bis 1,0; Graphit < 0,2	nicht festgelegt
Amer. Soc. for Testing Materials Standard Specification (B 23 – 46 T)	Alloy Grade [1] 19	Rest	5	9	0,5	As 0,2	Fe: < 0,10
	16	Rest	10	12,5	0,6	As 0,2	
	15 [2]	Rest	1	15,0	0,6	As 1,4	
nach: USA Metals Handbook 1948	12	90	—	10,0	0,5	As 0,25	Al: < 0,005; Zn: < 0,005
	11	85	—	15,0	0,5	As 0,25	
	10	83	2	15,0	0,5	As 0,20	Fe: < 0,10
	8	80	5	15,0	0,5	As 0,20	
	7	75	10	15,0	0,5	As 0,60	
Society Automotive Engineers	SAE 13 (Ausguß)	86,0 max	4,5 bis 5,5	9,25 bis 10,75	0,50	As 0,60	Al: < 0,005; Zn: < 0,005; Fe: 0
nach: USA Metals Handbook 1948	13 (Block)	85,5 max	4,75 bis 5,25	9,75 bis 10,25	0,50	As 0,60	
	14 (Ausguß)	76,0 max	9,25 bis 10,75	14,0 bis 16,0	0,50	As 0,60	
	14 (Block)	75,25 max	9,75 bis 10,25	14,75 bis 15,25	0,50	As 0,60	
	15 (Block) [2]	Rest	0,9 bis 1,25	14,50 bis 15,50	0,60	As 0,80 bis 1,10	
nach: Metal Industry Handbook, London, 1950	—	72	11,5	13,5	3,0		

[1] Alloy Grade 9 fehlt seit 1946.
[2] Die Legierungen ASTM Alloy Grade 15 bzw. SAE 15 haben während des 2. Weltkrieges in den Vereinigten Staaten von Nordamerika in der Automobil-Industrie bzw. in Dieselmotoren weite Verbreitung gefunden.

beschränkt. Bei dieser Temperatur beginnt das Blei-Zinn-Eutektikum zu schmelzen, das infolge von Kristallseigerung bereits bei Bleigehalten von 0,5 % beobachtet wird. Auch bei kadmiumhaltigen Zinnweißmetallen sind aus demselben Grund kleine Bleigehalte (mehr als 0,25 % Pb) schädlich, sobald Lagertemperaturen von mehr als 150° zu erwarten sind[1]. Andere Nachteile des Bleigehaltes sind: Begünstigung der Lunkerung[2], Vergröberung der Cu_6Sn_5-Nadeln und Verminderung der Bindungsfestigkeit zwischen Ausgußschicht und Stützschale. Zahlentafel 1 zeigt ferner, daß in Zinn-Weißmetallen nur geringe Verunreinigungen an *Eisen, Zink, Arsen, Wismut* und *Aluminium* zulässig sind.

Zahlentafel 3. *Blei-Zinn-Weißmetalle mit mittleren Blei- und Zinn-Gehalten.*

Normblatt	Bezeichnung	Zusammensetzung in %			
		Sn	Pb	Sb	Cu
DIN 1703 (1931)	WM 20	20	64	14	2
	WM 42	42	41	14	3
	WM 50	50	33	14	3
	WM 70	70	12	13	5
Amer. Soc. for Testing Materials Standard Specification (B 23—46 T) nach: USA Metals Handbook 1948	Alloy Grade 6	20	63,5	15	1,5
	5	65,5	18,2	15	2,0
	4	75,0	10,2	11,6	3,0

Zink[3—6], Aluminium[3,4] und Wismut[3,7] sind schon in kleinen Mengen schädlich. Wismut bildet z. B. mit Zinn ein bei 135° schmelzendes Eutektikum und engt daher den thermischen Belastungsbereich stark ein. Arsen steigert den Verformungswiderstand[8] bei Raumtemperatur und erhöhten Temperaturen. Zink und Aluminium verändern den Gefügeaufbau. Phosphor und Magnesium, die zur Desoxydation verwendet werden, sind wahrscheinlich in kleinen Gehalten unschädlich.

---

[1] *v. Göler, F. K.* und *G. Sachs*: Mitt. Arbeitsbereich Metallges. Frankfurt 1935, Heft 10, S. 3.

[2] *Cowan, W. A.*: J. Inst. Met. Bd. 39 (1928) S. 53.

[3] *Grant, L. E.*: Metals & Alloys, Bd. 3 (1932) S. 138/145, 152/158.

[4] *Bradley, I. N.* und *H. O'Neill*: J. Inst. Met. Bd. 68 (1942) S. 259.

[5] *Melhuish, M.*: Proc. Inst. Aut. Eng. Bd. 30 (1935/36) S. 431.

[6] *Krömer, C.*: Automobiltechn. Z. Bd. 35 (1932) S. 284.

[7] *Boegehold, A. C.* und *I. B. Johnson*: Symposium on Effect of Temp. on Metals A. S. T. M. und A. S. M. E. 1931 S. 169.

[8] *Freeman, J. R.* und *P. F. Brandt*: Proc. A. S. T. M. Bd. 24 (1924) Part 1, S. 253,

Die Gruppe der *bleireichen* Lagerweißmetalle mit Zinnzusätzen, Zahlentafel 2, umfaßt zwei *charakteristische* Legierungsarten mit 12 bis 17% Sb und 2 bis 5% Sn bzw. 12 bis 17% Sn und 8 bis 10% Sn. Der obere Antimongrenzgehalt liegt bei etwa 15%; höhere Gehalte wirken zu stark versprödend. Bleireiche Blei-Zinn-Legierungen neigen zur Seigerung, da die primär ausgeschiedenen SbSn-Kristalle leichter sind als die bleireiche Grundmasse. Durch Kupferzusätze zwischen 0,5 und 1,5%

Zahlentafel 4. *Schmelz- und Gießtemperatur der ASTM-Weißmetalle.*
(nach USA Metals Handbook 1948)

Bezeichnung [1]	Schmelzbeginn °C	Temperatur vollständiger Verflüssigung °C	Zweckmäßige Gießtemperatur
ASTM 1	223°	371°	441°
2	241°	354°	424°
3	240°	422°	491°
ASTM 4	184°	306°	377°
5	181°	296°	366°
6	181°	277°	346°
ASTM 7	240°	268°	338°
8	237°	272°	341°
10	242°	264°	332°
11	244°	262°	332°
12	245°	259°	329°
15 [2]	248°	281°	350°
16	244°	257°	327°
19	239°	257°	327°

[1] Chemische Zusammensetzung in den Tabellen 1 bis 3.
[2] „Soll"-Arsengehalt: 1,0%.

sucht man die Seigerungsneigung zu vermindern. Auch Arsen ist in derselben Richtung wirksam[1,2]. Arsen verbessert zudem die mechanischen Eigenschaften, besonders bei erhöhten Temperaturen[3,4]. In höheren Gehalten wirkt es kornverfeinernd. Der Widerstand gegen schlagartige Beanspruchung[1] wie auch die Bindungsfestigkeit zwischen Ausgußschicht und Stützschale[5] werden durch höhere Arsengehalte, vor allem bei Stützschalen aus Kupferlegierungen, verschlechtert. Zur Verbesserung

[1] *Grant*: Zit. S. 39.
[2] *Roast, H. J.* und *C. F. Pascoe*: Trans. Amer. Inst. Min. Met. Eng. Bd. 68 (1922) S. 735.
[3] *Phillips, A. J., A. A. Smith* jr. und *P. A. Beck*: Proc. A. S. T. M. Bd. 41 (1941) S. 886/893.
[4] *Ackermann, Ch. L.*: Z. Metallkde., Bd. 24 (1932) S. 306/308.
[5] *Epstein, S.* und *R. C. Hess*: Iron and Steel Eng. Bd. 21 (1944) S. 83/97.

Zahlentafel 5. *Einfluß mehrmaligen Umschmelzens auf die technologischen Eigen-*
schaften eines hochzinnhaltigen Weißmetalls.
(Nach *R. Arrowsmith*.)

Chemische Zusammen-setzung in %	Die Messung erfolgte	Streck-grenze kg/mm²	Zug-festigkeit kg/mm²	Dehnung %	Ein-schnürung %
Sn: 85,00	Im Anlieferungszustand	5,81	9,05	11,7	16,0
Sb: 10,75	Nach der 1. Umschmelzung	5,72	9,20	10,7	13,4
Cu: 3,90	Nach der 2. Umschmelzung	5,72	9,23	11,6	14,5
Pb: 0,30	Nach langsamer, }	5,81	9,10	10,6	14,5
Fe: 0,04	oxydierender Schmelzung }				
As: Spuren					

der Eigenschaften sind weiterhin vorgeschlagen worden *Nickel*[1—3] und
Silber[4]. Der Wert von *Kadmium*zusätzen ist umstritten[1]. Verunreinigungen an *Eisen, Zink* und *Aluminium* sind schädlich und werden, wie
bei den zinnreichen Weißmetallen, scharf begrenzt.

Die dritte Gruppe enthält Legierungen mit *mittleren Zinn- und*
Bleigehalten; ihre Zusammensetzung liegt in den in Zahlentafel 3 angegebenen Grenzen. Haupt-
sächlich Festigkeitsuntersuchungen von *F. K. v. Göler* und
F. Scheuer[5] sind dafür aus-
schlaggebend gewesen, daß
diese dritte Gruppe an Bedeutung verloren hat. Maßgebend hierfür ist die Beobachtung gewesen, daß die
mechanischen Eigenschaften
dieser Weißmetalle bei Raumtemperatur sich von denjenigen
der bleireichen Weißmetalle

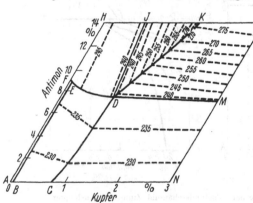

Abb. 27. Zinnecke des ternären Zustandsschaubildes
Zinn-Antimon-Kupfer. (Nach *J. V. Harding* und
W. T. Pell-Walpole).

nicht nennenswert unter-
scheiden. Bei höheren Temperaturen sind sie festigkeits-
mäßig sowohl den zinn- als auch bleireichen Legierungen unterlegen.
Das frühzeitige Erweichen hängt ursächlich mit der relativ niedrigen
Temperatur des Schmelzbeginns, 180°, zusammen, während zinn- bzw.
bleireiche Weißmetalle erst bei 235 bis 240° aufzuschmelzen beginnen.

---

[1] *Ackermann, Ch. L.*: Metallwirtsch., Bd. 7 (1928) S. 752.
[2] *Wagner, C.*: Gießerei, Bd. 23 (1936) S. 619/623.
[3] *Shaw, H.*: Mech. World, Bd. 102 (1937) S. 435, 444.
[4] *Gillett, H. W.* und *R. W. Dayton*: Metals and Alloys, Bd. 15 (1942) S. 584/587.
[5] *v. Göler, F. K.* und *F. Scheuer*: Z. Metallkde., Bd. 28 (1936) S. 121/126,
176/178.

Da diese Legierungsgruppe — gemessen an ihren mechanischen Eigenschaften — im Vergleich zu bleireichen Weißmetallen keinen Vorteil zu bieten schien, sind die früheren Deutschen Normlegierungen zwischen 20 und 80% Sn (s. Zahlentafel 3) im Jahr 1936 gestrichen worden, wobei der Wunsch, Zinn einzusparen, auch eine Rolle mitgespielt hat. In ähnlicher Weise hat auch das British Ministry of Supply im Jahre 1942 empfohlen, den Legierungsbereich zwischen 12 und 68% Sn von der praktischen Verwendung auszunehmen[1].

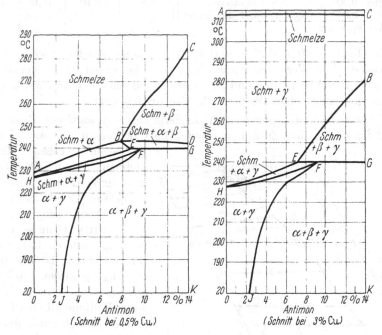

Abb. 28. Schnitte durch das ternäre Zustandsschaubild Zinn-Antimon-Kupfer bei 0,5% bzw. 3% Kupfer. (Nach *J. V. Harding* und *W. T. Pell-Walpole*).

Neuerdings wird jedoch darauf aufmerksam gemacht, daß die Beurteilung dieser Legierungsgruppe nicht ausschließlich auf Festigkeitsuntersuchungen gestützt werden sollte. *Forrester*[1] weist z. B. daraufhin, daß Legierungen mit 20 bis 80% Zinn wegen ihres hohen Verschleißwiderstandes, ihrer geringeren Seigerungsneigung und der geringeren Abhängigkeit ihrer mechanischen Eigenschaften von den Gießbedingungen Vorteile bieten, wobei ihre Gleiteigenschaften denjenigen der bleireichen Weißmetalle nicht nachstehen. Ob dieser Hinweis die Dis-

---

[1] *Forrester*, P. G.: „Babbitt Alloys for Plain Bearings" published by Tin Research Institute, Greenford, Middlesex, England (1950) S. 18.

kussion um die „mittleren" Weißmetalle nochmals in Gang bringen wird, bleibt abzuwarten. Die Vorteile, die diese Weißmetallgruppe zu bieten hätte, müßten indessen groß genug sein, um ihren höheren Preis zu rechtfertigen. Aber auch in technischer Hinsicht sind zur weiteren Klärung neue Messungen, vor allem über den Verschleiß, notwendig.

2. Gefügeaufbau der Weißmetalle.

Der Gefügeaufbau der *zinnreichen* Weißmetalle ist durch Untersuchungen von *W. Bonsack*[1], *M. Tasaki*[2], *O. W. Ellis* und *G. B. Karelitz*[3]

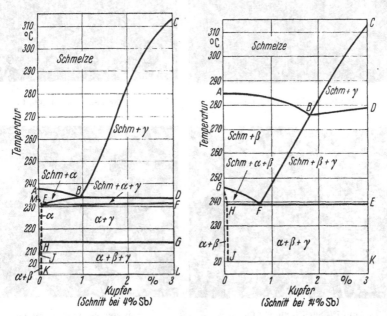

Abb. 29. Schnitte durch das ternäre Zustandsschaubild Zinn-Antimon-Kupfer bei 4% bzw. 14% Antimon. (Nach *J. V. Harding* und *W. T. Pell-Walpole*.)

und *J. V. Harding* und *W. T. Pell-Walpole*[4] geklärt. — Die Zinnecke des ternären Zustandsschaubildes: Zinn-Antimon-Kupfer ist in Abb. 27 nach *Harding* und *Pell-Walpole* wiedergegeben. Praktisch interessierende Schnitte durch das ternäre Gleichgewichtsschaubild für konstante

---

[1] *Bonsack, W.*: Z. f. Metallkde. Bd. 19 (1927) S. 107.

[2] *Tasaki, M.* Mem. Coll. Sci. Kyōtō Imp. Univ. Bd. 12 (1929) A. S. 227.

[3] *Ellis, O. W.* und *G. B. Karelitz*: Trans. Amer. Soc. Mech. Eng. Bd. 50 (1928) S. 13/28.

[4] *Harding, J. V.* und *W. T. Pell-Walpole*: J. Inst. Met. Bd. 75 (1948) S. 115/130.

Kupfergehalte von 0,5 bzw. 3 % Cu und 4 bzw. 14 % Sb erläutern den Kristallisationsverlauf, Abb. 28 und 29.

In dem ternären System treten nur die von den Randsystemen Zinn-Antimon bzw. Zinn-Kupfer her bekannten Kristallarten auf; neue

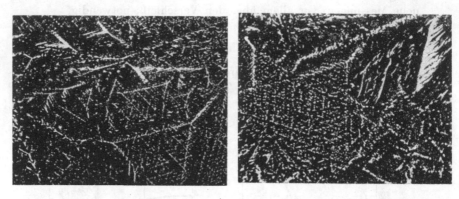

a) 95% Sn, 2% Sb, 3% Cu   b) 90% Sn, 7% Sb, 3% Cu

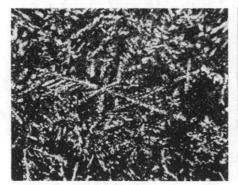 

c) 87% Sn, 7% Sb, 6% Cu   d) 82% Sn, 12% Sb, 6% Cu

Abb. 30 a/d. Gefügebilder von Zinnweißmetallen. Ätzung: 6%ige alkohol. HNO₃ 20° C 1 min. 100mal.
(Nach *v. Göler* und *Pfister.*)

ternäre Verbindungen entstehen nicht. Folgende Phasen sind demnach anzutreffen:

1. *Zinnreicher Mischkristall* (α); Antimon ist maximal bis zu 7 %, Kupfer nur unwesentlich in festem Zinn löslich[1, 2].

2. *Verbindung SbSn* ($= \beta$ Kristallart);

3. *Verbindung Cu$_6$Sn$_5$* ($= \gamma$ Kristallart).

---

[1] *Hanson, D., E. J. Sandford* und *H. Stevens:* J. Inst. Metals, Bd. 55 (1934) S. 115.

[2] *Homer, C. E.* und *H. Plummer:* J. Inst. Metals, Bd. 64 (1939) S. 169.

Gemäß Abb. 27 sind die Legierungen im Gußzustand folgendermaßen aufgebaut:

Feld: ABEF : α-Mischkristall;
Feld: BCDE : primär α, sekundär (α + γ);
Feld: CNMD : primär γ, sekundär (α + γ);
Feld: DMLK : primär γ, sekundär (β + γ); tertiär (α + γ);
Feld: DKJ : primär β, sekundär (β + γ), tertiär (α + γ);
Feld: DJHF : primär β, sekundär (α + γ).

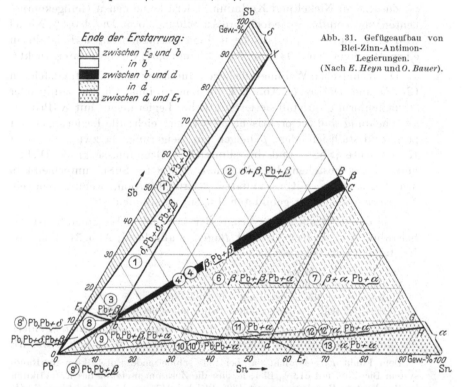

Abb. 31. Gefügeaufbau von Blei-Zinn-Antimon-Legierungen.
(Nach E. Heyn und O. Bauer).

Die Lage der Grenzlinie für das Auftreten der kubischen SbSn-Kristalle FEDM ist häufig untersucht worden. Sie ist nicht nur von den vorhandenen Verunreinigungen, sondern auch den Erstarrungsbedingungen abhängig; sie verschiebt sich bei langsamer Abkühlung zu geringeren Antimongehalten[1].

Die Gefügekomponenten: Cu_6Sn_5-Kristalle, SbSn-Kristalle, Grundmasse haben sehr unterschiedliche Härtewerte, die sich nach Ritzhärtemessungen wie 10 : 4 : 1 verhalten[2].

---

[1] *Ellis, O. W.* und *G. B. Karelitz:* Trans. Amer. Soc. Mech. Eng. Bd. 50 (1928) S. 13 bis 28.

[2] *Kenneford, A. S.* und *H. O'Neill:* J. Inst. Met. Bd. 55 (1934 II) S. 51/69.

Der normale Gefügeaufbau der hochzinnhaltigen Lagerlegierungen ist in den Gefügebildern 30a bis d dargestellt. Bei geringeren Kupfer- und Zinngehalten sind in der pseudoeutektischen Grundmasse nadlige Cu_6Sn_5-Kristalle eingelagert. Das Eutektikum hat nur selten eine typisch eutektische Struktur. Bei Antimongehalten von 7 bis 9 % tritt die würfelförmige SbSn-Kristallart auf; ihre Größe nimmt mit zunehmendem Kupfergehalt zu[1].

Zusätze an Nickel und Kadmium liefern keine neuen Gefügekomponenten; sie beeinflussen jedoch ihre Ausbildungsform. Durch 0,4 % Nickel wird z. B. die charakteristische nadlige Form der Cu_6Sn_5-Kristalle in einem Weißmetall mit 93 % Sn, 3,5 % Sb und 3,5 % Cu stark unterdrückt[2].

Die technischen Weißmetalle liegen durchweg in den Zustandsfeldern CNMD und DMLK (s. Abb. 27), in denen primär Cu_6Sn_5 nadlig oder sternchenförmig kristallisiert. Sämtliche Legierungen mit α -Primärausscheidung sind für praktische Zwecke zu weich; alle Legierungen mit primär kristallisierendem β neigen zur Seigerung, da zwischen dieser Komponente (SbSn) und der zinnreichen Grundmasse große Dichteunterschiede bestehen. Die Seigerung von β (= SbSn) unterbleibt in den Legierungen mit sekundärer β-Kristallisation, wenn zuvor ein Netzwerk von primär gebildetem Cu_6Sn_5 entstanden ist[3].

Für den Kristallisationsverlauf der bleireichen Weißmetalle ist das Schaubild von *E. Heyn* und *O. Bauer*[4] maßgebend, Abb. 31. Folgende Kristallarten treten auf:

α: Zinnreicher Mischkristall mit 0 bis 10% Sb;
β: Verbindung SbSn mit 47 bis 50% Sn;
δ: Antimonreicher Mischkristall mit 0 bis 12% Sn;
Pb: reines Blei oder bleireicher Mischkristall mit 0 bis 18% Sn.

Den Erstarrungsverlauf und die in den verschiedenen Feldern des Zustandsschaubildes auftretenden Kristallarten enthält Abb. 31.

Dem Punkt E_1 entspricht das bei 183° schmelzende Eutektikum im Randsystem Blei-Zinn mit 61,9% Blei; E_2 gibt die Zusammensetzung des Eutektikums im Randsystem Blei-Antimon mit 13% Blei bei 247° an. Längs der Linie E_2bdE_1 findet Ausscheidung eutektischer Zweistoffgemische statt. Die Linien *Cb* und *Hd* stellen Knicke in der Löslichkeitsfläche dar; im binären Randsystem scheidet sich längs *CH* und im Dreistoffsystem unter der Fläche *CbdH* primär die β-Kristallart (= *SbSn*) aus, die bei 425° inkongruent schmilzt. Die ternären Übergangspunkte *b* und *d* haben näherungsweise folgende Koordinaten: 10% Zinn, 10% Antimon, 80% Blei und 242° bzw. 53,5% Zinn, 4% Antimon, 42,5% Blei und 184°. Ein ternäres Eutektikum tritt in diesem Dreistoffsystem nicht auf[4].

Die wichtigsten Blei-Zinn-Weißmetalle enthalten etwa 15 % Antimon;

---

[1] *Nelson, G. A.:* Metals & Alloys Bd. 3 (1932) S. 168/170.
[2] *Mundey, A. H.* u. *C. C. Bissett:* J. Inst. Met. Bd. 30 (1923) S. 115.
[3] *Harding:* Zit. S. 43.
[4] *Heyn, E.* u. *O. Bauer:* Verh. Ver. Beförd. Gewerbefleiß Bd. 93 (1914) Beiheft.

höhere Gehalte führen zur Versprödung; bei geringeren Gehalten als 5 % Antimon ist die Legierung zu weich.

Je nach ihren sonstigen Gehalten an Blei und Zinn treten primär auf: δ-, β-, α-, und Blei-Kristalle. Sie sind eingebettet in eine Grundmasse, die entweder nur aus Pb- und δ-, Pb- und β- bzw. Pb- und α-Kristallen in eutektischer Anordnung oder aber aus zwei eutektischen Kristallgemischen nebeneinander, nämlich Pb + δ und Pb + β oder Pb + β und Pb + α bestehen kann, Abb. 31.

Metallographisch sind die primär ausgeschiedenen Kristallarten wegen ihrer regelmäßigen geometrischen Form meist gut zu unterscheiden; die Auflösung der eutektischen Grundmasse bereitet dagegen, besonders an schnell erstarrten Proben, infolge unvollkommener Gleichgewichtseinstellung Schwierigkeiten.

Abb. 32. Gefügeaufbau einer Legierung mit: 5 % Sn, 30 % Sb und 65 % Pb (Feld 1 in Bild 31). 100mal.

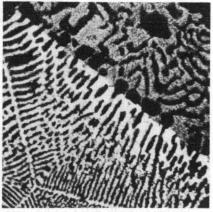

Abb. 33. Gefügeaufbau einer Legierung mit 10 % Sn, 50 % Sb und 40 % Pb (Feld 2 Bild 31). 100mal. (Nach *E. Heyn* und *O. Bauer*).

Abb. 34. Übersicht über die eutektischen Gefüge: Pb- + α-Kristalle (rechts oben); Pb- + β-Kristalle (links unten). Die Legierung enthält: 50 % Sn, 20 % Sb, 30 % Pb (Feld 6 in Bild 31). 300mal. (Nach *E. Heyn* und *O. Bauer*).

In den Abb. 32 bis 36 sind einige charakteristische Gefügebilder für rein ternäre Blei-Zinn-Antimon-Legierungen nach langsamer Abkühlung aus dem Schmelzfluß wiedergegeben. Abb. 32 zeigt gut ausgebildete δ-Kristalle in doppelt eutektischer Grundmasse aus (Pb + δ)- bzw. (Pb + β)-Kristallen. Abb. 33 zeigt den strukturellen Aufbau einer Legierung mit δ- und β-Primärkristallen. Beide Kristallarten unterscheiden sich nur wenig in der Helligkeit; sie sind in einer eutektischen Grundmasse aus Pb- und β-Kristallen eingelagert. Abb. 34 gibt einen Gefügeausschnitt aus einer Legierung mit den beiden Eutektiken: (Pb+α)-Kristalle – rechts oben – und (Pb+β)-Kristalle – links unten – wieder. Der Gefügeaufbau einer Legierung, die dem Zustandsfeld 7 (Abb. 31) angehört, zeigt Abb. 35; sie enthält primär ausgeschiedene β-Kristalle, an die sich rundliche, dunkle und zinnreiche α-Kristalle angelagert haben; die Grundmasse besteht aus dem Eutektikum mit (Pb+α)-Kristallen. Abb. 36 gibt schließlich einen Überblick über eine Legierung mit primär ausgeschiedenen Bleikristallen in einer groben eutektischen Grundmasse aus (Pb+α)-Kristallen.

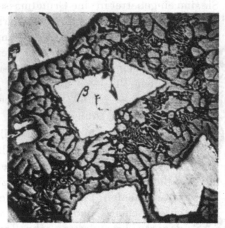

Abb. 35. Gefügeaufbau einer Legierung mit 70% Sn, 10% Sb und 20% Pb (Feld 7 in Bild 31). 27mal. (Nach *E. Heyn* und *O. Bauer*).

Als wichtigsten weiteren Legierungszusatz enthalten die Blei-Zinn-Weißmetalle kleine Kupfermengen; ihre härtende und seigerungshemmende Wirkung ist bereits erwähnt worden. Nach *H. Müller*[1] und anderen Beobachtern entsteht bei Anwesenheit von Kupfer nur die Verbindung Cu_2Sb in nadliger Form. Die seigerungshemmende Wirkung des Kupferzusatzes soll darauf beruhen, daß die leichteren SbSn-Kristalle bei geeigneten Gieß- und Erstarrungsbedingungen weitgehend durch schwerere Cu_2-Sb-Nadeln ersetzt werden. Der Mechanismus dieses Vorganges ist bis heute noch nicht völlig klar[2].

Abb. 36. Gefügeaufbau einer Legierung mit 55% Sn, 2,5% Sb und 42,5% Pb (Feld 10 in Bild 31; nahe der Grenzlinie dE_1). 100mal.

Kleinere Zusätze an Nickel, Zink und Wismut sind ziemlich wirkungslos; nur Arsen hat wegen seiner kornverfeinernden und seigerungshemmenden Wirkung technische

---

[1] *Müller, H.:* Z. Metallkde., Bd. 21 (1929) Nr. 9, S. 305—309.

[2] Ansätze zur Deutung liefern die Arbeiten von *O. W. Ellis:* Engng. Res. Bull. Nr. 6, Univ. 7 Toronto (1926) S. 143—164 usw.

Bedeutung. Neue Gefügebestandteile entstehen durch Arsen nicht; lediglich die Symmetrie der kubischen SbSn-Kristalle wird zerstört[1,2].

Den Gefügeaufbau eines technischen, weit verbreiteten Weißmetalles mit 78,5 bis 72 % Pb, 14 bis 16 % Sb, 5 bis 7 % Sn, 0,8 bis 1,2 % Cu, 0,7 bis 1,5 % Ni, 0,7 bis 1,5 % Cd und 0,3 bis 0,8 % As (Thermit-Lagermetall) zeigt Abb. 37[3]. Wird in dieser Legierung der Arsengehalt auf etwa 1,0 bis 1,2 % As erhöht, so verändert sich das Gefüge gemäß Abb. 38. Einer Verkleinerung der SbSn-Kristallgröße geht eine Veränderung der Kristallform parallel, auf die schon hingewiesen worden ist.

3. Metallurgische Eigenschaften[4].

Für die schmelz- und gießtechnisch richtige Behandlung der Weißmetalle ist die Kenntnis der Schmelz- und Gießtemperaturen die erste Voraussetzung. Sie sind in Zahlentafel 4 (S. 40) für verschiedene Weißmetalle zusammengestellt[5]. Hieraus geht hervor, daß Zinnweißmetalle höhere Gießtemperaturen erfordern als Blei-Zinnweißmetalle. Maßgebend hierfür sind die verhältnismäßig hohen Temperaturen, die zur vollständigen Lösung der Cu_6Sn_5-Kristalle notwendig sind.

Alle Weißmetalle sind leicht schmelz- und gießbar. Sie sind auch ziemlich unempfindlich gegen *wiederholtes Umschmelzen*, wie Zahlentafel 5 (S. 41) für eine zinnreiche Legierung zeigt[6]: Selbst unter ungünstigen Schmelzbedingungen werden die mechanischen Eigenschaften kaum verändert. Auch Blei-Zinnweißmetalle ertragen ein wiederholtes Umschmelzen ohne Nachteile wie ein Vergleich des Gefügeaufbaus von Thermit-Lagermetall nach ein- und mehrmaligem Umschmelzen erkennen läßt, Abb. 39a und b.

Starke *Schmelzüberhitzung* und zu lange Schmelzdauern können zu erheblichen Störungen führen: Erhöhte Abbrandverluste, vergrößertes Schwindmaß und Gefügeverschlechterung (grobes Korn, Zinnsäure-

---

[1] *Roast:* Zit. S. 40.

[2] *Wegener, K. H.:* Met. a. Alloys Bd. 3 (1932) S. 116.

[3] Einzelheiten zu dieser Legierungsgruppe bringen: *R. Kühnel:* Gießerei, Bd. 15 (1928) S. 441. *Herschman* u. *Basil:* Proc. Amer. Soc. Test. Mat., Bd. 32 (1932 II) S. 536 und *G. v. Hanfstengel:* Z. Metallkde., Bd. 15 (1923) S. 107.

[4] Die mit dem Schmelzen von Weißmetallen verbundenen speziellen Probleme: Wahl des Einsatzes, zweckmäßige Ofenform und Beheizung, Schmelzführung, Desoxydation, beste Gießart, Ausbildung der Gießform, Genauguß u. ä. können hier nur angedeutet werden. Zu diesen Fragen sind in folgenden Arbeiten wertvolle Hinweise zu finden: *F. Vogel:* „Neuere Wege in der Metallurgie der Lager- und Weißmetalle", Halle a. S.: W. Knapp 1933; *J. Czochralski:* Z. Metallkde., Bd. 12 (1920) S. 371—403; *H. Müller:* Technologie der Lagermetalle (Schmelzen und Vergießen), Z. VDI, Bd. 72 (1928) S. 879. *Ph. Haas:* Z. VDI, Bd. 81 (1937) Nr. 39, S. 1129—1133.

[5] Nach USA-Metals Handbook, 1948, S. 748/750.

[6] *Arrowsmith, R.:* J. Inst. Met., Bd. 55 (1934 II) S. 71/76.

einschlüsse)[1]. Es ist aber wohl m it Recht darauf aufmerksam gemacht worden, daß eine gelegentliche Schmelzüberhitzung in der Praxis nicht unbedingt eine Gefügeverschlechterung nach sich zu ziehen braucht, wenn nur die richtige Gießtemperatur eingehalten und durch ein geeignetes Abdeckmittel (etwa trockene Holzkohle) der Abbrandverlust klein gehalten wird.

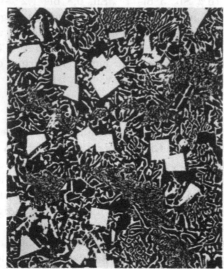

Abb. 37. Gefüge von Thermit-Lagermetall. 200mal.

Die *Gießbedingungen*, d. h. die Höhe der Gieß- und Formtemperatur und die Geschwindigkeit, mit der das Schmelzintervall durchschritten wird, sind für die Güte des Weißmetalls wichtig. Auch die Richtung des Wärmeentzugs bei der Ausgußfertigung spielt eine erhebliche Rolle. Die Kühlung muß so erfolgen, daß die Erstarrung an der Bindungsfläche einsetzt und zur freien Oberfläche der Ausgußschicht hin fortschreitet. Diese Bedingung ist insofern bedeutsam, als sie die Ausbildung von Schwindungslunkern in der Bindungsfläche vermeiden hilft.

Den Einfluß *unterschiedlicher Gieß- und Erstarrungsbedingungen* auf die mechanischen Eigenschaften verschiedener Weißmetalle zeigt Abb. 40a u. b[2]. Während die Zugfestigkeit bei allen Weißmetallen von der Gieß- und Kokillentemperatur nur wenig abhängt, wird die Dehnung, vor allem bei erhöhten Kokillentemperaturen,

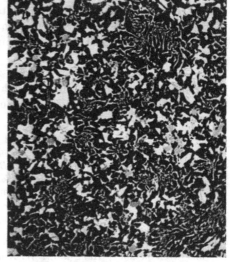

Abb. 38. Gefüge von Thermit-Lagermetall
mit 1,2% Arsen. 200mal.

    [1] *Mundey, A. H., C. C. Bissett* u. *J. Cartland:* J. Inst. Met. Bd. 28 (1922 II) S. 141/165.
    [2] *Arrowsmith, R.:* J. Inst. Met., Bd. 55 (1934 II) S. 71.

stark beeinflußt. Parallele, mit der bei steigender Kokillentemperatur einsetzenden Abnahme der Dehnbeträge geht eine zunehmende Kornvergröberung. — Nur die Legierung IICd und die in der Grund-

a)   b)

Abb. 39 a/b. Gefüge von Thermit-Lagermetall. 150mal.

a) ursprüngliches Gefüge; b) *Gefüge* nach mehrmaligem Umschmelzen.

zusammensetzung etwa dem Weißmetall WM 5 entsprechende Legierung VA sind gegen veränderte Gießbedingungen ziemlich unempfindlich, jedoch bei an sich nur niedrigen Dehnungswerten.

Das *Schwindmaß* zinnreicher Weißmetalle schwankt zwischen 0,42 bis 0,55 %[1]. An Einzelbeobachtungen liegen folgende Zahlen vor: WM 80

Zahlentafel 6. *Fließvermögen einiger Blei-Zinn-Weißmetalle, gemessen als Spiral-länge mit der Kokille von Courty.*
(aus „Werkstatt und Betrieb", Bd. 83 (1950) S. 372).

Zusammensetzung %	Kokillen-Temperatur Grad C	Gieß-Temperatur Grad C	Spiral-länge mm
13...15% Sb, 8...10% Sn, mit	250	450	> 5400
Zusätzen von Cu; Ni; Cd; As.	120	450	520
Rest Pb	230	520	3500
	120	520	1270
13...15% Sb, 5...6% Sn, mit	250	450	> 5400
Zusätzen von Cu; Ni; Cd; As.	230	520	3600
Rest Pb	120	520	1500
14...18% Sb, 1...3% Sn, mit	250	450	> 5400
Zusätzen von Cu; Ni; As;	180	570	1800
Rest Blei			

[1] *Wüst, F.:* Metallurgie: Bd. 6 (1909) S. 769/792.

— 0,5 %; WM 70 — 0,55 %; Thermit-Lagermetall (etwa LgPbSn6Cd) — 0,55 %. Weitere Anhaltszahlen enthält das deutsche Normblatt DIN 1728 E (1944).

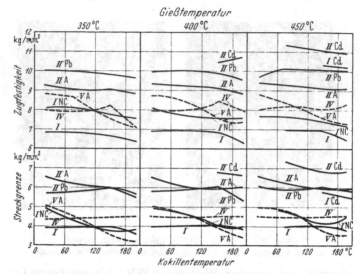

Bezeichnung	Zusammensetzung der Legierung in %					
	Sn	Sb	Cu	Pb	Fe	As
I	92,3	3,78	3,55	0,30	0,04	0,03
I NC	88,8	7,14	3,74	0.25	–	0,03
I Cd	wie I zusätzlich 1 % Cd					
II	85,5	9,88	4,21	0,33	0,05	0,03
II A	85,0	10,75	3,90	0,30	0,04	–
II Cd	wie II zusätzlich 1 % Cd					
II Pb	wie II zusätzlich 4 % Pb					
	81,7	10,1	3,99	4,1	0,07	0,06
IV	39,8	10,5	1,03	48,6	0,04	0,06
V A	5,4	14,6	0,04	79,1	–	0,06

Abb. 40a.   Einfluß der Gießbedingungen auf die statische Festigkeit einiger Weißmetalle. (Nach *Arrowsmith*).

Über die *Dünnflüssigkeit* der Weißmetalle ist nur wenig bekannt Zahlentafel 6 enthält einige orientierende Messungen mit einer Spiralkokille nach Courty (Abb. 41) an verschiedenen bleireichen Weißmetallen bei verschiedenen Gieß- und Kokillentemperaturen[1]. Die als Maß für das Fließvermögen angegebenen Spirallängen lassen noch keine abschließende Beurteilung zu.

Es erscheint auffällig, daß für LgPbSn9Cd (Zahlentafel 6) bei Kokillentemperaturen zwischen 230 und 250° eine von 450 auf 520° gesteigerte Gießtemperatur eine *Ab*nahme des Fließvermögens bewirkt, während andererseits bei einer niedrigen Kokillentemperatur von 120° eine Gießtemperaturzunahme von 450 auf 520° eine *Zu*nahme der Fluidität bewirken soll.

[1] Entnommen: „Werkst. u. Betr.", Bd. 83 (1950) S. 372.

Ternäre Blei-Zinn-Antimon-Legierungen neigen zur *Schwereseigerung*; dies gilt besonders für Legierungen der Zustandsfelder 6 und 7 (s. Abb. 31) In der Lagerpraxis versucht man, das Ausmaß der Seigerung, das im

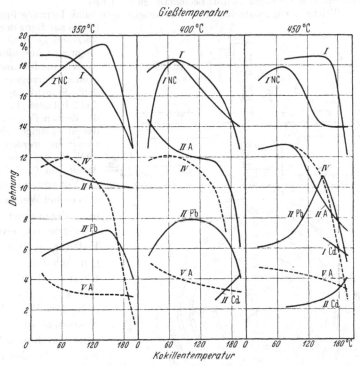

Abb. 40b. Einfluß der Gießbedingungen auf die Dehnung einiger Weißmetalle. (Nach *Arrowsmith*). Zusammensetzung der Legierungen siehe Abb. 40a.

übrigen auch noch vom Zinngehalt der Legierung abhängig ist, durch beschleunigte Abkühlung nach dem Guß zu verringern. Je schneller die Abkühlung erfolgt, um so feinkörniger sind die δ- und β-Primärkristalle und um so verschwommener erscheinen die eutektischen Gefüge $(Pb + \alpha)$ und $(Pb + \beta)$.

Die praktisch wichtige, seigerungshemmende Wirkung von Arsenzusätzen zeigt Zahlentafel 7.

Bindung zwischen Weißmetall und Stützschale. Die Leistungsfähigkeit eines Weißmetallagers wird maßgeblich mitbestimmt durch die *Güte der Bindung* zwischen der Ausgußschicht und dem Stützschalenwerkstoff. Sie ist ein Faktor, der um so mehr Gewicht besitzt, je dünner die Ausgußschicht ist.

Das wissenschaftliche und technische Problem der Bindung umfaßt folgende Teilfragen:

1. Wie kommt die Bindung zustande? — Welchen strukturellen Aufbau besitzt die Bindungszone und welche Einflüsse haben die Gefügekomponenten und ihre Anordnung innerhalb dieser Zone auf die Leistungsfähigkeit?
2. Welche Festigkeit ist in der Grenzebene zwischen dem Weißmetall und dem gebräuchlichen Schalenwerkstoff bestenfalls zu erreichen?
3. Welche fertigungstechnischen Voraussetzungen sind hierzu erforderlich? (Vorbehandlung der Schale, Verzinnungs- und Gießbedingungen, Ausgußtechnik.)

Wir werden uns im folgenden vorzugsweise mit den Fragenkomplexen 1 und 2 befassen; hinsichtlich der dritten Frage muß auf das einschlägige Schrifttum verwiesen werden, insbesondere auf die neuere Arbeit von *P. G. Forrester*[1].

Vorweg sei bemerkt, daß es bei Weißmetallen im allgemeinen nicht schwierig ist, eine gute Haftung mit den gängigen Schalenwerkstoffen Stahl und Bronze zu erzielen. So haben z. B. *Pell-Walpole*[2] und *Prytherch*[3] für verschiedene Weißmetalle auf Stahl und anderen Schalenwerkstoffen nachgewiesen, daß bei richtiger Verzinnung und geeigneten Abkühlungsbedingungen die Bindungsfestigkeit wenigstens gleich oder sogar größer

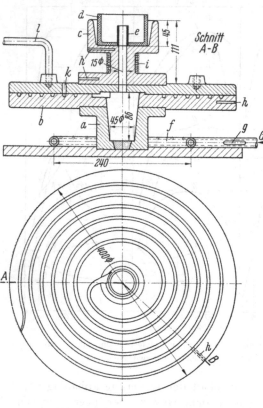

Abb. 41. Spiralkokille nach *Courty*.
(Aus: „Werkst. u. Betr.", Bd. 83 (1950), S. 372).

als die Festigkeit des Weißmetalls ist. Schwieriger liegen die Verhältnisse bei Grauguß und Aluminium, für die jedoch neuerdings brauchbare Verfahren, die sich in erster Linie auf eine geeignete Vorbehandlung der Schale beziehen, entwickelt worden sind[1, 4, 5].

---

[1] *Forrester:* Zit. S. 42.

[2] *Pell-Walpole, W. T.:* J. Inst. Metals Bd. 68 (1942) S. 217.

[3] *Prytherch, J. C.:* J. Inst. Metals Bd. 68 (1942) S. 230.

[4] *Forrester, P. G.* u. *L. T. Greenfield:* J. Inst. Met. Bd. 73 (1946) Part 2, S. 91/104.

[5] *Forrester, P. G.* u. *L. T. Greenfield:* J. Inst. Met. Bd. 74 (1948) S. 525/536.

Die Bindung zwischen den beiden Metallen kommt durch einen Diffusionsvorgang zustande. — Die Güte der Bindung kann auf zweierlei Art vermindert werden: *erstens* durch schlechte Adhäsion des Weißmetalls mit der Stützschale als Folge einer schlechten technischen Ausführung und *zweitens* durch spröde intermetallische Verbindungen in der Berührungsebene. Besonders die zweite Fehlerquelle ist für Zinnweißmetall sehr eingehend untersucht worden, während für bleireiche Weißmetalle ähnlich systematische Untersuchungen noch ausstehen.

Zahlentafel 7. *Einfluß des Arsens auf die Seigerung von Blei-Zinn-Weißmetallen.*
(Nach *L. E. Grant.*)

Gußblöckchen Nr.	Lage der untersuchten Stelle	Chemische Zusammensetzung in %				Härte
		As	Sb	Sn	Pb	
1	Blockkopf	0,08	16,94	12,71	70,27	31,2
	Blockfuß	0,03	10,72	8,41	80,84	22,8
2	Blockkopf	0,54	14,81	10,80	73,85	25,9
	Blockfuß	0,08	11,08	7,49	81,35	22,8
3	Blockkopf	1,53	14,62	10,62	73,23	31,2
	Blockfuß	1,35	14,84	10,44	73,37	28,4

Bevor die wesentlichsten Ergebnisse neuerer Untersuchungen über die *Bindungsfestigkeit* dargestellt werden sollen, ist es notwendig, kurz auf die Prüftechnik einzugehen, mit der die Bindungsfestigkeit gemessen wird. Es sind sehr unterschiedliche Verfahren in Gebrauch. So wird z. B. die Bindungsfestigkeit häufig bei *reiner* Zug- oder Scherbeanspruchung gemessen; daneben finden sich technologische Prüfverfahren, z. B. nach einem Vorschlag von *Chalmers*[1]. Bei diesem Verfahren wird durch Hohlbohren der Weißmetallschicht bis zur Stahloberfläche ein Weißmetallkern isoliert; auf der anderen Seite des Verbundkörpers wird ebenfalls durch Ausbohren der Stahl bis zum Weißmetall entfernt. Die Mittellinien des Weißmetallkerns und der Bohrung auf der Stahlseite fallen zusammen. Die Prüfung der in der so vorbereiteten Probe verbleibenden ringförmigen Bindungs-

Zahlentafel 8. *Vergleich der Bindungsfestigkeit bei verschiedenen Meßverfahren.*
(Nach *Forrester* und *Greenfield.*)

Legierung	Abkühlung nach dem Guß	Bindungsfestigkeit reine Scherung kg/mm²	Bindungsfestigkeit Chalmers-Probe kg/mm²	Ergebnisse der Meißelprobe
7 Sb/3½ Cu	Wasserkühlung	5,4	8,6	Gute Bindung; kräftige Schläge sind zur Trennung der Bindung notwendig.
7 Sb/3½ Cu	Wasserkühlung	4,8	4,2	leichter Schlag führt zur Trennung der Bindung.
7 Sb/3½ Cu	Luftkühlung	4,9	3,2	

[1] *Chalmers, B.:* J. Inst. Met. Bd. 68 (1942) S. 253.

fläche geschieht in einer geeigneten Vorrichtung durch Druckkräfte. Der Bruch erfolgt zum Teil durch Abreißen der Weißmetallschicht, zum Teil durch Einreißen des Weißmetalls an den Kanten. — Bei einer Versprödung der Bindungszone, z. B. durch intermetallische Verbindungen, liefert die Chalmersche Probe geringere Bindungsfestigkeiten als bei homogener statischer Beanspruchung, z. B. durch reine Zug- oder Scherkräfte.

Von *Forrester* und Mitarbeitern[1—3] ist darauf hingewiesen worden, daß eine Prüfung mit reiner Zug- oder Scherbeanspruchung nichts über die Zähigkeit der Bindung aussagt. Sie läßt z. B. die versprödende Wirkung von Cu_6Sn_5- oder $FeSn_2$-Säumen nicht deutlich erkennen. Wird jedoch die Prüfung mit der Meißelprobe oder auch mit der oben erwähnten Chalmers-Probe vorgenommen, so wird die zähigkeitsmindernde Wirkung der spröden intermetallischen Zwischenschichten besser sichtbar. Zum Beweis

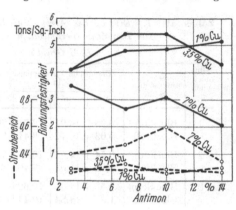

Abb. 42. Bindungsfestigkeit und Streubereich von Zinnweißmetallen auf weichem Stahl. (Nach *Forrester* und *Greenfield*). 1 t/sq-inch = 1,57 kg/mm².

hierfür geben *Forrester* und *Greenfield*[3] in Zahlentafel 8 eine vergleichende Gegenüberstellung. Während die Scherprobe bei höheren Kupfergehalten die spröden Cu_6Sn_5-Säume nur schwach anzeigt, geben die Chalmers- und auch die Meißelprobe ihren nachteiligen Einfluß deutlicher wieder.

Auch mit Biegeschlagversuchen ist ein Gütemaß für die Festigkeit der Bindung zu ermitteln versucht worden[4]. Eine einfache Meißelprobe hat sich ebenfalls bewährt; die Bindung wird hierbei durch Hammer und Meißel gelöst und aus der zur völligen Trennung notwendigen Schlagarbeit qualitativ auf die Güte der Bindung geschlossen.

Abb. 43. Schicht aus Cu_6Sn_5-Kristallen zwischen Stahlschale und Zinnweißmetall 7Sb/7Cu. 400mal. (Nach *Forrester* und *Greenfield*).

Die Prüftechnik mit reiner Zug- oder Scherbeanspruchung ist vor allem praktisch wertvoll zur Feststellung von Fehlern im Materialzusammenhang zwischen Ausgußschicht und Stützschale. Diskontinuitäten, die hier vorhanden sein können und die sich z. B. bei mikroskopischer

---

[1] *Forrester:* Zit. S. 42. — [2] *Forrester:* Zit. S. 54, 4. — [3] *Forrester:* Zit. S. 54, 5.
[4] *Bradley, J. N.* u. *H. O'Neill:* J. Inst. Met. B 68 (1942) S. 259.

Untersuchung als Spalt zu erkennen geben würden, sind durchweg auf eine ungenügende Vorbereitung der Stützschale (bei Gußeisen auch auf Gefügebedingtheiten: Graphitflocken) oder auf eine fehlerhafte Gießtechnik zurückzuführen.

Abb. 44. Schichten aus FeSn₂ und Cu₆Sn₅ zwischen Stahlschale und Zinnweißmetall 7Sb/7Cu. Bei 450° eine Stunde verzinnt. 400mal. (Nach *Forrester* und *Greenfield*.)

Derartige Proben sind somit wertvoll für die Kontrolle der praktischen Arbeitsbedingungen.

Für Zinnweißmetalle sind die Bindungsvorgänge und die erreichbaren *Bindungsfestigkeiten* in Abhängigkeit von der chemischen Zusammensetzung des Weißmetalls, des Schalenwerkstoffs und der Fertigungsbedingungen gut bekannt. Bei Kupfergehalten bis zu 3,5 % entspricht die erreichbare Bindungsfestigkeit etwa der Festigkeit des Weißmetalls. Auch der Einfluß der Abkühlungsgeschwindigkeit ist bis zu diesem Kupfergehalt nicht besonders ausgeprägt. Bei höheren Kupfergehalten sinkt die Festigkeit der Bindung jedoch beträchtlich, Abb. 42. Maßgebend für diese Verschlechterung ist die Ausbildung von Schichtenaussprödem Cu_6Sn_5-Kristallen, die unmittelbar auf den Stahl aufwachsen, Abb. 43, und deren Bildung vom Antimongehalt ziemlich unabhängig ist. Diese spröde Zwischenschicht entsteht durch Seigerung; sie ist demgemäß durch unterschiedliche Gieß- und Formtemperaturen beeinflußbar. Ganz allgemein spielen die Erstarrungsbedingungen, d. h. die *Erstarrungsgeschwindigkeit* und auch die *Richtung*, in der dem eingegossenen Weißmetall der Wärmeinhalt entzogen wird, eine wichtige Rolle. Auch Kristallisationsfremdkeime in der Stahloberfläche, z. B. FeSn₂-Kristalle, die bei der Verzinnung der Stahlschalen entstehen,

Zahlentafel 9. *Einfluß der Gießtemperatur auf die Bindungsfestigkeit von Zinnweißmetall.*

Gleitlagerwerkstoff: Zinnweißmetall; *Stützschale:* weicher Flußstahl. (Nach *P. G. Forrester* und *L. T. Greenfield*.)

Legierung	Bindungsfestigkeit[1] (kg/mm²)		
	Gießtemperatur übersteigt die Liquidus-Temperatur um:		
	100°	50°	5°
7 Sb/3,5 Cu	7,1	8,6	—
7 Sb/7 Cu	3,4	4,2	7,6

[1] Gemessen mit der Probe nach *Chalmers*.

können zur Bildung der spröden Cu_6Sn_5-Zwischenschicht wesentlich beitragen, Abb. 44.

Unter praktischen Arbeitsbedingungen läßt sich die Bildung dieser spröden, zusammenhängenden Säume durch eine beschleunigte Erstarrung verhindern. Auch der Einfluß der Gießtemperatur ist beachtlich; sie wird nach Zahlentafel 9 am besten so niedrig wie möglich gehalten. — Das bei der Ausgußherstellung durch Handguß übliche „Pumpen" hat auf die Bildung der spröden Zwischenschicht wenig Einfluß.

Bei Anwesenheit von *Kadmium* in zinnreichen Weißmetallen ist zur Unterdrückung der Cu_6Sn_5-Schicht in der Berührungsebene eine *langsame* Abkühlung erforderlich, Zahlentafel 10. Im Gegensatz zu kadmiumfreien Weißmetallen ähnlicher Zusammensetzung wird bei einer schnellen Abkühlung die Bindungsfestigkeit stark verschlechtert.

Abb. 45. Gefügeaufbau eines geschleuderten Zinnweißmetalls 12Sb/3,5 Cu. 15mal.
(Nach *Forrester* und *Greenfield*).

Ein praktisch wertvolles Hilfsmittel zur Unterdrückung der spröden intermetallischen Zwischenschichten ist der *Schleuderguß*[1]. Die Komponenten der zinnreichen Weißmetalle Cu_6Sn_5 und SbSn haben eine größere bzw. etwas geringere

Zahlentafel 10.   *Einfluß der Abkühlungsgeschwindigkeit auf die Bindungsfestigkeit eines Zinnweißmetalls mit Kadmiumzusatz.*
(Nach: *P. G. Forrester* und *L. T. Greenfield*.)

Legierung	Bindungsfestigkeit[1] (kg/mm²)			
	Relatives Maß für die Abkühlungsgeschwindigkeit (gemessen an der zur Abkühlung verwendeten Wassermenge)			Luftabkühlung
	3000 cm³/min	2000 cm³/min	1000 cm³/min	
9 Sb/2 Cu/1 Cd	3,8	4,0	6,9	9,7
9 Sb/2 Cu/2 Cd	—	—	—	9,5
9 Sb/2 Cu/3 Cd	2,5	—	—	6,7

[1] Gemessen mit der Probe nach *Chalmers.*

[1] Forrester: Zit. S. 54, 5,

Dichte als die zinnreiche Grundmasse, so daß die Cu_6Sn_5-Kristalle unter dem Einfluß der Fliehkraft zur Bindungsfläche wandern, während die SbSn-Kristalle sich an der inneren Oberfläche des Ausgusses anreichern. Dieser erzwungene Seigerungseffekt ist in Abb. 45 dargestellt.

Zahlentafel 11 enthält Beobachtungsergebnisse über die Bindungsfestigkeit (neben Angaben über das Ausmaß der Seigerung), die besonders für die kupferreiche Legierung (7 Sb/7 Cu) bemerkenswert sind. Die Unterlegenheit der durch „Handguß" gewonnenen Bindung ist deutlich. Die hierfür maßgebenden spröden Cu_6Sn_5-Zwischenschichten entstehen offensichtlich beim Schleuderguß nicht. Man nimmt an, daß durch den Rühreffekt des Schleudergießverfahrens der Einfluß der Kristallisationsfremdkeime in der Stahloberfläche ausgeschaltet wird und dadurch das

Zahlentafel 11. *Bindungsfestigkeit von Zinnweißmetallen auf Stahl (Schleuderguß).*
(Nach *P. G. Forrester* und *L. T. Greenfield.*)

Legierung	Umfangs-geschwindig-keit	Mittlere Bindungs-festigkeit[1]	Chemische Zusammensetzung (%)			
			in der Nähe der Bindungsfläche		in der freien Oberfläche	
	m/sek.	kg/mm²	Cu	Sb	Cu	Sb
7 Sb/3½ Cu	3,73	7,54	6,7	6,5	1,8	7,2
7 Sb/3½ Cu	5,08	7,38	6,9	6,1	1,8	7,3
7 Sb/3½ Cu	6,35	7,22	8,3	6,2	1,8	7,5
7 Sb/3½ Cu	9,53	7,22	10,9	5,8	1,4	7,5
7 Sb/3½ Cu	Handguß	8,48	—	—	—	—
7 Sb/7 Cu	5,08	7,69	—	—	—	—
7 Sb/7 Cu	Handguß	4,08	—	—	—	—

[1] Gemessen mit der Probe nach *Chalmers.*

Ankristallisieren einer zusammenhängenden Cu_6Sn_5-Schicht unterbleibt. Im Gefügebild waren die Bindungszonen stets praktisch frei von Cu_6Sn_5-Ansammlungen.

Welchen *Einfluß* hat der *Schalenwerkstoff* auf den Bindungsvorgang und die Bindungsfestigkeit ?

Für *Stähle* mit 0,17 bis 0,38% C, bis 0,28% Ni, bis 0,27% Cr ergeben sich keine wesentlichen Unterschiede; Abweichungen von der normalen Fertigungstechnik, besonders lange Verzinnungszeiten bei hohen Temperaturen, führen zu einer Versprödung der Bindungsschicht durch $FeSn_2$-Säume, Zahlentafel 12.

Bei *Grauguß* liefern normale Arbeitsbedingungen nur schlechte Bindungen, maßgeblich verursacht durch Graphitflocken in der Oberfläche. Durch Zwischenschalten galvanisch aufgebrachter Eisenschichten kann die Bindung verbessert werden. Günstig sollen sich auch zwei, zuerst von *Cresswell*[1] angegebene Verfahren auswirken, bei denen die

[1] *Cresswell, R. A.:* J. Iron Steel Inst. Bd. 152 (1945) S. 157.

Graugußoberfläche vor der Verzinnung entweder einer eutektischen Salzschmelze aus $ZnCl_2$ und NaCl oder aus $NaNO_3$ und KNO_3 ausgesetzt wird. Bei dem Chloridverfahren wird der die Bindung störende Graphiteinfluß nicht beseitigt, während die Nitrattechnik ein — wenigstens teilweises — Ausschalten des Graphits durch Oxydation bewirken soll. Das *Chlorid*verfahren besteht aus folgenden vorbereitenden Arbeitsgängen: Mechanische Säuberung; Erwärmen auf 300°; Eintauchen in die Chloridschmelze von 300 bis 350° und normale Heißverzinnung. Das *Nitrat*verfahren ist verwickelter; es erfordert folgende Arbeitsgänge: Mechanische Säuberung und Entfettung; Beizen in 10%iger H_2SO_4 bei 85°; Eintauchen in das Nitratbad bei 350° bis 400°; Beizen in 10%iger Fluorwasserstoffsäure zur Beseitigung des Oxydfilms; Flußmittelbehandlung und Verzinnung.

Zahlentafel 12. *Bindungsfestigkeit von Zinnweißmetall (7,7 Sb/3,5 Cu) auf weichem Stahl. Einfluß der Verzinnungsbedingungen.* (Nach *P. G. Forrester* und *L. T. Greenfield.*)

Verzinnungsdauer	Verzinnungstemp. °C	Mittlere Bindungsfestigkeit[1] kg/mm²	Streubereich (8 Einzelmessungen) kg/mm²
15 Sek.	280°	8,3	7,9 bis 8,7
15 Sek.	380°	8,2	7,3 bis 9,0
5 Min.	280°	8,3	8,0 bis 8,5
5 Min.	380°	8,2	7,5 bis 8,9
60 Min.	380°	7,5	6,9 bis 8,1
60 Min.	480°	1,1	0,9 bis 1,2

[1] Gemessen mit der Probe von *Chalmers.*

Nach Zahlentafel 13 sind die erreichbaren Bindungsfestigkeiten bestenfalls nur halb so groß wie bei weichem Flußstahl; da jedoch in Graugußschalen die Weißmetallschicht durchweg mit größeren Schichtdicken zum Einsatz gelangt, dürften die Bindungsfestigkeiten in vielen Fällen ausreichend sein. Die Nitratbad-Vorbehandlung liefert die besten Resultate. Die bei reiner Scherbeanspruchung gemessene geringe Bin-

Zahlentafel 13. *Bindungsfestigkeit von Zinnweißmetall (7 Sb/3¹/₂ Cu) auf Grauguß.* (Nach *P. G. Forrester* und *L. T. Greenfield.*)

Zusammensetzung in %				Art der Probe	Bindungsfestigkeit[1] (kg/m²)		
Gesamt C	Si	Mn	P		Nitrat-bad-Behandlung	Chlorid-bad-Behandlung	Galvanischer Eisenüberzug
3,0	1,45	0,9	0,12	Chalmers	3,9	2,8	2,0
3,10	1,90	0,7	0,16	Chalmers	4,4	3,0	2,0
3,30	2,20	0,8	0,20	Chalmers	3,8	2,0	2,0
3,25	3,00	0,55	1,00	Chalmers	5,5	1,9	1,4
Grauguß, unbekannt				Chalmers	5,5	4,6	—
Grauguß, unbekannt				Scherprobe	2,8	2,7	—

[1] Gemessen mit der Probe von *Chalmers.*

dungsfestigkeit deutet auf Bindungsfehler hin. (Diskontinuitäten durch Graphitflocken). — Die Zusammensetzung des Graugusses ist offensichlich von geringem Einfluß.

Bei *Zinnbronzen* mit oder ohne Phosphor und Zink werden die Eigenschaften in der Bindungszone entscheidend beeinflußt durch das Auf-

Zahlentafel 14. *Einfluß der Verzinnungsbedingungen bei Zinnbronzen (mit 10 bis 14% Sn) auf die Bildung spröder Cu_6Sn_5-Zwischenschichten.*
(Nach *P. G. Forrester* und *L. T. Greenfield*.)

Verzinnungs-temperatur	Verzinnungs-zeit	Ergebnis der metallograph. Untersuchung	Verhalten der Bindung bei der Meißelprobe
250	15 Sek.	praktisch Cu_6Sn_5 frei	zähe Bindung
250	5 Min.	Spuren von Cu_6Sn_5	zähe Bindung
450	15 Sek.	dünne Cu_6Sn_5-Schicht	ziemlich spröde Bindung
450	5 Min.	dicke Cu_6Sn_5-Schicht	sehr spröde Bindung

treten von Cu_6Sn_5-Säumen. Um ihren Einfluß auszuschalten, müssen beim Verzinnen und Gießen die Arbeitstemperaturen und -zeiten so gering wie möglich gehalten werden, Zahlentafel 14. Die erreichbaren Festigkeiten entsprechen den bei Stahl erzielten.

Auch bei *Aluminium* lassen sich gute Bindungen erreichen, die denen bei Stahl oder Zinnbronzen erzielbaren entsprechen; Voraussetzung hierfür ist eine geeignete Vorbehandlung[1].

4. Mechanische Eigenschaften.

Jede Lagerlegierung muß statisch- und dynamisch-wirkende Kräfte bei normaler und erhöhter Temperatur übertragen. Aus dieser Festigkeitsgrundforderung, die nur einen *Teil* der an einen Lagerwerkstoff zu stellenden Forderungen umfaßt, folgen für die Lagerpraxis gewisse Mindest*druck-*, *Biege-* und *Dauerfestigkeits*werte, deren Größe von der Betriebsbeanspruchung abhängt. Mit der Besonderheit der Kraftübertragung im Lager: eine sich drehende Welle oder ein rotierender Zapfen überträgt über einen dünnen Ölfilm die Last auf eine ruhende Schale, ist die praktisch wichtige Forderung nach einer gewissen *Formänderungsfähigkeit* des Lagermetalls eng verknüpft. Diese Forderung verläßt aber bereits das reine Festigkeitsgebiet des Lagerproblems; sie greift hinüber in den Bereich der Gleiteigenschaften, und hier speziell in die Problematik des Freßvorgangs.

Das Fressen ist ein komplizierter physikalischer Vorgang[2], für den nach dem heutigen Stande der Erkenntnis zwei Einflußgrößen bestimmend sind. *Erstens* spielt die Haftfestigkeit des Öls eine bedeutsame Rolle; sie hängt nicht nur von

---

[1] *Forrester:* Zit. S. 54, 5. — [2] Siehe hierzu *G. J. Finch:* Proc. Phys. Soc. Sect. B. Bd. 63 (1950) S. 465/83.

dem Lagerwerkstoff, sondern auch von den spezifischen Eigenschaften des Schmiermittels ab. Sie kann demnach nur beurteilt werden, wenn das ganze System Metall-Öl ins Auge gefaßt wird[1]. — *Zweitens* spielen rein stoffliche Beziehungen zwischen dem Metallpaar Welle-Lagermetall eine wichtige Rolle. Beim Start oder beim Auslaufen der Maschine entsteht im Bereich der Grenzreibung metallische Berührung zwischen beiden Metallen. Da die Lageroberfläche keine Fläche im mathematischen Sinne darstellt, sondern mehr oder weniger rauh ist, erfolgt die Berührung zunächst nur örtlich an wenigen Stellen, die demgemäß hoch beansprucht werden. Die Folge hiervon sind örtliche Verschweißungen, die aber zunächst wieder zerstört werden. Je nach der Festigkeit dieser Schweißverbindung oder der Festigkeit des Lagermetalls oder der Festigkeit des Wellenwerkstoffs

Zahlentafel 15. *Härte und Warmhärte einiger Zinnweißmetalle mit Kadmiumzusatz.*
(Nach *C. E. Homer* und *H. Plummer.*)

Zusammensetzung in %				Gießtemperatur ° C	Brinellhärte (5/25/30)			Dehnung im Bereich zwischen 20 und 120° C in %
Sb	Cu	Cd	Sn		20 °	100 °	140 °	
3,5	3,5	—	Rest	325	13,6	7,8	5,7	35—50
3,5	3,5	1,0	„	305	20,2	10,6	7,5	23—35
3,5	3,5	3,0	„	305	26,1	15,1	10,7	15—25
3,5	3,5	5,0	„	305	23,9	14,0	10,1	20—25
7,0	3,5	—	„	285	18,0	9,9	7,1	15—45
7,0	3,5	1,0	„	350	22,5	12,0	8,0	10—30
7,0	3,5	3,0	„	365	28,7	16,8	11,2	10—20
7,0	3,5	5,0	„	365	30,9	18,1	10,0	8—13
7,0	3,5	7,0	„	300	27,9	15,3	11,4	8—15
10	7	—	„	360	21,2	11,9	8,8	10—35
10	7	1	„	360	26,9	14,9	10,2	5—20
10	7	3	„	360	30,0	15,9	10,9	3—13
10	7	5	„	360	28,1	16,8	14,3	2—8
10	7	9	„	360	33,2	18,9	12,8	2—6

geschieht die Zerstörung in der Schweißverbindung selbst oder im Lagermetall (was die Regel ist) oder im Wellenmaterial. In der Mehrzahl aller Fälle entstehen bei diesem Vorgang in der Lageroberfläche *Narben* oder *Kerben*, die den Beginn des Fressens anzeigen. Die aus der Lageroberfläche herausgerissenen Partikelchen sind dann meist auf der Wellenoberfläche aufgeschweißt. Vollzieht sich der Verschweißungsprozeß gleichzeitig oder in einer kurzen Zeitspanne an sehr vielen Stellen, so wird der Gleitvorgang völlig anomal und führt zu einer weitgehenden Zerstörung der Lageroberfläche. Man spricht dann von „*Fressen*".

Die Bedeutung der geforderten *Formänderungsfähigkeit* wird hier sichtbar; besitzt nämlich der Werkstoff eine gewisse Anpassungsfähigkeit, d. h. führen die ersten metallischen Berührungen zu einer plastischen Deformation des Lagermetalls an den kritisch beanspruchten Stellen, so nimmt zwangsläufig die tragende Fläche zu; die spezifische Flächenbelastung und damit auch die Wärmeentwicklung

---

[1] Das angelsächsische Schrifttum faßt alle hiermit zusammenhängenden Probleme in dem Wort „oiliness" zusammen. Ein inhaltlich gleichwertiger deutscher Ausdruck fehlt.

nimmt ab und die Bildung der ersten Freßnarben unterbleibt. *Alle Weißmetalle besitzen diese Eigenschaft in hervorragendem Maße.* Ihr relativ niedriger Schmelzpunkt wirkt ferner der Bildung fester Verschweißungen entgegen. An dieser Stelle

Zahlentafel 16. *Einfluß eines Nickelzusatzes auf die Eigenschaften eines Zinnweiß-metalls mit 93% Sn, 3,5% Cu und 3,5% Sb.*

(Nach *Mundey* und *Bissett*.)

Nr.	Nickelzusatz in %	Brinellhärte	Zug-festigkeit in kg/mm²	Streckgrenze (bleibende Dehnung 0,05 %)	Dehnung in % (Meßlänge 50,8 mm)
1	0,0	24,9	8,1	5,6	11,6
2	0,1	19,3	7,2	4,4	18,0
3	0,2	21,5	7,2	4,4	12,2
4	0,3	22,3	6,9	4,0	6,1
5	0,4	21,5	7,2	4,7	11,0
6	0,5	21,5	5,6	4,7	5,7
7	1,0+4% Cu	20,1	6,4	4,0	15,4

tritt auch die Bedeutung niedrigschmelzender (und weicher) Metallschichten hervor, die heute bei festeren und härteren aber dementsprechend auch weniger formänderungsfähigen und höher schmelzenden Gleitlagerwerkstoffen zur Verhinderung des Fressens üblich geworden sind.

Die Forderung nach ausreichender Formänderungsfähigkeit hat weiterhin auch noch Bedeutung für die *Betriebssicherheit* des Lagers, insofern als sie gewisse Einbaumängel, Durchbiegungen der Welle unter Last und ähnliches durch plastische Deformation unschädlich machen soll. Letztlich handelt es sich auch hier darum, der Freßgefahr an den kritisch beanspruchten Lagerstellen zu begegnen,

Zahlentafel 17. *Härte und Warmhärte (100° C) von Zinn- und Blei-Zinn-Weißmetallen.*
(Nach USA Metals Handbook 1948.)

Norm-bezeichnung ASTM (siehe Tabelle 1, 2 und 3)	Chemische Zusammensetzung in %				Härte (10/500/30) kg/mm²	
	Cu	Sn	Sb	Pb	20°	100°
Alloy Grade						
1	4,56	90,9	4,52	0,00	17,0	8,0
2	3,1	89,2	7,4	0,03	24,5	12,0
3	8,3	83,4	8,2	0,03	27,0	14,5
4	3,0	75,0	11,6	10,2	24,5	12,0
5	2,0	65,5	14,6	18,2	22,5	10,0
6	1,5	19,8	14,6	63,7	21,0	10,5
7	0,11	10,0	14,5	75,0	22,5	10,5
8	0,14	5,2	14,9	79,4	20,0	9,5
10	0,12	2,05	15,7	82,0	17,5	9,0
11	0,19	0,09	14,8	84,7	15,0	7,0
12	0,12	0,11	9,9	89,4	14,5	6,5
15	0,5	1,0	15,0	82,5	21,0	13,0
16	0,5	10,0	12,5	77,0	27,5	13,6
19	—	5,0	9,0	86,0	17,7	8,0

die mit diesen praktischen Gegebenheiten zwangläufig verknüpft ist. So verursacht z. B. eine Verbiegung der Welle an den Lagerenden Kantenpressungen; der Ölfilm wird zerstört und die Voraussetzung für einen Fresser ist gegeben. Vermag der Lagerwerkstoff die örtliche Überbeanspruchung durch plastische Deformation auszugleichen, ist die Gefahr meist erheblich vermindert. — Als Maß für die Formänderungsfähigkeit dienen vorzugsweise die Ergebnisse aus *Druck*versuchen und *E-Modul*-Messungen.

Es ist eine besondere Schwierigkeit des Lagerproblems, daß die sonst zur Werkstoffbeurteilung verwendeten technologischen Kenngrößen

Zahlentafel 18. *Härte und Warmhärte von Lagermetallen auf Blei- und Blei-Zinn-Basis.* (Nach DIN 1728 E.)

Kurzzeichen (siehe Tabelle 1 und 2)	Brinellhärte (kg/mm²) (P = 2,5 D²: 180 sec.)			Bemerkungen
	20 ° C	50 ° C	100 ° C	
LgPbSb 12	21 bis 25	12 bis 20	7 bis 3	Schmelzbereich: 254—380° C Gießbereich: 380—550° C
LgPbSb 16	17	15	10	Schmelzbereich: 240—300° C Gießbereich: 400—530° C
LgPbSn 5 (WM 5)	21,5	13	5,5	untere Werte.
LgPbSn 10 (WM 10)	23,0	16	8,5	Schmelzbereich: 235—370° C Gießbereich: 420—450° C
LgPbSn6 Cd	26 bis 28	20 bis 22	14 bis 16	Schmelzbereich: 245—420° C Gießbereich: 480—520° C
LgPbSn9Cd	24,0	20	12	Schmelzbereich: 240—300° C Gießbereich: 430—480° C
LgSn 80 (WM 80)	29,5	21,0	9,5	Schmelzbereich: 230—400° C Gießbereich: 440—460° C

allein keine Gewähr für das Verhalten des Lagermetalls in der Praxis bieten; das hat bekanntlich seinen Grund in der komplexen Verknüpfung von Werkstoffkenngrößen, konstruktiven Details und der Art der Schmierung und des jeweils verwendeten Schmiermittels. Immerhin geben sie aber doch einen ersten Anhalt; hierin liegt ihr Wert.

a) Statische Festigkeitseigenschaften. *Härte.* Von allen technologischen Werkstoffkennwerten sind *Härte* und *Warmhärte* am häufigsten untersucht worden. Für zinnreiche Weißmetalle geben systematische Messungen von *F. K. v. Göler* und *H. Pfister*[1] einen guten Überblick über den

---

[1] *v. Göler, F. K.* u. *H. Pfister:* Metallwirtschaft Bd. 15 (1936) S. 342/348, 365/368.

Einfluß der Zusammensetzung und der Temperatur, Abb. 46. Bei gleichem Kupfergehalt nimmt danach die Härte mit steigendem Antimongehalt zunächst zu; nach Überschreitung der Löslichkeitsfläche für Antimon erfolgt jedoch nur noch ein geringer Anstieg. Auch mit steigendem Kupfergehalt ist bei sonst gleicher Zusammensetzung eine Härtezunahme verbunden.

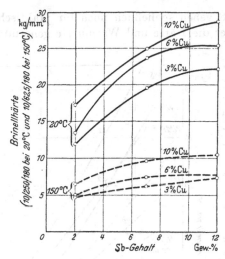

Abb. 46. Einfluß der Zusammensetzung und der Temperatur auf die Härte von Zinn-Weißmetallen. (Nach *v. Göler* und *Pfister*.)

Nach Abb. 46 nimmt mit steigender Temperatur die Härte beträchtlich ab. Dieser Erweichungsvorgang ist in Abb. 47 für einige *zinn*reiche Weißmetalle dargestellt; man sieht, daß trotz der verhältnismäßig großen Härteunterschiede bei Raumtemperatur die Härtewerte aller Legierungen bei höheren Temperaturen sich immer mehr angleichen. Das starke Absinken der Härte begrenzt die Anwendbarkeit zinnreicher Weißmetalle bei höheren Temperaturen.

Die Bedeutung der Legierungszusätze *Kadmium* und *Nickel* zeigen die Zahlentafeln 15 und 16. Nach *C. E. Homer* und *H. Plummer*[1] nimmt die Härte — unabhängig von dem Verhältnis Antimon: Kupfer — mit steigendem Kadmiumzusatz zu, Zahlentafel 15; ein Zusatz von mehr als 3 % Kadmium bringt aber keinen weiteren Vorteil, da die Formänderungsfähigkeit der Legierung sich hierbei verschlechtert. Ferner ist zu beachten, daß z. B. ein Weißmetall mit 7 % Antimon, 3,5 % Kupfer und 3 % Kadmium schon bei 170° schmilzt. Bei geringerem Antimongehalt erfolgt das Aufschmelzen bereits bei weniger als 3 % Kadmiumzusatz. Bietet somit ein Kadmiumzusatz in gewissen Grenzen eine Verbesserung, so scheint dies für eine Nickelzugabe nach *A. H. Mundey* und *C. C. Bissett*[2] fraglich. Nickel bringt, wie auch Festigkeitswerte in Zahlentafel 16 zeigen, keinen nennenswerten Vorteil. — *Blei*zusätze verursachen bei Raumtemperatur eine Härtesteigerung, die jedoch in der Wärme fehlt.

Die Abhängigkeit der Härte von der Zusammensetzung und der Temperatur für verschiedene Blei-Zinn-Weißmetalle enthalten die Abb. 48 und 49. Mit wachsendem Zinngehalt bis zu etwa 10 % steigen die Härte-

---

[1] *Homer, C. E.* u. *H. Plummer:* Techn. Publ. Internat. Tin. Res. Develop. Council, Ser. A Nr. 57 (1937).

[2] *Mundey, A. H.* u. *C. C. Bissett:* J. Inst. Met. Bd. 30 (1923 II) S. 115.

und Warmhärtewerte an; höhere Zinnzusätze bringen keinen weiteren
Anstieg. Kupfergehalte steigern erst oberhalb 1,5 % die Härte und Warmhärte. Aus Abb. 49 ist zu ersehen, daß die bleihaltigen Weißmetalle
5 bis 42 und 70 den zinnreichen Weißmetallen WM 80 und WM 80 F
unterlegen sind.

Die Zahlentafeln 17 und 18 geben schließlich noch für praktische
Bedürfnisse eine Übersicht über die Härte und Warmhärte genormter
Weißmetalle.

Zugversuche. Einen Überblick über den Einfluß der
Zusammensetzung auf die Zugfestigkeit von Zinnweißmetallen
(Gießtemperatur 500°, Kokillentemperatur 200°) geben die Meßergebnisse in Abb. 50[1]. Mit sinkendem Zinngehalt nimmt die
Formänderungsfähigkeit der Legierung stark ab; in der gleichen
Richtung wirkt auch ein zunehmender Kupfergehalt. Eine
Bestätigung dieser Zusammenhänge enthalten die Zahlentafeln 19 a und b, die Meßergebnisse an handelsüblichen Lagerweißmetallen wiedergeben.
Der Vorteil des Kadmiums folgt
aus einem Vergleich der Legierungen 7 und 8, 9 und 10, 15
und 16 bzw. 17 und 18 (Zahlentafel 19 a). Die verbessernde
Wirkung ist am stärksten bei
geringen Antimon- und Kupfergehalten. Den Einfluß eines

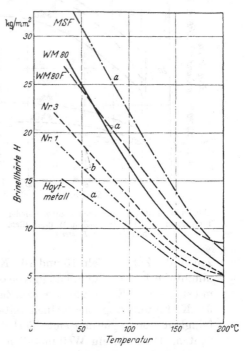

Abb. 47. Warmhärte (H 10/62,5/180 bzw.
H 10/60/?) einiger hochzinnhaltiger Lager-
metalle. (Nach *v. Göler* und *G. Sachs* (a) und
Herschman und *Basil* (b).)

Zusammensetzung der Legierungen in Abb. 47.

Bezeichnung	Chemische Zusammensetzung in %				Bemerkung
	Sn	Sb	Cu	Rest	
Hoyt-Metall	89,75	7,0	3,0	0,25 Ni	10/62,5/180
Nr. 1	90,9	4,6	4,5	—	10/60/?
Nr. 3	83,8	8,1	8,1	—	10/60/?
WM 80 F	80,0	10,0	10,0	—	10/62,5/180
WM 80	80,0	12,0	6,0	2,00 Pb	10/62,5/180
MSF	Hochzinnhaltiges, bleifreies Weißmetall mit Kadmiumzusatz				10/62,5/180

[1] *v. Göler:* Zit. S. 64.

höheren Bleizusatzes zeigt ein Vergleich der Legierungen 17 und 19; besonders in der Wärme verschlechtert der Bleizusatz sowohl den Formänderungswiderstand als auch das Formänderungsvermögen.

Für Blei-Zinn-Weißmetalle ändert sich die Zugfestigkeit mit der Zusammensetzung der Legierung nach Abb. 51. Bei zunehmendem Zinngehalt nimmt danach die Festigkeit zuerst stärker, dann langsamer zu. Es ist jedoch zu beachten, daß andere Forscher — namentlich bei geringen Zinngehalten — im Vergleich zu der angegebenen Kurve höhere Festigkeitswerte beobachten. Die Ursache hierfür liegt vermutlich in unterschiedlichen Gieß- und Erstarrungsbedingungen, deren bedeutsamer Einfluß bei Blei-Zinn-Weißmetallen schon erwähnt worden ist.

Den Einfluß unterschiedlicher Gieß- und Erstarrungs-

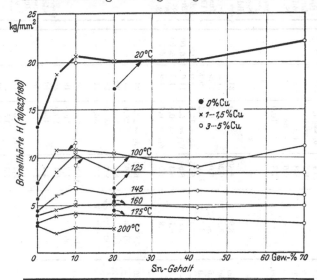

Nr.	Chemische Zusammensetzung der untersuchten Blei-Zinn-Weißmetalle in %				Nr.	Chemische Zusammensetzung der untersuchten Blei-Zinn-Weißmetalle in %			
	Pb	Sn	Sb	Cu		Pb	Sn	Sb	Cu
1	87,0	—	13,0	—	5	65,6	20	14,5	—
2	78,5	5	15,5	1,0	6	64,0	20	14,5	1,5
3	73,5	10	15,5	1,0	7	41,0	42	14,0	3,0
4	71,5	10	15,5	3,0	8	12,0	70	13,0	5,0

Abb. 48. Härte von Blei-Zinn-Weißmetallen in Abhängigkeit von der Zusammensetzung und der Temperatur (Gießtemperatur 500°; Kokillentemperatur 200°). (Nach v. *Göler* und *F. Scheuer*.)

bedingungen auf Zugfestigkeit, Streckgrenze und Dehnung sowohl an zinnreichen als auch bleireichen Weißmetallen ist von *R. Arrowsmith*[1] eingehender untersucht worden. Auf die Ergebnisse dieser Untersuchung ist bereits früher hingewiesen worden (Abb. 40a, b, S. 52, 53).

Zur Kennzeichnung des Verhaltens in der Wärme sind auch Kurzzerreißversuche bei höheren Temperaturen ausgeführt worden[2], Zahlentafel 19a und c. Derartige Angaben haben praktisch keine große Bedeutung, da schon bei Raumtemperatur sowohl zinnreiche als auch bleireiche Weißmetalle bei Spannungen, die weit unter der Streckgrenze

---

[1] *Arrowsmith:* Zit. S. 49. — [2] *Greenwood, H.:* Techn. Publ. Int. Tin. Res. Develop. Council, Ser. A Nr. 58 (1937).

Zahlentafel 19a. Ergebnisse von Zugversuchen an Zinn-Weißmetallen nach verschiedenen Beobachtern.

Nr.	— Chemische Zusammensetzung in % Sn	Sb	Cu	Pb	Fe	Ni	Cd	As	Gießtemperatur °C	Kokillentemperatur °C	Streckgrenze kg/mm²	Zugfestigkeit kg/mm²	Dehnung %	Einschnürung %	E-Modul kg/mm²	Beobachter
1	93,0	3,5	3,5	—	—	—	—	—	350	100	—	8,0	$\delta_4 = 11,6$	—	—	*Munday, A. H., C. C. Bissett* u. *J. Cartland:* J. Inst. Met. Bd. 28 (1922 II) S. 141
2	86,0	10,5	3,5	—	—	—	—	—	350	100		10,4	$\delta_4 = 7,1$	—	—	
3	78,0	11,0	11,0	—	—	—	—	—	350	100		10,2	keine	—	—	
4	83,0	10,5	2,5	4,0	—	—	—	—	350	100		8,8	keine	—	—	
5	80,0	11,0	3,0	6,0	—	—	—	—	350	100		9,0	keine	—	—	
6	85,6	6,2	5,2	—	—	—	—	—	350	100	—	7,3	10,0	—	—	*Swartz, C. E.* u. *A. H. Philipps:* Proc. Amer. Soc. Test. Mater. Bd. 33 (1933 II) S. 416
7	92,3	3,78	3,55	0,30	0,04	—	—	0,03	450	150	3,95	6,80	19,0	31,5	—	*Arrowsmith, R.:* J. Inst. Met. Bd. 55 (1934 II) S. 71
8	92,3	3,78	3,55	0,30	0,04	—	1,0	0,03	450	150	4,15	10,30	6,6	7,5	—	
9	85,0	10,75	3,90	0,30	0,04	—	1,0	—	450	150	4,23	9,05	9,2	15,5	—	
10	85,0	10,75	3,90	0,30	0,04	0,08	—	—	450	150	6,95	11,0	3,2	5,0	—	
11	92,9	3,6	3,4	—	0,05	—	—	0,02	—	—	3,45	5,75	$\delta_{10} = 11,5$	23,0	6000	*Bollenrath, F., W. Bungardt* u. *E. Schmidt:* Luftf.-Forschung Bd. 14 (1937) S. 417
12	87,2	6,9	5,7	0,19	0,03	—	—	0,02	—	—	5,80	8,5	$\delta_{10} = 5,2$	11,0	6100	
13	80,4	11,4	7,4	0,67	0,04	—	—	—	—	—	6,7	8,3	$\delta_{10} = 0,6$	1,0	5800	
14	79,9	10,0	9,9	0,19	0,08	—	—	—	—	—	6,9	7,5	$\delta_{10} = 0,6$	1,0	6000	
15	92,3	3,78	3,55	0,30	0,04	—	—	0,03	450	20	18° C: 5,35 50° C: 4,51 100° C: 3,07 150° C: 1,83 175° C: 1,1	6,70 5,65 3,7 2,7 1,9	$\delta_4 = 20,5$ 26,0 25,0 32,0 36,0	24 34 35 38 41	—	
16	92,3	3,78	3,55	0,30	0,04	—	**1,0**	0,03	550	20	18° C: 7,9 50° C: 5,7 100° C: 4,0 150° C: 3,0 175° C: 1,73	10,3 7,7 5,4 3,0 2,1	$\delta_4 = 8,5$ 16,0 20,0 45,0 63,0	10 19 26 40 69	—	
17	85,5	9,88	4,21	0,33	0,05	—	—	0,03	450	20	18° C: 7,3 50° C: 6,1 100° C: 4,3 150° C: 2,7 175° C: 1,8	9,3 7,8 5,7 3,4 2,2	$\delta_4 = 13$ 17 23 33 52	17 25 26 43 61	—	*Greenwood, H.:* Technical Publications of the International Tin Research and Development Council, Ser. A (1937) Nr. 53

Zahlentafel 19b. Ergebnisse von Zugversuchen an Blei-Zinn-Weißmetallen.

Nr.	Chemische Zusammensetzung								Gießtemperatur °C	Kokillentemperatur °C	Zugversuch			Härte bei 20° C kg/mm²	Beobachter
	Pb	Sn	Sb	Cu	As	Ni	Fe	Cd			Streckgrenze kg/mm²	Zugfestigkeit kg/mm²	Dehnung %		
1	28,5	60,0	10,0	1,5	—	—	—	—	350	100	—	7,9	keine	27,1²	A. H. Mundey, C. C. Bissett u. J. Cartland; J. Inst. Met. Bd. 28 (1922 II) S. 141
2	48,5	40,0	10,0	1,5	—	—	—	—	350	100	—	7,2	keine	21,8²	
3	63,5	20,0	15,0	1,5	—	—	—	—	350	100	—	8,6	keine	31,3²	
4¹	80,0	5,0	15,0	—	—	—	—	—	350	100	—	7,4	$\delta_4 = 2,8$	24,9²	
5	63,5	20,0	15,0	—	—	—	—	—	346	?	—	10,2	keine	21,0	L. E. Grant: Metals & Alloys Bd. 3 (1932) S. 138f.
6	75	10,0	15,0	max. 0,5	—	—	—	—	338	?	—	11,0	keine	22,5	
7	80	5,0	15,0	max. 0,5	—	—	—	—	341	?	—	10,95	keine	20,0	
8	85	5,0	10,0	max. 0,5	—	—	—	—	327	?	—	10,3	keine	19,0	
9	83	2,0	15,0	max. 0,5	—	—	—	—	332	?	—	10,8	keine	17,5	
10	70,4	10,7	15,3	1,7	0,15	0,01	0,06	1,83	?	?	5,3	7,0	$\delta_{10} = 0,4$	22,7	F. Bollenrath, W. Bungardt und E. Schmidt, Luftf.-Forschg. Bd. 14 (1937) S. 417

¹ Enthält kleine Mengen Wismut (Magnolia-Metall).

² Prüfbedingung: HB (10/500?).

liegen, meßbar kriechen. Die Angabe der *Dauerstandfestigkeit* wäre daher zum Vergleich zweckmäßiger gewesen[1]. Jedoch erlauben Kurzzeit-messungen in der Wärme einen Vergleich einiger häufig verwendeter Le-gierungszusätze. So ist z. B. aus Zahlentafel 19c zu entnehmen, daß Arsen-zusätze zu Blei-Zinn-Weißmetallen ein gutes Mittel darstellen, um den Erweichungsvorgang bei höheren Temperaturen zu hemmen. Von dieser Mög-lichkeit wird in der Praxis häufig Gebrauch gemacht.

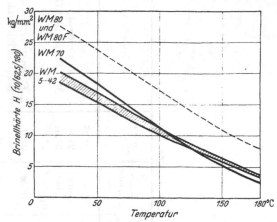

Abb. 49. Warmhärte von Blei-Zinn-Weißmetallen. (Nach *v.Göler* und *G. Sachs.*)

Stauchversuche. Das Ver-halten von Zinn-Weißme-tallen unterschiedlicher Zusammensetzung beim Druckversuch verdeutlicht Abb. 52[2]. Auch hier zeigt sich, daß mit steigendem Antimonzusatz sowohl die

Zahlentafel 19c. *Warmzugversuche an Blei-Zinn-Weißmetallen.*
(Nach USA Metals Handbook 1948.)

Nr.	Chemische Zusammensetzung in %				Temp.	Zugfestigkeit[1]	Dehnung (l_0 = 2 Zoll)
	Sb	Sn	As	Pb	° C	kg/mm²	%
1	12,75	0,75	3,0	Rest	25°	6,89	1,5
					100°	4,71	4,0
					150°	2,95	10,0
					200°	1,34	70,0
2	15,0	1,00	1,0	Rest	25°	7,28	2,0
					100°	4,50	9,0
					150°	2,37	26,0
					200°	0,88	95,0
3	15,0	5,0	—	Rest	25°	7,03	5,0
					100°	3,82	27,0
					150°	2,04	55,0
					200°	0,84	100,0

[1] Vor der Messung 20 Minuten bei der Versuchstemperatur gehalten.

[1] Siehe hierzu *D. Hanson* u. *E. J. Sandford:* J. Inst. Met. Bd. 59 (1936) S. 159 u. *B. Chalmers:* Proc. Roy. Soc., Lond. Bd. 156 (1936) (AJ) S. 427.
[2] *v. Göler:* Zit. S. 64.

Zahlentafel 20. *Ergebnisse von Druckversuchen*[1] *an Weißmetallen.* (Nach *Kent's* Mechanical Engineers Handbook, New York (1938) und USA Metals Handbook 1948.)

Nr.	Soll-Zusammensetzung in %				Spez. Gewicht g/cm³	Ist-Zusammensetzung in %				Quetschgrenze[2] kg/mm²		Druckfestigkeit[3] kg/mm²		Brinellhärte (10/500/30)		Schmelzintervall		Gießtemperatur °C
	Cu	Sn	Sb	Pb	g/cm³	Cu	Sn	Sb	Pb	bei 20°	bei 95°	bei 20°	bei 95°	bei 20°	bei 95°	Beginn °C	Ende °C	°C
1	4,5	91,0	4,5	—	7,34	4,56	90,9	4,52	0,00	3,10	1,86	9,05	4,88	17,0	8,0	222	—	440
2	3,5	89,0	7,5	—	7,39	3,10	89,2	7,40	0,03	4,28	2,11	10,50	6,10	24,5	12,0	241	354	423
3	8,3	83,3	8,3	—	7,46	8,30	83,4	8,20	0,03	4,64	2,21	12,35	6,95	27,0	14,5	240	422	491
4	3,0	75,0	12,0	10,0	7,52	3,00	75,0	11,6	10,2	3,90	1,51	11,35	4,85	24,5	12,0	184	306	377
5	2,0	65,0	15,0	18,0	7,75	2,00	65,5	14,1	18,2	3,55	1,51	10,60	4,75	22,5	10,0	181	296	366
6	1,5	20,0	15,0	63,5	9,33	1,50	19,8	14,6	63,7	2,67	1,44	10,20	5,65	21,0	10,5	181	277	346
7	—	10,0	15,0	75,0	9,73	0,11	10,0	14,5	75,0	2,50	1,15	11,00	4,32	22,5	10,5	240	268	338
8	—	5,0	15,0	80,0	10,04	0,14	5,2	14,9	79,4	2,39	1,23	10,95	4,32	20,0	9,5	237	272	340
9	—	5,0	10,0	85,0	10,24	0,06	5,0	9,9	84,6	2,39	1,09	10,50	4,10	19,0	8,5	237	256	327
10	—	2,0	15,0	83,0	10,07	0,12	2,05	15,7	82,0	2,37	1,30	10,85	4,05	17,5	9,0	242	264	332
11	—	—	15,0	85,0	10,28	0,09	0,09	14,8	84,7	2,14	0,98	9,00	3,58	15,0	7,0	244	262	332
12	—	—	10,0	90,0	10,67	0,12	0,11	9,9	89,4	1,97	0,88	9,10	3,58	14,5	6,5	245	258	330
15[4]	0,50	1,00	15,0	82,5	10,05	—	—	—	—	—	—	—	—	21,0	13,0	248	281	350
16	0,50	10,00	12,5	77,0	9,88	—	—	—	—	—	—	—	—	27,5	13,6	244	257	327
19	—	5,00	9,0	86,0	10,50	—	—	—	—	—	—	10,97	4,29	17,7	8,0	239	257	327

[1] Probenform: Zylinder von ½'' Dmr. und 1½'' Länge; die Proben wurden aus Gußstäben (Kokillenguß) herausgearbeitet.

[2] Gemessen bei bleibender Stauchung von 0,125%.

[3] Bestimmt als spezifische Druckbelastung, die eine Höhenabnahme von 25% verursacht.

[4] Soll As-Gehalt: 1,0%.

Bruchspannung als auch die Quetschgrenze so lange zunimmt, bis das Sättigungsvermögen der Grundmasse für Antimon erreicht ist und die ersten kubischen SbSn-Kristalle im Gefüge auftreten. Bei weiterer

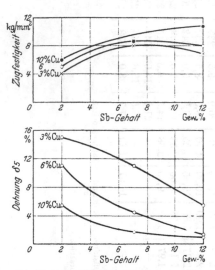

Abb. 50. Zugfestigkeit und Dehnung von Zinn-Weißmetallen unterschiedlicher Zusammensetzung. (Nach *v. Göler* und *Pfister.*)

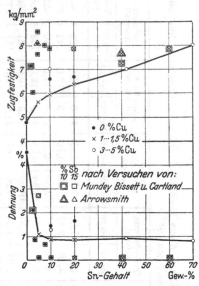

Abb. 51. Ergebnisse von Zugversuchen an Blei-Zinn-Weißmetallen. (Nach *v. Göler* und *Scheuer.*)

Steigerung tritt keine wesentliche Verbesserung mehr ein. Das Formänderungsvermögen dieser Legierungen wird maßgeblich durch die Höhe des Kupfergehaltes bestimmt. Bei mehr als 6% Kupfer bewirkt das Vorhandensein der Cu_6Sn_5-Kristalle eine starke Verringerung der Stauchfähigkeit, Abb. 52d.

Für Blei-Zinn-Weißmetalle gibt Abb. 53 Aufschluß. Bis zu 10% Zinn nimmt das Formänderungsvermögen (Stauchung) stark ab. Bei mehr als 10% Zinn erfolgt jedoch wieder ein langsamer Anstieg. –

Zahlentafel 21. *Druckfestigkeit von Weißmetallen nach DIN 1728.*

Kurzzeichen (siehe Tabelle 1 u. 2)	Statischer Druckversuch bei 20° C (h = d = 20 mm)	
	Druckfestigkeit kg/mm²	Stauchung %
LgPbSb 12	11 bis 14	22 bis 42
LgPbSb 16	13,6	35 bis 40
LgPbSn 5 *(WM 5)*	11,8[1]	25,5[1]
LgPbSn 10 *(WM 10)*	12,5[1]	22,5[1]
LgPbSn6Cd	17 bis 18	35 bis 40
LgPbSn9Cd	14,8	30 bis 35
LgSn 80 *(WM 80)*	16,8	35,5

[1] untere Werte.

Einen verwickelteren Zusammenhang läßt der Verlauf der Druckfestigkeit vermuten. Trotz der größeren Streuung der Meßwerte scheint nach Beobachtungen von *v. Göler* und *Scheuer* sowie *Heyn* und *Bauer* bei 10% Zinn ein Maximum zu bestehen, das vorerst nicht zu deuten ist.

Zahlentafel 20 enthält Ergebnisse aus Druckversuchen an technischen Weißmetallen, die auch den Temperatureinfluß erkennen lassen. Sie werden ergänzt durch Angaben des Deutschen Normblatts DIN 1728, Zahlentafel 21.

Biegeversuche. Die Ergebnisse von Biegeversuchen an Zinn-Weißmetallen unterschiedlicher Zusammensetzung gibt Abb. 54 wieder. Die

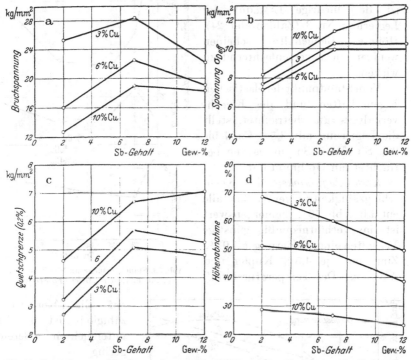

Abb. 52. Ergebnisse von Stauchversuchen an Zinn-Weißmetallen. (Abmessungen der Probekörper: 20 mm Dmr.; 20 mm Höhe.) (Nach *v. Göler* und *Pfister*.)

Ergebnisse zeigen auch hier den schon früher beobachteten Gang; nur bis etwa 7 % Antimon erfolgt eine Verbesserung.

Für Blei-Zinn-Weißmetalle ergibt sich in Abhängigkeit vom Zinngehalt eine Veränderung der Biegespannung und der Durchbiegung nach Abb. 55; die stärksten Veränderungen erfolgen im Bereich bis zu 10 % Zinn.

Von *J. W. Cuthbertson*[1] ist aus Biegeversuchen an Weißmetallen die Größe des E-Moduls bei Raumtemperatur und bei erhöhter Temperatur abgeleitet worden, sie ist in den Zahlentafeln 22 bis 24 mitgeteilt.

---

[1] *Cuthbertson, J. W.:* J. Inst. Met. Bd. 64 (1939) S. 209; vergl. auch: Metallwirtschaft, Bd. 18 (1939) Nr. 32 S. 690/91.

Der E-Modul zinnreicher Weißmetalle, etwa 5400 kg/mm² (bei 18°), ist von der Zusammensetzung ziemlich unabhängig; auch bringt ein Kadmiumzusatz keine nennenswerte Verbesserung.

Blei-Zinn-Weißmetalle haben geringere elastische Konstanten (Zahlentafel 23). Bemerkenswert ist der niedrige E-Modul der Legierung Nr. 3 (Zahlentafel 24). Höhere Bleigehalte scheinen weniger stark verschlechternd zu wirken.

Vom Standpunkt der elastischen Eigenschaften und des Kriechverhaltens aus betrachtet, stellt die Legierung mit 3,5 % Cu, 7 bis 9 % Sb, Rest Sn im ganzen betrachtet ein Optimum dar.

Kerbschlagzähigkeit. Die Kerbschlagzähigkeit einiger Weißmetalle enthält Abb. 56[1]; bemerkenswert ist das verhältnismäßig günstige Verhalten einer Legierung mit 91 % Zinn und je 4,5 % Kupfer und Antimon. Der Temperatureinfluß

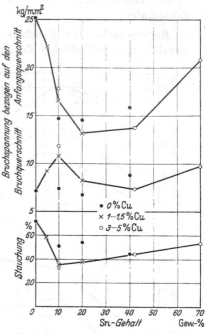

Abb. 53. Stauchversuche an Blei-Zinn-Weißmetallen. (Nach *v. Göler* und *Scheuer.*)

auf die Kerbschlagzähigkeit ist in dem untersuchten Bereich gering.

Die Kerbschlagzähigkeit von Weißmetallen auf Blei-Zinn-Basis ist den zinnreichen Legierungen bei allen Temperaturen unterlegen.

b) Dynamische Festigkeit. Zerstörte Weißmetall-Lagerausgüsse haben häufig ein Aussehen entsprechend

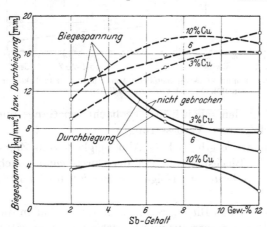

Abb. 54. Ergebnisse von Biegeversuchen an Zinn-Weißmetallen. (Nach *v. Göler* und *Pfister.*)

---

[1] *Herschman, H. K.* u. *J. L. Basil:* Proc. Amer. Soc. Test. Mat. Bd. 32 (1932 II) S. 536.

Abb. 57. Die Ausgußschicht ist von einem charakteristischen Netzwerk feiner Risse durchzogen; vereinzelt werden auch Ausbröcklungen des Lagermetalls beobachtet. Derartige Zerstörungen sind auf *Ermüdungs-*

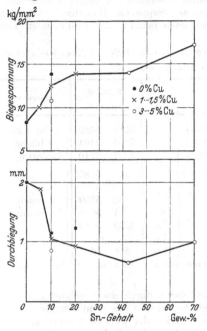

Abb. 55. Biegeversuche an Blei-Zinn-Weiß-metallen. (Probestab trapezförmig: oben 40 mm und unten 36 mm breit und 17 mm hoch; Biegelänge 100 mm.) (Nach *v. Göler* und *Scheuer*).

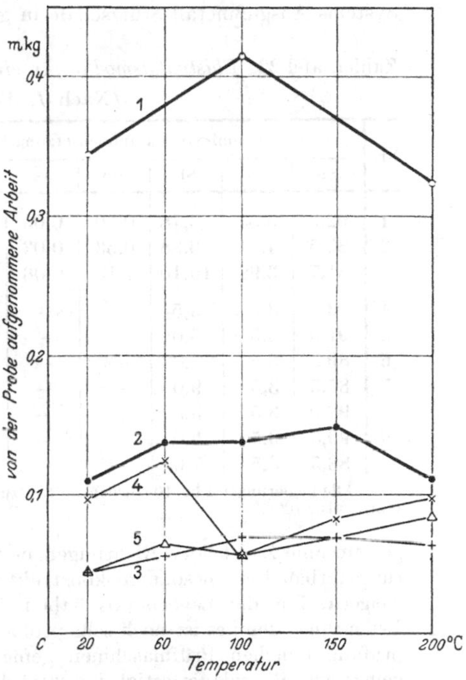

erscheinungen zurückzuführen. Die im Lager während des Betriebs auftretende *Dauerschlagbean-spruchung* oder schwingende *Dauer-beanspruchung* ist die Ursache für diese charakteristische Zerstörung des Weißmetalls. Die Zerstörung beginnt durchweg in der Ober-

Be-zeich-nung	Zusammensetzung in %			
	Pb	Sn	Sb	Cu
1	—	90,9	4,6	4,5
2	—	83,8	8,1	8,1
3	62,3	20,8	15,5	1,4
4	79,7	5,0	15,3	—
5	87,0	1,2	11,8	—

Abb. 56. Einfluß der Temperatur auf die Kerbschlagzähigkeit (Izod-Probe) einiger Weißmetalle (Mittelwerte aus je 5 Messungen). (Nach *Herschman* und *Basil*).

fläche der Gleitschicht und wandert nach und nach auf die Stützschale zu. Sie setzt sich dann häufig parallel zur Bindungsfläche fort, wobei — wie Abb. 58 zeigt — eine dünne Weißmetallschicht an der Stützschale haften bleibt. Bei schlechter Bindung werden auch Zerstörungen bis zur Oberfläche der Stützschale beobachtet.

Die *Dauerfestigkeit* des Lagerwerkstoffs und die *Dauerhaltbarkeit* des Systems: Stützschale — Ausgußmetall haben für die Belastungsfähigkeit des Lagers ausschlaggebende Bedeutung. Das dynamische Verhalten der Weißmetalle ist daher häufig untersucht worden, wobei im wesentlichen zwei Forschungsrichtungen festzustellen sind. Die *erste* Gruppe umfaßt Arbeiten, die sich in erster Linie mit der reinen Dauerfestigkeit des Lagerwerkstoffes besonders bei Biege- und Schlagbeanspruchung befassen, während die *zweite* Gruppe die Dauerhaltbarkeit des Systems Ausgußmetall-Stützschale in geeigneten Prüfmaschinen untersucht. Das

Zahlentafel 22. *Elastizitätsmodul für einige Zinnweißmetalle bei Raumtemperatur.*
(Nach *J. W. Cuthbertson.)*

Nr.	Chemische Zusammensetzung in %							E-Modul kg/mm²	Bemerkung
	Sn	Cu	Sb.	Pb	As	Fe	Cd		
1[1]	92,3	3,55	3,78	0,30	0,03	0,04	—	5381—5429	} Handels-
2	85,5	4,21	9,88	0,33	0,03	0,05	—	5394—5401	} übliche
3	81,7	3,99	10,10	4,10	0,06	0,07	—	5267—5310	} Legierungen
4	93	3,5	3,5	—	—	—	—	5120—5183	
5	91,5	3,5	5,0	—	—	—	—	5225	
6	89,5	3,5	7,0	—	—	—	—	5352—5359	} Versuchs-
7	87,5	3,5	9,0	—	—	—	—	5591—5605	} Legierungen
8	92,0	3,5	3,5	—	—	—	1,0	5239—5415	
9	90,5	3,5	5,0	—	—	—	1,0	5408	
10	88,5	3,5	7,0	—	—	—	1,0	5408—5633	

[1] Alle Legierungen 1 bis 10 wurden im Gußzustand untersucht; Gießtemperatur 400°; Kokillentemperatur 100°.

gemeinsame Ziel beider Richtungen besteht darin, durch einen geeigneten Legierungsaufbau bzw. besondere konstruktive Maßnahmen die Ermüdungsgrenze zu steigern. Für die Lagerpraxis haben die Studien der zweiten Gruppe größere Bedeutung; denn es ist noch sehr problematisch, ob die mit den in der Werkstoffprüfung üblichen Prüfmaschinen gemessene Dauerfestigkeit, vor allem die oft gemessene Biegedauerfestigkeit, tatsächlich ein Maß für die Lebensdauer des Lagerausgusses im Betrieb liefert. Eine bessere Vergleichbarkeit sollen die Ergebnisse von Dauerschlagversuchen ergeben.

Zahlentafel 23. *Elastizitätsmodul für einige Blei-Zinn-Weißmetalle bei Raumtemperatur.* (Nach *J. W. Cuthbertson.)*

Nr.	Chemische Zusammensetzung in %						Elastizitätsmodul in kg/mm²		Zunahme in %
	Sn	Cu	Sb	Pb	As	Fe	im Gußzustand	nach Lagerung bei Raumtemperatur	
1[1]	39,80	1,03	10,50	48,60	0,06	0,04	2215	3228	45,7
								3439	55,3
2[1]	5,05	0,09	14,90	79,90	0,06	Spuren	2926	3059	4,6

[1] Die Legierungen wurden im Gußzustand untersucht; Gießtemperatur 400°; Kokillentemperatur 100°.

Die Grundzusammensetzung der Legierung und die Variation ihrer Hauptlegierungspartner hat auf die Biege- und Schlagdauerfestigkeit einen bemerkenswerten Einfluß. Im allgemeinen sind die zinnreichen Weißmetalle den bleireichen überlegen, wenn auch neuerdings durch die

stärkere Betonung von höheren Arsenzusätzen zu bleireichen Weißmetallen eine Angleichung der Dauerfestigkeit beider Weißmetallgruppen
erreicht zu sein scheint. Dies gilt vor allem für Blei-Zinn-Weißmetalle
bei geringer Ausgußschichtdicke (kleiner als 0,75 mm; am besten etwa 0,1
bis 0,15 mm). Die Überlegenheit dieser Weißmetalle über zinnreiche Weiß-

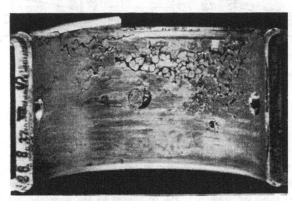

metalle kommt be-
sonders bei höhe-
ren Temperaturen
zum Ausdruck. —
Die Dauerhaltbar-
keit ist von vielen
Faktoren abhängig.
Es sind zu nennen:
*Legierungs-
zusammensetzung,
Güte der Bindung*
und *Größe des Spiels.*
Auch die *Dicke der
Ausgußschicht* ist
von hervorragender
Bedeutung.

Abb. 57. Durch dynamische Druckbeanspruchung zerstörte Weiß-
metallauffläche (Höchstdruck: 165 kg/cm², Umfangsgeschwindigkeit 8,5 m/sec, Lagertemperatur 120°, Gesamtlaufzeit 146³/₄ Std.).
(Nach Versuchen von *E. Gilbert.*)

Nach Angaben des USA-Metals Handbooks 1948 (S. 747) gilt z. B. für
zinnreiche Weißmetalle etwa folgende Relativbeziehung:

Ausgußdicke:	0,76	0,51	0,25	0,13	0,08 mm
Lebensdauer:	1	1	1,5	3,2	4,6

Nicht zuletzt ist
auch die Forderung
nach einer mög-
lichst *niedrigen
Lagertemperatur*
wichtig.

*Dauerbiegefestig-
keit.* Die Biegedauer-
festigkeit ist mehr-
fach untersucht
worden[1-3]. In den
Abb. 59 und 60 ist
die Abhängigkeit

Abb. 58. Durch Ermüdungsbruch zerstörtes Weißmetall-Lager.
(Nach *Macnaughtan.*)

der Biegedauerfestigkeit vom Kupfer- bzw. Antimongehalt dargestellt.

---

[1] *v. Göler:* Zit. S. 64.
[2] *Forrester, P. G., L. T. Greenfield* u. *R. Duckett:* Metallurgia Vol. 36 (1947) S. 113.
[3] *Macnaughtan, D. J.:* J. Inst. Metals, Bd. 55 (1934, II) S. 33.

Die Ergebnisse wurden mit einer einseitig eingespannten, umlaufenden Probe ermittelt, an deren freiem Ende die Last angreift. Aus den Abb. 59 und 60 geht hervor, daß alle Legierungen mit 7% Kupfer und mehr als 10% Antimon eine größere Streuung der Meßergebnisse ergeben haben, die durch Strichelung

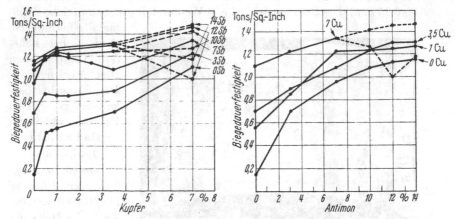

Abb. 59. Einfluß des Kupfergehaltes auf die Biegedauerfestigkeit von Zinn-Weißmetallen. (Nach
Forrester und *Greenfield.)* 1 t/sq-inch = 1,57 kg/mm².

Abb. 60. Einfluß des Antimongehaltes auf die
Biegedauerfestigkeit von Zinn-Weißmetallen.
(Nach *Forrester* und *Greenfield.)*
1 t/sq-inch = 1,57 kg/mm².

angedeutet ist. Ein Zusammenhang der Streuung mit Besonderheiten des Gefüges oder den Gießbedingungen konnte nicht festgestellt werden.

Die Versuche zeigen folgendes: Eine Zunahme des Kupfergehaltes von 0 bis 1 % ergibt bei allen Legierungen mit Antimongehalten zwischen 0 und 14 % eine Steigerung der Dauerfestigkeit, die bei geringeren

Zahlentafel 24. *Einfluß der Temperatur auf den Elastizitätsmodul verschiedener
Weißmetalle*[1]. *(Nach J. W. Cuthbertson.)*

Nr.	Chemische Zusammensetzung in %						Elastizitätsmodul in kg/mm² bei				
	Sn	Cu	Sb	Pb	As	Fe	20°	60°	100°	140°	180°
1	92,30	3,55	3,78	0,30	0,03	0,04	5410	4920	3940	2880	2250
2	25,50	4,21	9,88	0,33	0,03	0,05	5420	4990	4115	3020	2320
3	39,80	1,03	10,50	48,60	0,06	0,04	3375	3235	1550	—	—
4	5,05	0,09	14,90	79,90	0,06	Spuren	4500	4360	4000	3270	2460

[1] Die Legierungen lagen im Ausgangszustand gegossen vor; Gießtemperatur 400°; Kokillentemperatur 100°.

Antimongehalten am stärksten ausgeprägt ist. Eine weitere Erhöhung des Kupfergehaltes von 1 auf 3,5 % bringt dagegen keinen merklichen Gewinn. Für die Legierung mit 7 % Antimon wird sogar eine Abnahme der Biegedauerfestigkeit festgestellt. Jenseits von 3,5 % Kupfer steigt die Dauerfestigkeit nur bei den Legierungen mit 0; 3 und 7 % Antimon an. Bei höheren Antimongehalten ist die Legierungsabhängigkeit der

Biegedauerfestigkeit wegen der größeren Streuungen der Versuchsergebnisse unsicher. Abb. 59 macht folgenden Zusammenhang mit dem Gefügeaufbau wahrscheinlich. Kupfergehalte bis zu 1 % treten in diesen Weißmetallen

Zahlentafel 25. *Einfluß der Gießbedingungen auf die Biegedauerfestigkeit von Zinn-Weißmetallen.*
(Nach Forrester, Greenfield und Duckett).

Legierung (Rest Zinn)	Gieß-temperatur (° C)	Kokillen-temperatur (° C)	Biegedauer-festigkeit (kg/mm²)	Bemerkungen
7% Sb + 3,5% Cu	355	120	1,70	Einfluß der Gieß-temperatur
7% Sb + 3,5% Cu	325	120	1,70	
7% Sb + 1% Cu	290	120	1,92	
7% Sb + 1% Cu	340	120	1,85	
7% Sb + 3,5% Cu	355	120	1,70	Einfluß der Kokillen-temperatur
7% Sb + 3,5% Cu	355	230	1,79	
7% Sb + 1% Cu	290	120	1,92	
7% Sb + 1% Cu	290	230	1,93	
10% Sb	290	120	1,70	„ „
10% Sb	290	230	1,84	

als eutektische Cu_6Sn_5-Teilchen auf; in dieser Form bewirkt Kupfer offensichtlich eine erhebliche Verbesserung der Dauerfestigkeit. Bei höheren Kupfergehalten entstehen unter normalen Gieß- und Erstarrungsbedingungen primär grobe Cu_6Sn_5-Nadeln, die einen viel weniger ausgeprägten Einfluß haben als die eutektische Cu_6Sn_5-Komponente. — Mit Bezug auf den Antimongehalt wird eine merkliche Verbesserung der Biegedauer-

Zahlentafel 26. *Einfluß von Wismut und Tellur auf die Biegedauerfestigkeit (Nach Forrester Greenfield und Duckett).*

Grundzusammensetzung der Legierung (Rest Zinn)	Zusatz	Biegedauer-festigkeit kg/m²
7% Sb + 3,5% Cu	—	1,70
7% Sb + 3,5% Cu	1% Bi	1,91
7% Sb + 1% Cu	—	1,91
7% Sb + 1% Cu	1% Bi	1,95
7% Sb + 3,5% Cu	—	1,70
7% Sb + 3,5% Cu	0,1% Te	1,98
7% Sb + 1% Cu	—	1,91
7% Sb + 1% Cu	0,1% Te	2,01

festigkeit nur innerhalb des Bereiches der Mischkristallbildung beobachtet, während das Auftreten von SbSn-Kristallen im Gefüge bei höheren Antimongehalten von geringerem Einfluß ist, Abb. 60.

Unterschiedliche Gieß- und Kokillentemperaturen haben offensichtlich bei Zinn-Weißmetallen mit 7 % Antimon und 1 bzw. 3,5 % Kupfer nur einen geringen Einfluß auf die Dauerfestigkeit, Zahlentafel 25.

Zusätze an Wismut und Tellur sind nach Zahlentafel 26 günstig. — Für Zinn-Weißmetalle ist auch ein *Kadmium*zusatz günstig. So läßt sich z. B. nach Messungen von *B. P. Haigh*[1] für ein Weißmetall mit 3,5% Kupfer und 7% Antimon die Biegedauerfestigkeit bei Zusatz von 1% Kadmium von 3,26 auf 3,89 kg/mm², also um rd. 20%, verbessern.

Zahlentafel 27. *Biegewechselfestigkeit einiger Weißmetalle.*

(Nach *F. Bollenrath, W. Bungardt* und *E. Schmidt.*)

Nr.	Chemische Zusammensetzung in %								Biegewechsel-festigkeit kg/mm²
	Sn	Sb	Cu	Pb	As	Fe	Ni	Cd	
1	92,9	3,6	3,4	—	—	0,05	0,08	—	2,1 (2,2)[1]
2	87,2	6,9	5,7	0,19	0,02	0,03	—	—	2,3 (2,8)[1]
3	80,4	11,4	7,4	0,67	0,02	0,04	Spuren	—	2,6 (3,0)[1]
4	79,9	10,0	9,9	0,19	Spuren	0,08	—	—	2,3 (3,2)[1]
5	70,3	13,6	5,5	10,30	0,20	0,10	0,02	—	2,4 (2,0)[2]

Die eingeklammerten Zahlen entstammen Messungen von Frhr. *v. Göler* und *H. Pfister*[1] bzw. Frhr. *v. Göler* und *F. Scheuer.*

Die Biegewechselfestigkeitswerte von Blei-Zinn-Weißmetallen liegen, besonders bei niedrigen Zinngehalten, unter denen der Zinn-Weißmetalle, Abb. 61.

In Zahlentafel 27 sind weitere Ergebnisse an technischen Weißmetallen angegeben, die mit der DVL-Planbiegemaschine gewonnen worden sind[2]. Die letzte Spalte enthält außerdem Beobachtungsergebnisse von *v. Göler* und Mitarbeitern, die mit der *Schenck*schen Umlaufbiegemaschine erhalten wurden. Die zum Teil beachtlichen Unterschiede — am ausgeprägtesten bei Legierung 4 — sind nicht geklärt.

Zahlentafel 28. *Einfluß von Arsen auf die Dauerbiegefestigkeit von Blei-Zinn-Weißmetallen.*
[Nach USA-Metals Handbook (1948).]

Zusammensetzung	Bezeichnung	Biegedauer-festigkeit kg/mm²
12,75% Sb; 0,75% Sn 3% As.	—	3,09
15% Sb; 1% Sn; 1% As.	ASTM Alloy Grade 15	3,02
15% Sb; 5% Sn.	ASTM Alloy Grade 8	2,74

Der günstige Einfluß des Arsens auf die Biegedauerfestigkeit kommt in Zahlentafel 28 zum Ausdruck, die an Kokillengußstäben bei umlaufender Biegung (Grenzlastwechselzahl: 20 · 10⁶) gemessen wurde.

Dauerschlagversuche. Die Dauerschlagprüfung bei Raumtemperatur und höheren Temperaturen versucht für den Widerstand der weichen Weißmetalle gegen *Formänderung* und *Rißbildung* bei hämmernder Be-

---

[1] *Haigh, B. P.:* siehe hierzu *D. J. Macnaughtan* Zit. S. 77. — [2] *Bollenrath, F., W. Bungardt* u. *E. Schmidt:* Luftfahrtforschg. Bd. 14 (1937) S. 417.

anspruchung, wie sie in Lagern im Betrieb auftreten kann, ein vergleichbares Maß zu gewinnen.

Die Dauerschlagfestigkeit und in enger Verbindung damit auch die Formbeständigkeit (Deformierbarkeit, Stauchbarkeit) des Weißmetalls bei Schlagbeanspruchung sind Werkstoffkenngrößen von großer praktischer Bedeutung. Sie stehen zueinander in Beziehung insofern, als eine nicht genügende Formbeständigkeit der Ausgußschicht notwendigerweise zu einer Spielvergrößerung im Betrieb und damit auch zu härteren Schlägen im Lager führen kann, so daß die Schlagdauerfestigkeit des Ausgußwerkstoffs schließlich der Beanspruchung nicht mehr gewachsen ist. Andererseits ist aber auch ein hoher Verformungswiderstand nicht unbedingt von Vorteil, wenn die Dauerschlagfestigkeit des Werkstoffes gering ist. Bei der praktischen Beurteilung des Lagerwerkstoffs gegen Schlagbeanspruchung ist daher die Kenntnis *beider* Größen wichtig.

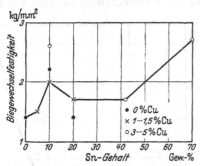

Abb. 61. Biegewechselfestigkeit verschiedener Blei-Zinn-Weißmetalle in Abhängigkeit von der Zusammensetzung.
(Nach *v. Göler* und *F. Scheuer.*)

Aus den in Abb. 62[1] wiedergegebenen Versuchsergebnissen geht hervor, daß z. B. der Formänderungswiderstand von Weißmetallen mit hohen Zinngehalten (Legierung 1 und 2) in der Wärme geringer ist als der Verformungswiderstand bleireicher Legierungen (Legierung 3 und 4).

Zahlentafel 29. *Lineare thermische Ausdehnungskoeffizienten verschiedener Weißmetalle auf Zinn und Blei-Zinn-Basis.*
(Nach Messungen von *W. Bungardt* und *G. Schaitberger.*)

| Nr. | Chemische Zusammensetzung in % | | | | | | | Thermischer Ausdehnungskoeffizient in mm/mm ° C · 10⁻⁶ zwischen | |
	Sn	Sb	Cu	Pb	Ni	Fe	As	20—100 °	20—150 °
1	92,9	3,6	3,4	Spuren	0,08	0,05	Spuren	22,1	23,2
2	87,2	6,9	5,7	0,19	—	0,03	0,02	22,8	23,8
3	79,3	10,4	10,2	—	—	—	—	20,4	22,0
4	79,9	10,0	9,9	0,19	—	0,08	Spuren	21,7	22,7
5	80,4	11,4	7,4	0,67	Spuren	0,04	0,02	20,7	21,7
6	70,3	13,6	5,5	10,3	0,02	0,10	0,20	20,4	21,7
7	41,9	14,3	3,2	40,4	—	—	—	22,4	23,5
8	4,8	15,8	1,1	78,3	—	—	—	24,3	24,5

Bei Raumtemperatur ist jedoch kein merklicher Unterschied im Verformungswiderstand festzustellen. In ähnlicher Weise hat auch *Greenwood*[2] gefunden, daß zinnreiche Weißmetalle (93/3,5/3,5) bei Dauerschlagbeanspruchung die größeren Verformungen ergeben, wobei jedoch —

---

[1] *Herschman* und *Basil:* Zit. S. 74. — [2] *Greenwood, H.:* J. Inst. Metals Bd. 55 (1934 II) S. 77.

was wichtig ist — die Gefahr der Rißbildung geringer ist. — Nach *Greenwood* sind die Cu_6Sn_5-Nadeln gegen Schlagbeanspruchung empfindlicher als die SbSn-Kristalle.

Abb. 63 enthält in Abhängigkeit vom Zinngehalt[1] die Ergebnisse von Schlagstauchversuchen an Blei-Zinn-Weißmetallen, die sich gut in ältere Beobachtungen einfügen.

Bei höherem Kupfergehalt wird danach die bis zum Bruch ertragene Schlagzahl und auch das Verformungsvermögen der Legierungen verringert. Die Beobachtungen zeigen ferner, daß im Gebiet mittlerer Zinngehalte (20 bis 40%) ein ausgezeichneter Widerstand gegen Dauerschlagbeanspruchung nicht vorhanden ist. Aus dem Verlauf der prozentualen Höhenabnahme bzw. der bis zum Bruch ertragenen Schlagzahlen in Abhängigkeit vom Zinngehalt folgt, daß bei steigendem Zinnanteil zwar der Verformungswiderstand abnimmt, jedoch der Widerstand gegen Rißbildung wächst.

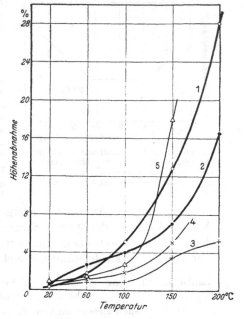

Den Einfluß unterschiedlicher Gießbedingungen auf das Dauerschlagverhalten zeigt Abb. 64[2]. Die Meßergebnisse sind insofern bemerkenswert, als sie erstens nochmals die größereVerformbarkeit der zinnreichen Weißmetalle und zweitens die günstige Wirkung höherer Antimongehalte (vgl.

Be-zeich-nung	Zusammensetzung in %			
	Pb	Sn	Sb	Cu
1	—	90,9	4,6	4,5
2	—	83,8	8,1	8,1
3	62,3	20,8	15,5	1,4
4	79,7	5,0	15,3	—
5	87,0	1,2	11,8	—

Abb. 62. Ergebnisse der Dauerschlagprüfung von *Herschman* und *Basil* für 1000 Schläge für verschiedene Weißmetalle bei steigenden Temperaturen (Energie je Schlag: 0,456 mkg). (Auswertung des Verfassers.)

Kurve I und INC) und Kadmiumzusätze (vgl. I und ICd) hervorheben.

Von *A. Thum* und *R. Strohauer*[3] sind in einem besonders entwickelten Dauerschlagwerk mit hoher Schlagzahl Wöhler-Kurven für die *Dauerschlagdruckfestigkeit* von Weißmetallen aufgenommen worden. Sie sind

---

[1] v. *Göler:* Zit. S. 41. — [2] *Greenwood, H.:* Zit. S. 81.
[3] *Thum, A.* u. *R. Strohauer:* VDI-Zeitschr. Bd. 81 (1937) S. 1245/1248.

in Abb. 65 dargestellt. Aus dem Vergleich der Kurven mit der gleichzeitig angegebenen Zusammensetzung der untersuchten Legierungen ist zu entnehmen, daß zinnreiche Weißmetalle bei Raumtemperatur eine bessere Dauerschlagdruckfestigkeit besitzen als bleireiche Weißmetalle. Am ungünstigsten schneidet bei diesen Untersuchungen eine Legierung mit mittleren Blei- und Zinngehalten ab (Legierung d).

Einzelheiten über das Verhalten eines zinnreichen Lagerweißmetalls bei Dauerschlagbeanspruchung gibt Abb. 66. Der Kurvenverlauf lehrt, daß die bis zum Bruch ertragene Stauchung wesentlich von der Schlagkraft abhängt; und zwar ist sie um so größer, je größer die Schlagkraft ist.

Dauerhaltbarkeitsuntersuchungen. Dauerhaltbarkeitsuntersuchungen am Gesamtsystem Schale + Ausguß haben zu zwei praktisch außerordentlich wichtigen Erkenntnissen geführt.

1. ist die Lagertemperatur von sehr erheblicher Bedeutung, wie Abb. 67 beweist. Man sieht, daß bei einer Temperatursteigerung

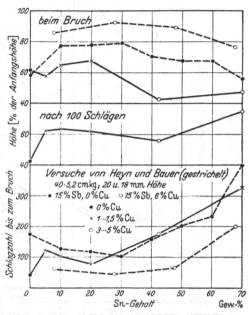

Abb. 63. Schlagstauchversuche an Blei-Zinn-Weißmetallen (Schlagarbeit: 15 cm/kg je Schlag). (Nach *v. Göler* und *F. Scheuer*.)

von 60 auf 85° die Dauerhaltbarkeit von 97,5 auf 65 kg/mm² absinkt. Es ist also praktisch wichtig, die Lagertemperatur so niedrig wie möglich zu halten (Gute Wärmeabfuhr!).

2. hat die Dicke der Ausgußschicht einen sehr beachtlichen Einfluß. Die hier geltende Beziehung läßt sich durch Abb. 68 verdeutlichen. Bei einer durchschnittlichen Belastung von 14,1 kg/cm² wächst die Haltbarkeit des Lagers mit sinkender Schichtdicke beträchtlich. *H. W. Luetkemeyer*[1], von dem die Kurve stammt, unterscheidet *Zweischichtlager* (Weißmetall auf Stahl; Dicke der Stahlschale etwa 1 bis 3 mm) und *Dreischichtlager* mit einer Bronzezwischenschicht. Auch *O. Hummel*[2] zeigt, daß bei dünnen Weißmetallausgüssen zwischen 0,5

---

[1] *Luetkemeyer, H. W.*: Zit. nach USA Metals Handbook (1948) S. 746.
[2] *Hummel, O.*: Metallwirtschaft Bd. 18 (1939) S. 863/865.

und 1,0 mm die Formänderungsfähigkeit der Ausgußschicht infolge
der Stützwirkung der Tragschale verkleinert wird, wobei die Dauerhaltbarkeit und auch die Biegefestigkeit steigen.

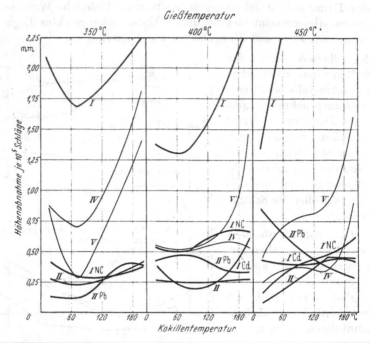

Bezeichnung	Chemische Zusammensetzung in %					
	Sn	Sb	Cu	Pb	Fe	As
I	92,3	3,78	3,55	0,30	0,04	0,03
I NC	88,8	7,14	3,74	0,25	—	0,03
I Cd	wie 1 zusätzlich 1% Cd					
II	85,5	9,88	4,21	0,33	0,05	0,03
II Pb	81,7	10,1	3,99	4,1	0,07	0,06
IV	39,8	10,5	1,03	48,6	0,04	0,06
V	5,05	14,9	0,09	79,9	—	0,06

Abb. 64. Einfluß der Gießbedingungen auf die Dauerschlagfestigkeit verschiedener Weißmetalle.
Prüftemperatur: 150°. (Nach *Greenwood*.)

Es ist aber nicht zu übersehen, — *Forrester*[1] weist besonders darauf
hin — daß eine weitgehende Verminderung der Weißmetallschicht auf
etwa 0,075 mm (0,003″), die zwar für die Dauerhaltbarkeit sehr vorteilhaft ist, auch Nachteile haben kann; denn das Einbettungsvermögen
der Weißmetallschicht für Schmutzteilchen und auch das Anpassungs-
vermögen der Gleitschicht durch örtliche plastische Deformation bei
Überbeanspruchungen ist bei diesen dünnen Gleitschichten nicht mehr

---

[1] *Forrester:* Zit. S. 42.

unbedingt gewährleistet. Bei Ausgußdicken von 0,125 bis 0,200 mm (0,005 bis 0,008″) soll nach Angaben von *Forrester* das Einbettungsvermögen zwar noch ausreichend sein, während aber die zweite Eigenschaft doch schon nicht mehr so ausgeprägt ist wie bei dicken Schichten.

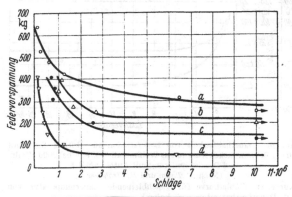

Kurve	% Sn	% Sb	% Cu	% Pb
a	86,5	7,5	6,0	—
b	80,0	10,0	10,0	—
d	50,0	14,0	3,0	33,0
c	10,0	15,0	1,5	73,5

Abb. 65. Wöhler-Kurven der Dauerschlag-Druckfestigkeit von verschiedenen Lagerweißmetallen. (Nach *A. Thum* und *R. Strohauer*.)

Ferner muß beachtet werden, daß bei dünnen Weißmetallschichten auf Stahlschalen (Zweimetall-Lager) das Notlaufverhalten des Lagers verschlechtert wird; denn wird in Verbindung mit einem Versagen der Lagerung (z. B. durch Bindungsfehler) die dünne Weißmetallschicht geschmolzen, so kann sehr schnell, ohne daß genügend Zeit verbleibt, das Lager außer Betrieb zu nehmen, Fressen eintreten, wobei die Welle in Mitleidenschaft gezogen wird. Man kann diesem Nachteil dadurch begegnen, daß zwischen Weißmetall und Stahlschale eine Bleibronzeschicht zwischengeschaltet wird. Lager dieser Art (*Dreischichtlager*) sind z. B. von *J. A. Lignian*[1] beschrieben worden.

Bei sehr dünnen, z. B. galvanisch aufgebrachten Schichten von nur 0,025 mm Dicke (= 0,001″) ist ferner zu berücksichtigen, daß sie durch Verschleiß

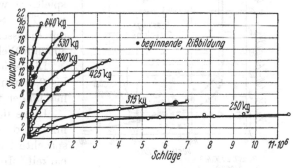

Abb. 66. Schlagstauchkurven von Lagerweißmetall mit 86,5 % Sn, 7,5 % Sb und 6 % Cu bei verschiedenen Federvorspannungen. (Nach *A. Thum* und *R. Strohauer*.)

sehr schnell abgetragen werden können. Auch aus diesem Grunde sind die Dreischichtlager vorteilhaft, da die Zwischenschicht, die gleichfalls aus einer Lagerlegierung besteht, die Funktion des Lagers

---

[1] *Lignian, J. A.:* Product. Eng. Bd. 17 (1946) S. 335; zit. nach *Forrester;* S. 54, 4.

auch bei weitgehendem Verschleiß der Weißmetallschicht sichert. Von
Interesse ist in diesem Zusammenhang auch der Versuch, zunächst auf
Stahl eine poröse
Kupfer-Nickel-
Legierung pulver-
metallurgisch auf-
zubringen   und
durch Aufgießen
von   Weißmetall
im Vakuum die
eigentliche Gleit-
schicht fest mit
der Unterlage zu
verklammern. Die
äußere Weißme-
tallschicht   kann
dann bis auf rd.
$0,08\,\mathrm{mm}\,(\doteq 0,003'')$
bearbeitet werden.
Die praktische
Folgerung an diesen Erkenntnissen läßt sich wie folgt kennzeichnen:

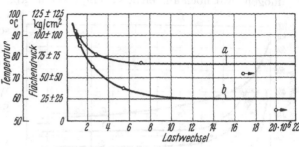

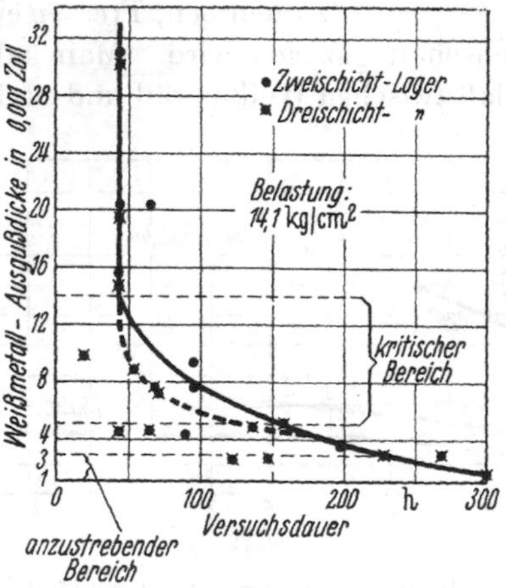

Abb. 67. Dauerhaltbarkeit von Lagerschalen aus Rotguß Rg 9 mit
einem 0,5 mm dicken Ausguß aus Weißmetall WM 80F bei 2000 U/min.
und Druckschmierung mit Autoöl Shell X.
(Nach *A. Thum* und *R. Strohauer.*)
Kurve a: Wöhlerkurve für gleichbleibende Lagertemperatur von
85°; Dauerhaltbarkeit 65 ± 65 kg/cm².
Kurve b: Wöhlerkurve für gleichbleibende Lagerbelastung von 97,5
± 97,5 kg/cm²; dauernd ertragene Lagertemperatur 60°.
(Koordinaten für Kurve a: Flächendruck — Lastwechsel;
Koordinaten für Kurve b: Temperatur — Lastwechsel.)

Dicke der Weißmetallschicht mehr
als 2 mm: schwere Lager mit mäßiger
Beanspruchung, bei welchen der Verschleiß eine ausschlaggebende Rolle
spielt. So werden z. B. Schichtdicken
von 5 bis 8 mm bei 100 mm Wellendurchmesser bzw. 6 bis 13 mm für
300 mm Wellendurchmesser genannt[1].

Dicke der Weißmetallschicht 0,25
bis 0,5 mm: vorzugsweise für Auto-
mobillager verwendet.

Dicke der Weißmetallschicht 0,13
mm und weniger: für hochbeanspruchte Lager mit hoher Dauerhaltbarkeit. In diesem Fall sind hohe
Anforderungen an die Güte der Bearbeitung und an die Montage zu
stellen. — Lager dieser Art können
die Leistungsfähigkeit von Bleibronzelagern besitzen.

Abb. 68. Beziehung zwischen der Lagerlebens-
dauer und der Weißmetall-Ausgußdicke für
Zwei- und Dreimetall-Lager. (Nach *H. W.
Luetkemeyer*; entnommen: USA Metals Handbook 1948, S. 746).

Zur Vermeidung von vorzeitigen Zerstörungen und großem Verschleiß

---

[1] Metals and Alloys: Bd. 9 (1938) S. 216.

ist das Einhalten eines genauen Lagerspiels notwendig; man pflegt bei zinn- und bleireichen Weißmetallen etwa 0,5⁰/₀₀ vom Wellen- oder Zapfendurchmesser einzuhalten.

5. Gleitverhalten.

Für eine vergleichende Beurteilung von Gleitlagerwerkstoffen spielen schließlich eine wesentliche Rolle die sogenannten „Gleiteigenschaften".

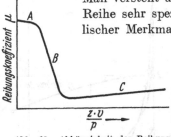

Man versteht unter diesem Sammelbegriff die Summe einer Reihe sehr spezieller und sehr unterschiedlicher physikalischer Merkmale.

Er umfaßt z. B.:

1. Die Fähigkeit des Lagerwerkstoffs, den Ölfilm durch Adhäsionskräfte mehr oder weniger fest zu binden, was nicht nur vom Lagerwerkstoff, sondern natürlich auch von der Art des Schmiermittels abhängig ist.

Abb. 69. Abhängigkeit des Reibungskoeffizienten μ von $\dfrac{z \cdot v}{p}$ (z Zähigkeit, v Gleitgeschwindigkeit, p Belastung). (Entnommen bei: *P. G. Forrester*).

2. Die Fähigkeit, Ölverunreinigungen, Schmutzteilchen u. ä. durch Einformung in die weiche Grundmasse des Lagermetalls unschädlich zu machen.

3. Die Fähigkeit, örtliche Druckspitzen, verursacht durch Mikro-Unebenheiten in der Lagerfläche, durch plastische Deformation auszugleichen. Wirken die Druckkräfte in größeren makroskopischen Bereichen, was z. B. bei Kantenpressungen der Fall ist, so muß auch hier das Lagermetall eine gewisse Nachgiebigkeit besitzen, um das sonst unvermeidliche Fressen zu unterbinden.

Die unmittelbare Verknüpfung dieser drei Einflußgrößen, von denen die zweite und dritte in einem durchsichtigen Zusammenhang stehen, mit dem Vorgang des Fressens, ist bereits erörtert worden. Es bleiben aber noch zu besprechen zwei weitere Eigenschaften, die ebenfalls den „Gleiteigenschaften" zugezählt werden, nämlich

4. Das *Reibungsverhalten* im Bereich der Grenz- und Mischreibung (Reibungskoeffizienten, Reibungsarbeit usw.) und

5. Die *Verschleißfestigkeit* der Weißmetalle, die bisher vorzugsweise nicht im Gebiet der Grenzreibung, sondern bei *trockener* Reibung untersucht worden ist.

Reibungsvorgänge. Der *Reibungskoeffizient* eines Lagermetalls hängt ab: 1. Vom *Gleitzustand* (trockene Reibung, Grenzreibung, Mischreibung); 2. von der *Oberflächengüte* (Bearbeitungsgrad der Oberfläche, Einlaufzustand) und 3. von der *Temperatur.* Diese Variablen sind voneinander nicht unabhängig, so daß letztlich ein sehr komplexer Zusammenhang zwischen dem Reibungskoeffizienten und den äußeren Gleitbedingungen besteht. Der Reibungskoeffizient ist also ein Kennwert, der für dasselbe Metallpaar sehr unterschiedliche Werte annehmen kann.

Trägt man z. B. den Reibungskoeffizienten auf in Abhängigkeit von der dimensionslosen Kennzahl $\dfrac{z \cdot v}{p}$, Abb. 69[1], so ergeben sich drei Bereiche mit gänzlich

---

[1] *Forrester:* Zit. S. 42.

verschiedenem Reibungsverhalten (z = Zähigkeit des Schmiermittels, v = Gleitgeschwindigkeit, p = Belastung). Der Kurvenast *A* beschreibt das Verhalten im Bereich der Grenzreibung; *C* entspricht der reinen Flüssigkeitsreibung und *B* stellt das Übergangsgebiet der sogenannten Mischreibung dar.

Die Lage des *Minimums* dieser Kurve, das also den Übergang von der Mischreibung zur reinen Flüssigkeitsreibung anzeigt, ist abhängig vom Lagerwerkstoff: bei *weichen* Lagermetallen erfolgt der Übergang bei kleineren $\dfrac{z \cdot v}{p}$ Werten als bei *harten* Lagerwerkstoffen. So wird z.B. bei weichen Lagerwerkstoffen von der Art der *Weißmetalle* der Zustand der reinen Flüssigkeitsreibung bei geringeren Gleitgeschwindigkeiten bzw. höheren Lagerdrücken erreicht als bei der härteren Bleibronze[1]. Daß in dem Gleitsystem Weißmetall-Stahl die Bildung eines zusammenhängenden Schmierfilms leichter möglich ist als bei der Kombination Stahl gegen Stahl bzw. Stahl gegen Bronze, kann nach Untersuchungen von *Forrester*[2] als bewiesen gelten.

Reibungsuntersuchungen bei *trockenen* Gleitflächen (*Trockenreibung*) haben gezeigt, daß sowohl zinn- als auch bleireiche Weißmetalle auf Stahl etwa denselben Reibungskoeffizienten besitzen, wie er bei trockener Reibung von Stahl auf Stahl beobachtet wird (0,5 bis 1,0)[3]. Trockenreibungsversuche mit Zinn, Blei und Legierungen, deren Zusammensetzung der Grundmasse der Weißmetalle entspricht, haben ferner ergeben, daß die Anwesenheit der intermetallischen Phasen, die den Weißmetallen das charakteristische Gefüge geben, keinen nennenswerten Einfluß auf den Reibungskoeffizienten besitzen[3]. Die weichen Weißmetalle sind daher bei

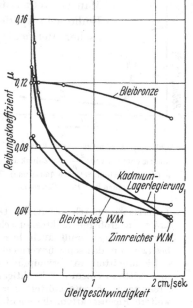

Leg.	Zusammen-setzung	Här-te
Sn-reiches WM	7% Sb; 3,25% Cu; Rest Sn	26
Pb-reiches WM	13% Sb; 0,25% Cu; 12% Sn; Rest Pb	31
Bleibronze	30% Pb; Rest Cu	38
Cd-Lagermetall	1,4% Ni; Rest Cd	31

Abb. 70. Abhängigkeit des Reibungskoeffizienten von der Gleitgeschwindigkeit für verschiedene Lagerlegierungen. Nach dem Einlaufen bei guter Schmierung gemessen. (Nach *P. G. Forrester.*)

---

[1] *McKee, S. A.* u. *T. R. McKee*, Trans A. S. M. E., Bd. 59 (1937) S. 721 bis 724. — [2] *Forrester, P. G.:* Proc. Roy. Soc. Bd. 187 (1946 A) S. 439; s. a. J. Inst. Met. Bd. 73 (1947) S. 543. — [3] *Tabor, D.:* J. Applied Physics, Bd. 16 (1945) S. 325.

trockener Reibung gegen Stahl der härteren Bronze nicht überlegen. Die Verhältnisse ändern sich aber grundlegend bei Anwesenheit eines dünnen Schmierfilms. In Abb. 70 sind nach *Forrester* die Reibungskoeffizienten für einige wichtige Lagerwerkstoffe in Abhängigkeit von der Gleitgeschwindigkeit dargestellt. Die Ergebnisse wurden mit einer besonderen Prüfeinrichtung gewonnen. Die meßtechnischen und apparativen Einzelheiten sind in den Originalabhandlungen nachzulesen[1, 2].

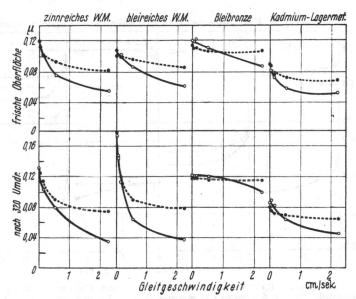

Abb. 71. Reibungskurven für verschiedene Lagerlegierungen. Stahloberfläche mit Schmirgelpapier „0" hergestellt. (Nach *P. G. Forrester.*) Zusammensetzung der Lagerlegierungen siehe Abb. 70.

Zur Erläuterung der Meßbedingungen möge hier folgende Bemerkung genügen: Drei Prüfkörper gleicher Abmessung und mit kugliger Endfläche sind in einer drehbaren ebenen Scheibe D im gleichen Abstand von der Drehachse fest eingepaßt. Im Mittelpunkt dieser Scheibe greift ein Gewicht G an, das die Prüfkörper gegen eine zweite ebene Stahlscheibe S anpreßt. Diese ist mit einer rotierenden Masse fest verbunden. Das auf die erste Scheibe D übertragene Drehmoment wird durch ein Gegenmoment in geeigneter Weise kompensiert, wobei der Bewegungszustand der Scheibe D durch optische Messung kontrolliert wird. Aus der Größe der Last, dem gemessenen Gegenmoment und einigen Apparaturkonstanten kann der Reibungskoeffizient berechnet werden. — Die Versuchseinrichtung sollte ursprünglich zum Studium von Grenzreibungsproblemen benutzt werden; daher die kuglig begrenzten Gleitflächen der Prüfkörper und die geringe Gleitgeschwindigkeit. Beide Faktoren verzögern die Ausbildung des Schmierfilms. — Für weiche Lagerwerkstoffe hat die Apparatur sich auch zum Studium der beginnenden Ölfilmbildung als gut geeignet erwiesen. Die Einrichtung

[1] *Forrester:* Zit. S. 88, Fußnote 2. — [2] *Chalmers, B.,* P. G. *Forrester* und E. F. *Phelps,* Proc. Roy. Soc. Bd. 187 (1946 A) S. 430.

arbeitet mit relativ geringen Gleitgeschwindigkeiten von 0,01 bis 2,25 m/sec. Auch die Last ist gering; sie betrug für die drei Prüfkörper insgesamt 2 kg (also 2/3 kg je Probe). Der spezifische Anpreßdruck, der von den elastischen Eigenschaften des jeweils untersuchten Lagerwerkstoffs abhängt, wird nicht angegeben. — Härte der vergüteten Stahlplatte ($H_D = 290$); Schmiermittel: Admirality I. C. E.; Mineralöl für Kurbelgehäuse von „160 Redwood No 1 sec viscosity" bei 60° C.

Sowohl die Ergebnisse der Abb. 70 als auch die Resultate in den folgenden Abbildungen 71 bis 76 sind mit dieser Meßvorrichtung gewonnen werden.

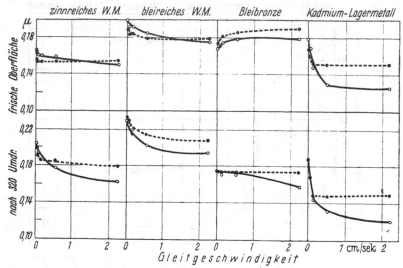

Abb. 72. Reibungskurven für verschiedene Lagerlegierungen. Stahloberfläche mit Schmirgelpapier „2" hergestellt. (Nach *P. G. Forrester*.) Zusammensetzung der Lagerlegierungen siehe Abb. 70.

Die Kurven in Abb. 70 lehren zweierlei:

1. Die Reibungskoeffizienten der Ruhe sind bei allen Weißmetallen größer als z. B. bei der härteren Bleibronze. Kadmiumlegierungen haben dagegen einen bemerkenswert geringen Reibungskoeffizienten der Ruhe.

2. Mit zunehmender Gleitgeschwindigkeit nehmen die Reibungskoeffizienten der Weißmetalle weitaus stärker ab, als es bei der härteren Bleibronze der Fall ist. Dies erklärt sich daraus, daß bei Weißmetallen die Mikro-Unebenheiten der Gleitfläche unter der Einwirkung der Last schnell ausgeglichen werden, wodurch die Bildung eines zusammenhängenden Schmierfilms erleichtert wird und daher reine Flüssigkeitsreibung schnell in steigendem Ausmaß den Reibungsvorgang bestimmt.

Andererseits hat zwar die Bleibronze einen relativ niedrigen Reibungskoeffizienten der Ruhe; er nimmt jedoch bei steigender Geschwindigkeit nur wenig ab. *Forrester* führt dies darauf zurück, daß bei *härteren* Lagerlegierungen die Flüssigkeitsreibung erst bei höheren Gleitgeschwindigkeiten ins Spiel kommt. Die deutliche Überlegenheit der *weichen* Weißmetalle (und der Kadmiumlegierung) ist eine Folge ihrer größeren *Schmiegsamkeit in mikroskopisch kleinen Bereichen* (microconformability), die eine Anpassung der Weißmetalloberfläche an das härtere Gegenmetall (Stahl) möglich macht. Diese Fähigkeit begünstigt die Ausbildung eines zusammenhängenden Ölfilms hoher Tragfähigkeit.

Nach Messungen von *Bowden, Moore* und *Tabor*[1], [2] hat Bleibronze auch bei *trockener* Reibung einen niedrigen Reibungskoeffizienten. Die Ursache hierfür ist die Gefügekomponente Blei, die die Bronzeoberfläche in dünner Schicht überzieht und als *Schmierfilm* wirkt.

Die *Oberflächengüte* hat auf den Reibungskoeffizienten einen erheblichen Einfluß. *Forrester*[3] hat diesen Einfluß für blei- und zinnreiche Weißmetalle bei reichlicher und extrem geringer Schmierung untersucht.

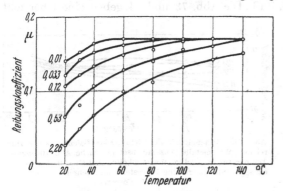

Abb. 73. Abhängigkeit der Reibungskoeffizienten eines zinnreichen Weißmetalls (Zusammensetzung siehe Abb. 70) von der Temperatur bei Gleitgeschwindigkeiten zwischen 0,01 und 2,26 cm/sec. Stahloberfläche hergestellt mit Schmirgelpapier „0". (Nach *P. G. Forrester*.)

In den Abb. 71 und 72 sind charakteristische Reibungskurven wiedergegeben. Die gestrichelte Kurve gilt für *extrem geringe*, die ausgezogene für *reichliche* Schmierung. In der Versuchsreihe mit extrem geringer Schmierung wurde die Stahloberfläche so vorbereitet, daß zunächst einige wenige Öltropfen aufgebracht wurden, die anschließend durch mehrmaliges kräftiges Abreiben mit stets frischer, ölfreier Baumwolle wieder entfernt wurden. Nach *Blodgett und Langmuir*[4] soll diese Vorbereitung einen im wesentlichen unimolekularen Schmierfilm liefern. — Die Abbildungen zeigen in ihrer unteren Hälfte die Änderungen der Reibungskoeffizienten nach 320 Umdrehungen bei reichlicher Schmierung; sie erlauben damit auch ein Urteil über den Einlaufvorgang. Schließlich ist auch noch ein Vergleich der verschiedenen Gleitlagerwerkstoffe untereinander möglich.

Aus den Kurven ergibt sich folgendes:

Bei gut geglättetem Stahl (Oberfläche mit feinkörnigem Schmirgelpapier „0" oder durch Polieren hergestellt) bewirkt der unterschiedliche Grad der Schmierung eine mit zunehmender Gleitgeschwindigkeit wachsende Differenz der Reibungskoeffizienten, Abb. 71[5]. Hierfür ist maßgebend, daß bei guter Schmierung die Ausbildung eines flüssigen

[1] *Bowden, F. P., A. J. W. Moore* u. *D. Tabor:* J. Applied Physics, Bd. 14 (1943) S.80. — [2] *Bowden, F. P.* u. *D. Tabor:* J. Applied Physics, Bd.14 (1943) S. 141.
[3] *Forrester, P. G.:* J. Inst. Met. Bd. 72 (1946) S. 573/589.
[4] *Blodgett, K. B.* und *J. Langmuir:* Phys. Rev. Bd. 51 (1937 II) S. 964.
[5] Die Oberflächenrauhigkeit betrug, senkrecht zur Gleitrichtung gemessen, bei: Schmirgelpapier 0: 0,076 bis 0,089 mm (3 bis 3,5 micro.-in.). Schmirgelpapier 2: 0,559 mm (22 micro.-in.).

Schmierfilms leichter möglich ist. Bei Wellen mit größerer Oberflächenrauhigkeit (Oberfläche mit grobkörnigem Schmirgelpapier „2" hergestellt) ist dieser Unterschied bei erwartungsgemäß höheren Reibungskoeffizienten viel weniger ausgeprägt, Abb. 72[1]; die größeren Unebenheiten der Stahloberfläche hemmen die Ausbildung eines zusammenhängenden Schmierfilms. — Diese Deutung steht im Einklang mit
Stromdurchgangsmessungen im Ölspalt von *Forrester*[2] und Beobachtungen von *Jakeman* und *Fogg*[3], wonach glatte Oberflächen die Schmierfilmbildung begünstigen.

Auch die *Temperatur* hat auf die Größe des Reibungskoeffizienten
einen maßgeblichen Einfluß. Die Abb. 73 und 74 geben eine Übersicht
über die Veränderung
des Reibungskoeffi-
zienten mit steigender
Temperatur, wobei
gleichzeitig der Ein-
fluß der Gleitge-
schwindigkeit und —
entsprechend den
Bildunterschriften —
auch die Bedeutung
der Oberflächengüte
abzulesen ist.

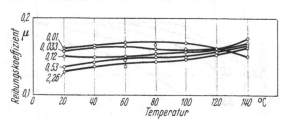

Abb. 74. Abhängigkeit des Reibungskoeffizienten eines zinnreichen Weißmetalls (Zusammensetzung siehe Abb. 70) von der
Temperatur bei Gleitgeschwindigkeiten zwischen 0,01 und 2,26
cm/sec. Stahloberfläche hergestellt mit Schmirgelpapier „2".
(Nach *P. G. Forrester.*)

Bei guter Oberflächenglätte ist bei 20° der Reibungskoeffizient sehr
stark von der Gleitgeschwindigkeit abhängig. Mit zunehmender Temperatur nähern sich aber alle Kurven einem Grenzwert von 0,17,
der um so früher erreicht wird, je kleiner die Gleitgeschwindigkeit ist,
Abb. 73. Bei einer rauheren Stahloberfläche ist der Einfluß der Gleitgeschwindigkeit und der Temperatur nicht mehr so stark ausgeprägt;
aber auch in diesem Fall liegt der Grenzwert für den Reibungskoeffizienten etwa bei 0,17, Abb. 74.

Der Reibungsgrenzwert von 0,17, der aus diesen Versuchen abzu-
leiten ist, stellt sich also ein: entweder bei *niedriger Gleitgeschwindigkeit,*
bei *hohen Temperaturen* oder einer *größeren Rauhigkeit der Stahloberfläche.* Die besonders bei polierter Stahlscheibe mit steigender Temperatur zunehmende Reibung ergibt sich aus der Viskositätsänderung
des Schmiermittels bei höheren Temperaturen. Die Viskosität nimmt mit

---

[1] Die Oberflächenrauhigkeit betrug, senkrecht zur Gleitrichtung gemessen, bei:
Schmirgelpapier 0: 0,076 bis 0,089 mm (3 bis 3,5 micro.-in.).
Schmirgelpapier 2: 0,559 mm (22 micro.-in.).
[2] *Forrester, P. G.:* Proc. Roy. Soc. Bd. 187 (1946 A) S. 439.
[3] *Jakeman, C.* und *A. Fogg:* J. Inst. Petroleum Technol. Bd. 23 (1937) S. 350.

steigender Temperatur ab, wodurch zwangläufig der Anteil der reinen
Flüssigkeitsreibung an dem gesamten Reibungsvorgang zurückgeht.
Das „*Einlaufen*" der Weißmetalle ist offensichtlich von dem Rauhig-
keitsgrad des Stahles und der Temperatur abhängig. Bei gut geglättetem

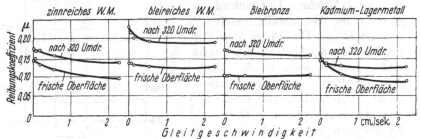

Abb. 75. Abhängigkeit des Reibungskoeffizienten von der Gleitgeschwindigkeit bei 100°.
Stahloberfläche hergestellt mit Schmirgelpapier „0". (Nach *P. G. Forrester*.)
Zusammensetzung der Lagerlegierungen siehe Abb. 70.

Stahl und reichlicher Schmierung sinken die Reibungskoeffizienten nach
320 Umdrehungen, Abb. 71. Bei rauher Stahloberfläche, Abb. 72,
oder bei erhöhten Temperaturen, Abb. 75, liegen dagegen die Reibungskoeffizienten nach 320 Umdrehungen höher als zu Beginn der Messung.

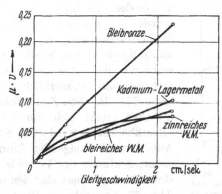

Abb. 76. Abhängigkeit des Produktes: Reibungs-
koeffizient × Gleitgeschwindigkeit ($\mu \cdot v$) von der
Gleitgeschwindigkeit (v). (Nach *P. G. Forrester*.)
Zusammensetzung der Lagerlegierungen s. Abb. 70.

Dieses Ergebnis wird von *Forrester*
damit erklärt, daß bei rauheren
Stahloberflächen bzw. höheren
Temperaturen der Einlaufvorgang zu einem Aufschweißen
von Lagermetall auf Stahl führt,
so daß der Reibungskoeffizient,
der sich einstellt, der Kombination Lagermetall — Lagermetall zuzuordnen ist. — Der
Reibungskoeffizient von Weißmetall auf Weißmetall ist sehr
groß; er beträgt 0,8 nach Messungen von *Forrester* bei geschmierten Oberflächen. Da anzunehmen
ist, daß die drei Faktoren: abneh-
mende Oberflächenglätte, steigende Temperatur und sinkende Gleitgeschwindigkeit den Reibungsvorgang durch steigende Anteile an Grenzreibung und abnehmende Anteile an Flüssigkeitsreibung verändern,
erscheint das Ergebnis verständlich.

Einen charakteristischen Unterschied zeigt auch Abb. 76, worin in
Abhängigkeit von der Gleitgeschwindigkeit das Produkt $\mu \cdot v$ aufgetragen ist. Der Flächeninhalt unter jeder Kurve entspricht der

Reibungsarbeit, die beim Anfahren bis zur Geschwindigkeit von 2,26 cm/sec geleistet werden muß. Die Versuche erfolgten bei gleicher Belastung. Sie zeigen eindringlich, daß bei Blei- und Zinn-Weißmetallen gegenüber der härteren Bleibronze ein beträchtlicher Unterschied zugunsten der Weißmetalle besteht.

Verschleiß. Die Frage des Verschleißes ist verschiedentlich versuchsmäßig geprüft worden. Auf Grund der Arbeiten von *Zimmermann*[1], *Hudson*[2], *Herschman* und *Basil*[3] und den Messungen durch *v. Göler* und Mitarbeitern ergibt sich eine deutliche Überlegenheit der Zinn-Weißmetalle, wie ein Vergleich der Abb. 77 und 78 erkennen läßt. Die dort dar-

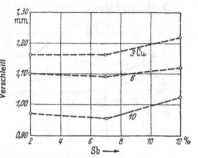

Abb. 77. Verschleißversuche an Zinn-Weißmetallen auf Polierrotpapier. (Nach *v. Göler* und *H. Pfister*.)

gestellten Trockenverschleißversuche — bei denen die Verkürzung eines 2 mm starken mit 1 kg belasteten Versuchsstäbchens nach Zurücklegung eines bestimmten Verschleißweges als Maß für die Größe des Verschleißes gewählt wurde — ergeben für Zinn-Weißmetalle einen deutlichen Einfluß des Kupfergehaltes, während der Antimonzusatz erst oberhalb 7 % merklich wird (Abb. 77). Bei Blei-Zinn-Weißmetallen ergibt sich ein Verschleißhöchstwert bei 10 % Sn, Abb. 78; mit steigenden Zinngehalten nimmt der Verschleiß stark ab und nähert sich den in Abb. 77 angegebenen Werten. Ein steigender Kupfergehalt wirkt in diesen Legierungen verschleißhemmend. Es scheint ferner so, als ob durch Zugabe von etwa 1,3 % Arsen und

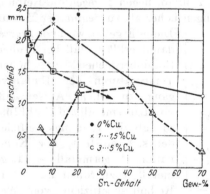

Abb. 78. Verschleißversuche an Blei-Zinn-Weißmetallen (Zusammenstellung nach *v. Göler* und *F. Scheuer*). □---□ Versuche von *Herschman* und *Basil* an der Amsler-Maschine unter Öl (Gewichtsverlust nach 1000 Umdrehungen). △---△ Versuche von *Ackermann* bei trockener Reibung gegen Stahl (abgenutztes Volumen je Zeiteinheit). —— Versuche von *v. Göler* und *F. Scheuer* bei trockener Reibung gegen Schmirgelpapier.

1,5 % Kadmium zu einem Weißmetall WM 10 der Verschleiß beträchtlich verringert werden kann[4]. Die vergleichsweise in Abb. 78

[1] *Zimmermann:* Metals & Alloys, Bd. 2 (1931) S. 95.
[2] *Hudson:* J. Inst. Met. Bd. 52 (1932) S. 101. — [3] *Herschman:* Zit. S. 74.
[4] *Bassett, H. N.:* Bearing Metals, S. 200, London: Edward Arnold & Co. 1937.

miteingetragenen Versuchswerte von *Herschman* und *Basil* wie auch die Ergebnisse von *Ackermann*[1], die unter anderen Prüfbedingungen gewonnen sind, zeigen sowohl in ihrer Größe als auch in der Tendenz der Abhängigkeit vom Zinngehalt gegenüber den Messungen von

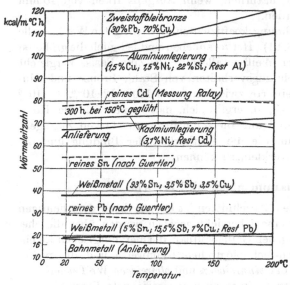

v. *Göler* und Mitarbeitern einen andersartigen Verlauf. Die Schwankungen in der absoluten Höhe des Verschleißes sind bei Berücksichtigung des überragenden Einflusses unterschiedlicher Prüf- und Schmierungsbedingungen[2] verständlich. Die Tatsache, daß aber auch der Gang der Meßergebnisse die aufgezeigten großen Unterschiede aufweist, ist als Beweis dafür anzusehen, daß auf diesem Gebiet eine Klärung noch nicht erfolgt ist. Diese ist natürlich erst dann zu erhalten, wenn eine Einigung über

Abb. 79. Wärmeleitfähigkeit von Lagerwerkstoffen (gemessen von *F. Raisch*).

die Art, wie der Verschleiß gemessen werden soll, erzielt ist. Durch v. *Göler* ist darauf hingewiesen worden, daß es bei Weißmetallen schwierig ist, reproduzierbare Ergebnisse über die Größe des Verschleißes zu erhalten, was die starke Streuung der in Abb. 78 mitgeteilten Ergebnisse bestätigt.

6. Physikalische Eigenschaften der Weißmetalle.

Von den physikalischen Eigenschaften der Weißmetalle interessieren vornehmlich das *Wärmeleitvermögen* und das *thermische Ausdehnungsverhalten*. Angaben über die spezifischen Gewichte enthält Zahlentafel 20. Über die Wärmeleitung bei höheren Temperaturen gibt Abb. 79 Aufschluß, die zum Vergleich die Wärmeleitzahlen einiger anderer Lagerlegierungen und die der wichtigsten Basiselemente enthält. Die Abbildung zeigt, daß alle Weißmetallarten, vornehmlich aber die auf Blei-Zinn-Basis, ein sehr kleines Wärmeleitvermögen besitzen. Da aber die Stärke

---

[1] *Ackermann:* Z. Metallkde. Bd. 21 (1929) S. 339.
[2] *Jakeman, C.* u. *G. Barr:* Engineering, Bd. 133 (1933) S. 200.

der Ausgußschicht besonders in höher beanspruchten Lagerungen zwecks Steigerung der Haltbarkeit nur etwa 0,5 mm beträgt, dürfte hier die schlechte Wärmeleitzahl gegenüber dem Gesamtwärmewiderstand Stützschale + Weißmetallausguß nicht sehr ins Gewicht fallen. Anders liegen die Dinge natürlich, wenn Ausgußstärken von 10 mm und mehr verwendet werden.

Die thermischen Ausdehnungskoeffizienten der wichtigsten Weißmetalle enthält Zahlentafel 29 (S. 81). Hervorzuheben sind lediglich die größeren Ausdehnungsbeiwerte der Weißmetalle auf Blei-Zinn-Basis. Vergleicht man hiermit das Ausdehnungsverhalten von Stahl, Bronze und Aluminium (Ausdehnungsbeiwerte zwischen 0 bis 100°: $12 \cdot 10^{-6}$, $18 \cdot 10^{-6}$ bzw. $24 \cdot 10^{-6}$ mm/mm° C), so ergibt sich, daß namentlich die Kombination: Stahl-Weißmetall auf Blei-Zinn-Basis zu starken Zugeigenspannungen führen kann, die die Haltbarkeit der Bindung und die Lebensdauer des Lagers verkleinern können.

7. Zusammenfassende Übersicht.

In den vorhergehenden Abschnitten ist entsprechend dem heutigen Stand der Entwicklung eine Übersicht gegeben worden über die chemische Zusammensetzung, den Gefügeaufbau, die metallurgischen Eigenschaften, die mechanisch-technologischen Kennwerte und die physikalischen Eigenschaften der *zinnreichen* und *bleireichen Weißmetalle*.

Beide Weißmetallarten besitzen zwei ausgezeichnete Eigenschaften, die sie als Gleitlagerwerkstoffe besonders wertvoll machen; und zwar handelt es sich erstens um ihre *geringe Freßneigung* und zweitens um die *Begünstigung* der Ausbildung und Aufrechterhaltung der *reinen Flüssigkeitsreibung*.

Die Legierungsentwicklung scheint einen Abschluß erreicht zu haben, der kaum noch wesentlich verbessert werden kann. Bemerkenswert sind die im letzten Jahrzehnt bei bleireichen Weißmetallen in stärkerem Maße verwendeten Arsenzusätze.

In konstruktiver Hinsicht ist hervorzuheben die Entwicklung von Verbundlagerschalen mit sehr geringen Ausgußschichtdicken, die eine wesentliche Steigerung der Dauerhaltbarkeit bewirkt haben.

Wenn die Weißmetalle für *Hochleistungslager* wegen ihrer begrenzten Belastbarkeit in der Wärme auch nicht mehr ausreichend sind, so ist demgegenüber doch festzustellen, daß sie in vielen Fällen mit geringen bzw. mittleren thermischen und mechanischen Anforderungen ein gutes Verhalten zeigen. Sie sind in diesem Anwendungsbereich auch heute noch ein unentbehrlicher Gleitlagerwerkstoff.

B. Gehärtete Bleilagermetalle.

Von Dr.-Ing. R. Weber[1], Frankfurt a. M.

Mit 25 Abbildungen.

1. Einleitung.

Die mit Alkali- und Erdalkalimetallen gehärteten Bleilagerlegierungen nehmen unter den Bleilagermetallen eine Sonderstellung ein. Sie werden allgemein als gehärtete Bleilagermetalle bezeichnet[2]. Von gelegentlichen früheren Vorschlägen abgesehen, hat ihre Entwicklung begonnen, als um das Jahr 1914 in verschiedenen Staaten Schwierigkeiten in der Zinn- und Antimonbeschaffung auftraten. Es ist in erster Linie der Aufgeschlossenheit der Deutschen Bundesbahn zuzuschreiben, daß sie auch in der Folgezeit weitgehend angewendet wurden[3]. Die Aufzählung der nahezu 100 auf diesem Gebiet vorliegenden Patente und die Nennung der Namen der an diesen beteiligten Forscher und Techniker würde über den Rahmen dieser Arbeit hinausführen. In den 40 Jahren ist erhebliche Entwicklungsarbeit geleistet worden, die im wesentlichen mit den Namen *H. Hanemann, Mathesius, W. Kroll, J. Czochralski, Shoemaker* und *E. Schmid* verknüpft ist. In Zahlentafel 1 sind nur die in jüngerer Zeit im Schrifttum bekanntgewordenen bzw. die z. Z. benutzten Legierungen zusammengestellt.

In Deutschland wird das Bn-Metall vor allem neben Bleibronze als Achslagerwerkstoff für Wagen der Bundesbahn in großem Umfang verwendet. Dem gleichen Zweck dient in der UdSSR neben Blei-Antimonlagermetallen das Calcium-Babbit[4]. Das Anwendungsgebiet der Satco-Legierung erstreckt sich ebenfalls auf das Eisenbahngebiet und auf bestimmte Dieselmaschinen[5, 6]. Die Einführung höherer Achsdrücke

---

[1] Neubearbeitung des gemeinsam mit dem verstorbenen Herrn Dr.-Ing. *F. K. Frhr. v. Göler* verfaßten Abschnittes der 1. Aufl.

[2] Der Kürze halber seien von den in der vorliegenden Arbeit zum Vergleich herangezogenen Lagermetallen die Bleilegierungen mit Zusätzen von Antimon, Zinn, Kupfer usw. (z.B. WM 10) als Blei-Antimonlagermetalle, die Zinnlegierungen mit Zusätzen von Antimon, Kupfer usw. (z.B. WM 80) als Zinnlagermetalle bezeichnet.

[3] *Lindermayer:* Das deutsche Eisenbahnwesen der Gegenwart Bd. 1 (1923) S. 278/288. — Glasers Ann. Bd. 116 (1935) S. 35/42, 43/50.

[4] *Schneider, V.:* Arch. f. Metallkde. Bd. 1 (1947) S. 431/433.

[5] *Ellis, O. W., P. A. Beck* u. *A. F. Underwood:* Metals Handbook, The American Soc. for Metals, Cleveland Ohio, 1948, S. 745/754.

[6] *Clauser, H. R.:* Materials and Methods Bd. 28 (1948) S. 76/86.

Zahlentafel 1. Zusammensetzung gehärteter Bleilagermetalle.

Entwick- lungs- jahr	Bezeichnung	Hersteller	Zusammensetzung in Gew.-%										Lit. Stelle
			Pb	Ca	Mg	Ba	Na	K	Li	Al	Sn	Hg	
1925	Bn-Metall (Bahn- metall)	Met. Gesellschaft	98,6	0,69			0,62		0,04	0,02			1
			98	0,5	0,075			0,04	0,04	0,05	1	0,25	2
1930	Satco	National Lead Co.	97,5– 98,2	0,11– 0,6	0,01– 0,08		0– 0,007	0– 0,06	0– 0,06	0,008– 0,05	1– 2,4	0– 0,25	3
			95,9	0,62	0,15		0,54				2,56		4
				0,5– 0,75		und kleine Beträge verschiedener anderer Elemente					1– 1,5		5
1934	Union-Lagermetall		98,3	0,2	1,5								6
	Calcium-Babbitt	UdSSR	Rest	0,75– 1,1			0,70– 1,0						7
1939	MGS 7422	Met. Gesellschaft	Rest	0,7	0,04	0,4	0,2		0,02	0,02			8
1942	MGS 7420	Met. Gesellschaft	Rest	0,7	0,04	0,4	0,2						8
1948	MGS-Metall	Met. Gesellschaft	Rest	0,6– 0,75	0– 0,07	0,2– 0,8	0,25– 0,8			0,02			8

[1] Eigene Angaben. — [2] *Witte, F.:* Z. Metallkde. Bd. 26 (1934) S. 69/70. — [3] Die im Schrifttum (*Grant, L. E.:* Metals and Elloys Bd. 5 (1934) S. 161/164, 191/194; *Witte, F.:* a. a. O.; *Karelitz, G. B.* u. *O. W. Ellis:* Trans. Amer. Soc. mech. Engrs. Bd. 52 (1930) S. 87/99) angegebenen und die durch eigene Analysen gefundenen Werte schwanken in diesem weiten Bereich. — [4] *Pichugin, I. V.:* Dizelestroenie Bd. 7 (1936) S. 11/21 (russ.). Ref. M. A. Inst. Met. Bd. 3 (1936) S. 519/520. — [5] *Ellis, O. W., P. A. Beck* u. *A. F. Underwood:* Metals Handbook, The American Soc. for Metals, Cleveland Ohio 1948, S. 745/754. — [6] *Schmidt, R.:* Stahl u. Eisen Bd. 56 (1936) S. 228/231. — [7] *Schneider, V.:* Arch. f. Metallkde. Bd. 1 (1947) S. 431/33. — [8] *Schmid, E.:* Z. Metallkde. Bd. 35 (1943) S. 85/92, vgl. auch *R. Weber,* Z. VDI Bd. 88 (1944) S. 272.

bei den Eisenbahnwaggons und höherer Zuggeschwindigkeiten führten zu gewissen Schwierigkeiten mit Bn-Metall, so daß bei der Bundesbahn Versuche mit verbesserten Bn-Metallegierungen eingeleitet wurden[1]. Diese noch nicht abgeschlossenen Entwicklungsarbeiten führten, auf den beiden Legierungen MGS 7422 und MGS 7420 aufbauend, zu dem MGS-Lagermetall.

Bei den nachfolgenden Ausführungen stehen Bn-Metall und z. T. die MGS-Legierungen an erster Stelle, da wirklich faßbare Angaben über die genaue Zusammensetzung und die Eigenschaften der anderen gehärteten Bleilagermetalle dürftig sind und dem Verfasser bisher unveröffentlichtes Material über die Bn-Metall-Legierungen zur Verfügung stand[2].

2. Aufbau.

Für die Gefügebeurteilung seien zunächst in Zahlentafel 2 die Gefügeverhältnisse bei den wichtigsten binären Bleilegierungen mit Zusätzen an Alkali- und Erdalkalimetallen beschrieben.

Das System *Blei-Barium* wurde zuletzt von *G. Grube* und *A. Dietrich* untersucht. Auf Grund von Aushärtungsversuchen bei Raumtemperatur, bei denen Bariumgehalte von 0,14% noch zu einem geringen Härteanstieg führten, wird auf eine noch kleinere Raumtemperaturlöslichkeit geschlossen. *E. Schmid* und Mitarbeiter geben eine Löslichkeit von etwa 0,02% bei Raumtemperatur an. Sie stützen sich dabei auf eigene Aushärtungsversuche bei gleichzeitiger Verfolgung der Gefügeausbildung. Die Werte für die *Blei-Kalzium*-Legierungen wurden von *E. E. Schumacher* und *G. H. Bouton* aus Widerstands- und Härtemessungen erhalten. Die Löslichkeit von *Magnesium in Blei* wurde von *N. S. Kurnakow, S. A. Pogodin* und *T. A. Vidusora* und von der Bleiforschungsstelle untersucht. Aus Widerstandsmessungen schließen jedoch *A. Eucker* und *H. Schürenberg*, daß die Löslichkeitsgrenze für Magnesium in Blei bei Raumtemperatur nicht wie von oben genannten Forschern angegeben bei 0,2%, sondern 0,06% liegt. Eigene Versuche über das Korrosionsverhalten (95° Wasserdampf) von Legierungen mit 0,7% Ca, 0,4% Ba, 0,2% Na und Magnesiumgehalten von 0,05 bis 0,8% führten zu dem Ergebnis, daß auch bei diesen Legierungen die Löslichkeit des Magnesiums bei Raumtemperatur bei etwa 0,05% liegen muß. Die letzte eingehende Untersuchung des Systems *Blei-Natrium* wurde von *H. Klaiber* durchgeführt. Aus Temperaturwider-

---

[1] *Schneider, V.:* Metall Bd. 3 (1949) S. 327/330.

[2] Es handelt sich hierbei um Versuchsergebnisse aus dem Metall-Laboratorium der Metallgesellschaft. Der Verfasser ist der Metallgesellschaft für die Genehmigung zur Veröffentlichung zu Dank verpflichtet, ebenso Frl. *E. Schulz* und den Herren *E. Schmid* und *W. Jung-König*, von denen wertvolle Anregungen und ein Teil der in Frage kommenden Versuchsergebnisse stammen.

standskurven entnimmt er einen Löslichkeitsbereich für Natrium in Blei von $0,4\%$ bei $20°$ und $2,4\%$ bei $304°$. Aus mikroskopischen Untersuchungen und aus dem Verlauf der Aushärtung schließen E. Schmid und E. Schulz, daß die Sättigungsgrenze für Natrium bei Raumtemperatur bei etwa $0,2\%$ und bei $160°$ bei etwa $0,62\%$ liegt. Während bei Blei-Barium die $BaPb_3$-Phase bei Entmischung gleichmäßig im ganzen Korn auftritt, erfolgt die Ausscheidung von $NaPb_3$ vorwiegend an den

Zahlentafel 2. *Gefügeverhältnisse bei den wichtigsten binären Bleilegierungen mit Alkali- und Erdalkalimetallen.* (Vergl. hierzu auch M. Hansen[1].)

Zusatz	Löslichkeit $\%$	Eutektikum		nächste Kristallart	Literatur
		Zusammensetzung $\%$	Temperatur $°C$		
Ba	0,02—0,5	6,2	293	$BaPb_3$	2, 3, 4,
Ca	0,01—0,1	0,1	328	$CaPb_3$	5
		peritektisch			
Mg	0,06—0,7 (0,2)	2,5	250	Mg_2Pb	7, 3, 6
Na	(0,4)—2,4 0,2	2,5	304	$\sim NaPb_3$	8 9, 4
Li	$< 0,02$—0,11	0,69	235	$LiPb$	10, 11 3

[1] *Hansen M.:* Der Aufbau der Zweistofflegierungen. Springer, Berlin 1936. — [2] *Grube, G.* und *A. Dietrich:* Z. Elektrochemie Bd. 44 (1938) S. 755. — [3] *Hofmann, W.:* Blei und Bleilegierungen, J. Springer, Berlin 1941. — [4] *Schmid, E.:* Z. f. Metallkde., Bd. 35 (1942) S. 85/92. — [5] *Schumacher, E. E.* und *G. H. Bouton:* Metals and Alloys Bd. 1 (1930) S. 405/409. — [6] *Kurnakow, N. S., S. A. Pogodin* u. *T. A. Vidusova:* Ann. Inst. Anal. phys.-chem. (Leningrad) Bd. 6 (1933) S. 266. — [7] *Eucken, A.* u. *H. Schürenberg:* Ann. Phys. Bd. 33 (1938) S. 1. — [8] *Klaiber, H.:* Z. Elektrochem. Bd. 42 (1936) S. 258. — [9] *Schulz, E.:* Metallwirtsch. Bd. 20 (1941) S. 418/424. — [10] *Grube, E.* u. *H. Klaiber:* Z. Elektrochem. Bd. 40 (1934) S. 745. — [11] *v. Hanffstengel, K.* u. *H. Hanemann:* Z. Metallkde. Bd. 30 (1938) S. 50.

Korngrenzen. Nach von E. Zintl und A. Harder[1] durchgeführten Strukturbestimmungen und nach von H. Klaiber angestellten Widerstandsmessungen existiert die Verbindung $NaPb_3$ nicht. Die ausgeschiedene Kristallart stellt vielmehr einen Mischkristall der Verbindung $NaPb_3$ (25 At—% Na) mit Natrium dar, der 28—32 At—% Na enthält. Die von G. Grube u. H. Klaiber durch Widerstandsmessungen bestimmte Löslichkeit von *Lithium in Blei* wurde nur bis zu der Temperatur von $120°$ (0,034 %) herunter verfolgt. Aus Aushärtungsversuchen, die K. von Hanffstengel und H. Hanemann durchführten, schließt W. Hofmann, daß die Löslichkeit von Lithium in Blei bei Raumtemperatur unter 0,02 % liegt.

Aluminium wird einem Teil der gehärteten Bleilagermetalle als korrosionshemmender Bestandteil zugesetzt. Über die Löslichkeit von Alu-

[1] *Zintl, E.* und *A. Harder:* Z. phys. Chem. A, Bd. 154 (1931) S. 47.

minium in Blei in festem Zustand liegen keine eingehenden Untersuchungen vor. Es ist anzunehmen, daß eine geringe Löslichkeit von Aluminium in Blei vorhanden ist.

Über die ternären und höheren Zustandsschaubilder ist nur wenig bekannt. Aus einem kurzen, das ternäre System Blei-Kalzium-Natrium behandelnden Bericht[1] geht hervor, daß in dem in Frage kommenden Zusammensetzungsbereich die oberen Schmelzpunkte durch den Kalziumgehalt bestimmt werden, während die unteren dem des Blei-Natrium-Eutektikums entsprechen dürften. Den Gefügeaufbau bestimmen die gleichen Phasen ($CaPb_3$ und Mischkristall $NaPb_3$), die in den binären Diagrammen verzeichnet sind. Das Auftreten der Blei-Kalzium-Kristalle scheint jedenfalls durch die anderen Zusätze nicht wesentlich beeinflußt zu werden. Auch die gelegentlich zugesetzten Schwermetalle wie Zinn, Kadmium und Quecksilber scheinen in der Grundmasse zu verschwinden. Nur das Kupfer soll in der Legierung in Form der Verbindung Cu_4Ca auftreten[2].

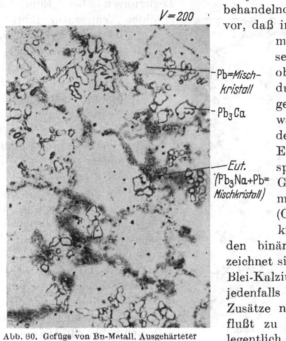

$V = 200$

Pb = Mischkristall

Pb_3Ca

Eut.
($Pb_3Na + Pb =$ Mischkristall)

Abb. 80. Gefüge von Bn-Metall. Ausgehärteter Zustand.

Als Beispiel für die Gefügeverhältnisse in Mehrstoff-Systemen sei der Gefügeaufbau des Bn-Metall in Abbildung 80 gezeigt. Das in Abbildung 81 wiedergegebene Gefügebild einer MGS-Legierung soll auf den grundsätzlichen Unterschied der beiden Legierungen hinweisen. Die dargestellten Gefüge entsprechen den beiden Legierungen in ausgehärtetem Zustand. Bei Bn-Metall (Abb. 80) sind primär ausgeschiedene $CaPb_3$-Kristalle in quaternären Bleimischkristallen eingebettet. Die Korngrenzen bestehen aus einem Mehrphasen-Eutektikum, vorzugsweise aus Ausscheidungen der natriumreichen Verbindung $NaPb_3$. Der Flächen-

[1] *Grube, G.* und *H. Klaiber:* Z. Elektrochem. Bd. 40 (1934) S. 745.
[2] *Mathesius:* Glasers Annalen Bd. 92 (1923) S. 163/70.

anteil der $CaPb_3$-Kristalle ist etwa 10%[1]. Ihre Mikrohärte wird mit 93 angegeben, die der Grundmasse mit 45,7[2]. Die MGS-Legierung enthält ebenfalls primär ausgeschiedene $CaPb_3$-Kristalle in Bleimischkristallen. An den Korngrenzen befindet sich jedoch die eutektisch ausgeschiedene Verbindung $BaPb_3$. Die Verfolgung der Veränderung des Gefüges beider

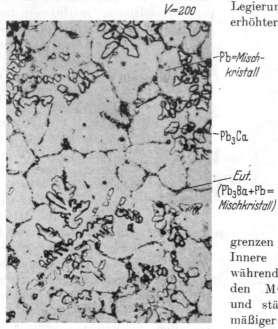

$V=200$

Legierungen bei Einwirkung erhöhter Temperatur führt zu folgender Feststellung[3]: Die Ausscheidungen aus dem Bleimischkristall erfolgen, wie bei den binären Systemen Blei-Natrium und Blei-Barium, auch bei Bn-Metall grundsätzlich anders als bei den MGS-Legierungen. Die $NaPb_3$ - Ausscheidungen erstrecken sich bei Bn-Metall von den Korngrenzen ausgehend weit in das Innere des Kornes (Abb. 82), während die $BaPb_3$-Kristalle bei den MGS-Legierungen punkt- und stäbchenförmig in gleichmäßiger Verteilung im Korn auftreten (Abb. 83). Die natriumreiche Verbindung $NaPb_3$ wird

Abb. 81. Gefüge der MGS-Legierung.
Ausgehärteter Zustand.

bei den MGS-Legierungen, auch bei Natriumgehalten bis 0,6% nicht beobachtet[4]. Eine Beeinflussung des Gefüges durch Anwesenheit von 0,06% Mg erfolgt nicht[4].

3. Physikalische, mechanische und chemische Eigenschaften.

Wie schon erwähnt wurde, machte die Erhöhung der Achsdrücke und der Fahrgeschwindigkeiten bei der Bundesbahn eine Weiterentwicklung des Bn-Metalls notwendig. Diese Entwicklungsarbeiten hatten sich zu

---

[1] In diesem Zusammenhang sei darauf hingewiesen, daß infolge ihrer niedrigen Atomgewichte den Zusatzmetallen trotz geringen Gewichtsanteils an der Legierung eine Atomkonzentration von etwa 10% zukommt. Diese liegt durchaus in derselben Größenordnung wie die des Antimons in den Blei-Antimonlagermetallen. — [2] *Rapp, A.* und *H. Hanemann:* Z. f. Metallkde. Bd. 33 (1941) S. 64. — [3] *Schmid, E.:* Z. f. Metallkde. Bd. 35 (1943) S. 85/92. — [4] *Schulz, E.:* Unveröffentlichte Versuche.

erstrecken auf: Herabsetzung der Empfindlichkeit des Bn-Metalls gegenüber langzeitiger Einwirkung erhöhter Temperaturen, Erhöhung seiner
Standfestigkeit und Herabsetzung seiner Ausbrandempfindlichkeit. Bei
Schilderung der Eigenschaften
werden daher die neuen Legierungen
hauptsächlich unter diesen Gesichtspunkten betrachtet, d. h. neben den
üblichen Kurzzeitversuchen zur
Ermittlung der Festigkeitseigenschaften werden auch Versuche zur
Beurteilung der Dauerstandfestigkeit und des Einflusses langzeitig
einwirkender Temperatur herangezogen.

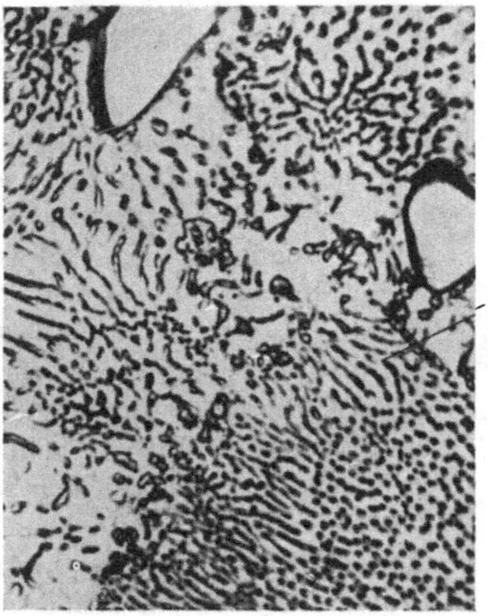

a) Physikalische Eigenschaften.

Das *spezifische Gewicht* der gehärteten Bleilagermetalle weicht
von dem des reinen Bleies (11,35)

$V=1500$

Abb. 82. Gefüge von Bn-Metall. Warmbehandlung: 70 Std. bei 160° C.

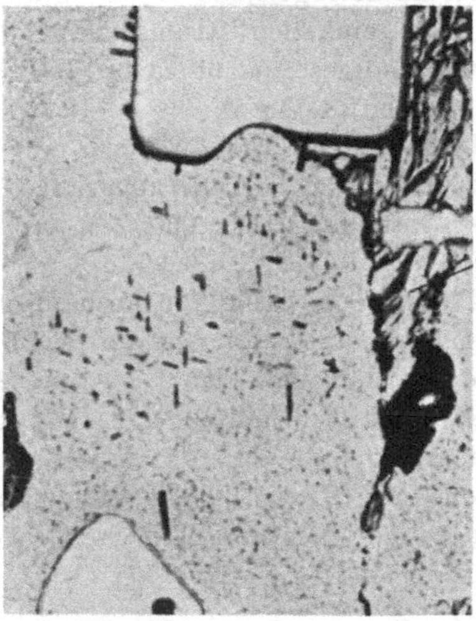

Abb. 83. Gefüge der MGS-Legierung. Warmbehandlung: 70 Std. bei 160° C.

erheblich ab, weil der Dichteunter-
schied zwischen Blei und den Zusätzen außerordentlich
groß ist. So beträgt das
spezifische Gewicht von
Bn-Metall 10,56. Das
spezifische Gewicht der
verschiedenen Legie-
rungen läßt sich überschlägig aus
folgenden, an binären Legierungen
gemessenen Zahlen ermitteln: für
0,1 Gewichts-% Zusatz von Kalzium
bzw. Natrium bzw. Lithium ändert
sich das spezifische Gewicht um
0,029 bzw. 0,079 bzw. 0,24. Die
spezifische Wärme von Blei beträgt
0,031 cal/grad · g. Die spezifischen Wärmen der Erdalkali- und
besonders der Alkalimetalle sind so viel größer, daß sie trotz ihrer
geringen Mengen die spezifische Wärme nicht unerheblich erhöhen.
So hat Bn-Metall z. B. eine spezifische Wärme von 0,034 cal/grad · g.

Der *Wärmeausdehnungskoeffizient* von unlegiertem Blei $(29 \cdot 10^{-6})$ wird durch Alkali- und Erdalkalizusätze vergrößert. Für eine Legierung mit 0,6 % Ca und 0,5 % Na wird er zwischen 20 und 200° zu $36,3 \cdot 10^{-6}$ angegeben[1]. Eigene Messungen ergaben für Bn-Metall $32,7 \cdot 10^{-6}$ zwischen 20 und 100°. Der Höchstwert für das *Schwindmaß* kann man durch Multiplikation des Ausdehnungskoeffizienten mit dem Temperaturintervall zwischen Raumtemperatur und Erstarrungstemperatur berechnen. Infolge des hohen Ausdehnungskoeffizienten ergeben sich nach dieser Berechnungsart Schwindmaße von 0,95 bis 1,08 %[2,3]. Die bei den üblichen Gießanordnungen gemessenen Schwindungen sind wesentlich kleiner. — Das Schwindmaß hängt entscheidend von den gewählten Gießbedingungen ab. — So wurde nach dem Verfahren des staatlichen Materialprüfungsamtes das Schwindmaß von Bn-Metall zu 0,76 % bestimmt. *Müller*[3] hat durch Versuche an etwa 100 mm hohen Stützschalen bei Bn-Metall gezeigt, in wie hohem Maße die Schwindung von der zweckmäßigen Abstimmung der Kokillen- und Schalentemperaturen beeinflußt wird. Unterschiede in den Temperaturen der Rotgußstützschale zwischen 250° und 120° ergaben bei 320° Grundplattentemperatur und 100° Kerntemperatur Schwindungsunterschiede zwischen Rotguß und Bn-Metall von 0,26 bzw. 0,48 mm (Schwindmaß etwa 0,25 bzw. 0,5 %).

Die *Wärmeleitfähigkeit* von Bn-Metall beträgt 0,050 cal/cm · grad · s. In guter Übereinstimmung damit steht eine Schrifttumsangabe[4] von $0,05_0$ bei 20° und $0,04_4$ bei 200°. 300stündiges Ausglühen bei 150° hat praktisch keinen Einfluß auf die Wärmeleitfähigkeit[4].

Der *Elastizitätsmodul* wird für Bn-Metall zu 2200—2600 kg/mm² bei Raumtemperatur und zu 1600 bis 2000 kg/mm² bei 100° angegeben [4—6]. Die MGS-Legierung hat einen Elastizitätsmodul von 2500 kg/mm² bei Raumtemperatur.

b) Mechanische Eigenschaften bei Raumtemperatur. Die mechanischen Eigenschaften der gehärteten Bleilagermetalle sind wie die der Blei-Antimon-Lagermetalle erfahrungsgemäß stark von den Gieß- und Abkühlungsbedingungen abhängig. Ferner ist zu beachten, daß die Legierungen bei Raumtemperatur nicht stabil sind, daß daher nach dem Gießen oder einer Wärmebehandlung 3 bis 6 Tage bis zur Messung abzuwarten sind, damit die Veränderungen der mechanischen Eigenschaften im wesentlichen abgeschlossen sind.

[1] *Botschwar, A. A.* und *A. A. Maurach:* Zvetngy Metally (The Non-Ferrous Metals) (1930) S. 504/507. Ref. Chem. Zbl. Bd. 101 (1930) S. 613.

[2] *Czochralski, J.:* Z. Metallkde. Bd. 12 (1920) S. 371/403. — *Czochralski, J.* und *G. Welter:* Lagermetalle und ihre technologische Bewertung. Berlin: Springer 1924. — [3] *Müller, H.:* Z. VDI Bd. 72 (1928) S. 879/884. — [4] *Bollenrath, F.*, *W. Bungardt* u. *E. Schmidt:* Luftf.-Forschg. Bd. 14 (1937) S. 417/425. — [5] *Cuthbertson, Z. W.:* J. Inst. Met. Bd. 64 (1939) S. 209. — [6] *Herttrich; H.:* Metallwirtsch. Bd. 22 (1943) S. 195.

α) *Nachhärtung (Aushärtung).* Bei Besprechung der Gefüge ist bereits erwähnt worden, daß verschiedene Zusätze zu den gehärteten Bleilagermetallen eine temperaturabhängige Löslichkeit in Blei haben. Dieser Umstand führt zu der oben erwähnten Instabilität der Eigenschaften dieser Legierungen über mehrere Tage nach dem Guß oder nach einer Wärmebehandlung. Ähnliche Beobachtungen werden auch bei den Blei-, Antimon- und den Zinnlagermetallen gemacht[1,2], scheinen aber nicht mit der gleichen Gründlichkeit untersucht worden zu sein.

Schon 1918 wird für das Frary-Metall (0,43—1% Ca; 1,4—2% Ba, 0,05% Na; 0,18% Sn; 0,1% Cu; 0,24—0,33% Hg) die in Abb. 84 gegebene Kurve a mitgeteilt[3], die die Härtezunahme von Blöcken dieser Legierung beim Lagern wiedergibt. Kurve b zeigt, wie diese Härtezunahme bei 100° beschleunigt und vergrößert wird. Kurve c[4] und d[5] geben die Nachhärtung für Bn-Metall wieder. Der Betrag der Nachhärtung ist bei den MGS-Legierungen der gleiche, der Anstieg der Kurve erfolgt etwas flacher. Die Änderung der Kennziffern des Zugversuches durch die Nachhärtung zeigt Abb. 85 für Bn-Metall[6]. Nach Abb. 86 ist ebenso wie die Härte selbst, auch die Nachhärtung von den Gießbedingungen abhängig. Und zwar steigt der Betrag der Nachhärtung, wenn die Abkühlung langsamer erfolgt, während die Härte ein Maximum bei mittlerer Abkühlungsgeschwindigkeit durchläuft. Erwähnt wird die Nachhärtung noch in verschiedenen Arbeiten[7-12],

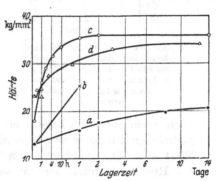

Abb. 84. Nachhärtung gehärteter Bleilagermetalle. *a* Frary-Metall, *b* Frary-Metall bei 100°, *c* und *d* Bn- Metall.

[1] *Frhr. v. Göler* u. *H. Pfister:* Metallwirtsch. Bd. 15 (1936) S. 342/348, 365/368.
[2] *Frhr. v. Göler* u. *F. Scheuer:* Z. f. Metallkde. Bd. 28 (1936) S. 121/126, 176/178.
[3] *Frary, F. C.* u. *S. N. Temple:* Chem. Metall. Engng. Bd. 19 (1918) S. 523/524.
[4] *Henkel, E.:* Unveröffentlichte Versuche.
[5] *Kenneford, A. S.* u. *H. O'Neill:* J. Inst. Met. Bd. 55 (1934) S. 51/69.
[6] *Arrowsmith, R.:* J. Inst. Met. Bd. 55 (1934) S. 71/76.
[7] *Ackermann, Ch. L.:* Metallwirtsch. Bd. 8 (1929) S. 701, 702.
[8] *Cowan, W. A., L. D. Simpkins* u. *G. O. Hiers:* Trans. electrochem. Soc. Bd. 40 (1921) S. 27/49, Auszug: Chem. and Met. Engng. Bd. 25 (1921) S. 1181/1185.
[9] *Grant, L. E.:* Metals and Alloys Bd. 5 (1934) S. 161/164, 191/195.
[10] *Hack, C. H.:* Metal Progr. Bd. 28 (1935) S. 61/64, 72.
[11] *Kühnel, R.:* Gießerei Bd. 15 (1928) S. 441/446.
[12] *Kunze:* Masch.-Bau Betrieb Bd. 10 (1931) S. 664/670.

während sich ausführlichere Angaben, von den bei den Abb. 84 und 85 erwähnten Arbeiten abgesehen, nur vereinzelt finden[1-3].

Als Erklärung für die Aushärtung ist eine Ausscheidung der nach dem Guß in fester Lösung verbliebenen Bestandteile, und zwar vor allem des Natrium anzusehen. Bewiesen wird diese Annahme durch Rückstrahlmessungen an Bn-Metall[4], bei denen

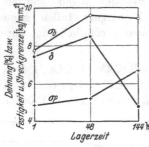

Abb. 85. Nachhärtung von Bn-Metall beim Zugversuch. σ_b Zugfestigkeit in kg/mm², δ Dehnung in Prozent, σ_P Proportionalitätsgrenze in kg/mm². (Nach *Arrowsmith*.)

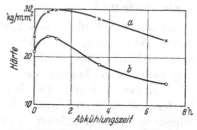

Abb. 86. Einfluß der Abkühlungsbedingungen auf die Nachhärtung von Bn-Metall. *a* Härte 5 Tage nach dem Guß, *b* Härte 5 Stunden nach dem Guß. (Nach *E. Henkel*.)

nach mehrstündigem Lagern eine Zunahme der Gitterkonstanten der bleireichen Grundmasse festgestellt wurde, also eine Näherung an den Wert der Gitterkonstante von Blei. Das Auftreten diffuser Linien bei Rückstrahlaufnahmen an sechs Tage gelagertem Bn-Metall und die mikroskopische Beobachtung an dem gleichen Material, daß die Entmischung des übersättigten Bleimischkristalles vorzugsweise an den Korngrenzen vor sich geht (vgl. Abb. 82), führten E. Schmid[5] zu dem Schluß, daß die Aushärtung des Bn-Metalls auf einer Gleitflächenblockierung beruht. Bei den MGS-Legierungen zeigt das Gefügebild (Abb. 81 und 83) — Fehlen des natriumreichen NaPb₃-Kristalles an den Korngrenzen, gleichmäßige Ausscheidungen von BaPb₃ im Korn —, daß hier die homogene Entmischung Träger der Aushärtung ist[5].

β) *Einfluß der Höhe der Zusätze auf die mechanischen Eigenschaften.* Abb. 87 gibt für eine Reihe binärer Legierungen den Einfluß wachsender Zusätze auf die Härte wieder. Den steilsten Anstieg zeigen die Legierungen mit Lithium. Die höchsten Härtewerte jedoch sind mit Natrium

---

[1] *Burkhardt, A.*: Metallwirtsch. Bd. 14 (1935) S. 581/587. — [2] *Czochralski, J.*: Z. f. Metallkde. Bd. 12 (1920) S. 371/403. — *Czochralski, J.* u. *G. Welter*: Lagermetalle und ihre technologische Bewertung. Berlin: Springer, 1924. — [3] *Slawinski, N. P.; A. V. Shaschin* u. *N. A. Filin*: Metallurg. Bd. 3 (1935) S. 66/81 (russ.). Ref. M. A. Inst. Met. Bd. 2 (1935) S. 576. — [4] *Farnham, G. S.*: J. Inst. Met. Bd. 55 (1934) S. 69/70. — [5] *Schmid, E.*: Z. f. Metallkde. Bd. 35 (1943) S. 85/92.

zu erreichen. Durchweg härten die Alkali- und Erdalkalimetalle sehr viel
stärker als gleiche Mengen von Schwermetallzusätzen. Je nach den Abkühlungsbedingungen ist mit nicht unerheblichen Abweichungen von
den hier angegebenen Werten zu rechnen. Und zwar beträgt der Streubereich nach Überschreiten des jeweiligen Mischkristallgebietes für:

Na	Li	Ca	Mg	Sn	Hg	
± 5	± 2	± 3	± 2	± 0,5	± 0,5	Härteeinheiten.

Für Kalium und Barium ist der Streubereich nicht bekannt.

Über die Wirkung einer Änderung der Höhe der Zusatzkomponenten
auf die Eigenschaften von gehärteten Bleilagermetallen liegen keine
systematischen
Versuche vor.
Die Abb. 88—91
zeigen nach eige-
nen Versuchen,
wie sich bei Bn-
Metall die je-
weiligen Kompo-
nenten auswir-
ken. Die Größe
des härtenden
Einflusses der
einzelnen Kom-
ponenten ent-
spricht ungefähr
dem, was auf
Grund von Här-
temessungen an

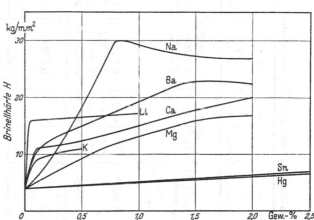

Abb. 87. Härte gegossener binärer Bleilegierungen. Na, Mg, Sn und Hg
nach *Goebel.* [1] (H 1,25/4-20); Ca, Ba, K und Li nach eigenen Messungen
(H 2,5/10-180).

den binären Legierungen zu erwarten ist. Der Einfluß von Kalzium auf die
mechanischen Eigenschaften tritt hinter dem der anderen Komponenten
zurück. Es hat vor allem Bedeutung für die Bildung der harten primären
Kristallart. Da diese den oberen Schmelzpunkt der Legierung bestimmt,
ist die Zusatzmenge an Kalzium begrenzt. Aus Abb. 91 ergibt sich der
Einfluß des Bleigehaltes. Die härtenden Zusätze sind hier in verschiedener Gesamtkonzentration, aber stets im gleichen gegenseitigen Verhältnis wie im Bn-Metall vorhanden. Es zeigt sich, daß die Zusammensetzung des Bn-Metalls hinsichtlich der im Kurzzeitversuch bei Raumtemperatur ermittelten Eigenschaften das Optimum dessen darstellt,
was durch eine Kombination der drei Zusatzkomponenten erreicht
werden kann.

γ) *Mechanische Eigenschaften aus Zug-, Druck- und Biegeversuch.* In

---

[1] *Goebel, J.:* Z. Met. Bd. 14 (1922) S. 357/366, 388/394, 425/432, 449/456.

Zahlentafel 3. *Mechanische Eigenschaften bei Raumtemperatur.*

Legierung	Härte kg/mm²	Zugversuch σ_B kg/mm²	Zugversuch δ %	Zugversuch σ_F kg/mm²	Druckversuch σ_B kg/mm²	Druckversuch q %	Druckversuch σ_F kg/mm²	Biegeversuch σ kg/mm²	Biegeversuch f mm	Biegeversuch σ_F	Literatur
Bn-Metall	28—36	12,5	3	3,7 (0,02%)	17—20	25—30	6,3 (0,2%)	—	—	—	1—4
	26	8,5	0,8	7,4 (0,2%)	15		3 (0,02%)				5
	30—37	9,5	4,8	6,7 Prop.-grenze			8 (0,2%)				6—8
Bn-Metall	30—40	10—14	2—6	2—4 (0,02%)	17	~20	8 (0,2%)	23	3,5	7 (0,05%)[b]	1
MGS 7422	26—30	~9	5		>20	>40	7 (0,2%)	20	4	9 (0,05%)	
MGS 7420	25	~8	6		>20	>40	5 (0,2%)	18	10	10 (0,05%)	
MGS-Legierung	30—42	12	3	4—6 (0,02%)	>20	30—40	8 (0,2%)	23			
Satco	19—22	8	6		11	—	8,5 (2,0%)	—	—	—	1; 9; 10
Satco 2,5% } härtende	27	7,7	10	—	15						11
Satco 2,0% } Zusätze	24	7,0	15		12						
Calcium-Babbitt	33,5—35,5	—	—	—	~17	—	9 (0,2%) / 13 (2,0%)	17	2	4 (0,05%)[c]	12
Noheet[a]	26	9,8	—	7,7 (E.-Grenze)	16	—	—	—	—	—	9
Frary-Metall[a]	26—29	9,1	5	—	11	—	—	—	—	—	1; 11; 13

		14	1
Lurgi-Metall[a]	28—36	—	—
Can-Metall[a]	30	—	—

Etwaige Zusammensetzung	Pb	Ca	Ba	Sr	Na	Sn	Cu	Hg	Lit.
				13	55	5,5 (0,2%)			
Noheet	93,5	—	—	—	1,3	0,08	—	—	15
Frary-Metall	97—98	0,4—1	1,4—2	—	bis 0,05	0,2	0,1	0,24—0,33	16
Lurgi-Metall	96,5	0,4	2,8	—	0,3	—	—	—	17, 18
Can-Metall	94,9	1,75	1	1	—	—	1,5	—	17, 18

a Etwaige Zusammensetzung
b $10 \times 15 \times 100$
c $40/36 \times 17 \times 100$

[1] Eigene Versuche. — [2] Brasch, W.: Techn. Zbl. prakt. Metallbearb. Bd. 46 (1936) S. 452, 454, 456, 458. — [3] Frhr. v. Göler u. G. Sachs: Mitt. Arbeitsber. Metallges. Heft 10 (1935) S. 3/10; Gießereipraxis Bd. 57 (1936) S. 78/79, 121/124. — [4] Kühnel, R.: Gießerei Bd. 15 (1928) S. 441/446. — [5] Bollenrath, F., W. Bungardt u. E. Schmidt: Luftf.-Forschg. Bd. 14 (1937) S. 417/425. — [6] Arrowsmith, R.: J. Inst. Met. Bd. 55 (1934 II) S. 71/76. — [7] Cuthbertson, J. W.: J. Inst. Met. Bd. 64 (1939) (Adv. Copy). — [8] Kenneford, A. S. u. H. O'Neill: J. Inst. Met. Bd. 55 (1934) S. 51/69. — [9] Grant, L. E.: Metals and Alloys Bd. 5 (1934) S. 161/164, 191/195. — [10] Hack, C. H.: Metal Progr. Bd. 28 (1935) S. 61/64, 72. — [11] Frary, F. L. u. S. N. Temple: Chem. metall. Engng. Bd. 19 (1918) S. 523/524. — [12] Schneider, V.: Arch. f. Metallkde. Bd. 1 (1947) S. 431/433. — [13] Herschman, H. K. u. J. L. Basil: Proc. Amer. Soc. Test. Mat. Bd. 32 (1932 II) S. 536/557. — [14] Czochralski, J.: Z. Metallkde. Bd. 12 (1920) S. 371/403. — [15] Czochralski, J. u. G. Welter: Lagermetalle und ihre technologische Bewertung. Berlin: Julius Springer 1924. — [16] Corse, W. M.: Bearing Metals and Bearings, New York 1930 S. 208/220. — [17] Cowan, W. A., L. D. Simpkins u. G. O. Hiers: Trans. Amer. electrochem. Soc. Bd. 40 (1921) S. 27/49. Auszug: Chem. Metall. Engng. Bd. 25 (1921) S. 1181/1185. — [18] Mathesius: Glasers Ann. Bd. 92 (1923) S. 163/170. — [19] Holtmeyer: Org. Fortschr. Eisenbahnw. Bd. 92 (1937) S. 349/358.

Zahlentafel 3 sind eine Reihe von Literaturangaben über Ergebnisse aus
Zug-, Druck- und Biegeversuchen zusammengestellt, wobei zur Vervoll-
ständigung des Überblickes auch einige der eingangs nicht genannten
Legierungen her-
angezogen wur-
den. Ein Teil der
Werte stammt
aus eigenen Mes-
sungen, von
denen die in
einer Prüfserie
erhaltenen zu
einer Gruppe zu-
sammengefaßt
sind. Die Ab-
hängigkeit der
Eigenschaften
von den Gieß-
und Abkühlungs-
bedingungen und
außerdem die Be-
einflussung der
Ergebnisse durch
die Prüfge-
schwindigkeit
führen zu Streu-
ungen, so daß
die angegebenen
Werte nur als
Richtwerte an-
zusehen sind.
Inwieweit die
Eigenschaften
schon von den
Gießbedingun-
gen abhängen,
soll am Beispiel

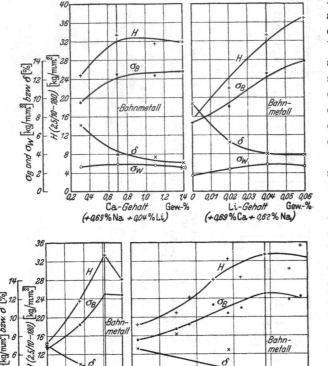

Abb. 88-91. Abhängigkeit der mechanischen Eigenschaften von der
Konzentration der verschiedenen Bestandteile des Bn-Metalls.
H Brinellhärte, σ_B Zugfestigkeit, δ Dehnung (δ_{10}), σ_W Wechselbiegefestigkeit für 20 · 10⁶ Lastspiele.
Abb. 88. Einfluß des Kalziumgehaltes. Abb. 89. Einfluß des Lithium-
gehaltes. Abb. 90. Einfluß des Natriumgehaltes. Abb. 91. Einfluß
des Bleigehaltes.

der Härte von Lagerausgüssen gezeigt werden. Die in der Zahlentafel 3
angegebenen Härtewerte sind an für Versuchszwecke gegossenen
Proben gemessen worden. Nachstehende Bereiche (Zahlentafel 4)
wurden an Ausgüssen von Lagern mit Durchmessern von 40 bis
320 mm und Längen von 50—320 mm festgestellt. Bei den größeren
Lagern wurden z. T. Sandkerne benutzt. Im allgemeinen sind die

niedrigen Härten den großen Lagern zuzuordnen (langsame Abkühlung, hauptsächlich bei Verwendung von Sandkernen).

Eine vergleichende Betrachtung der in Zahlentafel 3 angegebenen Eigenschaftswerte läßt auf eine Überlegenheit von Bn-Metall, Kalzium-Babbitt und MGS-Legierung in den Festigkeitseigenschaften bei Raumtemperatur schließen, bei infolgedessen geringerer Formänderungsfähigkeit. Bei einer rein qualitativen Beurteilung werden die gehärteten Bleilagermetalle in der Schmiegsamkeit den anderen Bleilagermetallen gleichgestellt[1].

Zahlentafel 4. *Härten von Lagerausgüssen.*

Legierung	Härte kg/mm²
Bn-Metall	23—39
MGS 7412	20—28
MGS-Legierung ...	27—40

δ) *Wechselbiegefestigkeit.* Die im Schrifttum und aus eigenen Versuchen bekanntgewordenen Wechselbiegefestigkeiten sind der Zahlentafel 5 zu entnehmen.

Zahlentafel 5.

Wechselbiegefestigkeiten. (20 · 10⁶ Lastwechsel)

Legierung	Wechselbiegefestigkeit kg/mm²	Literatur
Bn-Metall	2,5—3,0	1, 2, 3
MGS-Legierung.	2,8—3,2	3
Satco	2,1	1

[1] *Cuthbertson, J. W.:* J. Inst. Met. Bd. 64 (1939) (Adv. Copy).
[2] *Kenneford, A. S.* u. *H. O'Neill:* J. Inst. Met. Bd. 55 (1934) S. 51/69.
[3] eigene Versuche.

ε) *Dauerstandfestigkeit.* Die Verschiedenheit der Versuchsdurchführung bei Ermittlung des Dauerstandverhaltens führt dazu, daß nur ein gruppenweiser Vergleich der untersuchten Legierungen möglich ist.

Der Fließfaktor nach *Hargreaves* wurde für Bn-Metall zu 0,020 bis 0,031 bestimmt[2, 3]. Er liegt nach den von den Verfassern angegebenen Regeln (Werte > 0,02 lassen auf eine zu hohe Formänderungsfähigkeit, Werte < 0,02 auf eine mit Rücksicht auf Kantenpressungen zu niedrige Schmiegsamkeit schließen) günstig. Bei Messungen über die Abhängigkeit der Kugeldruckhärte von der Belastungsdauer hat *P. Lieber*[4] festgestellt, daß Lurgi-Metall, Kalzium-Metall[5] und Mathesius-Metall[6] langsamer fließen als WM 80 und WM 5. Härtekriechversuche[7] brachten eine Überlegenheit der MGS-Legierungen gegenüber Bn-Metall zum Ausdruck (Abb. 92). Über eine Zeit von 500 Stunden ausgedehnte Dauer-

---

[1]*Ellis, O. W., P. A. Beck* und *A. F. Underwood:* Metals Handbook, The American Soc. for Metals, Cleveland Ohio, 1948 S. 745/754. — [2] *Cuthbertson, J. W.:* J. Inst. Met. Bd. 64 (1939) (Adv. Copy). — [3] *Kenneford, A. S.* und *H. O'Neill:* J. Inst. Met. Bd. 55 (1934) S. 51/69. — [4] *Lieber, P.:* Z. f. Metallkde. Bd. 16 (1924) S. 128/131. — [5] *Mathesius:* Glasers Annal. Bd. 92 (1923) S. 163/170 (2,75% Ca; 2% Sn; 2% Cu; 1,2% Cd, Rest Pb). — [6] 0,65% Ca; 0,22% Mg; 0,6% Na; 0,08% Al; Rest Pb. — [7] *Jung-König, W.:* unveröffentlichte Versuche.

standversuche[1] führten zu dem in Abb. 93 dargestellten Ergebnis. Eine
Überlegenheit der MGS-Legierungen gegenüber den Weißmetallen und
Bn-Metall tritt klar zutage.

Bei von *R. Kühnel*[2] mitgeteilten Dauerschlagversuchen auf dem
Kruppschen Schlagwerk (Probe:
10 mm ϕ; 10 mm Höhe. Fall-

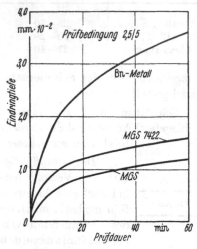

Abb. 92. Härtekriechversuche bei
Raumtemperatur.

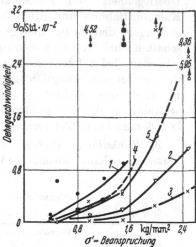

Abb. 93. Dauerstandversuche (500 Std.).
Dehngeschwindigkeit zwischen der zwei-
hundertfünfzigsten und dreihundertsten
Stunde in Abhängigkeit von der Spannung.
Probendurchmesser 8 mm
(nach *W. Jung-König*).

Zeichenerklärung zu Abb. 93

Nr.	Legierung	Zeichen	Zusammensetzung in %						
			Ca	Ba	Na	Li	Al	Mg	Pb
1	Bn-Metall	● u. ■	0,69	—	0,62	0,04	~ 0,05		Rest
2	MGS 7422	▽	0,7	0,4	0,2	0,02	0,05		,,
3	MGS-Legierung ...	+	0,7	0,4	0,2	—	0,05	0,05	,,
			Pb	Sn	Sb	Cu	Cd	Ni	As
4	WM 80	×	2	80	12	6	—	—	—
5	LgPbSn 6 Cd	○	75	6	15	1	1,5	1,0	0,5

moment 4,3 kg × 1 cm) ergeben sich für Bn-Metall 7000, für WM 80 128
und für WM 10 55 Schläge bis zum Bruch.

c) Mechanische Eigenschaften bei erhöhter Temperatur. Aus den
schon dargelegten Gründen werden auch bei der Beschreibung der Eigenschaften in der Wärme hauptsächlich die an der gleichen Prüfstelle und
unter gleichen Bedingungen erhaltenen Ergebnisse herangezogen.

---

[1] *Jung-König, W.:* unveröffentliche Versuche.
[2] *Kühnel, R.:* Gießerei Bd. 15 (1928) S. 441/446.

α) *Warmhärte.* In Abb. 94 sind einige Warmhärtemessungen mit niedriger spezifischer Belastung der Kugel[1] den Härtekurven einiger anderer Lagermetalltypen gegenübergestellt.

Die gehärteten Bleilagermetalle unterscheiden sich danach von den Lagermetallen auf Zinn- und Bleibasis durch eine verhältnismäßig niedrige prozentuale Abnahme der Warmhärte mit steigender Temperatur, sowie dadurch, daß

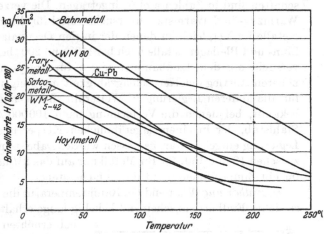

Abb. 94. Warmhärten verschiedener gehärteter Bleilagermetalle im Vergleich zu anderen Lagermetallen (Frary-Metall nach *Herschman* und *Basil*, H 0,6/10- ?).

noch bei 250° eine erhebliche Warmhärte vorhanden ist. Beides ist bedingt durch den hochliegenden unteren Schmelzpunkt der Legierungen.

Zahlentafel 6. *Eigenschaften in der Wärme.*

Temperatur °C		26	65	100	150	200	Werkstoff
Zugversuch	σ_B kg/mm²	7,8	6,5	5,2	3,4	2,0	Satco [3]
	δ %	5,8	7,3	7,3	13,0	17,0	Satco [3]
Druck-versuch	σ 2% kg/mm²	8,6	7,3	5,2	3,8	2,4	Satco [3]
	Temp. ° C	20	60	100	150	200	
	σ 0,3 kg/mm²	5,3	5,0	4,2	2,8	1,4	Frary-Metall [4]
Kerbschlag-zähigkeit	α_k cm kg/cm²	2,3	2,6	2,2	2,8	3,9	Frary-Metall [4]
		4,1	3,6	6,3	7,3	6,1	Bn-Metall [5]

[1] Die Prüfbedingungen bei diesen Messungen weichen wegen der niedrigen Last von den früher üblichen ab. Sie erscheinen aber gerade dadurch, wie an anderer Stelle ausgeführt[2], für den Vergleich verschiedener Legierungen besonders geeignet. — [2] *Frhr. v. Göler* u. *G. Sachs:* Mitt. Arbeitsber. Metallges. H. 10 (1935) S. 3/10. Gieß.-Praxis Bd. 57 (1936) S. 76/79, 121/124. — [3] *Hack, C. H.:* Metal Progr. Bd. 28 (1935) S. 61/64, 72. — [4] *Herschman, H. K.* u. *J. L. Basil:* Proc. Amer. Soc. Test. Mater. Bd. 32 (1932 II) S. 536/557 — [5] Unveröffentlichte Versuche der Firma Amsler.

β) Temperaturabhängigkeit sonstiger Eigenschaften. Die im Schrifttum vorhandenen Angaben über die Temperaturabhängigkeit anderer Eigenschaften sind in Zahlentafel 6 eingetragen. Die verzeichneten Werte aus Warmzug- und Warmstauchversuchen sind für die gehärteten Bleilagermetalle im Vergleich zu denen der in den Originalarbeiten angeführten Zinn- und Bleilagermetalle noch bei 150° und 200° hoch. Die Kerbschlagversuche auf dem Izodhammer zeigen für Frary- und Bn-Metall einen höheren Anstieg der Kerbschlagzähigkeit mit steigender Temperatur als für alle anderen Legierungen. Weiterhin sind Versuche von *Greenwood*[1] bekannt, bei denen die Verformung nach 100000 Schlägen auf einen Stahlstab, der in einem lagerähnlichen Körper aus der zu prüfenden Legierung eingelegt war, gemessen wurde. Dabei nimmt die Verformung zwischen 18 und 150° für Bn-Metall nur auf das $2\frac{1}{2}$fache zu, während sie für ein Zinnweißmetall auf das 10fache steigt.

γ) Enthärtung. Während bei Raumtemperatur die durch Nachhärtung erreichte Endhärte anscheinend beliebig lange erhalten bleibt, verlaufen bei erhöhten Temperaturen die Stabilisierungsvorgänge in den gehärteten Bleilagermetallen weiter. Im Zusammenhang damit fallen die Härten im Laufe der Zeit wieder ab. Auf diese Erscheinung wird im Schrifttum mehrfach hingewiesen[2-8]. Abb. 95 zeigt dieses Verhalten für Bn-Metall, die MGS-Legierungen und vergleichsweise für eine Legierung der Gattung Lg PbSn 10. Es ist dort die Härte nach verschieden langer Vorerhitzung bei 100°, gemessen sofort nach dem Erkalten, eingezeichnet. In Abb. 96 sind den

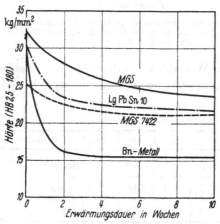

Abb. 95. Raumtemperatur-Härte von Bn-Metall und MGS-Legierungen. nach verschieden langer Vorerwärmung bei 100° C.

auf übliche Weise gemessenen Warmhärten die nach sechswöchiger Vorerhitzung gegenübergestellt. Aus beiden Darstellungen geht die Wirkung langandauernder Erwärmung auf die Härte hervor. Die Enthärtung ist bei den MGS-Legierungen und bei der Legierung

[1] *Greenwood, H.:* J. Inst. Met. Bd. 55 (1934) S. 77/87. — [2] *Kunze:* Masch. Bau Betrieb Bd. 10 (1931) S. 664/670. — [3] *Burkhardt, A.:* Metallwirtsch. Bd. 12 (1935) S. 581/587. — [4] *Garbers:* Org. Fortschr. Eisenbahnwes. Bd. 91 (1936) S. 293/312. — [5] *Heldt, P. M.:* Automotiv. Ind. Bd. 78 (1938) S. 412/422. — [6] *Holtmeyer:* Org. Fortschr. Eisenbahnwes. Bd. 92 (1937) S. 349/358. — [7] *Kenneford, A. S.* und *H. O'Neill:* J. Inst. Met. Bd. 55 (1934) S. 51/69. — [8] *Schmid, E.:* Z. f. Metallkde. Bd. 35 (1943) S. 85/92.

Lg PbSn 10 wesentlich geringer als bei Bn-Metall. Sie wird nach Untersuchungen von *E. Schmid*[1] bei Bn-Metall auf einen Ausgleich der Konzentrationsunter-schiede in den Kristallen, auf eine Koagulation der ausgeschiedenen Kristallart $NaPb_3$ und je nach der Enthärtungstemperatur auf ein Wieder-in-Lösunggehen von ausgeschiedenem Natrium zurückgeführt. Die erhöhte Härtestabilität der MGS-Legierungen ist nach den gleichen Untersuchungen auf den Unterschied in der Art der Entmischung (vgl. Abb. 82 und 83) und auf die trägere Erdalkali-diffusion zurückzuführen. Dies trifft selbst für die MGS-Legierungen mit Na-Gehalten über der Raum-

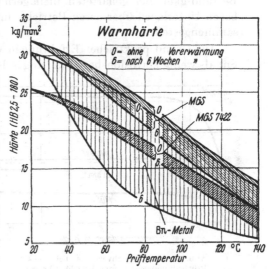

Abb. 96. Warmhärte von Bn-Metall u. MGS-Legierungen ohne und mit langzeitiger Vorerwärmung.

temperaturlöslichkeit im Blei zu. Seine Begründung findet dieser Umstand, wie *E. Schulz*[2] durch mikroskopische Beobachtung nach-weisen konnte, darin, daß auch bei diesen Legierungen das Natrium an den Korngrenzen nicht in Erscheinung tritt.

δ) *Dauerstandfestigkeit in der Wärme.* Wenn auch aus Kurzzeit-versuchen über das Dauerstandverhalten keine sicheren Aussagen für die Praxis gemacht werden können, so sollen doch in Ergänzung zu den bei Raumtemperatur durchgeführten Härtekriechversuchen, deren Er-gebnis durch die 500-Stundenversuche bestätigt wurde, in Abb. 97 die Ergebnisse von bei 100° durchgeführten Härtekriechversuchen gezeigt werden. In Vergleich zu Bn-Metall und den MGS-Legierungen wurden WM 80 F und eine Legierung der Gattung Lg PbSn 10 gesetzt. Es zeigt sich, daß selbst bei langzeitiger Vorerwärmung die MGS-Legierung unter den Vergleichswerkstoffen die bessere ist.

d) Chemische Eigenschaften. Das Zusammenwirken der verschieden-sten Einflußmomente im praktischen Betrieb erschwert die Beurteilung eines Werkstoffes, besonders hinsichtlich seines Korrosionsverhaltens außerordentlich. Es bedingt auch, daß Laboratoriumsversuche mit ihren

---

[1] *Schmid, E.:* Z. f. Metallkde. Bd. 35 (1943) S. 85/92.
[2] *Schulz, E.:* unveröffentlichte Versuche.

speziellen Bedingungen nur mit Vorbehalten auf die Betriebsverhältnisse übertragbar sind. Zur Schaffung eines Überblicks über die chemische Beständigkeit der gehärteten Bleilagermetalle werden daher alle greifbaren Unterlagen über deren Betriebs- und Laboratoriumsverhalten zusammengestellt.

Auf Grund praktischer Erfahrungen wird Noheet (1,3 % Na; 0,08 % Sn) als wenig korrosionsbeständig angesehen[1]. Legierungen mit Natrium-

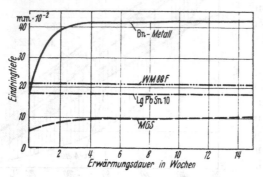

Abb. 97. Härtekriechversuche bei 100 C°.
Prüfbedingungen: 5 mm Kugeldurchmesser,
62,5 kg Belastung, 1 Std. Belastungsdauer.

gehalten bis etwa 0,7 % und mit Kalziumzusätzen haben dagegen in der Praxis zu keinen ernsten Anständen Anlaß gegeben. Es ist demnach anzunehmen, daß Natrium nur in Mengen, die die Löslichkeitsgrenze erheblich übersteigen, ausgesprochen schädlich wirkt. Kalzium schädigt offenbar die chemische Beständigkeit in keiner Weise. Aus dem Verhalten von Lurgi-Metall (0,4 % Ca; 2,8 % Ba; 0,3 % Na) ist zu schließen, daß hohe Bariumgehalte die Korrosion sehr fördern. Ebenso fanden *Slawinski*, *Shashin* und *Filin*[2] bei Korrosionsversuchen an Legierungen mit bis 0,9 % Ca und 0,9 % Na, denen verschiedene dritte Zusätze zugefügt wurden, daß höhere Bariumgehalte den Angriff erheblich vergrößern. Die Versuche wurden in Leitungswasser und in Öl[3] durchgeführt. Die MGS-Legierungen mit einem Bariumgehalt von 0,4 % jedoch haben keine ausgeprägte Korrosionsanfälligkeit. Auch hier ist also zu schließen, daß bei kleinen Zusatzmengen die Wirkung von Barium nicht nachteilig ist. Die Untersuchungen von *Slawinski*, *Shashin* und *Filin*[2] hatten als weiteres Ergebnis, daß Kalium die Korrosion nicht fördert, während Kadmiumzusätze zur größten Anfälligkeit der Legierung führten. Magnesiumhaltige Legierungen werden schon nach wenigen Wochen Lagern an der Luft brüchig und zerfallen schließlich[2, 4, 5]. Nach *Masing*[6] tritt bei binären Legierungen der Zerfall schon bei 0,05 % Mg

[1] *Grant, L. E.*: Metals and alloys Bd. 5 (1934) S. 161/164, 191/195. — [2] *Slawinski, N. P.*, *A. V. Shashin* und *N. A. Filin*: Metallurg. Bd. 3 (1935) S. 66/81 (russ.). Ref. M. A. Inst. Met. Bd. 2 (1935) S. 576. — [3] Über die Beschaffenheit des Öles sind keine Angaben gemacht, es wird lediglich erwähnt, daß die Gewichtsverluste durch eine Einwirkung vorhandener organischer Säuren hervorgerufen werden. — [4] *Kroll, W.*: Techn. Zbl. prakt. Metallbearb. Bd. 47 (1937) S. 180, 182. — [5] *Goebel, J.*: Z. f. Metallkde. Bd. 14 (1922) S. 357/366, 388/394, 425/432, 449/456. — [6] Diskussion zu *M. v. Schwarz*: Z. f. Metallkde. Bd. 28 (1936) S. 131/132.

ein. Eigene Korrosionsversuche (95° Wasserdampf) wurden mit Legierungen mit 0,7 % Ca, 0,4 % Ba, 0,2 % Na und verschieden hohen Zusätzen an Magnesium durchgeführt. Bis 0,07 % Magnesium trat keine erhöhte Anfälligkeit in Erscheinung. Auch beim Lagern von Blöcken aus oben genannter Legierung mit 0,05 % Mg an der Luft wurde gegenüber Bn-Metall kein verstärkter Angriff festgestellt. Demnach ist anzunehmen, daß auch bei der Mehrstofflegierung Magnesium bis etwa 0,05 % in feste Lösung geht. Dies deckt sich mit der schon bei Besprechung des Gefüges erwähnten Beobachtung an der MGS-Legierung mit 0,7 % Ca, 0,4 % Ba, 0,6 % Na und 0,05 % Mg, nach der das Magnesium im Gefüge nicht in Erscheinung tritt.

Spezielle, den Einfluß des Öles erfassende Unterlagen sind nur wenig vorhanden. Nach *Mathesius*[1] greifen gealterte Öle die gehärteten Bleilagermetalle verhältnismäßig stark an. Auch *Jakeman* und *Barr*[2] berichten, daß stark säurehaltige, tierische und pflanzliche Öle, die sie versuchsweise verwendeten, bei Bn-Metall zu einem hohen Verschleiß führen, während die Legierung sich gegenüber Mineralölen einwandfrei verhält. *Underwood*[3] erwähnt, daß Satco bei höheren Temperaturen von säurehaltigem Öl angegriffen wird. Schließlich wird noch von *Ellis, Beck* und *Underwood*[4] darauf hingewiesen, daß die meisten gehärteten Bleilagermetalle durch säurehaltige Öle angegriffen werden.

Wenn auch, wie die gegebene Übersicht zeigt, im Laufe der Entwicklung der gehärteten Bleilagermetalle die Gehalte an Zusätzen so abgestimmt wurden, daß eine ernsthafte Korrosionsgefahr nicht besteht, so ist doch zu empfehlen, die Legierungen nicht lange Zeit im Freien oder in sehr feuchten Räumen aufzubewahren, weil sich dann allmählich eine oxydierte Rinde von einigen Millimetern Dicke bilden kann[5]. Falls das Blockmaterial oder die Lager längere Zeit liegen sollen, werden sie zweckmäßig durch Einfetten oder Eintauchen in flüssiges Paraffin mit einem gut schützenden Überzug versehen[6,7].

Wie bei allen metallischen Lagerwerkstoffen bringt die Verwendung von Ölen geringerer Alterungsbeständigkeit und von Ölen tierischer und pflanzlicher Herkunft als Schmiermittel bzw. als Schmiermittelzusatz die Gefahr verstärkter Korrosion mit sich.

---

[1] *Mathesius:* Glasers Ann. Bd. 92 (1923) S. 163/170. — [2] *Jakeman, C.* u. *G. Barr:* B. N. F. M. R. A. Nr. 289 A Nov. 1931 Res. Nr. 43. Ref. Engng. Bd. 133 (1932) S. 200/203. — [3] *Underwood, A. F.:* S.A.E.J.Bd.43 (1938) S.385/392. — [4] *Ellis, O. W., P. A. Beck* u. *A. F. Underwood:* Metals Handbook, The american Soc. for Metals, Cleveland Ohio, 1948 S. 745/754. — [5] *Holtmeyer:* Org. Fortschr. Eisenbahnwes. Bd. 92 (1937) S.349/358. — [6] *Garbers:* Org. Fortschr. Eisenbahnwes. Bd. 91 (1936) S. 293/312. — [7] *Brasch, W.:* Techn. Zbl. prakt. Metallbearb. Bd. 46 (1936) S. 452, 454, 456, 458.

4. Metallurgisches Verhalten.

a) Herstellung der Legierungen. Die Legierungen nehmen hinsichtlich ihrer Herstellung eine Sonderstellung ein, da die Einführung der Zusätze, wenigstens teilweise nicht nach einer der üblichen legierungstechnischen Methoden erfolgt. Es gibt vielmehr eine Reihe von Verfahren, um die Erdalkali- und Alkalimetalle durch chemische Umsetzung einer ihrer Verbindungen enthaltenden, geschmolzenen Schlacke mit Blei oder durch Elektrolyse geschmolzener Salzgemische über einer Bleikathode einzulegieren. Insbesondere erfolgt die Einführung des Kalziums zweckmäßig auf diese Weise, da das Einlegieren metallischen Kalziums in Blei infolge seines hohen Schmelzpunktes mit Ausbrandverlusten von mindestens 20 % verbunden zu sein pflegt. Die Alkalimetalle werden teilweise metallisch einlegiert, wobei jedoch auch einige Kunstgriffe zu beachten sind, um Verluste zu vermeiden. Die gehärteten Bleilagermetalle werden daher hauptsächlich von mit zweckmäßigen Verfahren vertrauten Hütten bezogen.

b) Erstarrungsintervall. Die Schmelzintervalle sind bei diesen Legierungen durchweg höher als bei den Zinn- und den Blei-Antimonlagermetallen. Da die Menge der Zusätze nur gering ist, sind auch in den Legierungen mit drei und mehr Zusätzen die Grenzen der Schmelzintervalle im wesentlichen durch den höchsten oberen und den niedrigsten unteren Schmelzpunkt in den entsprechenden binären Diagrammen bestimmt[1]. Zahlentafel 7 gibt die Schmelzintervalle und die empfohlenen Gießtemperaturen für einige gehärtete Bleilagermetalle wieder. Verwiesen sei auch auf die Angaben von *Slawinski, Shashin* und *Filin*[2] über die von ihnen untersuchten Legierungen mit 0,2—0,9 % Ca, 0,4—1,9 % Na und verschiedenen dritten Zusätzen.

Zahlentafel 7. *Schmelzintervalle.*

Legierung	Schmelzintervall °C	Empfohlene Gießtemperatur °C
Bn-Metall	304—425	500—550
Satco	295—420	565
Kalzium-Babbitt..	304—460	
MGS-Legierungen .	293—425	500—600

Die Gießtemperaturen, die je nach Lagerabmessungen und den sonstigen Kokillen- und Formverhältnissen gewählt werden müssen, liegen demnach über denen der Zinn- und der Blei-Antimon-Lagermetalle.

---

[1] Für Blei-Kalzium-Natrium bestätigt dies z. B. B. N. W. Ageew: Met. Ind. Lond. Bd. 50 (1937) S. 4/6. — [2] *Slawinski, N. P., A. V. Shashin* u. *N. A. Filin:* Metallurg. Bd. 3 (1935) S. 66/81 (russ.). Ref. M. A. Inst. Met. Bd. 2 (1935) S. 576.

Entsprechend höher muß auch die Schmelzleistung der verwendeten Öfen sein.

c) **Schmelzbehandlung.** Es wird verschiedentlich darauf hingewiesen, daß die Ausbrandfestigkeit der gehärteten Bleilagermetalle gering ist, auch werden Maßnahmen vorgeschlagen, die den Ausbrand eindämmen [1-5].

Umschmelzversuche [6] und zwei Arten von Abstehversuchen [7] wurden zur laboratoriumsmäßigen Feststellung des Ausbrandes herangezogen [9]. Die Ergebnisse sind in den Abb. 98, 99 und 100 wiedergegeben. Aus ihnen geht deutlich hervor, daß

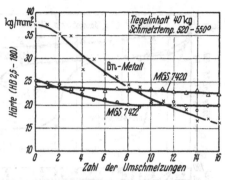

Abb. 98. Umschmelzversuche.

der Ausbrand hauptsächlich bei der Legierung MGS 7420 wesentlich zurückgegangen ist. Da, wie neuere Versuche gezeigt haben, die lithiumfreie MGS-Legierung mit hohem Na-Gehalt selbst bei Temperaturen von 650° den gleichen geringen Ausbrand hat, ist anzunehmen, daß das Fehlen von Lithium den Ausbrand stark herabsetzt. Magnesium in den in der Legierung enthaltenen Grenzen wirkt sich nicht schädlich auf den Ausbrand aus. Die im Laboratorium erhaltenen Ergebnisse haben ihre Bestätigung in der Praxis gefunden.

Der Krätzeanfall beträgt bei Verarbeitung einwandfreien Materials bei Bn-Metall und den MGS-Legierungen etwa 2 bis 4%. Er liegt schon beim nochmaligen Umschmelzen nicht mehr über 2%. Dies entspricht

[1] *Schulze, E.* und *Vogt:* Verkehrstechnik Bd. 3 (1922) S. 577/580, 585/589. — [2] *Czochralski, J.:* Z. f. Metallkde. Bd. 12 (1920) S. 371/403. — *Czochralski, J.* u. *G. Welter:* Lagermetalle und ihre technologische Bewertung. Berlin: Springer 1924. — [3] *Müller, H.:* Z. VDI Bd. 72 (1928) S. 879/884. — [4] *Mathesius:* Glasers Ann. Bd. 92 (1923) S. 163/170. — [5] *Slawinski, N. P., A. V. Shashin* u. *N. A. Filin:* Metallurg. Bd. 3 (1935) S. 66/81 (russ.). Ref. M. A. Inst. Met. Bd. 2 (1935) S. 576. — [6] Nachdem das Metall in etwa 10 Min. im Gasofen auf die Versuchstemperatur gebracht war, wurde der Hauptteil in eine Plattenkokille vergossen. Für die Ermittlung der Härte wurden zwei kleine, zylindrische Gußproben hergestellt. Die Platten wurden nach Erkalten neu eingesetzt und die Versuche wiederholt. — [7] In einem Fall wurden in Abständen von 75 Min. Härteproben und Proben für die spektrochemische Untersuchung [8] vergossen und der hierdurch eingetretene Gewichtsverlust der Schmelze von 1,3 kg durch Hinzubringen von Neumetall ausgeglichen. — Im zweiten Fall wurden je 1 kg der zu untersuchenden Legierungen in Eisentiegeln gemeinsam in einem Bleibad auf 640° gehalten (Schmelzoberfläche je 28,3 cm²). Nach verschiedenen Zeiten wurde jeweils die Oxydation durch Wägen in erkaltetem Zustand bestimmt. — [8] *Wolbank, F.:* Z. f. Metallkde. Bd. 35 (1943) S. 96. — [9] *Schmid, E.:* Z. f. Metallkde. Bd. 35 (1943) S. 85/92.

Beobachtungen von *Hofmann* und *Mahlich*[1] an Bleischmelzen. Sie stellten fest, daß die Neigung von Blei und seinen Legierungen zur Oberflächenoxydation beim Abstehen bei 400—500° unter Luftatmosphäre geringer wird. Dieser Vorgang wurde von ihnen kurz „Verzögerung" genannt.

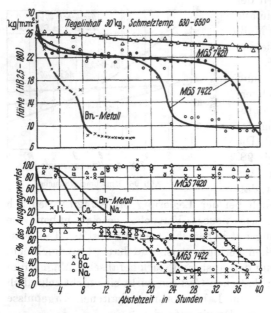

Abb. 99. Abstehversuche mit spektrochemischer Kontrolle der Zusammensetzung.

Die Erscheinung der Verzögerung wird von den Verfassern so gedeutet, daß Sauerstoff im Blei aufgenommen wird, der eventuell noch durch Oxydation einen die Krätzebildung fördernden Katalysator unschädlich macht.

Durch geringe Mengen von Beimengungen ist es möglich, die Verkrätzung wesentlich herabzusetzen. Ein solcher Zusatz ist bei Bn-Metall[2, 3] und den MGS-Legierungen das Aluminium. Bei der Herstellung der genannten Legierungen

wird daher Aluminium in einer solchen Menge als Zusatz vorgesehen, daß in der fertigen Legierung etwa 0,02 % enthalten sind. Durch das Aluminium bilden sich festhaftende Oxydschichten, die das Metall von der Luft trennen (vgl. z. B. für neuere Untersuchungen an Blei und verschiedenen Bleilegierungen[4, 5],) so daß eine verstärkte Oxydation der Schmelze verhindert wird.

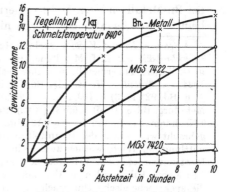

Abb. 100. Abstehversuche mit Feststellung der Oxydation durch Wägung.

---

[1] *Hofmann, W.* u. *K. H. Mahlich:* Werkstoffe und Korrosion Bd. 2 (1951) S. 55/68. — [2] *Kirsebom, G. N.:* Metal. Ind. London Bd. 47 (1935) S. 165. — [3] *Grant, L. E.:* Metals and Alloys Bd. 5 (1934) S. 161/164, 191/195. — [4] *Hofmann, W.* u. *K. H. Mahlich:* Werkstoffe und Korrosion Bd. 2 (1951) S. 55/68. — [5] *Gruhl, W.:* Diss. Clausthal (1947) und Z. f. Metallkde. Bd. 40. (1949) S. 225.

Die Krätzebildung kann bei Bn-Metall und den MGS-Legierungen jedoch durch eine starke Korrosionsrinde am Blockmaterial[1] (Verhältnis des Rindenvolumens zum gesunden Kernvolumen größer 1 : 3) erhöht werden. Es ist weiterhin zu beachten, daß manche Metalle, wie Antimon und Tellur, zu erheblichen Verlusten an härtenden Zusätzen führen, weil sie mit ihnen hochschmelzende Verbindungen bilden. Die Wirkung solcher Verunreinigungen in kleinsten Mengen auf die Verkrätzung ist schädlicher, als zu starke Korrosionsrinde am Blockmaterial. Verunreinigungen mit antimonhaltigen Zinn- und Bleilagermetallen sind daher sorgfältig zu vermeiden.

Die für alle Zinn- und alle Bleilagermetalle geltenden Schmelzvorschriften dürfen auch für die gehärteten Bleilagermetalle nicht außer acht gelassen werden. Das heißt, die verwendeten Schmelzöfen sollen eine schnelle Erhitzung ermöglichen. Die Tiegel sollen tief sein, um die freie Schmelzoberfläche auf ein Mindestmaß herabzusetzen. Nach Möglichkeit soll nicht mehr Metall eingeschmolzen werden, als zur baldigen Verarbeitung vorgesehen ist. Um die Schmelzoberfläche zu verringern, bzw. die Blockoberfläche beim Erhitzen nur kurz der Atmosphäre auszusetzen, ist das Einschmelzen einer kleineren Metallmenge zu einem Metallsumpf zweckmäßig, in den das restliche Material eingesteckt wird.[2] Schließlich sei daran erinnert, daß das Erschmelzen der Legierungen nicht bei Temperaturen unterhalb des Liquiduspunktes erfolgen darf. In diesem Fall beginnen die höchstschmelzenden Verbindungen (für die gehärteten Bleilagermetalle $CaPb_3$) bereits zu erstarren und werden damit zum Teil als Krätze abgeschöpft. Ebenso ist eine langzeitige Überhitzung der Schmelze zu vermeiden.

d) Altmaterial. Das Maß der Verwendung von Altmaterial (Angüsse, Steiger bzw. verlorene Köpfe, aus Stützschalen ausgeschmolzenes Material) ist eng mit der Ausbrandfestigkeit der betreffenden Legierung verknüpft. Im allgemeinen gelten für die gehärteten Bleilagermetalle die gleichen Grundsätze wie für die Zinn- und Blei-Antimonlagermetalle. Für Altmaterial in größeren Stücken ist zur Sicherheit eine Begrenzung der Zusatzmenge mit etwa 30 % zweckmäßig. Kleinstückiges Altmaterial, vor allem Späne, darf dagegen nicht verwendet werden, da es seine härtenden Bestandteile entweder durch Oxydation bei zu langem Lagern oder durch Ausbrand beim Schmelzen verliert. Ausgeschmolzenes Material

---

[1] Durch Analyse der Rinde und Härtemessungen an umgeschmolzenem Rindenmaterial wurde festgestellt, daß 60—80% der Härtner in der Rinde in metallischer Form vorliegen. Es ist daher anzunehmen, daß am gesunden Material die Korrosion an den Korngrenzen entlang fortschreitet und den gesunden Kristallen evtl. noch durch Diffusion ein bestimmter Prozentsatz an Härtnern entzogen wird.

[2] *Czochralski, J.:* Z. f. Metallkde. Bd. 12 (1920) S. 371/403. — *Czochralski, J. u. G. Welter:* Lagermetalle und ihre technologische Bewertung. Berlin: Springer 1924.

kann dann wieder eingesetzt werden, wenn beim Entfernen aus der Stützschale die nötige Sorgfalt angewendet wurde. Grundsätzlich muß das wieder zugesetzte Altmaterial von jeglichen Verunreinigungen frei sein und in der Zusammensetzung noch einigermaßen der Originallegierung entsprechen. Alles fragliche Altmaterial kann wieder der Hütte zur Umarbeitung zugeführt werden[1].

e) Gießen. Dem derzeitigen Hauptanwendungsgebiet der gehärteten Bleilagermetalle entsprechend handelt es sich im allgemeinen um die Herstellung von verhältnismäßig großen Massiv- oder Verbundlagern.

Bei der *Herstellung im Kokillenguß* gelten die allgemein für Bleilagermetalle bekannten Richtlinien: Die Schmelze soll, nachdem die Krätze abgezogen ist, in ruhigem Strahl ausfließen. Angießen des Kerns ist wegen der Gefahr örtlicher Überhitzung zu vermeiden. Steigender Guß ist, soweit wirtschaftlich tragbar, dem fallenden vorzuziehen. Die Abkühlung des Gusses nach dem Erstarren soll nicht zu schnell erfolgen, damit sich auftretende Wärmespannungen ausgleichen können; andererseits ist es bei großen Lagern zweckmäßig, die Form nach dem Guß nicht allzu lange geschlossen zu halten, um, besonders bei Verwendung von Sandkernen, die Abkühlungszeit nicht auf ein zu langes Maß auszudehnen. Die Kerntemperatur ist mit Rücksicht auf die einwandfreie Beschaffenheit des Gusses in der Nähe der Lauffläche niedriger anzusetzen, als die Kokillen- bzw. Schalentemperatur. — Für die gehärteten Bleilagermetalle sind Kerntemperaturen zwischen 90—120° je nach Gußstück zu verwenden. Die Kokillen- bzw. Schalentemperaturen müssen entsprechend dem höheren Schmelzpunkt höher gewählt werden als bei Zinn- und Blei-Antimonlagermetallen (etwa 200—300°, je nach Größe des Gußstückes). Es sei noch darauf hingewiesen, daß bei gehärteten Bleilagermetallen das Formfüllungsvermögen mehr durch Steigerung der Kokillentemperatur als durch Erhöhung der Gießtemperatur verbessert werden kann[2, 3]. Das ausgezeichnete Einlaufverhalten der gehärteten Bleilagermetalle gestattet ihre Verwendung als FahrzeugAchslager ohne besondere Bearbeitung der Gleitflächen. Bei der Herstellung von Lagern für solche Zwecke wird daher das Genaugußverfahren[4] angewendet, bei dem auf genaues Einpassen der Stützschale in die Kokille und gute Bearbeitung des Kerns zu achten ist.

Schleudergußherstellung ist wie bei den Blei-Antimonlagermetallen möglich. Wie bei diesen müssen zur Vermeidung einer starken Entmischung der primären bzw. sekundären Kristallart Schleuderdrehzahl und Abkühlungsbedingungen für jede Lagerabmessung abgestimmt werden.

---

[1] *Haas, Ph.:* Glasers Ann. Bd. 116 (1935) S. 77/85, 87/92. — [2] *Frhr. v. Göler:* Gießerei Bd. 25 (1938) S. 242/247. — [3] *Slawinski, N. P., A. V. Shashin* u. *N. A. Filin:* Metallurg. Bd. 3 (1935) S. 66/81 (russ.). Ref. M. A. Inst. Met. Bd. 2 (1935) S. 576. — [4] *Garbers:* Org. Fortschr. Eisenbahnwes. Bd. 91 (1936) S. 293/312.

Bei Verwendung der gehärteten Bleilagermetalle im *Verbundguß* erfolgt die Befestigung, wie es für den hauptsächlichen Anwendungszweck
als Achslagerwerkstoff genügt, meist durch Schwalbenschwanznuten[1-3].
Auch an der Schale befestigte Skelette aus durchlochtem Eisenblech[3, 4]
oder Messingdraht[2] werden als mechanische Verklammerung erwähnt.
Die gehärteten Bleilagermetalle können aber auch in dünnen Ausgüssen
vergossen und durch Löten an der Stützschale befestigt werden[5]. Bei
Verwendung eines Zinn-Blei-Lotes, der für das Einlöten von Blei-
Antimonlagermetallen geeigneten Zusammensetzung, werden nach
üblicher Vorbereitung und Reinigung der Lagerschale sehr gute Haft-
festigkeiten erzielt.

5. Laufverhalten.

Aus den verschiedenen Veröffentlichungen über die Gleiteigenschaften von gehärteten Bleilagermetallen und aus eigenen Versuchen
mit neueren Le-
gierungen dieser
Gruppe geht her-
vor, daß es immer
dieselben Eigen-
schaften sind, in
denen sich diese
Legierungen von
anderen Lager-
werkstoffen unter-
scheiden. Dem-
entsprechend wird
auch in diesem Ab-
schnitt größten-
teils die Gruppe der
gehärteten Blei-
lagermetalle als

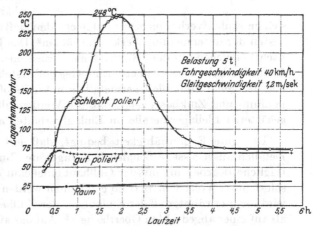

Abb. 101. Einlaufkurven von Eisenbahn-Achslagern mit Lurgi-Metall
bei verschiedener Achsschenkelbearbeitung. (Nach *Schulze*.)

Ganzes den anderen Lagermetallen gegenübergestellt.

a) Gleiteigenschaften im Laboratoriumsversuch. α) *Einlaufverhalten.*
Das ausgezeichnete Einlaufverhalten der gehärteten Bleilagermetalle
geht aus Abb. 101 hervor[6]. Die obere Kurve zeigt, daß das Lager, obwohl
es infolge schlechter Bearbeitung des Achsenschenkels schon eine

[1] *Müller, H.:* Glasers Ann. Sonderheft 1927 S. 279/291.
[2] *Müller, H.:* Z. VDI Bd. 72 (1928) S. 879/884.
[3] *Czochralski, J.:* Z. f. Metallkde. Bd. 12 (1920) S. 371/403. — *Czochralski, J.*
u. *G. Welter:* Lagermetalle und ihre technologische Bewertung. Berlin: Springer 1924.
[4] *Kühnel, R.:* Gießerei Bd. 15 (1928) S. 441/446.
[5] *Brasch, W.:* Techn. Zbl. prakt. Metallbearb. Bd. 46 (1936) S. 452, 454, 456, 458.
[6] *Schulze, E.:* Eisenbahnwesen Berlin 1925 S. 168/187.

Temperatur von 250° erreicht hatte, sich vollkommen wieder erholt. Sowohl Zinn- als auch Blei-Antimonlagermetalle, die einen niedrigeren Schmelzpunkt haben, hätten zu Heißläufern geführt. Abb. 102 gibt das Ergebnis eigener Versuche mit Bn-Metall und der MGS-Legierung wieder[1]. Die aus Kurven mehrerer je Legierung geprüfter Lager eingezeichneten Bereiche decken sich weitgehend. Aus unter den gleichen Bedingungen durchgeführten Vergleichsversuchen mit WM 80 F, den Bleilagermetallen: Lg PbSn 10, Lg PbSn 6, Lg PbSb und einigen gehärteten Bleilagermetallen geht hervor, daß die gehärteten Bleilagermetalle

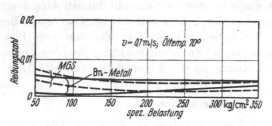

Abb. 102. Einlaufverhalten von Bn-Metall und der MGS-Legierung.

sich im Einlaufverhalten etwas unterscheiden, daß sie aber alle mit zu den besten der untersuchten Werkstoffe zählen[2]. Das Kalzium-Babbitt wird nach Versuchen auf dem Rollwerk als etwas schlechter als Bn-Metall im Einlaufverhalten bezeichnet[3]. Eine Gegenüberstellung der Weißmetalle und der gehärteten Bleilagermetalle mit Werkstoffen auf Kupfer-, Aluminium- und Zinkbasis zeigt, daß die Weißmetalle und noch mehr die gehärteten Bleilagermetalle im Einlaufverhalten an der Spitze stehen[4].

Die gute Einlauffähigkeit bedingt, daß mit gehärteten Bleilagermetallen ausgegossene Schalen bei Wagen der Bundesbahn ohne nachträgliche Bearbeitung mit der Gußhaut eingebaut und nach dem Einbau sofort unter Vollast in Betrieb genommen werden können. Gelegentlich wird sogar erwähnt, daß der Einlauf auf der Gußhaut noch besser erfolgt als auf einer abgedrehten Oberfläche[5, 6]. Auf das ausgezeichnete Einlaufverhalten ist auch zurückzuführen, daß die Lager mit einheitlichem Durchmesser auf Vorrat ausgegossen und bei Bedarf auf Achsschenkeln mit Durchmessern von 115 bis 108 mm (Spiel etwa 40 bzw. 100⁰/₀₀) unter Last angefahren werden können.

---

[1] Gleichlastbeanspruchung. Lagerdurchmesser 40 mm; l/d = 0,5, Spiel 1,25 ⁰/₀₀. Halblager. Ringschmierung. Shell-Öl BF3 (Viskosität bei 50° C 14,5 E°). Öltemperatur 70°. Gleitgeschwindigkeit 0,1 m/sec. Wellenmaterial St 50.11 mit ungehärteter Lauffläche. Belastungssteigerung in gleichen Stufen und gleichen Zeiten bis zum Versagen. Kennzeichnung des Einlaufverhaltens durch Reibungszahl und erreichte Endlast. — [2] *Schmid, E.* u. *R. Weber:* Z. VDI Bd. 86 (1942) S. 208/210. — Vergl. auch Elektrotechnik und Maschinenbau Bd. 61 (1943) S. 253/254. — [3] *Schneider, V.:* Arch. f. Metallkde. Bd. 1 (1947) S. 431/433. — [4] *Weber, R.:* Metallwirtsch. Bd. 21 (1942) S. 555/563. — [5] *Wolff, R.:* Eisenbahnwerk 1925 S. 211/215, 235/240. — [6] *Müller, H.:* Glasers Ann. Sonderheft 1927 S. 279/291.

β) Notlaufverhalten. Unter Notlaufverhalten ist i. allg. der Betriebszustand zu bezeichnen, bei dem Störungen in der Schmiermittelförderung
zur Gleitfläche oder sonstige Störungen durch Wasserzutritt oder Verunreinigungen im Öl auftreten. Der Lagerwerkstoff soll dabei möglichst
lange im Lager
bleiben, anderer-
seits aber auch
die Wellenlauf-
fläche nicht zer-
stören. *Karelitz*
und *Ellis*[1] haben
bei Auslaufver-
suchen nach Ab-
stellen der
Schmierung ge-
zeigt, daß Satco
den Zinnlager-
metallen im Not-
lauf überlegen
ist. Einer Arbeit
von *Jakeman* und

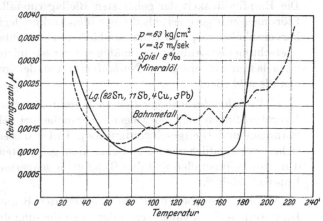

Abb. 103. Laufverhalten von Bn-Metall und einem Zinnweißmetall
bei Aufheizung des Öles (n. *Jakeman* und *Barr*).

Barr[2] sind die in Abb. 103 dargestellten Ergebnisse entnommen.
Bei diesen Versuchen wurde das Öl allmählich aufgeheizt. Das Zinn-
weißmetall, das 3,1 % Pb enthält, hat zwar bis 170° erheblich niedrigere
Reibung, versagt aber beim Schmelzpunkt des Blei-Zinn-Eutektikums,
während das Bn-Metall noch bis 220° läuft. Zur Erklärung der guten
Notlaufeigenschaften kann die Beobachtung beitragen, daß bei dem
Zinnweißmetall beim Heißlauf die Temperatursteigerung bis zum
Schmelzpunkt geht und zum Ausschmelzen des Ausgusses führt,
während bei den gehärteten Bleilagermetallen die Temperatur etwa
30 bis 50° unter dem Schmelzpunkt bleibt. Dabei wird der Ausguß
allmählich herausgedrückt[1, 3]. Es wurde auch festgestellt, daß man
beginnende Heißläufer an der Entwicklung von Öldämpfen noch vor
vollständigem Versagen des Lagers erkennen und bekämpfen kann,
während bei Zinnweißmetallagern das Öl erst zu dampfen beginnt, wenn
nichts mehr zu retten ist[4-6]. Versuche mit Bn-Metall und der MGS
Legierung 7422 unter den gleichen Bedingungen, wie Seite 124, Fuß-

[1] *Karelitz, G. B.* u. *O. W. Ellis:* Trans. Amer. Soc. mech. Engrs. Bd. 52 (1930)
S. 87—99. Auszug: Met. Ind. Lond. Bd. 36 (1930) S. 197/201.
[2] *Jakeman, C.* u. *G. Barr:* B. N. F. M. R. A. Nr. 289 A Nov. 1931 Res. Nr. 43.
Ref. Engng. Bd. 133 (1932) S. 200/203. — [3] *Wolff, R.:* Eisenbahnwerk 1925
S. 211/215, 235/240. — [4] *Lindermayer:* Das deutsche Eisenbahnwerk der Gegen-
wart, Berlin 1923 Bd. 1 S. 278/288. — [5] *Mathesius:* Glasers Ann. Bd. 92 (1923)
S. 163/170. — [6] *Kindler, E.:* Verkehrstechnik Bd. 4 (1923) S. 161/163.

note 1 beschrieben, und auch solche bei 6 m/sec Gleitgeschwindigkeit ohne
zusätzliche Erhitzung des Öles durchgeführt, haben gezeigt, daß das
benutzte ungehärtete Wellenmaterial beim Versagen der Lager und beim
Lauf im Gebiet der Misch- und Grenzreibung nicht angegriffen wird[1].
Die Empfindlichkeit der gehärteten Bleilagermetalle gegen auftretende
Störungen war geringer, als die der Blei-Antimonlegierungen. Besonders
hervorzuheben ist, daß trotz der höchsten erreichten Endlast die Verquetschung der Lauffläche in mäßigen Grenzen blieb. Auch diese Ergebnisse lassen auf ein gutes Notlaufverhalten der gehärteten Bleilagermetalle schließen.

γ) *Verhalten bei mäßiger Beanspruchung. Belastbarkeit.* In der älteren
Literatur finden sich vorwiegend Versuche bei relativ niedrigen Belastungen und Gleitgeschwindigkeiten. Unter diesen Verhältnissen bestehen verständlicherweise zwischen den gehärteten Bleilagermetallen,
den Zinnweißmetallen und den Blei-Antimonlagermetallen keine großen
Unterschiede[2-10].

Absolute Angaben über die Grenzen der Beanspruchbarkeit eines
Lagerwerkstoffes können wegen der Beeinflussung dieser Grenzen durch
die Betriebsbedingungen und wegen
der schwierigen Ermittlung nicht
gemacht werden. Aus den in [5, 6, 8, 11]
veröffentlichten Ergebnissen sind
etwa die in Abb. 104 schematisch dargestellten Begrenzungen der Bereiche
zu erwarten.

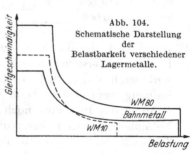

Abb. 104.
Schematische Darstellung
der
Belastbarkeit verschiedener
Lagermetalle.

b) Verschleiß. Über das gegenseitige Verhältnis der Verschleißwerte
für verschiedene Typen gehärteter
Bleilagermetalle ist bisher nichts veröffentlicht worden. Es liegt dies
wohl daran, daß Verschleißversuche nur für bestimmte Beanspruchungsbedingungen eine Aussage erlauben und hauptsächlich wohl an dem

[1] *Schmid, E.* u. *R. Weber:* Z. VDI Bd. 86 (1942) S. 208/210. Vergl. auch
Elektrotechnik u. Maschinenbau Bd. 61 (1943) S. 253/254.
[2] *McKee, S. A.* u. *T. R. McKee:* Trans. Amer. Soc. mech. Engrs. Bd. 59 (1938)
S. 721/724. — [3] *Burgess, G. K.* u. *R. W. Woodward:* Chem. metal. Engng. Bd. 19
(1918) S. 660, 661. — [4] *Frary, F. C.* u. *S. N. Temple:* Chem. metall. Engng.
Bd. 19 (1918) S. 523/524. — [5] *Jakeman, C.* u. *G. Barr:* B. N. F. M. R. A. Nr. 289
A Nov. 1931 Res. Nr. 43, Ref. Engng. Bd. 133 (1932) S. 200/203. — [6] *Czochralski, J.:*
Z. f. Metallkde. Bd. 12 (1920) S. 371/403. — *Czochralski, J.* u. *G. Welter:* Lager-
metalle und ihre technologische Bewertung. Berlin: Springer 1924. — [7] *Schulze, E.:*
Eisenbahnwesen Berlin 1925 S. 168/187. — [8] *Graebing, A.:* Braunkohle Bd. 34 (1935)
S. 729/735, 748/752. — [9] *Graebing, A.:* Braunkohle Bd. 35 (1936) S. 613/618. —
[10] *Brasch, W.:* Techn. Zbl. prakt. Metallbearb. Bd. 46 (1936) S. 452, 454,
456, 458. — [11] *Armbruster, M.:* Dtsch. Mot.-Z. Bd. 6 (1929) S. 504, 506.

Umstand, daß die Hersteller der einzelnen Legierungen mehr ein Interesse daran hatten, ihren Werkstoff mit den übrigen Weißmetallen zu vergleichen.

Zahlentafel 8 bringt derartige im Schrifttum und aus eigenen Versuchen bekannte Verschleißmessungen. In einer Diskussion der am Ende

Zahlentafel 8. *Verschleiß von gehärteten Bleilagermetallen im Vergleich zu anderen Lagerlegierungen.*

Prüfmethode	Verschleiß gemessen in	Bn-Metall	Satco	Frary-metall	Zinn-lagermetall mit 80—94°/₀ Sn	Blei-Antimon-lagermetall 0—20°/₀ Sn	Bronze
Lagerprüfmaschine mit Ölschmierung[1]	10⁻³mm	50—55			20—35		2—5
Trockenverschleiß auf Polierrot-papier[2]	mm	4,1	3,3 —4,2		1,6 — 2,2	3,3	0,75
Spindelmaschine mit Ölschmierung[3]	10⁻³mm	15			6	5	
Amslermaschine unter Öl[4]	g			1,45	0,4	1,3 —2,1	
Betriebsmessungen an D-Zug-Wagen[5]	mm	0,57			0,51	0,61	

der Zahlentafel 8 gebrachten Messungen von *Welter* und von *Kunze* teilt letzterer mit[6], daß seine Laboratoriumsmessungen durch die Ergebnisse von Betriebsversuchen an D-Zug-Wagen nach 60000 km Lauf bestätigt wurden.

Ferner finden sich im Schrifttum folgende Angaben: Bei Laufversuchen beobachteten *Jakeman* und *Barr*[7] an Bn-Metall und *McKee*[8] an Frary-Metall einen hohen Abrieb im Vergleich zu Zinn- und Blei-Antimonlagermetallen. Auch *Ackermann*[9] hat auf der Hanffstengel-

[1] *Jung-König, W., E. Koch* u. *W. Linicus*, zum Teil veröffentlicht von *W. Linicus:* Schriften d. Hess. Hochschulen, T.H. Darmstadt 1933 Nr. 2 S. 13/19. — [2] *Frhr. v. Göler* u. *G. Sachs:* Mitt. Arbeitsber. Metallges. Heft 10 (1935) S. 3/10. — Gießereipraxis Bd. 57 (1936) S. 76/79, 121/124. — [3] *Kunze:* Masch.-Bau-Betrieb Bd. 10 (1931) S. 664/670. — [4] *Herschman, H. K.* u. *J. L. Basil:* Proc. Amer. Soc. Test. Mater. Bd. 32 (1932 II) S. 536/557. — [5] *Welter, G.:* Masch.-Bau-Betrieb Bd. 11 (1932) S. 146, 147 (Zuschrift zu *Kunze*), Mittelwerte aus Messungen an den Achslagern von 70 D-Zug-Wagen nach halbjähriger Laufzeit. — [6] *Kunze:* Masch.-Bau-Betrieb Bd. 11 (1932) S. 147.

[7] *Jakeman, C.* u. *G. Barr:* B. N. F. M. R. A. Nr. 289 A Nov. 1931. Res. Nr. 43. Ref. Engng. Bd. 133 (1932) S. 200/203.

[8] *McKee, S. A.* u. *T. R. McKee:* Trans. Amer. Soc. mech. Engrs. Bd. 59 (1938) S. 721/724. — [9] *Ackermann, Ch. L.:* Metallwirtsch. Bd. 8 (1929) S. 701/702.

maschine an einer Bleilegierung mit 2,5% Mg und 2,5% Zn eine um etwa 20% höhere Abnutzung als bei WM 5 gemessen. Nach einer uns im Original nicht zugänglichen Arbeit von *Pichugin*[1] liegt Satco im Verschleiß zwischen verschiedenen Blei-Antimonlagermetallen mit kleinen Sonderzusätzen und erheblich höher als ein Zinnlagermetall.

Herschman und *Basil*[2] haben außer den in Zahlentafel 8 aufgenommenen Laboratoriumsmessungen auch Prüfungen in Benzinmotoren durchgeführt. Dabei ergaben sich die in Zahlentafel 9 angegebenen Abnutzungsverhältnisse. Geprüft wurden jeweils 3 bis 6 Lager. Die Werte für Frarymetall sind durch ein offensichtlich schlechtes Lager sehr in die Höhe gedrückt worden. Wenn nur die normallaufenden Lager berücksichtigt werden, so ergeben sich etwa 30% niedrigere Werte, die für den

Zahlentafel 9. *Abnutzung verschiedener Lagermetalle in Benzinmotoren.* (Nach *Herschman* u. *Basil*.)

Legierung	Gewichtsverlust in g beim		Nach 170+850 Stunden: Durchmesserzunahme in mm
	Einlauf 170 Stunden	Dauerbetrieb 850 Stunden	
Zinnlagermetall 90% Sn	1,2	1,1	0,030
Blei-Antimonlagermetall 3% Sn	2,0	1,8	0,043
Frary-Metall	4,7	2,9	0,061

Verschleiß im Dauerbetrieb und für die Durchmesserzunahme nur wenig höher als für das Blei-Antimonlagermetall liegen.

Verzichtet man auf eine zahlenmäßige Festlegung für das gegenseitige Verhältnis der Verschleißwerte und beschränkt man sich nur auf einen qualitativen Überblick, so stimmen alle diese Angaben darin überein, daß die hochzinnhaltigen Lagermetalle den geringsten Verschleiß haben und daß mit einigen Ausnahmen der Verschleiß der gehärteten Bleilagermetalle größer als der der Blei-Antimonlegierungen ist. In diesem Zusammenhang dürften eigene Versuche zur Verfolgung des zeitlichen Ablaufes des Verschleißes mit Güterwagenlagern, die mit einem gehärteten Bleilagermetall mit 0,7% Ca, 0,35% Na und 0,04% Li ausgegossen worden waren, interessieren[3]. Dabei ergab sich, daß ein großer Teil des Gesamtverschleißes bereits in den ersten Stunden eintritt. Wie

---

[1] *Pichugin, J. V.:* Dizelestroenie Bd. 7 (1936) S. 11/21 (russ.). Ref. M. A. Inst. Met. Bd. 3 (1936) S. 519/520. — [2] *Herschman, H. K.* u. *J. L. Basil:* Proc. Amer. Soc. Test. Mater. Bd 32. (1932 II) S. 536/557. — [3] Belastung 4 t. Gleitgeschwindigkeit 1,4 m/sec. Spiel etwa 40⁰/₀₀. Polsterschmierung. Die Schalen wurden nach verschiedenen Laufzeiten ausgebaut und die Breite des gebildeten Laufspiegels gemessen. Daraus wurde das Volumen berechnet, welches durch den Verschleiß aus dem Ausguß herausgearbeitet worden war.

einige Stunden dauernde Eindruckversuche bei der gleichen Belastung und Temperatur, aber mit stillstehender Welle gezeigt haben, ist der hohe Anfangswert zu größenordnungsmäßig $1/_3$ dadurch bedingt, daß der Ausguß eingedrückt wird.

Bei Behandlung des Verschleißes sei zum Schluß erwähnt, daß abgeriebene Lagermetallteilchen im Öl im Gegensatz zu anderen Verunreinigungen, wie etwa Sand, keine ernsthaften Laufstörungen hervorrufen[1].

c) **Betriebs-Bewährung.** α) *Schienengebundene Fahrzeuge.* Die gehärteten Bleilagermetalle sind wegen ihrer guten Einlauf- und Notlaufeigenschaften von Anfang an vorwiegend in Schienenfahrzeugen verwendet worden. Diese Lager unterscheiden sich hinsichtlich Konstruktion und Betriebsbedingungen ganz wesentlich von fast allen im übrigen Maschinenbau vorkommenden. Das Hauptanwendungsgebiet der gehärteten Bleilagermetalle liegt auch heute noch bei Eisenbahnfahrzeugen[2-5].

In Deutschland wird Bn-Metall bei der Bundesbahn als Wagenachslager verwendet[6, 7]. Es handelt sich hier um Sattellager mit großem Einbauspiel, das dadurch bedingt ist, daß die Achsschenkeldurchmesser der im Umlauf befindlichen Wagen wegen der gelegentlichen Nachbearbeitung ein Toleranzmaß von 108—115 mm haben müssen.

Die gute Einlauffähigkeit des Bn-Metalls hat es, worauf schon hingewiesen wurde, ermöglicht, daß die Güter- und Personenwagenachslager ohne nachträgliche Bearbeitung mit der Gußhaut auf die Achse aufgesetzt werden und ohne schonenden Einlauf sofort in den Betrieb gehen können[8-12]. Geringe Formänderungsfestigkeit des Bn-Metalls und seine starke Enthärtung bei erhöhter Temperatur machten, auch darauf wurde schon eingegangen, neue Entwicklungsarbeiten an der Legierung erforderlich[13]. Die geschilderten Nachteile des Bn-Metalls bedingten, daß

---

[1] *Garbers:* Org. Fortschr. Eisenbahnwes. Bd. 91 (1936) S. 293/312.

[2] *Ellis, O. W., P. A. Beck* u. *A. F. Underwood:* Metals Handbook, The American Soc. f. Metals (Cleveland, Ohio) 1948 Edition S. 745/755.

[3] *Clauser, H. R.:* Materials and Methods Bd. 28 (1948) S. 76/86.

[4] *Schneider, V.:* Arch. f. Metallkde. Bd. 1 (1947) S. 431/433.

[5] *Weber, R.:* Z. f. Metallkde. Bd. 39 (1948) S. 240/247.

[6] *Schneider, V.:* Metall Bd. 3 (1949) S. 327/330.

[7] *Richter, F.* u. *W. Hartl:* Werkstatt u. Betrieb Bd. 82 (1949) S. 114/116.

[8] *Kunze:* Masch.-Bau-Betrieb Bd. 10 (1931) S. 664/670.

[9] *Müller, H.:* Z. VDI Bd. 72 (1928) S. 879/884.

[10] *Schulze, E.* u. *Vogt:* Verkehrstechnik Bd. 33 (1922) S. 577/580, 585/589.

[11] *Lindermayer:* Das deutsche Eisenbahnwesen der Gegenwart, Berlin 1923, Bd. 1 S. 278/288. — [12] *Wolff, R.:* Eisenbahnwerk 1925 S. 211/215, 235/240.

[13] *Schneider, V.:* Metall Bd. 3 (1949) S. 327/330.

es bei schweren Lokomotiven, besonders in dem hochbeanspruchten Treibstangenlagern nicht ausreichte. Bei schwächer und mittelstark beanspruchten Lokomotiven hat es sich jedoch bewährt [1, 2].

β) *Sonstige Anwendungsgebiete.* Hier sind zunächst eine Reihe von Maschinen zu nennen, bei denen die Lager unter verhältnismäßig groben Bedingungen arbeiten. So wird über gute Bewährung gehärteter Bleilagermetalle in Baumaschinen, Bergwerksmaschinen, Walzwerken, Seilbahnen, Brikettpressen usw. berichtet [3–5]. Es handelt sich hier um Lager mit dicken Ausgüssen.

Es finden sich aber auch Angaben über die Anwendung von Lagerschalen mit dünnen, eingelöteten Ausgüssen in Verbrennungskraftmaschinen. So hat sich Satco für die Haupt- und Pleuellager von orts-

Zahlentafel 10. *Anwendungsgebiete der MGS-Legierungen* (nach [1]).
Schienenfahrzeuge

Fahrzeugart	Achs-druck	Lagerabmessungen		Geschw. v (m/s)	Lagerart	Bemerkungen
		d (mm)	1 (mm)			
Dampf-Loko-motiven	20 to	190	210	--	Achs-lager	Polster-schmierung
Personen- und Güterwagen	14 to	110	185	—	Achs-lager	Polsterschmierung, harte Stöße
Straßenbahn-wagen	bis 10 to	90..120	150..220	3	Achs-lager	Polsterschmierung
Triebwagen	bis 12 to	110	220	3	Tatzen-lager	Polsterschmierung, stoßbeansprucht

[1] *Richter, F.* u. *W. Hartl:* Werkstatt und Betrieb Bd. 82 (1949) S. 114/116.

festen Dieselmotoren und von Dieselmotoren für Triebwagen und Schnellboote bewährt [6–8]. *Ricardo* und *Pitschford* [9] berichten über gutes Verhalten im Pleuellager eines Verbrennungsmotors bei 2500 U/min und 240 kg/cm² Belastung. *Underwood* [10] hat in einer den Verhältnissen im Automobilmotor angepaßten Prüfmaschine mit wechselnder Belastung ähnliche Lebensdauern für Satco wie für Zinnlagermetalle gefunden.

[1] *Haas:* Aussprache über Lagermetalle im Fachnormenausschuß für Nichteisenmetalle S. 22, 23 Berlin 1934.
[2] *Wagner, R. P.* u. *H. Muethen:* Glasers Ann. Bd. 118 (1936) S. 31/38, 59/69.
[3] *Brasch, W.:* Techn. Zbl. prakt. Metallbearb. Bd. 46 (1936) S. 452, 454, 456, 458.
[4] *Pontani, H. H.:* Mitt. Arbeitsber. Met. Ges. Heft 12 (1936) S. 24/32.
[5] *Schmidt, R.:* Stahl u. Eisen Bd. 56 (1936) S. 228/231.
[6] *Hack, C. H.:* Metal Progr. Bd. 28 (1935) S. 61/64, 72.
[7] *Heldt, P. M.:* Automotiv. Ind. Bd. 78 (1938) S. 412/422.
[8] *Bangert, P. H.:* Z. VDI Bd. 81 (1937) S. 510/516.
[9] *Ricardo, H. R.* u. *J. H. Pitchford:* S. A. E. J. Bd. 41 (1937) S. 405/414.
[10] *Underwood, A. F.:* S. A. E. J. Bd. 43 (1938) S. 385/392.

Auch in neueren Veröffentlichungen[1,2] wird u. a. angegeben, daß das Anwendungsgebiet gehärteter Bleilagermetalle langsam laufende Dieselmotoren ist. Die bisherigen Anwendungsgebiete der MGS-Legierungen sind in Zahlentafel 10 eingetragen.

Fortsetzung von Zahlentafel 10. *Allgemeiner Maschinenbau.*

Anwendungsgebiet	Lagerabmessungen		Geschw. v (m/s)	Belastung p kg/cm²	Bemerkungen
	d (mm)	l (mm)			
Lager für Preß-pumpen	230	280	1,5	—	Wasserschläge, dynamische Beanspruchung
Preßlager an Papiermaschinen	160	250	0,5	12,5	Verschmutzung, Dauerbetrieb
Lager an Wasserturbine	190	160	0,55	—	unter Wasser, Sandabrieb
Kammwalzenlager	485	580	3,7	100	N=10 000 PS, Schlagbeanspruchung
Transmissionslager	70	150..300	0,5..3	—	Ringschmierung

6. Zusammenfassung.

Wenn auch in den bisher bekanntgewordenen Legierungen nicht alle Variationsmöglichkeiten der zur Verfügung stehenden Elemente erfaßt sind, so können doch auf Grund des vorliegenden Unterlagenmaterials folgende für diese Legierungsgruppe geltenden grundsätzlichen Gesichtspunkte angeführt werden:

Die technische Entwicklung der Legierungen verlief in der Richtung, daß die Zahl der Zusätze aus der Gruppe der Alkali- und Erdalkalimetalle erhöht wurde, daß dagegen die Konzentration der jeweiligen Bestandteile kleiner gewählt wurde. Es wurde erkannt, daß im Hinblick auf die Härtung die Wirkung der einzelnen Bestandteile aufhörte, oder doch zum mindesten viel geringer wurde, wenn der Gehalt gewisse Grenzen überschritt. In manchen Fällen ergaben sich sogar bei Überschreitung dieser Grenzen deutliche Nachteile. So eine erhebliche Korrosionsanfälligkeit bei zu hohen Natrium-, Barium- oder auch Magnesiumzusätzen, erhöhte Ausbrandneigung bei hohen Lithiumzusätzen, Gießschwierigkeiten und Sprödigkeit bei zu hohem Kalziumgehalt. Andererseits führte auch die gegenseitige Beeinflussung bestimmter Zusatzelemente zur Unterdrückung des schädlichen Einflusses einer der Komponenten.

---

[1] *Ellis, O. W., P. A. Beck* u. *A. F. Underwood:* Metals Handbook, The Amer. Soc. f. Metals (Cleveland, Ohio) Edition 1948 S. 745/755.
[2] *Clauser, H. R.:* Materials and Methods Bd. 28 (1948) S. 76/86.

In den mechanischen Eigenschaften zeichnen sich die gehärteten Bleilagermetalle durch gutes Dauerstandverhalten bei Raumtemperatur und bei hohen Temperaturen und außerdem durch hohe Warmhärte und Warmfestigkeit aus. Der bei vielen Legierungen, darunter auch bei Bn-Metall störende Einfluß der starken Entfestigung bei langzeitiger Einwirkung erhöhter Temperatur konnte bei neuen Legierungen auf das Maß dessen von WM 10 herabgesetzt werden, so daß damit auch eine Gewähr für die Beibehaltung der Ausgangseigenschaften der betreffenden Legierungen bei langer betrieblicher Inanspruchnahme gegeben ist.

Besonders hervorzuheben sind das ausgezeichnete Einlauf- und Notlaufverhalten der gehärteten Bleilagermetalle, die beide die Verwendung dieser Legierungen unter rauhen Betriebsbedingungen zuließen.

Gegenüber Mineralölen sind die gehärteten Bleilagermetalle unempfindlich. Bei Verwendung von säurehaltigen, tierischen oder pflanzlichen Ölen oder von gealtertem Öl besteht, wie bei den metallischen Lagerwerkstoffen allgemein, eine Neigung zur Korrosion der Gleitschicht.

Die bei den Weißmetallen angewendeten Gießverfahren sind auch bei der Verarbeitung der gehärteten Bleilagermetalle möglich, ebenso können bei sachgemäßem Arbeiten einwandfreie Verbundgußkörper hergestellt werden. Der in vieler Beziehung sich günstig auswirkende höhere Schmelzpunkt der Legierungen bedingt eine höhere Ofenleistung und höhere Kokillentemperaturen, als sie bei den Zinn- und Blei-Antimon-Lagermetallen üblich sind.

C. Legierungen mit Kadmium als Hauptbestandteil.

Von Dr.-Ing. R. Weber[1], Frankfurt a. M.

Mit 8 Abbildungen.

1. Einleitung.

Schon vor mehr als 40 Jahren sind in Deutschland und in den Vereinigten Staaten Vorschläge gemacht worden, Kadmiumlegierungen für Lagerzwecke zu verwenden, diese ersten Hinweise scheinen aber keine Beachtung gefunden zu haben. 1924 begann dann die Electrolytic Zinc Co. of Australasia Ltd., damals die größte Kadmiumerzeugerin der Welt, nach neuen Anwendungsgebieten für dieses Metall zu suchen, das bei der Zinkelektrolyse in unerwünscht großen Mengen anfiel. Sie brachte Legierungen mit Kupfer- und Magnesiumzusätzen heraus. Im Anschluß daran setzten sowohl in den Vereinigten Staaten als auch in Deutschland eingehende Untersuchungen ein, die zur Entwicklung von verschiedenen Legierungstypen führten. Zahlentafel 1, in der ein Teil der auf dem Kadmiumlagergebiet geschützten Legierungen eingetragen ist, gibt einen Überblick über die geschilderte Entwicklung. Nach dem heutigen Stand dürfen als bewährt gelten die Legierungen mit Nickel und die mit Kupfer- und Silberzusatz. Kadmium-Nickel-Legierungen mit weiteren Zusätzen werden kaum erwähnt, obwohl es naheliegen sollte, ihre Eigenschaften durch einen mischkristallbildenden Zusatz zu verbessern. Smart[2] bringt einige Härtemessungen an Kadmium-Silber-Nickel-Legierungen. In den Vereinigten Staaten sind nachstehend angegebene Zusammensetzungen genormt[3]:

SAE 18: mind. 98,4% Cd + 1,0 bis 1,6% Ni
höchstzulässige Beimengungen in %: 0,01 Ag; 0,20 Cu; 0,02 Sn; 0,05 Pb; 0,05 bis 0,15 Zn.

SAE 180: mind. 98,25% Cd + 0,5 bis 1,0% Ag + 0,4 bis 0,75% Cu
höchstzulässige Beimengungen in %: 0,01 Sn; 0,02 Pb; 0,02 Zn.

Legierungen mit Nickel- oder Kupfer- und Silber-Gehalten haben insbesondere in den Vereinigten Staaten in verschiedenen Automobil-

---

[1] Neubearbeitung des gemeinsam mit dem verstorbenen Herrn Dr.-Ing. *F. K. Frhr. v. Göler* verfaßten Abschnittes der 1. Aufl. — [2] *Smart, C. F.:* Trans. Amer. Soc. Met. Bd. 25 (1937) S. 571/608. Auszug Metal Ind., London Bd. 51 (1937) S. 61/64. — [3] *Ellis, O. W., P. A. Beck* u. *A. F. Underwood:* Metals Handbook, The American Society for Metals (Cleveland, Ohio) 1948. S. 751.

Zahlentafel 1. *Entwicklung der Kadmiumlagermetalle,*
gezeigt an einer Zusammenstellung der wichtigsten einschlägigen Patente.

Patentnummer [1]	Anmelde-datum	Firma und Erfinder	Zusammensetzung
DRP. 176886	23. 9.05	Siemens u. Halske A.G. Berlin	Cd u. Zn zu gleichen Teilen, Sb < 10%
USA.P. 934637	6. 1.09	*E. A. Touceda,* New York	Cd mit 0,5—5% Mg als härtender Bestandteil
E.P. 295991	8. 8.28	Electrolytic Zinc Co. of Australasia Ltd.	Cd 95—97%, Cu 3—5%, Mg bis 5%
USA.P. 1904175	30. 6.32	*C. E. Swartz* u. *A. J. Phillips,* American Smelting and Refin. Co., New York	0,25—7% Ni; Sb und/oder Cu nicht über 3%
USA.P. 1988504	16. 5.34	*W. E. McCullough,* Bohn Aluminium and Brass Co., Detroit	0,2—1,5% Cu, 0,1—0,75% Mg
USA.P. 2101759	2. 7.34	*C. F. Smart,* General Motors Co., USA	0,25—1% Cu oder Ni, 0,5—5% Ag, bis 0,25% Zn
DRP. 667121	13. 7.35	*W.Endres* u.*Frhr.v.Göler,* Metallgesellschaft AG., Frankfurt/M.	1,3—3% Cu, bis 3% Ag
E.P. 458324	10. 9.35	Electrolytic Zinc Co. of Australasia Ltd.	1—2% Cu, 0,01—0,15% Mg, 0,05—0,5% Ag
F.P. 831256	24.12.37	General Motors Co. USA.	1. 0,5—5% Ag, 0,25—1% Cu od. Ni od. Sb 2. 0,2—1,5% Cu, 0,1 bis 0,75% Mg 3. 0,25—7% Ni, 0—3% Mg, Cu, Sb od. Al 4. 1,5—10% Co. Alle enthalten 0,1—1% In.
USA.P. 2136655	18.10.37	Shell Development Co., *Julian G. Rayn*	0,5—1% Ag, 0,25—0,75% Cu, 0,1—0,2% Sb (zur Verhinderung von Oelkorrosion)
USA.P. 2141201	20. 5.36	*Jeno Tausz*	0,5—5% Ag, 0,25—1% Cu od. Ni. Auf Lauffläche d. gleiche Legierung mit Sn-Zusatz zur Verhinderung von Ölkorrosion

[1] Die Legierungen sind z. T. auch in anderen Ländern geschützt.

und Flugzeugmotoren erfolgreiche Anwendung gefunden[1-4]. Über den tatsächlichen Umfang der praktischen Bewährung und Anwendung von Kadmiumlegierungen ist aber kein klares Bild zu gewinnen, da marktwirtschaftliche Gesichtspunkte bei ihrer Verwendung eine entscheidende Rolle spielen. Reicht doch die heutige Welthüttenproduktion dieses Metalls (etwa 5700 t im Jahr 1950), für das man anfänglich nach neuen Anwendungen suchte, nicht aus, um neben dem notwendigen Verbrauch für Überzüge, als Legierungsbestandteil (Lote, Bronzen guter Leitfähigkeit usw.) und für Verbindungen (vor allem Anstrichfarben) größere Mengen für die Lagerherstellung frei zu machen. Infolge der unsicheren Materialbeschaffung haben einzelne Automobilerzeuger die Verwendung von Kadmium für Lagerlegierungen wieder aufgegeben [1, 5]. Für Deutschland, dessen Produktion 1940 etwa 400 t betrug, ergab sich wegen der ungünstigen Versorgungslage der Zwang, diesen Legierungstyp als Lagerwerkstoff wieder zu verlassen.

Den Kadmiumlegierungen ist in vorliegendem Band trotzdem eine ausführliche Behandlung zuteil geworden, weil sie dank ihrer Zwischenstellung zwischen den Weißmetallen und den Bleibronzen für eine Reihe von Anwendungen besonders geeignet erscheinen und somit eine fühlbare Lücke überbrücken[6].

2. Aufbau.

Kadmiummetall ist verhältnismäßig rein zu erhalten[7]. Folgende Reinheitsgrade, bzw. Toleranzen für Verunreinigungen sind, zum Teil nach den Angaben der Hersteller, zum Teil nach eigenen Analysen zu nennen: Cd 99,9—99,99%; Zn 0,0005—0,005%; Pb 0,0063 bis 0,046%; Cu 0,0001—0,013%; Fe 0,0001—0,003%; Sn 0,0001—0,0007%; Tl 0—0,036%; Sb 0,0001—0,0017%; Bi 0—0,0001%.

Auf die Wiedergabe und Besprechung der Zustandsdiagramme der Kadmiumlegierungen im einzelnen sei verzichtet und statt dessen auf *Hansen*[8] und auf die kurze Übersicht der wichtigsten Zusätze in Zahlentafel 2 hingewiesen. Die Erstarrungsintervalle der beiden z. Z. am häufigsten verwendeten Lagerlegierungstypen sind: bei Cd + 1,35% Ni 319—395° C, bei Cd + 0,75% Ag + 0,5% Cu 314—318° C.

---

[1] Bureau of Mines: Minerals Yearboock, Washington 1936 S. 528/30; 1937, S. 741/45. — [2] Anon: Iron Age Bd. 138 (1936) S. 67. — [3] Anon: Parkerizer, Detroit Bd. 14 (1936) Nr. 1 S. 1 u. 3. — [4] Anon: Automot. Ind. Bd. 75 (1936) S. 726; Bd. 76 (1937) S. 293; Bd. 77 (1938) S. 596.

[5] *Baum, H.:* Metallwirtsch. Bd. 17 (1938) S. 719/20.

[6] Der Verfasser konnte für den vorliegenden Bericht eine Reihe unveröffentlichter Versuchsergebnisse aus dem Metall-Laboratorium der Metall-Gesellschaft benutzen. Er ist Frl. *E. Schulz* und den Herren *W. Endres, W. Jung-König* u. *E. Koch* für ihre Mitwirkung bei diesen Versuchen zu Dank verpflichtet.

[7] *Lamb, F. W.:* Proc. Amer. Soc. Test. Mater. Bd. 35 (1935 II) S. 71/78.

[8] *Hansen, M.:* Der Aufbau der Zweistoff-Legierungen, Springer, Berlin 1936.

Zahlentafel 2. *Gefügeverhältnisse in den kadmiumreichen binären Legierungen.*

Zusatz	Löslichkeit %	Eutektikum bei %	Eutektikum bei ° C	Nächstliegende Kristallart
Ni	sehr klein	0,25	318	Cd$_7$Ni
Cu	0,05—0,1	1,2	314	Cd$_3$Cu
Ag	4—6	} peritektisch, Schmelztemperatur ansteigend		
Mg	7			
Zn	0,5—2,8	17,4	266	Zn

Die meisten der vorgeschlagenen Lagermetalle bestehen aus einer verhältnismäßig weichen Grundmasse, in die eine härtere Kristallart eingelagert ist. Bei den Kadmium-Nickel-Legierungen (Abb. 105) sind es

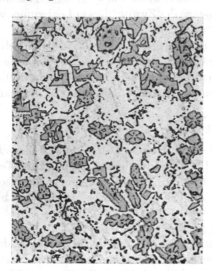

Abb. 105. Cd + 1,5% Ni.   Abb. 106. Cd + 0,7% Ag + 0,6% Cu.

Abb. 105 u. 106. Gefügebilder von Kadmiumlagermetallen. Geätzt mit 3%iger alkoholischer Salpetersäure. 200 x.

Cd$_7$Ni-Kristalle in einem Kadmium-Cd$_7$Ni-Eutektikum. Das Eutektikum hat eine Mikrohärtezahl 55, die der primären Kristallart ist 260[1]. Die Kadmium-Silber-Kupfer-Legierung mit 0,75 % Ag und 0,5 % Cu hat einen anderen, der Bleibronze ähnlichen Aufbau (Abb. 106). Nach dem Zustandsdiagramm[2] bestehen diese Legierungen aus primären Kadmiumkristallen in einem Kadmium-Cd$_3$Cu-Eutektikum, wobei alles Silber im

[1] *Swartz, C. E.* and *A. J. Phillips:* Proc. Amer. Soc. Test. Mater. Bd. 33 (1933 II) S. 416/429. Ref. Metallwirtsch. Bd. 13 (1934) S. 469.

[2] *Losana, L.* u. *C. Goria:* Chimica e Ind. Bd. 17 (1935) S. 159/163. Ref. Chem. Zbl. Bd. 108 II (1937) S. 2425.

Kadmium in fester Lösung sein sollte. In einer ausgeglühten Legierung mit 0,5 % Cu und 0,75 % Ag hat *Swift*[1] sowohl für den Primärkristall, als auch für das Eutektikum die gleiche Ritzhärte von 29 gemessen (für eine Legierung mit 1,25 % Nickel wird in der gleichen Arbeit die Ritzhärte des Cd_7Ni-Kristalls mit 314, die der Grundmasse mit 18,6 angegeben).

3. Physikalische, mechanische und chemische Eigenschaften.

a) Physikalische Eigenschaften. Das *spezifische Gewicht* von unlegiertem Kadmium beträgt 8,64 g/cm^3, die *spezifische Wärme* 0,056 cal/g. Durch die kleinen in Frage kommenden Zusätze werden beide höchstens um wenige Prozent geändert.

Der *Wärmeausdehnungskoeffizient*, der ebenfalls von kleinen Zusätzen wenig beeinflußt wird, wird für Kadmium zu $28-30 \cdot 10^{-6}$ angegeben. Daraus errechnet sich eine maximale *Schwindung* von etwa 0,9 %, die gut mit früheren Messungen[2] übereinstimmt.

Die *Wärmeleitfähigkeit* wurde bei eigenen Versuchen für eine Legierung mit 1,5 % Cu und 1 % Mg zu 0,16 $\dfrac{cal}{cm\ grad\ s}$ bestimmt, sie ist also recht hoch. Dies steht mit der Schrifttumsangabe[3] von 0,20 $\dfrac{cal}{cm\ grad\ s}$ für eine Legierung mit 3,1 % Ni in Einklang.

Der *Elastizitätsmodul* wird für eine Legierung mit 1,5 % Cu und 0,95 % Mg mit 5600 kg/mm^2 und für eine Legierung mit 1,94 % Cu und 0,48 % Ag mit 6500 kg/mm^2 angegeben[3].

Zahlentafel 3. *Zusammensetzung der untersuchten Legierungen.*
Zeichenerklärung zu den Abb. 107—110.

Legierung	Gruppe	Zeichen in den Abb.	Legierung	Gruppe	Zeichen in den Abb.
Cd+Ag	I	●	(Cd+0,5 Ag)+Cu	IV	+
Cd+Cu	II	○	(Cd+1,0 Ag)+Cu	V	×
Cd+Ni	III	△	(Cd+2,0 Ag)+Cu	VI	□

b) Mechanische Eigenschaften bei Raumtemperatur. Systematische Untersuchungen über die mechanischen Eigenschaften von Kadmiumlegierungen sind im Schrifttum kaum veröffentlicht worden. Dem nachstehend gegebenen Überblick liegen daher in erster Linie eigene Versuche zugrunde. Die untersuchten Legierungen sind in Zahlentafel 3 eingetragen. Für die Versuche wurde bei den binären Legierungen die Höhe

---

[1] *Swift, L. L.:* Metals Techn. Bd. 5 (1938) Nr. 6, 12 S., TP. 966.
[2] *Gill, A. S.:* Proc. Austral. I. M. M. N. S. Bd. 95 (1934) S. 201/27. Auszüge: siehe Commonwealth Engineer Bd. 22 (1934) S. 81/84; Metal Ind., London Bd. 46 (1935) S. 650/52. — [3] *Bollenrath, F., W. Bungardt* u. *E. Schmidt:* Luftfahrtforschg. Bd. 14 (1937) S. 417/25.

der Zusatzkomponente, bei den ternären Legierungen jeweils die Höhe des Kupfergehaltes verschieden gewählt.

Die erhaltenen *Härte*werte sind in Abb. 107 eingetragen, ebenso die von Kadmium-Magnesium-Legierungen nach *Occleshaw*[1]. Für die binären

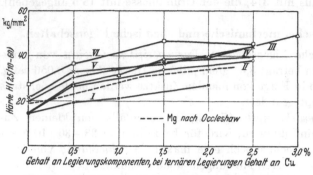

Abb. 107. Brinellhärte von Kadmiumlegierungen. Zeichenerklärung s. S. 137, Zahlentafel 3.

und ternären Legierungen mit Kupfer und Silber liegen auch Messungen von *Losana* und *Goria*[2] sowie von *Smart*[3] vor, die einen grundsätzlich ähnlichen Kurvenverlauf ergeben, aber durchweg, und zwar auch schon für das reine Kadmium zu um 5 bis 10 Einheiten höher liegenden Werten führen als unsere Messungen. *Smart* zeigt gleichzeitig, daß bei Kadmium-Kupfer-Legierungen durch Ausglühen bei 170° C die Härtewerte um etwa 10 Einheiten sinken, so daß der oben angegebene Unterschied zum Teil auf die Prüfbedingungen, zum Teil auf die Gieß- und Abkühlungsverhältnisse zurückzuführen sein mag.

Die Ergebnisse aus *Zugversuchen* sind aus den Abb. 108 und 109 zu entnehmen. Aus ihnen folgt, daß im allgemeinen die Erhöhung der Zusatzmenge von einem gewissen Prozentgehalt ab keine weitere Steigerung

Zahlentafel 4. *Fließgrenze bei Zugversuchen.*

Legierung	σ_f kg/mm²	Bezogen auf Dehnung %
Cd + 1,35% Ni [4]	8,2	0,5
Cd + 3% Ni [4]	11,8	0,5
Cd + 1,5% Cu + 0,95% Mg [5]	5,5	0,02
	9,9	0,2
Cd + 1,94% Cu + 0,48% Ag [5]	5,2	0,02
	9,5	0,2

[1] *Occleshaw*, A. J.: Commonwealth Engineer Bd. 18 (1930) S. 177/79. — [2] *Losana*, L. u. C. *Goria:* Chimica e Ind. Bd. 17 (1935) S. 159/63. — Ref. Chem. Zbl. 108 II (1937) S. 2425. — [3] *Smart*, C. F.: Trans. Amer. Soc. Met. Bd. 25 (1937) S. 571/608. Auszug: Metal Ind., London Bd. 51 (1937) S. 61/64. — [4] *Swartz*, C. E. and A. J. *Phillips:* Proc. Amer. Soc. Test. Mater. Bd. 33 (1933 II) S. 416/29. Ref. Metallwirtsch. Bd. 13 (1934) S. 469. — [5] *Bollenrath*, F., W. *Bungardt* u. E. *Schmidt:* Luftfahrtforschg. Bd. 14 (1937) S. 417/25.

der Festigkeit mehr bringt. Nickel und Kupfer sind in ihrer Wirkung
sehr stark. Die Ergebnisse einiger Fließgrenzenmessungen sind aus
Zahlentafel 4 zu
entnehmen.

Die Versuche
über die *Dauer-
biegefestigkeit* (vgl.
Abb. 110) wurden
auf der *Schenck*-
Maschine für um-
laufende Biegung
bei 4000 bis 6000
U/min durchge-
führt. Die Werte
beziehen sich auf
$20 \cdot 10^6$ Lastperi-
oden. Es genügt
schon ein kleiner
Zusatz eines zwei-
ten oder dritten
Metalls zur Grund-
legierung, um den
Größtwert   der
Dauerfestigkeit
einer Gruppe zu
erzielen. Der von
Phillips[1] ange-
gebene Wert von
2,65 kg/mm² für
eine Legierung mit

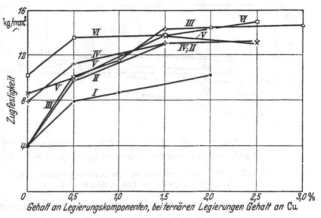

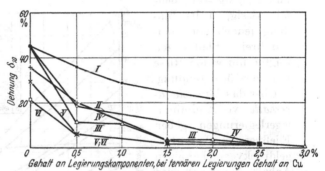

Abb. 108 u. 109. Zugversuche an Kadmiumlegierungen. Zeichenerklärung
s. S. 137, Zahlentafel 3.

1,3 % Ni reiht sich gut in die von uns erhaltenen Meßergebnisse
ein.   Sehr hohe Werte (4,2 bis 4,6 kg/mm²) wurden von uns mit
kupfer- und kupfer- + silberhaltigen Legierungen schon bei kleinen
Prozentsätzen an Magnesium (0,05 bis 1 % Mg) erzielt. Erwähnt sei hier
jedoch, daß sich das Eutektikum in den übereutektischen Kadmium-
Kupferlegierungen bei Zusätzen über 0,1 % Magnesium schon bei Raumtemperatur aufspaltet[2] und zum Brüchigwerden der Legierung führt[2, 3].

[1] *Phillips, A. J.:* Machinist, London Bd. 79 (1935/36) S. 709/10 E. Ref.
Techn. Zbl. prakt. Metallbearb. Bd. 46 (1936) S. 530.

[2] *Gill, A. S.:* Proc. Austral. I. M. M. N. S. Bd. 95 (1934) S. 201/27 — Auszüge:
siehe Commonwealth Engineer Bd. 22 (1934) S. 81/84; Metal Ind., London Bd. 46
(1935) S. 650/52.

[3] *Smart, C. F.:* Trans. Amer. Soc. Met. Bd. 25 (1937) S. 571/608 — Auszug:
Metal Ind., London Bd. 51 (1937) S. 61/64.

Es ist zu vermuten, daß interkristalline Korrosion bei diesem Vorgang mitwirkt. Erwähnt seien Versuche von *Gill*[1] auf der *Stanton*-Maschine (Lagermetall/

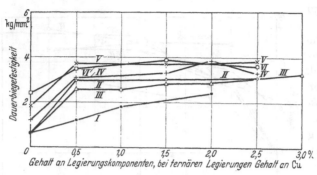

Abb. 110. Wechselbiegefestigkeit von Kadmiumlegierungen.
Zeichenerklärung s. S. 137, Zahlentafel 3.

Stahl - Verbund - büchsen werden unter Druck zwischen drei Rollen gedreht. Prüfung von Ermüdungsfestigkeit und Bindefestigkeit des Lagermetalls). Nach 15 Millionen Umdrehungen hatten Weißme-

talle Risse und zerstörte Bindung, eine Kadmiumlegierung mit 1,5 % Cu und 1 % Mg war ebenfalls rissig, in der Bindung jedoch noch einwandfrei, Bleibronzen zeigten nur wenig Risse u. unzerstörte Bindung.

Über das *Dauerstandverhalten* von Kadmiumlagerlegierungen geben Fließversuche[2] und Kugeldruckversuche[3] einen Anhalt. Aus diesen wird geschlossen, daß die Kadmiumlegierungen eine günstige Mittelstellung zwischen den Weißmetallen (Sn-Gehalt um 80 %, bzw. Bleilagermetalle) und den Bleibronzen einnehmen.

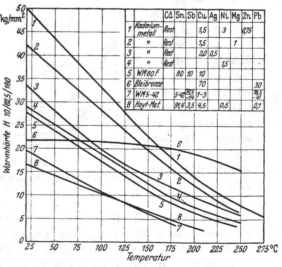

Abb. 111. Warmhärten einiger Kadmiumlegierungen im Vergleich zu anderen Lagermetallen.

c) **Mechanische Eigenschaften bei erhöhter Temperatur.** Die *Warmhärte*-Kurven einiger Kadmiumlagermetalle sind in Abb. 111 in Vergleich

[1] *Gill, A. S.:* Proc. Austral. I. M. M. N. S. Bd. 95 (1934) S. 201/27. — Auszüge: siehe Commonwealth Engineer Bd. 22 (1934) S. 81/84; Metal Ind., London Bd. 46 (1935) S. 650/52. — [2] *Swartz, C. E.* and *A. J. Phillips:* Proc. Amer. Soc. Test. Mater. Bd. 33 (1933 II) S. 416/29. — Ref. Metallwirtsch. Bd. 13 (1934) S. 469. — [3] *Harrison, S. T.* and *E. Wool:* Metall Ind., London, Bd. 51 (1937) S. 639/40.

zu denen von Weißmetallen und einer Bleibronze gesetzt. In der Literatur
sind **Warmhärtekurven mehrfach gebracht** worden[1—7]. Infolge
der verschiedenen Meßbedingungen sind die Werte zahlenmäßig nicht
untereinander vergleichbar. Alle bekannten Warmhärte-Temperatur-
kurven stimmen darin überein, daß sie ähnlich steil wie die der Weißmetalle verlaufen. Eine Abhängigkeit der Steilheit von der Zusammensetzung ist nicht festzustellen. Die Härten der Kadmiumlegierungen
liegen bei Betriebstemperatur noch in der Gegend der von Bleibronze.

Warmzugversuche liegen an Kadmiumlegierungen mit 1,35 und 3,0%
Ni vor[1, 3]. Sie zeigen, daß die Legierungen bei 200° C noch eine Festigkeit
von 2,4 kg/mm² haben und daß die Formänderungsfähigkeit bis fast zum
Schmelzpunkt hin ansteigt.

d) Chemische Eigenschaften. Kadmiumlegierungen scheinen von
heißen, insbesondere säurehaltigen Ölen stärker als andere Lagermetalle
angegriffen zu werden[5, 8-10]. Von den Legierungszusätzen ruft Magnesium Blasenbildung hervor, während die anderen üblichen Zusätze Ober-
flächenätzungen bei merklichem Gewichtsverlust zeigen. Bei Kadmium-
Kupfer-Silber- und Kadmium-Nickel-Legierungen läßt sich der Korrosionsangriff durch Öl durch Gehalte von 0,2 und mehr Prozent Indium
vollkommen unterdrücken[11]. Da aber Indium die Güte der Bindung an
Stahl beeinträchtigt, bringt man eine Indiumschicht in der Dicke, entsprechend einem späteren Gehalt des Ausgusses von 0,2 bis 0,5% galvanisch auf das fertige Lager auf und läßt sie durch etwa halbstündiges
Glühen bei 170° C eindiffundieren. Untersuchungen über die Eindring-
tiefe des Indiums in eine Kadmiumlegierung mit 1,3% Ni wurden unter
Anwendung naßchemischer und spektrochemischer Analyse durchgeführt[12]. Bei Laufversuchen unter schweren Bedingungen und bei

---

[1] *Swartz, C. E.* and *A. J. Phillips:* Proc. Amer. Soc. Test. Mater. Bd. 33
(1933 II) S. 416/29. — Ref. Metallwirtsch. Bd. 13 (1934) S. 469.

[2] *Denham, A. F.:* Automot. Ind. Bd. 71 (1934) S. 640/42.

[3] Imperial Smelting Corp. Ltd.: Technical Bull., Mai 1937. Auszug: Nickel
Bull, Bd. 9 (1936) S. 233/36.

[4] *Losana, L.* u. *C. Goria:* Chimica e Ind. Bd. 17 (1935) S. 159/63. Ref. Chem.
Zbl. Bd. 108 II (1937) S. 2425.

[5] *Smart, C. F.:* Trans. Amer. Soc. Met. Bd. 25 (1937) S. 571/608. Auszug:
Metal Ind., London Bd. 51 (1937) S. 61/64.

[6] *Steudel, H.:* Luftf.-Forschg. Bd. 13 (1936) S. 61—66.

[7] *Bollenrath, F., W. Bungardt* u. *E. Schmidt:* Luftfahrtforschg. Bd. 14 (1937)
S. 417/25. — [8] *Dayton, R. W.:* Metals and Alloys Bd. 9 (1938) S. 211/218. —
[9] *Heyer, H. O.:* Luftf.-Forschg. Bd. 14 (1937) S. 14/25; Autom.-techn. Z.
Bd. 40 (1937) S. 551/559; 589/595. — [10] *Underwood, A. F.:* SAE. J. Bd. 43 (1938)
S. 385/392. — [11] *Smart, C. F.:* Metals Techn. Bd. 5 (1938) Nr. 3, 13 S. T. P.
900. Auszug: Metal Ind., London Bd. 52 (1938) S. 520. — [12] *Smith, A. A.* jr.:
Trans. Amer. Inst. Min. Met. Eng. Bd. 156 (1944) S. 387 bis 390.

Motorversuchen geht durch Plattieren mit Indium die Korrosion durch säurehaltiges Öl um eine Größenordnung zurück[1,2].

Gegen atmosphärischen und Feuchtigkeitsangriff scheinen die meisten der üblichen Kadmiumlegierungen beständig zu sein. Ungünstig wirkt sich jedoch Magnesium von 0,1 % ab in reinem Kadmium und in Kadmium-Nickel-Legierungen aus[3]. Auch in Legierungen mit 2 % Cu und 0,5 % Ag wurde ein schädlicher Einfluß des Magnesiums festgestellt. Nach 21 Tagen Dampfbad ergab sich eine Korrosionsrindenstärke von 0,1; 0,5 und 1—2 mm bei Zusatz von 0,05; 0,1 und 0,2 % Mg zu oben genannter Legierung, während die magnesiumfreie Legierung und eine Legierung mit 1,5 % Ni keinen Korrosionsangriff zeigten.

Der aus den genannten Eigenschaftswerten gewonnene Überblick über die geprüften Legierungen läßt den Schluß zu, daß Magnesium trotz seines sehr günstigen Einflusses auf die mechanischen Eigenschaften wegen Erhöhung der Korrosionsanfälligkeit und vielleicht wegen Hervorrufung von Alterungsvorgängen bei diesen Legierungen als Zusatz ausschied. Kupfer und Nickel unterscheiden sich in ihren Wirkungen nur wenig. Beide erhöhen in gleichem Maße den Formänderungswiderstand und die Dauerfestigkeit und setzen dementsprechend die Formänderungsfähigkeit herab. Bei den Kadmium-Kupfer-Legierungen werden meist dritte Zusätze verwendet — früher Magnesium, heute Silber —, die im Kadmium in feste Lösung gehen und somit die Grundmasse härten. Vor allem treten bei den ternären Legierungen besonders hohe Werte der Wechselfestigkeit auf. Die Frage, ob nicht auch bei den Kadmium-Nickellegierungen eine weitere Verbesserung durch mischkristallbildende Zusätze erreicht werden kann, ist noch ungeklärt.

4. Metallurgische Eigenschaften.

α) *Oxydbildung.* Oberhalb 400° treten auf der Oberfläche geschmolzener Kadmiumlegierungen schwarze, schwammige Oxyde auf[4]. Zu beachten ist, daß die nach Überhitzung einsetzende Oxydbildung bei Verringerung der Schmelztemperatur weitergeht. Röntgenographische Untersuchungen an den sich bei unlegiertem Kadmium bildenden schwarz-grauen Oxydschichten haben gezeigt, daß das hier auftretende

---

[1] *Smart, C. F.:* Metals Techn. Bd. 5 (1938) Nr. 3, 13 S. T. P. 900. Auszug: Metal Ind., London Bd. 52 (1938) S. 520.

[2] *Underwood, A. F.:* SAE J. Bd. 43 (1938) S. 385/92.

[3] *Frhr. v. Göler* u. *R. Weber:* Jb. 1937 dtsch. Luftf.-Forschg. Teil II, S. 217/220.

[4] *Gill, A. S.:* Proc. Austral. I. M. M. N. S. Bd. 95 (1934) S. 201/27. Auszüge: siehe Commonwealth Engineer Bd. 22 (1934) S. 81/84; Metal Ind., London Bd. 46 (1935) S. 650/52.

Oxyd nicht CdO (braune Farbe), sondern ein bisher unbekanntes Oxyd des Kadmiums ist[1]. Kadmiumoxyd greift den Zapfen nicht an[2].

Sehr stark gefördert wird die Oxydation durch kleine Mengen Zinn. Einer Schmelze einer Kadmium-Kupfer-Silber-Legierung wurde bei 390°C 0,2% Sn zugesetzt. Nach zwei Minuten trat starke und andauernde Oxydbildung ein. Auch im Schrifttum wird über einen Fall berichtet, wo ein Hersteller von Kadmiumlagern durch Verunreinigungen seiner Schmelze mit 0,8% Sn, 50% Metall durch Schlackenbildung verlor[2]. Wie Zinn fördern Antimon und in kleinerem Ausmaß Magnesium die Oxydation[2]. Bei Zinn bzw. Antimon bilden SnO_2 bzw. Sb_2O_3 mit dem Kadmiumoxyd ein schwammiges Oxyd starker Porosität, durch das die Schmelze hochgesaugt wird und mit Luft in Berührung kommt. Auch bei Magnesium entsteht offenbar ein poröses Oxyd[1].

Bei normalen Schmelztemperaturen verleiht die Zugabe von Zink in kleinen Mengen der Schmelzoberfläche ein silberblankes Aussehen, sie verhindert auch das Auftreten einer dicken, schwarzen Oxydkruste. Ebenso kann die Wirkung von Zinn durch Zusatz von etwa der gleichen Menge Zink aufgehoben werden. Bei Antimongehalten sind erheblich höhere Zinkzugaben zur Vermeidung verstärkter Oxydbildung als bei Zinn notwendig[1]. Neben Zinkzusatz hat sich Zinkchlorid[3] bewährt. Es werden außerdem Kadmiumchlorid und/oder -bromid[4], Natriumhydrooxyd[5] und eine Mischung aus 896 Teilen $MgCl_2$, 320 Teilen KCl, 40 Teilen CaF_2 und 60 Teilen NaCl[3] empfohlen.

β) Giftwirkung des Kadmiums. Alle in der Literatur bekanntgegebenen Vergiftungsfälle haben sich beim Erschmelzen des Metalls oder bei seiner Herstellung zugetragen. Es handelt sich meist um Magen- und Darmstörungen, außerdem um bronchiale Erkrankungen. Vereinzelt wird auch über Todesfälle beim Verarbeiten von Kadmium berichtet. Bei dem Gebrauch von Gegenständen aus Kadmium sind niemals Vergiftungen vorgekommen, so daß anzunehmen ist, daß sowohl sehr feine Rauchteilchen als auch Kadmiumdampf die Ursachen der Vergiftung sind[6, 7]. Andererseits geht aus einem Referat über eine uns im Original nicht vorliegende Arbeit, in der die Ergebnisse einer klinischen Beobachtung von Arbeitern eines Kadmiumschmelzwerkes niedergelegt sind, hervor, daß eine akkumulierende Wirkung des Kadmiums nicht besteht. Es wird

---

[1] *Gruhl, W.* u. *G. Wassermann:* Z. Metallkde. Bd. 41 (1950) S. 178/184.
[2] *Gill, A. S.:* Proc. Austral. I. M. M. N. S. Bd. 95 (1934) S. 201/27. Auszüge: siehe Commonwealth Engineer Bd. 22 (1934) S. 81/84; Metal Ind., London Bd. 46 (1935) S. 650/52. — [3] *Smart,* C. F.: Trans. Amer. Soc. Met. Bd. 25 (1937) S. 571/608. Auszug: Metal Ind., London Bd. 51 (1937) S. 61/64. — [4] *Swartz, C. E.* u. *A. J. Phillips,* USA.P. 2040283, angemeldet am 14. 4. 34. — [5] *Norman, T. E.* u. *O. W. Ellis:* Metals Techn. Bd. 4 (1937) Nr. 7 S. 4, — [6] Arch. Gewerbepathol. u. Gewerbehyg. Bd. 5 (1936) S. 177. — [7] *Anon:* Die Gasmaske, Bd. 9 (1937) S. 37.

daraus geschlossen, daß eine schnelle Ausscheidung des Kadmiums aus dem Körper erfolgt. Wir selbst haben trotz langzeitiger Beschäftigung mit Kadmiumlegierungen keine Vergiftungserscheinungen beobachtet. Die Verschiedenheit der Wirkungen des Kadmiums hängt vermutlich damit zusammen, welcher Art die Entlüftung in den betreffenden Räumen ist. Wir werden außerdem darauf aufmerksam gemacht[1], daß die Gefährlichkeit des Kadmiums beim unsichtbaren metallischen Dampf liegt und weniger beim Rauch, der aus Oxydpartikeln besteht. Eine Literaturstelle gibt geeignete Maßnahmen gegen Vergiftungen durch Einatmen von Kadmiumdämpfen bekannt[2]. In [3] wird als wirksamer Schutz ein Kolloidfilter angesehen.

γ) *Schwindung und innere Spannungen.* Die Größe der Schwindung hängt von den Gießbedingungen ab. Im Höchstfall erreicht sie den Wert der Wärmedehnung zwischen Raumtemperatur und Schmelzpunkt. Aus dem thermischen Ausdehnungskoeffizienten, der von kleinen Zusätzen nur wenig beeinflußt wird, errechnet sich für Kadmium eine maximale Schwindung von etwa 0,9 %, die gut mit früheren Messungen[4] übereinstimmt.

Bei Lötverbindung oder mechanischer Verklammerung mit Stahlstützschalen treten durch die großen Unterschiede in der thermischen Ausdehnung bei ungünstiger Wahl der Gieß- und Abkühlungsbedingungen erhebliche Spannungen im Lagerausguß auf. Wir haben ihre Größe gelegentlich zu über 5 kg/mm² bestimmt. Diese und die hohe Streckgrenze der Kadmiumlegierungen machen Rißbildung im Ausguß möglich[4, 5]. Bei einigermaßen sorgsamer Abkühlung der Schale nach Entnahme aus der Kokille jedoch sind die Kadmiumlagerlegierungen ohne Bedenken und Schwierigkeiten zu vergießen. Beseitigung der inneren Spannungen durch mechanische Verformung des Ausgusses sofort nach seiner Erstarrung wird empfohlen[6].

δ) *Bindung und Lötung.* Die in dem großen Schwindmaß der Kadmiumlegierungen begründeten Schwierigkeiten beim Verbundguß mit Stahl sind durch Entwicklung besonderer Löt- und Gießverfahren über-

---

[1] Freundl. Mitteilung von Herrn Prof. Dr.-Ing. *E. J. Kohlmeyer.*

[2] *Wahle:* Z. Gewerbehyg. Bd. 19 (1932) S. 223/226.

[3] *Anon:* Die Gasmaske Bd. 9 (1937) S. 37.

[4] *Gill, A. S.:* Proc. Austral I. M. M. N. S. Bd. 95 (1934) S. 201/27. Auszüge: siehe Commonwealth Engineer Bd. 22 (1934) S. 81/84; Metal Ind., London Bd. 46 (1935) S. 650/52.

[5] *Frhr. v. Göler* und *G. Sachs:* Mitt. Arbeitsber. MG. H. 10 (1935) S. 3/10; Gieß.-Praxis Bd. 57 (1936) S. 76/79; 121/124.

[6] *Murphy, A. J.* u. *W. Rosenhain, J. Stone* and Comp. Ltd. E. P. 398808 und 398809 vom 19. 3. 32.

wunden worden [1-6]. Wie eigene Untersuchungen zeigen, zeichnen sich Kadmiumlager durch sehr gute Bindung aus. Messungen des zum Abscheren von der Stahlschale nötigen Druckes haben bis doppelt so hohe Werte ergeben wie bei Zinnweißmetallen[1, 3, 5].

Versuche, eine gute Bindung durch Eintauchen der Stützschale in das Lagermetall selbst zu erhalten, waren trotz Anwendung großer Sorgfalt und Schnelligkeit nicht immer erfolgreich. Die Benutzung eines niedriger schmelzenden Lotes erwies sich als zweckmäßig. Diese Erfahrung stimmt auch mit dem Bilde überein, daß man aus der Literatur gewinnt — gute Bindung von Kadmium-Nickel-Legierungen ohne Lot[5]; Eignung dieser Legierung als Lot für andere Legierungen[6]; Verwendung von Kadmium-Zink-Loten[1, 6-8]; Verwendung einer Kadmiumlegierung mit 5 % Zn und 1 % Ni[6].

Die Schwierigkeit beim Ausgießen von Lagern besteht darin, daß sowohl eine einwandfreie Bindung zwischen Stützschale und Lagermetall, als auch ein gutes Gefüge des Ausgusses angestrebt werden müssen, beide aber die Leitung der Gießbedingungen nach entgegengesetzter Richtung erfordern. Die Herstellung einer guten Bindung macht eine möglichst hohe Anwärmung von Kern und Stützschale notwendig. Das Erstarrungsintervall der Lagerlegierung muß dann aber schnell durchlaufen werden, um grobe Gefügeausbildung und Seigerungen zu vermeiden. Zusätzliche Kühlung während der Erstarrung ist daher zweckmäßig. Die der Erstarrung folgende Abkühlung soll zur Vermeidung innerer Spannungen langsam erfolgen. Für jede Lagerform müssen daher durch Versuche die geeigneten Bedingungen festgelegt werden, deren Einhaltung zu überwachen ist.

5. Laufverhalten.

Über das Laufverhalten von Kadmiumlegierungen bei ruhender und dynamischer Belastung, ebenso über Betriebserfahrungen liegt eine Reihe von Angaben vor, über die nachfolgend kurz berichtet wird.

a) Bei ruhender Beanspruchung. Die Prüfung einer Legierung mit

---

[1] *Gill, A. S.:* Proc. Austral. I. M. M. N. S. Bd. 95 (1934) S. 201/27. Auszüge: siehe Commonwealth Engineer Bd. 22 (1934) S. 81/84; Metal Ind., London Bd. 46 (1935) S. 650/52. — [2] *Frhr. v. Göler,* u. *G. Sachs:* Mitt. Arbeitsber. MG H. 10 (1935) S. 3/10; Gieß.-Praxis Bd. 57 (1936) S. 76/79, S. 121/24. — [3] *Macnaughtan, D. J.:* J. Inst. Met. Bd. 55 (1934) S. 33/47 und Diskuss. dazu S. 98/99 und S. 107/08. — [4] *Bassett, H. N.:* Metal Ind. London, Bd. 52 (1938) S. 25/32. — [5] *Imperial Smelting Corp. Ltd.:* Technical Bull., Mai 1937. Auszug: Nickel Bull. Bd. 9 (1936) S. 233/36. — [6] *Smart, C. F.:* Trans. Amer. Soc. Met. Bd. 25 (1937) S. 571/608. Auszug: Metal Ind., London Bd. 51 (1937) S. 61/64.

[7] *Smart, C. F.:* General Motors Co.: USA. P. 2 101 759 vom 2. 7. 34.

[8] The National Smelting Co., Ltd. Electrolytic Zinc Co. of Australasia u. *H. L. Evans:* E. P. 448 640 vom 15. 12. 34.

3,1 % Cu und 0,2 % Mg im National Physical Laboratory (N. P. L.) unter allerdings günstigen Schmierverhältnissen (Öldruckschmierung, Gleitgeschwindigkeiten von 3,2 bis 3,5 m/sec) ergaben bei Verwendung von Mobilöl B und vergüteter Welle bei 35 kg/cm² spezifischer Belastung einen Reibungskoeffizienten von 0,004; bei 176 kg/cm² Lagerdruck wurde sogar nur ein Wert von 0,0013 gemessen[1]. Später noch mit der Legierung Cd + 1,5 % ·Cu + 1 % Mg unter etwa den gleichen Bedingungen durchgeführte Versuche zeigten, daß die Reibungskoeffizienten bei 70; 141 und 176 kg/cm² und bei Temperaturen von 60, 80 und 100° C mit 0,0026 bis 0,0008 bei denen eines Zinnweißmetalles und einer Bleibronze liegen[2].

Eigene Versuche wurden mit den Legierungen: 1,5 % Ni; 0,5 % Ag + 2,0 % Cu; 2,5 % Ag + 0,25 % Cu; 0,25 % Mg + 0,5 % Cu; 1,0 % Mg + 1,5 % Cu; 0,5 % Ca + 1,0 % Cu; 5,0 % Sb + 16,2 % Zn und 0,5 % Ag + 2,0 % Cu + 0,1 % Mg durchgeführt[3]. Die Prüfbedingungen waren: einsatzgehärtete Welle; Wellendurchmesser 40 mm; l/d 0,5; Spiel 1,2 ⁰/₀₀; Ringschmierung; Shellöl BF3; stufenweise Erhöhung der Belastung bis 200 kg/cm² Lagerdruck; Entlastung in den gleichen Stufen und Zeiten; mehrmalige Wiederholung dieser Be- und Entlastungsfolge. Gemessen wurde die Lagertemperatur. Das Ergebnis war, daß sich die Laufspiegel matt und zum Teil farbig angelaufen von der nichttragenden Lagerinnenfläche unterschieden. Die Einzelkurven je Legierung sowohl, als auch die Mittelkurven der verschiedenen Legierungen lagen sehr dicht zusammen.

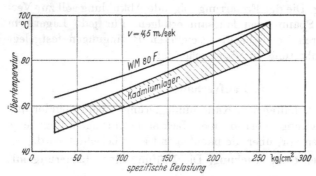

Abb. 112. Bereich, in dem bei Laufversuchen mit statischer Belastung die Laufkurven der geprüften Kadmiumlagermetalle lagen.

In Abb. 112 sind daher für die Kadmiumlagerlegierungen nur die obere und die untere Grenzkurve der erhaltenen Kurvenschar eingezeichnet und in Vergleich zu der Temperaturkurve eines unter den gleichen Bedingungen geprüften Lagers mit WM 80 F-Ausguß gesetzt.

Auf derselben Maschine wurden unter den obengenannten Bedin-

---

[1] *Occleshaw, A. J.:* Commonwealth Engineer Bd. 18 (1930) S. 177/79.
[2] *Gill, A. S.:* Proc. Austral. I. M. M. N. S. Bd. 95 (1934) S. 201/27. Auszüge: siehe Commonwealth Engineer Bd. 22 (1934) S. 81/84; Metal Ind., London Bd. 46 (1935) S. 650/52. — [3] *Weber, R.:* Dissertation TH München 1940.

gungen bei 1,5 m/sec Gleitgeschwindigkeit Versuche über die Belastbarkeit von Kadmiumlagern durchgeführt. Sie lag zwischen 450 und 550 kg/cm², während mit WM 80 F etwa 300 bis 325 kg/cm² erreicht wurden. Diese Befunde decken sich mit früheren auf der gleichen Prüfmaschine durchgeführten Messungen[1], die bereits die niedrige Reibung und die hohe Belastbarkeit von Kadmiumlegierungen hatten erkennen lassen.

Reines Kadmium ist für hochbeanspruchte Lager nicht geeignet, wenn auch, wie durch Versuche bestätigt werden konnte[2, 3], eine gewisse Lauffähigkeit bei niedrigen Belastungen vorhanden ist.

b) Bei dynamischer Beanspruchung. *Denham*[4] hat das C. S. 50-Lagermetall (etwa 0,5 % Cu und 2 % Ag) im Vergleich zu einem Zinnweißmetall auf einer sehr schnell laufenden, nicht näher beschriebenen Prüfmaschine untersucht. Das Spiel betrug dabei 1 bis 1,8⁰/₀₀. Die Lauftemperaturen stiegen für das Zinnweißmetall bis auf 148° C, für das Kadmiumlagermetall nicht über 138° C. Nach 20 h hatte die Zinnlegierung zahlreiche Risse, während das Kadmiumlager noch unversehrt war.

Dagegen schließt *Steudel*[5] aus nicht näher beschriebenen Versuchen auf den Verhältnissen im Flugmotor angepaßten Prüfmaschinen, daß Kadmiumlegierungen gegenüber Zinnlagermetallen kaum eine Verbesserung zeigen.

Heyer[6] konnte auf der Prüfmaschine der Deutschen Versuchsanstalt für Luftfahrt mit umlaufender und zusätzlich stoßweiser Belastung (0 bis 160 kg/cm²) bei Schmierung mit Stanavoöl 120 feststellen, daß eine Kadmiumlegierung mit 1,5 % Ni besser ist als Weißmetall. Dagegen wird der Ausguß erheblich schneller zerstört als bei Bleibronzelagern, und zwar in einer Art und Weise, die Korrosion vermuten läßt. Die Betriebstemperatur betrug etwa 105° C.

Underwood[7] hat nicht näher beschriebene Versuche durchgeführt, bei denen ein Kadmium-Silber-Kupfer-Ausguß erst nach der dreifachen Prüfdauer auszubröckeln begann wie ein Zinnlagermetall.

E. Gilbert[8] beobachtete bei Legierungen mit 2 % Cu und 0,5 % Ag sowie mit 1,5 % Ni bei stoßweiser Belastung (± 200 bis 245 kg/cm²) Lebensdauern, die vor allem für die erstere Legierung höher als bei Weißmetallagern, aber niedriger als bei Bleibronzelagern waren. Bei

---

[1] Nach Versuchen von *W. Jung-König, E. Koch* u. *W. Linicus*; zum Teil veröffentlicht von *W. Linicus:* Schr. Hess. Hochsch., TH Darmstadt 1933, Nr. 2 S. 13/19. — [2] *Weber, R.:* Dissertation TH München 1940. — [3] *v. Phillippovich, A.:* Z. VDI Bd. 82 (1938) S. 835/836.
[4] *Denham, A. F.:* Automot. Ind. Bd. 71 (1934) S. 640/42. — [5] *Steudel, H.:* Luftfahrtforschg. Bd. 13 (1936) S. 61/66. — [6] *Heyer, H. O.:* Luftfahrtforschg. Bd. 14 (1937) S. 14/25; Autom.-techn. Z. Bd. 40 (1937) S. 551/59; 589/95. — [7] *Underwood, A. F.* SAE J. Bd. 43 (1938) S. 385/92. — [8] *Gilbert, E.:* Z. f. Metallkde. Bd. 30 (1938), Sonderheft Vorträge Hauptvers. 1938, S. 30/32.

einer Schale zeigten sich nach 220 h zahlreiche Anrisse. Während aber
eine Weißmetallschale und auch eine Bleibronzeschale mit derartigen
Rissen nach kurzer Zeit durch Ausbröckeln ganz zugrunde gegangen
wäre, lief diese Schale einwandfrei weiter. Der Versuch wurde aus Zeit-
mangel nach 440 h abgebrochen. Das Spiel betrug anfangs 0,092 mm,
nach Beendigung 0,105 mm. Seine Zunahme durch Verschleiß wird also
sehr gering angesehen. Die Welle war einwandfrei. Bleibronzelagern sind
die Kadmiumlager im Hinblick auf die ertragene Belastung unterlegen,
sie bewirken aber einen geringeren Wellenverschleiß.

c) **Verschleiß.** Die ersten Messungen liegen von *Occleshaw*[1] an der
Legierung mit 3,2% Cu und 0,2% Mg im Vergleich mit einem nicht
näher beschriebenen, offenbar hochzinnhaltigen Lagermetall vor. Sie
wurden an Prüflagern durchgeführt und ergaben einen 2 bis 5 mal so
hohen Verschleiß für
das Zinnlagermetall.
Gill[2] hat Verschleiß-
versuche an Lagern
mit einer Zugabe von
10 g/l Polierrot zum
Schmieröl gemacht.
Nach einigen Tagen
Lauf ergaben sich

Zahlentafel 5.

Lfd. Nr.	Zusammensetzung	Verschleiß (relativ)
1	Cd + 3,1% Cu + 0,2% Mg	0,40
2	Cd + 1,5% Cu + 1% Mg	0,29
3	Cd + 1% Cu + 1% Mg	0,72
4	hochwertige Zinnlegierung	0,75

die in Zahlentafel 5 eingetragenen *Relativ*werte. Bei den Versuchsergebnissen ist bemerkenswert, daß die Legierung 1 trotz größerer Härte,
wohl infolge zu großer Sprödigkeit, stärker verschleißt als Legierung 2.
Daß die weiche Legierung 3 sich so schlecht verhält, wird vom Verfasser
darauf zurückgeführt, daß sie untereutektisch ist, also keine Cd_3 Cu-
Kristalle im Gefüge hat.

Trockenverschleißversuche[3, 4], bei denen Lagermetallstäbchen in
einer grammophonartigen Anordnung auf Schmirgelpapier ablaufen,
ergaben für Legierungen mit 3% Ni sowie mit 1,5% Cu und 1% Mg eine
etwa halb so große Abnutzung wie für hochzinnhaltige Weißmetalle.

Messungen[4] der Dickenabnahme an Lagerringen, die 24 h bei 80 kg/cm²
spezifische Belastung und bei 2,1 m/sec Gleitgeschwindigkeit unter Anwendung von Tauchschmierung (Shell-Achsenöl H 2) gelaufen waren,
brachten die in Zahlentafel 6 verzeichneten Werte für Legierungen des
Kadmiums im Vergleich zu anderen Lagerlegierungen.

---

[1] *Occleshaw, A. J.:* Commonwealth Engineer Bd. 18 (1930) S. 177/79.
[2] *Gill, A. S.:* Proc. Austral. I. M. M. N. S. Bd. 95 (1934) S. 201/27. Auszüge:
siehe Commonwealth Engineer Bd. 22 (1934) S. 81/84; Metal Ind., London Bd. 46
(1935) S. 650/52. — [3] *Frhr. v. Göler,* u. *G. Sachs:* Mitt. Arbeitsber. MG H. 10
(1935) S. 3/10; Gieß.- Praxis Bd. 57 (1936) S. 76/79, S. 121/24. — [4] Nach Versuchen
von *W. Jung-König, E. Koch* und *W. Linicus;* zum Teil veröffentlicht von
W. Linicus: Schr. Hess. Hochsch., TH. Darmstadt 1933, Nr. 2 S. 13/19.

Das bei allen Versuchen zum Ausdruck kommende, gegenüber den Weißmetallen auf Zinn- und Bleibasis bessere Verschleißverhalten der Kadmiumlegierungen läßt auch bei langzeitigem Gebrauch im praktischen Betrieb eine Überlegenheit dieser Legierungen erwarten.

d) **Verhalten im Betrieb.** Kadmiumlager mit 3,2 % Cu und 0,2 % Mg haben sich in allen Lagern in den verschiedensten Maschinen im Werk Risdon der Electrolytic Zinc Co. of Australasia, darunter auch in Steinbrechern

Zahlentafel 6.

Legierung	Verschleiß in 10^{-3} mm
Cd + 3% Cu	12
Cd + 3% Ni	6
Cd + 1% Cu + 2% Ni	9
Cd + 1,5% Cu + 3% Ni	7
Verschiedene Zinnweißmetalle	20—35
Verschiedene Bleilagermetalle	40—55

bewährt [1]. Ferner konnte in Pleuellagern einer Schiffsmaschine der vorher sehr störende Verschleiß nach Ersatz eines Zinnweißmetallagers durch die Kadmiumlegierung fast zum Verschwinden gebracht und die Lebensdauer damit entsprechend erhöht werden.

Kadmiumlager mit 1,35 % Ni [2] wurden ebenfalls in Maschinen verschiedener Art erfolgreich eingebaut. In Haupt- und Pleuellagern eines Automobilmotors waren die Kadmiumlager nach etwa 2000 h (entsprechend 130000 km Fahrstrecke) bei mittlerer Belastung noch einwandfrei, während die zum Vergleich eingebauten Zinnlager ganz oder teilweise zerstört waren.

Auch eine Kadmiumlegierung mit Zink- und Antimonzusatz hat in allen Lagern verschiedener Automobilmotoren bei hohen Belastungen eine höhere Lebensdauer gezeigt als Zinnweißmetalle [3].

Das gleiche wird von der Legierung mit 2,25 % Ag und 0,5 % Cu berichtet [4]. *Denham* [4] und *Smart* [5] weisen darauf hin, daß die Welle nicht angegriffen wird, so daß keine gehärtete Welle nötig ist. Dagegen wurde durch eine Legierung mit 1 % Ag, 0,25 % Cu und 20 bis 21 % Zn im Pleuellager die Kurbelwelle schon nach kurzer Zeit riefig [5]. *Smart* gibt die Lebensdauer der Silber- (2,2 %), Kupfer- (0,5 %) Lager bei scharfer Beanspruchung im Automobil zu etwa dem dreifachen der von Zinnweißmetallen an.

---

[1] *Occleshaw, A. J.:* Commonwealth Engineer Bd. 18 (1930) S. 177/79.

[2] *Swartz, C. E.* and *A. J. Phillips:* Proc. Amer. Soc. Test. Mater. Bd. 33 (1933 II) S. 416/29. Ref. Metallwirtsch. Bd. 13 (1934) S. 469.

[3] *Blomstrom, L. C.* u. *E. R. Darby:* Proc. Amer. Soc. Test. Mater. Bd. 33 (1933 II) S. 427—428.

[4] *Denham, A. F.:* Automot. Ind. Bd. 71 (1934) S. 640/42.

[5] *Smart, C. F.:* Trans. Amer. Soc. Met. Bd. 25 (1937) S. 571/608. Auszug: Metal Ind., London Bd. 51 (1937) S. 61/64.

Die vorstehenden Angaben beziehen sich im wesentlichen nur auf Versuche an einzelnen Maschinen oder Motoren. Über die sicherlich recht umfangreichen Großversuche, die in den Vereinigten Staaten und in England von den Herstellern von Automobil-[1] und Flugmotoren[2] durchgeführt worden sind, sind weder Veröffentlichungen vorhanden, noch ist aus sonstigen Informationen Klarheit zu gewinnen. Bekannt ist, daß Kadmiumlagermetalle in einigen Motorentypen serienmäßige Anwendung gefunden haben[2-6].

Die das Laufverhalten betreffenden Ergebnisse lassen demnach den Schluß zu, daß Kadmium-Legierungen in den geprüften Zusammensetzungen — hauptsächlich Cu-, Ni- und Mg-Zusätze — sich in den Gleiteigenschaften nur wenig unterscheiden. Einige Ergebnisse deuten an, daß der Verschleiß bei den weicheren Legierungen etwas größer ist.

6. Zusammenfassung.

Unter den in Verbindung mit Kadmiumlagerlegierungen genannten Zusätzen: Kupfer, Silber, Magnesium, Zink, Arsen, Antimon, Nickel und Kobalt haben heute hauptsächlich Kupfer, Silber und Nickel Bedeutung, wobei Kupfer und Silber dem Kadmium gemeinsam, Nickel aber allein zugesetzt werden. Nach den bekannten Eigenschaften der Kadmiumlegierungen läßt sich ihre Stellung gegenüber den übrigen Lagermetallen klar abgrenzen. Die Kadmiumlegierungen gehören danach gerade noch zu den sogenannten ,,weichen" Lagermetallen, und zwar lassen sie sich zwanglos der Gruppe der Zinnweißmetalle, die sie in allen wesentlichen Eigenschaften etwas übertreffen, zuordnen.

Sie haben mit ihnen gemeinsam die niedrigeren Reibungswerte, die gute Einlauffähigkeit und Unempfindlichkeit gegen Störungen, die sich darin äußert, daß sie Kantenpressungen oder Störungen der Schmierung in verhältnismäßig weitgehendem Maße ertragen. Sie greifen ebenso wie diese weder beim normalen Lauf, noch beim Heißlaufen die Welle an. Sie übertreffen die Zinnlagermetalle hinsichtlich der Belastbarkeit bei konstanter und bei Stoßbelastung. Dies beruht einerseits auf dem höheren Schmelzpunkt, der guten Wärmeleitfähigkeit sowie der erheblich höheren Warmhärte, Zugfestigkeit und vor allem Wechselbiegefestigkeit, zum

---

[1] *Mougey*, H. C.: Industr. Engng. Chem. Bd. 14 (1936) S. 425/428. Ref. Automot. Ind. Bd. 77 (1937) S. 121/123.

[2] *Dayton*, R. W.: Metals and Alloys Bd. 9 (1938) S. 211/18.

[3] *Bureau of Mines:* Minerals Yearbook, Washington 1936 S. 528/30; 1937, S. 741/45.

[4] *Anon:* Parkerizer, Dedroit Bd. 14 (1936) Nr. 1 S. 1 u. 3.

[5] *Anon:* Automot. Ind. Bd. 75 (1936) S. 726; Bd. 76 (1937) S. 293; Bd. 77 (1938) S. 596.

[6] *Heldt*, P. M.: Automot. Ind. Bd. 78 (1938) S. 412/422.

anderen darauf, daß sich eine viel festere Bindung mit Stahl herstellen läßt als bei Zinnlegierungen. Der Verschleiß beträgt sowohl bei flüssiger als auch bei halbflüssiger Reibung nur einen Bruchteil desjenigen von Zinnweißmetallen.

Den Bleibronzen sind die Kadmiumlagermetalle in bezug auf Belastbarkeit, vor allem bei Stoßbelastung und auf Verschleißfestigkeit unterlegen. Dafür greifen aber die Bleibronzen die Welle stärker an, so daß im allgemeinen gehärtete Wellen verlangt werden, während Kadmium- und Zinnlagermetalle ebenso gut auf ungehärteten oder Gußwellen laufen. Das Spiel soll bei Kadmiumlagern etwas größer sein als bei Zinnweißmetallen, aber kleiner als bei Bleibronzen[1].

Störend hat sich gelegentlich die etwas geringere Korrosionsbeständigkeit der Kadmiumlegierungen vor allem gegenüber säurehaltigen Ölen gezeigt.

Die Herstellung von Kadmiumlagerschalen erfordert etwas mehr Sorgfalt und Mühe als die der Zinnlegierungen. Der nötige Aufwand ist aber in keiner Weise vergleichbar mit den Schwierigkeiten, die bei der Herstellung von Bleibronzeschalen zu überwinden sind.

In zwei amerikanischen Literaturstellen, in denen anscheinend in Zusammenschau der dort bekannten Versuchsergebnisse und Betriebsbeobachtungen nur eine generelle Beurteilung der Lagerwerkstoffe vorgenommen wird, sind die Kadmiumlegierungen wie nachstehend angegeben bewertet: gemeinsam ist das Urteil, daß sie in mechanischer Hinsicht den Bleibronzen unterlegen sind, den Weißmetallen werden sie einmal gleichgestellt[2], im anderen Fall besser bewertet, als diese[3]. In den Gleiteigenschaften erfolgt die Einstufung der Kadmiumlegierungen durch die eine Stelle zu den Weißmetallen[2], durch die andere etwa zu den Bleibronzen[3]. Berücksichtigt man, daß die wiedergegebene Beurteilung im Rahmen einer größeren Gegenüberstellung der verschiedenen Lagermetalle erfolgte, eine feine Differenzierung also nicht angestrebt wurde, so scheint doch auch nach diesen Angaben die Annahme einer Zwischenstellung der Kadmiumlegierungen zwischen den Weißmetallen und den Bleibronzen gerechtfertigt.

Man wird daher zweckmäßig Kadmiumlegierungen überall dort einführen, wo Zinnweißmetalle den Betriebsbeanspruchungen nicht mehr genügen, man sich aber zu den wesentlichen Abänderungen nicht entschließen kann, die eine Bleibronzelegierung in bezug auf Herstellung der Lager, Konstruktion der Lagerung und unter Umständen hinsichtlich des Wellenwerkstoffs mit sich bringt.

---

[1] *Mathewson, C. H.:* Metals Techn. Bd. 3 (1936) Okt., 12 S.
[2] *Clauser, H. R.:* Materials and Methods Bd. 28 (1948) S. 76/86.
[3] *Etchells, E. B.* u. *A. F. Underwood:* SAE. Journal Bd. 53 (1945) S. 497/503.

D. Legierungen mit Aluminium oder Magnesium als Hauptbestandteil.

Von Prof. Dr.-Ing. W. Bungardt, Essen.

Mit 35 Abbildungen.

1. Entwicklung.

Leichtmetallegierungen mit der Basis Aluminium gewannen wohl zum erstenmal in Deutschland während des ersten Weltkrieges praktische Bedeutung, als der mit zunehmender Kriegsdauer sich verschärfende Mangel an Kupfer, Blei, Zinn und Antimon eine Umschau nach einem vollwertigen Ersatzstoff notwendig machte. Die damals mit Aluminiumlegierungen als Lagerwerkstoff gesammelten Erfahrungen waren zunächst wenig befriedigend, und es hat einer langen Entwicklung bedurft, um diese anfänglichen Schwierigkeiten verstehen und beherrschen zu lernen.

Für die Notwendigkeit der Entwicklung eines Aluminiumlagers waren nicht allein Austausch- und Ersatzprobleme entscheidend. Die allgemeine Entwicklung des Gleitlagers verlangte Lagerwerkstoffe mit höherer Belastbarkeit, als sie die bekannten Lagerlegierungen auf Blei-, Zinn-, Kadmium- und Kupferbasis besitzen. So ergaben sich mit der Steigerung der spezifischen Motorleistung — z. B. im Grund- und Pleuellager von Hochleistungs-Verbrennungskraftmaschinen — mechanische und thermische Beanspruchungen der Triebwerkslagerung, denen die bisher üblichen Lagermetallgruppen nicht immer gewachsen waren.

Es ist daher verständlich, daß die hochwertigen mechanischen und physikalischen Eigenschaften einiger Aluminiumlegierungen, z. B. der Aluminium-Kolbenlegierungen, den Versuch nahelegten, diese und ähnliche Aluminiumlegierungen auch im Gleitlager zu erproben.

Die statische und dynamische Festigkeit der meisten technischen Aluminiumlegierungen würde — für sich allein betrachtet — selbst für hochbelastete Lager ausreichend sein; es fragt sich nur, ob auch ihr Gleitverhalten genügt. Unter Gleitverhalten soll hier in erster Linie die Eigenschaft des Lagermetalls verstanden sein, bei Durchbrechungen des Ölfilms einen ausreichenden Widerstand gegen Fressen zu besitzen.[1] Die Erfahrung hat nun gezeigt, daß hier der kritische Punkt des Alu-

---

[1] Über eine physikalische Deutung des Freßvorgangs siehe: *F. P. Bowden* und *D. Tabor*; Inst. mech. Engr., J. Proc. Bd. 160 (1949) S. 380/83, Cambridge Univ.; vergl. auch Chem. Z. 1950 II, S. 2960.

miniumlagers liegt und daß es weitaus schwieriger ist, der Legierung eine gute Gleitcharakteristik aufzuprägen, als ihr ausreichende Festigkeit zu verleihen.

Die Schwierigkeiten des Aluminiumlagermetalls rühren daher *nicht* von nicht erreichbaren statischen oder dynamischen Festigkeitseigenschaften her, sondern ergeben sich aus der Notwendigkeit, den Legierungen gleichzeitig eine hohe mechanische und thermische Belastbarkeit *und* ein gutes Gleitverhalten in allen Betriebszuständen zu geben bei geringer Empfindlichkeit gegen Kantenpressung und Ölverunreinigungen.

Infolgedessen dreht es sich bei der Entwicklung von leichten Gleitlagerlegierungen letztlich um folgende Fragen: Wie ist ein ausreichendes Einlauf- und Notlaufverhalten zu erzielen; wie ist die erwünschte Unempfindlichkeit gegen Ölverunreinigungen zu erreichen; wie kann die Empfindlichkeit der festesten dieser Legierungen gegen örtliche Überbelastung vermindert werden; und endlich: durch welche konstruktiven Maßnahmen läßt sich das größere thermische Ausdehnungsvermögen der leichten Gleitlagerwerkstoffe unschädlich machen? — Die Beantwortung dieser Fragen wird naturgemäß um so schwieriger, je höhere Drücke, Geschwindigkeiten und Temperaturen von der Lagerung verlangt werden.

Die Entwicklung der Leichtmetall-Gleitlagerlegierungen auf Aluminiumbasis hat trotz beachtlicher Anfangsschwierigkeiten inzwischen in Deutschland, England und den Vereinigten Staaten von Nordamerika zu bemerkenswerten Erfolgen geführt.

2. Legierungsvorschläge.

a) Allgemeine Forderungen. Die Eignung eines Metalls oder einer Legierung zum Gleitlagerwerkstoff kann bekanntlich nicht mit einigen wenigen Werkstoffkenngrößen eindeutig beschrieben werden. Auf diese grundsätzliche Schwierigkeit ist in diesem Buch schon an anderer Stelle hingewiesen worden[1]. Es wurde dort gezeigt, daß jedes Lagermetall einer Vielzahl chemischer, physikalischer und struktureller — und bezüglich der Lagerausbildung auch konstruktiver — Voraussetzungen, die z. T. untereinander kompliziert zusammenhängen, *gleichzeitig* genügen muß, wenn es seine Aufgabe erfüllen soll[2]. Wir beschränken uns daher an dieser Stelle darauf, diese Ausführungen nur insoweit zu wiederholen, als speziell zum Verständnis der Schwierigkeiten, die bei der Entwicklung des Aluminiumlagers aufgetreten sind, notwendig ist.

---

[1] S. S. 7, 87 u. 123. — [2] Vgl. hierzu auch: *A. F. Underwood:* Automotive Bearing Materials and Their Application" SAE-Journal Vol. 43 (1938) S. 385 und *Gillet H. W., H. W. Russel* u. *R. W. Dayton:* „Bearing Metals from the point of View of Strategic Materials". Metals and Alloys Vol. 21 (1940) S. 274 455, 629 und 749.

Bei der Beurteilung eines neuen Gleitlagerwerkstoffs kommt seinem Gleitverhalten naturgemäß ein besonderes Interesse zu. Die metallische Gleitung und Reibung eines Metalls auf einem zweiten unter Druck ist ein komplizierter physikalischer Vorgang, über dessen Beeinflußbarkeit von der stofflichen Seite her wertvolle Ergebnisse gewonnen wurden (z. B. über die Bedeutung von weichen niedrigschmelzenden Gefügeeinlagerungen oder dünnen niedrigschmelzenden Metallfilmen); seine physikalische Seite ist aber nicht völlig geklärt[1]. Die Vorgänge in den Gleitflächen entscheiden darüber, ob eine Legierung „Lagereigenschaften" besitzt oder nicht, d. h. ob sie ein gutes *Einlaufen* des Lagers ermöglicht, ob der *Reibungswiderstand* und die *Neigung* zum *Fressen* gering ist, und schließlich ob sie bei plötzlichem Schmierölmangel, also im *Notlauf*, eine aus praktischen Gründen zu fordernde gewisse Mindestauslaufzeit des Lagers gewährleistet, ohne daß die Welle ernsthaft beschädigt wird. Eine Voraussage darüber, ob Aluminium oder irgendeine spezielle Aluminiumlegierung diese Eigenschaften etwa in gleicher Weise wie Weißmetall besitzt, konnte bei Beginn der Entwicklung des AluminiumGleitlagerwerkstoffs auf Grund vorhandener theoretischer Kenntnisse nicht gemacht werden, so daß für weite Strecken der Entwicklung praktische Erfahrungen den Ausschlag gegeben haben.

Die Erfahrung hat gezeigt, daß *Rein*aluminium weder eine gute *Einlaufcharakteristik* besitzt, noch im *Notlauf* längere Zeit der Zerstörung widersteht. Schon verhältnismäßig geringe Lagerbelastungen und mäßige Gleitgeschwindigkeiten verursachen ein Fressen der Welle, wobei Aluminiumteilchen aus dem Lager herausgerissen und mit der Welle verschweißt werden. Infolge dieser grundsätzlichen Schwierigkeit ist seit der Entwicklung des Aluminium-Gleitlagers eine Verbesserung des Gleitverhaltens von Stahl auf Aluminium durch geeignete Legierungszusätze angestrebt worden.

Den ersten Arbeiten über den günstigsten Legierungsaufbau hat die Auffassung zugrunde gelegen, daß auch Aluminiumlegierungen für Gleitlager in struktureller Hinsicht eine relativ weiche Grundmasse mit eingelagerten harten Tragkristallen besitzen müssen, wie dies bekanntlich bei den Weißmetallen der Fall ist. Der Geltungsbereich dieser Gefügeregel muß heute eingeschränkt werden; denn die Entwicklung leistungsfähiger Gleitlagerwerkstoffe auf Kupfer-Blei- und Kadmium-Silberbasis oder auch die günstigen Erfahrungen mit reinem Silber als Lagermetall und sehr dünnen Metallfilmen aus Pb, Pb-In und Cd haben gezeigt, daß auch unabhängig von dieser Vorstellung ein gutes Gleitverhalten erreicht werden kann. In Abb. 113a und b sind zwei Beispiele für moderne Gleit-

---

[1] Eine vorzügliche Übersicht über die Physik der Gleitfläche gibt eine Arbeit von *G. I. Finch*: „The Sliding Surface"; Proc. Phys. Soc., Sect. B, Vol. 63, Part 7 (1950) S. 465/483.

lager hoher Beanspruchbarkeit gezeigt, die der Gefügeregel nicht entsprechen. Es handelt sich hierbei um Mehrschichtengleitlager für die
Hauptlagerung von Flugmotoren.

Diese neueren Erkenntnisse haben in den letzten Jahren die Entwicklung von Hochleistungsaluminiumlagern wesentlich gefördert, was
sich darin ausprägt, daß, ähnlich wie bei Kupfer-Blei-Legierungen,

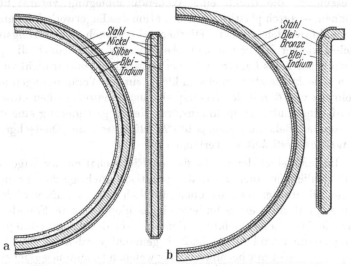

Abb. 113. Schemaschnitte durch moderne Mehrschichtengleitlager.

weiche niedrigschmelzende Gefügeeinlagerungen an Bedeutung
gewonnen haben. Vermutlich
werden bei der weiteren Entwicklung — ähnlich wie bei den
in den Abb. 113 a und b gezeigten
Beispielen — auch dünne Metall-
filme aus niedrigschmelzenden Metallen oder Legierungen für das Alu-
miniumlagermetall Berücksichtigung finden.

a) Dicke der Metallauflagen im Mittel:

	Innenseite	Außenseite
Nickel	0,8 μ	1,1 μ
Silber	507 μ	134 μ
Blei-Indium	31 μ	26 μ

b) Dicke der Metallauflagen im Mittel:

Blei-Bronze . 560 μ
Blei-Indium . 14 μ

Eine weitere Entwicklungsrichtung für Aluminium-Gleitlager, die
allerdings das Versuchsstadium noch nicht verlassen hat, versucht mit
homogenen Legierungen, zu deren Herstellung Reinstaluminium Verwendung finden soll, auszukommen. Diese Legierungen sollen insbesondere in Verbindung mit vergüteten, d. h. mit verhältnismäßig weichen,
nicht oberflächengehärteten Wellen Vorteile haben.

Der Lagerwerkstoff muß ferner im Gebiet der Arbeitstemperatur
Lasten aufzunehmen vermögen; er muß also eine ausreichende *statische
und dynamische Druck- und Biegefestigkeit* besitzen. Diese mechanisch-

technologische Seite des Aluminiumlagerproblems bietet i. a. nur geringe Schwierigkeiten, wie schon näherungsweise aus dem Vergleich der Warmhärte eines Aluminiumlagerwerkstoffs mit den Warmhärten verschiedener anderer Lagermetalle geschlossen werden kann.

Die Festigkeitsforderungen für Hochleistungslager werden dadurch verschärft, daß örtliche Überbeanspruchungen — z. B. bei Kantenpressungen, die durch eine Wellendurchbiegung verursacht werden können — durch plastische Deformation des Lagerwerkstoffs unschädlich gemacht werden müssen. Hierher gehört auch der störungsfreie Ausgleich kleiner Einbaumängel. Andererseits darf jedoch die plastische Formbarkeit des Lagermetalls bei Betriebstemperatur nicht zu groß und sein Kriechwiderstand nicht zu klein sein, da Veränderungen der Lagerbohrung und damit des Lagerspiels ausgeschaltet bleiben müssen. Diese Forderung läuft darauf hinaus, von der Lagerlegierung eine der zu erwartenden Belastung angepaßte *Elastizitätsgrenze* (Quetschgrenze) und *Dauerstandfestigkeit* zu verlangen.

In das Gebiet der mechanischen Eigenschaften des Lagerwerkstoffs fällt schließlich auch noch die praktisch wichtige Forderung, daß er gegen Ölverunreinigungen unempfindlich sein soll. Es wird hierbei gefordert, daß mit dem Schmieröl eingeschleppte harte Fremdkörper, die für die Welle eine Gefahr bedeuten, von der Lagermetallgrundmasse aufgenommen und so unschädlich gemacht werden müssen. Diese Einbettung ist aber nur bei einer relativ weichen Grundmasse sicher möglich.

Den *physikalischen Forderungen,* die an ein Aluminiumlager zu stellen sind: gutes *Wärmeleitvermögen,* Übereinstimmung des *Ausdehnungskoeffizienten* mit den Metallen der Lagerumgebung (Lagergehäuse) und *Benetzbarkeit* des Lagermetalls durch das Schmiermittel, entsprechen die Aluminiumlegierungen nur hinsichtlich der ersten und letzten Eigenschaft. Ihre größere thermische Ausdehnung hat eine Reihe von konstruktiven Problemen aufgeworfen, die für diese Lagerlegierungen charakteristisch sind. Wir werden auf die hiermit verbundenen Probleme in einem besonderen Abschnitt ausführlicher eingehen.

In *chemischer Hinsicht* ist es schließlich noch wichtig, daß das Aluminiumlager unter der Einwirkung des Schmiermittels *korrosionsfest* bleiben muß; andererseits darf das Lagermetall auch die Alterung des Schmieröls nicht begünstigen.

Diese verschiedenartigen Forderungen haben zum Teil gegensätzlichen Charakter, so daß die praktische Lösung der Legierungsauswahl stets einen Kompromiß, vor allem zwischen der Festigkeit und dem Gleitverhalten, anstreben muß.

Im Zuge der Entwicklung zum Hochleistungsaluminiumlager sind die anfänglich stark betonten Festigkeitsforderungen immer mehr zugunsten einer besseren Gleitcharakteristik abgeschwächt worden. Man bevorzugt heute durchweg weichere und gleitsicherere Aluminium-legierungen vor härteren und festeren Legierungstypen, deren Gleit-eigenschaften in kritischen Betriebszuständen nur unter besonderen Bedingungen praktisch ausreichend sind. Die geringere Festigkeit des Lagermetalls läßt sich dann gegebenenfalls mit einer Stützschalen-konstruktion ausgleichen.

b) Aufbau; Eigenschaften. Aluminiumlagerwerkstoffe, die bisher praktische Bedeutung erlangt haben, sind durchweg heterogene Legie-rungen mit Gefügekomponenten von stark verschiedenen physikalischen Eigenschaften und Aufgaben.

Je nach dem Verhalten der Legierungszusätze zum Grundmetall Aluminium sind zu unterscheiden:

1. Legierungszusätze, die mit Aluminium harte, intermetallische Verbindungen bilden, ohne nennenswert in festem Aluminium löslich zu sein. Hierzu gehören Eisen, Mangan, Kobalt, Nickel und Antimon. Titanzusätze, die sich auch hin und wieder in Aluminiumlagermetallen finden, dienen meist der Kornverfeinerung. Diesen Elementen ist ferner Silizium zuzurechnen, das zwar mit Aluminium keine Verbindung bildet, jedoch als harter Gefügebestandteil in gleicher Weise wie die Schwer-metallaluminide wirkt. Die chemische und physikalische Beschaffenheit dieser Aluminide, ihre Menge, Form und Verteilung in der Aluminium-grundmasse beeinflußt nicht nur den Gleitvorgang, sondern auch die dynamische und statische Belastbarkeit des Lagers und in gewissen Fällen — z. B. bei eisenreicheren Legierungen — auch die Bearbeit-barkeit.

2. Legierungszusätze, die in größeren Mengen in Aluminium löslich sind. Sie dienen zur Steigerung der Festigkeit und damit auch der Belast-barkeit der Legierung. Zu den Elementen, die in dieser Weise wirken, gehören Kupfer, Zink, Magnesium und auch Silber, die u. U. auch noch eine zusätzliche Verfestigung durch Ausscheidungshärtung ermöglichen.

3. Legierungszusätze, die mit Aluminium weiche, niedrigschmelzende Gefügekomponenten bilden, bzw. unverändert als solche im Gefüge ein-gelagert sind. Sie erleichtern das Einlaufen der Legierung und erschweren ein Fressen bei vorübergehender metallischer oder halbflüssiger Reibung. Außerdem sollen sie — in gewissen Grenzen — ein günstiges Notlauf-verhalten (Schutz der Welle) garantieren. Vor allem von F. P. Bowden und D. Tabor[1],[2] ist auf die große Bedeutung dieser niedrigschmelzenden

---

[1] *Bowden F. P.* u. *D. Tabor:* „Report Nr. 2 — The Lubrication Effect of Thin Metallic Film s and the Theory of the Action of Bearing Metals" Cound. Sci. Ind. Res. (Aust.). Bulletin Nr. 155 (1942); [zit. nach *H. Y. Hunsicker* u. *L. W. Kempf* (Lit. S. 184 Nr. 1)]. — [2] Vergl. hierzu auch: *Holligan, P. T.:* „Modern Trends in Bearing Metals"; The Oil Engine and Gas Turbine (1947) Mai, Juni, Juli.

Gefügebestandteile für die Gleitcharakteristik bei metallischer oder halbflüssiger Reibung hingewiesen worden. Durch den Druck der über den Lagerwerkstoff hinweggleitenden Stahlwelle werden die niedrigschmelzenden Gefügeeinlagerungen des Lagermetalls in die Gleitfläche hineingepreßt; sie bilden dort einen dünnen, schmelzflüssigen Film, der das harte Grundmetall der Lagerlegierung aber nicht den Wellenwerkstoff benetzen soll. Diese dünnen Metallfilme sind für das gute Einlaufen des Lagermetalls maßgebend; sie erschweren das Fressen zwischen Wellenwerkstoff und Lagermetall.

In dieser Weise wirken Legierungszusätze an Blei und Zinn. Vor allem Zinn, das metallurgisch besser beherrschbar ist und bei säurehaltigen Schmierölen weniger zur Korrosion neigt als Blei, spielt in neueren Legierungsvorschlägen eine bedeutende Rolle. Zusätze an Kadmium, Wismut, Indium und Thallium, die in diesem Zusammenhang auch genannt worden sind, haben wegen ungünstiger Beeinflussung der Korrosionsbeständigkeit des Lagerwerkstoffs bisher keine praktische Bedeutung erlangt.

Auch durch Graphitzusätze hat man die Gleiteigenschaften von Aluminium-Lagerwerkstoffen zu verbessern versucht.

Alle Aluminium-Lagerlegierungen benutzen Kombinationen der unter 1. bis 3. genannten Legierungselemente, wobei der Akzent in diesen Legierungsvorschlägen je nach der angestrebten Leistungsfähigkeit des Lagerwerkstoffs auf sehr verschiedene Elemente und Gruppen von Elementen gesetzt wird. Für die deutsche Entwicklung ist ferner lange Zeit noch der Wunsch maßgebend gewesen, möglichst mit Metallen aus dem eigenen Wirtschaftsbereich auszukommen.

Die Vielzahl der Anwendungsbereiche mit sehr verschiedenartigen Forderungen über Belastbarkeit, Gleitgeschwindigkeit und Lagertemperatur hat eine Entwicklung in die Breite mit einer großen Zahl von Legierungsvorschlägen ausgelöst. Diese für das Aluminiumlager charakteristische Entwicklung erklärt aber auch manchen Versager infolge ungenügender Eignung des ausgewählten Aluminium-Gleitlagerwerkstoffs für die speziellen Erfordernisse der in Frage stehenden Lagerung. Man wird hier berücksichtigen müssen, daß die Leistungsfähigkeit des Aluminium-Gleitlagers nicht *allein* ein Legierungs-, sondern ebensosehr ein konstruktives Problem ist, da die Aluminium-Gleitlagerlegierungen im Vergleich zu Stahl einen größeren thermischen Ausdehnungskoeffizienten besitzen. Die Nichtbeachtung dieser Tatsache ist im Anfang der Entwicklung die Ursache für viele Versager gewesen.

Die Frage, welche Legierungskombination und welche Mengen der in den Abschnitten 1 bis 3 genannten Legierungselemente das hochwertigste Aluminiumgleitlager ergeben, kann nicht eindeutig beantwortet werden, weil hierzu ein einheitlicher Vergleichsmaßstab fehlt. Als gesichert darf jedoch gelten, daß die typischen Gleitlagereigenschaften, wie sie z. B. das Weißmetall besitzt, von Aluminiumlegierungen am leichtesten dann erreicht werden, wenn in die Legierung eine weiche, niedrigschmelzende Gefügekomponente eingebaut wird.

α) *Aluminium-Silizium-Legierungen mit weiteren Zusätzen an Kupfer, Nickel, Magnesium, Mangan und Kobalt.* Die Entwicklung begann mit verhältnismäßig harten, eutektischen und übereutektischen Aluminium-

Zahlentafel 1. *Legierungsvorschläge. Eutektische und übereutektische Al-Si-Legierungen mit Zusätzen an Cu, Mg sowie Ni, Fe und Co.*

Nr.	Bezeichnung	Chemische Zusammensetzung in % (Rest in allen Fällen Aluminium)	Verwendungsform und Zustand
1	KS 1275	12% Si ferner: 1% Cu; 1% Ni; 1% Mg	Vollschale und Lagerbuchse (gegossen)
2	KS 245	14% Si ferner: 4,5% Cu; 1,5% Ni; 0,8% Mn; 0,7% Mg	Vollschale (gegossen)
3	KS 280	21 bis 22% Si ferner: 1,5% Cu; 1,5% Ni; 1,2% Co; 0,7% Mn; 0,5% Mg	
4	DIN E 1725 (Juli 1943) Al-Si-Cu-Ni I	11,5 bis 13,0% Si ferner: 0,8 bis 1,1% Cu; 0,8 bis 1,3% Mg; 0,8 bis 1,1% Ni; 0,8% (Fe+Ti), davon 0,2% Ti	Vollschale und Buchse (Guß- und Knetwerkstoff)
5	DIN E 1725, (Juli 1943) Al-Si-Cu-Ni II	11,5 bis 13,5% Si ferner: 0,4 bis 0,8% Cu; 0,8 bis 1,5% Mg; 0 bis 0,5% Mn; 0,2 bis 0,4% Ni; 0,8% (Fe +Ti), davon 0,2% Ti	Vollschale und Buchse (Guß- und Knetwerkstoff)

Silizium-Legierungen etwa von der Zusammensetzung, die in Zahlentafel 1 (Nr. 1 bis 3) angegeben ist. Legierungen dieser Art sind als Kolbenwerkstoffe bekannt. Die ersten Versuche, diese Legierungsgruppe für Gleitlager zu verwenden, gehen auf *C. Steiner*[1] zurück. Im Gefügeaufbau sind in einer eutektischen Grundmasse primär ausgeschiedene, harte, plattenförmige Siliziumkristalle eingelagert. Die Brinellhärte dieser Legierungen liegt zwischen 100 und 140 kg/mm².

Im Vergleich zu den Blei-Zinn-Bronzen sind diese Legierungen warmfester; auch ihr Abnutzungswiderstand ist größer, besonders bei vergüteten Wellen. Ferner haben sie von allen Aluminiumlegierungen den geringsten thermischen Ausdehnungskoeffizienten. Auch ihr Reibungsverhalten ist günstig, wie die Abb. 114 und 115 zeigen. Nachteilig ist die hohe Härte dieser Werkstoffgruppe, die das Einlaufen erschwert. Ein Einschaben darf nicht vorgenommen werden, und nur Feinstbearbeitung

---

[1] *Steiner C.:* Lilienthal-Gesellsch. f. Luftfahrtforschg. Jahrbuch 1936 S.356/71.

der Lagerlauffläche mit Diamanten schaltet ein Fressen aus. Wegen ihrer geringen Plastizität sind diese Legierungen auch gegen örtliche Überbeanspruchung, z. B. bei Kantenpressung, empfindlich. Daher hat *C. Steiner* vorgeschlagen, in all den Fällen, in welchen keine starre Wellenlagerung erwartet werden kann, durch eine ballige Abrundung der Lauffläche diesem Nachteil entgegenzuwirken; ein Vorschlag, der später mehrfach aufgegriffen worden

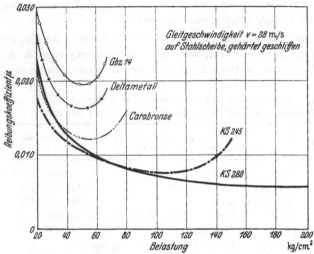

Abb. 114. Reibungskoeffizienten von „KS 280" und „KS 245" bei verschiedener Belastung im Vergleich zu anderen Lagermetallen (*Steiner, Jung-König* und *Linicus*).

ist. Auch im Notlauf verhalten sich diese Legierungen ungünstig; bei Unterbrechung der Ölzufuhr kommt es in kurzer Zeit zu Fressern, da die aus der Grundmasse herausbrechenden harten Siliziumkristalle im Lagerspalt wie Schmirgelpulver wirken. Die Welle wird hierbei stark in Mitleidenschaft gezogen. Eine wichtige Voraussetzung ist ferner ein gut gereinigtes Schmieröl, da die relativ harte Grundmasse Ölverunreini-

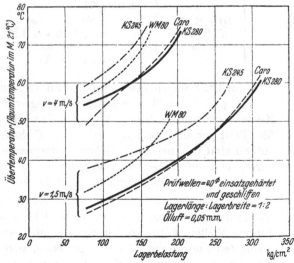

Abb. 115.   Laufversuche mit „KS 280" und „KS 245" auf dem Kammerer-Welter-Prüfstand. (Nach *Steiner, Jung-König* und *Linicus*.)

gungen nicht einzubetten vermag, wodurch wiederum die Gefahr des Fressens mit Zerstörungen für Lager und Welle heraufbeschworen wird.

Auf Grund bisheriger Erfahrungen muß also gesagt werden, daß diese Werkstoffgruppe trotz ihrer guten mechanischen und physikalischen Eigenschaften wegen fehlender Einlaufeignung, schlechten Verhaltens bei Ölmangel, geringer Plastizität — und daher großer Neigung zum Fressen bei örtlichen Überbeanspruchungen — und endlich wegen großer Schmutzempfindlichkeit nur begrenzt verwertbar ist. Sie verhält sich also — positiv ausgedrückt — nur dann befriedigend, wenn geringe Lagerkräfte bei möglichst gleichbleibender Beanspruchung aufzunehmen sind; wenn die Lagerkonstruktion eine starre Wellenlagerung gewährleistet und schließlich für eine reichliche Schmierölzufuhr bei guter Ölreinigung gesorgt ist.

Die Verwendung dieser harten Legierungsgruppe ist also an Bedingungen geknüpft, die ihre allgemeine Anwendbarkeit einschränken und sie speziell für Hochleistungslager wenig geeignet erscheinen lassen.

Sind jedoch die Voraussetzungen für ihre Anwendung gegeben, so können befriedigende Ergebnisse erreicht werden. So berichtet z. B. *W. Deck*[1], daß mit eutektischen Aluminium-Silizium-Legierungen als Vollager in der Schweiz gute Erfahrungen in verschiedenen Motoren und Maschinen, besonders bei stoßartiger Beanspruchung, gemacht worden sind.

Im allgemeinen wird man jedoch diesen Legierungstyp bei hohen Anforderungen vermeiden.

Aluminium-Silizium-Legierungen mit einer Zusammensetzung entsprechend KS 1275 werden auch für Lagerbuchsen bei mäßiger Belastung und Gleitgeschwindigkeit verwendet, z. B. für Steuerorgane, Nebenantriebe, Kolbenbolzenlager und ähnliche Zwecke[2].

Nach *M. Kuhm*[2] können mit festem Preßsitz in den Lagerstuhl eingebaute Buchsen aus KS 1275 im unvergüteten Zustand bis zu etwa 170° beansprucht werden, ohne daß ein Lockern zu befürchten ist. Vergütete Buchsen mit höheren Härten (größer als 100 kg/mm²) behalten ihren Festsitz sogar bis zu Betriebstemperaturen von 210 bis 250° bei.

Für die Legierung KS 1275 gelten folgende technologische Richtwerte:

a) unvergütet: Streckgrenze 18 bis 24 kg/mm², Zugfestigkeit 20 bis 25 kg/mm² und Brinellhärte bis 95 kg/mm².

b) vergütet: Streckgrenze 25 bis 30 kg/mm², Zugfestigkeit 27 bis 32 kg/mm² und Brinellhärte 100 bis 130 kg/mm².

Auch bei hohen Belastungen und großer Umfangsgeschwindigkeit sind mit Lagerbuchsen aus dieser Legierung praktisch befriedigende

---

[1] *Deck W.:* „Aluminium-Lagerlegierungen und ihre praktische Bewährung". Techn. Rundschau, Bern, Nr. 41 u. 42 (1944). (Zit. nach *M. Kuhm.*)

[2] *Kuhm, M.:* „Kolben und Lager aus Aluminiumlegierungen". Bericht aus dem Prüffeld der K. Schmidt GmbH, Neckarsulm.

Zahlentafel 2. Toleranzen für Zapfen und Bohrungen beim Einbau von Leichtmetallbuchsen in Aluminium- und Stahlgehäuse. (Entnommen bei R. Sterner-Rainer.)

a) Einbau von Leichtmetallbuchsen in Aluminiumgehäuse.

Durchmesserbereich mm		1÷3	3÷6	6÷10	10÷18	18÷30	30÷40	40÷50	50÷65	65÷80	80÷100	100÷120
n min⁻¹ 0—200	ISA g_6	-3 / -10	-4 / -12	-5 / -14	-6 / -17	-7 / -20	-8^* / -22	-9^* / -25	-9^* / -27	-10^* / -29	-11^* / -32	-12^* / -34
Zapfen d_1 200—1500	f_6	-7 / -14	-10 / -18	-13 / -23	-16 / -27	-20 / -33	-25^* / -38	-28^* / -41	-32^* / -45	-38^* / -50	-43^* / -56	-45^* / -60
1500—6000	e_6	-14 / -21	-20 / -28	-25 / -34	-32 / -43	-40 / -53	-50^* / -62	-55^* / -66	-60^* / -72	-70^* / -79	-72^* / -82	-80^* / -94
Bohrung in Buchse d_2 für eingepr. Buchse	H_7	$+9$ / 0	$+12$ / 0	$+15$ / 0	$+18$ / 0	$+21$ / 0	$+25$ / 0		$+30$ / 0		$+35$ / 0	
Außen-∅ der Buchse d_3	x_6	$+29$ / $+22$	$+36$ / $+28$	$+43$ / $+34$	10÷14: $+51$/$+40$ 14÷18: $+56$/$+45$	18÷24: $+67$/$+54$ 24÷30: $+77$/$+64$	$+96$ / $+80$	$+113$ / $+97$	$+141$ / $+122$	$+165$ / $+146$	$+200$ / $+178$	$+232$ / $+210$
Bohrung im Gehäuse d_4	H_7	$+9$ / 0	$+12$ / 0	$+15$ / 0	$+18$ / 0	$+21$ / 0	$+25$ / 0		$+30$ / 0		$+35$ / 0	

Achtung: Bohrung d_3 der Buchse wird nach Einpressen in das Gehäuse feinstgebohrt oder gerieben; nicht schaben! Werte in $\mu = 1000^{-1}$; [* entspricht nicht den ISA-Passungen]

Beispiel: $n = 2500$ min⁻¹; $d = 30\ \phi$ Zapfen $d_1 = 30\ \phi\ e_6\ {}^{-0,040}_{-0,053}$ Buchsenbohrung $d_2 = 30\ \phi\ H_7\ {}^{+0,021}_{0}$

Buchsenaußendurchmesser $d_3 = 27\ \phi\ x_6\ {}^{+0,077}_{+0,064}$ Gehäusebohrung $d_4 = 27\ \phi\ H_7\ {}^{+0,021}_{0}$

feingeschliffen

mit Diamant fertig feinstbearbeitet

(Fortsetzung)

b) *Einbau von Leichtmetallbuchsen in Stahlgehäuse.*

Durchmesserbereich mm

	n min⁻¹	ISA	1÷3	3÷6	6÷10	10÷18	18÷30	30÷40	40÷50	50÷65	65÷80	80÷100	100÷120
Zapfen d_1	0—200	f_6	−7 / −14	−10 / −18	−13 / −23	−16 / −27	−20 / −33	−25 / −38	−28 / −41*	−32 / −45*	−38 / −50*	−43 / −56*	−45 / −60*
	200—1800	e_6	−14 / −21	−20 / −28	−25 / −34	−32 / −43	−40 / −53	−50 / −60	−50 / −66*	−60 / −72*	−65 / −79*	−72 / −85*	−80 / −94*
	1800—6000	d_6	−20 / −27	−30 / −38	−40 / −49	−50 / −61	−65 / −78	−70 / −86	−80 / −96*	−90 / −109*	−100 / −119*	−110 / −132*	−120 / −142*
	6000—16000	c_6	−60 / −67	−70 / −78	−80 / −89	−95 / −106	−110 / −123	−120 / −130	−130 / −140*	−140 / −150*	−150 / −160*	−170 / −180*	−180 / −192
Bohrung in Buchse d_2 für eingepreßte Buchse		H_6	+7 / +0	+8 / 0	+9 / 0	+11 / 0	+13 / 0		+16 / 0		+19 / 0		+22 / 0
Buchsen-Außen-∅ d_5		s_6	+22 / +15	+27 / +19	+32 / +23	+39 / +28	+48 / +35		+59 / +43	+72 / +53	+78 / +59	+93 / +71	+101 / +79
Bohrung im Gehäuse d_4		H_7	+10 / 0	+12 / 0	+15 / 0	+18 / 0	+21 / 0		+25 / 0		+30 / 0		+35 / 0

Achtung; Bohrung d_2 der Buchse wird nach Einpressen in das Gehäuse feinstgebohrt oder gerieben; nicht schaben!
Werte in $\mu = 1000^{-1}$ mm; [* entspricht nicht den ISA-Passungen]

Beispiel: $n = 1500\ \mathrm{min}^{-1}$; $d = 22\,\phi$

Zapfen $d_1 = 22\,\phi\ e_6\ {}^{-0{,}040}_{-0{,}053}$ Buchsenbohrung $d_2 = 22\,\phi\ H_6\ {}^{+0{,}013}_{0}$

Buchse außen $d_3 = 27\,\phi\ s_6\ {}^{+0{,}048}_{+0{,}035}$ Gehäusebohrung $d_4 = 27\,\phi\ H_7\ {}^{+0{,}021}_{0}$

Ergebnisse bei reichlicher Schmierung erzielt worden, wenn einige einfache Gestaltungsregeln[1] eingehalten werden.

So sollen z. B. die Lagerbuchsen möglichst ungeteilt verwendet werden mit einer Wandstärke von 0,08 D (D = Zapfendurchmesser). Die Mindestwandstärke soll 2 bis 2,5 mm nicht unterschreiten.

Die Welle muß bei hohen Beanspruchungen gehärtet sein. Bewährt hat sich eine nach dem Doppelduro-Verfahren gehärtete Welle. Vorteilhafter ist jedoch die Anwendung einsatzgehärteter bzw. nitrierter Wellen mit einer Mindesthärte von 450 kg/mm². Bei niedrigen Beanspruchungen können auch vergütete Wellen (Brinellhärte 350 kg/mm²) verwendet werden.

Der Oberflächenbeschaffenheit kommt für das Gleitverhalten eine ausschlaggebende Bedeutung zu. Empfohlen hat sich eine Lagerbearbeitung mit Diamanten oder mit Hartmetallen; die Welle wird an den Lagerstellen am besten geschliffen und geläppt.

Ein weiterer wesentlicher Faktor ist das Lagerspiel. In Zahlentafel 2 sind für den Einbau von Aluminiumbuchsen in Stahl- und Aluminiumgehäuse Richtlinien für die Bemessung der Toleranzen für Zapfen und Bohrung angegeben, die für verschiedene Drehzahlbereiche das günstigste mittlere Lagerspiel ergeben.

Für Otto-Motoren mit Drehzahlen bis zu 4000 Umdr./Min. kann als Einbauspiel etwa 0,1 % + 0,02 mm vom Zapfendurchmesser im kalten Zustand genommen werden[2].

Außer von der Drehzahl, der Oberflächengüte von Lager und Welle und der Betriebstemperatur des Lagers hängt das Lagerspiel auch noch von dem Ausdehnungsverhalten des Lagerwerkstoffs und der Lagerumgebung (Gehäuse) ab. Aus diesem Grund muß z. B. beim Einbau von Lagermetallbuchsen in Stahlgehäusen das Einbauspiel größer sein als beim Einbau derselben Buchsen in ein Aluminiumgehäuse (vgl. Zahlentafel 2). Bei Stahlstützschalenlagern ist im Vergleich zu Vollwandlagern ein kleineres Einbauspiel einzuhalten.

Ähnliche eutektische Aluminium-Silizium-Legierungen mit Zusätzen an Kupfer, Nickel und Magnesium waren auch in das für die Kriegszeit geltende deutsche Normblatt über Aluminiumlegierungen DIN E 1725 als Lagerwerkstoff aufgenommen (s. Zahlentafel 1, Nr. 4 und 5); sie sind in erster Linie in der Praxis als Austauschlegierung für Bronzen verwendet worden.

β) Aluminiumlagerlegierungen mit Antimon, Eisen, Mangan und Nickel sowie Zusätzen an Kupfer, Zink, Magnesium, Blei und Graphit. Die Einschränkungen und Begrenzungen, die bei der Verwendung der

---

[1] Diese sind ausführlich erörtert bei: *R. Sterner-Rainer:* Über den derzeitigen Stand auf dem Gebiet der Leichtmetall-Lager. MTZ. Motortechn. Zeitschrift Bd. 3 (1941) Heft 8, S. 259. — [2] *Kuhm:* Zit. S. 161.

harten eutektischen Aluminium-Silizium-Legierungen zu beachten sind, gaben den Anlaß zur Entwicklung *weicherer* Legierungstypen, die in Stützschalenlagern zur Anwendung gelangten. Auch diese Entwicklung hat zunächst die ältere Vorstellung über den günstigsten Aufbau des Lagerwerkstoffs übernommen, wobei die Legierungspartner des Aluminiums so ausgewählt wurden, daß die Grundmasse möglichst weich und plastisch blieb. In struktureller Hinsicht sind diese Zusätze dadurch ausgezeichnet, daß sie erstens in Aluminium nur wenig löslich sind (um eine Härtung der Grundmasse durch Mischkristallbildung auszuschalten) und zweitens mit Aluminium ein Eutektikum bilden, das möglichst nahe

Zahlentafel 3. *Kennzeichen der Eutektika für verschiedene Zustandsdiagramme auf Aluminiumbasis.*

Nr.	System	Eutektische Zusammensetzung	Eutektische Temperatur	Größte Löslichkeit bei der eutektischen Temperatur	Primär ausgeschiedene Kristallart
1	Al-Ti	$0,03\%$ Ti	$660°$	—	Al_3Ti
2	Al-Cr	$0,6\%$ Cr	$654°$	$0,25\%$ Cr	Al_6Cr (?)
3	Al-Co	$1,0\%$ Co	$657°$	$\sim 0,015\%$ Co	Al_4Co (?)
4	Al-Sb	$1,1\%$ Sb	$657°$	$<0,10\%$ Sb	AlSb
5	Al-Fe	$1,9\%$ Fe	$654°$	$<0,06\%$ Fe	Al_3Fe
6	Al-Mn	$1,95\%$ Mn	$659°$	$0,65\%$ Mn	Al_7Mn
7	Al-Ni	$5,7\%$ Ni	$640°$	$0,05\%$ Ni	Al_3Ni
8	Al-Si	$11,7\%$ Si	$577°$	$1,5\%$ Si	Si

an der Aluminiumseite des entsprechenden Zustandsschaubildes liegt. Von den in der Zahlentafel 3 aufgeführten Elementen, die dieser Forderung entsprechen, haben Antimon, Eisen, Mangan, Nickel und Titan praktische Bedeutung erlangt.

So ist z. B. von *R. Sterner-Rainer*[1] und *C. Steiner*[2] eine Aluminium-Antimon-Legierung mit 6 bis 8% Sb vorgeschlagen worden, Zahlentafel 4, Nr. 6, deren Gefüge aus primär ausgeschiedenen, nadelförmigen Aluminium-Antimon-Kristallen in weicher Grundmasse besteht. Im Gußzustand besitzt diese Legierung eine Brinellhärte von 40 kg/mm². Nach Beobachtungen von *G. Fischer*[3] sollen die nadeligen Primärkristalle in der Grundmasse nicht fest verankert sein. Sie neigen ferner in feuchter Atmosphäre zum Zerfall, wobei Korrosionsprodukte mit einer gewissen Saugfähigkeit für Öl entstehen[1].

Dieser weiche Gleitlagerwerkstoff wird wegen seiner niedrigen Elastizitätsgrenze nur in Verbindung mit einer geeigneten Stützschale angewendet. *Sterner-Rainer* gibt hierfür zwei Lösungen: Durch eine be-

---

[1] *Sterner-Rainer, R.:* Jahrb. Dtsch. Luftf. Forschg. (1937) S. 221; s. a. Aluminium Bd. 24 (1942) S. 73 und DRP 706654.
[2] *Steiner:* Zit. S. 159. — [3] *Fischer, G.:* Luftfahrtforschg.: Bd. 16 (1939) S. 1.

sondere Verbundgußtechnik werden z. B. die feste Aluminium-Silizium-
Legierung „KS 280" — als Stützschale — und die weiche Aluminium-
Antimon-Legierung „KS 13" — als Gleitlegierung mit guter Bindung —
zu einer Verbundschale vereinigt. — Eine zweite Möglichkeit besteht
darin, die Legierung „KS 13" im Strangpreßverfahren als Innenplattie-
rung, etwa auf ein Duraluminrohr, aufzubringen. Die Härtewerte eines
derartigen Verbundlagers betragen 64 kg/mm² und in der Lauffläche
27,8 kg/mm². Nach der Aushärtung erreicht die Stützschale eine Härte
von 123 kg/mm², ohne daß die Härte der Laufschicht mit 28 kg/mm²
sich geändert hat.

Zahlentafel 4.   *Legierungsvorschläge. Hauptlegierungselemente Sb, Fe, Mn und Ni.*
Zusätze an Cu, Zn, Mg; ferner Pb und Graphit.

Nr.	Bezeichnung	Chemische Zusammensetzung in % (Rest in allen Fällen Aluminium)	Verwendungsform und Zustand
6	KS 13	6 bis 8% Sb	Gleitmetall: in Verbindung mit Al-Guß- oder Stahllager- schale als Stützkörper
7	KS 411	1,2% Fe; 1,2% Mn; 1,0% Sb; 0,3% Ti; 0,2% Zn; 0,2% Pb	
8	Leg. 40 (X)	6,0% Fe; 0,5% Mg	Vollschale Gefügebeschaf- fenheit, d. h. Größe und Ver- teilung der Pri- märkristalle für Gleitverhalten wichtig
9	Leg. 40 (Z)	6,5% Ni; 0,5% Ti	
10	Leg. 40	6,0% Fe ferner: 8,0% Cu; 8,0% Zn	
11	Leg. 67	5 bis 6% Fe ferner: 15% Cu	
12	Borotal Z 7	2% Fe; ferner: 3 bis 4% Cu; <3% Zn; <3% Pb und 0,1% Graphit	Vollschale Gußwerkstoff
13	Borotal D4 und D5	2% Fe; ferner: 3 bis 4% Cu; <3% Pb und 0,1% Gra- phit	Vollschale Gußwerkstoff
14	Borotal FZ 17a	2% Fe; ferner: <3% Pb und 0,1% Graphit	Vollschale Guß- und Knet- werkstoff

Das Verbundlager „KS 13" — „KS 280" hat neben günstigen Prüfstandserfahrungen sich auch im praktischen Betrieb, z. B. im Mercedes-
Benz-Wagen (Typ 290, 68 PS), bewährt. Gute Erfahrungen wurden auch
in einem 45 PS-Wanderer-Wagen gemacht, dessen Leichtmetall-Lage-
rung trotz absichtlich schlechter Schmierverhältnisse nach 10000 km
Fahrweg nur eine geringe Abnutzung aufwies. Nach *Steiner* sind ferner

im Lastwagendieselmotor mit diesen Verbundlegierungen befriedigende Versuche gemacht worden.

Eine weitere Lösung für das weiche Aluminiumlager stellt die Legierung „KS 411" dar, Zahlentafel 4, Nr. 7; sie enthält neben geringeren Antimongehalten als „KS 13" kleine Zusätze an Eisen und Mangan als Hauptlegierungsbestandteile. Die Legierungszusammensetzung ist durch gießtechnische Erfahrungen bestimmt worden, wonach eine gleichmäßige Verteilung der Schwermetallaluminide und ihre Kornfeinung besser gelingt, wenn gleichzeitig mehrere Schwermetalle in kleinen Mengen bis zu 2 % vorhanden sind[1]. Legierungen dieser Art mit einem Gefüge gemäß Abb. 116 besitzen bei einer

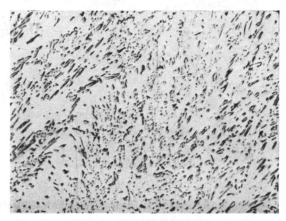

Abb. 116. Gefügeaufbau der Legierung „KS 411", 100 ×

geringen Härte von 30 bis 40 kg/mm² (Zugfestigkeit: 11 bis 14 kg/mm²) gute Gleiteigenschaften; sie sind zur Einbettung schädlicher Ölverunreinigungen befähigt.

Die praktische Anwendung der Legierung „KS 411" ist in folgender Weise möglich[2, 3]:

1. Als Zweimetallager mit einer Stützschale aus einer festen Aluminiumlegierung. Die Lagerlegierung wird in dünner Schicht durch einen Walz-, Schmiede- oder Preßprozeß aufgebracht, wobei eine feste Bindung beider Werkstoffarten erreicht wird. Die Anwendung dieses Verbundlagers empfiehlt sich besonders beim Einbau in Leichtmetallgehäuse; wobei Gehäuse und Stützschalenlegierung möglichst gleiche Ausdehnungskoeffizienten besitzen sollen. Die Dicke der Gleitschicht soll etwa 6 bis 8 % des Zapfendurchmessers betragen; als untere Grenze sind 4 bis 5 mm einzuhalten. Derartige Verbundlager haben in Otto-Motoren gute Ergebnisse erbracht; ihre Bewährung in den Lagern von Dieselmotoren muß noch nachgewiesen werden.

2. Kann die weiche Lagerlegierung auch auf eine Stahlstützschale durch ein geeignetes Verfahren aufplattiert werden. Hierbei ergibt sich

[1] DRP 384875; s. a. Aluminium Bd. 24 (1942) S. 277.
[2] *Kuhm:* Zit. S. 161. — [3] S. Fußnote 1 S. 164.

eine Kombination, die wegen der hohen Festigkeit der Stahlstützschale besonders für dünnwandige Lagerschalen, z. B. Pleuellager, geeignet ist. Auch für den Einbau in Stahl- oder Graugußgehäusen empfiehlt sich die

Abb. 117. Gefügeaufbau der Legierung 8 (Leg. 40), 100 ×

Anwendung dieses Verbundlagers. Als zulässige Dicke für die Gleitschicht werden bei Anwendung in Otto-Motoren 2 mm genannt. — Diese Lagerart ist bereits in ausgedehntem Maße praktisch erprobt worden; sie hat Anwendung gefunden als Pleuellager in Ford-Motoren.

Für die Herstellung von Bundlagern der Kombination: Stahlstützschale-Aluminiumgleitschicht sind die Plattierungsschwierigkeiten noch nicht überwunden.

3. Ist es auch noch möglich, ein Aluminiumverbundgußlager dadurch herzustellen, daß die Aluminiumgleitlegierung mit einer festen Aluminiumlegierung als Stützschale zusammen vergossen wird. Bei diesen Lagern soll die Dicke der Gleitschicht wenigstens 5 mm betragen. Ihre Herstellung ist schwierig

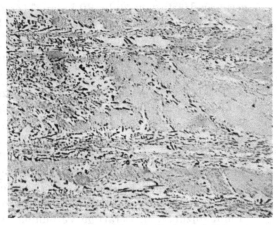

Abb. 118. Gefügeaufbau der Legierung 9, 100 ×

und setzt große praktische Erfahrung voraus. Lager dieser Art sind in Dieselmotoren mit Erfolg angewendet worden.

Verbundlager mit einer weichen Gleitschicht erfordern zum einwandfreien Betrieb ebenfalls Oberflächen-gehärtete Wellen. Eine Endbearbeitung der Gleitflächen mit Diamanten oder Hartmetallen ist notwendig;

ebenso empfiehlt es sich Wellen und Zapfen an den Lagerstellen durch eine Feinstbearbeitung mittels Schleifen und Läppen vorzubereiten.

Für diese Lager hat sich ein Öl mit flacher Viskositätskurve gut bewährt. Die Viskosität soll bei 50° etwa 10 und bei 100° rd. 2,2 Englergrade betragen.

Eine weitere Gruppe von Aluminium-Lagerlegierungen, die in Zahlentafel 4 unter Nr. 8 bis 11 aufgeführt ist, geht auf Entwicklungsarbeiten von *H. Steudel*[1] und *H. Wiechell*[2] zurück.

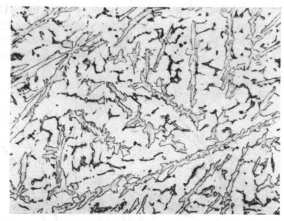

Abb. 119. Gefügeaufbau der Legierung 10, 100 ×

Diese Legierungen haben höhere Eisen- bzw. Nickelgehalte mit teilweise beträchtlichen Zusätzen an Kupfer und Zink zur Steigerung der Festigkeit. Die Legierungen 8 und 9 haben Härtewerte etwa zwischen 40 und 50 Brinelleinheiten. Für die Legierungen 10 und 11 liegen die Härtewerte zwischen 90 und 80 kg/mm². In den Abb. 117 bis 120 ist das Gefüge der Lagerlegierungen 8 bis 11 dargestellt.

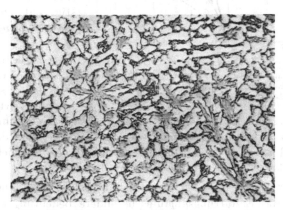

Abb. 120. Gefügeaufbau der Legierung 11 (Leg. 67), 100 ×

Die Abb. 121 und 122 geben eine Übersicht über die Zug- und Druckfestigkeit sowie die Warmhärte dieser Legierungsgruppe im Vergleich zu anderen bekannten Lagerlegierungen.

Die Legierungsgruppen 8 und 9 bzw. 10 und 11 sind verschieden hoch belastbar. Nach Gleitversuchen (in der Lagerprüfmaschine nach Junkers)

---

[1] *Steudel, H.:* Luftf.-Forschg. Bd. 13 (1936) S. 61.
[2] *Wiechell, H.:* Autom.-techn. Zeitg. Bd. 40 (1937) S. 235.

bei Vollschalen aus Legierung 8 traten bei Gleitgeschwindigkeiten von
mehr als 40 m/sec. unzulässig starke Abnutzungen auf, so daß *H. Steudel*
für diesen Fall die Anwendung der härteren Legierung 11 empfohlen hat.

H. Wiechell hat darauf aufmerksam gemacht, daß die Bearbeitung
und das Gleitverhalten von eisenreichen Aluminium-Lagerwerkstoffen
von der Ausbildung und der Verteilung der Primärkristalle in der Grundmasse beeinflußt werden. Das ist insofern wichtig, als beim Vergießen
dieser Legierungen durch Seigerungen leicht ein ungünstiger Gefügeaufbau mit
groben FeAl$_3$-
Anreicherun-
gen entsteht.
Diese Legie-
rungen ver-
langen daher
eine besondere
Gießtechnik,
möglichst in
Verbindung
mit kornver-
feinernden Zu-
sätzen. Als gün-
stig hat sich
für die Lager-
legierung 8
ein zusätz-
licher Ver-
schmiedungs-
prozeß erwie-

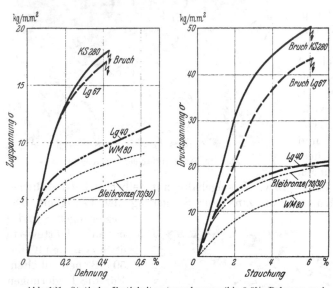

Abb. 121. Statische Festigkeitsuntersuchungen (bis 0,6% Dehnung und
7% Stauchung) der Aluminium-Lagerwerkstoffe Lg. 8 und Lg. 11 im
Vergleich zu anderen Lagerwerkstoffen. (Nach *H. Steudel*.)

sen, wobei die primär ausgeschiedenen FeAl$_3$-Nadeln zerkleinert und
gleichmäßiger in der Grundmasse verteilt werden. Ein Vergleich der
Gefügebilder 117 und 123 zeigt den Erfolg dieser Maßnahme, die gleichzeitig auch eine Verbesserung des Gleitverhaltens bewirkt.

Der harte Lagerwerkstoff Nr. 11 ist nicht schmiedbar, so daß einer
geeigneten Lenkung des Erstarrungsablaufes besondere Bedeutung zukommt; als vorteilhaft hat sich eine beschleunigte Erstarrung der Legierung erwiesen.

In Übereinstimmung mit Prüfstandserfahrungen haben sowohl Lagerbuchsen als auch geteilte Lager aus der weicheren Legierung Nr. 8 bei
niedriger Belastung, Lagertemperaturen unter 100° und Druckölschmierung ausreichende Betriebssicherheit gezeigt. *H. Wiechell* nennt
für diese Legierung eine Grenzbelastung von 150 kg/cm² und eine höchste

Lagertemperatur von 100° C. Höhere Drücke als etwa 200 kg/cm² verursachen plastische Verformungen. Das gute Gleitverhalten der Legierung 8 bleibt erhalten, wenn die Lageroberfläche geschabt wird. Im Gegensatz zu der weicheren Legierung 8 wird das Gleitverhalten der Legierung 11 durch Einschaben der Lauffläche etwas verschlechtert; jedoch soll ihre Oberflächenempfindlichkeit nicht so groß sein, daß Druckstellen oder Schäden nicht mit dem Schaber ausgebessert werden können[1].

Beide Legierungstypen haben sowohl gegen vergütete als auch oberflächengehärtete Wellen gleich gute Gleiteigenschaften.

H. Wiechell weist ferner auf die Bedeutung des Lagerspiels hin und gibt als Beispiel für eine Welle mit 65 mm Dmr. bei einer Gleitgeschwindigkeit

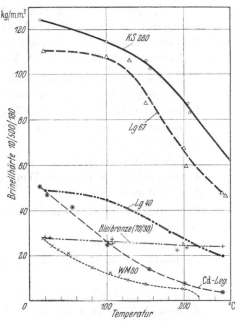

Abb. 122. Warmhärte einiger Leichtmetall-Lagerlegierungen im Vergleich zu anderen Lagerwerkstoffen. (Nach H. *Steudel*.)

zwischen 7 und 8 m/sec. ein radiales Einbauspiel von wenigstens $^1/_{10}$ mm an.

Größere praktische Bedeutung hat lediglich die weichere Legierung 8 erlangt; sie ist z. B. in Junkers-Flugmotoren zur Lagerung von Nockenwellen und Nebenantrieben verwendet worden[2].

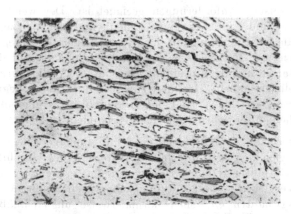

Abb. 123. Gefügeaufbau der Legierung 8 (Lg 40) nach dem Verschmieden. 100 ×

---

[1] *Steudel:* Zit. S. 169. — [2] *Oldberg, S.* u. *T. M. Ball:* Design Features of the Junkers 211 B Aircraft Engine. S. A. E.-Journal Vol. 50 (1942) S. 465/483.

Zur Verbesserung der Gleiteigenschaften von Aluminium-Lager-legierungen sind auch Graphitzusätze vorgeschlagen und praktisch erprobt worden. Zahlentafel 4 enthält drei graphitierte Aluminium-Lagerlegierungen (Nr. 12 bis 14, Borotal), die außer einem verhältnismäßig niedrigen Graphitanteil von 0,1 % höhere Eisengehalte und zur Härtung der Grundmasse unterschiedliche Mengen an Kupfer und Zink enthalten; auch Blei bis zu 3 % kommt in ihnen vor.

Durch die Graphitzugabe soll in erster Linie das Notlaufverhalten der Legierung verbessert werden. Es wird angenommen, daß bei einer Störung der Ölzufuhr die in der Legierung verstreuten Graphitnester, die schwammartig an Öl angereichert sind, die Schmierung eine Zeitlang übernehmen können.

Die Festigkeit und Härte der verpreßten Borotal-Legierungen 12 bis 14 schwanken um folgende Werte:

Nr. 12, Borotal Z 7:

Zugfestigkeit ~ 17 kg/mm²; Druckfestigkeit ~ 62 kg/mm²; Härte ~ 100 kg/mm².

Nr. 13, Borotal D 4:

Zugfestigkeit ~ 15 kg/mm²; Druckfestigkeit ~ 57 kg/mm²; Härte ~ 75 kg/mm².

Nr. 14, Borotal FZ 17a:

Zugfestigkeit $\sim 14,5$ kg/mm²; Druckfestigkeit ~ 35 kg/mm²; Härte ~ 30 kg/mm².

Aus der Härte ergaben sich die Anwendungsbereiche: Die harte Legierung Nr. 12 ist am höchsten belastbar, während die weichere Legierung 13 für geringere mechanische Anforderungen geeignet ist. Der weichste Lagerwerkstoff Nr. 14 findet vorzugsweise für kleine und kleinste Lager Anwendung. Über die Leistungsfähigkeit der Borotal-Legierungen liegen nur wenige Angaben vor. Praktisch befriedigende Ergebnisse soll die Legierung 12 (Härte: 70 kg/mm²) in einem Dieselmotor (Wellendurchmesser: 170 mm) geliefert haben[1]. Genauere Angaben über diesen Legierungstyp, die insbesondere den Vorteil des Graphitzusatzes eindeutig erkennen lassen, scheinen im Schrifttum nicht vorhanden zu sein.

Die Hauptschwierigkeit des graphitierten Aluminiumlagers liegt in der Erzielung einer gleichmäßigen und feinen Verteilung des Graphits. Abb. 124 zeigt die Graphitverteilung in der Grundmasse, wenn er unmittelbar vor dem Vergießen in die Aluminiumschmelze eingerührt wird. Zusammen mit Oxydhäuten entstehen normalerweise ungleichmäßig verteilte Einsprengsel von verschiedener Größe. Zur Verbesserung der Graphitverteilung sind verschiedene Verfahren in Vorschlag gebracht

---

[1] Techn. Z. prakt. Metallbearb. Bd. 47 (1937) Nr. 19/20, S. 737.

worden, die aber eine vollständig befriedigende Lösung dieses Problems nicht gebracht haben[1]. Eine befriedigende Erfüllung dieser Forderung ist gießtechnisch allein kaum möglich; sie wird nur in Verbindung mit einem Knetvorgang zufrieden-
stellend erfüllbar sein.

In einem Versuchsbericht der Karl Schmidt GmbH., Neckars-ulm[2], wird gezeigt, daß eine pulvermetallurgische Verfahrens-technik Aussicht auf Erfolg bietet.

In dieser Untersuchung wird ausgegangen von Spänen aus Reinaluminium und der Legie-rung KS 13 (s. Zahlentafel 4), denen 1 bis 2 % Graphitpulver zugemischt werden. Das Gemenge wird zunächst in Spindelpressen zu Zylindern verdichtet, gegebe-nenfalls zur Verbesserung der Graphitverteilung nochmals zer-spant und erneut verdichtet und schließlich in einer Strangpresse zu Bändern ausgepreßt. Abb. 125

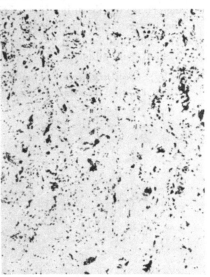

Abb. 124. Ungleichmäßige Verteilung des Graphits im Gußzustand. (Nach Karl Schmidt GmbH., Neckarsulm.) 100 ×

zeigt die Wirkung dieser Maßnahme am Beispiel einer Legierung mit rd. 2 % Graphit (Härte: 40 kg/mm²). Derartige Bänder ließen sich ohne Schwierigkeiten auf eine Aluminium-Kupfer-Magnesium-Knetlegierung durch Walzen mit einwandfreier Bindung aufplattieren.

Mit Hilfe dieser Technik gelingt es, höhere Graphitmengen in gleich-mäßig feiner Verteilung in den Aluminiumwerkstoff einzuführen, als durch Einrühren in die schmelzflüssige Legierung möglich ist. Charak-teristisch ist z. B. folgende Analyse eines graphitierten Gleitlagerwerk-

---

[1] Vorschläge zur Einrührung von Graphit in Aluminiumschmelzen finden sich z. B. an folgenden Stellen: Englisches Patent Nr. 495511; DRP Nr. 528127 u. DRP 384266. — All diesen Patenten liegt der gemeinsame Gedanke zugrunde, die Benetzbarkeit zwischen dem eingerührten Graphit und der Aluminiumschmelze zu vergrößern, die wegen der vom Graphit bzw. im Graphit gelösten Gasmengen an sich schlecht ist. Dies wird dadurch zu erreichen versucht, daß der einzurüh-rende Graphit entweder vorher in Bleiacetat getränkt wird oder vorher mit feinen Metallspänen zu einem Preßkörper vereinigt wird, oder schließlich auch in die breiartige Schmelze eingebracht wird.

[2] Laborbericht Nr. 145 der Karl Schmidt GmbH, Neckarsulm, vom 8. 2. 1939: „Lagerlegierungen aus graphitiertem Aluminium"; s.a. Aluminium, Bd.26 (1944) Nr. 4, S. 69 u. DRP 742850.

stoffs: 5,67 % Sb; 1,9 % Fe; 0,38 % Si, 0,08 % Mn; Spuren Mg; 0,83 % Graphit; Rest Al.

Eine größere praktische Anwendung hat diese Herstellungstechnik bisher noch nicht gefunden. Die Brauchbarkeit dieser Aluminiumlegierung wurde mit einer Versuchslagerschale nachgewiesen, die aus plattierten Bändern für den Wanderermotor gefertigt worden war und im Prüfstandversuch bei 19stündiger Dauer, davon 16 Stunden unter Vollast, ein günstiges Gleitverhalten ergab.

γ) *Aluminiumlegierungen mit Kupfer, Magnesium, Zink und weiteren Zusätzen an Silizium, Eisen, Mangan, Nickel, Titan und kleinen Bleigehalten.* Eine weitere Werkstoffgruppe ist von *M. Frh. von Schwarz*[1-3] empfohlen worden; es sind die sogenannten „Quarzale", die in Zahlentafel 5 unter Nr. 15 angegeben sind. Es handelt sich bei diesen Gleitlagerwerkstoffen um nahezu binäre Aluminium-Kupfer-Legierungen mit kleinen Zusätzen an Eisen bzw. Mangan ($\sim$ 1 %) und einer geringen Zugabe an Magnesium ($\sim$ 0,5 %), um die Legierung aushärtbar zu machen.

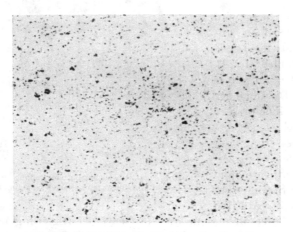

Abb. 125. Gleichmäßige feine Verteilung des Graphits im verpreßten Zustand. (Nach Karl Schmidt GmbH, Neckarsulm.) 100 ×

Die technisch bedeutsamste dieser Gleitlegierungen ist der Werkstoff „Quarzal 5" mit rd. 5 % Kupfer.

Das Gefüge dieser Legierung besteht aus Mischkristallen und mit zunehmendem Kupfergehalt wachsenden Mengen an eutektischen Korngrenzeneinlagerungen, deren $CuAl_2$-Komponente als harte Tragkristallart wirkt.

Je nach der Höhe des Kupfergehaltes schwankt die Härte der „Quarzale" zwischen 35 und etwa 100 kg/mm². Die weichste Legierung Q 2 (Sandguß) hat eine Brinellhärte von 35 bis 40 kg/mm², während Quarzal 5 (Sandguß) Härtewerte zwischen 55 und 65 kg/mm² besitzt.

[1] *v. Schwarz, M. Frhr.:* Z. Metallkde. Bd. 28 (1936) Nr. 9 S. 272.

[2] *v. Schwarz, M. Frhr.:* Z. Metallkde. Bd. 28 (1936) Nr. 5 S. 128.

[3] *v. Schwarz, M. Frhr.:* Metallwirtsch. Bd. 16 (1937) Nr. 31 S. 771.

M. v. Schwarz prüft die Eignung seiner Legierungsvorschläge in der von ihm entwickelten Lagerprüfmaschine und leitet aus den bei verschiedenen Drücken und Gleitgeschwindigkeiten gemessenen Reibungswerten und Beharrungstemperaturen eine gute Eignung der „Quarzale"

Zahlentafel 5. *Legierungsvorschläge. Hauptlegierungselemente Cu, Mg und Zn; ferner Zusätze an Si, Fe, Mn, Ni und Pb.*

Nr.	Bezeichnung	Chemische Zusammensetzung in % (Rest in allen Fällen Aluminium)	Verwendungsform und Zustend
15	Quarzal	2 bis 15% Cu; ferner: Kleinzusätze an Schwermetallen; Kleine Zusätze zur Erzielung eines Vergütungseffektes (Mg)	Vollschale Guß- und Knetwerkstoff
16	DIN E 1725 (Juli 1943) Al-Cu-Mg-Pb	3,0 bis 4,5% Cu; 0,4 bis 1,5% Mg; 0,3 bis 1,5% Mn; Höchstzulässige Beimengungen: 1,0% Si; 1,0% Fe; 0,7% Zn; 0,3% Ni; ferner: Pb+Sn+Cd+Bi: 0,5 bis 2,0%; Ni, Bi, Cd und Sn dürfen nicht zulegiert werden	Vollschale und Buchse Knetwerkstoff
17	DIN E 1725 (Juli 1943) UG-Al-Zn-Cu 85	4 bis 7% Cu; 4 bis 7% Zn; bis 1,5% Si; bis 1,2% Fe; bis 0,3% Ni; bis 0,6% Mn; bis 0,4% Mg; bis 0,4% Pb; bis 0,2% Sn; mind. 85% Al	Vollschale Gußwerkstoff
18	DIN E 1725 (Juli 1943) UG-Al-Zn-Cu 88	2 bis 4% Cu; 4 bis 6% Zn; bis 1,5% Si; bis 0,9% Fe; bis 0,3% Ni; bis 0,6% Mn; bis 0,3% Mg; bis 0,3% Pb; bis 0,1% Sn; mind. 88% Al	Vollschale Gußwerkstoff
19	RR 56	1,5 bis 3,0% Cu; 0,4 bis 1,0% Mg; ferner: ≦ 1,0% Si; 0,8 bis 1,4% Fe; 0,5 bis 1,5% Ni; 0,02 bis 0,12% Ti	Gußwerkstoff
19a	Alugir	3,0% Cu; 0,8% Zn; ferner: 1,0 bis 1,5% Ni	Gußwerkstoff

für den Gleitlagerbau ab. Auch diese Legierungen haben wie die meisten Aluminium-Gleitlagerwerkstoffe verhältnismäßig günstige Reibungsziffern. In Abb. 126 sind einige Versuchsergebnisse von *M. v. Schwarz* für die Legierung „Q 5" dargestellt.

Die „Quarzale" sind gegen Kantenpressung sehr empfindlich. Auch das Einlauf- und Notlaufverhalten dieser Werkstoffgruppe läßt bei höheren Belastungen zu wünschen übrig. Dieser Legierungstyp ist schließlich auch nicht in der Lage, Ölverunreinigungen unschädlich zu machen.

Um die Empfindlichkeit gegen Kantenpressung zu vermindern, schlägt *v. Schwarz* konstruktive Maßnahmen vor; so soll z. B. die Länge des Gleitlagers nur etwa $^3/_4$ des Wellendurchmessers betragen. Empfehlenswert ist ferner ein balliges Abdrehen der Laufzapfen und gute Kantenabrundung, die schon *Steiner*[1] erwähnt hat.

Für das einzuhaltende Lagerspiel gibt *v. Schwarz* folgendes Erfahrungsbeispiel: Für einen Fahrzeugdieselmotor (4 Zylinder und 55 PS Motorleistung, Umdrehungszahl 1600 bis 2000 je Minute, Wellendurchmesser 85 mm, Lagerschalenlänge 65 mm) ist ein Spiel von rd. 0,1 mm im Durchmesser und in der Länge einzuhalten.

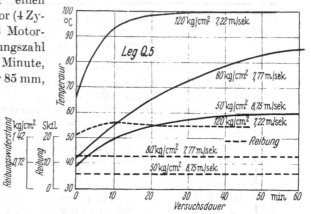

Abb. 126. Temperatur und Reibungswerte der Legierung „Q 5". (Nach *M. v. Schwarz*.)

Entscheidend für die Bewährung ist ferner eine gute Schmierung; bei hoher Belastung soll Drucköschmierung angewendet werden.

Der Verschleiß dieser Lagermetalle ist praktisch bedeutungslos.

Über die Oberflächegüte von Lager und Welle vor dem Einbau fehlen Angaben; es darf als sicher gelten, daß nur eine Feinstbearbeitung ein einwandfreies Einlaufen gewährleistet.

Mit Quarzal-Lagerlegierungen — vornehmlich von der Zusammensetzung der Legierung „Q 5" — sind bisher an folgenden Stellen günstige Erfahrungen gemacht worden: im Pleuellager von Zugmaschinenmotoren, in schnellaufenden Lastwagendieselmotoren, in Lagern von Elektromotoren, in Schleifspindellagern und Nockenwellenlagerungen in Verbrennungskraftmaschinen.

Außer den Quarzal-Legierungen sind auch noch andere kupferreiche und hinsichtlich ihrer sonstigen Zusammensetzung recht komplexe Aluminiumlagerlegierungen, von denen in Zahlentafel 5 einige Beispiele aufgeführt sind, zu Gleitlagerwerkstoffen vorgeschlagen worden. Z. B.

---

[1] *Steiner:* Zit. S. 159.

sollen nach DIN E 1725 (Zahlentafel 5, Nr. 16) für kleine Beanspruchungen bleihaltige Aluminium-Kupfer-Magnesium-Legierungen brauchbar sein. Sie ähneln in ihrer Zusammensetzung den bekannten Automatenlegierungen auf Aluminium-Kupfer-Magnesium-Basis mit Blei als spanbrechendem Zusatz[1].

Die weiterhin aufgeführten Umschmelzaluminiumlegierungen Nr. 17 und 18 mit harten und weichen Einlagerungen in einer gehärteten Grundmasse sind ebenfalls dem Normblatt DIN E 1725 entnommen.

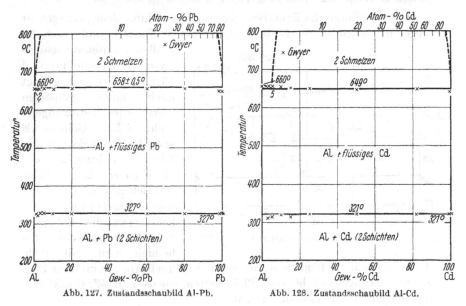

Abb. 127. Zustandsschaubild Al-Pb. Abb. 128. Zustandsschaubild Al-Cd.

Ein weiteres Beispiel stellt ferner die bekannte Rollce-Royce-Legierung RR 56 dar, die auch mit Erfolg verwendet worden ist[2].

δ) *Aluminiumlegierungen mit Blei, Zinn, Kadmium und weiteren Zusätzen an Eisen, Mangan, Nickel, Kupfer, Magnesium und Zink.* Wir wenden uns nun Legierungsbeispielen zu mit weichen, niedrigschmelzenden Gefügeeinlagerungen. Der Gefügeaufbau dieser Legierungen ähnelt demjenigen der Bleibronzen, bei denen bekanntlich ebenfalls weiche Bleikristalle in einer härteren Kupfergrundmasse eingelagert sind. Ein Unterschied besteht jedoch insofern, als sie neben weichen Gefügebestandteilen meist auch noch absichtlich größere Mengen an härteren Gefügekomponenten aus intermetallischen Verbindungen enthalten.

Es gibt eine Reihe von Metallen, die mit Aluminium die strukturelle Voraussetzung dieser Legierungen erfüllen; hierzu gehören Blei, Zinn, Kadmium, Wismut,

---

[1] Vgl. hierzu: *E. Herrmann:* Techn. Z. prakt. Metallbearb. Bd. 47 (1937) Nr. 21—22, S. 797. — [2] *Hinzmann, R.:* Z. Metallkde. Bd. 29 (1937) S. 158.

Indium und Thallium, von denen bisher nur Blei und Zinn und in geringerem
Maße auch Kadmium praktisch bedeutsam geworden sind. Die Elemente Blei
(Abb. 127) Kadmium (Abb. 128), Wismut, Indium und Thallium sind im flüssigen
Aluminium nur beschränkt löslich. Im festen Aluminium sind sie nicht oder
wenigstens nahezu unlöslich. Zinn, das mit Aluminium homogene Schmelzen in
allen Mischungsverhältnissen bildet (keine Mischungslücke mit flüssigen Komponenten; Abb. 129), bildet mit Aluminium ein Eutektikum mit 99,5% Sn, das bei
229° schmilzt. Zinn ist in festem Aluminium nur wenig löslich; bei der eutektischen Temperatur von 229° ist die Löslichkeit kleiner als 0,01%. Sie nimmt mit
steigender Temperatur etwas zu und erreicht bei 510° rd. 0,06% Sn.

Die metallurgische Beherrschung von Aluminium-Bleilegierungen ist
wegen der beschränkten Löslichkeit im flüssigen Zustand und wegen der

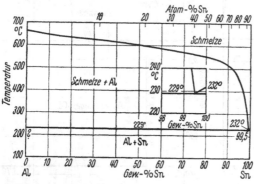

Abb. 129. Zustandsschaubild Al-Sn.

großen Dichteunterschiede
zwischen Aluminium und
Blei schwierig. Es gelingt
auch unter günstigen
Erstarrungsbedingungen
nicht, höhere Gehalte als
etwa 3 % Pb in gleichmäßig
feiner Verteilung im Guß-
block zu erzwingen. Nach
Versuchen von G. *Schmid*
und L. *Ehret*[1] ist dies möglich, wenn die Schmelze
mit Ultraschallwellen be-
handelt wird. Mit Hilfe
dieses Verfahrens können wahrscheinlich brauchbare Aluminium-Blei-
Lagerlegierungen mit höheren Bleigehalten, wie sie z. B. W. *Claus*[2] vorgeschlagen hat, hergestellt werden.

Bleihaltige Lagerwerkstoffe mit Antimon, Mangan sowie mit und
ohne Zinn sind seit langem bekannt; ihr hervorragendster Vertreter ist
die walz- und preßbare Legierung „Alva 36", deren Zusammensetzung
Zahlentafel 6 unter Nr. 20 angibt. Offenbar sind zinnfreie und zinnhaltige Legierungen dieser Art nebeneinander im Gebrauch; denn E.
Vaders[3], [4], der diesen Aluminiumlagerwerkstoff beschrieben hat, erwähnt
nur den zinnfreien Typ, während eine spätere Veröffentlichung[5] die zinnhaltige Abart mit der unter Nr. 21 (Zahlentafel 6) angegebenen Zusammensetzung erwähnt. — Wie die Zusammenstellung unter Nr. 22

[1] *Schmid, G.* u. *L. Ehret:* Z. Elektrochem. Bd. 43 (1937) S. 869. Vgl. auch
G. Masing u. *G. Ritzau:* Z. Metallkde. Bd. 28 (1936) S. 293.

[2] *Claus, W.:* Aluminium, Bd. 18 (1936) Nr. 11, S. 544.

[3] *Vaders, E.:* Z. MetallkundeBd. 29 (1937) S. 155.

[4] *Vaders, E.:* Aluminium, Bd. 22 (1940) S. 248.

[5] Metal Ind. (London) Bd. 71 (1947) S. 324; zit. nach Metallwirtschaft Bd. 3
(1949) S. 17.

Zahlentafel 6. *Legierungsvorschläge. Hauptlegierungselemente Pb, Sn und Cd,*
ferner Zusätze an Fe, Mn, Ni, Cu, Mg und Zn.

Nr.	Bezeichnung	Chemische Zusammensetzung in % (Rest in allen Fällen Aluminium)	Verwendungsform und Zustand
20	Alva 36	3% Pb; ferner: 3% Sb; 3% Mn	Vollschale; Lagerbuchse; Gleitschicht im Verbundlager (Guß- und Knetwerkstoff)
21	Alva 36	3% Pb; 3% Sn; ferner: 3% Sb; 3% Mn folgende Toleranzen sind zugelassen: 1,5 bis 4% Pb; 2,0 bis $4,0\%$ Sn; 2,8 bis $3,2\%$ Mn; 1,5 bis $4,0\%$ Sb; Σ (Pb + Sn + Sb) $\geqq 6\%$	
22	—	a) 3% Pb; 3% Sb; 2% Cu; $0,5\%$ Si; b) 5% Pb; 5% Sb; 2% Mg; $2,0\%$ Mn; c) 3% Pb; $0,5\%$ Sb; 3% Ca; d) 3% Pb; 3% Ca; 3% Mn; e) 5% Pb; 3% Ca; 3% Mn; f) 3% Pb; 3% Ca; 3% Fe; g) 3% Pb; 3% Ca; 4% Zn; h) 5% Pb; 8% Ca; 3% Fe; i) 3% Pb; 5% Ca; 2% Sn	—
23	Neomagnal A	2% Pb; 1% Sn; ferner: 5 bis $5,5\%$ Mg; 5,0 bis $5,5\%$ Zn; 0,9 bis $1,3\%$ Mn	Vollschale; Lagerbuchse (Knetwerkstoff; warmausgehärtet)
24	Coussinal A	2% Pb; 3% Sn; ferner: 3% Sb	
25	Coussinal C	4% Sn; ferner: 4% Cu; 3% Mg; 1% Mn	—
26	DRP 257868	5 bis 50% Sn; bis 2% eines in Sn löslichen Metalls, z. B. Pb, und 5 bis 30% eines solchen Metalls, das mit der Grundmasse keine feste Lösung bildet, sondern sich als chem. Verbindung ausscheidet, die härter als die Grundmasse ist; z. B. Sb oder Ni.	—
27	Franz. Pat. 796317 und 796 422	19 bis 26% Al-Sn-Eutektikum; Zusätze an Ni und Mn getrennt und kombiniert; Sn kann teilweise durch Sb ersetzt werden. Härtesteigerung kann durch Mg erzielt werden Al-Sn-Sb = Eutektikum, bei dem: Σ Sn + Sb = 8 bis 19%	—

Zahlentafel 6. (*Fortsetzung*).

Nr.	Bezeichnung	Chemische Zusammensetzung in % (Rest in allen Fällen Aluminium)	Verwendungsform und Zustand
28	RR AC 9	5,5 bis 7,0% Sn; ferner: 0,6 bis 0,9% Cu; 0,7 bis 1,0% Mg; 1,4 bis 1,7% Ni; 0,15 bis 0,3% Si; 0,2 bis 0,45% Fe	Lagerbuchse (Gußwerkstoff; gegebenenfalls kaltverfestigt und ausgehärtet)
29	RR AC 7	4,6 bis 5,0% Sn; ferner: 0,35 bis 0,5% Mg; 0,45 bis 0,6% Si; 1,6 bis 2,0% Ni; 0,7 bis 0,9% Mn; 0,4 bis 0,8% Sb	
30	750	6,5% Sn; ferner: 1,0% Cu; 1% Ni	Buchsen und geteilte Lagerschalen
31	XA 750	6,5% Sn; ferner: 1,0% Cu; 0,5% Ni; 2,5% Si	(Kokillenguß; warmbehandelt; kaltverfestigt)
32	XB 750	6,5% Sn; ferner: 2,0% Cu; 1,2% Ni; 0,8% Mg	
33	XB 80 S	6,5% Sn; ferner: 1,0% Cu; 0,5% Ni; 1,5% Si	Gleitmetall in Stahlschützschalen (Knetwerkstoff)

zeigt, ist die Grundzusammensetzung dieser Legierung auch in verschiedener Weise abgewandelt worden, wobei u. a. Kalziumzusätze von 3 bis 8 % an Stelle von Antimon Anwendung gefunden haben. Kalziumzusätze sind indessen nicht empfehlenswert, da die Verbindung Al_3Ca, die sich in kalziumhaltigem Aluminium bei mehr als $\sim 0,6\%$ Kalziumzusatz bildet, oder auch die Verbindung $CaSi_2$, die in siliziumhaltigem Aluminium stets entsteht, sehr unbeständig ist, so daß die Korrosionsbeständigkeit der Legierung verschlechtert wird.

Im Gefüge dieser Legierungen sind in einer weichen Grundmasse aus Aluminium-Mischkristallen Antimon- und Mangan-Aluminide eingelagert; daneben treten emulgiertes Blei und bei dem zinnhaltigen Legierungstyp eine eutektische, zinnreiche Komponente auf.

Die Legierung „Alva 36", die Weißmetall ersetzen soll, hat eine Härte zwischen 40 und 50 kg/mm²; sie nimmt nach Abb. 130 mit steigender Temperatur nur wenig ab und übertrifft die Warmhärte der Vergleichslegierungen. Zahlentafel 7 gibt über die Festigkeit im gegossenen und gekneteten Zustand Auskunft. „Alva 36" läßt sich bei 20° um 68 % rißfrei stauchen, während z. B. bei einem zinnreichen Weißmetall (80 % Sn; 15 % Sb; 5 % Cu) nur 33 % erreicht werden. Aus den günstigen Druck-

und Stauchfähigkeitswerten folgt eine geringe Empfindlichkeit gegen Kantenpressung. Die Unempfindlichkeit der Weißmetalle gegen Ölverschmutzungen wird nach *Vaders* nicht erreicht.

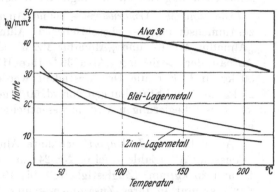

Das Gleitverhalten der Legierung „Alva 36" hat im Prüfstandsversuch befriedigt. So konnte z. B. in einer Ringschmierlagerbuchse mit 65 mm Innendurchmesser (l : d = 0,6 bzw. 0,3), die in einem zweiteiligen Lagergehäuse lose angeordnet war,

Abb. 130. Warmhärte von „Alva 36" im Vergleich zu Zinn- und Blei-Lagermetallen. (Nach *Vaders*.)

ein besseres Einlaufen als bei Kupferlegierungen beobachtet werden. Belastungen bis zu 400 kg/cm² (Gleitgeschwindigkeit 10 m/sec.) ergaben weder für die Stahlwelle (Festigkeit: 70 kg/mm²) noch für die Lauffläche der Buchse Schäden. Bei günstiger Wärmeableitung, z. B. bei fest eingepreßten Buchsen, waren in Verbindung mit einsatzgehärteten Wellen, Belastungen von 500 bis 600 kg/cm² (Gleitgeschwindigkeit 8 m/sec.) erreichbar.

Die praktische Erprobung dieses Lagerwerkstoffs im Haupt- und Pleuellager eines Kraftwagenmotors verlief nicht ganz befriedigend. Es

Zahlentafel 7. *Festigkeit, Dehnung und Brinellhärte der Aluminium-Lagerlegierung „Alva 36".* (Nach E. *Vaders*.)

Zustand	Zugfestigkeit kg/mm²	Dehnung %	Brinellhärte kg/mm²
gegossen (Sandguß)	10 bis 15	5 bis 10	30 bis 50
gepreßt und gezogen	25 bis 30	20 bis 25	40 bis 60

zeigte sich nämlich, daß in Verbindung mit einer Kurbelwelle aus St C 45.61 Riefenbildung nur bei vorgeschalteter Ölfilterung vermieden werden kann. Auch Unterbrechungen der Ölzufuhr verursachen leicht Riefen in der Lauffläche.

Vaders folgert aus seinen Versuchen, daß die Legierung „Alva 36" bei Wellen aus vergütetem oder normalem Stahl bei genügender Schmiermittelmenge und -reinheit bis etwa 100 kg/cm² belastbar ist. — In Verbindung mit einsatzgehärteten Wellen hat „Alva 36" sich auch bei verschiedenen Lagerungen in Flugmotoren bewährt.

Die von *M. Armbruster*[1] — ohne Angaben über die Legierungszusammensetzung — beschriebenen Aluminium-Gleitlagerwerkstoffe „Almadur MP 6" und „Almadur MZ 3" ähneln vermutlich in ihrem Aufbau der Legierung „Alva 36". Ihre Härte liegt zwischen 40 bis 50 kg/mm². Für die Druckfestigkeit werden Werte zwischen 40 bis 25 kg/mm² und Stauchungen von rd. 50 % genannt. Die Leistungsfähigkeit dieser Legierungen wird im wesentlichen derjenigen von „Alva 36" entsprechen.

Auch die von *J. Duport*[2] erwähnte Aluminium-Gleitlagerlegierung „Coussinal A" (Zahlentafel 6, Nr. 24) mit einer Brinellhärte zwischen 20 und 25 kg/mm² (Zugfestigkeit: 8 bis 10 kg/mm²; Dehnung: 20 bis 50 %) kommt in ihrer Zusammensetzung der zinnhaltigen Legierung „Alva 36" sehr nahe; lediglich auf die Zugabe von Mangan wird verzichtet. *Duport* erwähnt ferner eine Legierung „Coussinal C" mit größerer Härte (Brinellhärte: 70 bis 90 kg/mm²; Zugfestigkeit: 14 kg/mm²; Dehnung: 2 %), die für geringe Lagerdrücke bis zu 15 kg/cm² und Gleitgeschwindigkeiten bis zu 10 m/sec. brauchbar sein soll.

Die warmformbare Legierung „Neomagnal A" (Zahlentafel 6, Nr. 23), die auch auf Vorschläge von *E. Vaders*[3] zurückgeht und vor-

Zahlentafel 8. *Festigkeit und Härte von „Neomagnal A".* (Nach *E. Vaders*).

Zustand	Zugfestigkeit kg/mm²	Streckgrenze kg/mm²	Dehnung %	Brinellhärte kg/mm²	Biegedauerfestigkeit[1] kg/mm²
warmausgehärtet	55 bis 60	52 bis 87	5 bis 10	160 bis 180	16,0

[1] Gemessen mit der Umlaufbiegemaschine von Schenck, Modell Duplex; bezogen auf 10 · 10⁶ Lastspiele.

nehmlich an die Stelle von Kupferlegierungen, Bronzen und Sondermessingsorten treten soll, benutzt ebenfalls geringe Blei- (und Zinn-) zusätze zur Verbesserung der Gleiteigenschaften bei einer durch Warmaushärtung stark verfestigten Grundmasse. Die Warmbehandlung geschieht in folgender Weise: Lösungsglühen bei ~ 460°, Abschrecken und Warmaushärten bei 90 bis 150° während 15 bis 20 Stunden. Hierbei werden gemäß Zahlentafel 8 Festigkeits- und Härtewerte erreicht, die selbst diejenigen der harten Aluminium-Silizium-Kolbenlegierungen er-

---

[1] *Armbruster, M.:* Metallwirtschaft Bd. 19 (1940) S. 127.
[2] *Duport, J.:* Fonderie (1948) S. 1097, zit. nach Chem. Zbl. Bd. 121 (1950) Nr. 3/4, S. 224. — [3] *Vaders:* Zit. S. 178, Fußnote 4.

heblich übersteigen. Bei längerer Beanspruchung im Bereich höherer
Temperaturen bricht der Warmaushärtungseffekt zusammen und es
kann je nach der Höhe dieser Temperatur und der Dauer der Einwirkung
eine beträchtliche Festigkeits- und Härteminderung eintreten. Diese
thermische Instabilität ist u. U. ein Nachteil dieses Legierungstyps.

Die Legierung „Neomagnal A" ist bisher nur als Kolbenbolzen-
buchse im Fahrzeugmotor (gleichzeitig mit „Alva 36" im Pleuel- und
Hauptlager) versuchsweise erprobt worden.

Die in Zahlentafel 6 unter Nr. 26 bis 27 aufgeführten Legierungsvorschläge leiten zu Aluminium-Gleitlagerwerkstoffen über, bei denen
die Legierungskomponente Zinn in höheren Gehalten eine ausschlaggebende Rolle zur Verbesserung der Gleiteigenschaften spielt.

Zahlentafel 9. *Mechanische Eigenschaften der Rollce-Royce Aluminium-Gleitlagerlegierungen AC 7 und AC 9.* (s. Tabelle 6.)

(Nach *E. W. Hives* und *F. Ll. Smith*).

Legierungstyp	Zugfestigkeit kg/mm²	Streckgrenze (1% bleibende Dehnung) kg/mm²	Dehnung %	Brinellhärte kg/mm²	
				bei 15°	bei 150°
AC 7	16,7	9,5	4,0	50	47
AC 9 (weich)	20,0	—	2,8	68	66
AC 9 (kaltver- festigt und aus- gehärtet)	28,8	23,3	3,0	85	82
AC 9 (hart)	22,5	—	2,0	82	80

Die ersten enger gefaßten Legierungsvorschläge sind in den Laboratorien der Rollce-Royce Ltd. ausgearbeitet worden[1], [2]. Es handelt sich
um die Gußlegierungen AC 7 und AC 9 in Zahlentafel 6, die als geteilte
Laufbuchsen in Rollce-Royce Automobil- und Flugzeugmotoren Verwendung gefunden haben: und zwar AC 7 für Hauptlager und AC 9 für
Pleuellager. Um Fresser im Hauptlager zu vermeiden, war eine Oberflächenhärte des Zapfens von 600 Brinelleinheiten erforderlich, während
bei den Pleuellagern eine geringere Zapfenhärte bis herab zu 320 Brinelleinheiten ausreichend erschien.

In Zahlentafel 9 sind einige Festigkeitsangaben für diese Legierungen
zusammengestellt. Die Legierung AC 9 kann auch kaltverfestigt (und
ausgehärtet) werden, ohne daß diese Festigkeits- und Härtesteigerung
das Reibungsverhalten verändert.

[1] *Hives, E. W.* and *F. Ll. Smith:* High Output Aircraft Engines. SAE-Journal
Bd. 46 (1940) S. 106/117.
[2] Aluminium-Tin Bearing Metal, Engineering (London) Bd. 147 (1939) S. 789.

Eine weitere wichtige Legierungsgruppe, die von *H. Y. Hunsicker* und *L. W. Kempf*[1,2] (Aluminum Comp. of America) entwickelt worden ist, gibt Zahlentafel 6 unter Nr. 30 bis 33 an. Es handelt sich um Aluminium-Zinn-Legierungen mit 6,5 % Sn und Zusätzen an Kupfer, Nickel, Silizium und Magnesium.

Diese Legierungen sind das Ergebnis sorgfältiger Laboratoriumsuntersuchungen, bei denen u. a. auch der Versuch gemacht worden ist, die Eignung der Legierungen zum Einlaufen, ihren Widerstand gegen Fressen und ihr Verschleißverhalten zu messen.

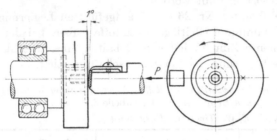

Die hierzu von *Hunsicker* und *Kempf* angegebene Prüfmaschine ist in Abb. 131 schematisch dargestellt. In einem Kurzversuch von einer Minute Dauer wird die Freßneigung des Lagerwerkstoffs und sein Verschleißverhalten in folgender Weise bestimmt: Eine

Abb. 131. Prüfmaschine von *Hunsicker* und *Kempf* zur Messung der Freßneigung und des Verschleißwiderstandes.

kleine Probe mit den Abmessungen $15,8 \times 15,8 \times 2,5$ mm³ wird unter schwacher Neigung (etwa 1°) gegen eine umlaufende Stahlscheibe mit einer Härte von etwa 250 Brinelleinheiten und genau definierter Oberflächengüte angepreßt. Der Anpreßdruck, die Umdrehungsgeschwindigkeit der Scheibe, die Geschwindigkeit der Lastaufgabe, das Schmiermittel (Kerosin) und die Oberflächengüte der Scheibe werden stets gleich gehalten.

Ein quantitatives Bild über die Neigung zum Fressen liefern dann die in diesen Prüfmaschinen aufgenommenen Reibungsmoment-Zeitkurven, deren Verlauf

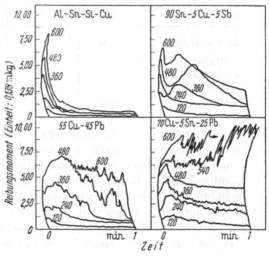

Abb. 132. Typische Reibungsmoment-Zeitkurven in Abhängigkeit von der Belastung für verschiedene Gleitlagerwerkstoffe. Aufgenommen in einer Versuchseinrichtung nach Abb. 131. (Nach *Hunsicker* und *Kempf*.)

---

[1] *Hunsicker*, H. Y. u. L. W. *Kempf:* Vortrag auf dem SAE Summer Meeting, Juni 1946. SAE-Journal Bd. 54 (1946) (10) S. 51/53.

[2] *Hunsicker*, H. Y.: Aluminum Alloy Bearings-Metallurgy, Design and Service Characteristics aus: Sleeve Bearing Materials, Herausgeber *R. W. Dayton* (1949).

für einige Lagerwerkstoffe in Abhängigkeit von der Versuchsdauer und der Belastung in Abb. 132 gezeigt ist. Fällt das Reibungsmoment nach anfänglichem Steilanstieg ab, wie dies z. B. für die Aluminium-Zinn-Silizium-Kupfer-Lagerlegierung (entsprechend Leg. XA 750-T 6, s. Zahlentafel 6, Nr. 31) auch bei hoher Belastung der Fall ist, so ist die Neigung zum Fressen gering. Nimmt andererseits das Reibungsmoment mit steigender Versuchsdauer zu, wobei meist starke Schwankungen auftreten, so ist dies ein deutliches Kennzeichen für das einsetzende Fressen. Die Veränderungen, die in der Anpreßfläche während dieses Versuches vor sich gehen, lassen einen Schluß auf den Verschleißwiderstand zu. Aus Abb. 133 folgt z. B., daß die untersuchte Aluminium-Gleitlagerlegierung eine hohe Verschleißfestigkeit besitzt, da die abgeschliffene Fläche mit wachsender Belastung nur wenig zunimmt. Bei den Weißmetallen und Bleibronzen ist dagegen eine starke Zunahme der abgeschliffenen Flächen festzustellen.

Wegen weiterer Einzelheiten zu dieser Versuchstechnik sei auf die Originalarbeit[1] verwiesen.

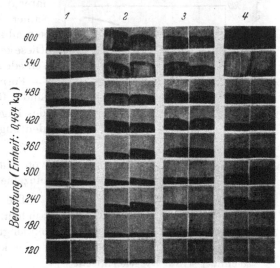

Abb. 133. Oberflächenbeschaffenheit der Versuchsplättchen nach Prüfung in der Maschine nach Bild 131.
(Nach *Hunsicker* und *Kempf*.)

1. Aluminium-Gleitlagerwerkstoff Al-Sn-Si-Cu (entsprechend Nr. 31 in Zahlentafel 6).
2. Weißmetall 90% Sn, 5% Cu, 5% Sb.
3. Kupfer-Blei 55% Cu, 45% Pb.
4. Bleibronze 70% Cu, 25% Pb, 5% Sn.

Eine systematische Untersuchung über den Einfluß des Zinns auf die Freßneigung in der Prüfeinrichtung nach Abb. 131 hatte das in Abb. 134 dargestellte Ergebnis. Mit zunehmendem Zinngehalt steigt also die Belastung, die einen Fresser hervorruft; insbesondere bei Zinngehalten von mehr als 20 % ergeben sich günstige Verhältnisse, deren praktische Ausnutzung allerdings im Hochleistungslager nicht möglich ist, da diese Legierungen nur eine geringe statische und dynamische Festigkeit besitzen.

Die Beeinflussung der Festigkeit von Aluminium-Zinn-Legierungen durch wachsende Zinngehalte zeigt Abb. 135. Die besten Festigkeits- und Härtewerte liegen zwischen 5 und 10 % Sn; der bei höheren Gehalten einsetzende Abfall ist gefügebedingt. Er wird verursacht durch die in steigendem Maße zunehmenden Korngrenzeneinlagerungen an weichem Zinn.

---

[1] *Hunsicker:* Zit. S. 184, Fußnote 1.

Form und Verteilung des Zinns in der Aluminiumgrundmasse sind
abhängig von der Konzentration und der Erstarrungsgeschwindigkeit.
Eine schnelle Abkühlung der schmelzflüssigen Legierung liefert kugel-
förmige Zinnteilchen in intragranu-
larer Anordnung, während bei langsamer Erstarrung Korngrenzenan-
sammlungen von Zinn entstehen.
Diese kennzeichnenden Gefügeunter-
schiede zeigen die Abb. 136 und 137 [1].
— Form und Verteilung des Zinns
sind für die Leistungsfähigkeit
des Lagerwerkstoffs von großer Bedeutung.

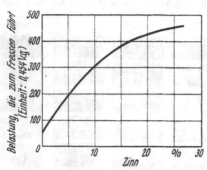

Abb. 134. Erhöhung des Widerstandes gegen
Fressen in Abhängigkeit vom Zinngehalt,
gemessen mit der Prüfeinrichtung in Abb. 22.
(Nach *Hunsicker* und *Kempf*.)

Zu den Legierungsvorschlägen
von *Hunsicker* und *Kempf* ist im
einzelnen noch folgendes zu sagen:

Die in den Vereinigten Staaten
am häufigsten verwendete Legierung
750 gelangt zur Anwendung als Kokillenguß, der entweder thermisch
nachbehandelt (mit T 5 bezeichnet) oder kaltverfestigt (mit T 101 bezeichnet) wird. Die thermische
Behandlung besteht in einer
Stabilisierungsglühung dicht
unterhalb der Temperatur des
Aluminium-Zinn-Eutektikums.
Im Gefüge dieser Legierung
treten NiAl$_3$- und Zinn-kri-
ställchen — meist vergesell-
schaftet — auf.

Die mechanischen Eigen-
schaften dieser Legierung gibt
Zahlentafel 10 an; Abb. 138 ent-
hält eine Übersicht über die
Temperaturabhängigkeit von
Festigkeit und Härte.

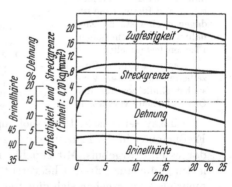

Abb. 135. Einfluß des Zinngehaltes auf Zugfestigkeit,
Streckgrenze, Dehnung und Härte für Aluminium-
legierungen (Kokillenguß) mit 1,1% Cu und 1,1% Ni.
(Nach *Hunsicker* und *Kempf*.)

Lager aus dieser Legierung
haben sich bei hoher Belastung, mittlerer Gleitgeschwindigkeit und
mäßigen Lagertemperaturen gut bewährt. Auch die gute Dauerfestig-

---

[1] Das Aluminium-Zinn-Eutektikum tritt durchweg in entarteter Form auf. Der
Aluminiumbestandteil des Eutektikums kristallisiert an bereits vorhandene, primär
ausgeschiedene Aluminiumkristalle an, so daß die weichen Gefügeeinlagerungen
aus fast reinem Zinn bestehen.

keit und ausgezeichnete Korrosionsbeständigkeit dieser Lagerlegierung werden hervorgehoben. Sie ist gegen Kantenpressung unempfindlich. Ihre Fähigkeit, harte Ölverunreinigungen einzubetten, wird von *Hunsicker* und *Kempf* für die meisten praktisch vorkommenden Fälle für ausreichend ge-

halten, wenn auch betont wird, daß die Unempfindlichkeit von Zinnweißmetallen nicht erreicht wird.

Gelegentliche Beobachtungen über Deformationen der Lagerbohrung gaben den Anlaß, diese Legierung in kaltverfestigtem Zustand zu verwenden. Durch Kaltstauchung in achsialer und radi-

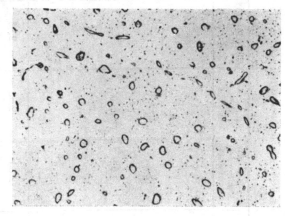

Abb. 136. Gefügeaufbau einer Aluminium-Lagerlegierung mit 7⁰/₀ Sn und 1⁰/₀ Cu Kokillenguß. 500 ×

aler Richtung wird der ursprüngliche Gußkörper verfestigt. In Zahlentafel 10 sind die Festigkeitswerte eines um rd. 4 % gestauchten Lagerkörpers angegeben.

Die Legierung XA 750 mit höheren Siliziumgehalten hat nach *Hunsicker* und *Kempf* eine sehr geringe Neigung zum Fressen, vergleiche Abb. 133. Auch diese Legierung wird als Kokillenguß hergestellt und warmbehandelt. Im Anschluß hieran erfolgt dann noch zusätzlich die schon vorher erwähnte Stabilisierungsglühung dicht unterhalb der eutektischen Temperatur.

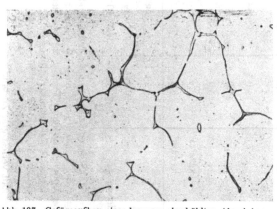

Abb. 137. Gefügeaufbau einer langsam abgekühlten Aluminium-Lagerlegierung mit 7⁰/₀ Sn und 1⁰/₀ Cu. 100 ×

Diese gesamte, mit „T 6" bezeichnete Behandlung, bewirkt eine Verbesserung der Zähigkeit und Bearbeitbarkeit der Legierung.

Die mechanischen Eigenschaften dieser Legierung gibt Zahlentafel 10 an.

12a*

Zahlentafel 10. *Mechanische und physikalische Eigenschaften der Alcoa Aluminiumlagerlegierungen.*
(Nach *H. Y. Hunsicker.*)

Bezeichnung: Form: Legierungszustand:		750—T 5 Kokillenguß warmbehandelt	750—T 101 Kokillenguß kaltverfestigt[1]	XA 750—T 6 Kokillenguß warmbehandelt	XA 750—T 91 Kokillenguß kaltverfestigt[1]	XB 80 S—O Blech geglüht	XB 80 S—H 12 Blech kalt gewalzt	XB 750—T 5 Kokillenguß warmbehandelt
Zugfestigkeit	kg/mm²	15,5[2]	16,2[4]	15,5[2]	16,2[4]	14,8	17,6	21,1[2]
Streckgrenze (0,2%) (Zug)	kg/mm²	7,0[2]	11,3[4]	7,0[2]	12,0[4]	5,6	16,2	14,1[2]
Streckgrenze (0,2%) (Druck)	kg/mm²	7,0[3]	11,3[4]	7,0[3]	12,0[4]	—	—	14,1[3]
Dehnung ($l_0 = 4d$)	%	12,0[2]	8,0[4]	10,0[2]	7,0[4]	25,0	6,0	5,0[2]
Brinellhärte	kg/mm²	45,0	50,0	45,0	50,0	—	—	70,0
Rockwell H-Härte		75,0	85,0	75,0	85,0	75,0	95,0	100,0
Scherfestigkeit	kg/mm²	9,8	—	10,2	—	—	—	14,8
Biegedauerfestigkeit	kg/mm²	6,3	—	6,7	—	—	—	—
Dichte		2,88	2,88	2,83	2,83	2,83	2,83	2,88
Wärmeleitfähigkeit[6]		0,44	0,44	0,40	0,40	0,40	0,40	0,43
linearer therm. Ausdehnungskoeffizient[7]		$24{,}4 \cdot 10^{-6}$	$24{,}4 \cdot 10^{-6}$	$23{,}9 \cdot 10^{-6}$	$23{,}9 \cdot 10^{-6}$	$23{,}9 \cdot 10^{-6}$	$23{,}9 \cdot 10^{-6}$	$24{,}1 \cdot 10^{-6}$[5]

Anmerkung: T 5 = Stabilisierend dicht unterhalb der eutektischen Temperatur geglüht.
T 101 = Nach Behandlung gemäß T 5 wird der Gußblock vor Fertigung des Lagers um $4^1/_2$% in Längsrichtung gestaucht.
T 6 = Von relativ hoher Temperatur beschleunigt abgekühlt (zur Vermeidung größerer Spannungen) und anschließend wie bei T 5 dicht unterhalb der eutektischen Temperatur stabilisierend geglüht.
T 91 = Behandelt nach T 6 mit folgender 4%iger Kaltstauchung des Ausgangsblocks.
O = geglühter Zustand.
H 12 = kalt verfestigter Zustand.

[1] Gemessen am Lagerrohling (Hohlzylinder) nach 4%iger achsialer Stauchung — [2] Gemessen an unbearbeiteten Stäben mit 12,7 mm Durchmesser, gesondert in Kokillen vergossen — [3] Gemessen an Proben mit 12,7 mm Durchmesser, Verhältnis von l : d = 6 — [4] In tangentialer Richtung gemessen — [5] Geschätzt — [6] In cgs-Einheiten; aus der elektrischen Leitfähigkeit berechnet — [7] Die Originalangaben sind bezogen auf 1° F für das Temp.-Intervall 68 bis 392° F; umgerechnet auf 1° C; gültig für 20 bis 200° C.

Für Anwendungsgebiete mit höheren Anforderungen, insbesondere für Gleitlager, die bei höheren Temperaturen beansprucht werden sollen, ist die warmfeste Legierung XB 750 mit erhöhten Kupfergehalten und einem Magnesiumzusatz entwickelt worden. Auch diese Legierung findet im Gußzustand (Kokillenguß) Anwendung. Durch mehrstündiges Erhitzen auf erhöhte Temperaturen (Behandlung „T 5") werden die in Zahlentafel 10 mitgeteilten Festigkeitswerte erreicht.

Einen Vergleich der Warmhärte dieser Legierung zu den vorher erwähnten weicheren Legierungstypen gibt Abb. 139,

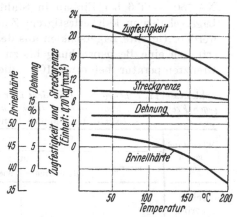

Abb. 138. Einfluß der Temperatur auf die mechanischen Eigenschaften der Legierung 750 — T 5 (Nr. 30, Zahlentafel 6). (Nach *Hunsicker* und *Kempf*.)

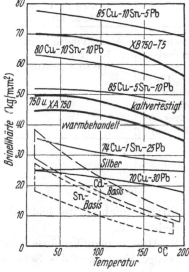

Abb. 139. Warmhärte der Legierungen 750, XA 750 und XB 750 in Abhängigkeit von der Temperatur im Vergleich mit anderen Gleitlagerwerkstoffen.
(Nach *Hunsicker* und *Kempf*.)

die zum Vergleich die Warmhärten verschiedener sonstiger Gleitlagerwerkstoffe enthält.

Unter den von *Hunsicker* und *Kempf* empfohlenen Gleitlagerwerkstoffen stellt die Legierung XB 80 S den schmiedbaren Typ dar. Diese Legierung läßt sich nach einem besonders entwickelten Verfahren zu Blechen und Bändern verarbeiten. Durch den Walzvorgang wird eine zeilenförmige Anordnung der Zinn- und Siliziumeinschlüsse erzielt. Je nach dem Fertigwalzgrad können die mechanischen Eigenschaften dieser Legierung in weiten Grenzen verändert werden, wie aus Zahlentafel 10 mit Angaben für den weichgeglühten (Zustand O) und den kaltgewalzten (bezeichnet mit H 12) Zustand hervorgeht. —

Unter praktischen Beanspruchungsbedingungen schwankt die Belastbarkeit der Alcoa-Legierungen zwischen 150 und 450 kg/cm²; in günstigen Fällen kann sie sogar bis 700 kg/cm² betragen. Gleitgeschwindig-

keiten bis zu 10 m/sec. bereiten keine Schwierigkeiten. Die höchst-
zulässigen Lagertemperaturen liegen bei den Legierungen 750 — T 5 und
XA 750 — T 6 bei Einbau in Stahlgehäusen zwischen 93 und 107°;
Lagerschalen in kaltverfestigtem Zustand können bis 120° verwendet
werden. Geteilte Lagerschalen aus der festen Legierung XB 750 — T 5
ertragen eine Beanspruchung bis zu 150°. Für Lagerbuchsen liegt die
Grenztemperatur bei etwa 100°; die Einhaltung dieser Temperatur-

Zahlentafel 11. *Schematische Übersicht über die Dauerfestigkeit und den Widerstand
gegen Fressen der Alcoa-Gleitlagerlegierungen im Vergleich zu anderen Lagermetallen.*
(Nach „USA Metals Handbook 1948" S. 754.)

Widerstand gegen Fressen	Dauerfestigkeit			
	niedrig	mittel		hoch
		untere Grenze	obere Grenze	
sehr gering				Zinn-Bronzen; bleifreie Aluminium-Bronzen
gering				Silber; bleihaltige Zinn-Bronzen: 80 Cu-10 Sn-10 Pb; 88 Cu-4 Sn-4 Pb-4 Zn 71 Cu-25 Pb-3 Sn-3 Zn
mäßig		Bleibronze (35% Pb)	Silberhaltige Blei-bronze (28% Pb); Bleibronze (25% Pb, weniger als 1% Sn)	Aluminiumlegierung 750 (gegossen) XB 80 S (gewalzt)
groß	Weißmetall auf Blei-Zinn- und Zinn-Basis	Kadmium-lagerlegie-rung		

grenze empfiehlt sich, wenn ein einwandfreies Anfahren aus dem kalten
Betriebszustand heraus gewährleistet bleiben soll.

Beim Einbau der Leichtmetallager in Aluminiumgußgehäuse ist die
obere Temperaturgrenze durch die zulässige Verengung des Schmier-
spaltes gegeben.

Stahl- wie auch Gußkurbelwellen haben sich in Verbindung mit diesen
Aluminium-Gleitlagerwerkstoffen bewährt. Die Härte der Wellenoberfläche beeinflußt die Belastbarkeit des Lagers nicht wesentlich, wenn
auch der Verschleiß bei härteren Wellen geringer und die Einbettung
von Schmutzteilchen erleichtert wird. Bei einer weichen Welle (Brinellhärte 140 kg/mm²) wurde unter folgenden Bedingungen: Belastung =

280 kg/cm^2; Gleitgeschwindigkeit = 11 m/sec nach 22 Betriebsstunden ein Wellenverschleiß von nur 0,01 bis 0,014 mm gemessen.

In konstruktiver Hinsicht ist nach *Hunsicker* zu beachten, daß bei Zapfendurchmessern zwischen etwa 40 und 200 mm der Ölspalt 0,00125 bis 0,00175 Zoll je Zoll Zapfendurchmesser betragen soll. Ein etwas geringeres Spiel ist in großen Lagern mit Erfolg angewendet worden, während kleinere Lager mit einem Durchmesser von weniger als etwa 37 mm ein größeres Spiel besitzen sollen. *Wood* gibt als Spielminimum einen Wert von 0,001 Zoll je Zoll Zapfendurchmesser an. — Eine reichliche Spielbemessung ergibt bei Druckölschmierung sehr gute Resultate.

Zahlentafel 12. *Legierungsvorschläge*[1].
Kadmiumhaltige Aluminium-Gleitlager-Legierungen.

Nr.	Bezeichnung	Chemische Zusammensetzung in % (Rest in allen Fällen Aluminium)	Verwendungsform und Zustand
34	USA Pat. 2 238 399	1 bis 1,5% Cd; 4% Si	Gußlegierung und Knetwerkstoff
35	Leg. Nr. 4 von *G. Fischer* (s. S. 192)	3,3% Cd; 1,2% Pb; ferner: 5,3% Zn; 2,1% Cu; 2,0% Mg; 1,0% Mn; 0,6% Fe; 0,1% Si	Lagerbuchse (Gußwerkstoff)

Für die Bemessung der Wandstärke von Aluminiumlagerschalen gibt *Hunsicker* folgende Erfahrungsregeln:

$$T = 0,04\,D + 0,02 \text{ bzw.}$$
$$T = 0,0044\,d + 0,02,$$

worin T die geringste Lagerwandstärke, D den Lageraußendurchmesser und d den Wellendurchmesser in Zoll bedeuten. Für die untere Wandstärkengrenze sind Angaben zwischen 2,5 und 3,8 mm vorhanden, wobei der erste Wert besonders bei dynamisch hochbeanspruchten Lagern nicht unterschritten werden darf. — Die Festlegung des günstigsten Verhältnisses von Wandstärke zu Lagerdurchmesser unterliegt der Erfahrung und muß durch praktische Versuche ermittelt werden.

Genaue und feinste Endbearbeitung der Außen- und Innenflächen (und bei geteilten Lagerschalen auch der Trennflächen) ist für die Leistungsfähigkeit des Aluminiumlagers von erheblicher Bedeutung. Auch die Bohrung des Lagergehäuses, worin die Lagerschalen eingesetzt werden sollen, muß feinstbearbeitet werden, damit ein einwandfreier Sitz der Lagerschalen gewährleistet ist. Für die Oberflächengüte der Lauffläche wird ein etwas geringerer Endbearbeitungsgrad als für die Außenflächen der Lagerschalen und der Einbaubohrung verlangt.

---

[1] Neuerdings berichtet *A. Rühenbeck* (Metall Jg. 6 (1952) S. 291/8) über ein Cd-haltiges Leichtmetall-Lager mit 4,8 bis 5,2% Zn, 4 bis 6% Cd, 1,8 bis 2,3% Mg, Rest Al.

Nach *H. Y. Hunsicker* und *D. B. Wood*[1, 2] hat vor allem die Legierung 750 in Haupt- und Pleuellagern von Dieselmotoren sich gut bewährt, besonders bei ziemlich dicken Lagerschalen und Öltemperaturen unter 93°. Wegen seiner guten Dauerfestigkeit ist dieser Gleitlagerwerkstoff auch in Hauptlagern, Nockenwellen- und verschiedenen Hilfsantriebslagerungen von Flugmotoren mit Erfolg verwendet worden. — Die Legierung XA 750 — T 6 ist besonders gut geeignet für Gleitzustände mit halbflüssiger Reibung; ferner auch für hohe Gleitgeschwindigkeiten und hohe Lagertemperaturen, wenn die Wärmespannungen im Betrieb klein gehalten werden. — Günstige Ergebnisse sind auch mit schwimmenden Büchsen erzielt worden.

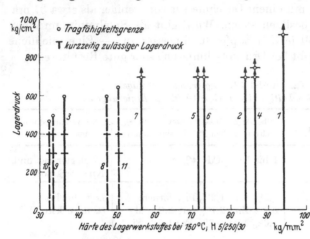

Abb. 140. Tragfähigkeitsgrenze und kurzzeitig zulässiger Lagerdruck in Abhängigkeit von der Warmhärte für verschiedene Leichtmetall-Lagerlegierungen. (Nach *G. Fischer*.)
—— Al-Legierungen; ---- Mg-Legierungen.

Legierung Nr.	Zustand	Zusammensetzung in vH[1]										Brinellhärte H in kg/mm² bei 20° C			b. 150° C	mittl. Wärmeausdehnungskoeff. (20°/150° C) $\beta \cdot 10^{-6}$ [4]
		Cu	Zn	Si	Mg	Mn	Fe	Ni	Pb	andere	Al	5/62,5/30	5/125/30	5/250/30	5/250/30	
1	gegossen	4,5	—	14	0,7	0,8	—	1,5	—	—	Rest	—	114,6	120,6	94	19,6
2	,,	1,5	—	21	0,5	0,7	—	1,5	—	1,2 Co	,,	—	96,8	102,5	84	18,2
3	,, ²	—	—	—	—	—	—	—	—	6,5 Sb	,,	44,9	47,3	47,5	36,5	24,3
4	gegossen	2,08	5,28	0,11	1,96	0,99	0,56	—	1,21	3,27 Cd	Rest	—	109,0	113,0	86,5	24,9
5	gegossen	4,70	0,09	0,23	0,13	0,55	0,40	0,08	—	0,15 Ti	Rest	—	72,0	81	71,5	24,6
6	gepreßt ³	—	—	—	9,0	0,2	—	—	—	—	Rest	—	87,0	96,1	73	24,5
7	,,	—	—	3,8	8,4	—	—	—	—	—	,,	—	60,0	63,5	56,5	23,3
8	,, ³	—	0,5	—	Rst.	—	—	—	—	—	7,7	—	68,7	76,9	47,5	25,1
9	,,	—	—	1,3	,,	—	—	—	—	—	0,8	—	47,8	53,6	33,5	25,8
10	,,	—	—	—	,,	—	—	19,0	—	—	—	—	48,0	50,7	32,5	26,5
11	,,	—	—	—	,,	2,0	—	—	—	5 Ce	—	—	59,4	65,2	50,5	27,0

[1] Bei Legierung 4 und 5 nach DVL-Analyse; im übrigen nach Soll-Angaben der Hersteller. ² Etwa 2 mm starker Ausguß in Verbindung mit einer Stützschale aus Legierung 2. ³ Heterogenisiert. ⁴ Nach Versuchen von *W. Bungardt* und *G. Schaitberger*.

[1] *Wood, D. B.:* Aluminum Alloy Bearings in Diesel Engines. Bericht der Aluminum Company of America, Cleveland, Ohio.
[2] *Wood, D. B.:* Important Engineering Data on Aluminum Alloy Bearings for Engines. Automotive and Aviation Industries (1946) Juni.

D. B. Wood gibt für die Anwendung der Alcoa-Legierungen folgende Richtlinien:

Legierung 750: Für geteilte Lager oder Lagerbuchsen mit nicht zu geringer Wandstärke für Dieselmotoren;

Legierung A 750: Für geteilte Lager oder Lagerbuchsen mit nicht zu geringer Wandstärke für Dieselmotoren besonders bei mäßiger Schmierung, hoher Gleitgeschwindigkeit und harten Kurbelwellen oder Zapfen;

Zahlentafel 13. *Legierungsvorschläge. Aluminium-Gleitlagerlegierungen mit geringen Gehalten an Schwermetallaluminiden und Silizium.*

Nr.	Bezeichnung	Chemische Zusammensetzung in % (Rest in allen Fällen Reinstaluminium)
36	DRP 211 979	$5,5\%$ Zn; $0,7\%$ Cu; $<0,01\%$ Si; $<0,01\%$ Fe. $0,5\text{-}3,0\%$ Zn; $0,2\text{—}0,8\%$ Mg; $<0,01\%$ Si; $<0,01\%$ Fe
37	DRP 369 294	$0,\text{—}0.5\%$ Mg; $0\text{—}1,0\%$ Cu; $0\text{—}4,0\%$ Ag; $0\text{—}1,0\%$ Ca; $0\text{—}49,0\%$ Zn; $0\text{—}3,0\%$ Si; $0\text{—}0,65\%$ Mn; $0\text{—}1,5\%$ Ni; $0\text{—}0,6\%$ Mg_2Si; $0\text{—}3,5\%$ Li; $0\text{—}0,8\%$ Be; $0\text{—}1,0\%$ Co
38	DRP 384 875	$0,1\text{—}1,0\%$ Cu; $0,1\text{—}10\%$ Zn; $0,1\text{—}2,0\%$ Mg; ferner: (Cd, Pb, Bi oder Tl), einzeln oder zu mehreren kombiniert zwischen 1 bis 6%; $<0,05\%$ Fe; $<0,1\%$ Si **Beispiel:** $5,0\%$ Zn; $0,8\%$ Cu; $0,2\%$ Mg; $3,5\%$ Cd; $1,2\%$ Pb; $0,02\%$ Si und $0,04\%$ Fe
39	DRP 384 876	$0,1\text{—}1,0\%$ Cu; $0,1\text{—}10\%$ Zn; $0,1\text{—}2,0\%$ Mg; $1,0\text{—}18\%$ Sn $<0,05\%$ Fe; $<0,1\%$ Si **Beispiel:** $0,6\%$ Cu; $3,0\%$ Zn; $6,5\%$ Sn; $0,04\%$ Fe; $0,3\%$ Mg_2Si

Legierung XA 80 S: Als dünne Gleitmetallschicht in Stahlschalen für verschiedene Lagerungen von Kraftfahrzeugen; ferner für Lagerbuchsen in Stahl- oder Aluminiumgehäusen.

Eine abschließende Beurteilung der Alcoa-Gleitlagerwerkstoffe ermöglicht Zahlentafel 11[1]. Sie enthält ein qualitatives Schema der Dauerfestigkeit und des Widerstandes gegen Fressen für verschiedene Lagerlegierungen. In der Legierungsgruppe mit hoher Dauerfestigkeit nehmen die Aluminiumlagerwerkstoffe einen bemerkenswert guten Platz ein.

Kadmiumhaltige Aluminium-Gleitlagerwerkstoffe sind in Zahlentafel 12 angegeben. Mit der Legierung Nr. 34 (Zugfestigkeit $= 14,1$ kg/mm², Dehnung $\delta_4 = 10\%$; Härte $= 40$ kg/mm²) sind auf dem Prüf-

---

[1] USA Metals Handbook 1948 S. 754.

stand günstige Erfahrungen gemacht worden. — Über die Gleiteigenschaften der Legierung Nr. 35, die von *G. Fischer*[1] eingehend untersucht worden ist, gibt Abb. 140 Aufschluß[2].

Eine praktische Anwendung haben diese kadmiumhaltigen Legierungen bisher nicht gefunden.

Die Verwendung von Kadmium als Legierungspartner ist auch noch in einer anderen Legierungsgruppe versucht worden, die sich gleichfalls erst im Entwicklungsstadium befindet. Es sind die Legierungen, die in Zahlentafel 13 zusammengestellt sind. All diesen Gleitlagerwerkstoffen,

Zahlentafel 14. *Gleitlagerlegierungen auf Magnesiumbasis.*
(Vgl. *R. Hinzmann* und *G. Fischer.*)

Nr.	Hersteller	Bezeichnung des Herstellers	Chemische Zusammensetzung in %				Brinell-härte (5/250/30)
			Zn	Al	Mn	Mg	
1		Elektron AZG Sandguß	3	6	0,3	Rest	50—58
2		Elektron A9V Sandguß	0,5	8,5	0,3	Rest	56—63
3	I. G. Farben-industrie	Elektron AZ 91 Spritz- u. Kokillenguß	0,5	9,5	0,3	Rest	60—70
4		Elektron AZM Knetlegierung	1	6	0,3	Rest	60—65
5		Elektron V 1	—	10	0,3	Rest	70—78
6	[1]	Preßlegierung	0,5	7,7	—	Rest	77
7	[1]	Preßlegierung	—	0,8	1,3 Si	Rest	54
8	[1]	Preßlegierung	5 Ce	—	2,0	Rest	65
9	[1]	Preßlegierung	—	19 Pb	—	Rest	51

Schmelzpunkte: 400—465°; Wärmeleitzahl $\lambda = 0,32$ cal/cm$^{-1} \cdot$ sec$^{-1} \cdot$ Grad^{-1}; Wärmeausdehnungskoeffizient: $\beta = 24 - 25,5 \cdot 10^{-6}$ mm/mm·Grad für 20 — 100°; Zulässige Flächenpressung: für Gußlegierungen: 150—200 kg/mm²,
　　　　　　　　für Knetlegierungen: 300—400 kg/mm².
Lagertemperatur: nicht über 100° C.

[1] Die Legierungen 6—9 sind von *G. Fischer* (Fußnote 3, S. 165) eingehend geprüft worden.

vor allem den schärfer präzisierten Vorschlägen 36, 38 und 39 ist gemeinsam, daß die Eisen- und Siliziumgehalte durch Verwendung von *Reinst*aluminium bei der Herstellung scharf gesenkt worden sind. Die Zugaben an Zink, Kupfer und Magnesium, die zur Erhöhung der Belastbarkeit dieser Legierungen dienen, sind so gewählt, daß sie innerhalb der Löslichkeitsgrenzen bleiben. Wie die Legierungsbeispiele zeigen, sind

---

[1] *Fischer:* Zit. S. 165. — [2] In Abb. 140 sind für einige Aluminium- und Magnesium-Gleitlagerwerkstoffe in Abhängigkeit von der Härte die in der Lagerprüfmaschine der deutschen Versuchsanstalt für Luftfahrt von *G. Fischer* gemessenen Belastungsgrenzen eingetragen. Da alle Legierungen in gleicher Weise geprüft wurden, ist eine gute Beurteilung der Belastbarkeit aus diesem Diagramm zu entnehmen; außerdem gestattet es einen Vergleich zwischen Aluminium- und Magnesium-Gleitlagerlegierungen.

auch bei dieser Gruppe Zinn-, Kadmium- und Bleizusätze zur Verbesserung der Gleiteigenschaften vorgeschlagen worden.

Diese Legierungen verdanken ihre Entwicklung dem Wunsch, mit relativ weichen Wellen und Zapfen, z. B. aus Vergütungsstählen mit einer Härte von etwa 330 bis 380 kg/mm^2, auszukommen. Da die Schwermetallaluminide in diesem Fall erfahrungsgemäß leicht eine Riefenbildung hervorrufen, wodurch Fresser eingeleitet werden können, war es notwendig, die Gehalte an Eisen und Silizium weitgehendst zu senken. Die Leistungsgrenzen dieser Legierungen können Zahlentafel 15[1] entnommen werden.

ε) *Magnesiumlegierungen.* Auch Magnesiumlegierungen sind als Gleitlagerwerkstoffe für geringe Beanspruchungen vorgeschlagen worden, Zahlentafel 14[2]. Die vorliegenden Ergebnisse reichen jedoch zu einer abschließenden Beurteilung ihrer Leistungsfähigkeit nicht aus. Auch ist die chemische Beständigkeit dieser Legierungen gegen verschiedene Öle noch zu prüfen. Diese Werkstoffe verlangen ebenso wie die meisten Aluminium-Gleitlagerlegierungen zur Erzielung eines einwandfreien Gleitverhaltens sauberst bearbeitete Lager- und Wellenoberflächen und eine gute Schmierung.

Einen Anhalt über die Belastbarkeit von Magnesium-Gleitlagern geben Beobachtungen von *G. Fischer*[3], die in der früher erwähnten Abb. 140 zusammengestellt sind. *G. Fischer* bestimmte in der Lagerprüfmaschine der Deutschen Versuchsanstalt für Luftfahrt die Tragfähigkeitsgrenze, das Verhalten bei Dauerbeanspruchung und die Notlaufeigenschaften bei abgestellter oder gedrosselter Ölzufuhr. Aus Abb. 140, in der die Abhängigkeit der Tragfähigkeitsgrenze und des kurzzeitig (d. h. für zwei Stunden) zulässigen Lagerdrucks von der Warmhärte eingezeichnet ist, geht hervor, daß die Magnesiumlagerlegierungen im Vergleich zu Aluminium-Gleitlagerwerkstoffen geringer belastbar sind. Für die untersuchten Magnesiumlegierungen liegt die Grenze bei 300 bis 400 kg/cm^2.

Die Ergebnisse der Dauerprüfung (d. h. des Verhaltens der Lagerlegierungen bei einem 100-Stunden-Versuch mit 400 kg/cm^2 Belastung und einer Umfangsgeschwindigkeit von 5 m/sec.; Lagertemperatur 120°) ergaben, daß die Aluminiumlegierungen Nr. 1, 2 und 4 bei vernachlässigbarem Verschleiß betriebssicher bleiben, während die Legierungen 5, 6 und 7 zu Narben und Riefenbildung neigen. Die weiche Legierung 3 wird erwartungsgemäß als Vollschale unter den gewählten Prüfbedingungen durch Ermüdungsbrüche schnell zerstört. Aber auch die härteren Magnesiumlegierungen 8 und 11 versagen schon nach wenigen Stunden.

---

[1] Labor-Berichte der Karl Schmidt GmbH Nr. 193.
[2] *Hinzmann, R.:* Metallwirtsch. Bd. 16 (1937) Nr. 20 S. 477; s. a. Lit. s. S. 177.
[3] *Fischer:* Zit. S. 165.

Zahlentafel 15. *Laufversuche (Lagerprüfmaschine von Junkers).*
(Nach Laborbericht Nr. 193 der Karl Schmidt GmbH.)

Bez.	Lageroberfläche Brinellhärte, b; Lagerbreite, b; Wandstärke, s	Zapfenwerkstoff Oberflächen-beschaffenheit; Härte: Rockwell C; Brinellhärte	Lagerspiel mm	Umdr. je Min.	v m/sec.	Vorspannung des Lagers	Öldruck	Ölmarke	Belastung	Öltemp. Zufluß	Öltemp. Abfluß	Lagertemp. Lastseite	Lagertemp. entlast. Seite	Laufzeit Std.	Dauerversuch nach Stunden	Gesamtlaufzeit Stunden	Bemerkungen
1.[1]	Widia gedreht; $H_B=41$ kg/mm²; b = 40 mm; s = 7 mm	VCN 125; geschliffen; Rockwell C=36°; $H_B=330$ kg/mm²	0,15 bis 0,13	2000	6,8	keine	3,5	Shell mittel	54	60	70	80	68	1			Lager und Welle einwandfrei
				2000		keine	3,5	,,	103	63	73	89	74	1			
				2000		keine	3,5	,,	152	68	79	95	79	3½			
				2000		keine	3,5	,,	200	69	78	101	81	11½		24½	
			0,125 bis 0,095														
2.[2]	Widia gedreht; $H_B=38,5$ kg/mm²; b = 40 mm; s = 7 mm	VCN 125 geschliffen Rockwell C = 36° $H_B=330$ kg/mm²	0,13 bis 0,095	2000	6,8	keine	3,5	,,	103	64	80	96	83	2			Welle gut; Lagermetall zeigt, besonders in der Mitte des Lagers feine Risse; nicht gefressen
				2000	6,8	keine	3,5	,,	152	62	78	102	86	1			
				2000	6,8	keine	3,5	,,	200	61	78	114	93	8		15	
				2000	6,8	keine	3,5	,,	200	59	76	116	92		20		
				2000	6,8	keine	3,5	,,	200	63	78	115	93		40		
				2000	6,8	keine	3,5	,,	200	66	83	124	98		60		
				2000	6,8	keine	3,5	,,	200	69	84	128	100		80		
			0,13 bis 0,090	2000	6,8	keine	3,5	,,	200	66	81	125	98		100	104	

Zugfestigkeit: 10,1 kg/mm²
Streckgrenze (0,2%): 3,8 kg/mm²
Dehnung: 5,6 %

[1] Zusammensetzung der Lagerbuchse KS 630: 4,42% Cd; 0,78% Pb; 1,59% Cu; 1,98% Zn; 0,02% Fe; 0,02% Si; Rest Al.

[2] Verbundlagerbuchse KS 280/630.

Man kann aus dieser Beobachtung folgern, daß die mechanische und thermische Beanspruchbarkeit der Magnesium-Gleitlagerwerkstoffe offensichtlich weit unter den Grenzen liegt, die *G. Fischer* bei seinen Versuchen eingehalten hat. Wo allerdings die Beanspruchungsgrenzen genau liegen, kann vorerst nicht gesagt werden.

G. Fischer beobachtet, daß das Laufverhalten von der Zapfenbeschaffenheit (vergütet, doppelduro- oder einsatzgehärtet) ziemlich unabhängig ist.

Im Notlauf, d. h. bei unterbrochener bzw. gedrosselter Ölzufuhr, tritt bei allen Legierungen nach wenigen Sekunden bzw. einigen Minuten durch Trockenreibung ein Temperaturanstieg und eine starke Zunahme des Reibungswiderstandes ein, wodurch die Laufflächen durchweg mehr oder weniger stark zerstört werden. Auch diese Beobachtung ist bemerkenswert; sie zeigt, daß bei schärferen Anforderungen alle von *G. Fischer* geprüften Aluminium- und Magnesiumlegierungen im Notlauf keine praktisch befriedigende Auslaufzeit besitzen.

3. Gestaltung von Leichtmetallagern.

Die im vorhergehenden Abschnitt gegebene Übersicht bedarf noch einer wesentlichen Ergänzung, denn die Leistungsfähigkeit eines Aluminium-Gleitlagers ist nicht nur von der Legierungszusammensetzung, dem Gefügeaufbau und den mechanisch technologischen Eigenschaften abhängig, sondern wird ebenso sehr von der Lagerkonstruktion und natürlich auch, besonders bei den härteren Legierungstypen, von der Güte der Lagerendbearbeitung bestimmt. Die Bedeutung der Lagerkonstruktion folgt aus der Tatsache, daß die thermische Ausdehnung aller Aluminium-Gleitlagerlegierungen näherungsweise doppelt so

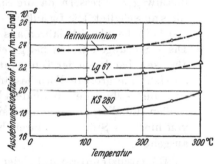

Abb. 141. Ausdehnungsbeiwerte von Aluminiumlegierungen. (Nach *H. Steudel*).

groß ist wie die von Stahl. Die Berücksichtigung oder Vernachlässigung dieser physikalischen Gegebenheiten ist für die praktische Bewährung oder das Versagen von Aluminium-Gleitlagern häufig von ausschlaggebender Bedeutung gewesen.

In Abb. 141 stellen die beiden Grenzkurven für die Ausdehnungsbeiwerte von Reinaluminium und der siliziumreichen Aluminiumlegierung „KS 280" etwa den Bereich dar, in dem die Ausdehnungskoeffizienten der Aluminium-Gleitlagerwerkstoffe liegen. Zahlentafel 16 und Abb. 140 ergänzen diese Angaben für einige weitere Legierungsvorschläge.

Die Folgerungen, die sich aus dem Unterschied der Ausdehnungsbeiwerte für das Leichtmetallager ergeben und die beim Einbau von
Aluminiumlagerschalen oder -buchsen in Stahl- oder Graugußgehäuse
besonders wichtig sind, lassen sich am bequemsten ableiten am Beispiel
einer Leichtmetallbuchse, die in einen Stahlring mit Preßsitz eingepaßt
ist. Wird diese Kombination bis zum Temperaturausgleich erwärmt, so
ist eine Ausdehnungsbehinderung der Buchse durch den Stahlring unvermeidlich. Ist die hierbei erreichte Temperatur so hoch gewesen, daß
die Buchse plastisch verformt wurde, so resultiert nach der Abkühlung
eine bleibende Schrumpfung des Buchseninnendurchmessers; außerdem
verringert sich die Pressung zwischen Lagerbuchse und Tragring. Die
Pressung braucht zunächst noch nicht vollständig verlorenzugehen,
da der beim Einpressen der Laufbuchse elastisch aufgeweitete Tragring
zurückfedert. Eine weitere Steigerung der Temperatur führt aber bei
zunehmender Schrumpfung der Buchse schließlich auch zur vollständigen Aufhebung der Einbaupassung: Der Laufring liegt locker im
äußeren Stahlkörper.

Beide Vorgänge beeinflussen die Betriebssicherheit der Lagerung
nachteilig. Während jedoch das Lockerwerden des Gleitelementes mit
verhältnismäßig einfachen konstruktiven Mitteln unschädlich gemacht
werden kann, führt die Schrumpfung des Buchseninnendurchmessers
durchweg zu Fressern, da die Spielverengung die Wirksamkeit des Ölfilms ausschaltet. Häufig äußern sich diese Schäden durch Spielverengung
erst bei folgendem Anfahren aus dem kalten Betriebszustand heraus. —
Diese Störungen treten bei geteilten Lagerschalen leichter auf als bei
Buchsen, bei denen der Temperaturausgleich leichter möglich ist und die
an sich eine größere Formbeständigkeit besitzen. Bei geteilten Lagern
sind die Teilfugen ein besonders kritischer Teil des Lagers, da an diesen
Stellen die Wärmespannungen sich am stärksten auswirken und daher
von hier aus Störungen durch Klemmen und Fressen besonders leicht
ausgehen.

Die Grenztemperatur, bei der die Einbaupassung aufgehoben und die
Sicherung der Lagerschale gegen Mitnahme durch die Welle verloren-
geht, hängt ab:

1. Von der Differenz der Ausdehnungskoeffizienten von Lagerbuchse
oder Lagerschale und Gehäuse;

2. von der Festigkeit der Aluminiumlegierung, vornehmlich der
Stauch- und Kriechfestigkeit, dem Verlauf der Spannungs-Stauchungs-
kurve, dem Elastizitätsmodul der Aluminiumschale und des Gehäuses;

3. von dem Verhältnis der Buchsen- oder Lagerschalendicke zur
Wandstärke der Aufnahmebohrung im Gehäuse;

4. von der Größe der Einbaupassung.

Da die Differenz der Ausdehnungsbeiwerte meist wenig beeinflußbar ist, kommt der Stauchfestigkeit der Aluminiumbuchse und dem Wandstärkenverhältnis von Lagerbuchse bzw. -schale und Gehäuse besondere Bedeutung zu.

A. Buske[1,2] hat in einfacher Weise die Bedeutung der Einflußgrößen 1 bis 3 für 18 nicht näher gekennzeichnete Leichtmetall-Gleitlagerwerkstoffe dadurch nachgewiesen, daß er Buchsen in Ringe aus St. 60.11 mit 0,06 mm Pressung einbrachte und im Ölbad erhitzte. Es zeigte sich hierbei zweierlei:

1. Die obere Grenztemperatur, bei der die Einbaupassung verloren geht, kann — je nach der Zusammensetzung der Aluminium-Lagerlegierung — zwischen 110 und etwa 210° schwanken;

2. die Zunahme des Spiels zwischen Buchse und Stahlring bei Erhitzung über die Temperatur der beginnenden Ablösung der Buchse hinaus ist ebenfalls von der Zusammensetzung abhängig; einer relativ

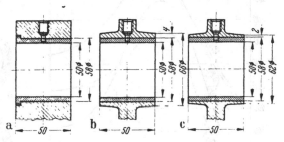

Abb. 142. Versuchsgehäuse und Buchsen: a Starres Gehäuse; b Gehäuse mit 4 mm Nabenwandstärke, c Gehäuse mit 2 mm Nabenwandstärke.

schnellen Spielzunahme bei Legierungen geringer Warmstauchfestigkeit stehen Werkstoffe mit langsamerer Spielzunahme, also hohem Stauchwiderstand in der Wärme, gegenüber.

Die Anwendung dieser stauchfesten, aber auch harten Aluminium-Gleitlagerlegierungen, die zwar hohe Lagertemperaturen erlauben[3], hat aber den Nachteil, daß an den Lagerkanten leicht Fresser entstehen. Diese Schwierigkeit versucht A. Buske dadurch zu beseitigen, daß er gemäß Abb. 142 die Wandstärke der Aufnehmerbohrung an den Rändern schwächt. Diese Maßnahme soll ein Auffedern der Gehäusebohrung bei Einwirkung von thermischen Spannungen ermöglichen und die gefürchtete Stauchung und Schrumpfung des Innendurchmessers ausschalten. Da bei dieser konstruktiven Gestaltung während des Erwärmens und Abkühlens der Kraftschluß zwischen Lagerbuchse und Gehäuse erhalten bleibt, ist auch die Buchse gegen Mitnahme gesichert. Wie weit die Nabenenden des Gehäuses geschwächt werden müssen, kann für einen vorliegenden Lagerfall nur durch Versuche entschieden werden.

---

[1] Buske, A.: Versuche mit Leichtmetall-Lagern in Prüfmaschinen und Flugmotoren. ATZ, Autom.-techn. Z. Bd. 42 (1939) S. 355.

[2] Buske, A.: Gestaltungsrichtlinien für die Anwendung von Leichtmetalllagern. Aluminium, Bd. 22 (1940) S. 293. — [3] Kuhm: Zit. S. 161.

Daß es indessen auf diese Weise möglich ist, die Grenzbelastung, die zum Fressen führt, erheblich zu steigern, beweist Abb. 143 mit Angaben für die beiden Leichtmetall-Gleitlagerwerkstoffe KS 1275 und KS 245 sowie zwei Bronzen.

Bei der Verwendung weicherer Lagerlegierungen mit entsprechend geringerer Warmstauchfestigkeit und größerer Schrumpfgefahr sind folgende Maßnahmen vorgeschlagen worden, um die Betriebssicherheit

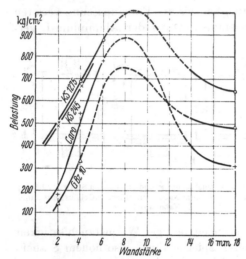

Abb. 143. Abhängigkeit der erreichten Grenzlagerbelastung von der Gehäuseform für verschiedene Lagerlegierungen. (Nach *A. Buske.*)

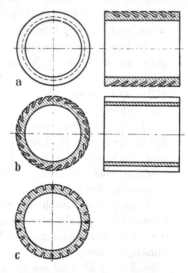

Abb. 144. Laufbuchsen mit Federungsschlitzen: *a* Buchse mit Federungsschlitzen in Umfangsrichtung, *b* Buchse mit Federungslängsschlitzen, *c* Buchse mit radialen Schlitzen (keine Federung möglich).

aufrechtzuerhalten. Nach *A. Buske* wird z. B. die in einem Stahlring eingepreßte Buchse im Ölbad zunächst auf eine Temperatur erwärmt, die rd. 20 bis 30° höher als die im Betrieb erwartete liegt. Nach dieser Behandlung lockern sich die Buchsen im Halterring. Werden sie dann durch konstruktive Mittel gegen Drehung gesichert und in der Lauffläche auf das erforderliche Lagerspiel feinstbearbeitet, so ergibt sich ein Lager, das relativ hohe Belastungen und Gleitgeschwindigkeiten erträgt. Der Vorteil dieser Maßnahme besteht darin, daß die Buchsen im Betrieb sich zunächst bei Zunahme des Lagerspiels frei ausdehnen können, bis sie im Gehäuse zur Anlage kommen. Durch die vorweggenommene thermische Behandlung ist also erreicht worden, daß gefährliche Stauchungen der Buchse erst oberhalb der normalen Betriebstemperatur eintreten und daher ungefährlich sind.

Daß die Lagergestaltung auf die Belastbarkeit und die Betriebs-

sicherheit einen sehr erheblichen Einfluß ausübt, ist neuerdings von
A. Buske überzeugend nachgewiesen worden[1].

Eine weitere Möglichkeit besteht darin, durch Anbringen von Feder-
schlitzen in den Außenflächen der Lagerbuchsen eine Stauchung der

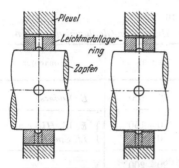

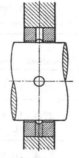

Abb. 145. Ermöglichung der Wärmeausdehnung für eine
Leichtmetallagerbuchse zur Vermeidung von plastischen
Verformungen (schematische Darstellung). (Nach *G.Fischer*).
a bei Raumtemperatur: Gleiten in der äußeren Lauffläche, *b* bei mittleren Temperaturen: Gleiten in beiden
Laufflächen, *c* bei hohen Temperaturen: Gleiten in der
inneren Lauffläche.

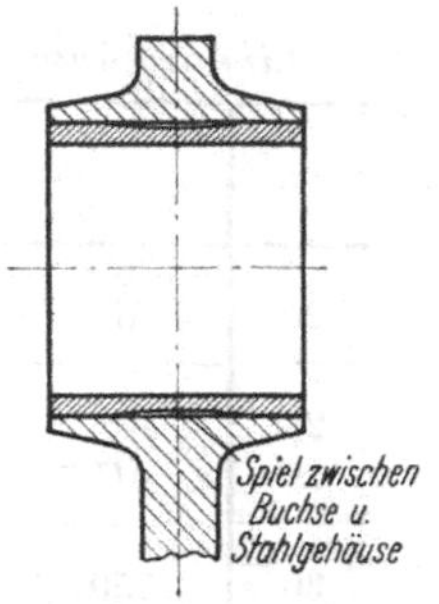

Abb. 146. Lager für
weite Drehzahlbereiche
mit selbstregelndem
Lagerspiel.

Buchse zu verhindern, Abb. 144a und b. Mit dieser Maßnahme ist es
möglich, die kritische Temperatur um 20 bis 30° zu steigern. Eine Anordnung der Längsschlitze gemäß
Abb. 144c, die auch schon früher
vorgeschlagen worden ist[2], bietet
keine Federungsmöglichkeit und
bleibt daher unwirksam.

G.Fischer hat eine unbehinderte
Ausdehnung der Buchse in der in
Abb. 145 erläuterten Weise zu er-
reichen versucht.

Beim Einbau einer Leicht-
metallbuchse in ein Stahlgehäuse
mit starkem Mittelsteg, Abb. 146,
treten bei vollkommen zylindri-
schen Buchsen unter dem Steg
infolge Ausdehnungsbehinderung
leicht Fresser ein; es ist daher vor-

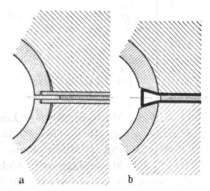

Abb. 147. Elastische Teilfugen für Leichtgleitlager
(Nach *H. Wiechell*.)
a Federnde Stahlbleche in der Teilfuge,
b federnde Stahlkörper zwischen der Teilfuge.

geschlagen worden, unter dem Steg eine Aussparung vorzusehen, die eine
freie Ausdehnung der Lagerbuchse erlaubt. Auf diese Weise können Leichtmetallager für größere Drehzahlbereiche betriebssicher gestaltet werden.

[1] *Buske, A.:* Stahl und Eisen, Bd. 71 (1951), S. 1420/33.
[2] Techn. Zbl. prakt. Metallbearb. Bd. 47 (1937) S. 737.

Es gibt noch eine Reihe weiterer Vorschläge für geteilte Lagerschalen, die die mit den unterschiedlichen Ausdehnungskoeffizienten verknüpften Gefahren zu beseitigen versuchen. *H. Wiechell* hat hierzu Vorschläge gemacht, von denen in Abb. 147 ein besonders bemerkenswerter dar-

Zahlentafel 16.

Lineare Ausdehnungskoeffizienten einiger Aluminium-Gleitlagerlegierungen.

Nr.	Bez.	β mm/mm · Grad	Δ T	Beobachter
20	Alva 36	$21{,}8 \cdot 10^{-6}$	$20-100°$	*E. Vaders*
28	AC 9	$22{,}3 \cdot 10^{-6}$	$0-150°$	} *E. W. Hiver* und
29	AC 7	$22{,}3 \cdot 10^{-6}$	$0-150°$	} *Ll. Smith*
30	750—T 5	$24{,}4 \cdot 10^{-6}$	$20-200°$	
	750—T 101	$24{,}4 \cdot 10^{-6}$	$20-200°$	
31	XA 750—T 6	$22{,}8 \cdot 10^{-6}$	$20-100°$	
		$23{,}8 \cdot 10^{-6}$	$20-200°$	*H. Y. Hunsicker;*
	XA 750—T 91	$23{,}8 \cdot 10^{-6}$	$20-200°$	
32	XB 750—T 5	$24{,}1 \cdot 10^{-6}$	$20-200°$	*H. Y. Hunsicker* und *L. W. Kempf*
33	XB 8OS—0	$23{,}9 \cdot 10^{-6}$	$20-200°$	
	XB 8OS—H 12	$23{,}9 \cdot 10^{-6}$	$20-200°$	

gestellt ist. Wenn auch diese Lösung für hochbelastete Lager nicht anwendbar ist, so dürfte sie doch in vielen Fällen bei mittlerer und kleiner Beanspruchung brauchbar sein.

Bei Leichtmetallagern in Gehäusen aus Aluminiumlegierungen sind die Schwierigkeiten naturgemäß viel geringer, da die Ausdehnungskoeffizienten in diesem Fall meist nur geringe Unterschiede besitzen.

4. Zusammenfassung.

Rückblickend ist somit festzustellen, daß die Entwicklung der leichten Gleitlagerlegierungen auf Aluminiumbasis durch zwei Faktoren veranlaßt worden ist:

1. Vermeidung von schwieriger beschaffbaren Metallen;
2. Entwicklung von Lagerlegierungen für höhere Beanspruchuug.

Die Entwicklung ist durch gute mechanische und physikalische Eigenschaften verschiedener Aluminiumlegierungen gefördert worden; sie ist jedoch durch die Schwierigkeit, insbesondere bei hoher Beanspruchung ein günstiges Gleitverhalten in allen Betriebszuständen zu erzielen, behindert worden. Es sind bisher trotz dieser Schwierigkeit viele brauchbare Aluminium-Gleitlagerlegierungen vorgeschlagen worden, über deren günstigste Zusammensetzung bis heute noch keine Übereinstimmung besteht. Es darf als sicher gelten, daß der Einbau einer weichen, niedrigschmelzenden Gefügekomponenten für die Gleitcharakteristik der Aluminiumlagerlegierungen von großem Vorteil ist.

Es ist schwierig, aus dem vorliegenden Beobachtungsmaterial ein eindeutiges und klares Bild über die Leistungsgrenzen der ausführlich beschriebenen Legierungen zu gewinnen. Dies hängt damit zusammen, daß die von verschiedenen Beobachtern an sehr verschiedenartigen Legierungen gemachten Feststellungen nicht unmittelbar miteinander vergleichbar und in vielen Fällen zu einem Vergleich auch nicht genügend vollständig sind.

Trotz dieser Schwierigkeit geht aus der allgemeinen Entwicklungsrichtung der letzten Jahre hervor, daß weichere Aluminiumlegierungen gegenüber härteren den Vorzug verdienen. Im ganzen gesehen bleibt nach bisherigen Erfahrungen die praktische Anwendung von Aluminiumlegierungen am besten auf Gleitlager mit mittlerer Belastung und Gleitgeschwindigkeit beschränkt, wobei die Lagertemperatur 100^0 möglichst nicht überschreiten soll.

Die vorliegenden Ergebnisse lassen aber die Behauptung gerechtfertigt erscheinen, daß insbesondere in den letzten Jahren ein großer Fortschritt erreicht worden ist und daß unter der Vielzahl der bisher genannten Legierungstypen sich für viele Lagerungen brauchbare Legierungen aussuchen lassen. Als Richtlinie hierbei kann eine Studie von *O. H. Hummel*[1] dienen, auf die hier abschließend hingewiesen sei.

---

[1] *Hummel, O. H.:* Neuzeitliche Gleitlagerwerkstoffe und ihre Verwendung, Arch. f. Metallkde., Bd. 1 (1947) S. 427/31.

E. Legierungen mit Silber als Hauptbestandteil.

Von Dr.-Ing. H. Mann, Osnabrück.

1. Entwicklung.

Die Entwicklung auf dem Gebiet der Kolbentriebwerke, insbesondere der Hochleistungsmotoren für Luftfahrzeuge, hatte für die Grund- und Treibstangenlager so hohe dynamische Belastungen gebracht, daß sich um das Jahr 1925 der Austausch des bisher verwendeten hochzinnhaltigen Weißmetallagers mit Stahlstützschale wegen nicht mehr ausreichender Dauerfestigkeit als notwendig erwies.

An die Stelle des Weißmetalls trat die Bleibronze, die nach hinreichender Überwindung ungewöhnlich großer Gießschwierigkeiten im Verbund mit Stahl ein Gleitlager erbrachte, das über lange Zeit als der am höchsten belastbare Lagertyp für den genannten Verwendungszweck gelten konnte und sich trotz Herstellungsschwierigkeiten, Ausschuß-Anfälligkeit und Kosten für die Ausrüstung von Flugmotoren und hoch belasteten Fahrzeugmotoren, insbesondere Dieselmotoren, als einzige befriedigende Gleitlagerbauart durchsetzte.

Während dieser Stand der Technik im Fahrzeugmotorenbau bis heute allgemeine Gültigkeit behielt, bahnte sich im Flugmotorenbau der Vereinigten Staaten seit dem Jahre 1938 eine neue Entwicklung an, nämlich die Verwendung von Silber als Lagermetall und als mittlere Schicht in Dreistofflagern.

Diese Entwicklung nahm um 1934 ihren Ausgang in Studien des Bureau of Standards und des Battelle Memorial Institute über Eigenschaften und technische Verwendungsmöglichkeiten des Silbers[1], und zwar auf Veranlassung der Silberproduzenten, die zu dieser Zeit ernste Absatzschwierigkeiten hatten.

Dabei wurde auch die Verwendung von Silber als Lagermetall in Betracht gezogen und insbesondere durch Arbeiten von *Dayton*[2] wesentlich gefördert. Diese Arbeiten richteten sich vorzugsweise auf den Austausch der Bleibronze-Verbundlager durch Silber-Verbundlager, wobei die Silberauflage sowohl durch Angießen wie durch Knetplattierung oder durch galvanischen Niederschlag auf weichem Flußstahl hergestellt wurde.

· [1] *Rogers, B. A., I. C. Schoonover, L. Jordan:* Circular of the National Bureau of Standards C 412, issued October 2, 1936, S. 4/10. — *Dayton, R. W., H. W. Gillett,* Rep. Batelle Memorial Inst. (1938/39) to the Silver Research Committee.

[2] *Dayton, R. W.:* Metals & Alloys Bd. 9 (1938) S. 323/28; Bd. 10 (1939) S. 306/10.

Die Entwicklungsarbeiten richteten sich bald vorzugsweise auf galvanisch hergestellte Schichten, da sich diese Herstellungsweise durch die Beherrschung der Schichtstärke und durch das dabei erzielte feine Korn auszeichnete, während eine ausreichende Bindung durch eine nachfolgende Wärmebehandlung gesichert wurde. Die galvanische Auftragung erlaubte auch die Herstellung von Silberschichten mit einem Bleigehalt von 3 bis 5%, durch den man eine Verbesserung der Notlaufeigenschaften des reinen Silbers anstrebte[1].

Die Gleitlagerfabrik des Flugzeugmotorenwerkes Allison der General Motors Corporation förderte die Entwicklung um 1940 durch serienmäßige Ausrüstung ihres Motors V 1710 mit galvanisch hergestellten Silberlagern[2]. Pratt & Whitney nahmen etwa um die gleiche Zeit für das große Pleuellager ihrer Sternmotoren den Austausch von Bleibronze durch Silber vor, und Packard folgte diesen Beispielen bei der Ausrüstung des von Rolls-Royce im Lizenzbau übernommenen „Merlin"[3]. In allen Fällen handelt es sich, soweit unsere Unterlagen reichen, um galvanisch auf eine Stahlstützschale unter Verwendung einer Kupfer- oder Nickelzwischenschicht aufgetragene Feinsilberschichten von 0,3 bis 0,5 mm Stärke, auf die Blei und Zinn oder Blei und Indium in einer Gesamtstärke von 0,02 bis 0,04 mm galvanisch aufgebracht und durch anschließende Erwärmung auf Temperaturen um 180° zur Diffusion miteinander und mit der Silberschicht gebracht wurden.

Lager mit Silberschichten, die zur Verbesserung der Laufeigenschaften nach dem Vorschlag von *Dayton*[4] einige Prozent Blei enthalten, waren zwar Gegenstand umfangreicher Entwicklungsarbeiten amerikanischer[1] und anschließend deutscher[5] Stellen, wurden aber u. W. bislang in den Serienbau von Hochleistungsmotoren nicht eingeführt.

Der heutige Verwendungsbereich des Silbers als Lagermetall dürfte dem Stand des Jahres 1945 insofern noch entsprechen, als es im amerikanischen Flugmotor die Bleibronze bei der Kurbelwellenlagerung im wesentlichen verdrängt hat. Über diesen Verwendungsbereich dürfte das Silberlager jedoch bisher weder in den Vereinigten Staaten noch in anderen Ländern wesentlich hinausgekommen sein. Im Kurbeltriebwerk

---

[1] *Faust, C. L., B. Thomas:* Trans. Elektrochem. Soc. 74 (1939) S. 185 — *Faust, C. L.:* Elektrochem. Soc., Preprint 78—7 (1940). — *Mathers, F. C., A. D. Johnson:* Trans. Elektrochem. Soc. Bd. 74 (1938) S. 229.

[2] *Bregman, A.:* Iron Age Bd. 150 (1942) S. 65/67. — *Etchells, E. B., A. F. Underwood:* S. A. E. Journal Bd. 53 (1945) S. 497/503.

[3] *Heron, S. D.:* Sleeve Bearing Materials. Cleveland 1949, S. 58.

[4] *Dayton, R. W.:* Metals & Alloys Bd. 10 (1939) S. 306/10.

[5] *Beerwald, A. L. Dörinckel:* Z. Elektrochem. angew. physik. Chemie Bd. 48 (1942) S. 255. — *Raub, E., A. Engel:* Z. Elektrochem. angew. physik. Chemie Bd. 49 (1943) S. 89/97. — *Raub, E.:* Naturkde. u. Medizin in Deutschland 1939 bis 1946, Bd. 33, Metallkde. NE-Metalle S. 122/26.

des Flugmotors hat es sich den Ruf des Gleitlagers mit der höchsten Belastbarkeit erworben, d. h. eines Gleitlagers, das in Triebwerken höchster z. Z. üblicher dynamischer Belastungen neben genügender Festigkeit auch allen anderen Ansprüchen insbesondere hinsichtlich Einlauf und Notlauf in ausreichendem Maß gerecht wird.

2. Gestaltung.

Silber muß wegen seines Preises bei industriellem Einsatz sparsam verwendet werden. Bei seiner Verwendung als Lagermetall stand daher von vornherein fest, daß es nur für hochwertige Maschinen und überdies nur als dünne Schicht in Verbundlagern in Betracht gezogen werden kann.

Die ersten Versuche zur Herstellung von Silber-Verbundlagern[1] richteten sich auf das Angießen von Büchsen aus weichem Flußstahl unter Verwendung der für Bleibronze-Verbundlager üblichen Verfahren. Zur Überwindung von Bindungsschwierigkeiten wurden Zwischenschichten aus Kupfer verwendet. Gießschwierigkeiten, Grobkornbildung und Schmelzverlust führten aber bald zur Abkehr vom Verbundguß und zum Studium der galvanischen Plattierung, und diese Methode hat sich für die Herstellung von Silber-Verbundlagern durchgesetzt, da sie folgende Vorzüge aufweist. Die Stetigkeit und Treffsicherheit des Verfahrens ist bedeutend höher als beim Verbundguß. Die Silberschicht kann sparsam in genau regelbarer Stärke auch auf unregelmäßig geformte oder beidseitig zu plattierende Stützkörper, wie sie bei Motorenlagern vorkommen, aufgetragen werden.

Die Hauptschwierigkeit bei der galvanischen Plattierung liegt in der Erzielung guter Bindung mit der Stahlstützschale, zumal da schon kleine Versäumnisse bei Durchführung der Badbehandlungen Bindungsfehler verursachen können, die der Erfassung durch die Kontrolle nur schwer zugänglich sind. Der Entwicklung und Kombination geeigneter Kontrollmethoden wurde deshalb besondere Aufmerksamkeit gewidmet.

Die galvanisch aufgetragenen Silberschichten sind so feinkörnig, daß die Korngrößenbestimmung im Schliff nicht mehr möglich ist. Die Schichten sind in diesem Zustand unerwünscht hart. Die Lagerkörper werden deshalb eine Stunde bei 500 bis 540 ° C in einer neutralen oder reduzierenden Atmosphäre geglüht, wodurch die Bindung mit dem Stützkörper verbessert wird und das Silber auf eine Korngröße von etwa 35 μ rekristallisiert, wobei die Härte auf 60 bis 85 Rockwell 15 W abfällt.

Die Oberfläche der Silberschicht wird — etwa durch Räumen — feinbearbeitet und kann in diesem Zustand in einer begrenzten Zahl von Anwendungsfällen als Lauffläche verwendet werden, so z. B. für schwin-

---

[1] *Sleight, I. C., L. W. Sink:* Sleeve Bearing Materials. Cleveland 1949, S. 65/69.

gende Lager, wie sie der Außenbelag der Pleuellager von V-Motoren darstellt. Für die normalen Zapfenlager der Kurbelwellen hat sich die
Laufschicht aus Silber als zu empfindlich gegenüber den Unzulänglichkeiten bei Einlauf und Notlauf erwiesen[1], und zwar offenbar aus Mangel
an Einbettfähigkeit (embeddability) und Benetzbarkeit (oiliness).

Diese Beobachtung führte zur Anwendung einer besonderen Laufschicht in Form einer galvanisch auf das Silber aufgetragenen Blei-Zinn-
oder Blei-Indium-Schicht von 15 bis 40 μ Stärke[2]. Dabei wird erst Blei
und darüber Zinn oder Indium aufgebracht und dann beide durch Erwärmung, z. B. bei 175° 2 Stdn. im Ölbad, zur Diffusion miteinander
gebracht.

Deckschichten dieser Art wurden bereits bei den Bleibronzen behandelt (vgl. S. 312 f) und als wertvolles Mittel zur Erleichterung des Einlaufs und zur Erhöhung der Korrosionsbeständigkeit gekennzeichnet.
Bei Silberlagern ist diese Deckschicht aber — von den angedeuteten
Ausnahmen abgesehen — nicht nur vorteilhaft, sondern zur Wahrung
der Betriebssicherheit sogar unerläßlich. Wir haben es also — genau betrachtet — gar nicht mit einem Silberlager im eigentlichen Sinne des
Wortes zu tun, sondern mit einem Mehrschichtenlager, bei dem das
Silber die Rolle der Zwischenschicht übernimmt, der bei guter mechanischer Festigkeit, insbesondere Dauerfestigkeit, und ausreichenden
Laufeigenschaften, guter Bindung und hervorragender Wärmeleitfähigkeit im Normalfall nur die typischen Aufgaben eben dieser Zwischenschicht und nur im Ausnahmefall die Aufgaben der eigentlichen Laufschicht zufallen.

Es hat nicht an Versuchen gefehlt, Silber durch Zuschlag anderer
Metalle in seinen Eigenschaften als Lagermetall zu verbessern. Auch dazu
wurden vornehmlich galvanische Verfahren herangezogen.

Der Verbundguß reinen Silbers mit Stahl wurde, wie bereits erwähnt,
vornehmlich aus wirtschaftlichen Erwägungen bald wieder verlassen.
Bemerkenswert ist eine aus den Erfahrungen der Wright Aeronautical
Co. gewonnene Erkenntnis, daß grobes Korn bei elektrolytisch aufgebrachten und anschließend rekristallisierten Silberschichten für die Bewährung als Lagerwerkstoff im Flugmotor keine Nachteile brachte[3]. Erfahrungen darüber, ob dies auch für angegossene Schichten gilt, werden
nicht mitgeteilt.

Das Aufbringen der Silberschicht durch Druck- oder Knetplattierung
in der Wärme, wie beim Doublieren in der Edelmetallindustrie üblich,
ist kurz nach Aufbau der galvanischen Anlagen für die Rüstungsfertigung

---

[1] *Dayton, R. W.:* Metals & Alloys Bd. 9 (1938) S. 323/28. — [2] *Mullin, U. A.:*
Monthly Review, American Electroplaters' Soc. Bd. 31 (1944) S. 898/903. —
Wright, O.: Journal Electrodepositors Tech. Soc. Bd. 20 (1944/45) S. 1/15. —
[3] *Palsulich, J., R. W. Blair:* Sleeve Bearing Materials. Cleveland 1949, S. 223/24.

in den USA um 1942 mit bestem Erfolg erprobt worden, kam jedoch nicht in größerem Umfang zur Einführung[1].

Über die Methodik der galvanischen Auftragung und der verwendeten Bäder gibt ein umfangreiches amerikanisches Schrifttum[2] und auch deutsche Berichte[3] eingehende Auskunft.

Besonders hingewiesen sei auf den Bericht von *Raub*[3], der über unveröffentlichte deutsche Arbeiten aus der Zeit des zweiten Weltkrieges zusammenfassend referiert. Aus seinen Angaben spricht ebenso wie aus dem amerikanischen Referat von *Dayton* und *Faust*[2] aus dem Jahr 1940 das intensive Bemühen der Entwicklungsstellen, Blei-Silber-Legierungen an Stelle von Reinsilber zu verwenden, um entsprechend wie bei den Blei-Kupfer-Legierungen durch das Blei die fehlenden Lagereigenschaften zu ergänzen, zumal schon 3 bis 5% Blei eine wesentliche Besserung bezüglich ,,oiliness'' bringen sollen[4]. Obwohl der Verbundguß nach dem Zustandsdiagramm Blei-Silber[5] zu einer gleichartigen Struktur führt wie bei Bleibronze, wurde der elektrolytischen Auftragung im cyanidischen Bad, wie beim Reinsilber-Niederschlag üblich, aus wirtschaftlichen Gründen der Vorzug gegeben.

Die galvanische Technik stellt bei dieser Art von Komplexbädern erhebliche Anforderungen an die Konstanthaltung der Arbeitsbedingungen, sodaß — jedenfalls bei den deutschen Arbeiten — die wünschenswerte Treffsicherheit noch nicht gewährleistet war. Unerwünscht war auch die hohe Härte der Schichten, die mit etwa 70 kg/mm^2 Brinell über denen von Reinsilberschichten lag.

Die Anwendung von Blei-Silber-Schichten ist aus den genannten Gründen trotz erfolgreicher Versuchsläufe nach unserer Kenntnis an keiner Stelle aus dem Erprobungsstadium herausgekommen.

Da die Verwendung von Silber für Lagerzwecke auch für den begrenzten Kreis von Hochleistungslagern für solche Triebwerke, in denen Bleibronzelager die Grenzen ihrer Leistungsfähigkeit erreichen oder überschreiten, in Europa problematisch bleiben wird, sei abschließend auf die von *Raub* und Mitarbeitern eingeleiteten Versuche zur Verwendung galvanisch aufgebrachter Kupferschichten[6] hingewiesen. Die mit-

---

[1] *Sleight, I. C., L. W. Sink*: Sleeve Bearing Materials. Cleveland 1949, S. 66.

[2] *Dayton, R. W., C. L. Faust*: ,,The use of silver in bearings'' in ,,Silver in industry'' edited by L. Addicks. New York 1940, S. 221/35. — *Schaefer, R. A.*: Sleeve Bearing Materials. Cleveland 1949, S. 189—198.

[3] *Bollenrath F.*: Metalloberfläche Bd. 1 (1947) S. 3/10. — *Raub, E.*: Naturkde. u. Medizin in Deutschland 1939—1946, Bd. 33, Metallkde. NE-Metalle, S. 122/26.

[4] *Dayton, R. W.*: Metals & Alloys Bd. 10 (1939) S. 306/10.

[5] *Hansen, M.*: Aufbau der Zweistofflegierungen, Berlin 1936, S. 46/47.

[6] *Raub, E.*: Naturkde. u. Medizin in Deutschland 1939—1946, Bd. 33, Metallkde. NE-Metalle S. 126/27.

geteilten Ergebnisse lassen eine Fortführung dieser Arbeiten unter Auswertung der über zusätzliche Deck- und Laufschichten auf Bleibasis gewonnenen Erfahrungen aussichtsreich erscheinen.

Eines darf bei der Betrachtung galvanisch hergestellter Mehrschichten-Verbundlager nicht übersehen werden. Wegen der Art und geringen Stärke der Schichten handelt es sich um *einbaufertige* Lager und nicht um solche, die im Lagerstuhl des Motors, also am Verwendungsort, fertiggebohrt werden. Auch die amerikanische Flugmotorenindustrie mußte in dieser Beziehung beim Übergang vom Bleibronze-Verbundguß-Lager zum galvanisch hergestellten Silberlager eine schwierige Fertigungsumstellung vornehmen. Dieser Hinweis erscheint um so wesentlicher, als die europäische Gleitlagerfertigung vorerst nur zum geringeren Teil auf die Austauschfertigung einbaufertiger Lagerschalen und die entsprechende Tolerierung von Gehäuse und Welle eingestellt ist.

Die Bewertung, die galvanische Methoden für die Gleitlagerfertigung in den Vereinigten Staaten erfahren, sei durch den Hinweis gekennzeichnet, daß die Leitung der Entwicklungs- und Versuchslaboratorien einer großen Gleitlagerfabrik, der sehr bedeutende Fortschritte auf den Gebieten des Verbundgusses, der Bandverfahren und des einbaufertigen Dünnblechlagers zu danken sind, einem Experten auf dem Gebiet der Galvanotechnik anvertraut wurde.

F. Legierungen mit Zink als Hauptbestandteil.

Von RR Dr. E. Martin, Minden.

Mit 18 Abbildungen.

Als Zinklagermetalle werden die Lagermetalle bezeichnet, die überwiegend Zink als Legierungskomponente enthalten. Da die Zinklegierungen immer dann stärker eingesetzt wurden, wenn die Beschaffung von
Zinn und Kupfer schwierig war, fällt ihre Weiterentwicklung überwiegend
in diese Zeiträume. Daß man von den Zinklegierungen wieder auf die
Zinn- und Kupfer-Basislegierungen überging, wenn dieser Notstand beseitigt war, lag daran, daß die verwendeten Zinklegierungen zunächst
erhebliche Mängel aufwiesen. Erst als die Forschung, vorwiegend in
Amerika, den Zinklegierungen ihre volle Aufmerksamkeit schenkte und
feststellen konnte, worauf das Versagen der Zinklegierungen — selektive
Korrosion und Maßänderung — zurückzuführen war und wodurch es verhindert werden konnte, setzte eine stürmische Entwicklung auf dem
Gebiet der Zinklegierungen ein, man ging dabei auch an die Erprobung
und schließlich an die Verwendung von Lagermetallen auf Feinzinkbasis

1. Entwicklung der Zinklagermetalle.

Um einen Überblick über die Entwicklung der Zinklagermetalle zu
bekommen, seien alle die Legierungen im folgenden erwähnt, die zum
Ersatz für Weißmetalle und Bronzen herangezogen wurden. Rein em-
pirisch wurden schon vor 1914 Legierungen aus meist mehreren Komponenten, zu denen Aluminium, Kupfer, Zinn, Blei, Nickel, Antimon, Kadmium, Kalzium und Eisen gehören, zusammengestellt und mit mehr oder
weniger Erfolg als Lagermetall eingesetzt. Meistens versuchte man das
teure Zinn zu ersetzen. Prüfstandversuche und Angaben über ihre Bewährung im Betrieb fehlen, so daß über diese Legierungen keine näheren
Angaben gemacht werden können. Sie sind in der Zahlentafel 1 aufgeführt, die ebenso wie die folgenden drei der Dissertation von *Paul Gieren*[1]
entnommen sind. Bei diesen Legierungen handelt es sich noch vorwiegend
um Zinnlegierungen, deren Zinnanteil durch Zulegieren von Zink und
teilweise auch Blei vermindert wurde. Im Anfang des ersten Weltkrieges
ging man so vor, daß man den Zinkanteil und Bleianteil vergrößerte, um
dadurch Zinn zu sparen. Diese zinnhaltigen Legierungen sind in Zahlen-

---

[1] *Gieren, P.:* Dissertation Berlin 1919.

Zahlentafel 1. *Vor dem Kriege bekannte Zinklegierungen.*

Bezeichnung	Zusammensetzung				
	Sn %	Pb %	Cu %	Al %	Zn %
1. Germania-Weißbronze (Elefantenmarke)	8	1—2	4—5	—	Rest
2. Tandem-Weißbronze Nr. 1 (thornykroft für die Marine)	72,25	—	etwa 1,25	—	Rest
3. Tandem-Weißbronze Nr. 2 (nach *Parson*)	58,5	—	etwa 2	—	Rest
4. Tandem-Weißbronze Nr. 3	30	etwa 2	4—5	—	Rest
5. Tandem-Weißbronze Nr. 4 (nach *Fenton*)	16	—	4—5	—	Rest
6. Tandem-Weißbronze Nr. 5	8	2—3	7—8	—	Rest
7. Hammonia-Metall	60	—	2—4	—	Rest
8. Lagerweißmetall (nach *Parson*) ...	68	2	2	—	Rest
9. Tandem-Weißbronze Nr. 1 (nach *Parson*, mit Al)	54,6	—	3	1	Rest
10. Amerikanisches Metall (für den Automobilbau)	65	1,5	4,5	—	Rest
11. Anti Attrition Metal London	38	—	2,0	—	Rest
12. Anti Attrition Metal London	11	—	4	—	Rest
13. Französische Kriegsmarine	7,5	4	4	—	Rest
14. Lagermetall LC	12	—	2—4	—	Rest
15. Leddel Metall für Automobilbau . .	—	—	5	5	Rest

tafel 2 aufgeführt. Sie haben sich zum Teil als Ersatz für die hochzinnhaltigen Legierungen bewährt. Zeiten der Zinnknappheit konnten damit überbrückt werden. Danach wurden sie jedoch nicht beibehalten.

Zahlentafel 2. *Zinnhaltige Kriegszinklegierungen.*

Bezeichnung	Zusammensetzung				
	Sn %	Sb %	Pb %	Cu %	Zn %
16. Kriegsmetall 1915	3	—	etwa 2	4	Rest
17. Eisenbahn-Zinklegierung EZL Nr. 1	21,3	etwa 3	12	3,3	Rest
18. Eisenbahn-Zinklegierung EZL Nr. 2	19	etwa 3	16,6	3,2	Rest
19. Aalener Zinklegierung (nach Baurat *Haßler*)........................	20,51	3,03	21,6	3,49	Rest
20. Kriegsbronze 1916	10,7	—	6	7,9	Rest
21. Olpea-Weißbronze	6,5	Spur	2	3,5	Rest
22. Glyco-Weißbronze ZD	6,2	1	4,45	3,75	Rest
23. Saxonia-Bronze	3—5	0,7	2,5	6—8	Rest

Weiter führte die Verknappung im ersten Krieg zur Entwicklung der zinn- und bleifreien Legierungen, deren Zusammensetzung in Zahlentafel 3 angegeben ist. Eine Verbesserung sollte der Zusatz von Mangan zu den Zink-Kupfer-Aluminiumlegierungen bedeuten, die in der Zahlen-

Zahlentafel 3. *Zinnfreie Kriegszinklegierungen sog. Ersatzbronzen.*

Bezeichnung	Zusammensetzung		
	Cu %	Al %	Zn %
24. Spandauer Legierung	4—5	2,5—3,5	Rest
25. Pepenburger Zinklegierung (Elefanten-marke)	5—6	2—3	Rest
26. Erhard-Bronze	8	3	Rest
27. Erhard-Bronze	9	1	Rest
28. Goldschmidt Essen	6—7	5—6	Rest
29. Kriegsbronze rot Siegel	4	2	Rest
30. Kriegsbronze grün Siegel	6—7	2	Rest
31. Kriegsbronze gelb Siegel	8—9	2	Rest
32. Ava-Metall	2	2	Rest
33. Bronze 1917	4	1	Rest

tafel 4 aufgeführt sind. Über die Anwendung ist jedoch nichts bekannt geworden. Weitere Zinklagermetalle sind noch von *M. v. Schwarz* zusammengestellt (Zahlentafel 5) und in dem vom Fachausschuß für Werk-

Zahlentafel 4. *Manganhaltige Ersatzbronzen.*

Bezeichnung	Zusammensetzung			
	Cu %	Al %	Mn %	Zn %
34. Hohenzollern-Lager-Weißmetall	4—5	etwa 2	1—2	Rest
35. *Goldschmidtsche* Weißbronze	etwa 5—6	2—3	etwa 1	Rest

Zahlentafel 5. *Zinklagermetalle nach M. v. Schwarz.*

Bezeichnung und Verwendung	Zusammensetzung					
	Zn %	Sn %	Cu %	Pb %	Sb %	Cd %
Lagermetall	90	1,5	7	—	1,5	—
Lagermetall	88	2	8	—	2	--
Sulzer Antifriktionsmetall	83,6	9,9	4,0	1,2	—	—·
Pierrots Lagermetall	83,3	7,6	2,3	3,0	3,8	—
Englisches Lagermetall	80	14,5	5,5	—	—	—
Englisches Lagermetall	76,1	17,5	5,6	—	—	—
Glievor-Metall	73,5	6,9	4,3	4,9	8,9	1,4
Englisches Babbitmetall	69	19	4	5	3	—·
Lagermetall von Dunlevic	52	46	1,6	—	0,4	····
Lager für Transportwagen	50	25	—	25	—	--
Wagners Zapfenlagerlegierung	47	38	1	4	6	—·
Knieß' Lagermetall	40	15	3	42	—	—
Germania-Bronze	80,4	9,6	4,4	4,7	0,8 Fe	
Ehrhardt-Bronze	84,4	0,2	10,9	1,2	2,5 Al	
Saxonia-Bronze	84,8	5,3	6	3	0,2 Al	
Tandem-Bronze	66	21,5	7	4,8	0,2 Al	
Glyco-Metall	85,5	5	2,4	4,7	2 Al	

stoffkunde beim VDI herausgegebenen Übersichtsblatt I vom Dezember
1936 (Zahlentafel 6) zu finden.

Da diese Legierungen jedoch nicht mit Feinzink hergestellt wurden,
sind sie ohne Bedeutung geblieben.

Zahlentafel 6.

Bezeichnung	Zusammensetzung				
	Sn %	Cu %	Al %	Pb %	Zn %
Glyco-Metall (älter)	5	2,4	2	4,7	85,5
Glyco-Weißbronze ZD	6—9	Cu, Al und Pb Rest			84—86
Glyco-Weißbronze ZD 10 L.	Sn, Cu und Al Rest			5—6	81—82
Tandem-Weißbronze	16	4	—	—	80
Erhardt-Bronze	6	3	—	2	89
Glievor-Lagermetall	6,7	4,4	—	5	73,5
	Kadmium 1,4%, Antimon 9%				
Germania-Bronze	5—7	4—5	0,25—	2—3	85—88
Papenburger Bronze	—	4—5	bis 2,5	—	92—95
Erka L	—	3—4			95—96
	unter 1% Cu, Mg und Si				
Erka 5	—	5	3	—	92
Erka 8	—	8	4	—	88
Ebbinghaus-Zink-Sonder-lagermetalle	—	2—8	2,5—5	—	86—92
Ney-Lagermetall	—	0,7	4,4	Spur Mg	95,7

2. Aufbau der Zinklagerlegierungen.

Durch die rege Forschungstätigkeit auf dem Gebiet der Zinklegierungen vor allem in der Zeit zwischen 1935 und 1940 hatte man erkannt,
weshalb die Zinklegierungen, die im ersten Weltkrieg als Ersatz für
Kupferlegierungen verwendet wurden, so oft versagten. Der Einfluß
kleiner Verunreinigungsmengen und der Umwandlungsvorgänge wurden
erkannt und die theoretischen Grundlagen durch Ausarbeiten der wichtigsten Zustandsdiagramme geschaffen. Außerdem war man in der Lage,
Zink hohen Reinheitsgrades herzustellen, so daß Feinzink mit einem Rein-
heitsgrad bis zu 99,995% zu einem normalen Preis zu erhalten war. Hiermit setzten auch systematische Untersuchungen an Lagermetallen auf
Zinkbasis ein, die zum Ziel hatten, die Zinklegierungen mit den besten
Laufeigenschaften zu ermitteln. Während bisher die für Lagerlegierungen
verwendeten Legierungen meistens Zinn und Blei enthielten, wurden
diese Untersuchungen vorwiegend an Zinklegierungen auf Feinzinkbasis
vorgenommen, die Al und Cu bzw. nur Al enthielten. Vereinzelt wurden
auch Legierungen, die aus Rohzink erschmolzen waren und neben Aluminium Blei enthielten, untersucht. Die guten Laufeigenschaften der
Legierungen führten zum erhöhten Einsatz im Krieg. Sie fanden als

Lagerlegierungen Eingang in die Norm. Im Normblatt DIN 1724 vom Juli 1944 waren zwei Legierungen genormt:

1. Zn — Al 4 — Cu 1 (3,5 — 4,5% Al, 0,6—1,0% Cu, 0,02—0,05% Mg, Rest Feinzink).
2. Zn—Cu 5—Pb 2 (4—5% Cu, 2,0—2,5% Pb, 0,5—1,0% Sn) aus Rohzink erschmolzen[1,2].

Lagerlegierungen mit höherem Aluminiumgehalt bis zu 30 %, die, wie unten dargelegt wird, bessere Laufeigenschaften haben, wurden nicht genormt, da Aluminium im Krieg für diesen Zweck nicht freigegeben werden konnte.

Die Legierungen, die sich auf Grund systematischer Versuche und auch schon praktisch bewährt haben, sind außer den oben genannten die Legierungen Zn — Al 10 — Cu 1[3], sowie die auf Feinzinkbasis hergestellten Legierungen mit 30 % Aluminium (rd. 70% Feinzink und 30% Al) und die gleiche Legierung unter Zusatz von 1% Cu. Als weitere Legierung wurde noch die mit Rohzink erschmolzene Legierung mit 30% Al und 1,25% Blei geprüft. Sie enthielt aus dem Rohzink stammend als Verunreinigung 0,50% Fe[4].

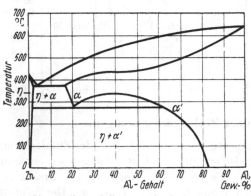

Abb. 148. Zustandsdiagramm des Systems Zn-Al. (Nach *Burkhardt.*)

Der Gefügeaufbau der Legierung Zn — Al 30 ist aus dem in Abb. 148 wiedergegebenen Zustandsdiagramm des Systems Zn — Al zu entnehmen. Die Legierung erstarrt unter Ausscheidung von homogenen α-Mischkristallen[5], die sich beim Unterschreiten der Kurve α-α' in zwei Mischkristalle verschiedener Konzentration spalten. Beim Erreichen der eutektoiden Zerfallstemperatur von 272° geht der Zerfall in der Weise weiter, daß der in größerer Konzentration vorhandene α-Mischkristall eutektoid zerfällt, während sich nach Beendigung des eutektoiden Zerfalles aus dem α-Mischkristall mit sinkender Temperatur zink-

---

[1] *Beerwald, A.* u. *L. Döhler:* Archiv Metallkde. Bd. 1 (1947) S. 412.

[2] *Schwarz, M. v.:* Metall u. Erz Bd. 41 (1944) S. 124.

[3] *Schmid, E.* u. *R. Weber:* Metallwirtschaft, Metallwiss., Metalltechn. Bd. 18 (1939) S. 1005. — [4] *Litzenburger, Th.:* Gießerei Bd. 30 (1943) S. 166.

[5] Die flächenzentriert-kubischen Mischkristalle auf der Aluminiumseite des Diagrammes werden nach dem Vorschlag von *Köster* und *Möller* (Z. Metallkde. Bd. 33 (1941) S. 278) entgegen der früheren Bezeichnung mit α bezeichnet. In früheren Arbeiten wurde dieser Mischkristall mit β bezeichnet.

reiche η-Mischkristalle ausscheiden. Die Erstarrungs- und Ausscheidungsvorgänge der Legierung Zn — Al 30 — Cu 1 spielen sich praktisch in gleicher Weise ab, da der geringe Kupferzusatz von $1^0/_0$ noch keinen großen Einfluß auf die Erstarrungs- und Ausscheidungsvorgänge ausübt. Es scheiden sich lediglich geringe Mengen eineskupferreichen ε — Mischkristalles aus.

Dasselbe gilt auch für die Legierung Zn — Al 10 — Cu 1. Bei dieser Legierung scheiden sich primär an Zink gesättigte kupferhaltige α-Mischkristalle aus. Es schließt sich die Kristallisation eines aus α und η-Mischkristallen bestehenden Eutektikums an. Die α- und η-Mischkristalle enthalten ebenfalls Kupfer in fester Lösung. Aus dem primär und sekundär ausgeschiedenen α-Mischkristall scheiden sich bei weiterer Abkühlung zinkreiche η-Mischkristalle aus, bis die Temperatur des eutektoiden Zerfalles (272°) erreicht ist. Bei dieser Temperatur tritt wieder der Zerfall $\alpha = \alpha' + \eta$ ein.

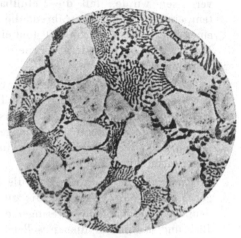

Abb. 149a. Normaler Kokillenguß (Metallbadtemperatur 410°, Formtemperatur 350°). Vergr. 200.

Ähnlich sind auch die Vorgänge der Erstarrung und Ausscheidung im festen Zustand für die Lagerlegierung Zn — Al 4 — Cu 1 aus diesem Diagramm zu verstehen. Die Erstarrung geht unter primärer Abscheidung von η-Zinkmischkristallen, die Aluminium und Kupfer in fester Lösung enthalten, vor sich.

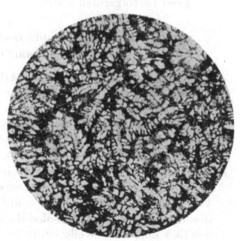

Abb. 149b. Badtemperatur 450°. Formtemperatur 20°. Vergr. 200.

Abb. 149a und 149b. Gefügebilder der Lagerlegierung Zn-Al 4 — Cn 1. (Nach *Burkhardt*.)

Daran schließt sich die Kristallisation eines aus ternären η und α-Mischkristallen bestehenden Eutektikums an. Aus den primär ausgeschiedenen η-Mischkristallen und aus denen des Eutektikums müssen sich bei vollständiger Einstellung des Gleichgewichtes kupferhaltige ternäre ε-Mischkristalle im festen Zustand ausscheiden. Das Gefüge einer derartigen Legierung ist in Abb. 149a und 149b wiedergegeben. Die Abb. 149a zeigt die Legierung Zn — Al 4 — Cu 1, die in der Weise vergossen wurde, daß die Metallbadtemperatur 410° und die Formtemperatur 350° betrug, während die Abb. 149b die gleiche Legierung bei einer Badtemperatur von 450° und einer Formtemperatur von 20° zeigt. Das in Abb. 149b wiedergegebene Gefüge ist infolge der schnelleren Erstarrung erheblich feiner[1].

Genaue Angaben über die Erstarrungsvorgänge in den Zn — Al — und Zn — Cu — Legierungen mit Pb als dritter Komponente können nicht gemacht werden, da die Zustandsdiagramme dieser Dreistofflegierungen noch nicht genügend geklärt sind. Die Erstarrung dürfte jedoch auch hier der Erstarrung in den betreffenden Zweistoffbasislegierungen sehr ähnlich sein.

Zu erwähnen ist noch, daß die Zinklegierungen noch Magnesiumgehalte bis 0,03% enthalten, die zur Erzielung eines feinen Kornes und dem Unschädlichmachen geringer etwa noch vorhandener Spuren von Blei und Kadmium dienen sollen[2]. Höhere Magnesiumgehalte sollen nicht gewählt werden, da die Gießbarkeit verschlechtert und Warmrissigkeit hervorgerufen wird[3].

3. Physikalische und mechanische Eigenschaften der Lagermetallegierungen.

In der Zahlentafel 7, die einer Arbeit von *Weber*[4] entnommen wurde, sind die physikalischen und mechanischen Eigenschaften der genannten Zinklagerlegierungen im Vergleich mit diesen Eigenschaften der anderen Lagerlegierungen angegeben. Der Wärmeausdehnungskoeffizient liegt bei den Zinklegierungen verhältnismäßig hoch. Diese Tatsache ist bei der Bemessung des Lagerspieles, bei der Herstellung von Verbundlagern und bei der Verwendung massiver Zinklegierungslager, wenn sie im Betrieb höhere Temperaturen erreichen können, zu berücksichtigen. Der E-Modul, der einen Schluß auf das Verhalten im Betrieb zuläßt, insofern, als bei geringen E-Modul eine leichtere Verformung des Lagermetalles durch die Welle eintreten kann, liegt bei den Zinklagerlegierungen zwischen den Werten für Zinn-, Blei- und Aluminiumlagerlegierungen einerseits und den Kupferlegierungen andererseits.

---

[1] *Burkhardt*, Technologie der Zinklegierungen, Springer 1940.
[2] *Schmidt, E.* u. *R. Weber:* Metallwirtsch., Metallwiss., Metalltechn. Bd. 18 (1939) S. 1005.
[3] *Litzenburger, Th.:* GießereiBd. 30 (1943) S. 166.
[4] *Weber, R.:* Naturforsch. u. Medizin in Deutschland 1939—1946 Bd. 33.

Die Wärmeleitfähigkeit der Zinklegierungen liegt erheblich höher als die aller anderen Lagerlegierungen mit Ausnahme der Aluminiumlagerlegierungen, die in der Wärmeleitfähigkeit noch etwas höhere Werte aufweisen. Die hohe Wärmeleitfähigkeit kann sich bei der Ableitung der Lagerwärme günstig auswirken, wenn auch hier der Bau und Einbau des Lagers, die Schmierung und eine eventuelle Kühlung weit ausschlaggebender sind.

In der Härte liegen die Zinklagerlegierungen zwischen den „weichen" zinn- und bleihaltigen und den „harten" Kupferlegierungen. Hierdurch ist ein Hinweis gegeben, daß die Zinklegierungen zum Austausch beider Legierungsarten in gewisser Weise herangezogen werden können. Bei der Warmfestigkeit liegen ähnliche Verhältnisse gegenüber den anderen Legierungen vor. Sie gibt eine Grenze für die Verwendbarkeit von Lagern, in denen höhere Temperaturen auftreten können ganz ähnlich wie bei den Zinn- und Bleilagerlegierungen. Die Festigkeit liegt ebenfalls im mittleren Bereich der übrigen Legierungen, während die Dehnung niedrig ist. Dagegen liegt die Wechselfestigkeit höher als bei allen

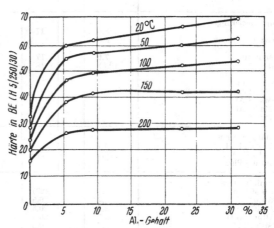

Abb. 150. Härte von Feinzinklegierungen in Abhängigkeit von Al-Gehalt für verschiedene Temperaturen. (Nach *Litzenburger*.)

übrigen Legierungen. Außer für diese genannten Zinklager-Legierungen sind noch die Eigenschaften für die Legierung Zn—Al 10—Cu 1 (9—11% Al; 0,6—1,0% Cu; 0,02—0,05% Mg; Rest Feinzink) bekannt. Sie sind: $\sigma_B = 28$—32 kg/mm²; $\delta = 0,7$—1,5%; $H_B = 90$—105 kg/mm²; $\sigma_w = 10$—12 kg/mm²; Ausdehnungskoeffizient $\alpha = 27$—30 zwischen 20° und 100° und die Wärmeleitfähigkeit

$$\lambda = 0,23-0,25 \frac{\text{cal}}{\text{cm sec Grad}} [1]$$

Litzenburger[2] hat außerdem noch Untersuchungen über die Härte von Feinzinklegierungen in Abhängigkeit von dem Aluminiumgehalt bei verschiedenen Temperaturen durchgeführt, deren Ergebnis in der Abb. 150 wiedergegeben ist.

---

[1] *Schmid, E.* u. *R. Weber:* Metallwirtsch., Wissensch., Metalltechn. Bd. 18 (1939) S. 1005. — [2] *Litzenburger, Th.:* Gießerei Bd. 30 (1943) S. 166.

Zahlentafel 7.   *Physikalische v̶ ̶̶l mechanische*

	Spez. Gew.		Ausdehn. Koëff.		E - Modul		Wärme- leitfähigkeit	
	Lit.	$\times 10^G$	Lit.	kg/mm	Lit.	cal/cm ° C s	Lit.
Hochzinnhaltiges Weißmetall ... Lg Sn 80	7,5		21		5000 − 6000 (b 100° C 4000)		0,082	
Zinnarme u. -freie Bleilegierungen LgPbSn 6 Cd LgPbSn 9 Cd LgPbSn 10 LgPbSn 5 LgPbSb 16 LgPbSb 12 LgPb	9,2 − 9,8 10,4 10,5		30 25 23 − 25 25 25 30		ca. 3100 3060 2200 − 2600 (b 100° C 1600)		0,055 0,045	
Kupferlegierungen Rg 5 SnBz 6 AlMBz 10 PbBz 25 PbSnBz 13 PbSnBz 22 SoMs 58 Al 1 SoMs 58 Al 2 SoMs 68	8,6 8,8 7,6 (9,5) 8,1		17 17 18 18 19		12500 − 13500 (9000) 10000 − 11000		0,12 0,18 0,27 (b 100° C 0,30) 0,15 − 0,17	
Zinklegierungen GZn Al 4 Cu 1 Zn Al 4 Cu 1 GZnCu 5 Ph 2	6,7 6,7 7,2	, 1	27 27	1	~ 10000 ~ 10000		0,25 0,25	1
Aluminiumlegierung AlCu Mg Pb AlSiCuNi 1 GAlSiCuNi 1 GAlSiCuNi II AlSiCuNi II U GAlZnCu 85 U GAlZnCu 88	2,8 2,7 2,7 2,7 2,7 ~ 2,9 ~ 2,8		(23) 20,5 20,5 20,5 20,5		(7100) 7500 7500		(0,30 − 0,40) 0,34 0,32 0,38 0,38	
Gußeisen	7,25				12000 − 13000 (Spanng. zw. 1 u. 6 kg/mm²)		0,07 − 0,14	
Sinterwerkstoffe Bronze Eisen	6 − 6,5 5 − 6							

[1] Zinktaschenbuch, Zinkberatungsstelle GmbH., Halle, W. Knapp, 1942.
[2] untere Werte.

Die Härte steigt demnach in dem untersuchten Temperaturbereich zwischen 20° und 200° bis zu 10% Aluminium verhältnismäßig stark an und ändert sich dann für die entsprechenden Temperaturen mit weiter bis zu 32% Aluminium steigendem Gehalt nicht mehr wesentlich, und zwar verlaufen die Kurven von 10% Al ab mit höher werdender Temperatur immer flacher. Von den für Laufversuche ausgewählten drei Legierungen, deren chemische Zusammensetzung aus der Zahlentafel 8 hervorgeht, wurden ebenfalls die Warmhärte, die Zugfestigkeit und die Bruchdehnung bei Temperaturen von 50°, 100°, 150° und 200° bestimmt

Eigenschaften von Lagermetallegierungen.

Härte		Warmhärte kg/mm²						Festigkeit		Dehnung		Wechsel-festigkeit	
kg/mm²	Lit.	50°	100°	150°	200°	250°	Lit.	kg/mm²	Lit.	%	Lit.	kg/mm² (20·10^G)	Lit.
25−28			16−17	8−11	5−8			9		0		2,9−3 / 2,6	
26−28		26−22	14−16											
24		20	12					7		0,4			
23−21,5 x		16−13 x	8,5−5,5 x					11		0		2 / 2	
17		15	10										
21−25		12−20	7−13										
20−36		16−32	12−21					8,5−12		0,8−3		2,3−2,9	
> 60 (46)		(40)	(40)	(39)	(39)			>15		>10			
150−170		~99	~98	~97	~96			65					
80−200								35−90		75−3			
> 130								55−60		10			
28,5		27,5	26	24	22			(7,9)		(6,6)		(3)	
(29)		(26,7)	(23)	(19)	(17)			15		8			
> 60 67		65	63	61	60			15		5			
50 (61)		(58)	(56)	(54)	(52)								
80−90								40−45		15−17			
140−180								50−60		8−12			
80−130								36−45		6−38			
70	³	61	46	29	18		⁴	18−20	³	0,5−1	³	7−10	¹
80		57	35	16	6			30		5		11−13	
66													
100−125				90		50		36		3		11	
95−125				85		55		23		0,5		8,5	
98								36,2					
114								35,6					
70−90								17−23		0,5−2			
65−80								15−20		1−3			
130−250								>26		>0,5		~10	
160−240													
20−40								2−3					
40−60								5−15					

³ DIN E 1724 (1944).
⁴ Unveröff. Vers. Metallgesellschaft AG., Frankfurt/Main.

und mit einer Zn—Al 4—Cu 1—(Zamak 5) und einer Aluminium-legierung in Vergleich gesetzt.

Bei diesen Zinklegierungen handelt es sich um zwei Legierungen auf Feinzinkbasis, von denen die erste (D 3010 K) rd. 35% Al und $1,0\%$ Cu enthält, während die zweite (D 30 K) eine kupferfreie Zn—Al—Zweistoff-legierung mit rd. 31% Al ist. Die dritte mit Rohzink erschmolzene Legierung enthält rd. 30% Al und $1,25\%$ Pb und ist kupferfrei. Aus den in den Abb. 151—153 wiedergegebenen Kurven ist zu ersehen, daß die Warmhärte und die Zugfestigkeit der Legierung Zn—Al 35—Cu 1 die

aller anderen Legierungen übertrifft, abgesehen von dem Temperaturbereich zwischen 150° und 200°, in denen die zum Vergleich heran-
gezogene Aluminiumlegierung in der Härte etwas höher liegt.

Zahlentafel 8.

Bezeichnung	Al	Fe	Cu	Pb	Si	Mn	erschmolzen mit
D 3010 K	34,9	0,40	1,01	—	—	—	Feinzink
D 30 K	31,1	0,17	—	—	—	—	Feinzink
D 3015 K	29,7	0,50	—	1,25	—	—	Rohzink
Zamak 5	4,3	—	0,80	—	—	—	Feinzink
Al-Lager-Leg. . .	Rest	0,59	7,10	—	0,28	0,12	Umschmelz-Al

Die Dehnung ist dagegen niedriger als die der kupferfreien Zinklegierung mit 31% Al auf Feinzinkbasis und der aus Rohzink erschmolzenen bleihaltigen Legierung mit rd. 30% Al.

Zusammenfassend ist über die physikalischen und mechanischen
Eigenschaften der Zinklagermetallegierungen im Vergleich mit anderen
Lagermetallegierungen
und unter sich zu sagen:

Der Ausdehnungs-
koeffizient und die Wär-
meleitfähigkeit liegen im
oberen Bereich aller
Lagerlegierungen. Die
Werte für die Härte und
die Festigkeit halten die
Mitte zwischen den
„harten" und „weichen"
Lagermetallegierungen,
während die Wechsel-
festigkeit an der Spitze
aller Lagermetallegie-
rungen steht. Die Deh-
nung liegt niedrig. Sie
ist etwa auf der gleichen
Höhe wie die der Alumi-
niumlagerlegierungen.

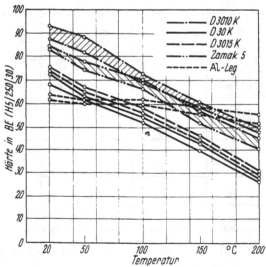

Abb. 151. Warmhärten der verschiedenen Lagerlegierungen.
(Nach *Litzenburger*.)

Beim Vergleich der Zinklegierungen unter sich stellt sich heraus, daß
die Zugfestigkeit und Härte bei den kupferfreien wie bei den kupfer-
haltigen Aluminiumlegierungen mit steigendem Aluminiumgehalt bis
zu 10% stark ansteigt, weitere Zusätze von Aluminium bis zu 35%
bewirken noch eine weitere geringe Steigerung der Härte sowohl bei

Raumtemperatur als auch bei höheren Temperaturen. Die bleihaltige Legierung mit 30% Aluminium liegt in der Warmhärte etwas höher und in der Zugfestigkeit bei allen Tempe-
raturen etwa auf gleicher Höhe wie die Zinklegierung mit 30% Aluminium. Die höhere Warmhärte kann allerdings bei dieser Legie-
rung durch den aus dem Rohzink stam-
menden verhältnis-
mäßig hohen Eisen-
gehalt von 0,5% be-
dingt sein.

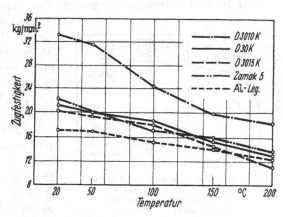

Abb. 152. Zugfestigkeit der verschiedenen Lagerlegierungen.
(Nach *Litzenburger*).

Da die hier auf-
geführten mechani-
schen Eigenschaften der Zinklagerlegierungen nicht ungünstig sind, war zu erwarten, daß auch die Laufeigenschaften befriedigend ausfallen würden.

4. Ergebnisse der Laufversuche auf dem Prüfstand.

Obwohl so viele Zinklegierungen als Lagerlegierungen empfohlen wurden, fehlte es bis zum Jahr 1939 an systematischen Laufversuchen. Erst die grundlegenden Versuche von *Schmid*[1], *Weber*[2] und *Litzenburger*[3] geben Aufklärung über das Laufverhalten der oben angeführten Zinklagermetallegierungen. Die Versuche dieser For-
scher werden vorwie-
gend diesen Ausführun-
gen zu Grunde gelegt. Bei den Untersuchungen von *Schmid* und *Weber*, die auf einer Kammerer-
Welter-Maschine[4] aus

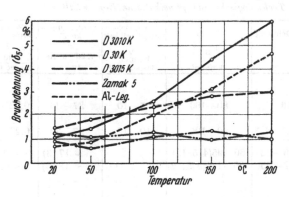

Abb. 153. Bruchdehnung der verschiedenen Lagerlegierungen.
(Nach *Litzenburger*).

geführt wurden, wurden im steigenden Guß in der Kokille hergestellte Gußlegierungen Zn—Al4—Cu1 und Zn—Al10—Cu1 verwendet. Die Ver-

---

[1,2,3] Zit. S. 216.   —   [4] *vom Ende, E.*: Z. techn. Physik Bd. 9, (1928) S. 121.

suchslager wurden mit Diamantwerkzeugen bei einem Vorschub von 0,016 mm und einer Schnittgeschwindigkeit von 140 m/min bearbeitet und in Stahlstützlager eingesetzt. Der Zapfen wurde geschliffen und

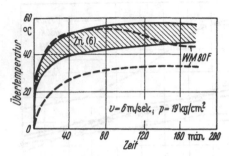

Abb. 154. Übertemperatur von Zink- und Weißmetallagern beim Einlaufen. ($p = 19$ kg/cm²; $v = 6$ m/sek). (Nach *Schmid* u. *Weber*.)

bestand aus ungehärtetem St 50.11, dessen Härte 160 kg/mm² betrug. Als Schmierung wurde Ringschmierung verwendet mit Shell-Maschinenöl BF 3. Das Lagerspiel betrug 1,5⁰/₀ des Wellendurchmessers. Diese Legierungen wurden mit Rotguß, Zinnbronzen, hochzinnhaltigen Weißmetallen, zinnarmen und zinnfreien Bleilagermetallen verglichen. Die physikalischen und mechanischen Eigenschaften der untersuchten Legierungen sind in der Zahlentafel 9 wiedergegeben.

Der Einlauf, der bei $v = 6$ m/sec und $p = 19$ kg/cm² durchgeführt wurde, ergab die in Abb. 154 dargestellten Kurven im Vergleich mit WM 80 F.

Hieraus ist zu ersehen, daß die an sechs Zinklegierungen durchgeführten Versuche ein Einlaufverhalten ergeben, das dem der WM 80 F-Legierung nicht wesentlich nachsteht.

Zahlentafel 9. *Technologische und physikalische Eigenschaften.*

Legierung	Festigkeit σ_B kg/mm²	Dehnung δ ⁰/₀	Härte H_B* kg/mm²	Wechsel-biegefestigkeit σ_W kg/mm² Basis 20·10⁶	Ausdehnungs-koeff. α zw. 20° u. 100° 10^{-6}	Wärme-leitfähigkeit λ cal / cm sec Grad
ZnAl 4 Cu 0,5·1 ..	20—25	0,6—1,2	80—100	7—10	27—30	0,22—0,24
ZnAl 10 Cu 0,5·1 ..	28—32	0,7—1,5	90—105	10—12	27—30	0,23—0,24
Rotguß	15—30(4;5;12)	6—32	60—95(4;5;12)	~ 11	~ 17 (3)	~ 0,17
Zinnbronzen.	15—35 (4;5;12)	2—25	60—180(4;5;12)		~ 18 (3)	~ 0,10
Hochzinn-halt. Weiß-metalle ...	7—11 (2, 8)	0,8—12	25—30 (8)	2—3 (8)	20—23(3)	~ 0,08
Zinnarme und zinnfreie Bleilager-metalle ...	5—12 (2;9;10)	0—15	17—36 (2;5;10)	1,7—3(9;10)	22—31(3;10)	0,05—0,06

* Die Prüfbedingungen sind nicht einheitlich.

Ebenso ist das Laufverhalten der Zinklegierungen dem der übrigen untersuchten altbewährten Lagerlegierungen ähnlich, wie aus Übertemperaturkurven der Abb. 155 im Vergleich mit den Übertemperaturkurven von Weißmetall, Rotguß und Bronze in den Abb. 156 und 157 hervorgeht[1].

Die Versuche wurden bei den Geschwindigkeiten 1,5, 4,5 und 6 m/sec durchgeführt.

Auch die Grenzen der Belastbarkeit, die in den Abb. 158 und 159 dargestellt sind, zeigen, daß sich die Zn-Legierungen ganz ähnlich verhalten wie die übrigen untersuchten Lagerlegierungen.

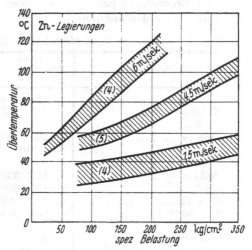

Abb. 155. Übertemperatur für Zinklegierungen beim Lauf. (Nach *Schmidt* u. *Weber*.)

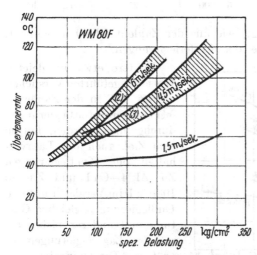

Abb. 156. Übertemperatur für Weißmetall beim Lauf. (Nach *Schmid* u. *Weber*.)

Die Grenzbelastung wurde aus dem plötzlichen Temperaturanstieg in den Übertemperaturkurven entnommen.

Das Aussehen der Laufflächen und der Wellenangriff ist nicht schlechter als bei den übrigen Lagerlegierungen. Beim Wellenangriff ist sogar eine Überlegenheit der Zinklagerlegierungen gegenüber Rotguß und Zinnbronze festzustellen.

Das Notlaufverhalten, das durch Absaugen des Öls bei einer Geschwindigkeit von 4,5 m/sec und einer spezifischen Belastung von 80 kg/cm² festgestellt wurde, ist bei der Legierung Zn—Al 10—Cu 1 besser als bei einem GBz 14—Lager. Das Zinklager lief noch 12 Minuten weiter, während das Bronzelager sofort stehen blieb.

---

[1] Die in den Streubereichen eingeklammerten Zahlen nennen die Zahl der in diesem Bereich durchgeführten Laufversuche.

Die beim Zinklager auf die Welle aufgetragenen Zinkteilchen und die feinen Riefen im Zapfen ließen sich leicht entfernen, während die vom Bronzelager herrührenden tiefen Riefen durch Abschmirgeln nicht entfernt werden konnten.

Zahlentafel 10. *Lagerverschleiß.*

Werkstoff	Grenz-beanspruchung kg/cm²	Härte H 5/62, 5/180 kg/mm²	Verschleiß 20⁻² mm
	$v = 1{,}5$ m/sec		
Zinklegierungen	340—350	77—93	0,8—1,9
Rg 5	330	61	1,6
GBz 14	230—260	101	0,7—1,2
WM 80 F	310	25	5,2
	$v = 4{,}5$ m/sec		
Zinklegierungen	175—350	77—93	1,2—2,7
Rg 5	150—250	61	0,7—1,2
GBz 14	250—320	101	1,5—2,7
WM 80 F	250—300	25	verquetscht
	$vv = 6$ m/sec		
Zinklegierungen	175—230	77—93	1,9—2,7
Rg 5	75	61	1,7
GBz 14	300	101	1,9
WM 80 F	175—200	25	verquetscht

Der Lagerverschleiß liegt, wie aus der Zahlentafel 10 hervorgeht, in demselben Bereich wie der der Kupferlegierungen.

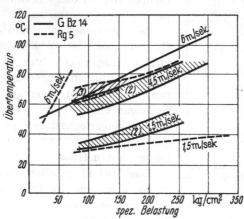

Abb. 157. Übertemperatur für Rotguß und Bronze beim Lauf. (Nach *Schmid* u. *Weber.*)

Weitere etwa in gleicher Weise ausgeführten Versuche[1], die an den in der Zahlentafel 11 aufgeführten Legierungen durchgeführt wurden, hatten zum Ziel, auch das Laufverhalten der Knetlegierungen Zn—Al 4—Cu 1 und Zn—Al 10—Cu 1 im Vergleich mit den Gußlegierungen gleicher Gattung und anderer bisher bewährter Lagerlegierungen zu prüfen. Die Gußlegierungen wurden bei diesen Legierungen im fallenden Guß hergestellt.

Bei den Knetlegierungen handelt es sich um Knetmaterial in Rohrform. Untersucht wurde bei Gleitgeschwindigkeiten von 0,1 m/sec und 6 m/sec. Das Wellenmaterial

---

[1] *Weber, R.:* Zeitschr. Metallkde. Bd. 32 (1940) S. 384.

bestand bei den Versuchen mit niedriger Gleitgeschwindigkeit aus
St 60.11 und bei den mit hoher Gleitgeschwindigkeit aus St 50.12.

Die Abb. 160 und 161 geben die Bereiche der Reibungszahlen
und Übertemperaturen für die untersuchten Legierungen bei einer Gleitgeschwindigkeit von 0,1 m/sec und einer Öltemperatur von 70° wieder.

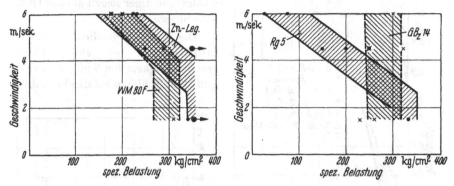

Abb. 158 u. 159. Grenzen der Belastbarkeit für Zinklegierungen im Vergleich zu Weißmetall,
Rotguß und Bronze. (Nach *Schmidt* u. *Weber*.)

Aus diesen Versuchen mit niedrigen Gleitgeschwindigkeiten ergibt
sich eine gute Differenzierungsmöglichkeit für das Einlaufverhalten
der verschiedenen Lagerlegierungen. Die Unterschiede im Einlaufverhalten zwischen den verschiedenen Legierungsarten ist ohne weiteres

Zahlentafel 11. *Verwendete Werkstoffe.*

Werkstoff	Zusammensetzung in %	Bemerkung	Härte [1] (5/62, 5/180) in kg/mm²
GZn-Al 4-Cu 1 Zn-Al 4-Cu 1	Zink + 4% Al + 0,7% Cu + 0,03% Mg	gegossen gepreßt	77 91
GZn-Al 10-Cu 1 Zn - Al 10-Cu 1	Zink + 10% Al + 0,7% Cu + 0,03% Mg	gegossen gepreßt	86 95
WM 80 F WM 10 Bn-Metall	Zinn + 11% Sb + 9% Cu Blei + 15,5% Sb + 1% Cu + 10% Sn Blei + 0,69% Ca + 0,62% Na + 0,04% Li + 0,02% Al	gegossen gegossen gegossen	25 22 35
Phosphorbronze Rg 5	Kupfer + 8—9% Sn + P Kupfer + 5% Sn + 7% Zn + 3% Pb	gezogen gegossen	102 72
Stahl St 50.11 Stahl St 60.11		ungehärt. ungehärt.	Δ /50/30 163 194

[1] Mittelwerte aus zwei Messungen je Lager.

15 Kühnel, Gleitlager. 2. Aufl.

aus den Kurven abzulesen. Das Einlaufverhalten der Zinklegierungen liegt zwischen dem der Lagermetalle auf Zinn- und Bleibasis, die das beste Einlaufverhalten zeigen, und dem des Rg 5. Unter den Zinklagermetallen verhalten sich die Legierungen Zn—Al 10—Cu 1 besser als die Legierungen Zn—Al 4—Cu 1, wobei jeweils die Knetlegierungen wieder günstiger liegen als die Gußlegierungen.

Die Abb. 162, die die Übertemperaturbereiche bei einer Gleitgeschwindigkeit von 6 m/sec wiedergibt, läßt Schlüsse auf das Verhalten

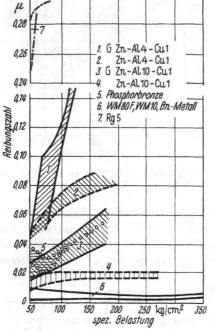

bei starker Beanspruchung zu. Eine derartig gute Differenzierung wie bei den niedrigen Gleitgeschwindigkeiten ist hier nicht mehr möglich. Das Verhalten der vier Zinklagerlegierungen überdeckt sich hier. Die Zinklegierungen zeigen bis zu verhältnismäßig hoher Belastung kein wesentlich anderes Verhalten als die Kupferlegierungen, während die Weißmetalle niedrigere Übertemperaturen zeigen. Bei hohen Belastungen treten die Unterschiede zwischen den einzelnen Gruppen wieder deutlicher hervor.

Diese Versuche zeigen eine gute Übereinstimmung mit dem Verhalten in der Praxis.

Eine weitere Erhöhung des Aluminiumgehaltes auf 30 und 35% ergibt Lagerlegierungen, deren Laufverhalten vor allem bei höheren

Abb. 160. Reibungszahl bei 0,1 m/sec Gleitgeschwindigkeit. (Nach *Weber.*)   Abb. 161. Übertemperatur bei der gleichen Gleitgeschwindigkeit wie in Abb. 13. (Nach *Weber.*)

Belastungen offenbar noch besser ist als bei den Legierungen mit
niedrigem Al Gehalt. Aus Rohzink erschmolzene Legierungen, die
noch 1,25% Blei enthalten, verhalten sich jedoch nicht so gut, wie aus
den Untersuchungen von *Litzenburger*[1] hervorgeht. Eine Zweistoff-
legierung Zn+30% Al hat etwa die gleichen Eigenschaften wie die
Legierung Zn—Al 4—Cu 1, aber eine bessere Kantenfestigkeit, was für den
praktischen Betrieb von Vorteil sein wird. Ein Zusatz von 1% Kupfer
verbessert die Laufeigenschaften noch erheblich. Ein Vergleich der in
Abb. 163 wiedergegebenen Übertemperaturkurven zeigt das Verhalten
der in Zahlentafel 8 auf Seite 220 aufgeführten Legierungen.

Bei der höchsten ange-
wandten Geschwindigkeit von
5,5 m/sec hat die Legierung
D 30 K (Zn + 30% Al) bei
250 kg/cm² gefressen, die Legierung D 3015 K (Zn+30%
Al + 1,25% Pb) bereits bei
200 kg/cm², sie wurde außerdem stärker zerstört. Die
Legierung D 3010 K (Zn+
35% Al+1% Cu) hat dagegen
erst bei einer Belastung von
300 kg/cm² gefressen. Ihr Verhalten ist demnach am günstigsten. Sie verträgt von allen
untersuchten Legierungen die
höchsten Belastungen und
Geschwindigkeiten. Mit GBz 14
hergestellte Lager, die als Ver-

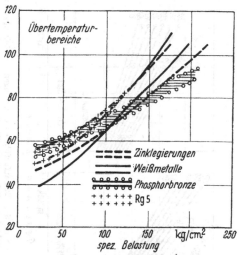

Abb. 162. Übertemperatur bei 6 m/sec Gleitgeschwindigkeit. (Nach *Weber*.)

gleich herangezogen wurden, haben wesentlich schlechtere Ergebnisse bei
diesen Versuchen gezeigt wie alle untersuchten Zinklegierungen, was aus
den in der Abb. 164 wiedergegebenen Übertemperaturkurven hervorgeht.

Faßt man das Ergebnis aller Versuche auf dem Prüfstand zusammen,
so zeigt sich, daß die Legierungen auf Feinzinkbasis ohne weiteres als
Austausch für Rotguß und in beschränktem Maße auch für Weißmetalle
bei mittleren Beanspruchungen herangezogen werden können. Sie
stehen in ihrem Laufverhalten und mit ihren technologischen Eigenschaften zwischen diesen „harten" und „weichen" Lagermetall-Legie-
rungen. Soweit bisher beurteilt werden kann, verbessern sich die Laufeigenschaften mit steigendem Aluminiumgehalt, so daß die Legierung
Zn—Al 10—Cu 1 bessere Laufeigenschaften — besonders besseres Einlauf-

---

[1] Zit. S. 216.

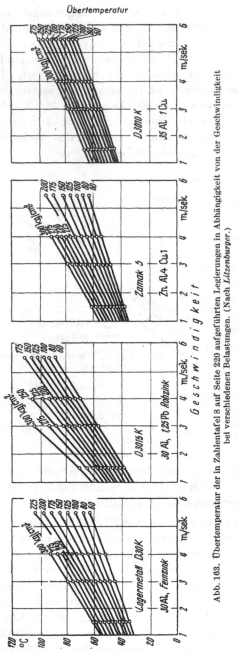

Abb. 163. Übertemperatur der in Zahlentafel 8 auf Seite 220 aufgeführten Legierungen in Abhängigkeit von der Geschwindigkeit bei verschiedenen Belastungen. (Nach *Litzenburger*.)

verhalten — zeigt als die Legierung Zn—Al — Cu 1 Eine weitere Erhöhung des Aluminiumgehaltes auf 30 bis 35% bei wiederum 1% Cu bringt noch eine Verbesserung. Aus Rohzink erschmolzene Legierungen zeigen kein so gutes Verhalten, ebenso sind durch Bleizusatz keine Vorteile zu erwarten [1], [2] Außerdem sind durch den höheren Blei- und Eisengehalt der aus Rohzink erschmolzenen Legierungen Lunker- und Rißbildung zu befürchten [3]. Die Knetlegierungen verhalten sich bezüglich der Gleiteigenschaften etwas besser als die Gußlegierungen.

Die in dem Normblatt genannte Legierung Zn—Cu 5—Pb 2 erreicht nicht die Eigenschaften der Feinzinklegierungen. Ebenso wurde festgestellt, daß eine weitere Erhöhung des Kupfergehaltes keine Verbesserung bringt [4],[5],[6]. Zusätze von Silizium, Nickel und Graphit sollen sich auf das Laufverhalten günstig auswirken [3]. Magnesium soll bei der Herstellung von Feinzinklagerlegierungen bis zu 0,03% zulegiert werden, um

[1] *Neuse, D.*: Demag Nachrichten H. 15 (1941) S. 1. — [2] *Pontani, H.*: Lilienthal-Ges. Luftfahrtforsch. Bericht 170 (1943); Diskussionsbeitrag *P. Schwietzke*. — [3] *Litzenburger*: s. S. 216. — [4] *Reuthe, W.*: Maschinenbau-Betrieb Bd. 22 (1943) S. 19. — [5] *Tränker, G.*: Forschungs-Gebiete Ingenieurwes. Bd. 14 (1943) S. 11. — [6] *Gersdorfer, O.*: Metallwirtsch. Bd. 21 (1942) S. 563.

selektive Korrosion, hervorgerufen durch Blei- und Kadmium-verunreinigungen, zu verhüten[1]. Ein höherer Magnesiumgehalt ist jedoch zu vermeiden, da hierdurch die Gießeigenschaften verschlechtert werden und eine Neigung zur Warmrissigkeit eintritt[2].

Die einer Arbeit von *Weber*[3] entnommene Gegenüberstellung der Eigenschaften der Lagerwerkstoffe, Abb. 165 zeigt sehr gut und übersichtlich, wie die Zinklagerlegierungen gegenüber den anderen Lagerwerkstoffen zu beurteilen sind. Der Gütewert, der auf der Ordinate eingetragen ist, wurde so erhalten, daß aus den Gütewerten der einzelnen Legierungen das arithmetische Mittel gebildet und das der besten Legierung gleich 100 gesetzt wurde.

5. Bewährung im Betrieb.

Noch vor 10 Jahren konnte von einer Bewährung im Betriebe bei den Zinklagerlegierungen nicht die Rede sein, was am besten daraus hervorgeht, daß die vielen vor dieser Zeit empfohlenen Zinklegierungen niemals bei normalen Zeiten Eingang in die Praxis gefunden haben. Erst nachdem man durch systematische Untersuchungen die Ursachen für das so häufige Versagen der Zinklegierungen im allgemeinen festgestellt hatte, konnten diese Erkenntnisse auch für die Zinklagerlegierungen verwertet und Lagerlegierungen geschaffen werden, die den gestellten Anforderungen gerecht wurden. Die genannten Legierungen, vor allem die auf Feinzinkbasis hergestellte Zn—Al 4—Cu 1, haben sich ebenso wie die Legierungen mit höheren Aluminiumgehalten in die Praxis eingeführt und auch bewährt.

Als Austausch für hochzinnhaltige Weißmetalle wurden sie im Fahrzeugbau

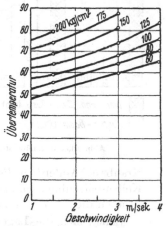

Abb. 164. Übertemperatur bei GBz 14 in Abhängigkeit von der Geschwindigkeit bei verschiedenen Belastungen. (Nach *Litzenburger*.)

als Achs- und Kuppellager von Werkslokomotiven, als Tatzenlager und Straßenbahnachslager eingeführt. Im Werkzeugmaschinenbau fanden sie Verwendung als Getriebe- und Nebenlager, als Lagerbuchsen für Steuerwellen und Führungsleisten, als Lager in Kolbendampfmaschinen, in Pumpen und Verdichtern. Außerdem wurden sie für Transmissionslager und als Grund- und Pleuellager in Glühkopfdieseln verwendet[2, 4, 5, 6]

---

[1] *Schmid, E.* und *R. Weber:* s. S. 216. — [2] *Litzenburger Th.:* Zit. S. 216. — [3] *Weber, R.:* Metallkd. Bd. 39 (1948) S. 240. — [4] *Irtenkauf, I.* u. *H. Schuhmacher:* Werkstatttechnik Bd. 35 (1941) S. 109. — [5] *Voigt, A.:* Metallwirtsch. Bd. 18 (1939) S. 749. — [6] *Pontani, H.:* Lilienthalges- f. Luftfahrtforschg. 1943.

Ebenso haben sie sich auch im Austausch von Kupferlegierungen eingeführt. Im Fahrzeugbau werden sie als Gleitplatten bei Lokomotiven, soweit keine schlagartige Beanspruchung vorliegt, und Werkbuchsen angewandt. Sie haben sich bewährt bei Baumaschinen, in Aufbereitungsmaschinen, in Baggern, in Bandwalzwerken, Elektromotoren und im

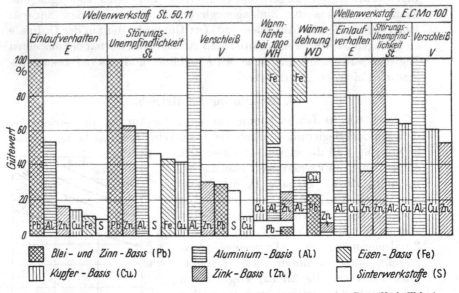

Abb. 165. Gegenüberstellung der Eigenschaften von Lagerwerkstoffen. (Nach *Weber*.)

Kranbau. Außerdem liegen Urteile über eine gute Bewährung als Kolbenbolzenbuchsen in kleinen Dieselmaschinen vor. Für diesen Zweck ist auch die hochaluminiumhaltige Zinklegierung sehr gut geeignet [1, 2, 3].

Sollen sich die Lagerlegierungen bewähren, so sind folgende Hinweise für die Praxis zu befolgen, die wörtlich dem Beitrag von *Burmeister* im Zinktaschenbuch 1942 entnommen sind:

„Für den werkstoffgerechten Einsatz eines Lagermetalls sind die spezifische Belastung, die Gleitgeschwindigkeit und die Art der Schmierung von großer Bedeutung. In einzelnen Fällen steht das chemische und weiterhin das mechanische Verhalten der Zinklegierungen insbesondere bei höheren Temperaturen im Mittelpunkt des Interesses. Hinsichtlich des chemischen Verhaltens der Zinklegierungen ist zu beachten, daß diese durch Säuren und Alkalien, je nach der vorliegenden Konzentration, sowie auch durch Wasserdampf mehr oder weniger stark angegriffen werden.

[1] *Litzenburger, Th.*: Zit. S. 216. — [2] *Voigt, A.*: Metallwirtsch. Bd. 18 (1939) S. 749. — [3] *Pontani, H.*: Lilienthalges. f. Luftfahrtforschg. 1943.

Der merkliche Abfall der mechanischen Eigenschaften der Zinklegierungen bei Temperaturen oberhalb 100° C bedingt, daß die Betriebstemperatur von Zinklegierungslagern zweckmäßig 90° nicht überschreiten soll.

Von besonderer Bedeutung ist der Wärmeausdehnungskoeffizient für den praktischen Einsatz der Lagermetalle, insbesondere für die Herstellung von Verbundgußlagern. Unterscheidet sich der Ausguß hierbei merklich von dem Verhalten des meist aus Stahl gefertigten Stützkörpers, so besteht die Gefahr, daß sich dieser während des Erstarrens des Ausgusses oder auch bei erhöhter Lagertemperatur ablöst. Die Zinklagermetalle haben einen verhältnismäßig hohen linearen Wärmeausdehnungskoeffizienten im Vergleich mit den übrigen hierbei interessierenden Metallen wie Kupfer und Eisen. Dieser hat für Zinklegierungen einen Wert von 26×10^{-6}, während die entsprechenden Werte für Kupfer und Eisen 16×10^{-6} bzw. 11×10^{-6} betragen.

Diesem besonderen Verhalten der Zinklegierungen ist bei der Herstellung von Verbundguß dadurch Rechnung zu tragen, daß die auszugießenden Stahlstützkörper entsprechend stark vorgewärmt werden müssen.

Die Einhaltung nachstehend beschriebener Arbeitsbedingungen hat sich hierbei als zweckmäßig erwiesen:

Die Eisen- bzw. Stahlstützschalen werden möglichst vorher an den auszugießenden Stellen frisch abgedreht und anschließend in Trichloräthylen, Abkochlaugen usw. entfettet und in konzentrierter oder wenig verdünnter Salzsäure zwecks Entfernung oxydischer Verunreinigungen gebeizt. Nach dem Spülen der Schalen in heißem Wasser und Trocknen an der Luft werden die auszugießenden Stellen der Stützschalen mit einer gesättigten Lösung von Zinkchlorid und Ammoniumchlorid (1 : 1) bestrichen, während die nicht zu behandelnden Rückseiten mit einer Aufschlämmung von Lehm oder Kaolin behandelt werden können. Anschließend verbleiben die Schalen 20 Minuten lang in dem auf 550 bis 570° erhitzten Lot. Nach dem Entfernen von anhaftendem überschüssigem Lot werden die „verzinkten" Schalen ohne Zeitverlust in die Kokillen eingesetzt und mit dem vorgesehenen Zinklagermetall, wie beispielsweise G Zn—Al 4—Cu 1, ausgegossen.

Die Temperatur der Schmelze hängt von den Abmessungen der Schale ab; sie soll möglichst niedrig gehalten werden. Die Kokillentemperatur braucht im allgemeinen je nach Art und Größe der Schale nicht über 100° zu betragen. Hierbei ist das Arbeiten mit einem hohlen Kern vorteilhaft, der die Möglichkeit bietet, die Kokille zu kühlen und somit ein folgerichtiges Erstarren von unten nach oben zu ermöglichen und das Entstehen von Sauglunkern zu vermeiden. Das Abkühlen der fertig ausgegossenen Schalen soll möglichst langsam und nicht durch Absohrecken erfolgen.

Ist eine mechanische Verankerung des Ausgusses vorgesehen, so ist auf eine zweckmäßige Ausbildung der Nuten zu achten. Das Zerspanen der für Lagerzwecke verarbeiteten Zinklegierungen bereitet keine besonderen Schwierigkeiten.

Eine eindeutige Entscheidung darüber, ob gehärtet oder ungehärtete Wellen für Zinklegierungen günstiger sind oder nicht, dürfte unter Berücksichtigung der bisher in dieser Richtung gesammelten Erfahrungen noch nicht möglich sein. Zu beachten ist, daß der Einbau gehärteter Wellen vor allem bei der Ausführung von Reparaturen nicht immer möglich ist und somit in sehr vielen Fällen mit dem Einbau von ungehärteten Wellen gerechnet werden muß.

Das Lagerspiel soll trotz des hohen Wärmeausdehnungskoeffizienten der Zinklegierungen in Übereinstimmung mit den für Rotguß geltenden Einbaubedingungen zweckmäßig 1,0—1,2 $^0/_{00}$ betragen und richtet sich nach den jeweils vorliegenden Betriebsbedingungen. Von maßgeblichem Einfluß sind vor allem neben der Lagertemperatur und der Art der Schmierung die spezifische Belastung des Lagers und die Gleitgeschwindigkeit.

Wie groß beispielsweise der Einfluß der Schmierverhältnisse auf die höchstzulässige Belastbarkeit der Lager ist, geht aus Zahlentafel 12 für Zinklagermetalle und eine vergleichsweise angeführte Zinnbronze hervor.

Die für Rotguß und Grauguß üblichen Modelle können unter Zugrundelegung der bisherigen Erfahrungen für das Vergießen von Zinklegierungen verwendet werden.

Zahlentafel 12.

Höchstzulässige spezifische Lagerbelastung bei 3 m/sec Gleitgeschwindigkeit.

Lagerwerkstatt	Höchstzulässige Gleit-geschwindig-keit m/sec	Höchstzulässige Lagerbelastung in kg/cm²		
		bei einmaliger Schmierung	bei Docht-schmierung	bei Umlauf-schmierung
Feinzinklegierungen ..	4	3—4	10—12	120—150
Zinnbronze	8	4—6	20—30	250—300

Auch die Art der Schmierung, Schmiermittel und Ausbildung der Schmiernuten können gleichfalls für die Umstellung auf Zinklegierungen übernommen werden."

G. Legierungen mit Kupfer als Hauptbestandteil.

Von Dr.-Ing. H. Mann, Osnabrück.

Mit 43 Abbildungen.

1. Bronze, Rotguß, Messing.

a) **Entwicklung.**[1] Bronzen zählen zu den ältesten für Lagerzwecke verwendeten Werkstoffen und sind bereits im achtzehnten Jahrhundert als Lagermetalle häufig anzutreffen. Sie spielen seit der Einführung der Weißmetalle und des Verbundlagers mit Weißmetallfutter, die auf *Isaac Babbitt*'s USA-Patent 1252 vom 17. Juli 1839 zurückgehen, im Lauf der Entwicklung eine wechselnde Rolle, zählen aber auch heute noch zu den wichtigsten und meistverwendeten Gleitlagerwerkstoffen. Schon in der Frühzeit der europäischen Technik wurden Gußbronzen als Lagermetalle gewählt, weil sie unter den verfügbaren Metallen und Legierungen die besten Gleiteigenschaften bei Paarung mit den üblichen Stahlzapfen hatten. Bei hoher Korrosionsbeständigkeit neigen Gußbronzen in verhältnismäßig geringem Maße dazu, die Welle anzugreifen. Dieses gutartige Verhalten wurde bei den Gußbronzen früherer Jahrhunderte durch Bleigehalte, die häufig — vermutlich als Verunreinigungen — auftraten, gewollt oder ungewollt verbessert. Die damals üblichen bescheidenen Lagerbelastungen bei geringen Gleitgeschwindigkeiten wurden trotz mangelhafter Schmierverhältnisse zuverlässig ertragen, und selbst hohe Lagerbelastungen, wie sie gelegentlich — z. B. bei Drehzapfen an Brücken — auftraten, wurden von Bronzen mit höherem Zinngehalt noch betriebssicher aufgenommen.

Zu diesen guten Lagereigenschaften kamen als wesentlich für die Herstellbarkeit gute Gießbarkeit und Bearbeitbarkeit hinzu, höchst wichtige Eigenschaften besonders in einer Zeit, in der die präzise Formgebung einer Lagerbüchse oder Lagerschale ein Problem für sich darstellte. Im übrigen konnte die Wandstärke des Bronzelagers mühelos so stark bemessen werden, daß genügende Formsteifigkeit und eine ausreichende Materialreserve für Verschleiß vorhanden war.

Wenn man diese Gründe für die Bevorzugung der Bronzen als Lagermetall von Anbeginn unseres technischen Zeitalters an in ihrer Gesamtheit betrachtet, so ergibt sich, daß im Prinzip die gleichen Gründe auch

---

[1] Vgl. *I. Czochralski*, u. *G. Welter:* Lagermetalle und ihre technologische Bewertung, S. 1/6. Berlin 1924. — *Corse, W. M.:* Bearing metals and bearings, S. 15/23. New York 1930.

heute noch für die Verwendung der Bronzen für Lagerzwecke verantwortlich sind.

Lager mit hohen spezifischen Belastungen bei geringen bis mittleren Gleitgeschwindigkeiten sind heute das Hauptfeld ihrer Verwendung, und gute Gießbarkeit, gute Bearbeitbarkeit, leichte Reparatur und Ersatzbeschaffung bei Erneuerung, gute Verwertbarkeit von Bearbeitungsabfall und sonstigem Schrottanfall und hohe Korrosionsbeständigkeit sind neben guten Gleiteigenschaften die vielfältigen Gründe, die den Bronzen nach wie vor einen führenden Anteil unter den Gleitlagern erhalten haben. Hinzu kommt, daß durch Variation der Legierungen, einerseits durch Hinzulegieren von Blei, andererseits durch Verwendung von Knetbronzen, ferner durch vielfältige Maßnahmen der baulichen Gestaltung, Bearbeitung und Schmierung der Anwendungsbereich stark erweitert und auf technische Objekte ausgedehnt werden konnte, die mit Zinngußbronzebüchsen einfacher Gestaltung allein nicht hätten befriedigend ausgestattet werden können.

Bei dem Bemühen, die Bronzen wegen ihrer zahlreichen Vorzüge universell als Lagermetalle einzusetzen, stieß man schon früh auf eine Eigenschaft, die Vorzug und Nachteil zugleich ist: die verhältnismäßig hohe Härte und Festigkeit. Die hohen Festigkeitswerte erlauben hohe Belastbarkeit ohne unzulässige Verformung und sichern Sitz und Passung, beanspruchen jedoch unter hoher Last die Oberfläche des Lagerzapfens verhältnismäßig stark, erschweren den Einlauf und erhöhen den Verschleiß besonders an solchen hochbelasteten Lagerstellen, deren Bauelemente gewissen Verformungen ausgesetzt sind.

Das Gußgefüge mit seiner weicheren Grundmasse mit harten Einsprengungen des Eutektoids, wie es sich bei den Zinngußbronzen darbietet, kommt zwar den Forderungen nach Einlauf- und Notlaufeigenschaften entgegen, doch reicht die Plastizität der Bronzen — zumal bei Verwendung von Stahlzapfen mäßiger Oberflächenhärte — nicht aus, um bei nicht vollkommen fluchtenden oder durch Verformung unter Betriebslast besonders an den Randzonen belasteten und durch halbflüssige Reibung gefährdeten Lagerstellen unzulässigen Verschleiß oder gar Fressen sicher zu vermeiden.

Diese Erkenntnisse waren die Wegbereiter für die Verwendung „plastischer Metalle", wie die Weißmetalle früher unter Hinweis auf ihren gegenüber Bronzen wesentlichsten Vorzug viel genannt wurden. Da aber diese hohe Plastizität bei Massivlagern, also größeren Materialquerschnitten, ein zu hohes Maß bleibender Verformung bei höheren Belastungen bedingen würde, waren technische Lösungen erforderlich, die den beiden einander widerstrebenden Forderungen nach genügender Plastizität bei ausreichender Wahrung der Formbeständigkeit hinreichend gerecht werden mußten.

Eine ausgezeichnete Lösung von grundlegender Bedeutung war der bereits erwähnte, in den dreißiger Jahren des vorigen Jahrhunderts eingeleitete Übergang zu den „plastischen" Weißmetallen in Verwendung als Verbundguß mit Stützschalen höherer Festigkeit, etwa aus Bronze, Rotguß oder Stahl. Solche Weißmetall-Verbundlager beherrschten bis vor etwa zwanzig Jahren den gesamten Maschinenbau vor allem in bezug auf die Lagerung der Hauptarbeitswellen einschließlich der Kurbelwellenlagerungen von leichten Hochleistungsmotoren.

Das Gesamtgebiet der Lagermetalle zeigte damals hinsichtlich der Festigkeitseigenschaften eine weite Lücke, begrenzt einerseits durch den Härtebereich der Weißmetalle, der — bei Zimmertemperatur — bei 18 bis 28 kg/mm² Brinell liegt, und andererseits durch den Härtebereich der Zinnbronzen nebst Rotguß, der bei 60 bis 120 kg/mm² Brinell und darüber liegt, wobei die Lücke im Härtebereich von 28 auf 60 kg/mm² bei Berücksichtigung der Härten bei Betriebstemperatur noch stärker hervortritt, weil insbesondere die Weißmetalle mit steigender Temperatur einen starken Härteabfall erleiden.

Hier setzt seit den siebziger Jahren des vorigen Jahrhunderts, angeregt vor allem durch Versuche mit Legierungen für Eisenbahn-Achslager, die Entwicklung bleihaltiger Zinnbronzen mit 8 bis 20% Blei ein, und hochbleihaltige Legierungen, verarbeitet als Bleibronze-Verbundlager mit Bleigehalten von 20 bis 35%, schließen neuerdings die Lücke zwischen Weißmetall und Zinnbronze. Dabei leistet das Dreistofflager, ein Lager mit Stahlstützschale, Bleibronzefutter und zusätzlicher Laufschicht aus Weißmetall, einen besonders fortschrittlichen Beitrag. Heute sind bei solchen Dreistofflagern galvanisch aufgebrachte Weißmetallaufschichten von nur 20 bis 40 μ Stärke bei Verwendung in Leichtmotoren üblich geworden.

Hier schließt sich vorerst der Kreis der Legierungen und Gestaltungsformen, ergänzt durch Lager mit Zwischenschichten aus Kupfer-Blei und Kupfer-Nickel, hergestellt im Sinterprozeß, und aus Silber, hergestellt durch galvanischen Niederschlag oder durch Walzplattierung, sämtlich ausgestattet mit einer 20 bis 40 μ starken Weißmetall-Laufschicht.

Wir können damit unseren Überblick über die Grundzüge der Entwicklung beenden und behandeln in den folgenden Abschnitten zunächst die klassischen Zinnbronzen nebst Rotguß und Mehrstoff-Zinnbronze und schließen neben Messing andere für Lagerzwecke bedeutungsvolle Bronzen an, unter ihnen vornehmlich die Aluminiumbronzen.

Den für die neuzeitliche Gleitlagergestaltung so wesentlichen Bleibronzen und Blei-Zinnbronzen ist infolge ihrer Eigenart und Bedeutung ein Sonderkapitel gewidmet.

Zahlentafel 1.   *Zinnbronze und Rotguß.*

Bezeichnung	Norm-Kurzzeichen	Land	Zusammensetzung in %				
			Cu	Sn	Zn	Pb	P
Guß-Zinnbronze 20	G Sn Bz 20 DIN 1705	D	78-80	20-22	R	1,0	
Guß-Zinnbronze 19 (Phosphor Bronze)	B 22-49. Alloy A	A	79-82	18-20	0,25	0,25	1,0
Guß-Zinnbronze 16 (Phosphor Bronze)	B 22-49. Alloy B	A	82-85	15-17	0,25	0,25	1.0
Guß-Zinnbronze 14	G Sn Bz 14 DIN 1705	D	85-87	13-15	R	1,0	
Guß-Zinnbronze 12	G Sn Bz 12 DIN 1705	D	87-89	11-13	R	1,0	
Guß-Zinnbronze 12 (Phosphor Bronze)	B. S. 1400 - PB2 - C	B	R	11-13	0,3	0,5	0,15 min
Guß-Zinnbronze 11 (Phosphor Bronze)	S. A. E. 65	A	88-90	10-12	0,5	0,5	0,1-0,3
Guß-Zinnbronze 11 (Phosphor Bronze)	S. A. E. 640	A	85-88	10-12	0,5	1-1,5	0,2-0,3
Guß-Zinnbronze 10	G Sn Bz 10 DIN 1705	D	89-91	9-11	R	1,0	
Guß-Zinnbronze 10 (Phosphor Bronze)	B. S. 1400 - PB3 - C	B	R	9-11	0,05	—	0,03-0,25
Guß-Zinnbronze 10 (Phosphor Bronze)	B. S. 1400 - PB1 - C	B	R	10 min	0,05	0,25	0,5min
Rotguß 10	Rg 10 DIN 1705	D	85-87	9-11	R	1,5	
Rotguß 10 (Gunmetal)	B. S. 1400 - G 1 - C	B	R	9,5-10,5	1,5-2,5	0,5	—
Rotguß 10 (Tin Bronze)	B 22-49. D/B 143-49. 1 A	A	86-89	9-11	1-3	0,3	0,05
Rotguß 8 (Gunmetal)	B. S. 1400 - G 2 - C	B	R	7,5-8,5	3,5-4,5	0,5	—
Rotguß 8 (Tin Bronze)	B 143 - 49. 1 B	A	86-89	7,5-9	3-5	0,3	0,05
Rotguß 8 (Leaded Tin Bronze)	B 143 - 49. 2 B	A	85-89	7,5-9	2,5-5	1,0	0,05
Rotguß 7 (Leaded Gunmetal)	B. S. 1400 - LG3 - C	B	R	6-8	4-6	1-3	
Rotguß 7	Rg A DIN 1705	D	81-87	5-8	R (7)	4-6	
Rotguß 6 (Leaded Tin Bronze)	B 61-49/B 143-49. 2 A	A	86-90	5,5-6,5	3-5	1-2	0,05
Rotguß 5	Rg 5 DIN 1705	D	84-86	5-6,5	R (7)	3-5	

Vergleichende Zusammenstellung deutscher, britischer und USA-Normen.

Zusammensetzung in %				Streck-grenze $\sigma_{0,2}$ bzw. Y.S. kg/mm²	Zug-festig-keit σ_B kg/mm²	Deh-nung δ_5 %	Härte HB 10 D² kg/mm²	Bemerkungen
Al	Fe	Ni	Sonst.					
0,01	0,3	0,5	Vgl. DIN 1705	14-20	15-22	0,5-1	170-200	
—	0,25	—						
—	0,25	—						
0,01	0,2	0,5	Vgl. DIN 1705	14-17	20-25	3-5	85-115	Sandguß
				18-20	28-32	2-3	105-130	Schleuderguß
0,01	0,2	0,5	Vgl. DIN 1705	13-16	24-28	8-20	80-95	Sandguß
				15-17	28-32	8-15	95-110	Schleuderguß
—	—	0,5	0,15		22	6		Sandguß
					27	2		Kokillenguß
0,005	0,15		Pb + Zn + Ni 1		25	8		
0,005	0,3	0,75-1,5			25	8		
0,01	0,2	0,5	Vgl. DIN 1705	12-15	22-28	15-20	60-75	Sandguß
				14-16	30-32	12-20	80-95	Schleuderguß
—	—	—	0,15		26	8		Sandguß
—	—	—	0,5 incl. Pb		19	1		Sandguß
					26	1		Kokillenguß
0,01	0,3	0,5	Vgl. DIN 1705	12-14	20-28	10-18	65-90	Sandguß
				16-17	27-30	8-10	85-95	Schleuderguß
—	—	1,0	0,15		26	10		Sandguß
					26			Kokillenguß
	0,15	1,0		12,6	25/28	14/16		
—	—	1,0	0,15		26	10		Sandguß
					26	—		Kokillenguß
	0,15	1,0		12,6	28	16		
	0,25	1,0		11	25	14		
		1,0	0,5		22	10		Sandguß
					22			Kokillenguß
0,01	0,4	0,5	Vgl. DIN 1705	8-12	15-20	6-15	60-80	
	0,25	1,0	.	11/11	24	17		
0,01	0,2	0,5	Vgl. DIN 1705	8-10	15-24	10-18	60-80	Sandguß
				10-14	25-30	12-20	75-85	Schleuderguß

Fortsetzung umseitig

Zahlentafel 1. (Fortsetzung). *Zinnbronze und Rotguß.*

Bezeichnung	Norm-Kurzzeichen	Land	Zusammensetzung in %				
			Cu	Sn	Zn	Pb	P
Rotguß 5 (Leaded Gunmetal)	B. S. 1400 - LG2 - C	B	R	4-6	4-6	4-6	—
Rotguß 5 (Leaded Red Brass)	B 62-49/B 145-49. 4 A	A	84-86	4-6	4-6	4-6	0,05
Rotguß 4	Rg 4 DIN 1705	D	92-94	3-5	R (2)	1-2	
Rotguß 4 (Leaded Red Brass)	B 145-49. 4 B	A	82-83, 75	3,25-4,25	5-8	5-7	0,03
Rotguß 3 (Leaded Gunmetal)	B. S. 1400 - LG1 - C	B	R	2-3,5	7-10	4-7	—
Rotguß 3 (Leaded Semi-Red Brass)	B 145 - 49. 5 A	A	78-82	2,25-3,5	7-10	6-8	0,02
Rotguß 3 (Leaded Semi-Red Brass)	B 145 - 49. 5 B	A	75-76, 75	2,5-3,5	13-17	5,25-6.75	0,02

D = Deutsche Normen, B = Britische Normen.

b) Begriffe und Normen. Bronzen sind (vgl. dazu auch DIN 1705) Kupferlegierungen mit einem Kupfergehalt über 60%. Durch den Sprachgebrauch ausgenommen sind die zinkhaltigen Legierungen der Gruppen Messing, Sondermessing, Tombak und Rotguß. Wir nennen die Bronzen nach ihrem Hauptzusatz Zinnbronze, Aluminiumbronze, Nickelbronze usw. Die Bezeichnung Phosphorbronze für Zinnbronze, die so reichlich mit Phosphor desoxydiert ist, daß ein Phosphorrestgehalt nachgewiesen werden kann, sollte vermieden werden. Hat der Phosphorgehalt bei einer Höhe über $0,05\%$ die Bedeutung und Wirkung eines Legierungsbestandteiles, beispielsweise bei einer Knetbronze mit etwa 8% Sn und $0,25\%$ P, so ist die Bezeichnung Phosphor-Zinnbronze angebracht.

Blei-Kupferlegierungen mit Kupfergehalten über 60% werden im deutschen Sprachgebrauch als Bleibronzen bezeichnet. Im angelsächsischen Sprachgebrauch werden sie in Rücksicht auf ihre metallographische Erscheinungsform (Unlöslichkeit von Kupfer und Blei im festen Zustand) copper-lead genannt, während die Bezeichnungen lead-bronze und leaded bronze den bleihaltigen Zinnbronzen vorbehalten sind. Nach den britischen Normen werden allerdings Blei-Zinnbronzen mit Bleigehalten zwischen 15 und 26% bei Zinnzusätzen bis zu 10% noch teils zu den copper-lead-alloys, teils zu den leaded

Vergleichende Zusammenstellung deutscher, britischer und USA-Normen.

Zusammensetzung in %				Festigkeitswerte			Härte HB 10 D² kg/mm²	Bemerkungen
				Streck-grenze $\sigma_{0,2}$ bzw.Y.S. kg/mm²	Zug-festig-keit σ_B kg/mm²	Deh-nung δ_5 %		
Al	Fe	Ni	Sonst.					
—	—	1,0	0,5		19	10		Sandguß
					19			Kokillenguß
	0,3	1,0		10	21	16		
0,01	0,2	0,5	Vgl. DIN 1705	6-7	20-25	25-30	50-65	
—	0,3	1,0		8	20	12		
—	—	1,0	0,5		17	10		Sandguß
					17			Kokillenguß
	0,4	1,0		9	20	14		
	0,4	1,0		8	17,5	12		

A = Amerikanische Normen (USA-Normen).

bronzes gezählt. Die Nomenklatur ist dort also nicht ganz einheitlich, und die Einführung der Bezeichnung „Kupfer-Blei" in den deutschen Sprachgebrauch dürfte keine größere Klarheit versprechen und deshalb nicht empfehlenswert sein.

Wir zählen im folgenden alle Blei-Kupfer- und Blei-Zinn-Kupfer-legierungen mit mehr als 5% Blei zu den Bleibronzen im weiteren Sinne und folgen damit in etwa der durch DIN 1705 und 1716 gegebenen Abgrenzung.

Die angelsächsischen Normen sind in einer vergleichenden Gegenüberstellung britischer und amerikanischer NE-Metall-Normen[1] zusammengetragen. Die letzte Ausgabe (1942) enthält allerdings noch nicht die revidierte britische Sammelnorm für Kupfer-Gußlegierungen, die als B. S. 1400 im Jahre 1948 herausgegeben wurde. Einen Überblick über deutsche, britische und USA-Normen mit einheitlich in das metrische System umgerechneten Festigkeitswerten bringt Zahlentafel 1.

c) **Gebräuchliche Legierungen. — Eigenschaften.** *Zinnbronzen* werden für Gleitzwecke als Gußlegierungen mit Zinngehalten von 10 bis 20%

[1] British Standard 1007: 1942. Non-ferrous metals. Summary of British and American Specifications. Zu beziehen durch Beuth-Vertrieb G.m.b.H., Berlin W 15 und Köln.

Zahlentafel 2. Zinn-Gußbronzen und Rotguß. Festigkeits-Mindestwerte nach DIN 1705 in Vergleich mit Durchschnittswerten für Sandguß Kokillenguß (Standguß) und Schleuderguß (in Kühlkokille).

Benennung	Kurzzeichen	Mindestwerte nach DIN 1705 Ausgabe April 1939			Festigkeitswerte für Sandguß			Festigkeitswerte für Kokillenguß			Festigkeitswerte für Schleuderguß in Kühlkokille		
		σ_B kg/mm²	δ_5 %	HB 10/1000/30 kg/mm²	σ_B kg/mm²	δ_5 %	HB 10/1000/30 kg/mm²	σ_B kg/mm²	δ_5 %	HB 10/1000/30 kg/mm²	σ_B kg/mm²	δ_5 %	HB 10/1000/30 kg/mm²
Guß-Zinnbronze 14	G Sn Bz 14	20	3	85	22—25	3—5	90—100	26—30	2—4	100—120	30—33	2—4	115—130
Guß-Zinnbronze 12	G Sn Bz 12	20	8	80	24—28	12—20	80—95	28—32	8—15	100—110	32—35	8—15	100—110
Guß-Zinnbronze 10	G Sn Bz 10	20	15	60	24—28	17—20	65—75	28—32	15—25	85—95	32—35	15—25	85—95
Rotguß 10	Rg 10	20	10	65	20—25	12—16	70—85	26—30	8—12	85—95	27—33	8—10	90—100
Rotguß 9	Rg 9	20	12	60	20—25	12—17	65—80	24—28	9—14	80—90	27—33	7—10	85—95
Rotguß 5	Rg 5	15	10	60	18—24	12—18	60—70	24—29	15—25	75—80	27—33	15—25	80—85

und als Knetlegierungen mit Zinngehalten von 6 bis 9% verwendet. Zahlentafel 1 läßt weitgehende Einheitlichkeit innerhalb der deutschen, britischen und USA-Normen erkennen.

Im Bereich der Gußlegierungen kommt den Zinnbronzen mit Gehalten von 10 bis 14% Sn die bei weitem größte praktische Bedeutung zu. In diesem Bereich beeinflussen bereits kleine Schwankungen im Zinngehalt die Eigenschaften in recht starkem Maße. Dazu tritt die hohe Empfindlichkeit dieser Legierungsgruppe gegenüber den Schmelz- und Gießbedingungen, durch die Korngröße, Dichte, Seigerungen, Eutektoidanteil und damit die Festigkeitseigenschaften als für die Gleiteigenschaften wesentliche Faktoren stark beeinflußt werden[1]. Hinzu kommt der Einfluß des Phosphorrestgehaltes auf die Festigkeitseigenschaften und der Einfluß kleiner, oft üblicher Nickelzuschläge auf die Korngröße und

[1] *Lepp, H.:* Tech. Publ. Internat. Tin Research Develop. Council, Series D, Nr. 3, 1937. — *Pell-Walpole, W. T.,* *V. Kondic:* J. Inst. Met. Bd. 70 (1944) S. 275 bis 289. — *Pell-Walpole, W. T.:* J. Inst. Met. Bd. 71 (1945) S. 37/44. — *Pell-Walpole, W. T.:* J. Inst. Met. Bd. 71 (1945) S. 267/277. — *Winterton, K.:* J. Inst. Met. Bd. 71 (1945) S. 581/88. — *Pell-Walpole, W. T.:* J. Inst. Met. Bd.72 (1946), S. 19/30. — *Pell-Walpole, W. T.:* Met. Ind., Lond. Bd. 68 (1946) 19. u. 26. 4. 3. 5. — *Hanson, D., W. T. Pell-Walpole:* Chill Cast Tin Bronzes. London 1951. Edward Arnold & Co. 368 Seiten.

Zähigkeit[1]. Damit ergeben sich in der Praxis zahlreiche Möglichkeiten für Unterschiede und Schwankungen im Endprodukt, die in unseren bisherigen Normen nur durch äußerst vorsichtig angesetzte Werte für Festigkeit und Härte eine zweifellos zu einseitige Berücksichtigung fanden. Einen Vergleich unserer alten Normenwerte mit Festigkeitswerten bei neuzeitlichem Standguß und Schleuderguß in Kokille bringt Zahlentafel 2. Um die hier offensichtliche Kluft zwischen den alten Normwerten und den durch neuzeitliche Gießtechnik erzielten Gütewerten zu überbrücken, bringt ein zur Zeit laufender neuer Normvorschlag Festigkeitszahlen, die dem Stand der Technik gerecht zu werden suchen und insbesondere auch die Gießbedingungen (Sand-, Kokillen-, Schleuderguß) in angemessener Weise berücksichtigen. (Siehe S. 317/318.)

Gußbronze 10 (G Sn Bz 10) ist als Sandguß ein Maschinenbauwerkstoff mit hohen physikalischen und chemischen Gütewerten, der für Ventile, Druckmuttern, Armaturen und ähnliche Formgußteile vor allem dann Anwendung findet, wenn Korrosionseinflüsse die Wahl einer reinen Zinnbronze wünschenswert erscheinen lassen. Die Gleiteigenschaften sind bei diesem Zinngehalt noch nicht überragend, können jedoch durch schroffe Kühlung, also durch Kokillen- einschließlich Schleuderguß, wesentlich gesteigert werden. Außerdem kann ein Phosphorzuschlag bis zu etwa $1^0/_0$ zur Härtesteigerung und Erhöhung der Heterogenität benutzt und in Ergänzung zum Zinngehalt als Legierungskomponente verwendet werden. Im übrigen gebührt aber für hochbelastete Lager der nachfolgend besprochenen Gußbronze 12 in fast allen Fällen der Vorzug.

Gußbronze 12 (GSnBz 12), in den angelsächsischen Ländern seit langem als die bevorzugte Zinnbronze für gleitende Beanspruchung genormt und auch oft in den Hausnormen deutscher Hersteller und Verbraucher enthalten, hat erst bei einer Revision von DIN 1726 im Jahre 1948 in die deutsche Norm Eingang gefunden. Der Umstand, daß dies in einer rohstoffarmen Zeit geschah, kennzeichnet die besondere Bedeutung dieser Bronze, die insbesondere zur Herstellung höchstbelasteter Schneckenradkränze unentbehrlich sein dürfte[2].

Die Zusammensetzung liegt bevorzugt bei 11,5 bis $12^0/_0$ Zinn, oft unter Zuschlag von 0,3 bis $0,5^0/_0$ Nickel zur Steigerung von Zähigkeit und Feinkorn. Dazu kommt ein Phosphor-Restgehalt von 0,2 bis $0,3^0/_0$, der für Lagerbüchsen gelegentlich bis auf $1^0/_0$ heraufgesetzt wird.

---

[1] *Comstock, G. F., W. M. Corse:* J. Inst. Met. Bd. 36 (1926) S. 206/208. — *Pilling, N. B., T. E. Kihlgren:* Met. Ind., New York, Juni 1932, S. 233 und Trans. Amer. Foundrym. Ass. Bd. 2 (1931) Nr. 7 S. 93/110.

[2] *Rowe, F. W.:* J. Inst. Met. Bd. 36 (1926) S. 191/209. — Met. Ind., London Bd. 36 (1930) S. 669/72; Bd. 37 (1930) S. 11/12. *Hurst, J. E.:* Met. Ind., Lond. Bd. 40 (1932) S. 88—92.

Die folgende Zahlentafel 3 nennt Festigkeitswerte einer Legierung mit 87,8% Kupfer, 11,5% Zinn und 0,7% Phosphor und läßt die durch Sandguß, Kokillen-Standguß und Kokillen-Schleuderguß erzielbaren Festigkeitsunterschiede ein- und derselben Legierung erkennen.

Ergänzend sind noch die Werte für eine Gußbronze 14 mit dem extrem hohen Phosphorgehalt von 1,3%, wie sie u. a. zur Herstellung verschleißfester Zahnräder für Hilfsantriebe in Hochleistungstrieb-

Zahlentafel 3. *Festigkeitswerte von Zinn-Gußbronzen mit 12 und 14% Zinn und Phosphorgehalten von 0,7 und 1,3%, vergossen in Sand, stehende Kokille und Schleuderkokille. (J. Holroyd.)*

Benennung	Kurzzeichen	Zusammensetzung in %			Zustand	Festigkeitswerte			
						Zugfestigkeit σ_B kg/mm²	Streckgrenze $\sigma_{0.2}$ kg/mm²	Dehnung δ_5 %	Härte HB_{10} kg/mm²
		Sn	P	Cu					
Phosphorhaltige Guß-Zinnbronze 12	G Sn Bz 12	11,5	0,7	87,8	Schleuder-Kokillenguß (Büchsen)	27—35	20—26	1—4	85—120
					Schleuder-Kokillenguß (Büchsen wärmebehandelt)	28—39	17—20	14—23	70—105
Phosphorhaltige Guß-Zinnbronze 14	G Sn Bz 14	14,0	1,3	84,7	Schleuder-Kokillenguß (Büchsen)	28—38	28—34	1	120—150

werken verwendet wird, genannt. Die Werte gelten für Schleuderguß in Kokille unter Verwendung eines Stahlkernes.

Gußbronze 14 (GSnBz 14) hat den höchsten für Lagerbüchsen und Zahn- und Schneckenradkränze in Betracht kommenden Zinngehalt. Bei hoher Härte und Verschleißfestigkeit ist die Zähigkeit so vermindert, daß schlagartige Beanspruchungen zum Bruch führen können. Dünnwandige Querschnitte sind dabei naturgemäß besonders gefährdet. Damit ist der Verwendungsbereich beschränkt auf Sonderfälle, zu denen sehr hochbelastete Genauigkeitszahnräder und starkwandige Lagerungen für gleichzeitig hohe Belastungen und Geschwindigkeiten gehören. Im übrigen dürfte in der Mehrzahl der Fälle GSnBz 12 vorzuziehen sein, wenn nicht ungünstige Erstarrungsbedingungen, wie bei Sandguß, zum

Ausgleich die Erhöhung des Zinngehaltes auf 14°/₀ notwendig erscheinen lassen.

Bronzen mit Zinngehalten über 14°/₀, wie sie in DIN 1705 bisher mit 20°/₀ Zinn und in A.S.T.M. B 22—49 mit 16 und 19°/₀ Zinn und maximal 1°/₀ Phosphor genormt sind, dürften kein allgemeines Verwendungsfeld und damit auch keine hinreichende Voraussetzung zur Normung mehr besitzen. Der Verwendungsbereich erstreckt sich hauptsächlich noch auf Spur- und Zapfenlager für Drehbrücken, Drehscheiben und ähnliche Anlagen, und in diesen Fällen kann Aluminium-Mehrstoffbronze, gegossen oder geschmiedet, mit bestem Erfolg eingesetzt werden, wobei der Vorteil höherer Zähigkeit diese Legierungsgruppe entschieden begünstigt.

Das Streben nach Erhöhung der Zähigkeit und damit der Dehnung, die bei den hier behandelten Zinnbronzen im Gußzustand recht gering ist, führte zu Glüh- und Anlaßbehandlungen im Bereich von 500 bis 700° C, die unter Auflösung des Eutektoids die gewünschte Steigerung der Dehnung ohne Einbuße an Zugfestigkeit bei Absinken der Streckgrenze erreichen lassen[1]. So bringt eine Glühung, bei der der Diffusionsausgleich und damit die Auflösung des Eutektoids nur zum Teil erreicht wird, beispielsweise bei der oben genannten, in Kokille geschleuderten Bronze mit 11,5°/₀ Zinn und 0,7°/₀ Phosphor, die in Zahlentafel 3 vergleichsweise angegebenen Werte.

Mit sinkendem Eutektoidanteil geht bei den Zinn-Gußbronzen — ebenso wie bei Rotguß — erfahrungsgemäß die Belastbarkeit zurück, und voll homogenisierte Zinn-Gußbronze neigt besonders bei weicher Welle und mäßiger Oberflächengüte von Büchse und Zapfen zum Anreiben und Fressen.

Entgegen dieser an Gußbronzen gewonnenen Erkenntnis wurde — u. W. zuerst von *Bühler* — Zinnbronze mit einem Zinngehalt über 7°/₀ und einem Phosphorgehalt über 0,1°/₀ durch wiederholte Verformung unter zahlreichen Zwischenglühungen zu Rohren bzw. Lagerbüchsen verarbeitet, und es zeigte sich überraschenderweise, daß eine homogene, geknetete Phosphor-Zinnbronze mit 7 bis 9°/₀ Zinn und 0,1 bis 0,3 °/₀ Phosphor bei sehr hoher Belastbarkeit bemerkenswert gute Laufeigenschaften aufweist, die sie zur Verwendung an hochbelasteten Lagerstellen moderner Triebwerke besonders befähigt[2].

Die Gründe für das gute Laufverhalten dieser homogenen Zinnbronzen können nicht mit Sicherheit angegeben werden. Der Bewährung förderlich ist ohne Zweifel die hohe Präzision im üblichen

---

[1] *Rowe, F. W.:* J. Inst. Met. Bd. 32 (1924) S. 73/80. — *Heyn, E., O. Bauer:* Mitt. Kgl. Mat. 1911 S. 63.

[2] *Bühler, G.:* DRP. 537560. — *Vereinigte Deutsche Metallwerke A.-G.:* DRP. 693100. — *Bartosch, W.:* Werkstattstechn. Bd. 28 (1934) S. 244. — *Ungenannt:* Metallwirtsch. Bd. 1 (1934) S. 175/76.

Verwendungsbereich, die gemäß den Erfordernissen des Motoren- und
Feinmaschinenbaues Feinstbearbeitung und Paarung mit oberflächengehärteten und geschliffenen Zapfen verlangt. Bei mangelhafter Oberflächengüte von Bohrung und Zapfen, ja schon bei Zapfen ohne Oberflächenhärtung, wird unzulässiger Verschleiß beobachtet. Die Lagerbüchsen aus gezogener Phosphor-Zinnbronze besitzen demnach sehr hohe
Belastbarkeit, während ihre Einlauf- und Notlaufeigenschaften begrenzt
sind, so daß Kantenpressung und Mischreibung durch eine hohe Vollkommenheit der Gestaltung von vornherein vermieden werden müssen.
Ergänzend zu den günstigen Bedingungen der Lagergestaltung bedarf
es aber noch einer Erklärung für das günstige Laufverhalten und die gute
Laufspiegelbildung dieses Werkstoffs im Vergleich mit anderen Lagermetallen. Wesentlich dürfte daran die gute Benetzbarkeit der Zinnbronze
beteiligt sein, die durch Gleitlinienbildung (vgl. Abb. 172) sehr gefördert
wird. Legierungen mit starker Schichtkristallbildung pflegen auch bevorzugt Gleitlinienbildung aufzuweisen. Man wird daraus folgern können,
daß trotz zahlreicher Verformungen und Glühungen kein vollkommener
Ausgleich der Schichten stattgefunden hat. Die Störungen des Raum-
gitters, die sich in den Gleitlinien kundtun, weisen auf entsprechende
periodische Schwankungen der Elastizitätsgrenze und anderer Festigkeitszahlen hin, so daß der Gefügeaufbau als quasiheterogen bezeichnet
werden kann.

In diesem Zusammenhang ist bemerkenswert, daß Zinn-Knetbronzen
mit geringerem Zinngehalt, etwa die in DIN 1726 im Jahre 1943 für
Lagerzwecke herausgestellte SnBz 6, bei nur wenig verminderten Festigkeitszahlen bei weitem nicht die Eignung als Lagerwerkstoff erreicht wie
SnBz 8 und Zinn-Knetbronzen mit noch höherem Zinngehalt. Die höheren Zinngehalte begünstigen offenbar den quasiheterogenen Gefügeaufbau so erheblich, daß die Unterschiede im Laufverhalten im Bereich
zwischen 6 und $8^0/_0$ Zinn in der Praxis bereits offenkundig werden. Bei
niedrigeren Zinngehalten bedarf es einer Heterogenisierung, etwa durch
Blei, um gute Gleiteigenschaften zu sichern. Dabei ist die Frage der Belastbarkeit aber wiederum auch unter dem Gesichtspunkt der Festigkeit
der miteinander in Wettbewerb stehenden Werkstoffe zu betrachten.

Einen Überblick über Festigkeitswerte von gezogenen Rohren aus
Phosphor-Zinnbronze mit $8,3^0/_0$ Zinn, $0,2^0/_0$ Phosphor, Rest Kupfer gibt
Zahlentafel 4. Die genannte Zusammensetzung liegt ebenso wie die
Festigkeitswerte im handelsüblichen Bereich. Die Wandstärke der Rohre
kann gering, bis herab zu 1 mm und darunter, gehalten werden. Die hohe
Maßgenauigkeit des Endprodukts erfordert meist die Lieferung des
Rohres als Halbzeug mit Bearbeitungszugaben für die Innen- und Außen-
fläche. Der Außendurchmesser kann aber bei nicht zu enger Toleranz auf
Preßsitz fertig gezogen werden. Dann sind zur Fertigbearbeitung nur das

Abstechen auf Fertiglänge, Anbringen von Bohrungen und Nuten und
— vorzugsweise erst nach dem Einpressen in die Aufnahme — das Fertig-
bohren der Lauffläche erforderlich. Eine etwa halbstündige Erwärmung
im Ölbad bei rd. 200° C nach dem Einpressen wird von einigen Motoren-
werken für vorteilhaft gehalten, um innere Spannungen auszugleichen
und Formänderungen im Betrieb, insbesondere eine Verengung der Bohrung, zuverlässig zu unterbinden.

Zahlentafel 4. *Phosphorhaltige Zinnbronze, Knetlegierung mit 8,3% Zinn,
0,3% Phosphor, 91,4% Kupfer. Festigkeitswerte gezogener Rohre.*

| Zustand | Festigkeitswerte | | | | Verwendungszweck (Beispiele) |
	Zug-festigkeit σ_B kg/mm²	Streck-grenze $\sigma_{0.2}$ kg/mm²	Dehnung δ_{10} %	Härte HB kg/mm²	
weich	35—40	18—25	55—75	80—90	Schwingungsfeste Öl-leitungen
halbhart	45—55	33—45	20—40	110—150	Ventilführungen, allge-mein für Lagerbüchsen, Kolbenbolzenbüchsen
hart	60—70	50—65	7—15	160—180	Kolbenbolzen- u. Nocken-wellenbüchsen
sehr hart	75—85	70—80	4—10	180—220	Feder- und Achsschenkel-büchsen

Phosphor-Zinnbronze-Rohre mit etwa 8% Zinn — nach DIN 1726
und D. T. D. 265 A — haben im Maschinen- und insbesondere Motorenbau vielfältige Anwendung gefunden, insbesondere als Kolbenbolzen-
bzw. Treibstangenbüchsen, Lagerbüchsen für Hilfs- und Nebenwellen
und Kolbenbolzenbüchsen. Da Herstellungsverfahren und hoher Zinngehalt einen verhältnismäßig hohen Aufwand bedingen und da Ein-
sparung von Zinn grundsätzlich erwünscht ist, wird häufig ein Austausch
durch andere Legierungen, vornehmlich durch die bereits erwähnte
Phosphor-Zinnbronze mit nur 6% Zinn, ferner durch geknetete Mehrstoff-Zinnbronze, Sondermessing und gegossene Blei-Zinnbronze, angestrebt. Ein solcher Austausch ist zwar häufig möglich, bedarf aber
von Fall zu Fall sorgfältiger Prüfung.

Besondere Erwähnung verdient die von *Corson* eingeleitete Heterogenisierung knetbarer Zinnbronzen durch Chrom und Eisen oder
Vanadin und Eisen[1]. Guß- und Knetbronzen dieser Art wurden von
Stone mit Erfolg in die Praxis eingeführt und als geknetete ,,chromium
bronze" mit der Zusammensetzung 1,5 bis 3,5% Zinn, 0,5 bis 2% Chrom,

---

[1] *Corson, M. G.:* USA-Pat. Nr. 2059 555 und 2059 560. — Stone, J. & Co.:
Brit. Pat. 445 620 und 473 970. — *Miller, H. I.:* Met. Ind. (Lond.) Bd. 52 (1938)
S. 523.

0,5 bis 3,0% Eisen, 0,5% max. Mangan, Rest Kupfer Gegenstand der britischen Norm D. T. D. 354, vorzugsweise in Verwendung für gezogene Lagerbüchsen[1], aber auch in etwas abgewandelter Zusammensetzung für Gußbüchsen.

Rotguß Das Bestreben, Zinnbronzen durch Legieren mit Zink und Blei besser gießbar zu machen, zu verbilligen oder für bestimmte Aufgaben mit besonderen Eigenschaften zu versehen, zum Beispiel mit Weißmetall zu guter Bindung zu bringen, führte schon sehr früh zu einer großen Zahl von Legierungen, die wir unter dem Sammelnamen *Rotguß*[2] zusammenfassen, und die in neuerer Zeit ihre Ergänzung durch Knetwerkstoffe im gleichen Legierungsbereich, genannt *Mehrstoff-Zinnbronze*, gefunden haben.

Zahlentafel 1 (S. 236/239) gibt eine Übersicht über die in Deutschland, England und den USA genormten Rotgußsorten. Während in den angelsächsischen Ländern früher das gunmetal 88/10/2 vorherrschte, haben rohstoffarme Perioden besonders in England entsprechend dem deutschen Vorgehen zur Schaffung zahlreicher Rotgußlegierungen mit höheren Anteilen an Zink und Blei geführt[3]. Heute erscheint es an der Zeit, die Vielzahl zu sichten und möglichst international auf wenige Legierungen zurückzuführen.

Dieser Gedanke dürfte in Hinsicht auf Lagerwerkstoffe verhältnismäßig leicht durchführbar sein, denn die Mehrzahl aller Rotgußlegierungen dient nicht für Lagerzwecke, sondern für den Guß von Armaturen, Flanschen und sonstigen Apparate- und Maschinenteilen. Eine besondere Betrachtung verdienen die Lagerschalen, die mit Weißmetall ausgegossen werden, da an sie neben den Forderungen nach ausreichender Festigkeit und gutem Diffusionsvermögen mit Weißmetall gelegentlich die Forderung nach ausreichenden Notlaufeigenschaften nach Verschleiß der Laufschicht erhoben wird.

Bei einem Überblick über die als Lagermetall geeigneten Rotgußsorten ergibt sich, daß die Lagereigenschaften der hochzinnhaltigen Sorten Rg 8, Rg 9, Rg 10 den Einsatz so hoher Zinngehalte in zinkhaltigen Legierungen nicht rechtfertigen. Die Praxis hat ergeben, daß entweder eine zinkfreie Bronze, vorzugsweise GBz 12, am Platze ist, um höchste Belastungen aufzunehmen, oder für mittlere Belastungsfälle ein zinkreicher Rotguß gleich oder ähnlich Rg 5 mit einem Zinngehalt

---

[1] Stone, J. & Co.: Bronzes. Firmendruckschrift 1949.

[2] *Hoinkiß, R.:* Rotguß. Werkstoff-Handbuch NE-Metalle, F. 11. Berlin 1930. — *Kühnel, R.:* Z. Metallkde. Bd. 18 (1926) S. 306/311. — Bronze und Rotguß. Bericht über die Tagung des Fachausschusses für Werkstoffe im VDI v. 27. 10. 30. — *Schimmel, A.:* Metallographie der techn. Kupferlegierungen, S. 95/98. Berlin 1930. — *Bassett, H. N.:* Bearing metals and alloys. S. 266/289. London 1937.

[3] *Voce, E.:* Metallurgia Bd. 39 Nr. 230, 231. Auch als Sonderdruck des Copper Development Association, London 1949.

von 5 bis 7%. Daneben bedürfen die bei uns weniger beachteten Blei-Zinnbronzen besonderer Erwähnung, weil sie jene Gruppe von Lagerbronzen darstellen, die auch im höheren Belastungsbereich durch den Bleigehalt ein hervorragendes Lauf- und Notlaufverhalten selbst bei Unzulänglichkeiten der baulichen Gestaltung oder Schmierung besitzen. Den Blei-Zinnbronzen ist deshalb im folgenden auch ein Sonderkapitel gewidmet.

Der Berichter kommt damit zu der summarischen Feststellung, daß ein Rotguß gleich oder ähnlich Rg 5 als Rotguß für Gleitlagerzwecke ausreichen dürfte. Dabei sind ebenso wie bei den Zinnbronzen die Schmelz- und Gießbedingungen von so entscheidendem Einfluß auf Gefügeaufbau und Eigenschaften, daß diesen Fragen im Rahmen der künftigen Entwicklungs- und Normenarbeit besondere Beachtung gebührt. Bei den Rotgußsorten mit niedrigem Zinngehalt gleich oder ähnlich Rg 5 sind die Schmelz- und Gießbedingungen, wie aus Zahlentafel 2 (S. 240) zu entnehmen war, auf Festigkeitswerte und Gefüge von besonders starkem Einfluß, vor allem wegen der größeren Nähe zur (gestrichelten) α-Grenzkurve in Abb. 173, verglichen mit den Legierungen höheren Zinngehaltes. Eine möglichst schnelle Erstarrung ist deshalb erwünscht, und sie ist auch technisch durchführbar, weil Legierungen dieses Bereiches bei Guß in Kokille nicht zu Spannungs- oder Warmrissen neigen. Lagerbüchsen und ähnliche einfache Formteile aus Rotguß sollten deshalb nur noch in Kokille gegossen werden, größere Querschnitte möglichst in wassergekühlte Kupferkokille. Büchsen und Rohrabschnitte werden vorteilhaft durch Schleuderguß hergestellt, für den wassergekühlte Kupferkokillen oder Stahl- und Graugußkokillen — gegebenenfalls mit Kupferblecheinlage[1] — in Gebrauch sind. Die neueste Entwicklung geht auf die Anwendung von Strangguß[2].

Mit diesen Mitteln lassen sich die Gütewerte der zinnarmen, zinkreichen Rotgußsorten so weit entwickeln, daß die Herausstellung eines „Einheitsrotgusses" innerhalb dieser Gruppe befürwortet werden kann. Sollten ungünstigere Erstarrungsbedingungen — etwa durch Sandguß — unvermeidbar sein, so könnten diese zum Teil durch Legierungsänderung, etwa durch Erhöhung des Zinngehaltes um 1 bis 2%, ausgeglichen werden.

Zinn-Mehrstoffbronze. Die gute Bewährung der zinnarmen, zinkreichen Rotgußsorten regte seit einigen Jahren zum Studium der Rotgußsorten auf ihre Knetbarkeit und Verwendung als gewalztes oder

---

[1] *Hanser, K.:* Mitt. Forsch.-Anst. Gutehoffn. Nürnberg Bd. 4 (1933) S. 90/95.
[2] *Smart, I. S.* u. *A. A. Smith:* Iron Age v. 26. 8. 48. Dgl. Metal Industry (Lond.) 73 (1948) S. 347/49, 372/373, — *Smart, I. S.* u. *A. A. Smith:* Iron Age v. 22. 9. 1949. — *Pell-Walpole, W. T.* u. V. *Kondic:* Metal Industry (Lond.) 74 (1949) S. 203/206.

gepreßtes Halbzeug zur Herstellung von Lagerbüchsen an. Die Entwicklung führte bei uns vor etwa 10 Jahren zur Herausstellung einer zunächst als Rotmetall, heute als Zinn-Mehrstoffbronze bezeichneten Legierungsgruppe, die Zinn und Zink je im Bereich zwischen 3 und $7^0/_0$ enthalten. Diese Legierungen, im neuen Normentwurf als SnMBz 4 und SnMBz 6 herausgestellt, sind durch Strangpressen oder Walzen warm verarbeitbar und werden durch Ziehen bzw. Kaltwalzen auf Maß und Endwerte gebracht.

In den USA wird einer bleihaltigen Legierung dieses Typs mit $4^0/_0$ Zinn, $4^0/_0$ Blei, $4^0/_0$ Zink nach SAE 791 der Vorzug gegeben. Der Bleigehalt schloß bisher Warmverarbeitbarkeit aus. Aus kaltgewalzten Bändern werden Lagerbüchsen gerollt und in dieser Form, also mit offener Stoßfuge, vornehmlich im Fahrzeugbau verwendet. Diese Legierung und Gestaltungsart führt sich auch in unserer Kraftwagenindustrie in zunehmendem Maße ein, da sie eine bewährte Austauschmöglichkeit für gegossene und gezogene Büchsen darstellt.

Messing war früher in seiner Bewährung für Lagerzwecke recht umstritten. *Gußlegierungen,* und zwar sowohl Zweistoff- wie Mehrstofflegierungen, kamen von jeher fast nur für untergeordnete Zwecke bei geringer Lagerbeanspruchung in Betracht. Ob diese bis heute allgemein vertretene Auffassung dem Gußmessing und speziell dem Sondergußmessing gerecht wird, erscheint fraglich.

In der Sammelnorm DIN 1726 ist das Sondergußmessing 68 mit der Zusammensetzung 66 bis $70^0/_0$ Kupfer, Zink als Rest, mit einem Phosphorgehalt von 0,2 bis $0,4^0/_0$ als Messing für Lagerzwecke aufgeführt. Es entspricht einer Messing-Knetlegierung, die für ganz entsprechende Aufgaben als Sondermessing 68 in der Norm enthalten ist.

Erwähnt sei in diesem Zusammenhang noch zinnhaltiges Gußmessing, etwa in der Zusammensetzung 60 bis $70^0/_0$ Kupfer, 1,5 bis $4^0/_0$ Zinn, 2 bis $3^0/_0$ Blei, Zink als Rest. Solche Messinglegierungen für Lagerzwecke sind unter dem (irreführenden) Namen „Eutektoid-Lagerbronze" bekannt geworden, haben sich aber in der Praxis nicht durchzusetzen vermocht. Wie Abb. 181 erkennen läßt, ist das Gefüge im Aufbau mit dem der Zinn-Gußbronzen vergleichbar. Auch die Festigkeitseigenschaften liegen im gleichen Bereich. Gleichartige Sondergußmessinge des $\alpha + \beta$-Bereichs, also mit geringerem Kupfergehalt, wurden für Verschleißteile wie Gleitschuhe und Stromabnehmer, ferner für Hahnkegel und Schieberplatten, erfolgreich verwendet[1]. Eine Wiederaufnahme von Entwicklungsarbeiten für derartige Gruppen von Sondergußmessingen für Lagerzwecke und allgemein für Aufgaben gleitender Beanspruchung dürfte zeitgemäß und erfolgversprechend sein.

---

[1] *Schimmel, A.:* Metallographie der techn. Kupferlegierungen. S. 84. Berlin 1930.

Messing-Knetlegierungen haben sich seit Herausgabe unseres ersten Berichtes im Jahre 1939 einen bemerkenswerten Platz unter den Gleitwerkstoffen erobert und sich dabei als wertvolle Ergänzung der gezogenen Phosphor-Zinnbronze erwiesen, speziell im mittleren Belastungsbereich, in dem der Einsatz der zinnreichen und in der Herstellung aufwendigen Bronzerohre oft nur schwer zu rechtfertigen ist.

Während vor 10 Jahren dem $\alpha + \beta$-Mehrstoff-Messing wegen seines heterogenen Aufbaues, seiner guten Warmpreßbarkeit und der hohen Kalthärtung der Vorzug gegeben wurde, führte die Entwicklung seit 1940 zu Mehrstoff-Messingen mit höherem Kupfergehalt, und zwar in Bereichen, die noch gut warmpreßbar, vor allem aber gut ziehbar sind. In diesem Bereich setzten sich zwei Legierungen in breiterem Umfang durch, zumal da ihre Stellung durch Normung besonders gefestigt wurde, nämlich Dreistofflegierungen mit vorzugsweise 68 bis 70% Kupfer, Zink als Rest und einem Zusatz von 0,8 bis 1,2% Silizium, alternativ 0,2 bis 0,4% Phosphor. Besonders die siliziumhaltige Legierung[1] hat sich in großem Umfang eingeführt und stellt heute ein bedeutendes Kontingent unter den für Gleitlagerzwecke gezogenen Rohren aus Kupferlegierungen.

Zahlentafel 5 bringt diese Legierung mit ihren Festigkeitswerten neben einer typischen Legierung der Gruppe SoMs 58. Die Festigkeitswerte lassen zwar nicht unmittelbar einen Schluß auf die Eignung als Lagerwerkstoff zu. Es steht aber heute nach vielfältiger Erprobung fest, daß die kupferreicheren Legierungen vom Typ SoMs 68, wahrscheinlich wegen besserer Festigkeitseigenschaften im Bereich der Betriebstemperaturen (Streckgrenze!), dem Typ SoMs 58 überlegen sind. Diese guten Eigenschaften wirken vor allem dem Festsetzen des Zapfens entgegen, das durch Deformation der Büchse infolge Wärmedehnung und Wechsellast bei Betriebstemperatur eintreten kann, ebenso auch dem Fressen des Zapfens in der Büchse, das bei hoher Last, hoher Umfangsgeschwindigkeit und Schmiermittelmangel die Lagerung gefährdet.

Das Sondermessing SoMs 68 ist auch für die Herstellung gerollter Lagerbüchsen aus gewalztem Band brauchbar und für diesen Zweck besonders herausgestellt worden[2]. Für die Mehrzahl solcher Fälle dürfte aber der bleihaltigen Zinn-Mehrstoffbronze nach SAE 791 der Vorzug gebühren.

Aluminiumbronzen haben in bestimmten Legierungsbereichen sowohl als Guß- wie als Knetlegierungen zunehmend Anwendung für Lagerzwecke gefunden.

Während die mäßigen Gleiteigenschaften der Aluminium-Zweistoffbronzen ihren Einsatz für Lagerzwecke oder für Schnecken- und Zahnrad-

---

[1] *Lay, E.:* Jahrbuch der Metalle 1943. S. 120/135. Berlin 1943. — Vereinigte Deutsche Metallwerke A.-G.: DRP. 756 154. — [2] Wieland-Werke A.-G.: DRP. 759 865.

16a

kränze nicht rechtfertigen, stellen die Aluminium-Mehrstoffbronzen in
sinnvoller Auswahl hochwertige Austauschwerkstoffe für zinnreiche Gußbronzen dar.

Es handelt sich dabei vornehmlich um Legierungen mit 8,5 bis 11, in
Sonderfällen bis $13^0/_0$ Aluminium unter Zusatz von Eisen bis zu $5,5^0/_0$,
Nickel bis $6,5^0/_0$, Mangan bis $3^0/_0$, daneben gelegentlich Silizium, Blei,
Zink je unter $1^0/_0$.

Zahlentafel 5. *Sondermessing für Lagerzwecke. Zusammensetzung (beispielsweise)
und Festigkeitswerte zweier bevorzugt verwendeter Legierungsgruppen.*

Benennung	Kurz-zeichen	Zusammensetzung $^0/_0$						
		Cu	Al	Si	Mn	Fe	Ni	Pb
Sonder-messing 58	SoMs 58	57–59	1,2–1,6	0,2–0,3	2,0–2,5	0,5–0,8	< 0,5	< 0,5
Sonder-messing 68	SoMs 68	67–70	–	0,8–1,2	–	< 0,4	< 0,5	< 1

Kurz-zeichen	Zustand	Zug-festigkeit σ_B kg/mm²	Festigkeitswerte		Härte HB$_{10}$ kg/mm²
			Streck-grenze $\sigma_{0.2}$ kg/mm²	Dehnung δ_{10} $^0/_0$	
So Ms 58	hart gezogen und ent-spannt	60–70	28–32	10–15	140–170
So Ms 68	halbhart gezogen und entspannt	45–55	25–35	20–30	100–130
So Ms 68	hart gezogen und entspannt	52–65	30–45	15–25	140–170

Diese Aluminium-Mehrstoffbronzen erreichen unter Beachtung geeigneter Schmelz-, Gieß- und Knetbedingungen außergewöhnlich hohe
Festigkeitswerte, die sie in Verbindung mit ihrem heterogenen Gefügeaufbau befähigen, äußerst verschleißfeste und höchst belastbare Lagerstellen zu bilden. Nur im Bereich hoher Gleitgeschwindigkeiten bei
Mischreibung mit erheblichem Anteil an Zonen mit unzulänglicher
Schmierschicht wird die für aluminiumhaltige Legierungen typische
Neigung zum Anreiben mit der Welle bedenklich. Diese Erscheinung ist
für alle aluminiumhaltigen Legierungen charakteristisch und beruht auf
dem Verhalten der aluminiumoxydhaltigen Deckschicht, deren Bildung
unter den Bedingungen der Praxis unvermeidlich ist, in Kontakt mit dem
Wellenzapfen.

Hochbelastete Schneckenräder, beispielsweise im Hinterachsen-
antrieb von Schwerlastfahrzeugen, sind dafür ein typisches Beispiel.

Dieser Belastungsfall, der durch hohe spezifische Pressung bei nicht ganz vollkommener Schmierfilmbildung und durch relativ hohe Gleitgeschwindigkeiten gekennzeichnet ist, wird besser durch Radkränze aus GSnBz12-Schleuderguß befriedigt[1]. In zahlreichen anderen Fällen jedoch, zu denen Schnecken-, Stirn- und Schraubenradkränze für hohe Belastungen bei mäßigen Gleitgeschwindigkeiten zählen, ferner für Verschleißplatten, Druckscheiben und schließlich Lagerbüchsen für schwere Zahnradgetriebe auch in Werkzeugmaschinen sind Aluminium-Mehrstoffbronzen seit Jahren mit bestem Erfolg eingesetzt worden[2].

Hochbelastete Spurlager für Drehbrücken, Wehranlagen, Drehscheiben und ähnliche Bauten, bei denen früher Zinn-Gußbronzen mit 14 bis 20% Zinn für notwendig erachtet wurden, werden seit längerem erfolgreich mit Einsätzen aus geschmiedeter Aluminium-Mehrstoffbronzen bestückt. Die alte Normlegierung GBz 20 hat damit ihr industrielles Anwendungsgebiet fast gänzlich verloren.

Für Lagerbüchsen wie auch für zahlreiche Arten von Zahn- und Schneckenrädern haben sich Aluminium-Mehrstoffbronzen als Gußlegierungen bewährt. Für sie gilt ebenso wie für Zinn-Gußbronzen, daß die Gütewerte durch die Schmelz- und Gießtechnik entscheidend beeinflußt werden.

Kokillenguß einschließlich Schleuderguß bringen gegenüber Sandguß eine so bedeutende Gütesteigerung, daß die Verwendung von Kokillen, wo immer möglich, anzustreben ist.

Die folgende Zahlentafel 6 bringt eine Auswahl bewährter Aluminium-Mehrstoffbronzen mit ihren Festigkeitswerten. Zwei Gruppen heben sich heraus, und zwar die Legierung mit rd. 10% Aluminium, 5% Nickel, 5% Eisen, die seit langem als Legierung 80/10/5/5 angelsächsische Norm ist und erst kürzlich als B. S. 1400-AB 2-C neu genormt wurde, und Dreistofflegierungen nur mit Eisengehalten bis zu 5%, die auch bei uns mehrfach verwendet wurden und durch einen bedeutenden Hersteller in den USA eine besondere Pflege erfahren[3]. Ihnen gilt in Rücksicht auf Fragen der Metallwirtschaft unser besonderer Hinweis.

Sonstige Bronzen. Für Lagerzwecke kommen über die bisher aufgezählten Legierungen hinaus — von den Blei- und Blei-Zinnbronzen abgesehen — noch einige weitere Legierungen in Betracht, die zum Teil für die Erfüllung technischer Aufgaben mit besonderen oder vielfältigen Ansprüchen Bedeutung gewonnen haben.

Einmal sind dies Legierungen, die neben gleitender auch noch andere, insbesondere Korrosionsbeanspruchung zu ertragen haben. Neben den

---

[1] *Rowe, F. W.:* J. Inst. Met. Bd. 36 (1926) S. 192. — *Corse, W. M.:* J. Inst-Met. Bd. 36 (1926) S. 203/205. — [2] *Lay, E.:* Z. Metallkde. Bd. 28 (1936) S. 64/67. — [3] *Kemp, J. C.:* Iron Age Bd. 161 (1948) S. 76/79, 97/98. Druckschriften der Ampco Metal, Inc., Milwaukee 15, Wi.

bereits behandelten Aluminium-Mehrstoffbronzen, die sich durch Laugen- und Zunderfestigkeit besonders auszeichnen, sind nickelhaltige Bronzen[1], z. B. eine Schmiedebronze mit 13 bis 16$^0/_0$ Nickel, 2 bis 3$^0/_0$ Aluminium und 0,5$^0/_0$ Eisen, Rest Kupfer, hervorzuheben, die sich durch höchste Festigkeitswerte in geschmiedetem Zustand auszeichnet (Zahlentafel 7).

Ein Beispiel besonderer Bewährung dieser hochfesten Bronze ist die Verwendung als Kolbenstange und Kolben für Hochdruckkompressoren.

Zahlentafel 6. *Aluminium-Mehrstoffbronzen. Festigkeitswerte einiger Guß- und Knet-(Schmiede-)Legierungen.*

Art d. Formung	Zusammensetzung $^0/_0$						Festigkeitswerte			
							Zug-festig-keit σ_B	Streck-grenze $\sigma_{0.2}$	Deh-nung δ_5	Härte HB
	Al	Fe	Ni	Mn	Sonst.	Cu	kg/mm²	kg/mm²	$^0/_0$	kg/mm²
Gußbronzen	9,6 -10,3	3,0 -4,0	—	—	0,5 max	Rest	58 — 68	20 — 25	15 — 25	140 — 160
	10,3 -11,0	3,0 -4,25	—	—	0,5 max	Rest	58 — 68	25 — 30	10 — 18	160 — 180
	11,3 -12,2	3,25 -4,5	—	—	0,5 max	Rest	55 — 65	26 — 32	2 — 8	190 — 210
	9,8 -10,6	3,5 -4,2	4,0 -4,8	0,4 -0,8	0,3 max	Rest	60 — 70	28 — 35	10 — 18	160 — 180
Schmiede-bronzen	9,1 9,8	3,8 -4,4	5,7 -6,3	—	0,5 max	Rest	75 — 90	40 — 55	12 — 20	185 — 210
	11,0 -11,8	4,8 -5,4	5,7 -6,3	—	0,5 max	Rest	75-100	50 — 60	5 — 12	210 — 420

Eine durch Nickelsilizid warm aushärtbare Nickel-Silizium-Bronze mit 1 bis 2,3$^0/_0$ Nickel und 0,3 bis 0,8$^0/_0$ Silizium, Rest Kupfer, hat sich für Ventilführungsbüchsen und Schwinglager gut bewährt[2].

Die bereits unter den Zinnbronzen erwähnten Chrombronzen, genauer: chrom- und eisenhaltigen Zinnbronzen, stellen ebenfalls Bronzen mit ungewöhnlicher Zusammensetzung dar. Sie haben sowohl als Guß- wie auch als Knetlegierungen Verwendungsbereiche für gleitende Beanspruchung gefunden.

---

[1] Nickelbronzen, -messinge, -lagermetalle. Nickel-Informationsbüro. Frankfurt. S. 17/18, 29/30.

[2] *Corson, M. G.:* Trans. Amer. Inst. min. metallurg. Engr., Inst. Met. Div. 1927, S. 435/450. Iron Age Bd. 119 (1927) S. 421/424. — *Wilson, C. L., H. F. Silliman, E. C. Little:* Trans Amer. Inst. min metallurg. Engr., Inst. Met. Div. Febr. 1933, Mitt. Nr. 11. — *Jones, D. G., L. B. Pfeil, W. T. Griffiths:* J. Inst. Met. BD. 46 (1931) S. 423/442.

Weitere Entwicklung. Eine neuere Entwicklung strebt nach Lagerbronzen, bei denen eine typische Eigenschaft des Kupfers, seine hohe Wärmeleitfähigkeit, soweit wie möglich erhalten bleibt. Man geht dabei von dem Gedanken aus, daß der Wärmeleitfähigkeit des Lagermetalls — in Zusammenwirken mit einer hohen Warmfestigkeit zur Vermeidung von Gefügeschäden bei örtlichen Temperatursteigerungen im Lager — eine bisher nicht genügend gewürdigte Bedeutung für den Abbau eben dieser örtlichen Temperaturspitzen zukommt.

Zahlentafel 7. *Nickel-Aluminium- und Nickel-Silizium-Bronze, Knetlegierungen. Zusammensetzung und Festigkeitswerte. Angaben zum Teil nach Unterlagen von FHH und VDM.*

| Benennung | Zusammensetzung | | | | | Zustand | Festigkeitswerte | | | Härte |
	Al	Si	Ni	Fe	Cu		Zug-festig-keit σ_B kg/mm²	Streck-grenze $\sigma_{0,2}$ kg/mm²	Deh-nung δ_{10} %	HB 10 kg/mm²
Nickel-Aluminium-Bronze	2–3	—	13,5 bis 15,5	0,5	R	warm ge-schmiedet	80—100	60—85	8—15	240—270
Nickel-Silizium-Bronze	—	0,5 bis 0,8	1,8 bis 2,2	< 0,3	R	weich ge-geglüht[1]	30—35	7—15	30—38	60—70
						warm aus-gehärtet[2]	50—60	35—45	15—25	140—160
						kalt ver-festigt und warm ausge-härtet[3]	60—80	55—70	8—15	160—210

[1] Lösungsglühung bei 750 bis 800°, Abschrecken in Wasser.
[2] Wie [1], anschließend Warmaushärtung bei 400 bis 470° C.
[3] Wie [1] und [2], ergänzend vor der Warmaushärtung Kaltverfestigung um etwa 30%.

Da praktisch jede Lösungshärtung des Kupfers, wie sie beispielsweise durch Zinn erreicht wird, zu einer erheblichen Herabsetzung seiner Wärmeleitfähigkeit führt, bleiben bei dieser Aufgabestellung folgende Wege zur Härtung unter Sicherung guter Laufeigenschaften:

1. Kaltverfestigung,

2. Heterogenisierung des Gefüges durch Zusätze, die in der Kupfergrundmasse nicht oder nur in Spuren löslich sind,

3. Heterogenisierung durch Zusätze, die durch eine thermische Behandlung (Warmaushärtung) aus dem Raumgitter des Kupfers ausgeschieden werden.

Kaltverfestigung allein reicht bei Kupfer zur Erzielung von Gleiteigenschaften nicht aus. Man muß sich zusätzlich einer Heterogenisierung nach (2) oder (3) bedienen, um einen Gleitwerkstoff zu erhalten, der Aus-

sicht bietet, über die Bewährung bisher verwendeter Bronzen hinaus
überlegene Eigenschaften durch Erhaltung und Ausnutzung der hohen
Wärmeleitfähigkeit zu gewinnen.

Vor einiger Zeit wurde eine Legierung auf den Markt gebracht, deren
Gefügeaufbau lediglich aus Kupfer mit einem ungewöhnlich hohen Anteil
an eutektisch ausgeschiedenem Kupferoxydul besteht, das durch eine
geeignete Knet- und Glühbehandlung in eine gleichmäßig feine Verteilung gebracht wird[1]. Kalt verfestigte Rohre aus diesem Werkstoff
sollen sich in der Erprobung an Stelle von gezogenen Rohren aus Phosphor-Zinnbronze SnBz 8 und Sondermessing SoMs 68 bewährt haben.

Ein Beispiel für Heterogenisierung durch Warmaushärtung bildet die
auf Seite 252 erwähnte Nickel-Silizium-Bronze, bei der allerdings die Aushärtung nicht zu der wünschenswerten Erhöhung der Wärmeleitfähigkeit
führt. Entwicklungsarbeiten in dieser Richtung dürften bei gewissen aus-
härtbaren Legierungen des Kupfers Ergebnisse erwarten lassen, die zu
neuen Lagerbronzen mit verbesserten Eigenschaften führen.

Während auf dem Gebiet der Knetlegierungen durch bestimmte
Formen der Heterogenisierung und Ausscheidungshärtung, daneben
durch wirtschaftlichere Verformung, Fortschritte denkbar sind, sind
bei den Gußlegierungen vor allem Fortschritte durch Verbesserung
der Schmelz-, Gieß- und Kühlbedingungen erzielbar, zumal zahlreiche
— vor allem kleinere — Metallgießereien vorerst noch recht mäßige
Voraussetzungen für die Durchführung solcher in modernen Erzeugungs-
stätten schon seit längerem zum selbstverständlichen Rüstzeug der
Produktion gewordenen Maßnahmen besitzen. Hier sind Möglichkeiten
zur Gütesteigerung und Vergleichmäßigung der Erzeugnisse unter Ein-
sparung knapper und wertvoller Rohstoffe gegeben, deren Umfang und
Wert noch gar nicht abzuschätzen ist.

d) Erstarrungsbild, Aufbau und Einfluß der Legierungsbestandteile.
Die Vielfalt der für gleitende Beanspruchung verwendeten Kupferlegierungen verbietet eine umfassende Darstellung ihrer metallographi-
schen Grundlagen. Wir beschränken uns daher auf eine Zusammenfassung in Anlehnung an die bereits im vorigen Abschnitt verwendeten
Gruppeneinteilung.

Zinnbronzen. Das Zustandsschaubild Kupfer-Zinn[2], dessen kupferreiche Seite Abb. 158 zeigt, besitzt, vom reinen Cu ausgehend, ein Feld von
α-Mischkristallen. Die Grenze dieses Mischkristallgebietes schien viele

---

[1] Dt. Pat. Anm. 40b. 3/20. p 19705 D. *K. Dies:* Verwendung sauerstoffreicher
Metalle für Gleitzwecke. Bekanntmachung: 12. 7. 1951.

[2] *Bauer, O., O. Vollenbruck:* Z. Metallkde. Bd. 15 (1923) S. 119/125, 191/95. —
Hansen, M.: Der Aufbau der Zweistofflegierungen, S. 630/47. Berlin 1936. —
Haase, C., F. Pawlek: Z. Metallkde. Bd. 28 (1936) S. 73/80. — *Hanson, D.,
W. T. Pell-Walpole:* Chill Cast Tin Bronzes. London 1951. S. 53/64.

Jahre durch eine Reihe gut übereinstimmender Arbeiten genau bestimmt zu sein, und zwar entsprechend dem gestrichelt eingezeichneten Verlauf von $16^0/_0$ Sn bei 520° abnehmend bis $14^0/_0$ Sn bei Zimmertemperatur. Neuere Arbeiten weisen jedoch einen abweichenden Verlauf entsprechend der ausgezogenen Kurve zu wesentlich geringeren Zinngehalten, bei Zimmertemperatur vermutlich unterhalb $1^0/_0$ Sn, nach. Dieser Verlauf war bei früheren Untersuchungen nicht ermittelt worden, weil für die Bestimmung der α-Grenze stets geglühte Legierungen verwendet worden waren, für die infolge der großen Reaktionsträgheit eine Einstellung des Gleichgewichts auch bei sehr langen Anlaßzeiten nicht zu erreichen ist. Erst ein Anlassen nach erheblicher Kaltverformung führte von etwa $5^0/_0$ Sn an zu Ausscheidungen, die sich als Cu_3Sn erwiesen.

Bei höheren Zinngehalten, z. B. bei $20^0/_0$ Sn, erstarren bei der Abkühlung der Schmelze zunächst vom Liquidus ab α-Mischkristalle. Bei Unterschreitung der peritektischen Geraden (798°) beginnt die Bildung von β-Kristallen, die nur bis herab zur Horizontalen bei 580° bis 590° beständig sind und dort in α + γ zerfallen. Die γ-Phase ist wiederum nur bis herab zu 520° beständig und zerfällt in das Eutektoid α + δ. Die δ-Phase zerfällt auch wieder, und zwar bei etwa 350° in α + ε, so daß bei

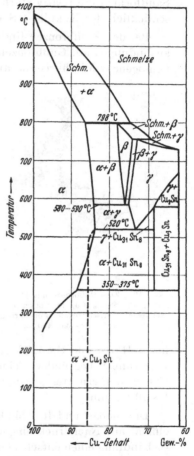

Abb. 166. Zustandsschaubild Kupfer-Zinn, kupferreiche Seite.

niedrigen Temperaturen ein heterogener Aufbau aus diesen beiden Phasen, von denen ε die Zusammensetzung Cu_3Sn besitzt, dem Gleichgewichtszustand entsprechen würde. Über die verschiedenen Phasenumwandlungen besteht noch keine völlige Klarheit, jedoch sind β, δ und ε und ihre Existenzbereiche einigermaßen gesichert, während die γ-Phase noch umstritten ist.

Infolge der großen Diffusions- und Umwandlungsträgheit treten die Phasen im Verlauf technischer Wärmebehandlungen oft nicht dem

Gleichgewicht entsprechend auf, vielmehr werden Endzustände gemäß dem Schaubild vielfach gar nicht erreicht. Da mit zunehmender Erstarrungsdauer eine zunehmende Annäherung an das Gleichgewicht eintritt, bringt unter den technischen Gießverfahren der Guß in getrocknete Sandformen die relativ stärkste Annäherung, es folgt der Naßguß und schließlich der Kokillen-, Schleuder- und Strangguß.

Bei den Zinnbronzen finden wir dementsprechend folgende Gefügeausbildungen an. Gußbronzen mit Zinngehalten unter 4 bis 6% weisen homogene α-Mischkristalle auf, wobei die obere Zinngrenze für Gieß-

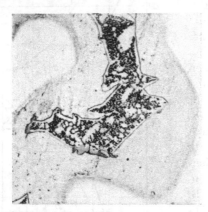

Abb. 167. Zinn-Gußbronze mit 11,5% Sn, 0,2% P, 88,3% Cu, in trockenen Sand vergossen. α-Mischkristalle (Zonenkristalle), $\alpha + \delta$-Eutektoid. 400 ×.

verfahren mit langsamer Erstarrung (getrocknete Sandformen) und die untere Grenze für Verfahren mit schnellerer Erstarrung (Kokillenguß) gilt[1]. Die Bildung von Cu_3Sn wird in allen Fällen vollkommen unterdrückt. Bei höheren Zinngehalten tritt neben dem α-Mischkristall das Eutektoid, bestehend aus den Phasen, die durch den β-Zerfall entstanden sind, auf, und zwar ist der bei normaler technischer Erstarrung neben α im Eutektoid vorhandene Bestandteil δ (Abb. 167). Das Eutektoid ist der für Zinnguß-bronzen typische Bestandteil hoher Härte und Sprödigkeit, der die guten Gleiteigenschaften dieser Legierungen begründet. Seine Brinellhärte wurde von *Rowe* zu 200 bis 230 kg/mm² ermittelt gegenüber einer Härte des α-Mischkristalls von 50 bis 70 kg/mm².

Die Gießart und die Abkühlungsbedingungen haben, worauf hier noch einmal mit Nachdruck hingewiesen sei, neben der Schmelzführung und -behandlung einen entscheidenden Einfluß auf die Gütewerte und in Zusammenhang damit auf die Gefügeausbildung. Beispielsweise lassen Abb. 168 und 169 die durch Kokillenguß gegenüber normalen Sandguß erreichbare Gefügeverfeinerung bei erhöhtem Eutektoidanteil erkennen.

Bronzen mit Zinngehalten bis zu etwa 14% können durch eine mehrstündige Glühung im α-Gebiet, z. B. bei 700°, oder wirksamer durch wiederholtes Glühen und Verformen homogen gemacht werden (Abb. 170)[2]. Sie

---

[1] *Bassett, H. N.:* Bearing metals and alloys, p. 246. London 1937.
[2] *Rowe, F. W.:* J. Inst. Met. Bd. 31 (1924) S. 217/24. — *Bassett, H. N.:* Bearing metals and alloys, S. 248/53. London 1937.

büßen dadurch jedoch ihre guten Laufeigenschaften weitgehend ein und neigen in diesem Zustand stärker zum Anreiben (Fressen) mit der Welle, sollen jedoch gute Laufeigenschaften behalten, ja sogar besser einlauf-

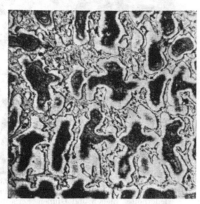

Abb. 168. Zinn-Gußbronze mit 11,5% Sn, 0,2% P, 88,3% Cu, in trockenen Sand vergossen. α-Mischkristalle mit starker Kristallseigerung (Zonenkristalle), α + δ-Eutektoid. 75 ×.

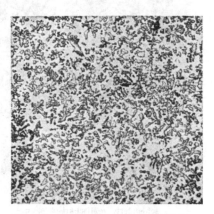

Abb. 169. Zinn-Gußbronze mit 11,5% Sn, 0,2% P, 88,3% Cu, in gekühlte Kupferkokille vergossen. Gegenüber Sandguß viel feineres Korn. 75 ×.

fähig sein, wenn bei Auflösung des Eutektoids die Erhaltung der starken Kornseigerung der α-Kristalle gelingt[1]. Auch in anderer Form werden, wie schon besprochen, homogene Zinnbronzen als Lagerwerkstoff mit Erfolg verwendet, und zwar als Legierungen mit 7 bis 9% Sn, die durch Ziehen oder Pressen und Ziehen zu Rohren und Stangen verarbeitet werden (Abb. 171 und 172). Man erreicht durch diese Knetbehandlung weit überlegene physikalische Eigenschaften gegenüber den Gußbronzen. Die Härte solcher gekneteter Zinnbronzen liegt zwischen 90 und 200 kg/mm², für Lagermetalle also außerordentlich hoch.

Abb. 170. Zinn-Gußbronze mit 11,5% Sn. 0,2% P, 88,3% Cu, in trockenen Sand vergossen. 4ʰ bei 700° C geglüht. Homogene α-Mischkristalle. 400 ×.

Auch bei den gekneteten Zinnbronzen ist ein heterogener Aufbau des Gefüges für die Laufeigenschaften von Vorteil. Die Bedeutung der Gleitlinien wurde in diesem Zusammenhang bereits behandelt. Daneben

[1] DRP. 640 730.

sind nach dem Zustandsschaubild Cu₃Sn-Ausscheidungen möglich. In ausgeprägter Form wird Heterogenität durch Zuschlag dritter, eine neue

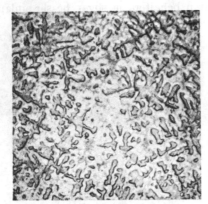

Abb. 171. Zinn-Gußbronze mit 8,7 % Sn, 0,3% P, 91% Cu, in Kokille geschleudert. α-Mischkristalle, α + δ-Eutektoid. 75 ×.

Abb. 172. Zinn-Knetbronze mit 8,7% Sn, 0,3 % P, 91% Cu, aus Gußzylinder Abb. 5. durch wiederholtes Ziehen und Glühen hergestellt. Homogene α-Mischkristalle mit starker Gleitlinienbildung. 75 ×.

Kristallart bildender Elemente erhalten werden, z. B. durch Zusatz von Cr und Fe oder Va und Fe[1].

Rotguß. Den Einfluß von Zinkzusätzen zu Kupfer-Zinnlegierungen läßt das Diagramm Abb. 173 erkennen[2]. Die Grenze des α-Mischkristallgebietes müßte entsprechend den neueren Forschungsergebnissen am Diagramm Kupfer-Zinn eine Korrektur erfahren. Da die hier besprochenen Legierungen jedoch für Lagerzwecke im Gußzustand verwendet werden, kommt die Umwandlung $\alpha \rightarrow \alpha + \varepsilon$ praktisch nicht in Betracht. Die ausgezogen gezeichnete α-Grenzkurve wurde an Proben ermittelt,

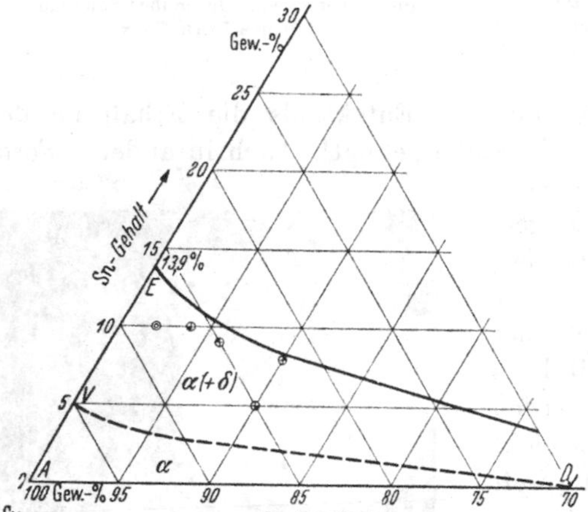

Zeichen	Legierung	Zusammensetzung [Gew.-%]			
		Cu	Sn	Zn	Pb
⊙	Gun Metal	88	10	2	–
⊕	Rg 10	86	10	4	–
⊗	Rg 9	85	9	6	–
⊘	Rg 8	82	8	7	3
⊖	Rg 5	85	5	7	3

Pb zählt als Zn

Abb. 173. Kupfer-Ecke des Zinn-Zink-Kupfer-Zustandsschaubildes (*M. Hansen*).

[1] *Corson, M. G.:* USA-Pat. Nr. 2059 555 und 2059 560. — [2] *Hansen, M.:* Z. Metallkde. Bd. 18 (1926) S. 347/49.

die 6 Stunden bei 760° geglüht und anschließend im Ofen erkalten gelassen wurden, während die gestrichelte Kurve VD die α-Grenzkurve für eine Abkühlgeschwindigkeit von 1° für 2,5 sec. wiedergibt. Unterhalb der Kurve VD tritt also bei normaler technischer Erstarrung reines α auf, während im Feld zwischen den Grenzkurven Gußstücke mehr oder weniger große Eutektoidanteile aufweisen. In diesem Feld liegen auch die praktisch verwendeten, also insbesondere die genormten, besonders eingezeichneten Rotgußsorten.

Die Schliffbilder Abb. 174 und 175 zeigen das Gefüge von Rotguß 5 nach langsamer (Sandguß) und nach schneller (Kokillenguß) Erstarrung.

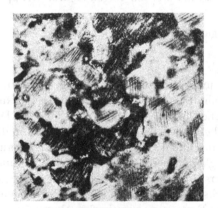

Abb. 174. Rotguß mit 6% Sn, 7%Zn, 4% Pb (Rg 5), in trockenen Sand vergossen. α-Mischkristalle (Zonenkristalle), α + δ-Eutektoid. 75 ×.

Abb. 175. Rotguß mit 6% Sn, 7% Zn, 4% Pb (Rg 5), in gekühlte Kupferkokille vergossen. 75 ×.

Feineres Korn und höherer Eutektoidanteil bei schneller Erstarrung sind offensichtlich. Die Gütesteigerung findet ihren Ausdruck in den in Zahlentafel 2 vergleichsweise zusammengestellten Festigkeitszahlen.

Eine Anzahl von Arbeiten befaßt sich mit dem Einfluß einer Wärmebehandlung auf die physikalischen Eigenschaften und das Gefüge von Rotguß[1]. Danach bringt eine Homogenisierungsglühung durchweg eine Erhöhung von Zugfestigkeit und Dehnung und läßt das Eutektoid zunehmend in Lösung gehen. Eine völlig homogenisierende Glühung ist wegen der Auflösung des Eutektoids für Teile mit gleitender Beanspruchung ebenso nachteilig wie bei den Zinnbronzen.

In Zinn-Gußbronze und Rotguß finden sich als gewollte Zusätze oder ungewollte Beimengungen eine Anzahl Elemente, die im folgenden für Bronze und Rotguß gemeinsam abgehandelt werden. Zinnbronzen

---

[1] *Schimmel, A.:* Metallographie der technischen Kupferlegierungen, S. 95/96 Berlin 1930. — *Bassett, H. N.:* Bearing metals and alloys, S. 285/89. London 1937. In beiden Arbeiten umfassende Schrifttumshinweise. — DRP. 640 730.

werden wegen ihrer Hochwertigkeit und in Rücksicht auf den Verwendungszweck vorwiegend aus Neumetall und hochwertigem Umschmelzmaterial gattiert, so daß unerwünschte Beimengungen seltener sind als bei Rotguß, der im höherem Maße aus wiederholt umgeschmolzenen Gußstücken stammt. Eine einheitliche Darstellung der Wirkung von Beimengungen wird dadurch erschwert, daß ihr Einfluß von der Schmelz-, Gieß- und Formtechnik in hohem Maße abhängig ist, wie insbesondere das Beispiel des Aluminiums erkennen läßt. Wir folgen bei unserer Betrachtung zum Teil den Ausführungen von *Winterton*[1], die vorzugsweise den Einfluß von Beimengungen auf Kokillenguß aus Zinnbronze und Rotguß behandeln. Dabei werden folgende drei Gruppen unterschieden:

Zink, Aluminium, Silizium, Mangan;
Blei, Arsen, Antimon, Wismut;
Phosphor, Eisen, Nickel.

Zink, Aluminium, Silizium und *Mangan* bilden infolge ihrer desoxydierenden Wirkung auf der Schmelze oxydische Häute, die beim Guß aufreißen und eine rauhe oxydische Oberfläche verursachen können. Die Oxydhäute werden beim Guß insbesondere bei turbulentem Strahl in die Form mitgerissen und zerstören in unkontrollierbarer Weise den Zusammenhang des Gußstückes. Festigkeit, Dichte und vor allem Dehnung streuen stark, wobei der zuletzt erstarrende Anteil des Gußstückes wegen Ansammlung von Oxyden am stärksten benachteiligt wird. Die geschilderten Verhältnisse gelten in krasser Form vorzugsweise bei Aluminiumzusatz, und zwar stark ausgeprägt für Sandguß[2], während bei Kokillenguß durch Vermeidung jeder Wirbelbildung und Zerstörung des Oxydschlauches, der den Gießstrahl umhüllt, ein einwandfreier Guß möglich ist. *Silizium* und *Mangan* wirken entsprechend, wenn auch viel weniger ausgeprägt.Alle drei Elemente sind wegen ihres schädlichen Einflusses insbesondere bei Sandguß in Zinnbronze und Rotguß generell zu vermeiden, selbst wenn die durch sie erzielbare Lösungshärtung bei wirbelfreiem Guß, insbesondere bei Kokillenguß, eine an sich erwünschte Festigkeitssteigerung bringen würde[3]. Die Deutsche Industrie-Norm begrenzt deshalb auch den Aluminiumgehalt auf höchstens $0,01^0/_0$, während das weniger schädliche Mangan auf $0,2^0/_0$ begrenzt wird. Mit dem Auftreten von Silizium wird offenbar nicht gerechnet, da es nicht aufgeführt ist. Das Oxyd des Zinks ist im Gegensatz zu den oben genannten Oxyden

---

[1] *Winterton, K.:* Metal Ind., Lond., Bd. 71 (1947) S. 479/82, 507/9.
[2] *Bassett, H. N.:* Bearing metals and alloys, S. 280 London 1937.
[3] *Johnson, F.:* J. Inst. Metals Bd. 8 (1912) S. 192; Bd. 20 (1918) S. 167; Foundry Bd. 51 (1923) S. 893. — *St. John, H. M.:* Metals and Alloys Bd. 2 (1931) S. 242; A.I.M.E., Techn. Publ. No. 300. — *Bolton, J. W.; S. A. Weigand:* Trans. A.I.M.E. 1929, S. 475.

harmlos, da es infolge seiner lockeren Struktur leicht aufschwemmt und dem Festigkeitsverband des Gußstückes nicht schädlich werden kann. So ist man in der Lage, die Vorzüge des Zinks in Zinn-Kupfer-Legierungen voll auszunutzen, die in der Lösungshärtung, der Desoxydation, dem Schutz der Oberfläche gegenüber der Atmosphäre und der Verbesserung der Gießbarkeit bestehen. Als Ergebnis präsentieren sich die Rotguß-Legierungen. Auch ist es vielfach üblich, Zinnbronzen zur Desoxydation und zur Verbesserung der Gießbarkeit kleine Zinkzusätze unter 0,5% zu geben.

Die zweite von Winterton herausgestellte Gruppe umfaßt mit *Arsen, Antimon, Wismut* und *Blei* diejenigen Zuschläge, die zunächst weder die Oberfläche der Schmelze noch den Gießvorgang wesentlich beeinflussen. Die Eigenschaften des Gußstückes werden durch diese Elemente etwa wir folgt beeinflußt. *Arsen*[1] geht in Lösung, setzt die Löslichkeit von Zinn etwas herab und erhöht dadurch den Eutektoidanteil. Das gleiche gilt in etwas stärkerem Maß für Antimon[2]. Die deutsche Norm läßt nur 0,15% As zu. Für Arsen dürfte der zulässige Höchstgehalt um 0,3% liegen. Bei höheren Gehalten neigt der Guß zur Porosität.

Antimon wirkt ab 0,5% versprödend, da von etwa 0,3% an ein merklicher Dehnungsabfall eintritt, der von 1% ab durch Rückgang der Zugfestigkeit und Streckgrenze ergänzt wird. Die Normen sehen deshalb die Begrenzung des Antimongehaltes auf Werte zwischen 0,1 und 0,5% vor. Blei[3] und Wismut sind in Zinnbronze und Rotguß im festen Zustand praktisch unlöslich und treten vorzugsweise an den Korngrenzen oder im Eutektoid als kleine Einschlüsse auf.

Bleigehalte bis 1,5% beeinflussen die Festigkeitswerte unwesentlich, höchstens durch einen geringfügigen Abfall von Festigkeit und Härte. Die Dichte des Gusses wird nicht beeinträchtigt. Die Normen sehen deshalb entsprechend hohe Toleranzen vor. Lediglich bei Schnecken- und Zahnrädern mit hoher Flächenbelastung sind schon Bleimengen von einigen Zehnteln Prozent bedenklich, da die kleinen Bleieinschlüsse der Ausgangspunkt für Grübchenbildung (pittings) sein und damit die Zerstörung der Zahnradflanken einleiten können. Die Laufeigenschaften werden bereits durch kleine Bleizusätze merklich verbessert. Im Rotguß sind Bleigehalte um 1 bis 2% auch für Konstruktionsteile als nütz-

---

[1] *Heyn, E., O. Bauer:* Stahl u. Eisen Bd. 31 (1911) S. 1416. — *Rolfe, R. T.:* J. Inst. Met. Bd. 20 (1918) S. 263/73.

[2] *Rolfe, R. T.:* J. Inst. Met. Bd. 24 (1920) S. 233/64. — *Czochralski, J.:* Z. Metallkde. Bd. 13 (1921) S. 276.

[3] *Dewrance, J.:* J. Inst. Met. Bd. 11 (1914) S. 214/23. — *Rolfe, R. T.:* J. Inst. Met. Bd. 26 (1921) S. 85/106. — *Czochralski, J.:* Z. Metallkde. Bd. 13 (1921) S. 171. — Gießereiztg. Bd. 20 (1923) S. 1.

licher Zuschlag zu betrachten. Für Lagerwerkstoffe sind wesentlich höhere Bleigehalte wünschenswert. Wismut[1] wird demgegenüber möglichst vermieden, da es in den technischen Kupfersorten die Ursache für starke Versprödung und Warmbrüchigkeit ist. Die deutsche Norm begrenzt deshalb Wismut in Zinnbronze und Rotguß auf höchstens $0,01\%$, obwohl in diesen Legierungen an sich höhere Gehalte geduldet werden könnten.

Die dritte Gruppe umfaßt *Eisen, Nickel und Phosphor*. Die Gemeinsamkeiten dieser drei Elemente sind nur gering.

Eisen[2] kann zwar in Mengen um 1% die Festigkeit etwas erhöhen, doch wird gleichzeitig die Dehnung herabgesetzt. Schon bei Gehalten von 0,2 bis $0,3\%$ tritt Eisen in freier Form auf. Überdies besteht die Gefahr, daß das Eisen oxydiert und an der Bildung einer zähen Schlackenhaut teilnimmt. Bei starker Überhitzung der Schmelze, wie sie für ältere Verbundgießverfahren nötig war, ist auch schon Karbidbildung beobachtet worden. Auf Grund dieser Nachteile ist Eisen ein unerwünschter Bestandteil und wird in Zinnbronzen auf 0,2 bis $0,3\%$, in Rotguß äußerst auf $0,5\%$ begrenzt.

Nickel ist sowohl in Zinnbronzen wie in Rotguß ein gütesteigernder Zusatz[3]. Schon Mengen von einigen Zehntel Prozent steigern Zugfestigkeit, Streckgrenze und Dehnung. An der Gütesteigerung dürfte die durch Nickel bewirkte Kornverfeinerung wesentlich beteiligt sein.

Der Nickelzusatz verschiebt die α-Mischkristallgrenze zu niedrigeren Zinngehalten. Ein Nickelzusatz zu den Zinnbronzen erhöht den Schmelzpunkt der Legierung, und zwar bis zu 3% Nickel an Stelle einer gleichen Menge Kupfer um etwa $7\,°C$ je 1% Ni. Diese Schmelzpunkterhöhung ist in Hinblick auf die gute Gießbarkeit der Legierungen, die durch Nickel noch etwas verbessert wird, unerheblich. Zusätze im Bereich von 1 bis $1,5\%$ sind zur Gütesteigerung von Zinnbronze und Rotguß empfehlenswert. Die deutsche Norm toleriert bis 1% Nickel, die britischen und USA-Normen tolerieren in ähnlicher Höhe.

Gelegentlich tritt *Schwefel* als Verunreinigung in Zinnbronzen und Rotguß auf. Es stammt vornehmlich aus schwefelhaltigen Brennstoffen, wie Koks und Teeröl, deren Brenngase Schwefel als Dioxyd enthalten

---

[1] *Winterton, K.:* Metal. Ind., Lond., Bd. 71 (1947) S. 482, 508.

[2] *Johnson, F.:* J. Inst. Metals Bd. 8 (1912) S. 192; Bd. 20 (1918) S. 167; Foundry Bd. 51 (1923) S. 893. — *Bassett, H. N.:* Bearing metals and alloys, p. 282. London 1937.

[3] *Read, A. A., R. H. Greaves:* J. Inst. Met. Bd. 11 (1914) S. 169/213. J. Inst. Met. Bd. 25 (1921) S. 57/80. — *Alexander, W. O.:* J. Inst. Met. Paper. Nr. 815, Sept. 1938, S. 425/45. — *Pilling, N. B., T. E. Kihlgren:* Trans Amer. Foundry. Ass. Bd. 2 (1931) S. 93/110; Met. Ind. (NewYork) Juni 1932), S. 233.

und bei Berührung mit der Badoberfläche an die Schmelze abgeben nach der Gleichung[1]):

$$SO_2 + 2\,Cu + Sn \longrightarrow Cu_2S + SnO_2$$

Diese Reaktion ist im Gegensatz zu der für unlegiertes Kupfer gültigen Beziehung $\quad SO_2 + 6\,Cu \rightleftharpoons Cu_2S + 2Cu_2O$

nicht umkehrbar. Schwefeldioxyd wird also, wie auch Versuche bestätigt haben[1], unter Bildung von Kupfersulfür und Zinnsäure von der Schmelze aufgenommen. Schwefeldioxyd verursacht bei Bronzen beim Vergießen an sich keine Porosität, da es in der Schmelze nicht als Gas löslich ist. Es ist noch ungeklärt, ob der Gehalt an Kupfersulfür versprödend wirkt oder, wie beim Kupfer, beim Vergießen zu SO_2-Entwicklung — in Kontakt mit den Formbaustoffen und der Atmosphäre — Veranlassung geben kann[2]. Sein Nachteil liegt in der Bildung von Zinnsäure, die die Schmelze dickflüssig und die Bronze für Lagerzwecke ungeeignet macht. Bei Rotguß tritt übrigens die harmlose Zinkoxydbildung an die Stelle der Zinnsäurebildung. In den Lieferbedingungen der Deutschen Bundesbahn für Bronze und Rotguß wird die Forderung „praktisch schwefelfrei" gestellt. Die Entfernung des Schwefels im Schmelzgang ist durch die Anwendung alkalischer Raffinationsmittel, die in die Schmelze eingerührt werden, möglich.

Phosphor[3] hat, obwohl Metalloid, als Zusatz zu Kupfer und seinen Legierungen eine einzigartige Sonderstellung als Gegenspieler zum Sauerstoff bzw. zu den Oxyden in der Schmelze. Zur Vermeidung von Wasserstoff, der — bei der Erstarrung frei werdend — mit Sauerstoff durch Wasserdampfbildung den Guß porös machen würde, wird Kupfer zweckmäßigerweise in leicht oxydierender Atmosphäre oder unter einer Sauerstoff abgebenden Flußmitteldecke niedergeschmolzen. Beim Legieren des Kupfers mit Zinn, Zink oder Blei binden diese Legierungszusätze den Sauerstoff. Zinkoxyd und Bleioxyd verlassen, soweit nicht kleine Anteile in Lösung gehen, ohne Rückstand die Schmelze, so daß sich eine besondere Desoxydation erübrigt. Zinn jedoch bildet mit Sauerstoff Zinndioxyd, das die Schmelze in Form rhombischer Kristalle von außerordentlicher Härte durchsetzt und die Bronze als Lagermetall sehr schädigt, da diese Zinnsäurekristalle sogar Stahlwellen angreifen. Das Kupfer muß deshalb vor dem Zulegieren des Zinns desoxydiert werden, ohne daß aus dieser Vordesoxydation nachteilige Reaktionsprodukte in der Schmelze verbleiben. Phosphor ist für diese

---

[1] *Röntgen, P., G. Schwietzke:* Z. Metallkde. Bd. 21 (1929) S. 117/20.
[2] *Siebe, P.:* Z. Metallkde. Bd. 19 (1927) S. 311/15.
[3] *Dews, H. C.:* J. Inst. Met. Bd. 44 (1930) S. 255—266. — *Bassett, H. N.:* Bearing metals and alloys, p. 276/80. London 1937. (Hinweise auf Untersuchung von *Philip.*) — *Masing, G.:* Gießerei Bd. 36 (1949) S. 274/75.

Aufgabe besonders geeignet, da das Reaktionsprodukt, Phosphorpentoxyd, flüchtig geht bzw. verschlackt. Ein Phosphorüberschuß ist im Kupfer bis etwa $0,2^0/_0$ löslich, darüber hinaus tritt Kupferphosphid als zweite Phase auf[1]. In der Praxis hält man im Kupfer den Phosphorrestgehalt weit unter der Löslichkeitsgrenze, vorzugsweise im Bereich von 0,02 bis $0,05^0/_0$, zumal wenn auf Erhaltung einer hohen Wärmeleitfähigkeit Wert gelegt wird. Durch Zulegieren von Zinn wird die Löslichkeit des Phosphors etwas herabgesetzt. Mit Kupfer und Zinn bildet sich ein ternäres Eutektikum von der Zusammensetzung $80,7^0/_0$

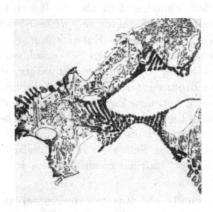

Abb.176. Zinn-Gußbronze mit 11,5% Sn, 0,7% P, 87,8% Cu, in trockenen Sand vergossen. α-Mischkristalle, α + δ-Eutektoid, umsäumt von Phosphideutektikum. 400 ×.

Kupfer, $14,8^0/_0$ Zinn, $4,5^0/_0$ Phosphor, das bei 628° erstarrt, während der Schmelzpunkt des Kupfer-Kupferphosphid-Eutektikums mit $8,3^0/_0$ Phosphor bei 707° liegt. Schon bei $0,1^0/_0$ Phosphor können die ersten Phosphidanteile im Schliff durch Ätzen nachgewiesen werden[2]. Abb. 168 zeigt das Phosphid als Saum um das Eutektoid einer Gußbronze mit $11,5^0/_0$ Zinn und $0,7^0/_0$ Phosphor. Das Phosphid hat sich in Zinn-Gußbronzen als nützlicher Bestandteil erwiesen, da es als harter Tragkristall die Wirkung des Eutektoids unterstützt. In Zinn-Guß-

bronzen sind Phosphorgehalte bis $1^0/_0$, äußerst $1,3^0/_0$, üblich. Höhere Gehalte lassen sich wegen der Oxydationsneigung des Phosphors beim Schmelzen und Gießen nur schwer in der Schmelze halten, führen auch zur Versprödung. In Knetlegierungen für Lagerzwecke, insbesondere in SnBz8, sind Phosphorgehalte zwischen 0,1 und $0,3^0/_0$ üblich. Der Schmelzpunkt des Eutektikums erschwert bei der Warmverformung, z. B. auf Strangpressen, die Verformung bei Temperaturen oberhalb 628°. Die untere Grenze ist andererseits durch den Existenzbereich des spröden δ-Kristalles, d. i. 520°, gegeben[3]. Die homogenisierende Verarbeitung durch wiederholtes Verformen und Glühen bringt das Phosphid im Schliffbild völlig zum Verschwinden.

---

[1] *Hudson, O. F., E. F. Law:* J. Inst. Met. Bd. 3 (1910) S. 161/86. — *Verö, J.:* Z. anorg. allg. Chem. Bd. 213 (1933) S. 11 u. 257. — *Glaser, L. C., H. J. Seemann:* Z. techn. Physik Bd. 7 (1926) S. 42/46, 90/95.

[2] *Dews, H. C.:* J. Inst. Met. Bd. 44 (1930) S. 255/66. — *Bassett, H. N.:* Bearing metals and alloys, p. 276/80. London 1937. (Hinweise auf Untersuchung von *Philip.*) — [3] *Comstock, G. F.:* Foundry Bd. 37 (1909) S. 79.

Ob der gelöste Phosphor oder das evtl. submikroskopisch ausgeschiedene Phosphideutektikum α + Cu₃P die Laufspiegelbildung, wie gelegentlich vermutet wurde, besonders begünstigt, ist eine offene Frage. Nach den vorliegenden Ergebnissen besteht zunächst nur Anlaß zu der Annahme, daß Phosphor in Ergänzung zum Zinn als härtender Gefügebestandteil wirksam ist und dabei evtl. zum Austausch eines kleinen Zinnanteiles dienen kann. In zinkhaltigen Kupferlegierungen ist die Löslichkeit des Phosphors wesentlich geringer als in Kupfer und Kupfer-Zinn[1]. In „gunmetal" 88/10/2 (Sandguß) und Messing wurde sie zu etwa 0,05% ermittelt. Bei höheren Phosphorgehalten verspröden die zinkhaltigen Gußlegierungen. Man begrenzt deshalb den Restgehalt auf höchstens 0,04%. Ausnahmen bilden Knetlegierungen wie Zinn-Mehrstoffbronze und das für Laufzwecke entwickelte Knetmessing mit 66 bis 70% Kupfer, 0,2 bis 0,4% Phosphor, Rest Zink, bei dem die Phosphide durch Heterogenisierung die Laufeigenschaften verbessern sollen.

Da der Legierungsbestandteil Zink die Legierung desoxydiert, erhebt sich die Frage nach dem Sinn von Phosphorzusätzen in zinkhaltigen Legierungen, insbesondere in Rotguß. Man setzt diesen Legierungen auch nur selten Phosphor zu, und zwar nicht zur Dexoxydation, sondern zur Raffination, d. h. zur Befreiung verunreinigter Schmelzen von unerwünschten Beimengungen, wobei neben der chemischen Bindung auch der leichteren Verschlackung der Verunreinigungen und ihrer Reaktionsprodukte infolge Erniedrigung der Viskosität, die der Phosphorzusatz bewirkt, besondere Bedeutung zukommt.

Zinn-Mehrstoffbronzen, also Knetlegierungen mit Zusammensetzungen ähnlich Rotguß, haben im Gußzustand ein ganz entsprechendes Gefüge, also α-Zonenkristalle, in die bei höheren Zinngehalten Eutektoidinseln eingelagert sind. Bei Phosphorgehalten, die bis zur Höchstmenge von etwa 0,3% toleriert werden, tritt Phosphid als weiterer Gefügebestandteil auf. SnMBz dient als Austauschwerkstoff für Zinnbronzen, bei denen ein Anteil des Zinns durch Zink ersetzt wird. Sie wird hauptsächlich durch Warm- und Kaltverformung zu harten Bändern ausgewalzt. Bei diesen wechselnden Glüh- und Knetprozessen wird das Material homogenisiert und dabei das Eutektoid und Phosphid, soweit die üblichen Vergrößerungen des Mikroskops dies beurteilen lassen, weitgehend in Lösung gebracht.

Die bleifreien SnMBz-Sorten, von denen DIN 1726 eine Legierung mit 4 bis 6% Zinn, 4 bis 6% Zink, Rest Kupfer enthält, eignen sich in gewissen Grenzen auch für Lagerzwecke. Insbesondere können gerollte Büchsen aus SnMBz-Band hergestellt werden. Es hat sich jedoch als

---

[1] *Bauer, O., O. Vollenbruck:* Z. Metallkde. Bd. 17 (1925) S. 60.

zweckmäßig erwiesen, das Material für Lagerzwecke zu „heterogenisieren". Durch Zusatz von Blei ist so eine SnMBz-Sorte entstanden, die sich als Lagermetall im Austausch für gezogene Zinnbronzerohre in Form von Rollbüchsen aus kaltgewalztem Band hervorragend bewährt hat[1]. Dieser Werkstoff, vorzugsweise eine Legierung mit $4^0/_0$ Zinn, $4^0/_0$ Blei, 2 bis $4^0/_0$ Zink, Rest Kupfer, weist im Gußzustand, wie Abb. 177 zeigt, das typische Gefüge von in Kokille vergossenem Rotguß auf. Da der Bleigehalt die Legierung warmbrüchig macht, muß sie mit zahlreichen Zwischenglühungen kalt verarbeitet werden. Dabei werden die Zonenkristalle homogenisiert, und das rekristallisierte Gefüge des kalt-

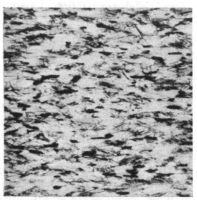

Abb. 177. Zinn-Mehrstoffbronze mit 4% Sn, 4% Zn, 4% Pb, 88% Cu (SAE 791), in Kokille vergossen. Gußstruktur, Zonenkristalle. 75 ×.

Abb. 178. Zinn-Mehrstoffbronze mit 4% Sn, 4% Zn, 4% Pb, 88% Cu (SAE 791), aus Gußplatte durch wiederholtes Walzen und Glühen zu kalt verfestigtem Blech verarbeitet. Gestreckte homogene α-Mischkristalle, zahlreiche Bleieinschlüsse. 75 ×.

gewalzten Bleches weist im Fertigzustand nach Abb. 178 die gestreckten Körner des homogenisierten α-Mischkristalles mit zahlreichen fein verteilten Bleieinschlüssen auf.

Messing und Sondermessing. Das Zweistoffdiagramm Kupfer-Zink zeigt Abb. 179[2]. Gleitlagerlegierungen stammen aus beiden auch sonst üblichen Bereichen technischer Legierungen, aus dem homogenen α-Bereich, der sich durch gute Kaltverformbarkeit auszeichnet, und aus dem heterogenen α + β-Bereich, dessen β-Anteil eine gute Warmverformbarkeit ermöglicht. In beiden Bereichen legiert man weitere Komponenten hinzu, um den Grad der Heterogenität zu erhöhen und die Festigkeitswerte zu steigern. In den Jahren bis 1940 gab man den α + β-Legie-

---

[1] *Croft, H. P., E. G. Mitchell, V. Hoover, J. K. Anthony:* Sleeve Bearing Materials. Cleveland 1949. S. 140/45.

[2] *Bauer, O., M. Hansen:* Der Aufbau der Kupfer-Zink-Legierungen. Mitt. dtsch. Mat.-Prüf-Anst., Sonderheft IV, Berlin 1927.

rungen für Lagerzwecke den Vorzug[1], weil sie schon ohne Zusätze heterogen sind, sich auf der Strangpresse in warmem Zustand sehr wirtschaftlich verformen lassen und durch Zusatz einer ganzen Reihe dritter Metalle weiter heterogenisiert und verfestigt werden können.

Typische Legierungen dieses Bereiches liegen bei 56 bis 59% Kupfer, 0,5 bis 2,5% Eisen, 1 bis 3% Mangan, 0,2 bis 1,5% Nickel, 0,4 bis 2,5% Aluminium, Rest Zink. Das stark härtende und das Gefüge zum β hin verlagernde Aluminium kann teilweise durch Silizium (bis 0,6%) oder Zinn (bis 0,8%) ausgetauscht werden. Um unzulässige Kaltsprödigkeit zu vermeiden, ist die Legierung so abzustimmen, daß neben der β-Grundmasse noch ein Anteil α vorhanden ist. Dazu treten im Gefüge dieser Legierungen, für die Abb. 180 ein Beispiel bringt, weitere Gefügebestandteile als Einsprengungen auf, die aus den Zusätzen stammen. Der Legierungstyp des $\alpha + \beta$-Sondermessings tritt für Gleitlagerzwecke bei uns seit 1940 zunehmend zurück gegenüber „heterogenisierten" α-Messingen. Die Gründe dafür sind nicht ganz eindeutig. Sie liegen

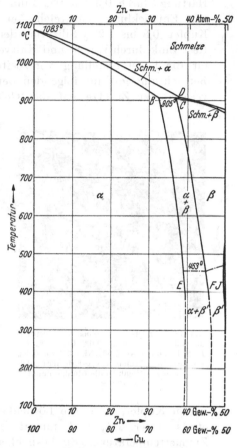

Abb. 179. Zustandsschaubild Kupfer-Zink, kupferreiche Seite.

nach Auffassung des Berichters vor allem in der Erkenntnis, daß Messing mit hohem Zinkgehalt durch niedrigere Streckgrenze und dadurch bedingte bleibende Formänderungen im Bereich der Betriebs- und Übertemperaturen zum „Wachsen" neigt und dadurch größere Betriebsschwierigkeiten als Messing mit niedrigerem Zinkgehalt bereitet. Hinzu kommt die wesentlich bessere Kaltverformbarkeit des α-Messings bei voll ausreichender Warmpreßbarkeit. Es galt dabei lediglich, den α-Messingen geeignete Legierungselemente zur Heterogenisierung zu-

[1] *Neave, D. P. C.:* Proc. Instn. Automobile Engr. Bd. 31 (1936/37) S. 624—657.

zusetzen. Die Massenfertigung der USA bedient sich seit langem gewalzter α-Messingbänder für Rollbüchsen, bei denen lediglich eine geringe Heterogenisierung durch 2 bis $3^0/_0$ Blei und eine zusätzliche Härtung durch 0,5 bis $1^0/_0$ Zinn vorgenommen wird. Bei uns war eine Entwicklung erfolgreich, bei der Legierungen mit 66 bis $70^0/_0$ Kupfer, 0,8 bis $1,2^0/_0$ Silizium oder alternativ 0,2 bis $0,4^0/_0$ Phosphor, Rest Zink durch Warm- und Kaltverarbeitung zu Rohren und Bändern für die Lagerherstellung verarbeitet werden (vgl. Abb. 183). Unsere Betrachtung gilt im folgenden dem Einfluß der in Sondermessingen verwendeten Zusätze auf das Gefüge. Diese Wirkungen waren bis vor etwa zehn Jahren fast nur für die α + β-Sondermessinge von technischer Bedeutung. Der Hauptteil der Veröffentlichungen bezieht sich deshalb auch auf diese Legierungsgruppe. Dabei diskutieren wir die Wirkung der zulegierten Elemente einzeln. Es muß berücksichtigt werden, daß ihre Kombination wegen gegenseitiger Einflüsse auf Struktur und Verhalten noch zusätzliche Wirkungen bedingt.

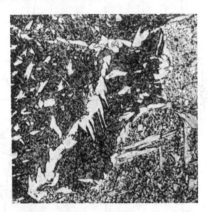

Abb. 180. Sonder-Gleitmessing, warm gepreßt und kalt nachgezogen. 59,6% Cu, 0,8% Fe, 1,4% Mn, 0,5% Al, 0,5% Ni, 0,3% Sn, 0,3% Pb, Rest Zn. β-Grundmasse, α-Kristalle (nadelförmig), α-Fe-Mischkristalle (dunkle Punkte). 400 ×.

Eisen[1] ist in Gehalten von 0,5 bis $4^0/_0$ ein wesentlicher Bestandteil der α + β-Sondermessinge für gleitende Beanspruchung. Eisen ist sowohl im α- wie im β-Mischkristall in ähnlicher Menge löslich wie in Kupfer, d. h. die Löslichkeit liegt bei Temperaturen um 800° etwas unter $1^0/_0$ und nimmt bei fallender Temperatur ab. Bei Zimmertemperatur ist die Löslichkeit praktisch Null. Die Ausscheidung des Eisens erfolgt bei Abkühlung aus dem β-Mischkristall verhältnismäßig schnell, aus dem α-Mischkristall jedoch träge. Der Gehalt an mikroskopisch nachweisbarem Eisen ist daher eine Frage der Kristallart und der Wärmebehandlung. Bei α + β-Messing sind Eisenmengen unter $1^0/_0$ nur im β-Mischkristall bei starker Auflösung nachweisbar, erst anschließendes Glühen bewirkt eine Sichtbarmachung durch Zusammenballung und Ausscheidung auch aus α. Bei Eisengehalten über $1^0/_0$ tritt neben dem sekundären auch primäres Eisen auf. Bei verformten Legierungen wird durch Anlaßglühungen, eventuell unterstützt durch Kaltverformung, eine Begünstigung der Ausscheidung erreicht. Eisenzusatz

[1] *Bauer, O., M. Hansen:* Z. Metallkde. Bd. 26 (1934) S. 121—128.

bewirkt eine geringe scheinbare Erhöhung des Kupfergehaltes, d. h. die Sättigungsgrenze des $\alpha + \beta$-Mischkristalls verschiebt sich etwas nach kupferärmeren Konzentrationen hin.

Eisen bewirkt insbesondere bei $\alpha + \beta$-Messing eine merkliche Gefügeverfeinerung, die weniger bei Guß- als vielmehr bei Knetlegierungen in Erscheinung tritt. Der durch den Eisenzusatz gebildete hellgraue Gefügebestandteil ist der hocheisenhaltige an Kupfer und Zink gesättigte α-Fe-Mischkristall. Er dürfte die Gleiteigenschaften durch Schaffung einer gewissen Heterogenität begünstigen (vgl. Abb. 180) und ist aus diesem Grunde für Laufmessinge von Bedeutung. In diesen Messingen liegt der Eisengehalt üblicherweise zwischen 1 und 2,5%.

Zinn[1] ist in geringen Mengen in Messing löslich, und zwar bei 400° im α-Mischkristall bis zu 1,5% und im β-Mischkristall bis zu 0,4%. Über 0,4 bis 1,5% (je nach Cu-Gehalt) hinausgehende Zinngehalte führen zum Auftreten einer neuen, als γ bezeichneten Kristallart. Im Gußzustand wird das Gleichgewicht bei praktisch üblicher Abkühlung nicht erreicht. So wurden in einem Guß mit 65,8% Cu, 1,1% Sn, Rest Zn, der im Gleichgewichtszustand unterhalb etwa 675° nur α-Mischkristalle aufweisen sollte, alle drei Kristall-

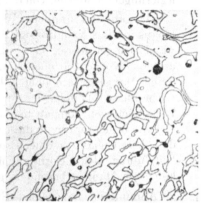

Abb. 181. Sonder-Gleitmessing, gegossen. 62% Cu, 4% Sn, 3% Pb, 31% Zn. α-Mischkristalle (hell), Eutektoid $\alpha + \gamma$ (getönte Adern), Bleieinschlüsse (schwarz) im und am Eutektoid. 400 ×.

arten α, β und γ nachgewiesen. Entspricht das Auftreten von γ bei Zimmertemperatur dem Gleichgewicht, so kommt es bei langsamer Erstarrung zur Ausbildung des $(\alpha + \gamma)$-Eutektoids (Abb. 181). Das Gefüge ist dem der Zinngußbronzen ähnlich. Legierungen dieser Art werden gelegentlich zum Austausch der genormten Gußbronzen empfohlen. Der Zusatz von Blei bringt eine weitere Begünstigung der Laufeigenschaften. Legierungen dieses Typs mit niedrigerem Kupfergehalt, die bei Zimmertemperatur aus α, β und γ aufgebaut sind, werden auch oft für bestimmte Anwendungsgebiete wie Hahnkegel und Stromabnehmerrollen, die starkem Verschleiß unterworfen sind, verwendet. Diese zinnhaltigen Messinge lassen sich gut warm verarbeiten, z. B. durch Pressen ins Gesenk. Zinngehalte unterhalb der Löslichkeitsgrenze, d. h. unter etwa 1%, dienen in Lauf-

---

[1] *Bauer, O., M. Hansen:* Z. Metallkde. Bd. 22 (1930) S. 405—411; Bd. 23 (1931) S. 19—22.

messingen der Härtesteigerung. Im übrigen könnte die veränderte Deckschichtenbildung für die Benetzbarkeit von Bedeutung sein.

Nickel[1] führt nicht zur Bildung einer dritten Kristallart. Es verschiebt die Zustandsgebiete zu kupferärmeren Konzentrationen, d. h. der β-Kristall wird durch das Auftreten von Nickel zurückgedrängt. Nickel begünstigt die Dehnung, Kerbzähigkeit und Dauerfestigkeit, ferner die Korrosionsbeständigkeit und Warmfestigkeit. Diese guten Einflüsse beziehen sich also hauptsächlich auf Messinge, die hohen Belastungen ausgesetzt sind und einem Korrosionsangriff unterliegen. Nickelzusatz begünstigt auch ein feines Korn. Wir finden es in Lagerlegierungen in Mengen von 0,5 bis 1,5%.

Mangan[2] hat ähnliche Wirkungen wie Nickel und dient darüber hinaus als Desoxydationsmittel. Es verschiebt ebenfalls, wenn auch in wesentlich geringerem Grad als Nickel, die Sättigungsgrenze zu kupferärmeren Konzentrationen hin. In Legierungen, die β enthalten, tritt durch Manganzusatz über 4 bis 4,7% unterhalb 375° eine neue Mn-reiche Phase (ζ) infolge der mit fallender Temperatur stark abnehmenden Löslichkeit von Mangan in β auf. Die praktisch verwendeten Mangan-Gehalte liegen unterhalb dieser Grenze, meist bei 1 bis 2, höchstens 3%, da höhere Gehalte zu einer Erniedrigung der Dehnung und Schlagfestigkeit führen. Bei verformtem Material wirkt sich die verfestigende Wirkung von Mangan besonders günstig aus.

Aluminium[3] hat nächst Silizium die stärkste Wirkung unter den Zusatzelementen in Zink-Kupferlegierungen, da es die Streckgrenze, Festigkeit und Härte stark erhöht, ohne zunächst Dehnung und Einschnürung ungünstig zu beeinflussen. Die Sättigungsgrenze des α-Mischkristalls der Kupfer-Zink-Legierungen wird durch 3,5% Al auf 72,5% Cu, die Sättigungsgrenze des β-Mischkristalls durch 4,5% Al auf 65,5% Cu verschoben. Darüber hinausgehende Aluminiumgehalte führen zum Auftreten der spröden β-Kristallart und machen durch starken Abfall der Dehnung und Schlagfestigkeit die Legierungen praktisch uninteressant. Die technisch verwendeten Al-Gehalte liegen daher fast ausschließlich in den Grenzen von 0,5 bis 3%, meist zwischen 1 und 2%.

Aluminium bringt eine so bemerkenswerte Steigerung der Festigkeit, daß es in hochfesten Sondermessingen von jeher bevorzugt zulegiert wurde. Dies ist offenbar auch der Grund für seine Bevorzugung in den $\alpha + \beta$-Sondermessingen, die speziell für gleitende Beanspruchung bestimmt sind. Da jedoch schon geringste Aluminiumgehalte, wie jeder

[1] *Bauer, O., M. Hansen:* Z. Metallkde. Bd. 21 (1929) S. 357—367.
[2] *Bauer, O., M. Hansen:* Z. Metallkde. Bd. 25 (1933) S. 17—22.
[3] *Bauer, O., M. Hansen:* Z. Metallkde. Bd. 24 (1932) S. 73—78, 104—106.

Gießer beobachtet, zur Bildung aluminiumoxydhaltiger Oberflächenschichten führen, die bei halbflüssiger Reibung von Nachteil sind, so ist Aluminium in Lagermessing ein problematischer Zuschlag, der sich besonders bei hohen Gleitgeschwindigkeiten nachteilig auswirken kann. Die neuere Entwicklung neigt deshalb zu einer Bevorzugung des Siliziums, nachdem die Erprobung in der Praxis gezeigt hat, daß Siliziumzusätze in Mengen um die Löslichkeitsgrenze bei bedeutender Festigkeitssteigerung die Oberflächenschichten der Sondermessinge in bezug auf die Paarung mit stählernen Wellenzapfen nicht merkbar nachteilig beeinflussen, obwohl dies in Hinblick auf die Bildung siliziumdioxydhaltiger Oberflächenschichten zunächst problematisch war.

Die Bildung aluminiumoxydhaltiger Deckschichten ist von besonderem Nachteil beim Plattieren von Kupferlegierungen mit Stahl, bei Gußplattierungen übrigens noch ausgeprägter als bei Knetplattierungen. Diese Beobachtung führte vor einigen Jahren, als solche Aufgaben häufig gestellt wurden, zur Entwicklung aluminiumfreier Sondermessinge etwa der Zusammensetzung 57% Kupfer, $1,8\%$ Mangan, $0,8\%$ Eisen, Rest Zink speziell für Plattierzwecke. Ähnliche Zusammensetzungen mit Al-Höchstgehalten von 0,1 bis $0,2\%$ werden auch dann vorgeschrieben, wenn an den Messingteilen, insbesondere an Messingguß, zuverlässige Weichlötungen vorgenommen werden sollen.

Im Gegensatz zu den geschilderten Nachteilen im Kontakt mit anderen Werkstoffen, sei es in Berührung mit dem Wellenzapfen, sei es bei Diffusionsbindung im Plattier- oder Lötprozeß, bringt der Aluminiumgehalt durch die Bildung der Oxydhaut auf der Schmelze beim Vergießen von Kupferlegierungen in Kokille Vorteile besonderer Art. Hier wirkt die Oxydhaut, die bewußt durch Zulegieren von mindestens einigen Zehnteln Prozent Aluminium angestrebt wird, als Schlichte, die zur Schonung der metallischen Dauerform durch Vermeidung des „Angießens" wesentlich beiträgt.

Silizium[1] geht in Kupfer bei Zimmertemperatur bis zu etwa 4% in Lösung. In Zink-Kupfer-Legierungen nimmt die Löslichkeit mit steigendem Zinkgehalt ab. Sie beträgt bei 70% Kupfer, Rest Zink, nur noch etwa 1%. Silizium übt auf Kupfer und seine Legierungen eine noch stärker härtende und verfestigende Wirkung aus als Aluminium und wird deshalb auch bei Sondermessingen im Austausch für Aluminium verwendet. Dabei muß der Siliziumzusatz zur Einhaltung der verlangten physikalischen Werte in engen Grenzen gehalten werden, was beim Schmelzen und Legieren wegen der Reaktions- und insbesondere Oxydationsneigung des Siliziums besondere Aufmerksam-

---

[1] *Gould*, H. W., K. W. *Ray:* Metals and Alloys, Bd. 1 (1930) S. 455—507, 502—507; Metallurgist (Suppl. to Engineer) Bd. 6 (1930) S. 95—96; Metallurgia Bd. 2 (1930) S. 48. — *Vaders*, E.: J. Inst. Met. Bd. 44 (1930) S. 363—379.

keit erfordert. Bei den Sondermessingen des $\alpha + \beta$-Bereiches mit etwa 58% Kupfer liegt der Siliziumgehalt selten höher als 0,5%. Eine zusätzliche Härtung wird bei diesem Legierungstyp oft durch Aluminiumzusatz — etwa in Höhe von 0,5 bis 2% — bewirkt. Sondergußmessinge mit höherem Kupfergehalt als 70% und Siliziumzusätzen von 2 bis 4% und Zinnzusätzen bis zu 2% besitzen durch Ausbildung einer harten und spröden Kristallart neben dem α-Mischkristall einen Gefügeaufbau, der Ähnlichkeit mit der Struktur von Zinngußbronzen und Rotguß besitzt (Abb. 182). Diese Legierungsgruppe wird deshalb ebenso wie das auf Seite 269 erwähnte zinnhaltige Gußmessing zum Austausch für Zinnguß-

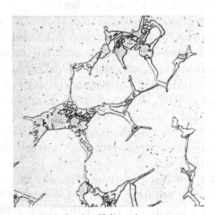

Abb. 182. Sonder-Gleitmessing, gegossen.
80% Cu, 3% Si, 2% Sn, 15% Zn.
α-Mischkristalle, Silizide. 400 ×.

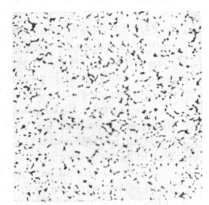

Abb. 183. Sonder-Gleitmessing, warmgepreßt.
67,2% Cu, 1,0% Si, Rest Zn. α-Grundmasse,
β-Reste. 75 ×.

bronze und Rotguß genannt. Als weitere Austauschlegierungen sind Kupferlegierungen erprobt worden, die Silizium gemeinsam mit Legierungen der Eisengruppe, vorzugsweise Eisen und Mangan, enthalten[1]. Bis heute hat sich keine dieser Legierungsgruppen gegen Zinngußbronzen und Rotguß durchsetzen können, zumal die letzten durch Gewöhnung und Normung in aller Welt gebräuchlich sind. Das sagt nichts gegen den Anwendungsbereich und die Bewährung der neuen Legierungen an sich, es läßt aber vermuten, daß Zinnbeschaffungssorgen von einem bisher nicht gekannten Ausmaß eine Voraussetzung für die allgemeine Einführung zinnfreier Gußbronzen für Lagerzwecke sein müßten.

Auf dem Gebiet der zinnfreien Knetwerkstoffe, insbesondere für gewalzte Bänder und nahtlos gezogene Rohre, ist allerdings die Entwicklung heute schon recht lebhaft[2]. Hier haben sich Legierungen mit 67 bis

---

[1] *Heusler, Fr.*, *O. Heusler:* Kupfer-Mangan-Zweistofflegierungen. Werkstoff-Handbuch NE-Metalle F 9 S. 1—2. Berlin: VDI-Verlag 1939. — Druckschrift von *Vickers* über PMG-Legierungen.

[2] *Lay, E.:* Jahrbuch der Metalle 1943. S. 120—135. Berlin 1943.

70% Kupfer, Rest Zink, mit einem härtenden Zuschlag von etwa 1%
Silizium ein bedeutendes Anwendungsgebiet im Wettbewerb mit gezogenen Phosphor-Zinnbronze-Rohren erschlossen. Das Gefüge dieses
Gleitwerkstoffes mit dem Kurzzeichen SoMs 68 weist nach Abb. 183 eine
durch Silizium gehärtete α-Grundmasse
mit Einsprengungen aus Siliziden und
gegebenenfalls β-Resten auf. Dem Silizium kommt neben dem Aluminium
nach Auffassung des Berichters bei der
kommenden Entwicklung der Kupferlegierungen eine Bedeutung zu, die vorstehend ein näheres Eingehen auch auf
Zusammenhänge außerhalb spezieller
metallographischer Fragen wünschenswert erscheinen ließ.

Aluminiumbronzen[1]. Im Zustandsschaubild Kupfer-Aluminium (Abb.184)[2]
besteht auf der kupferreichen Seite ein
Mischkristallgebiet, das bis zu 9,6% Al
reicht. Die in den anschließenden Zustandsfeldern auftretende β-Phase ist,
ähnlich wie bei Kupfer-Zinn, nur bei
höheren Temperaturen beständig. Sie
erleidet bei 570° einen eutektoiden Zerfall in α + γ'. Diese Reaktion ist sehr
träge, erfolgt daher nur bei langsamer
Abkühlung und verläuft über metastabile Phasen, und zwar tritt bis 300°
β_1 und unterhalb 300° β' auf. Die
Zwischenphase β' ist bei Raumtemperatur beständig und tritt im Schliffbild
in nadeliger Form ähnlich dem Martensit
auf. Während der α-Mischkristall eine
verhältnismäßig hohe Verformungsfähig-
keit besitzt, ist der β'-Bestandteil sehr
hart. Eine noch größere Härte und Sprö-

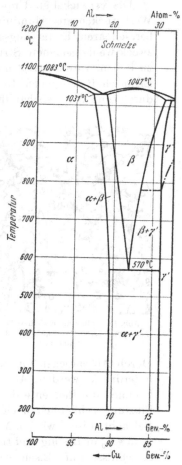

Abb. 184. Zustandsschaubild
Kupfer-Aluminium, kupferreiche Seite.

digkeit besitzt γ'. Diese beiden Phasen sind die in den technisch verwendeten Zweistoff-Aluminiumbronzen mit Gehalten bis zu etwa 12%
Al neben dem α-Mischkristall auftretenden Bestandteile. Höhere
Festigkeit und Härte wird im allgemeinen durch Erhöhung des β'-An-
teiles erzielt, während das Auftreten von γ' eine für die meisten

---

[1] Deutsches Kupfer-Institut: Druckschrift „Aluminiumbronzen" Berlin 1943.
[2] *Hansen, M.:* Der Aufbau der Zweistofflegierungen. S. 98—108. Berlin 1936.

technischen Verwendungszwecke zu starke Versprödung zur Folge hat. Im Gußzustand sind infolge unvollkommenen Gleichgewichtes auch Legierungen mit weniger als 9,6% Al heterogen. Der heterogene Aufbau ist für Gleitbeanspruchung auch hier günstig.

Die verwickelten Umwandlungen des β-Mischkristalles können bei Werkstücken aus Aluminiumbronze infolge der oft nicht genügend beherrschbaren Erstarrungsgeschwindigkeit eine für den Verwendungszweck wenig geeignete Struktur, beispielsweise das Vorhandensein eines zu hohen Anteils an γ' und als Folge davon ungünstige physikalische Eigenschaften ergeben. In solchen Fällen kann der gewünschte Zustand durch eine Wärmebehandlung herbeigeführt werden (Abb. 186 u. 188)[1].

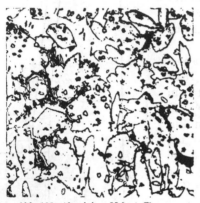 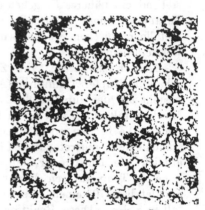

Abb. 185. Aluminium-Mehrstoffbronze, gegossen. 85,7% Cu, 10,5% Al, 3,8% Fe. 400 ×.

Abb. 186. Aluminium-Mehrstoffbronze, geschmiedet. 85,7% Cu, 10,5% Al, 3,8% Fe. 400 ×.

Durch Abschrecken aus dem $\alpha + \beta$-Feld kann beispielsweise γ' völlig unterdrückt werden. Als Legierungszusätze zu den Aluminiumbronzen kommen die Elemente der Eisengruppe: Eisen, Nickel, Mangan, ferner Silizium, schließlich noch Blei zur Verbesserung der Zerspanbarkeit in Betracht. Eisen[2] wird in Mengen bis zu 6% zulegiert. Es geht nur bis zu etwa 4% in Lösung und tritt darüber hinaus in Form blaugrauer Eiseneinschlüsse auf. Eisen verfeinert das Korn und steigert Festigkeit, Streckgrenze und Härte, allerdings etwas auf Kosten der Dehnung. Sein festigkeitssteigernder Einfluß ähnelt dem eines erhöhten Al-Zusatzes, dabei gibt Eisen jedoch die Möglichkeit, im $\alpha + \beta$-Bereich zu verformen und das schwerer zu verformende und zu grober Ausbildung neigende reine β zu vermeiden. Nickel[3] wird in Mengen bis zu 6% und

[1] *Hansen, M.:* Metallwirtsch. Bd. 14 (1935) S. 693—695.

[2] *Corse, W. M., G. F. Comstock:* Proc. Amer. Inst. Met. Bd. 10 (1917) S. 119.

[3] *Read, A. A., R. H. Greaves:* J. Inst. Met. Bd. 11 (1914) S. 169—213. — J. Inst. Met. Bd. 25 (1921) S. 57—80. — *Alexander, W. O.:* J. Inst. Met., Paper Nr. 815, Sept. 1938, S. 425—445.

Mangan[1] bis zu 2,5% zugeschlagen. Beide Mengen dürften in den genannten Mengen vollständig in Lösung gehen. Sie bringen eine Erhöhung der Festigkeitszahlen ohne wesentliche Beeinträchtigung der Dehnung. Ihr Einfluß ist teilweise nicht so ausgeprägt wie der von Eisen.

Silizium wird in Mengen bis zu etwa 3%, meist unter 1%, zulegiert und bewirkt eine starke Lösungshärtung. Zusätze der genannten Metalle bringen neben den erhöhten physikalischen Werten noch eine gewisse Verbesserung der Gießbarkeit.

Auf die Metallographie *sonstiger für Gleitzwecke verwendeter Bronzen* gehen wir nur kurz ein. Die Al-haltigen Nickelbronzen weisen bei nied-

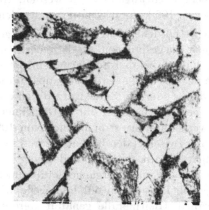

Abb. 187. Aluminium-Mehrstoffbronze, gegossen. 79,6% Cu, 10,0% Al, 4,80% Ni, 5,2% Fe, 0,4% Mn. 400 ×.

Abb. 188. Aluminium-Mehrstoffbronze, geschmiedet. 79,6% Cu, 10,0 % Al, 4,% Ni, 5,2% Fe, 0,4% Mn. 400 ×.

rigen Al- (und Si-) Gehalten (z. B. 15% Ni, 3% Al, Rest Cu) homogene α-Mischkristalle auf, in denen bei langsamer Abkühlung oder nach Anlassen Ausscheidungen einer zweiten Phase mit Aushärtungseffekten beobachtet werden. Bei höheren Al-Gehalten tritt, unterstützt durch Zusätze wie Si, β als zweite Phase auf. Diese zwischen den Nickel- und den Aluminiumbronzen liegenden praktisch üblichen Legierungen sind demnach meist zweiphasig. Die ziemlich verwickelten, von Ausscheidungen begleiteten Umwandlungsvorgänge bei den Legierungen dieser Gruppe sind eingehender von *Alexander*[2] bearbeitet worden.

e) Beziehung zwischen Aufbau, Eigenschaften, Oberflächenzustand und Gleitverhalten. Die Beziehung zwischen Gefügeausbildung, physikalischen Eigenschaften und Gleitverhalten können bei den Lagerbronzen

---

[1] *Rosenhain, W., F. C. Lantsberry:* 9. Bericht an das Alloys Research Commitee. The National Physical Laboratory. London 1911.

[2] *Alexander, W. O.:* J. Inst. Met., Paper Nr. 815, Sept. 1938. S. 425—445.

grundsätzlich auf der gleichen Grundlage behandelt werden wie bei den anderen Lagerwerkstoffen[1].

Die Bedeutung der Gefügeausbildung für die Gleiteigenschaften steht auch heute noch zur Diskussion. Festzustehen scheint, daß für Gleitwerkstoffe, die beim Einlauf und unter erschwerten Betriebszuständen plastischer Verformung ausgesetzt zu sein pflegen, der heterogene Aufbau vorteilhaft und wünschenswert ist. Dieser Grundsatz schließt nicht aus, daß unter günstigen Voraussetzungen homogene Lagerwerkstoffe auch unter schweren Betriebsbedingungen erfolgreich benutzt werden können, wenn ihre Neigung zum Anreiben mit dem Gegenwerkstoff ungewöhnlich gering ist[2]. Die Grenze für die Härte dieser „plastischen" Lagerwerkstoffe muß in diesem Zusammenhang recht hoch angenommen werden. Als Anhaltswert kann eine Brinellhärte von 100 kg/mm^2 genommen werden.

Wir finden demgemäß für alle wesentlichen Lagerbronzen mit geringerer Härte als 100 kg/mm^2 einen ausgesprochen heterogenen Aufbau, z. B. durch Eutektoidbildung oder — bei den Sondermessingen — durch Auftreten der β-Phase neben der α-Phase, eventuell ergänzt durch Blei, Silizide, eisenhaltige Bestandteile oder bei Zinnzusatz durch das $\alpha + \gamma$-Eutektoid und insbesondere bei Knetbronzen durch Gleitlinien.

Bei höheren Härten der Lagerwerkstoffe, etwa im Bereich von 100 bis 180 kg/mm^2, wird der Härtesprung zwischen den beiden Werkstoffen von Lager und Welle schon geringer. Damit tritt die Bedeutung des Gefügeaufbaus in den Hintergrund, da Einlaufvorgänge kaum noch stattfinden können. In diesem Bereich können sowohl homogene wie auch heterogene Bronzen als bewährte Gleitmetalle genannt werden. Offenbar ist jedoch Heterogenität in diesem Bereich noch grundsätzlich vorteilhaft.

Bei Lagerwerkstoffen mit höherer Härte als etwa 180 kg/mm^2 bis zu den härtesten, z. B. nitrierten Laufflächen tritt die Bedeutung des Gefügeaufbaues offenbar vollends in den Hintergrund. Der Härtesprung nähert sich dem Wert 1, und man kann unter der Voraussetzung optimaler Oberflächen und Schmierverhältnisse zu einem praktisch verschleißlosen Betrieb solcher Lagerstellen gelangen, wie er in Sonderfällen auch verwirklicht wird.

In den vorliegenden Betrachtungen wurde die *Härte* als Kriterium herangezogen, weil sie einen einfachen und charakteristischen Kennwert für die abgeleiteten Beziehungen hergibt. Grundsätzlich reicht die Härte allein zur Beurteilung bei weitem nicht aus. Bei dem Versuch einer voll-

---

[1] Zusammenfassende Darstellungen: *Underwood, A. F.:* Symposium on lubricants. S. 41—52. Amer. Soc. Test. Mat. Philadelphia 1937. — *Mann, H., H. Heyer:* Luftf. Forschg. Bd. 13 (1935) S. 168—175. — *Dayton, R. W.:* Sleeve Bearing Materials. S. 4—22. Cleveland 1949.

[2] Ungenannt: Met. Ind. (London) Bd. 53 (1938) S. 10.

ständigen Behandlung aller Einflüsse auf Gleitverhalten und Belastbarkeit treten jedoch so viele verschiedenartige Faktoren auf, daß eine einwandfreie Klärung heute noch nicht möglich ist. Dazu gehört der Einfluß der Kombination Welle — Schmierfilm — Lager und die spezifische, als Werkstoffeigenschaft aufzufassende Neigung der Lagerwerkstoffe, einander „anzureiben" oder zu „fressen", die mit der Natur ihrer vorwiegend oxydischen Deckschichten, Wärmeleitfähigkeit, Warmfestigkeit und Benetzbarkeit in Zusammenhang steht.

So zeichnen sich beispielsweise die Zinnbronzen im Vergleich zu Aluminiumbronzen durch eine geringere Neigung zum Anreiben aus, etwa in Verwendung als Schneckenräder zusammen mit stählernen, im Einsatz gehärteten Schnecken. Zinnbronzen sind auch den Messingen eindeutig überlegen. Die Erfahrungen an Zinn-Kupfer- und Zink-Kupfer-Legierungen stimmen übrigens mit denen an Lagerlegierungen (Weißmetallen) auf der Basis Zinn bzw. Zink grundsätzlich überein. Diese Beispiele lassen bereits das Gleitverhalten als ausgesprochen werkstoffabhängig erkennen.

Festigkeit und Härte der Lagerwerkstoffe sind mit entscheidend für ihre Belastbarkeit. Grundsätzlich dürfte die Grenze der Belastbarkeit mit der Fließgrenze des belasteten Werkstoffes in erster Näherung übereinzustimmen[1], wenn auch dieser Belastungswert bei den im Vorstehenden behandelten Kupferlegierungen — anders als bei den im Verbundguß benutzten Weißmetallen und den weichen Bleibronzen infolge der Möglichkeit örtlicher Schmierfilmstörungen kaum jemals voll ausgenutzt werden kann. Demgemäß geben bei statischer Belastung der Druckversuch mit Feinmessung und bei dynamischer Belastung der Dauerschlagversuch Aufschluß über die theoretischen Grenzen der Belastbarkeit, die praktischen Grenzen werden jedoch jeweils durch die Vielzahl der vorliegenden technischen Bedingungen niedriger gesetzt. Auch die Härtebestimmung gibt schon einen ersten Hinweis auf die Belastbarkeit. Alle solche Bestimmungen physikalischer Werte müssen übrigens für die Gewinnung einwandfreier Unterlagen bei Betriebstemperatur durchgeführt werden.

Die Bedeutung der Oberflächengüte und die Herstellung einwandfreier Oberflächen wird in einem geplanten Werk des Verfassers dieses Abschnittes auf breiterer Grundlage behandelt. Die dort niedergelegten Grundsätze gelten für die Bronzen mit ihrer hohen Härte und Fließgrenze in besonders ausgeprägtem Maße. Die Oberfläche des Gegenwerkstoffes, z. B. der Stahlwelle, soll bei Bronze als Gleitmetall so hart wie möglich, d. h. im Einsatz bzw. durch Flammen oder induktiv gehärtet oder nitriert sein. Hohe Oberflächengüte, erzielt durch Schleifen

---

[1] *Armbruster, M.:* Werkstofftechn. Koll. T. H. Darmstadt 1934. Schr. Hess. Hochsch. 1934, Heft 3, S. 90—101.

und, wenn möglich, nachfolgendes Läppen ist bei der Welle unbedingt anzustreben. Bronzebüchsen sollen in der Lauffläche mittels Diamant- oder Widiaschneide unter Benutzung einer Feindrehbank oder mit Sonder-Räumahlen auf Fertigmaß gebracht werden. Wenn die Eigenart oder die Abmessungen der Lagerung eine derartige Feinbearbeitung nicht ermöglichen, ist der Austausch von Bronzen durch Weißmetall-Verbundgußlager anzustreben, da solche Lager auch durch Schaben einwandfrei zum Tragen gebracht werden können.

2. Bleibronzen.

a) Entwicklung. Die Erkenntnis, daß „plastische" Metalle und Legierungen das Betriebsverhalten eines Gleitlagers durch Erhöhung der Einlauf- und Notlaufeigenschaften günstig beeinflussen, hatte im Anfang des neunzehnten Jahrhunderts zur Verwendung von Weißmetallen auf Zinn- und Bleibasis und durch das schon erwähnte USA-Patent Nr. 1252 des Isaac Babbitt vom Juli 1839 zu der fortschrittlichen Gestaltungsform des Weißmetall-Verbundlagers geführt.

Das Verbundlager wurde aber schon bald nach seiner Einführung als sehr aufwendig empfunden, und der Wunsch nach einem Massivlager, das als Lagermetall genügende „Plastizität" und zugleich als Stützschale ausreichende Festigkeit besitzt, führte zu dem Gedanken, den harten Bronzen diese Eigenschaften durch Zulegieren von Blei zu verleihen und damit die Spanne, die zwischen Weißmetall und Bronze in bezug auf ihre Festigkeitswerte besteht, zu überbrücken[1].

Die Aufgabe, einer Zinnbronze oder einem Rotguß die wünschenswerten Mengen von mehr als $5^0/_0$ Blei zuzulegieren, erwies sich wegen der Unlöslichkeit der Komponenten Blei und Kupfer im festen Zustand als schwierig. Durch das Fehlen von Erkenntnissen zur Überwindung der schmelz- und gießtechnischen Schwierigkeiten wurde die Entwicklung aufgehalten. Erst um das Jahr 1870 wurden Blei-Zinnbronzen mit befriedigendem Ergebnis hergestellt und in einigem Umfang verwendet. Alexander Dick entwickelte in dieser Zeit die bis auf den heutigen Tag bewährte Legierung mit $80^0/_0$ Kupfer, $10^0/_0$ Zinn und $10^0/_0$ Blei. Sie wurde in England und in anderen Ländern zur Standardlegierung vieler Eisenbahngesellschaften. Im Jahre 1892 veröffentlichte *C. B. Dudley,* Chefchemiker der pennsylvanischen Eisenbahngesellschaft, eine systematische Versuchsreihe, die im Fahrbetrieb an einer Reihe von Gußbronzen mit verschieden hohen Blei- und Zinngehalten gewonnen worden war. *Dudley* wies nach, daß Abnutzung und Heißläufer mit steigendem Bleigehalt zurückgehen, und empfahl eine Legierung mit $77^0/_0$ Kupfer,

---

[1] Zur geschichtlichen Entwicklung vgl. *W. M. Corse:* Bearing Metals and Bearings. New York 1930 S. 15—23.

$8^0/_0$ Zinn und $15^0/_0$ Blei, die in der Folgezeit die Legierung 80/10/10 von *Dick* bei den Eisenbahnen vielfach verdrängte. Noch höhere Bleigehalte vermochte *Dudley* nicht mehr in ausreichend feiner und gleichmäßiger Verteilung zu halten.

Im Jahre 1900 erhielten *Clamer* und *Hendrickson* in den Vereinigten Staaten Schutzrechte auf Blei-Zinnbronzen mit Bleigehalten über $20^0/_0$ und mit Zinngehalten unter $7^0/_0$ sowie auf den Zusatz von Nickel zur günstigen Beeinflussung der Bleiverteilung im Zuge der Erstarrung. Diese Patenterteilungen lösten eine scharfe, über viele Jahre andauernde Kontroverse insbesondere mit *A. Allan* jr. aus, der u. a. behauptete, daß *A. Allan* sen. schon im Jahre 1879 ein Geheimverfahren besessen habe, nach dem seit 1891 bedeutende Mengen von zinn- und nickelfreien hochbleihaltigen Blei-Kupfer-Legierungen hergestellt und vertrieben worden wären. Hierbei muß es sich, wie aus den Unterlagen gefolgert werden kann, um Bleibronzen (copper-lead) mit Schwefelzusatz gehandelt haben, die ungewöhnlich hohe Bleigehalte um $50^0/_0$ besaßen. Dieser Patentstreit hat ohne Zweifel das Studium und die Erprobung der Blei- und Blei-Zinnbronzen sehr gefördert. Es blieb die Erkenntnis, daß bleireiche Bronzen ohne Härtung durch Zinn für die Verwendung als Massivlager zu weich sind. Man fand auch, daß der Zinnzusatz zu bleireichen Bronzen mit 20 bis $30^0/_0$ Blei die Grenze von $7^0/_0$ nicht überschreiten soll oder, wie *Clamer* es ausdrückt, daß das Verhältnis Kupfer zu Zinn nicht geringer als 91 zu 9 sein soll.

Während die geschilderte Entwicklung in den angelsächsischen Ländern, vor allem in den Vereinigten Staaten, auch nach der Jahrhundertwende besonders von den Eisenbahngesellschaften intensiv gefördert wurde, haben bei uns bis heute die Blei-Zinnbronzen nicht das Ausmaß an Förderung und Anwendung finden können, das ihnen ohne Zweifel gebührt. Zwar hatte schon im Jahre 1875 *Künzel*[1] in seiner Arbeit über Bronzelegierungen Blei-Zinnbronzen mit Bleigehalten zwischen 6 und $18^0/_0$ als Lagerlegierungen empfohlen. Sie wurden trotzdem wenig verwendet, zumal die Eisenbahnverwaltungen der deutschen Länder damals dem Weißmetall einerseits und der Zinngußbronze und dem Rotguß andererseits den Vorzug gaben. Nur in gewissen industriellen Verwendungsbereichen, insbesondere für Walzmaschinenlager, wurden Blei-Zinnbronzen auch bei uns in einigem Ausmaß und mit gutem Erfolg eingesetzt.

Seit 1923 gelangten die Bleibronzen zu einer besonderen Bedeutung durch die Notwendigkeit, für das Weißmetall-Verbundlager als seitherige Normalausrüstung der Kurbeltriebwerke hochbelasteter Ottomotoren für Flugzeuge und Dieselmotoren für Fahrzeuge ein Gleitlager

---

[1] *Künzel, F.:* Über Bronzelegierungen, Verlag Meinhold, Dresden 1875.

höherer dynamischer Belastbarkeit bei ausreichenden Einlauf- und Notlaufeigenschaften zu schaffen.

Angeregt durch Entwicklungen im USA-Flugmotorenbau[1] suchten
wir die Lösung durch Verbundguß binärer oder fast binärer Bleibronzen
mit Bleigehalten von 20 bis 30% an Stützschalen aus weichem Flußstahl. Die Stahl-Bleibronze-Verbundlager, die aus dieser Entwicklung
hervorgingen, haben sich als eine überragende Lösung des Lagerproblems
in hochbelasteten Kurbeltriebwerken und an vielen anderen, insbesondere
dynamisch stark beanspruchten Lagerstellen erwiesen[2]. Sie stellen heute
das Hauptkontingent der Triebwerkslager hochbelasteter Fahrzeugmotoren, insbesondere der Fahrzeug-Dieselmotoren, dar.

Die Entwicklung der Stahl-Bleibronze-Verbundlager hat im Verlauf
der letzten fünfundzwanzig Jahre sicherlich mehr geistigen und materi-
ellen Aufwand beansprucht als irgendein anderer Schmelz- und Gieß-
prozeß[3]. Auch heute noch gehören die Verbundgießverfahren für Bleibronze mit Stahl zu den schwierigsten gießtechnischen Aufgaben, und
ihre Ausübung stellt einen steten Kampf gegen eine Vielzahl von Aus-
schußquellen dar. Die Ursachen liegen nicht so sehr in der Unzulänglich-
keit der Verfahren, als vielmehr in der Struktur der Bleibronze an sich,
die — wie die englische Bezeichnung „copper-lead" zum Ausdruck bringt
— im festen Zustand ein Gemenge von Kupfer und Blei darstellt, das
aus der homogenen Schmelze im Zuge eines großen Erstarrungsintervalles
entsteht. Dabei sind die Korngrößen, also das Ausmaß des primär
erstarrenden Kupfernetzes und die Größe und Verteilung der in dieses
Netz eingelagerten Bleipartikelchen, in hohem Maße von den Abkühl-
bedingungen sowie von Gasreaktionen und zusätzlich von mehreren
anderen Faktoren abhängig. Auch wenn das Verbundgießverfahren[4] und
— was ebenso wesentlich ist — die Gestaltung des Werkstücks[5] gute
Voraussetzungen für günstige und reproduzierbare Herstellungsbedingungen bieten, bleiben immer noch genügend Unsicherheitsfaktoren
übrig.

Es ist deshalb verständlich, daß große Bemühungen darauf gerichtet
sind, Stahl-Bleibronze-Verbundlager mit anderen als gießtechnischen
Mitteln herzustellen oder sie sogar vollständig zu ersetzen. Wenn auch
das Dreistofflager mit Silberplattierung, das seit dem Jahre 1940 im
amerikanischen Flugmotorenbau zunehmend und heute stark bevorzugt wird, einen erfolgreichen Schritt in dieser Richtung darstellt, so
dürfte es doch nicht geeignet sein, im Maschinen- und insbesondere im

[1] *Heron, S. D.:* Diskussionsbeitrag in „Sleeve Bearing Materials" Cleveland 1949,
S. 58. — [2] Deutsches Kupfer-Institut e. V.: Bleibronzen als Lagerwerkstoffe.
Berlin 1943. — [3] *Holligan, P.T.:* Metal Industry, Lond., Bd. 70 (1947) S. 402. —
[4] Deutsches Kupfer-Institut: Bleibronzen als Lagerwerkstoffe. Berlin 1943.
S. 31—51. — [5] *Rühenbeck, A.:* Werkst. u. Betr. Bd. 83 (1950) S. 491.

Fahrzeugmotorenbau umfassend als Wettbewerber aufzutreten. Wir werden deshalb mit dem Stahl-Bleibronze-Verbundlager als hochbelastbarem Lager für Kolbentriebwerke auch weiterhin zu rechnen haben. Das Streben nach Verfeinerung der heute üblichen Verbundgießmethoden ebenso wie eine stärkere Einflußnahme auf den Konstrukteur im Sinne einer gießgerechten Gestaltung dürfte deshalb nach wie vor technisch und wirtschaftlich gerechtfertigt sein. Ebenso fortschrittlich erscheinen aber auch Bemühungen um Förderung der Blei-Zinnbronzen in ihrer Verwendung als Massivlager, da sie in vielen Fällen gegenüber Zinn-Gußbronzen und Rotguß bessere Laufeigenschaften bei geringerer Abnutzung aufweisen und gegenüber Verbundlagern mit Stahlschützschale geringeren Aufwand und günstigere Rohstoffwirtschaft ermöglichen.

b) Gebräuchliche Legierungen, Eigenschaften, Normen. *Bleibronzen* für Lagerzwecke haben Bleigehalte im Bereich von 18 bis $32^0/_0$. Höhere Bleigehalte bis herauf zu $45^0/_0$, die in einem Fall (S. A. E. 480) sogar in die Norm eingegangen sind, werden heute wegen unerträglich anwachsender Gießschwierigkeiten wohl kaum noch verwendet. *Blei-Zinnbronzen* umfassen den weiten Legierungsbereich mit Bleigehalten zwischen 5 und $28^0/_0$ bei Zinnzusätzen bis herauf zu $10^0/_0$.

Bleibronzen mit geringen Zuschlägen an dritten Elementen wie Nickel, Zinn, Silber bis zur Höchstmenge von insgesamt $3^0/_0$ werden fast ausschließlich im Verbundguß mit weichem Flußstahl verwendet In Deutschland werden Legierungen mit 20 bis $25^0/_0$ Blei bei möglichst geringen Zusätzen dritter Metalle (insgesamt unter $2^0/_0$) bevorzugt. Englische und USA-Vorschriften sehen vielfach höhere Bleigehalte vor, die obere Grenze des Bleigehaltes der meisten heute erzeugten Bleibronze-Verbundlager dürfte jedoch unter $30^0/_0$ liegen. Höhere Bleigehalte bereiten in bezug auf eine gute Gefügeausbildung so stark anwachsende Schwierigkeiten, daß man sie fast allgemein wieder verlassen hat oder, soweit aus besonderen Gründen erwünscht, durch Sintern von Bleibronzepulver zu beherrschen trachtet.

Unter den dritten Elementen, die vielfach zur Förderung einer guten Gefügeausbildung ohne die Absicht einer Härtesteigerung zugesetzt werden, sind vornehmlich Zinn und Nickel in europäischen und Silber und Schwefel in amerikanischen Bleibronze-Verbundlagern zu finden.

Bei extrem hohen Lagerbelastungen, beispielsweise in Flugmotoren, wird eine Erhöhung der Dauerfestigkeit der Bleibronze erstrebt und vorzugsweise durch Zusatz von Silber in Höhe von 0,5 bis $1,5^0/_0$ oder von Zinn in Höhe von 2 bis $4^0/_0$ erreicht. Bei Zinnzusatz muß eine erhebliche, grundsätzlich meist nicht erwünschte Härtung der Bronze in Kauf genommen werden.

Höhere Zinnzusätze verursachen eine so bedeutende Steigerung der Festigkeit und Härte, daß unter gewissen konstruktiven Voraussetzungen, insbesondere bei nicht zu geringer Wandstärke, Legierungen mit Bleigehalten bis herauf zu $25^0/_0$ auch für massive Bronzelagerkörper ohne Stützschale höherer Festigkeit verwendet werden können. Unter diesen Blei-Zinnbronzen, die im Maschinenbau und Eisenbahnwesen insbesondere der angelsächsischen Länder viel verwendet werden, heben sich folgende Gruppen als bevorzugt verwendet heraus.

Die Legierung von *A. Dick* mit $80^0/_0$ Kupfer, $10^0/_0$ Blei, $10^0/_0$ Zinn (Abb. 189) ist bis heute eine im Maschinen- und Lokomotivbau weit

 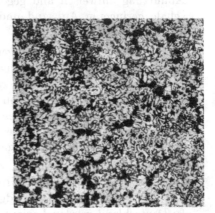

Abb. 189. Blei-Zinnbronze mit 80% Cu, 10% Pb, 10% Sn, in Kokille gegossen. a-Mischkristalle, $a + \delta$-Eutektoid, Bleieinschlüsse. 75 ×.

Abb. 190. Blei-Zinnbronze mit 78% Cu, 16% Pb, 6% Sn, in Kokille gegossen. a-Mischkristalle, $a + \delta$-Eutektoid, stärkere Bleieinschlüsse. 75 ×.

verbreitete Legierung geblieben und in mehreren Normblättern einschließlich Eisenbahn- und Kraftfahrnormen vieler Länder enthalten. Ein neuer Normvorschlag für DIN 1716 sieht die Legierung 80/10/10 ebenfalls vor.

Auch die Legierung von *C. B. Dudley* mit $77^0/_0$ Kupfer, $15^0/_0$ Blei und $8^0/_0$ Zinn hat sich bis heute als hervorragende Lagerlegierung für Formguß in Sand und Kokille bewährt und nimmt seit der Einführung des Fahrzeugdieselmotors einen besonderen Platz bei der Überbrückung der Schwierigkeiten mit Weißmetall-Lagern ein. Vor der allgemeinen Einführung der Bleibronze-Verbundlager mit Stahlstützschale wurden Dieselmotorenlager als Massivlagerschalen aus Blei-Zinnbronzen mit annähernd der Zusammensetzung 77/15/8, oft auch unter Zusatz von 2 bis $4^0/_0$ Nickel, verwendet. Sie brachten in vielen Fällen zufriedenstellende Betriebsergebnisse. Diese Blei-Zinnbronze-Massivlagerschalen wurden häufig mit einer Weißmetall-Laufschicht von einigen Zehnteln Millimeter Stärke versehen. Dieser Typ von Zinn-Bleibronze-Massivlagerschalen wird seit einigen Jahren von einem amerikanischen Hersteller in verbesserter Form neu präsentiert[1], und zwar erhalten Blei-Zinnbronzen vorzugsweise mit der Zusammensetzung 78/16/6 durch Schleuderguß in Kokille ein besonders feines und dichtes Gefüge (Abb. 190) und entsprechend hohe Festigkeitswerte. Die Lauffläche der aus den Schleuderguß-Büchsen gefertigten Lagerschalen wird maschinell mit einem netzartigen Muster von Grübchen versehen, die zur Begünstigung der Laufeigenschaften mit einem Weißmetall ausgefüllt werden (gridded bearings). Die Lagerbohrung wird darüber hinaus mit einer Einlaufschicht aus Blei-Zinn in Stärke von etwa 0,02 mm über-

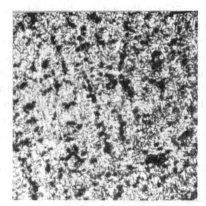

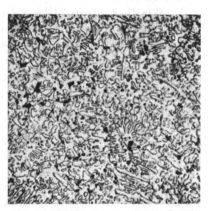

Abb. 191. Blei-Zinnbronze mit 73% Cu, 22% Pb, 5% Sn, in Kokille gegossen. α-Mischkristalle, Reste von α + δ-Eutektoid, zahlreiche starke Bleieinschlüsse. 75 ×.

Abb. 192. Blei-Zinnbronze mit 83% Cu, 7% Pb, 7% Sn, 3% Zn, α-Mischkristalle, α + δ-Eutektoid, kleine Bleieinschlüsse. 75 ×.

zogen. Dieser Typ von Blei-Zinnbronze-Massivlagerschalen mit Weißmetall-Laufschicht soll zum Austausch der wesentlich aufwendigeren Stahl-Bleibronze-Verbundlager in vielen Motortypen, insbesondere in Dieselmotoren für Schwerlast- und Eisenbahnbetrieb, geeignet sein.

Die dritte bevorzugte Gruppe der Blei-Zinnbronzen hat einen ebenso hohen Bleigehalt wie die für Verbundguß verwendeten Legierungen, nämlich etwa 22%, bei einem Zinnzusatz von vorzugsweise 5 bis 6% (Abb. 191). Der Verwendungsbereich umfaßt sowohl Massivlagerschalen und -büchsen wie auch bestimmte Gruppen von Verbundlagern. Im Verbundguß hat die Legierung 72/22/6 Bedeutung für außergewöhnlich hochbelastete Treibstangenlager auf Kurbelzapfen höchster Oberflächenhärte, außerdem für Lauf- und Führungsbüchsen mittlerer und großer Abmessungen für Kolbenmotoren und sonstige Kraft- und Arbeitsmaschinen.

---

[1] *Esarey, B. I.*: Sleeve Bearing Materials. S. 174/88. Cleveland 1949.

Außer den vorstehend genannten Gruppen von Blei-Zinnbronzen ist eine Gruppe mit niedrigerem Bleigehalt hervorzuheben, die eine Mittelstellung zwischen Rotguß und Blei-Zinnbronzen einnimmt und als Standardlegierung für gegossene Lagerbüchsen im allgemeinen Maschinen- und Elektromotorenbau Bevorzugung verdient, nämlich die Legierung mit 83% Kupfer, 7% Zinn, 7% Blei, 3% Zink (Abb. 192).

Diese zinkhaltige Blei-Zinnbronze stellt in ihren Festigkeits- und Laufeigenschaften für Massivlagerbüchsen ein so gutes Kompromiß dar, daß auch bei uns in Ergänzung zum Rg 5 ihre allgemeine Einführung im Maschinenwesen und ihre Zulassung zu unseren Normen empfohlen werden kann.

Wie die Zahlentafel 8 mit der Gegenüberstellung deutscher, britischer und amerikanischer Normen von Blei-Zinnbronzen und die Zahlentafel 9 mit der Aufstellung der von einer namhaften amerikanischen Gießerei, die speziell Büchsen und Stangen aus Bronzen für Lagerzwecke herstellt, geführten Legierungen erkennen läßt, werden die vier vorstehend als typisch herausgestellten Blei-Zinnbronzen durch eine große Zahl von Legierungen mit mehr oder weniger großen Abweichungen in der Zusammensetzung umgeben. Die Hersteller sprechen diesen Spielarten in Rücksicht auf altbewährte Hausnormen oft eine Sondergüte zu, die einer strengen Nachprüfung kaum jemals standhalten dürfte.

Bei den hier behandelten Legierungen ist zu bedenken, daß die Toleranzen für die Komponenten, besonders für Blei und Zink, vernünftigerweise schon so weit gehalten werden müssen, daß Über-

Zahlentafel 8. *Blei-Zinnbronzen. Vergleichende Zusammenstellun*

Bezeichnung	Norm	Zusammensetzung %						Cu
		Pb	Sn	Zn	Ni	P	Sonst.	
Pb-Sn-Bz 5	DIN 1716	4−6	9−11	−	−	−	−·	R
Pb-Sn-Bz 13	DIN 1716	12−14	7−9	−	−	−	−	R
Pb-Sn-Bz 20	DIN 1716	18−22	5−10	−	−	−	−	R
Pb-So-Bz 15	DIN 1716	10−20	0−10	−	0−4	Mn, Si, Sb, Mg, Al, P		R
Pb-So-Bz 25	DIN 1716	20−35	0−8	0−3	0−4	und andere nach Erf. d. Herst.		R
85/10/0/5 Leaded Bronze	B. C. 1400−LB 3−C	4−6	9−11	0,5	1,0	0,3	0,5	R
80/10/0/10 Leaded Bronze	B. S. 1400−LB 2−C	9−11	9−11	0,5	1,5	0,3	0,5	R
76/ 9/0/15 Leaded Bronze	B. S. 1400−LB 1−C	14−16	8−10	1,0	2,0	0,3	0,5	R
High Leaded Tin Bronzes	B 144−49 3 B	6−8	6,25−7,5	2−4	0,5	0,03	vgl. die Original-Normen	R
	B 144−49 3 C	8−10	4,5−6	0,5−2	0,5	0,03		R
	B 144−49 3 D	13−16	6,25−7,5	0,75	0,75	0,08		R
	B 144−49 3 E	23−27	4,25−5,5	0,5	1.0	0,05		R
Leaded Bronzes	B 66−49	9−12	7−9	0,75	1,0	0,2−0,5	vgl. die Original-Normen	R
	B 66−49	10−16	6−9	1,25	0,5	0,05		R
	B 67−49	15−22	4,5−6,5	3,0	−	−		R
	B 66−49	16−22	6−8	1,25	−	−		R
	B 66−49	23−27	4−6	1,25	−·	−		R

Mengenangaben ohne Toleranz sind Höchstwerte.

schneidungen mit benachbarten Legierungen bei zu enger Abgrenzung zur Regel werden würden.

Den wesentlichsten die Güte beeinflussenden Faktor stellen aber in diesem Zusammenhang die Schmelz-, Gieß- und Erstarrungsbedingungen dar. Sie sind bei allen hier in Rede stehenden Bronzen von viel größeren Einfluß auf Gefügeausbildung und Festigkeitswerte des gegossenen Werkstoffes als mäßige Schwankungen in der Zusammensetzung. Hier gelten ähnliche Betrachtungen, wie sie beim Vergleich von Sandguß und Kokillenguß bei den Zinngußbronzen (Seite 240) angestellt wurden.

Die vorstehende Übersicht läßt erkennen, daß die heute vorhandenen Grundlagen für die Herausstellung und Normung bestimmter Legierungen bzw. Legierungsgruppen ausreichen. Manche aus vielerlei Gründen bis heute verwendeten und zum Teil auch genormten Legierungen könnten zugunsten weniger Einheitstypen aufgegeben werden. Dabei wird nicht verkannt, daß Sonderaufgaben und ungewöhnliche Beanspruchungsarten gelegentlich Sonderlegierungen erforderlich machen. Das gilt jedoch nicht so sehr für den Bereich der Lagerwerkstoffe, deren Beanspruchungsweise genügend einheitlich ist, als vielmehr für den Bereich chemisch und thermisch beanspruchter Legierungen, die außerhalb unserer Betrachtungen liegen. Die hier vertretene Auffassung bezüglich der Legierungsauswahl und -normung dürfte für den vielfältigen englischen und amerikanischen Normenbestand in ähnlichem

eutscher, britischer und USA-Normen.

Verwendungsbereiche
Gleichartige Normen

[1] Lager mit und ohne Stützschalen für höhere Drücke, insbesondere für Lager mit Schlagbeanspruchung. Gußstücke f. d. chemische Industrie u. d. Gerätebau.
Lager mit u. ohne Stützschalen für hohen Flächendruck. Gußstücke f. d. chemische Industrie u. d. Gerätebau.
Vollager, z. B. Buchsen f. Kolbenbolzen im Dieselmaschinenbau, f. Müllereimaschinen, Wasserpumpen u. ä.
Vollager für hohe Beanspruchung
Lager mit u. ohne Stützschalen, z. B. für Lager } Gußstücke f. d. chemische Industrie u. d. Gerätebau.
von Fräsmaschinen, Revolverbänken u. a. m. }

SAE 64. B 66—49. B 22—49.

SAE 660
SAE 66

Federal Q Q — B — 691

Eisenbahnlager
Federal Q Q — B — 691

Zahlentafel 9. *Gußbronzen für Lagerzwecke. Zusammensetzung und*

Lfd. Nr.	USA-Norm (z. T. mit Abweichungen)	Zusammensetzung in %								
		Sn	Pb	Zn	Ni	P	Fe	Sb	Sonst.	Cu
1	B 144-49. 3 E	4,5 – 5,5	23,5 – 26,5		0,2	0,05	0,2	0,2	0,35	69 – 71
2	–	4 – 5	18 – 23	1,0	0,25	0,05	0,2	0,2		73 – 77
3	B 144-49. 3 C.-SAE 66	4,5 – 5,5	8 – 10	1,5	0,25	0,1	0,2	0,2		84 – 86
4	B 144-49. 3 D	7 – 9	13 – 17	1,0	0,25	0,05	0,2	0,2		75 – 79
5	B 66 – 49	8,5 – 9,5	17,5 – 22,5		0,25	0,05	0,2	0,2	0,25	69 – 73
6	B 144-49. 3 B.-SAE 660	6,5 – 7,5	6 – 8	2 – 4	0.35	0,15	0,2	0,2	0,20	81 – 85
7	B 66 – 40. – SAE 64	9 – 11	9 – 11	0,75	0,25	0,1	0,2	0,2		78,5 – 81,5
8	B 143-49. 2 B.-SAE 621	7,5 – 8,5	0,8 – 1,5	2,3 – 4,3		0,05 – 0,1	0,2	0,2	0,25	85 – 89
9	SAE 63	9 – 11	2 – 3	1,0	0,25	0,1	0,2	0,2		86 – 89
10	B 143-49. 1 A.-SAE 62	9 – 11	0,35	1 – 3	0,25	0 10	0,06	0,2		86 – 89
11	SAE 65	10 – 12	0,5	0,5		0,1 – 1,3				88 – 90
12	SAE 640	10 – 12	1 – 1,5		0,8 – 1,3	0,2 – 0,3	0,3	0,2	0,25	85,3 – 87,8
13	Federal Q Q-B 691-9	13,5 – 14,5	1,5	0,25		0,1	0,2	0,2	0,25	84 – 86

Die laufenden Nummern 1, 2, 3, 4, 6, 9, 12 werden von *Bunting* für die Verwendung als Lagermetall bevorzugt, unter Höchstwerte.

Ausmaß gelten wie für die zur Zeit gültigen deutschen Normen, insbesondere für die Blätter DIN 1705 und 1716.

c) Erstarrungsbild und Aufbau. *Das Zweistoffsystem Kupfer-Blei.*

Das Zustandsschaubild Kupfer-Blei wurde in seinen Grundzügen im Jahre 1892 von *Haycock* und *Neville*[1] aufgestellt und verschiedentlich[2] überarbeitet. Wir folgen in Abb. 193 der Gestaltung, die *Hansen*[3] für die wahrscheinlichste hält. Als charakteristisch fällt zunächst auf: Die Schmelze ist auf der Kupferseite nur bis zu Bleigehalten von 36 bis 40% homogen. Kupfer und Blei sind unterhalb des Schmelzpunktes von Blei, also im festen Zustand, ein Gemenge, d. h. die beiden Komponenten liegen im erstarrten Zustand praktisch rein ohne jede gegenseitige Lösbarkeit nebeneinander vor, auch existieren keinerlei intermetallische Verbindungen. Wir können also in allen Mischungsverhältnissen im Gefüge ein Nebeneinander von Kupfer und Blei in dendritischem oder globularem Aufbau erwarten. Die Praxis bestätigt diese Annahme auch für den Fall beschleunigter Abkühlung, der keinerlei metastabile Zwischenzustände ermöglicht, sondern nur Kornform und Korngröße beeinflußt. Damit ist für alle Fälle der heterogene Aufbau, bestehend aus dem primär erstarrenden Kupferskelett und dem sekundär erstarrenden eingelagerten Blei, die normale Erscheinungsform, soweit nicht bei Bleigehalten über 36% ein Teil des Bleis Gelegenheit zum Absetzen durch Schwereseigerung erhält.

---

[1] *Haycock, C. T.: F. H. Neville:* J. Chem. Soc. Bd. 61 (1892) S. 888.

[2] *Briesemeister, S.:* Z. Metallkde. Bd. 23 (1931) S. 2230. — *Claus, W.:* Z. Metallkde. Bd. 23 (1931) S. 264/266. — Metallwirtsch. Bd. 13 (1934) S. 226/227.

[3] *Hansen, M.:* Der Aufbau der Zweistofflegierungen, S. 598 – 602. Berlin 1936.

Festigkeitswerte (Kennwerte). (Nach Firmendaten Bunting, Toledo, Ohio.)

Zugfestigkeit σ_B kg/mm²	Streckgrenze $\sigma_{0,2}$ kg/mm²	Dehnung δ_5 %	Festigkeitswerte Härte HB 10/500	Härte Rockwell E 1/8″ — 100 kg	Quetschgrenze 0,2 kg/mm²	Kerbschlagprobe Charpy nach E 23 — 47 T
14,0	7,0	8	38	27	9,1	2,9
15,4	7,7	12	40	32	9,8	2,7
19,6	9,8	15	50	52	11,9	5,4
19,6	9,8	15	52	55	12,6	2,4
21,0	10,5	15	55	59	14,0	2,7
23,8	11,2	18	58	63	14,0	3,8
24,5	11,9	18	60	65	14,7	2,6
24,5	11,9	15	60	65	11,9	5,6
28,0	12,6	20	65	70	15,4	5,8
28,0	12,6	20	65	70	15,4	3,7
28,0	12,6	20	67	72	15,4	1,7
28,0	12,6	20	70	75	16,1	2,7
28,0	12,6	10	76	80	16,8	0,8

ihnen in erster Linie Nr. 6 entspr. B 144-49.3 B = SAE 660. Angaben über Zusammensetzung ohne Bereich sind

Mit zunehmendem Anteil an Restschmelze in dem erstarrenden System, insbesondere bei Bleigehalten um 30 bis 36%, wird das Kupferskelett dürftiger und die Voraussetzungen zum Wandern und Koagulieren der größeren Restschmelze größer. In diesem Bereich erweisen sich in der Praxis, wenn nicht jede Gasreaktion in und auf der Schmelze peinlich vermieden werden kann, Seigerungserscheinungen als so schädigend für das Gefüge, daß man auf Legierungen dieses Gebietes heute fast vollständig verzichtet.

Vollends problematisch werden die Herstellungsbedingungen beim Eintritt in das oberhalb 36% Blei liegende Gebiet der Mischungslücke. Sie erstreckt sich im Bereich von 36 bis 92,5% Blei, und zwar oberhalb der monotektischen Geraden bis herauf zu noch nicht bestimmten Temperaturgrenzen oberhalb 1300°. Es erscheint im übrigen fraglich, ob diese Lücke nach oben geschlossen ist.

Nach dem Schaubild wird eine Legierung mit beispielsweise 60% Kupfer und 40% Blei erst bei Erhitzung oberhalb 1325° zur homogenen Schmelze. Wenn diese Schmelze bei der Abkühlung aus dem homogenen Bereich in den „Zwei-Schmelzen-Bereich" gelangt, so entmischt sie sich zu einem flüssigen Gemenge zweier Phasen, also einer Art Emulsion. Ihre Teilchen sind von so geringer Größenordnung, daß sie, dem *Stokes*-schen Gesetz folgend, zunächst in der Schwebe bleibend keine Entmischungsneigung zeigen. Mit sinkender Temperatur aber schließen sich durch Einformung oder Keimeffekte die Teilchen der bleireichen Phase zunehmend zusammen. Bei einer gewissen Temperatur etwas oberhalb der monotektischen Geraden werden Teilchengrößen erreicht, die ein stark zunehmendes Absetzen und damit Schichtenbildung bewirken. Diese „kritische" Temperatur wurde für den ganzen „Zwei-Schmelzen-

Bereich" bei 999° gefunden[1]. Legierungen mit Bleigehalten über 40 bis 80%/$_0$ Blei werden in den Grenzen des Zustandsschaubildes Abb. 193 auch bei starker Überhitzung nicht mehr homogen. Es ist also auch nicht

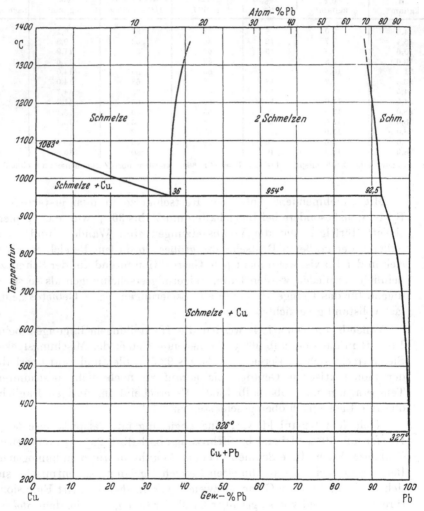

Abb. 193. Zustandsschaubild Kupfer-Blei.

möglich, eine gleichmäßig feine Verteilung der beiden Phasen durch Abkühlen vom homogenen Zustandsfeld her darzustellen. Es ist jedoch erfahrungsgemäß möglich, eine (gasfreie!) Schmelze dieses Bereichs

---

[1] *Briesemeister, S.:* Z. Metallkde. Bd. 23 (1931) S. 227. — *Claus, W.:* Metallwirtsch. Bd. 13 (1934) S. 227.

oberhalb 1000° durch kräftige Badbewegung aus dem entmischten Zustand feindispers zu machen und teilweise zu erhalten, zumal wenn durch induktive Wirbelung im Mittelfrequenzofen eine durchgreifende Badbewegung bewirkt wird. Die erforderliche Intensität der Rührarbeit nimmt mit steigender Temperatur ab. Bei Temperaturen oberhalb 1150° soll schon ein geringes Maß an mechanischer Rührarbeit für die Schaffung einer gleichmäßig feindispersen Mischung der beiden Schmelzen ausreichend sein[1].

Die Herstellung eines Gußstückes mit gleichmäßig guter Bleiverteilung ist, wie die Schliffbilder Abb. 194 bis 197 zeigen, bis auf

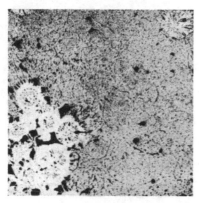
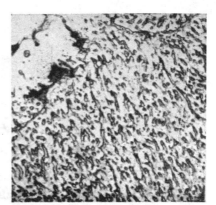

Abb. 194. Bleibronze mit 60% Cu, 40% Pb. Kupfer und Blei in Verteilung nach Art eines Eutektikums (Monotektische Reaktion). Gestörte Zonen, vermutlich durch Keimeffekte. 75 ×.

Abb. 195. Bleibronze mit 60% Cu, 40% Pb. Kupfer und Blei in Verteilung nach Art eines Eutektikums (Monotektische Reaktion). Gestörte Zonen, vermutlich durch Keimeffekte. 400 ×.

gewisse gestörte Zonen möglich, da die für Entmischung und Absetzen maßgebende „kritische" oder Mindest - Abkühlgeschwindigkeit bei kleineren Gießquerschnitten im Kokillenguß recht gut eingehalten werden kann.

Abb. 194 und 195 zeigen das Gefüge einer Blei-Kupfer-Legierung mit 40% Blei, die bei etwa 1100°, also im Zwei-Schmelzen-Bereich, ohne vorherige Überhitzung bis zur Homogenisierung, lediglich durch Rühren mit einem Quarzstab feindispers gemacht und anschließend in eine Kokille mit den Abmessungen 20 × 180 × 180 mm vergossen wurde. Das Gefügebild zeigt eine hervorragende feine und gleichmäßige Bleiverteilung, deren Ausbildung fast einem Eutektikum entspricht. Das gleiche gilt für das Gefüge der in Abb. 196 und 197 dargestellten, unter den gleichen Bedingungen erschmolzenen und vergossenen Legierung mit 50% Blei. Diese Ergebnisse dürfen aber nicht darüber hinwegtäuschen,

[1] *Claus*, W.: Metallwirtsch. Bd. 13 (1934) S. 226/227.

daß die betriebsmäßige Herstellung von Lagerkörpern aus Bleibronzen mit mehr als $36^0/_0$ Blei auf außerordentliche Schwierigkeiten in der treffsicheren Beherrschung des Gefüges stößt, da die feindisperse Kupfer-Blei-Mischung im Zuge der Erstarrung schon durch geringste Störquellen bis zur technischen Unbrauchbarkeit ungleichmäßig bzw. entmischt wird. Solche Störquellen sind zahlreich, zum Beispiel örtliches Freiwerden von Gasen, Keimeffekte, Unterschiede im Ablauf der Erstarrung über den Gießquerschnitt, zu langsame Erstarrung wegen zu hoher Gießtemperatur oder zu großer Gießquerschnitte. Dabei ist ein entscheidendes Problem noch gar nicht berücksichtigt, das die Beherr-

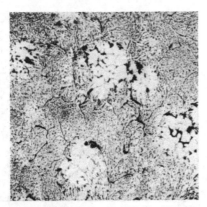
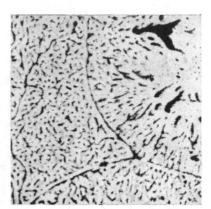

Abb. 196. Bleibronze mit 50% Cu, 50% Pb. Kupfer und Blei in Verteilung nach Art eines Eutektikums (Monotektische Reaktion). Gestörte Zonen, vermutlich durch Keimeffekte. 75 ×.

Abb. 197. Bleibronze mit 50% Cu, 50% Pb. Kupfer und Blei in Verteilung nach Art eines Eutektikums (Monotektische Reaktion). Gestörte Zonen, vermutlich durch Keimeffekte. 400 ×.

schung der Abkühlung ganz außerordentlich erschwert, nämlich der Verbundguß mit Stützkörpern aus weichem Flußstahl, für den die bleireichen Legierungen in der Praxis fast ausschließlich in Frage kommen. Die Forderung nach gleichmäßig schneller Abkühlung der Bleibronze steht in Widerspruch zu der Notwendigkeit, den Stahlkörper beim Anguß auf der für die Diffusionsbindung notwendigen Temperatur von rd. 1100° zu halten und anschließend das Verbundgußstück mit seinem durch den Stahlkörper erhöhten Wärmeinhalt schnell und gleichmäßig abzukühlen. Diese Andeutungen in bezug auf die Problematik des Verbundgusses mögen in Zusammenhang mit der Diskussion des Kupfer-Blei-Zustandsschaubildes vorerst genügen. Sie wurden an dieser Stelle für nützlich gehalten, um die Grenzen zu umreißen, die uns bei der Auswertung dieses Schaubildes gesetzt sind.

Der Erstarrungsverlauf einer Blei-Kupferlegierung mit maximal etwa $36^0/_0$ Blei, also aus dem Gebiet der homogenen Schmelze heraus, sei nachfolgend am Beispiel der Legierung mit $80^0/_0$ Kupfer und $20^0/_0$ Blei geschildert. Bei etwas oberhalb 1000° C beginnt primär Kupfer entsprechend dem Zuge der Liquiduslinie bis zur Zusammensetzung beim monotektischen Punkt, also bis zu dem Anteil von $36^0/_0$ Kupfer, zu erstarren. Bei diesem Haltepunkt, also bei 954°, setzt sich die Erstarrung nach der Art eines Eutektikums entlang der monotektischen Geraden bis zur Zusammensetzung $92,5^0/_0$ Cu/$7,5^0/_0$ Pb fort. Damit hat sich also primär ein Kupferskelett gebildet, das von einer hochbleihaltigen Schmelze mit der Zusammensetzung $92,5^0/_0$ Pb/$7,5^0/_0$ Cu umgeben ist. Im Verlauf der weiteren Abkühlung scheiden sich die in der bleireichen Restschmelze noch gelösten $7,5^0/_0$ Kupfer im Zuge der Löslichkeitslinie bis herab zu 327° aus. Schließlich liegen bei 326°, der Erstarrungstemperatur des Bleis, Kupfer und Blei nebeneinander im festen Zustand vor. Das vorstehende Beispiel ist typisch für die in der heutigen Gießpraxis wohl ausschließlich verwendeten Bleibronzen mit Bleigehalten unter $36^0/_0$. Dabei zeigen die Legierungen bis $36^0/_0$ Blei beim Erstarren unter gleichen Kühlbedingungen bei verschiedenen Bleigehalten keineswegs ein völlig einheitliches Verhalten. Das große Erstarrungsintervall von 954 bis 326° entsprechend einem Bereich von 628 Celsiusgraden gibt der Restschmelze große Möglichkeiten zur Umschichtung, und zwar naturgemäß um so ausgeprägter, je höher ihr Anteil an der Legierung, je höher also der Bleigehalt ist. Die Schwereseigerung, die im älteren Schrifttum oft als der ausschlaggebende Faktor benannt wurde, kann nach den Erfahrungen des Berichters ebensowenig wie die Fliehkraftseigerung beim Schleuderguß als Hauptfaktor für Seigerungen bei den in der Praxis üblicherweise verwendeten Bleibronzen mit Bleigehalten bis etwa $30^0/_0$ verantwortlich gemacht werden. Um eine Schwereseigerung zu ermöglichen, bedarf es der Schaffung von Wegen für die Wanderung des Bleies, und diese werden vorzugsweise in gashaltigen Schmelzen durch Gase geschaffen, die im Zuge der Abkühlung infolge abnehmender Löslichkeit frei werden. Wir werden auf diese Frage bei der Betrachtung der Einflüsse von Sauerstoff und Wasserstoff auf die Schmelze noch näher eingehen. Seigerungserscheinungen durch die Differenz in der Schrumpfung der beiden Phasen sind vorstellbar, wenn man die linearen Ausdehnungskoeffizienten von Kupfer (rd. $17 \cdot 10^{-6}$) und Blei (rd. $29 \cdot 10^{-6}$) miteinander vergleicht. Seigerungen aus dieser Ursache werden, da die Restschmelze bis herab zu 326° flüssig bleibt, ein Nachsaugen zur Folge haben, das die zuletzt erstarrende Zone an Blei etwas verarmen und damit porös werden läßt.

d) **Einfluß der Legierungsbestandteile auf Aufbau und Eigenschaften.** Der Einfluß gewollter und nichtgewollter Zusätze auf Gefüge und physikalische Eigenschaften der Bleibronzen ist seit dem Jahre 1879, als *Allan sr.* die Bleiverteilung durch Zusatz von Schwefel beeinflußte,

Gegenstand zahlreicher Untersuchungen und Kontroversen gewesen. Das amerikanische Schrifttum zeigt um die Jahrhundertwende eine Häufung von Veröffentlichungen, angeregt durch den Patentstreit *Allan jr.* contra *Clamer* über die Zulässigkeit von Legierungspatenten für gewisse Gruppen von Blei-Zinnbronzen und bestärkt durch das Streben nach Überwindung der Schwierigkeit, das Blei in Gußstücken aus dieser bei großen Abnehmern, Eisenbahngesellschaften ebenso wie Maschinenbauanstalten, viel verwendeten Legierungsgruppe treffsicher in eine hinreichend feine, gleichmäßige Verteilung zu bringen. In der Praxis zeigte sich, daß unter Voraussetzungen, die jahrzehntelang ungeklärt blieben, einige Zusatzstoffe wie Schwefel, Zinn und Eisen einen günstigen Einfluß auf die Kristallisation im Sinne einer Verfeinerung und Vergleichmäßigung des Gefüges ausüben. Sie wurde häufig durch Einengung der Mischungslücke im System Kupfer-Blei gedeutet. Dabei wurde der Umstand übersehen, daß die Mischungslücke erst bei Bleigehalten oberhalb 36% , d. h. außerhalb des Bereichs der üblichen Bleibronzen und Blei-Zinnbronzen beginnt. Beobachtungen im Gießbetrieb über das Austreiben von Blei nach Art einer umgekehrten Seigerung ließen vermuten, daß im Zuge der Erstarrung freiwerdende Gase den Anlaß zu grober und unregelmäßiger Bleiverteilung und Porosität geben. Die Arbeiten von *N. P. Allen* und Mitarbeitern[1] über den Einfluß der Gase auf die Porosität in Kupferblöcken und seine Deutung der Wechselbeziehungen zwischen Wasserstoff- und Oxydgehalt in Kupfer, ergänzt durch Arbeiten von *Daniels*[2], gaben den Anstoß zu entsprechenden Beobachtungen und Überlegungen für Bleibronzen und Blei-Zinnbronzen[3]. Sie führten zu neuen Erkenntnissen von grundsätzlicher Bedeutung für die Metallurgie und die Entwicklung des Gefüges dieser Legierungen. Sie geben uns auch die Berechtigung, den Gas- und Oxydgehalt als Einflüsse erster Ordnung auf Erstarrungsverlauf und Bleiverteilung und als wesentliche Zusätze zu den Hauptlegierungskomponenten vor allen anderen gewollten und nichtgewollten Beimengungen zu behandeln.

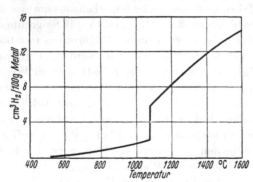

Abb. 198. Löslichkeit von Wasserstoff in Kupfer in Abhängigkeit von der Temperatur (*Sieverts*).

[1] *Allen, N. P.:* J. Inst. Met. Bd. 43 (1930) S. 81. — *Allen, N. P., T. Hewitt:* J. Inst. Met. Bd. 51 (1933) S. 257. — [2] *Daniels, E. J.:* J. Inst. Met. Bd. 43 (1930) S. 125—142. — [3] *Bollenrath, F.:* Metall Bd. 20 (1941) S. 1063—1068.

Die Löslichkeit von *Wasserstoff* in Kupfer in Abhängigkeit von der Temperatur zeigt Abb. 198. Die Kurve läßt mit steigender Temperatur einen Sprung beim Schmelzpunkt des Kupfers und eine erhebliche Zunahme des Gasgehaltes bei Überhitzung der Schmelze erkennen. Es wird auch offensichtlich, daß eine mit Wasserstoff gesättigte Kupferschmelze im Zuge der Abkühlung und Erstarrung entsprechend der dabei abnehmenden Löslichkeit Wasserstoff freigibt, der Porosität verursachen kann, wenn er nicht die Möglichkeit hat, aus der Schmelze zu entweichen. Die Gefahr, daß Wasserstoff im Gußstück eingefangen wird, ist naturgemäß um so größer, je mehr die Erstarrung beschleunigt wird.

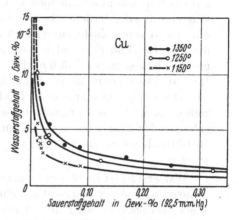

Abb. 199. Beziehung zwischen Wasserstoff- und Oxydgehalt in Kupfer bei verschiedenen Temperaturen der Schmelze (*Allen* und *Hewitt*).

Wenn in wasserstoffhaltiges Kupfer — etwa durch Windfrischen oder durch Zugabe von Kupferoxyd — Sauerstoff eingebracht wird, so reagiert er zunächst mit dem Wasserstoff unter Bildung von Wasserdampf, der die Schmelze verläßt. Diese Reaktion verläuft aber nicht vollständig, es bildet sich vielmehr ein temperatur- und druckabhängiges Gleichgewicht nach Abb. 199 und 200 aus. Dabei ist besonders für die Erstarrungsverhältnisse der Schmelze von größter Bedeutung, daß Wasserstoff als Gas

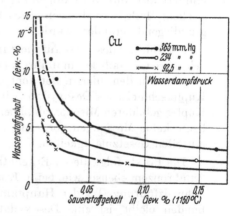

Abb. 200. Beziehung zwischen Wasserstoff- und Oxydgehalt in Kupfer bei verschiedenen Wasserdampfdrücken. Temperatur der Schmelze 1150° C (*Allen* und *Hewitt*).

gelöst ist und bei Unterschreitung der Löslichkeitsgrenze als Gasausscheidet, während Sauerstoff als Oxyd gelöst ist und bei Unterschreitung der Löslichkeitsgrenze als intermetallische Verbindung, nämlich Kupferoxydul, ausscheidet und nun wiederum durch Reaktion mit Wasserstoff zu einer Gasreaktion, in diesem Falle zur Bildung von Wasserdampf, Veranlassung geben kann. Es folgt daraus, daß ein unter atmosphärischen Bedingungen erschmolzenes Kupfer durch oxydierende Schmelzbehandlung auf einen hinreichend niedrigen Wasserstoffgehalt gebracht werden muß, der bei der Erstarrung keine nachteiligen Wirkungen auf die Kristallisation ausüben kann. Sollte der für die Sicherung gegen Wasserstoff erforderliche Sauerstoffgehalt unerwünscht oder nachteilig sein, so ist seine Entfernung durch Zugabe eines desoxydierenden Elementes wie Phosphor oder Lithium möglich[1], wobei dieser Zusatz meist so bemessen wird, daß nach Reduktion des Sauerstoffs ein geringer Rest an Desoxydans in der Schmelze verbleibt, um eine erneute Oxydation oder Gasaufnahme zu verhindern. Die vorstehend umrissenen Beziehungen sind, wie Untersuchungsergebnisse ebenso wie zahlreiche Ergebnisse der Praxis erwiesen haben, von Kupfer auf Blei-Kupfer- und Blei-Zinn-Kupfer-Legierungen mit gewissen Einschränkungen übertragbar.

Wasserstoff ist in Blei in keinem Temperaturbereich löslich. In Bleibronzen wird die Wasserstofflöslichkeit zwar durch die Anwesenheit des Bleis herabgesetzt, aber nur in einem Verhältnis, das in der Größenordnung nicht von dem Mengenverhältnis der beiden Legierungskomponenten abweicht[2]. Die Zugabe von Blei zu einer Kupferschmelze vermindert also ihre Aufnahmefähigkeit für Wasserstoff, jedoch nicht in solchem Maße, daß die von *Allen* für Kupfer ermittelten Verhältnisse grundlegend verändert würden.

Der Einfluß des Bleis auf die *Sauerstoff*aufnahme der Schmelze wandelt diese ebenfalls kaum in ihrem grundsätzlichen Verlauf, obgleich Blei — zumal in dem hier in Betracht kommenden großen Anteil — in der Kupferschmelze als Desoxydans wirkt. Die vom Sauerstoff mit Blei und Kupfer gebildeten Mischoxyde, über deren Löslichkeitsgrenzen u. W. bis heute keine Messungen vorliegen, folgen im Prinzip den von *Allan* ermittelten Gesetzmäßigkeiten.

Die Praxis folgt diesen Erkenntnissen bei den Bleibronzen und Blei-Zinnbronzen ebenso wie beim Kupfer durch eine leicht oxydierende Schmelzführung. Da der Hauptanteil des Sauerstoffs an das Blei gebunden bleibt, ist eine Desoxydation zur Begrenzung eines Kupferoxydulgehaltes, wie dies beim unlegierten Kupfer üblich ist, unnötig. Phosphorzusätze unter $0,05\%$ haben sich aber bei einigen Gießverfahren zur Verbesserung der Gießbarkeit und zur Begünstigung der Bindung mit Stahl als vorteilhaft erwiesen.

Zinn ist das technisch bei weitem bedeutendste Zusatzmetall für Bleibronzen. Seine wesentliche Bedeutung liegt in der Lösungshärtung des Kupfers, bei höheren Zusätzen ergänzt durch Eutektoidbildung.

[1] *Klare, P., E. J. Kohlmeyer:* Metall und Erz Bd. 41 (1944) S. 149—174.
[2] *Bollenrath, F.:* Archiv Metallkde. Bd. 1 (1947) S. 417—422.

Diese Härtung und teilweise Heterogenisierung dient der Steigerung der Belastbarkeit der Legierung. Als die Erstarrungsverhältnisse noch nicht ausreichend übersehen werden konnten, galt als Regel, daß mit steigendem Bleigehalt der Zinngehalt gesenkt werden müsse, wenn grobe und unbeherrschbare Gefügeausbildung vermieden werden solle. Während bei $10^0/_0$ Blei noch $10^0/_0$ Zinn toleriert wurden, wurden bei $15^0/_0$ Blei nur $6^0/_0$ Zinn maximal gutgeheißen und bei $20^0/_0$ Blei nur noch $3^0/_0$ Zinn. Diese Regeln der früheren Gießpraxis dürften darin begründet sein, daß sich mit steigendem Zinngehalt das Erstarrungsintervall des α-Mischkristalls zunehmend vergrößert und daß sich beim Auftreten von β bis zum eutektoiden Zerfall die schwierigen Erstarrungsbedingungen der heterogenen Zinnbronzen über einen Bereich von mehreren hundert Grad denen des Kupfer-Bleis überlagern. Diese Erstarrungsverhältnisse waren, zumal wenn der Einfluß Wasserstoff-Sauerstoff nicht berücksichtigt wurde, mit ebenfalls steigendem Bleigehalt naturgemäß in der alten Praxis nicht gut beherrschbar. In der neuzeitlichen Gießpraxis ergibt sich eine Begrenzung des Zinngehaltes bei höherem Bleigehalt ohnehin durch das Bestreben, durch den hohen Bleigehalt weichere Legierungen mit besserer Einlauf- und Notlauffähigkeit zu schaffen. So dürften Zinngehalte von 6 bis $7^0/_0$ bei Bleigehalten von 15 bis $25^0/_0$ aus technologischen Gründen die zweckmäßige obere Grenze darstellen, obwohl Bronzen mit beispielsweise $9^0/_0$ Zinn und $20^0/_0$ Blei gelegentlich noch handelsüblich (vgl. Zahlentafel 9) und heute auch gießtechnisch beherrschbar sind.

Eine Frage von besonderer Bedeutung ist der Einfluß kleiner Zinnzusätze in Höhe von 0,5 bis $2^0/_0$ auf die Gefügeausbildung bei hohen Bleigehalten. Wenn auch die Schmelz- und Kühlbedingungen einen Einfluß höheren Grades ausüben, so kann doch nicht bestritten werden, daß solche Zinnzusätze den Verbundguß erleichtern. Wir schließen uns zur Deutung dieses Einflusses der Auffassung an, daß hier Keimeffekte vorliegen werden. Der neuerlich geäußerten Auffassung[1], daß das Zinn zwar im wesentlichen im Kupfer gelöst wird, daneben jedoch an der Oberfläche der Bleitröpfchen legiert und Orientierungseffekte ausübt, können wir uns nicht anschließen, da nicht die Sekundärkristallisation des Bleis, sondern die Primärkristallisation des Kupfers bzw. der kupferreichen Phase die Gefügeausbildung bestimmt. Die günstige Wirkung der Zinnzusätze besteht praktisch in der Unterdrückung der Dendritenbildung zugunsten einer mehr globularen Struktur. Da Zinngehalte in der dafür üblichen Höhe von 0,5 bis $2^0/_0$ schon eine wesentliche, meist unerwünschte Lösungshärtung des Kupfers bewirken, ist die Anwendungsmöglichkeit begrenzt und häufig infolge vorgeschriebener Härtewerte unerwünscht. Die Normvorschriften der Vereinigten Staaten lassen er-

---

[1] *Liddiard, P. D.:* Metal Industry, Lond., Bd. 76 (1950) S. 193.

kennen, daß dort Zinnzusätze zu „copper-lead" vermieden werden.
So nennen SAE-Normen Höchstgehalte im Bereich von 0 bis 0,05%.
Die amerikanischen Metallurgen bevorzugen an Stelle von Zinn seit
dem Jahre 1936 das *Silber*[1], und zwar in Mengen bis herauf zu 6%. Seit
dieser Zeit datiert u. a. bei Ford die Entwicklung eines kontinuierlichen
Verbundgießverfahrens für Bänder unter Verwendung einer Bleibronze
mit einem Bleigehalt von 35 bis 40% unter Zusatz von 5 bis 6% Silber.
Nur infolge dieses hohen Silberzusatzes soll diese Legierung mit ihrem
extrem hohen Bleigehalt noch eine genügend feine und gleichmäßige
Bleiverteilung ergeben haben. Im Verlauf der Entwicklung wurden Bleigehalte über 32% auch in den USA fast allgemein wieder verlassen. Der
Silberzusatz blieb jedoch, und zwar in einer Höhe bis 1,5%, für dynamisch hochbelastete Lager erhalten und fand zunächst in den amerikanischen und später auch in den britischen Normen Eingang, und zwar
mit folgenden Gehalten:

Zahlentafel 10. *Bleibronzen mit Silberzusatz für höchstwertige Verbundlager.*

Herkunft	Normbezeichnung	Zusammensetzung						
		Cu	Pb	Ag	Fe	Zn	P	Sonst.
USA	SAE 48 = AMS 4820	67—74	26—31	0,75 —1,5	0,35	0,1	0,025	0,15
England	D.T.D. 274	68—72	28—32	0,4 —0,75	0,10	—	—	—

Werte ohne Bereich sind Höchstwerte.

Da dem Silberzusatz in diesen vorzugsweise für Flugmotorenlager
bestimmten Legierungen bis heute besonderer Wert speziell zur Erhöhung der Dauerfestigkeit des Ausgusses beigemessen wird, dürfte sein
günstiger Einfluß auf Gefüge und Festigkeit außer Zweifel stehen. Die
Verwendung dieses gütesteigernden Zusatzes wird jedoch bei uns aus
Beschaffungs- und Preisgründen auf Sonderfälle beschränkt bleiben
müssen.

Nickel geht im Kupfer in Lösung und steigert Zähigkeit und Härte,
die letzte vor allem gemeinsam mit Zinn oder Mangan[2]. Mit höheren
Nickelgehalten werden Verformungswiderstand und Warmfestigkeit erhöht, Einlauf- und Notlauffähigkeit gehen dabei zurück[3]. Nickelgehalte über 2% sind deshalb in Lagerbronzen selten üblich, wenn
auch ihr günstiger Einfluß auf Festigkeitseigenschaften und Ge-

---

[1] *Jenkins, F. G.:* Metal Progress Bd. 32 (1937) S. 145—149. — *Lamb, T. W.,
E. C. Jeter:* Materials and Methods Bd. 23 (1946) S. 1567—1570. — *Osborg, H.:*
Metal Progress Bd. 33 (1938) S. 43. — *Palsulich, J., R. W. Blair:* Sleeve Bearing
Materials. Cleveland 1949. S. 224. — [2] *Pilling, N. B.* u. *T. E. Kihlgren:* Trans.
Amer. Foundrym. Ass. Bd. 2 (1931) (7) S. 93. — *Wecker, J.:* Gießerei Bd. 20
(1933) S. 112. — [3] *Brinn:* Metals & Alloys Bd. 2 (1931) S. 180.

füge — wohl durch Beeinflussung der Primär-Kristallisation — vor allem bei Blei-Zinnbronzen unverkennbar ist[1]. Nickel wirkt in Blei-Zinnbronzen bezüglich der Eutektoidbildung wie Kupfer, drängt sie also zurück. Nickel als Zusatz zu hochbleihaltigen Blei-Kupfer-Legierungen ist in seiner Wirkung umstritten. Wenn auch im Schrifttum der letzten Jahre seine günstige Wirkung auf die Bleiverteilung bestätigt wurde[2], so wirkt es doch nicht so eindeutig wie Silber und Zinn und ist deshalb in den für Verbundguß bestimmten Bleibronzen wieder verlassen worden.

Mangan wurde im Rahmen einer größeren Studie[3] als Austauschwerkstoff für Zinn in Blei-Zinnbronzen empfohlen. Es härtet etwa ebenso stark wie Zinn, bildet aber mit Kupfer eine ununterbrochene Mischkristallreihe, so daß die bei Zinnzusätzen über $5^0/_0$ auftretende zusätzliche Heterogenisierung durch Eutektoidbildung entfällt. Mangan hat sich deshalb nicht als Ersatz für Zinn einführen können, zumal auch die Beschaffungsschwierigkeiten in rohstoffarmen Perioden nicht geringer sind als für Zinn. In hochbleihaltigen Zweistofflegierungen wirken kleine Manganzusätze desoxydierend ohne den Vorteil des Phosphors, die Schmelze dünnflüssig und damit leichter vergießbar zu machen. Höhere Restgehalte als $0,1^0/_0$ sollen sogar für Bleiseigerungen und Steigen des Gusses verantwortlich sein. Es ist aber anzunehmen, daß ein unkontrollierter Gasgehalt in der Schmelze diese Erscheinung verursachte.

Eisen — und in ähnlichem Ausmaß auch *Kobalt* — unterstützen, wie mehrere Studien unter Beweis stellen[4], in Bleibronzen eine feine Primärkristallisation und fördern dadurch eine günstige Gefügeausbildung. Beide Metalle sind in Kupfer nur sehr beschränkt löslich, bei 1100° Eisen bis $4^0/_0$, Kobalt bis $4,5^0/_0$, und die Löslichkeit nimmt bis zur Zimmertemperatur praktisch bis auf Null ab. Infolge der meist beschleunigten Abkühlung der Blei-Kupfer-Legierungen bleiben erhebliche Mengen Eisen in Lösung, bei technisch üblichen Kühlbedingungen in Verbundlagern bis gegen $1^0/_0$. Diese Menge vermag offenbar ähnlich wie Zinn und Silber durch Keimeffekte im Kupfer bzw. im kupferreichen Mischkristall bei der Erstarrung eine feinere, mehr globulare Kristallisation zu bewirken. Es ist durchaus denkbar, daß freies Eisen, das bei Eisengehalten von 0,5 bis $2^0/_0$ und darüber in mikroskopisch und auch

---

[1] *Staples, E. M., R. L. Dowdell* u. *C. E. Eggenschweiler:* Bur. Stand. J. Res. Wash. Bd. 5 (1930) S. 349. — [2] *Liddiard, P. D.:* Metal Industry, Lond. Bd. 76 (1950) S. 193. — [3] *Wecker, J.* u. *H. Nipper:* Z. Metallkde. Bd. 27 (1935) S. 149—154 (Auszug aus der gleichnamigen Dr.-Ing.-Diss. Aachen). — *Wecker, J.:* Gießerei Bd. 20 (1933) S. 112. — [4] *Eggenschweiler, C. E.:* Bur. Stand. J. Res., Wash. Bd. 8 (1932) S. 67. — Metal. Ind., Lond. Bd. 40 (1932) S. 471. — *Schmidt, E.:* Beitrag zur Technologie und Metallurgie von Lagermetallen. Dr.-Ing.-Diss. Berlin 1937, S. 7 u. 8. — *Rühenbeck, A.:* Gießerei Bd. 38 (1951) S. 104—106.

submikroskopisch feiner Verteilung vorkommen dürfte, die Zahl der Kristallisationskeime außerordentlich vermehrt. Eisengehalte in dieser Höhe wurden früher gelegentlich absichtlich zulegiert, sie waren auch über viele Jahre ungewollt in der Bleibronze enthalten, wenn Stahlrohrabschnitte mit Spänen und feinen Stücken der Legierung beschickt wurden und beides zusammen in nichtoxydierender Atmosphäre rotierend über den Schmelzpunkt der Bleibronze hinaus erhitzt wurde (Rollbüchsenverfahren). Solche Ausgüsse mit teils metastabil gelöstem, teils freiem Eisen haben sich in größten Stückzahlen über viele Jahre bewährt. Wesentlich ist dabei, daß das Eisen nicht als Oxyd oder gar als Karbid auftritt, da dann ein unzulässiger Angriff auf den Lagerzapfen zu befürchten ist. Bei neuzeitlichen Legierungen und Gießverfahren wird ein absichtlicher Eisengehalt in der Bleibronze vermieden. Die Normen sehen einen zulässigen Höchstgehalt von nur 0,1 bis 0,7% vor.

Antimon fördert nach älteren Untersuchungen[1] in Bleibronze und Blei-Zinnbronze ebenso wie in Rotguß das Ausseigern des Bleies. Der Berichter vertritt aber auch hier den Standpunkt, daß Gase im Metall nicht berücksichtigt wurden und zu Fehldeutungen Anlaß gaben. Antimon geht in den hier in Betracht kommenden Gehalten sowohl im Kupfer wie im Blei in Lösung und härtet dadurch noch stärker als Zinn, etwa im Verhältnis 3 zu 2. Bei Gehalten über 2% Antimon hinaus verspröden die Legierungen. Im zweiten Weltkrieg wurde ein für deutsche Flugmotoren-Verbundlager üblicher Zinnzusatz von 2,0 bis 2,3% durch 1,4 bis 1,5% Antimon ersetzt. Dabei zeigte sich, daß bei gleichhoher Lösungshärtung die Gewährleistung eines feinen, gleichmäßigen Gefüges und einer guten Bindung schwieriger, aber zu meistern war. Bindungsschwierigkeiten, über deren Ursache keine Klarheit zu gewinnen war, zeigten sich in auffälliger Häufung bei Steigerung des Antimongehaltes über 1,5% hinaus.

*Arsen*zusätze sind in Blei-Kupfer-Legierungen nicht üblich. Die Mitteilung, daß Arsen — ebenso wie Antimon — Bleiseigerungen verursacht[2], geben wir mit Vorbehalt wieder.

Zink wird gelegentlich als Zusatz zu Blei-Zinnbronzen verwendet, zum Teil in dem Bestreben, Zinn einzusparen. Dabei gilt wie bei Mangan, daß nicht nur die Lösungshärtung des Kupfers, sondern auch die Heterogenisierung durch Eutektoidbildung berücksichtigt werden muß. Zink in großer Menge ist infolge seines niedrigen Dampfdruckes

---

[1] *Clamer:* Trans. Amer. Inst. min. metallurg. Engrs. Bd. 60 (1919) S. 163. — *Staples, E. M., R. L. Dowdell* u. *C. E. Eggenschweiler:* Bur. Stand. J. Res., Wash. Bd. 5 (1930) S. 349. — *Archbutt:* J. Inst. Met. Bd. 24 (1920) S. 269. — [2] *Bassett, H. N.:* Bearing metals u. alloys, S. 306. London 1937. — *Schmid, E.:* Beitrag zur Technologie und Metallurgie von Lagermetallen. Dr.-Ing.-Diss. Berlin 1937, S. 8.

für die Bleiverteilung nicht ungefährlich. Bei Bleigehalten über 15%
wird man größere Zinkzusätze deshalb vermeiden. Bei Legierungen
mit etwa 7% Zinn und 7% Blei haben sich Zinkzusätze bis 4%
ähnlich wie in Rotguß als Mittel zur Lösungshärtung bewährt. Auch
Legierungen mit 6% Zinn, 15% Blei und 4% Zink werden mit Erfolg
vergossen. Beim Verbundguß vermeidet man Zink, da bei den bleireichen Legierungen sein Einfluß schädlich sein soll[1]. Soweit kleine
Zinkzusätze zur Desoxydation verwendet werden, soll ihr Restgehalt
in copper-lead nach SAE 48 0,1% nicht überschreiten.

Schwefel wird, wie bereits erwähnt, seit 1879 als ein Zusatz genannt,
der die Bleiverteilung insbesondere in hochbleihaltigen Kupferlegierungen merklich feiner und gleichmäßiger gestaltet[2]. Die dabei in Betracht kommenden Mengen liegen bei einigen Zehnteln Prozent. Sie
werden der Schmelze durch Einrühren von elementarem Schwefel oder
von Schwefelverbindungen wie Pyrit zugesetzt. Eine neuere Untersuchung[3] klärt die Wirkung des Schwefels dahingehend, daß sich Bleisulfid bildet, das bei 1110° erstarrt und in Form zahlreicher „Kondensationskerne" die Keime für ebensoviele Bleitröpfchen abgibt. Es wird
nachgewiesen, daß bei dem Verhältnis Blei zu Schwefel wie 100 : 1
die günstigste Wirkung erzielt wird, weil dann die Zahl der Bleisulfidkerne genügend groß, ihr Volumen jedoch noch genügend klein sei.
Das entspricht also bei einem Bleigehalt zwischen 20 und 30% einem
Schwefelgehalt von 0,2 bis 0,3%, wie er in der Praxis vielfach angewendet wurde. Die gegebene Deutung befriedigt nicht völlig, weil mit
größerer Wahrscheinlichkeit das primär erstarrende Kupferskelett Größe
und Anordnung der Bleiteilchen vorbestimmt. Das Massenwirkungsgesetz
läßt aber neben dem Bleisulfid auch das Auftreten von Kupfersulfid
erwarten, das geeignet sein dürfte, das primäre Kornwachstum durch
Keimeffekte zu hindern. Diese Einflüsse werden in älteren Arbeiten als
unstet in ihrer Wirkung bezeichnet. Dabei darf der Einfluß einer meist
üblichen oxydierenden Schmelzbehandlung nicht übersehen werden, da
sie zur Bildung von Schwefeldioxyd führen kann, das nach bisher vorliegenden Untersuchungen[4] als Gas in der Schmelze nicht oder wenigstens
nicht in erheblichem Maß löslich ist, also für eine Verringerung des
Schwefelgehaltes in der Schmelze sorgen wird. Die Sulfide werden, wenn
sie nicht oxydierenden Einflüssen ausgesetzt sind, keinerlei nachteilige
Einflüsse auf die Schmelze ausüben, vielmehr einer feinen und gleichmäßigen Gefügeausbildung dienlich sein. Bei der Schwefelung von Blei-

[1] *Schmid, E.:* Beitrag zur Technologie und Metallurgie von Lagermetallen.
Dr.-Ing.-Diss. Berlin 1937, S. 8. — [2] *Bassett, H. N.:* Bearing metals and alloys,
S. 339. London 1937. — [3] *Rühenbeck, A.:* Gießerei Bd. 38 (1951) S. 103—106. —
[4] *Röntgen, P., G. Schwietzke:* Z. Metallkde. Bd. 21 (1929) S. 117—120.

bronzen ist also der Oxydationsgrad der Schmelze und die Art der Schmelzführung von entscheidendem Einfluß.

Phosphor dient in Bronzen zur Desoxydation und wird als Phosphorkupfer mit einem Gehalt von 10 oder 15% Phosphor zugegeben. Bleibronzen werden bereits durch ihren Bleigehalt vordesoxydiert, da — insbesondere bei höheren Bleigehalten — der Sauerstoff weitgehend als Bleioxyd gebunden wird. Ein Teil dieses Oxyds dürfte als Mischoxyd im Kupfer löslich sein, während ein weiterer Teil verschlackt. Man kann eine teilweise Löslichkeit aus der höheren Härte sauerstoffbehandelter Legierungen folgern. Ein Zusatz von Phosphor kann eventuell bei Bleibronzen zur Entfernung des gelösten Sauerstoffs dienen, obwohl dessen Löslichkeit durch den Bleigehalt ohnehin stark begrenzt wird. Der Hauptzweck von Phosphorzusätzen ist aber die Erniedrigung der Viskosität der Schmelze beim Gießen sowie — beim Verbundguß — die Erhöhung der Diffusionsneigung an der Bindungsschicht. Dabei muß der Phosphorrestgehalt, der im Gußstück verbleibt, unterhalb einer Grenze bleiben, die mit 0,04%, äußerst 0,06% angegeben werden kann. Bei höheren Phosphorrestgehalten tritt — offenbar infolge von Gasreaktionen — eine Art umgekehrter Seigerung des Bleis mit ihren nachteiligen Wirkungen — grober und unregelmäßiger Bleiverteilung und Porosität — auf[1]. Bei Verbundguß wandert der Phosphor nach dem Anguß vor der Erstarrung infolge hoher Affinität zum Eisen, und an der Diffusionszone wird eine Kupfer-Eisen-Phosphor-Zwischenschicht gebildet, die zwar sowohl mit dem Eisen wie mit dem Kupfer einwandfreie Diffusionsverbindung besitzt, aber sehr spröde ist und unter Wechsellast insbesondere bei Biegebeanspruchung abplatzen kann und damit das Triebwerk gefährdet[2]. Die mit einem Phosphorrestgehalt über 0,06% hinaus stark anwachsenden Gefahren der beschriebenen Art haben dazu geführt, daß in einigen Normen und Abnahmevorschriften Phosphor selbst in Spuren nicht zugelassen ist. SAE 48 und AMS 4820 begrenzen auf 0,025%. Im allgemeinen dürfte eine Begrenzung des Restgehaltes auf 0,04% volle Gewähr für die Vermeidung der oben genannten Nachteile bieten. Gehalte innerhalb dieser Grenze erleichtern beim Verbundguß hochwertiger Lager in ruhende Gießformen nach Erfahrungen des Berichters die treffsichere Gewährleistung guter Bindung und Bleiverteilung. Sie sollten deshalb auch in der genannten Höhe toleriert werden.

[1] *Staples, E. M., R. L. Dowdell* u. *C. E. Eggenschweiler:* Bur. Stand. J. Res., Wash. Bd. 5 (1930) S. 349. — *Thews, E.:* Metal Ind., Lond. Bd. 36 (1930) S. 401. — *Bassett, H. N.:* Bearing metals and alloys, S. 337. London 1937. — [2] *McCloud, J. L.:* Metal Progress Bd. 32 (1937) S. 268. — *Bollenrath, F., W. Siedenburg:* Luftfahrtforschg. Bd. 20 (1943) S. 274—277. — *Bollenrath, F.:* Archiv Metallkde. Bd. 1 (1947) S. 419—420.

Silizium wird bei Kupferlegierungen wegen seiner hohen Sauer-
stoffaffinität gelegentlich an Stelle von Phosphor zur Desoxydation verwendet. Als Zusatz zu Bleibronzen hat sich Silizium nicht bewährt,
weil die Reaktionsprodukte — Kieselsäure und Bleisilikat — schlecht
in die Schlackendecke abschwemmen und den Guß durch Verbleiben in
der Schmelze schaumig und porig machen. Bei Überhitzung, die bei
einigen Verbundgießverfahren ziemlich hochgetrieben werden muß
(über 1200° C), tritt dieser Nachteil besonders stark in Erscheinung.
Das gleiche| gilt für *Aluminium*[1], das ebenso wie Silizium eine kräftig
desoxydierende Wirkung mit nachteiligen Einflüssen der in der
Schmelze in Schwebe verbleibenden Desoxydationsprodukte verbindet.
Wenn der Guß nach Zusatz des Aluminiums nicht einige Zeit in
Ruhe abstehen kann, wenn überdies beim Guß kein völlig ruhiger und
wirbelfreier Fluß des Metalls gewährleistet ist, nehmen die in der
Legierung eingeschlossenen Tonerdehäute dem Gußstück den Zusammenhang. Als Folge davon wird erhöhte Neigung zu Schrumpfrissen beobachtet. Hinzu kommt die Bildung einer aluminiumoxydhaltigen Haut auf der Schmelze, die bei Verbundguß die Bindung
beeinträchtigt oder ganz verhindert. Aluminium ist deshalb in Bleibronzen als schädliche Beimengung anzusehen und zu vermeiden. Über
seinen Einfluß auf Kokillenguß aus bleihaltigen Bronzen (ohne Verbund),
für den Aluminiumzusätze von 0,2 bis 0,8% als Schutz der Kokille
gegen Anschmelzungen bei Kupferlegierungen von Nutzen sind, liegen
keine veröffentlichten Erfahrungen vor.

Zirkon stellt nach einer oft zitierten amerikanischen Studie[2] allein
oder auch zusammen mit Schwefel (oder Silizium) ein ausgezeichnetes Mittel zur Begünstigung einer feinen und gleichmäßigen Bleiverteilung dar. Hier wird es sich neben Keimeffekten um eine kräftige
Desoxydationswirkung in Kombination mit dem vorstehend disku-
tierten günstigen Einfluß des Schwefels handeln. Restgehalte von
Zirkon, nach einer späteren Untersuchung schon ab 0,01%, sind
bereits problematisch in ihrer Wirkung. Die Heftigkeit der Reaktion
mit dem Sauerstoff der Schmelze dürfte eine gleichmäßig intensive
Wirkung in der Schmelze in Frage stellen. So erklärt sich wohl
auch der ausgebliebene Erfolg in der Praxis, da anderenfalls die
amerikanische Fluglagerfertigung von diesem Mittel zur Verbesserung
des Gefüges sicherlich dauernden Gebrauch gemacht hätte. Im

---

[1] *Bolton* u. *Weigand:* Amer. Inst. min. metallurg. Engr. Techn. Publ. 281. —
Rosat, H. J.: Metal. Ind., Lond. Bd. 43 (1933) S. 443. — *Schmid, E.:* Beitrag zur
Technologie und Metallurgie von Lagermetallen. Dr.-Ing.-Diss. Berlin 1937,
S. 8 u. 9. — [2] *Herschman, H. K., F. L. Basil:* Bur. Stand. J. Res., Wash.,
Bd. 1 (1933) S. 591—608. — Met. Ind., Lond. Bd. 43 (1933) S. 219—226, 243—246,
325 u. 326.

übrigen haben die neueren Erkenntnisse über den Oxyd- und Gasgehalt in Kupferschmelzen die Betrachtungsweise über desoxydierende
Mittel seit der Bekanntgabe der oben zitierten Ergebnisse grundlegend gewandelt.

Das gleiche gilt für den Einsatz der *Alkalimetalle,* denen ebenfalls
ein günstiger Einfluß auf den Erstarrungsverlauf von bleireichen Kupferlegierungen zugesprochen wurde. Natrium, Kalzium und Barium, die
vorzugsweise genannt werden[1], haben eine stark desoxydierende Wirkung, die aber durch ihren spontanen Ablauf im Gießereibetrieb
schlecht unter Kontrolle zu bringen ist und deshalb oft sehr ungleich
zur Wirkung kommt. Wenn bei Überschuß an Alkalimetallen in der
Schmelze nachteilige Wirkungen auf die Gefügeausbildung von Bleibronzen beobachtet wurden, so dürfte dies auf Gas- bzw. Dampfreak-
tionen zurückzuführen sein, die auf den Einfluß von Wasserstoff und
Oxyden zurückgehen.

Zusammenfassung. Der Einfluß von Zusätzen auf Bleibronzen wird
hauptsächlich von folgenden zwei Gesichtspunkten beherrscht: a) dem
Einfluß von Legierungszusätzen — durchweg in Höhe von einigen
Prozent — auf die bewußt angestrebte Steigerung physikalischer Gütewerte und b) dem Einfluß von teils gewollten, teils ungewollten Beimengungen — durchweg in Mengen unter einem Prozent — auf die
Gefügeausbildung.

Soweit die Steigerung physikalischer Gütewerte angestrebt wird,
können Silber, Zinn und Nickel als hauptsächlich in Betracht kommende
Zusätze genannt werden. *Silber* dient in Mengen von 0,4 bis 1,5% der
Steigerung der Dauerfestigkeit. *Zinn* dient in Mengen zwischen 1 und
10% hauptsächlich zur Steigerung der Härte und damit der Belastbarkeit, in Mengen über 5% außerdem zur Erhöhung der für die
Laufeigenschaften günstigen Heterogenität durch Bildung des für die
Zinnbronzen typischen $\alpha + \delta$-Eutektoids. *Nickel* wurde in Mengen von
vorzugsweise 1 bis 2% zulegiert, da es die Zähigkeit erhöht und Gießschwierigkeiten mindert, die in dem Erstarrungsintervall der Zinnbronzen begründet sind. Der zweite Grund für die Wahl von Nickel-
zusätzen greift also schon in den nachfolgend besprochenen Bereich
über. Der Einfluß von teils gewollten, teils ungewollten kleinen Beimengungen auf die Gefügeausbildung ist eine recht komplexe Frage,
die wir im folgenden am Beispiel der bleireichen Blei-Kupfer-Legierungen
besprechen wollen, da diese Legierungsgruppe mit etwa 20 bis 30%
Blei, Rest Kupfer, infolge ihrer Erstarrungsprobleme zu besonders zahlreichen Arbeiten und Deutungen auf diesem Gebiet angeregt hat.

---

[1] *Herschman, H. K., F. L. Basil:* Bur. Stand. J. Res., Wash., Bd. 1 (1933)
S. 591—608. — Met. Ind., Lond. Bd. 43 (1933) S. 219—226, 243—246, 325 u.
326. — *Bassett, H. N.:* Bearing metals and alloys, S. 338—343. Lond. 1937.

Wir wiesen bereits mehrfach darauf hin, daß die primäre Erstarrung der kupferreichen Phase für die Gefügeausbildung der Blei-Kupfer-Legierungen entscheidend ist. Die bleireiche Phase bzw. das Blei ist gezwungen, sich bis zur Erstarrung bei 326° in die primär kristallisierten Kupferdendriten einzulagern und dürfte kaum Gelegenheit haben, den primären Aufbau wesentlich zu beeinflussen. Auch Gasreaktionen sind von der bleireichen Phase nicht zu befürchten, denn Wasserstoff ist im Blei unlöslich, und Sauerstoff wird im wesentlichen als Bleiglätte verschlacken, ohne auf die Kristallisation unmittelbar Einfluß zu nehmen.

Neben der Berücksichtigung der möglichen Gasreaktionen steht der Einfluß geringer vorwiegend metallischer Legierungszusätze zur Diskussion. Ihr Einfluß auf die Primärkristallisation ist in Rücksicht auf die geringe Menge vorstellbar durch Keimwirkung oder durch Beeinflussung der Oberflächenspannung.

Vergleichende Betrachtungen sprechen zunächst dafür, daß gewisse Zusätze mit hochliegendem Schmelzpunkt und beschränkter Löslichkeit, insbesondere Eisen, Kobalt, Nickel und Zirkon, durch Keimeffekte die wiederholt beobachtete feinere Ausbildung der Kupferdendriten bewirken können. Wir vermuten das gleiche für einige intermetallische Verbindungen, die sich durch einen hochliegenden Schmelzpunkt auszeichnen, insbesondere für Kupfersulfid. Bei gewissen niedriger schmelzenden Elementen, die in den hier in Rede stehenden Mengen bereitwillig in Lösung gehen, wie Zinn und Silber, wird die Hypothese aufgestellt[1], daß diese Elemente die Oberflächenspannung des Kupfers zu erhöhen fähig sind und dadurch eine gleichmäßig feine Primärkristallisation fördern. Der Berichter möchte der Auffassung, daß auch hier Keimeffekte wirksam sind, gegenüber der Oberflächenspannungshypothese den Vorzug geben.

Der Einfluß dieser durch Keimwirkung oder auch Oberflächenspannungseffekte wirksamen Beimengungen entzieht sich der exakten Erfassung vor allem durch die im Schmelzprozeß unvermeidliche Überlagerung des Einflusses von Gasen und Wasserdampf sowie der *Abkühlungsgeschwindigkeit*, die als letzter, aber höchst einflußreicher Faktor behandelt werden soll. Die Behandlung dieser Frage muß wiederum beim Kupfer und seinem Verhalten im Verlauf der Abkühlung beginnen. Der hohe Bleigehalt wird infolge höherer Affinität des Bleis zum Sauerstoff desoxydierend wirken, und zwar durch Bildung von Bleimonoxyd, das im wesentlichen verschlacken dürfte. Die Wasserstofflöslichkeit im Kupfer wird durch die Anwesenheit des Bleis zwar verringert, bleibt aber doch zum wesentlichen Teil erhalten. Wenn oxydierend geschmolzen und überdies dafür gesorgt werden kann, daß von der Schmelze und der Gießform Feuchtig-

---

[1] *Liddiard, P. D.:* Metal Industry, Lond., Bd. 76 (1950) S. 193.

keit ferngehalten wird, die in Kontakt mit der Schmelze ihren Wasserstoff freigeben würde, so sind damit bereits wesentliche Bedingungen für eine störungsfrei erstarrende Schmelze erfüllt. Andere Gase — außer Wasserstoff — stellen für die Erstarrung der Bleibronze keine Gefahrenquelle dar. Kohlenmonoxyd und -dioxyd sind im Kupfer praktisch unlöslich. Auch bei Schwefeldioxyd wird, wie dies speziell für die Zinngußbronze GBz 10 nachgewiesen wurde[1], keine echte Löslichkeit vorhanden sein. Bei der Aufnahme von Schwefeldioxyd tritt vielmehr ein Zerfall in Sulfid und Metalloxyd ein. Diese Reaktion hat sich in der Praxis des Schmelzbetriebes normalerweise als nicht umkehrbar erwiesen. Wir

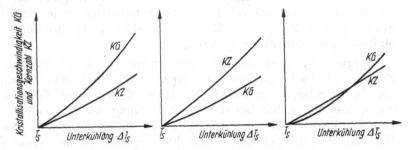

Abb. 201 bis 203. Kristallisationsgeschwindigkeit K G und Kernzahl KZ erstarrender Schmelzen in ihrer Abhängigkeit von der Unterkühlung ΔT_S.

haben deshalb auch den Einfluß des Schwefels nur über die Sulfide, d. h. durch Keimeffekte, zu erwarten.

In diesem Zusammenhang dürfte eine kurze Betrachtung über die Grundlagen der Kristallisation nützlich sein[2]. — Der Übergang vom flüssigen in den festen Zustand vollzieht sich bei den Metallen durch Bildung von Kristallen. Die Erstarrungsgeschwindigkeit und damit die in der Zeiteinheit gebildete Gewichtsmenge an Kristallen ist eine Funktion der abgeführten Wärmemenge. Dabei ist die Frage, ob sich viele kleine oder wenige große Kristalle bilden, von zwei Bedingungen abhängig, erstens von der Fähigkeit des Metalles zur spontanen Kristallbildung, dem Kristallisationsvermögen, und zweitens von den Möglichkeiten für ein weiteres Kristallwachstum, der Kristallisationsgeschwindigkeit. Das Kristallisationsvermögen ist gekennzeichnet durch die Anzahl der in der Zeiteinheit gebildeten Kristallisationszentren, genannt *Kernzahl.* Kristallisationsgeschwindigkeit KG und Kernzahl KZ sind abhängig vom Grad der *Unterkühlung,* d. h. von der Temperatur, um

---

[1] *Röntgen, P., G. Schwietzke,* Z. Metallkde. Bd. 21 (1929) S. 117—120. — [2] Vgl. dazu *Goerens, P., P. Schafmeister, H.-J. Wiester:* Einführung in die Metallographie. Halle 1948. — *Masing G.:* Lehrbuch der Metallkde. Berlin 1950. — *Bollenrath, F.:* Metall Bd. 20 (1941) S. 1063—1068.

welche die Schmelze im Verlauf der Abkühlung ihre Umwandlungspunkte unterschreitet, bevor diese Umwandlung tatsächlich einsetzt.

Abb. 201 bis 203 zeigen, welche Entwicklung Kristallisationsgeschwindigkeit und Kernzahl in ihrer Wechselbeziehung nehmen können. Im Fall I — Abb. 201 — ist die Kristallisationsgeschwindigkeit höher als die Kernzahl. In der Zeiteinheit erstarrt also mehr Metall durch das Wachstum vorhandener Kristalle als durch Neubildung von Kristallen. Das Gefüge wird grobkörnig.

Im Fall II — Abb. 202 — ist umgekehrt die Kernzahl höher als die Kristallisationsgeschwindigkeit. Es erstarrt also mehr Metall durch Neubildung von Kristallen als durch Wachstum vorhandener Kristalle. Das Gefüge wird feinkörnig.

Im Fall III — Abb. 203 — ist zunächst die Kernzahl höher, dann aber geringer als die Kristallisationsgeschwindigkeit. Wenn also die Erstarrung im Gußstück über einen gewissen Temperaturbereich räumlich fortschreitet, werden zwei Gefügezonen gebildet, eine feinkörnige und anschließend eine grobkörnige. Zur Deutung der in der Praxis beobachteten Gefügeformen reichen diese grundsätzlichen Erklärungen allein nicht aus, zumal Keime nicht nur als arteigen aus der Schmelze entstehen. Auch artfremde Keime können die Erstarrung beeinflussen. Dazu gehören auch Oxyde, Silikate u. dgl. aus Schlacken, Verunreinigungen und Abdeckmitteln. Ihr Einfluß ist allerdings meist geringer als der Einfluß arteigener Keime aus Legierungselementen. Der Mechanismus der Kristallisation ist weiterhin in besonderem Maße von dem Wärmeabfluß an die Wandungen der Gießform abhängig. Der große Einfluß ihrer Wärmeleitfähigkeit wurde bei der Gegenüberstellung von Sandguß und Kokillenguß aus Zinnbronze und Rotguß auf Seite 256/57 offenbar. Er ist bei hochbleihaltigen Kupferlegierungen noch bedeutender und wird schließlich beim Verbundguß von Bleibronze mit Stahl zu einem besonders kritischen Problem, weil die für die Diffusionsbindung erforderliche Vorwärmung des Stahlkörpers auf über 1000° C dem Verlangen nach schneller Abkühlung der ausgegossenen Bleibronze unmittelbar entgegensteht. Studien über verschieden intensive Kühlung mittels Luft, Öl oder Wasser unter Anwendung verschiedener Bleibronze-Ausgußstärken[1] lassen die Schwierigkeit des Problems erkennen. Sie werden weiter erhöht dadurch, daß die bauliche Gestaltung sehr unterschiedliche Wandstärken für die Stahlstützschale vorschreibt. Beidseitig umgossene Stützschalen, wie sie vom Motorenbau für gegabelte Treibstangen gefordert werden, bieten ein Höchstmaß an Kühlproblemen.

Bei äußerst starker Kühlung mittels Wasserbrause ist nach Abb. 204 die Neigung zur Bildung längerer, senkrecht zur Bindungsebene

---

[1] *Bollenrath, F., W. Siedenburg:* Luftfahrt-Forschg. Bd. 20 (1943) S. 269—275.

wachsender Kupferdendriten, als Einstrahlung oder Transkristallisation bezeichnet, besonders groß. Bei großen Wandstärken von Stahl und Bronze spielt die Gefahr von Schrumpfrissen mit steigender Kühlintensität eine bedeutende zusätzliche Rolle und bedarf neben der Gefügebeurteilung besonderer Berücksichtigung. Mit abnehmender Dicke des Angusses nimmt die Neigung zur Einstrahlung zu, ebenso mit abnehmender Dicke der Stahlschale. In der Praxis der Lagerherstellung herrschen verschiedene Auffassungen. Soweit Einstrahlungen nach Abb. 204 für zulässig oder sogar günstig gehalten werden, wird eine sehr kräftige Wasserkühlung verwendet und dünne Stahlstützschalen angestrebt. Wenn einem aufgelösten, mehr globular erscheinenden Gefüge nach Abb. 205

 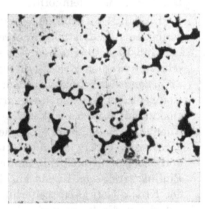

Abb. 204. Verbundguß Stahl - Bleibronze. Weicher Flußstahl mit etwa 0,1% C. Bleibronze mit etwa 30% Pb. Schroffe Kühlung. Starke Einstrahlung der Kupferdendriten. 75 ×.

Abb. 205. Verbundguß Stahl - Bleibronze. Weicher Flußstahl mit etwa 0,1% C. Bleibronze mit etwa 24% Pb. Milde Kühlung nach 40 sec Wartezeit. Gröberes Gefüge. Geringe Einstrahlung. 75 ×.

der Vorzug gegeben wird, auch wenn ein etwas gröberes Korn in Kauf genommen werden muß, wird einer milderen Wasserkühlung, gegebenenfalls unter Anwendung einer Wartezeit zwischen Anguß und Kühlung, die bis zu mehreren Minuten betragen kann, der Vorzug gegeben. Beide Auffassungen haben bis heute in der Praxis ihre Anhänger. Die Notwendigkeit einer schnelleren Kühlung unter Zulassung von Einstrahlungen ist im übrigen um so dringender, je höher der Bleigehalt liegt. Eine auf Gasfreiheit zielende Schmelzführung und eine reproduzierbare beschleunigte Abkühlung unter Berücksichtigung der Wandstärken von Stahlstützkörper und Bleibronzeausguß sind zwar entscheidende Faktoren für die Ausbildung des Bronzegefüges, der Berichter kann sich auf Grund zahlreicher Betriebsergebnisse und neuerer Untersuchungen jedoch nicht zu der Auffassung bekennen, daß die Wirkung dritter Elemente auf die Kornfeinheit unwesentlich sei, wie dies sogar den in der Praxis vielfach verwendeten Elementen Zinn, Schwefel, Eisen und Nickel häufig nachgesagt wird. Dritte Elemente sind nach dieser Auffassung als Zusatzelemente nur berechtigt zur Steigerung der Härte bzw. Festigkeit. Diese These dürfte zwar eine gewisse Gültigkeit bei Verbundgießverfahren mit mäßigen Voraussetzungen in bezug auf die Reproduzierbarkeit einer definierten, gasfreien Schmelze sowie exakter Vorwärm- und Gießtemperaturen und Kühlbedingungen haben, die zunehmende Beherrschung dieser Arbeitsbedingungen brachte aber die Erkenntnis, daß verschiedene Zusätze, außer den eben genannten in erster Linie das Silber, einen eindeutigen, im Sinne der technischen Verwendung günstigen Einfluß auf das Gefüge ausüben. Dieser Einfluß ist zwar geringeren Grades als der Einfluß der Gasfreiheit und der Gieß- und Kühlbedingungen, er ist aber für die neuzeitliche Praxis der Verbundlagerherstellung wesentlich genug, um an der Gütesteigerung teilnehmen zu können.

e) Beziehung zwischen Aufbau, Eigenschaften, Oberflächengüte und Gleitverhalten. Die Auswahl und Bewährung eines Lagermetalles ist ein so vielseitiges Problem, daß genaue Angaben über Bestlösungen nicht möglich sind. Die Schwierigkeiten der Bewertung liegen vor allem darin begründet, daß die Lösung des Lagerproblems eine physikalische Aufgabe umfaßt, die nicht nur werkstoff-, sondern auch gestaltungsabhängig[1] ist. Zudem handelt es sich um eine Werkstoffpaarung, an der zumindest drei Stoffe, nämlich diejenigen von Welle, Schmierfilm und Lagerbüchse, beteiligt sind. Die Zergliederung der Ansprüche an den Werkstoff der Lagerbüchse, also an das Lagermetall, setzt definierte Einheitlichkeit von Welle und Schmierstoff voraus, also eine nicht erfüllbare Forderung. Trotz dieser Vielfalt von Werkstoffen und Gestaltungsformen muß mit einer Zergliederung der Ansprüche an den Werkstoff der Anfang gemacht werden. Sie ist im letzten Jahrzehnt wiederholt verfeinert und vervollständigt worden. Wir folgen einer neueren Arbeit[2], die das Verbundlager als neuzeitliche Gestaltungsform in den Vordergrund rückt, und nennen als Beanspruchungsarten:

Dauerfestigkeit: Fähigkeit des Lagermetalls, wechselnden Druck- und Biegebeanspruchungen standzuhalten.

Einlauffähigkeit: Nachgeben des Lagerwerkstoffes gegenüber dem Lagerzapfen durch geringfügige plastische Verformung, vor allem im Einlaufstadium, um das Lager möglichst gleichmäßig zum „Tragen" zu bringen.

Notlauffähigkeit: Geringe Neigung zum Fressen mit der Zapfenoberfläche, insbesondere bei Schmiermittelmangel.

---

[1] *Buske, A.:* Stahl u. Eisen Bd. 71 (1951) S. 1420/33.
[2] *Underwood, A. E.:* Sleeve Bearing Materials. Cleveland 1949. S. 210/222.

Gute Warmfestigkeit im Bereich der Betriebstemperaturen.

Einbettfähigkeit: Aufnahmefähigkeit des Lagermetalls für kleine Schmutzteilchen und abgeriebene Metallflitter aus dem Ölkreislauf durch plastisches Nachgeben und Einbetten zur Verhinderung von Trockenreibung, Riefen in der Welle und örtlichem Fressen.

Verschleißarmer Betrieb auch bei Paarung mit Zapfen ohne Oberflächenhärtung.

Korrosionsbeständigkeit, insbesondere gegenüber korrosiven Stoffen im Schmieröl.

Ausreichend hohe Wärmeleitfähigkeit zwecks guten Abflusses der Reibungswärme und Abbaues von Temperaturspitzen bei örtlicher Misch- oder Trockenreibung.

Fähigkeit zu guter Diffusionsbindung mit einer Stützschale höherer Festigkeit.

Der Zwang zum Kompromiß wird offensichtlich, wenn man bedenkt, daß verschiedene Forderungen einander widersprechen, insbesondere hohe Dauerfestigkeit und gute Einlauf- und Notlauffähigkeit. Diese „Widersprüche in sich" können jedoch unter Anwendung gewisser Gestaltungsmaßnahmen, in erster Linie durch Verbund eines Lagermetalls mit einer festeren Stützschale, gegebenenfalls mit zusätzlichem Laufspiegel (Dreistofflager) weitgehend überwunden werden. Wir betrachten im folgenden die Bleibronzen und Blei-Zinnbronzen unter den vorstehend aufgezählten Gesichtspunkten, ziehen zur Abrundung der Betrachtungen bleifreie Zinnbronzen und Weißmetalle hinzu und ergänzen dies Bild, wo erforderlich, durch Hinweis auf konstruktive Lösungen. Diese Ausführungen stützen sich auf neuere Veröffentlichungen vorzugsweise amerikanischer Herkunft[1], die eine summarische Auswertung zahlreicher Werte darstellen, die auf Prüfständen und im praktischen Betrieb gewonnen wurden.

Dauerfestigkeit und statische Festigkeit gehen weitgehend konform, so daß ein statischer Druckversuch mit Ermittlung der ersten bleibenden Verformung und eine Härteprüfung schon gute Hinweise geben. Zinnbronzen zählen danach zu den am höchsten belastbaren Lagermetallen, Blei-Zinnbronzen und Bleibronzen folgen mit sinkendem Zinn- und steigendem Bleigehalt, die Weißmetalle beschließen die Reihe. Bleibronzen mit Bleigehalten über $15^0/_0$ bedürfen aus Festigkeitsgründen meist der Stützschale aus Stahl. Für Weißmetalle gilt das ohne jede Ausnahme. Dabei erfährt mit abnehmender Schichtstärke das im Verbund verwendete Lagermetall eine scheinbare Erhöhung seiner Festigkeit durch die Abstützung an der Schale[2], die sich nach Abb. 206

---

[1] *Watson, R. A., W. E. Thill:* S. A. E. Journal Bd. 54 (1946) S. 41—46. — *Underwood, A. E.:* Sleeve Bearing Materials. Cleveland 1949. S. 210—222.

[2] *Crankshaw, E.:* Sleeve Bearing Materials. Cleveland 1949. S. 161.

für Weißmetall (Zweistoff) ebenso wie für Bleibronze mit galvanisch aufgebrachter Weißmetall-Laufschicht (Dreistoff) in einer mehrfachen Erhöhung der Belastbarkeit äußert. Die in diesem Schaubild dargestellten Ergebnisse lassen zwar eine Erhöhung der Lebensdauer des Lagers erst bei Unterschreitung der Schichtstärke von 0,35 mm abwärts erkennen, es ist jedoch zu bedenken, daß stärkere Schichten weicher Lagermetalle bereits so starke Stauchungen erfahren können, daß der Betrieb durch zu weites Lagerspiel gefährdet wird.

Die Schichtstärken in neuzeitlichen Bleibronze-Verbundlagern sollten generell unter 1 mm Stärke liegen. Sie liegen im amerikanischen Dieselmotorenbau um 0,8 mm und gehen für Bleibronze-Lager aus der Bandfertigung bis auf 0,35 mm herab.

Man erkennt aus diesen Angaben, daß die Belastungen in heutigen Triebwerken allgemein dazu zwingen, Lagermetalle, an die neben der hohen Belastbarkeit auch die im folgenden behandelten Ansprüche auf Plastizität gestellt werden, in erster Linie also Weißmetalle und

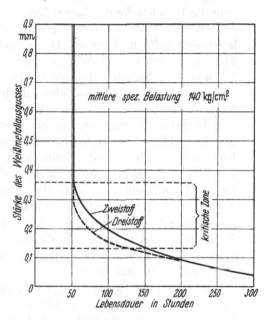

Abb. 206. Lebensdauer von Verbundlager-Ausgüssen in Abhängigkeit von ihrer Dicke (*E. Crankshaw*).

Bleibronzen mit hohem Bleigehalt, bevorzugt im Verbundguß mit Stahl zu verwenden. Massive Lagerschalen und -büchsen dagegen sind bei hohen Belastungen nur dann verwendbar, wenn Verformungen von Zapfen und Lagerstuhl vermeidbar sind, die hohe Kantenpressungen erzeugen. In solchen Fällen bieten Blei-Zinnbronzen meist eine gute Lösung, da sie bei hoher Belastbarkeit die Welle schonen. Sie sind insbesondere bei Wellenzapfen ohne Oberflächenhärtung der Zinnbronze und dem Rotguß vorzuziehen. Dabei ist zu berücksichtigen, daß der Preßsitz der Büchse im Gehäuse um so zuverlässiger ist, je höher die Streckgrenze des Büchsenwerkstoffes liegt, von den Ausdehnungszahlen der beteiligten Werkstoffe abgesehen. Zu hohe Bleigehalte können infolge zu niedriger Streckgrenze ein Lockerwerden des Preßsitzes bedingen, besonders unter dynamischer Belastung. Man wird deshalb für solche Büchsen und Schalen den Bleigehalt nicht zu hoch und den Zinngehalt nicht zu niedrig wählen. Bewährt haben sich für die meisten Arten von Lagerbüchsen im allgemeinen Maschinenbau vor allem die Legierungen mit 82% Kupfer, 7% Zinn, 7% Blei, 4% Zink (SAE 660) und mit 80% Kupfer, 10% Zinn, 10% Blei.

Wenn man eine größere Schonung der Welle oder den Ausgleich mäßiger Schmierverhältnisse durch erhöhte Bleigehalte anstrebt, muß die Wandstärke des Lagerkörpers genügend stark gehalten werden können, um Sitz und Passung zu gewährleisten. Allgemeine Regeln lassen sich dafür nicht geben. Der Bleigehalt kann dann auf etwa 15% oder sogar noch bis auf 20% gesteigert werden, wobei Zinngehalte um 6% und evtl. Nickelzusätze bis 4% Festigkeit und Zähigkeit genügend hoch halten. Als Sonderfälle sind sehr hochbelastete Schwinglager und Kolbenbolzenlager anzusehen, die bei oberflächengehärtetem Bolzen und höchster Oberflächengüte am besten mit Rohrabschnitten aus gezogener Phosphor-Zinnbronze mit 8 bis 9% Zinn oder nach amerikanischem Vorbild mit Rollbüchsen aus bleihaltiger Mehrstoff-Zinnbronze (SAE 791) ausgerüstet werden. Bleifreie Zinn-Gußbronze hat nach Auffassung des Berichters heute nur noch wenige, eng umgrenzte Verwendungsbereiche, einmal im Austausch zur gezogenen Knetbronze Sn Bz 8, dann jedoch mit einem auf etwa 12% erhöhten Zinngehalt, und zweitens als Werkstoff für Schneckenradkränze. In allen anderen Fällen wird man geeignete Legierungen in den Gruppen Blei-Zinnbronze und Rotguß finden.

Die Frage der Einlauffähigkeit wurde vorstehend zum Teil mitbehandelt, weil die gegensätzlichen Forderungen nach hoher Belastbarkeit und guter *Einlauf-* und *Notlauffähigkeit* bei der Frage der Werkstoffwahl kaum voneinander zu trennen sind. Die Einlauffähigkeit geht ziemlich proportional mit der Weichheit des Werkstoffes, wobei zugleich an die Notlauffähigkeit hohe Anforderungen gestellt werden, denn beim Einlauf werden die Unvollkommenheiten der Lauffläche durch plastische Verformung abgebaut, wobei örtlich Trockenreibung oder zumindest halbflüssige Reibung unvermeidlich ist. Dabei kann ein Fressen von Lager- und Zapfen-Werkstoff nur durch ein entsprechendes Werkstoffverhalten vermieden werden. Ein solches gutartiges Verhalten, also mangelnde Haftungs- und Bindungsbereitschaft mit dem Stahl der Welle, hat Blei in hohem Maß, und entsprechend wirkt sich ein steigender Bleigehalt in den Bleibronzen und Blei-Zinnbronzen aus. Im Gegensatz zu den Weißmetallen ist aber mit dem Kupfer bzw. dem Zinn-Kupfer-Mischkristall ein Skelett höherer Festigkeit vorhanden, das als Stützkörper fast unverändert *hoher Festigkeit auch im Bereich höchster Betriebstemperaturen* wirksam ist (Abb. 207), während Festigkeit und Härte der Zinn- und Bleilagermetalle, wie die

Warmhärtekurven Abb. 16 (S. 18) ausweisen, im Bereich der Betriebstemperaturen eines Fahrzeugmotors schon einen großen Abfall — vom kalten Zustand ausgehend — erlitten haben. Dieser Abfall ist für die Weißmetalle typisch und erklärt ihr Versagen in hochbelasteten Triebwerken mit relativ hohen Arbeitstemperaturen sowie die Notwendigkeit des Übergangs zu Legierungen mit einem Grundgefüge höherer Warmfestigkeit, dem zur Sicherung von Einlauf und Notlauf ein Metall aus der Gruppe der Weißmetalle als zweite Phase beigesellt ist. Die Einbettfähigkeit für Schmutz und Metallflitter, die das Öl in die Lauffläche trägt, ist naturgemäß eine Funktion der Plastizität des Lagerwerkstoffes und eine Frage des Verhaltens der Oberflächenschicht des Laufspiegels. Das Lagermetall wird auf der Lauffläche insbesondere durch oxydierende Wirkung vom Schmiermittel her chemisch verändert, und wir finden bei einem Bleibronzelager, das längere Zeit erfolgreich in Betrieb war, eine gegenüber dem Lagermetall dunklere, härtere, nichtmetallisch wirkende Deckschicht, über deren Entstehung und Aufbau verschiedene Hypothesen aufgestellt wurden[1]. Diese Schicht wird infolge ihrer Härte dem Eindringen kleiner Fremdkörper mehr Widerstand entgegensetzen als das Lagermetall selbst.

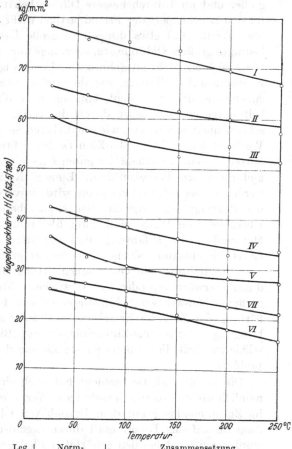

Leg. Nr.	Norm-Kurzzeichen	Zusammensetzung			
		Pb	Sn	Ni	Cu
I	Pb-Sn-Bz 5	4,98	9,76	—	85,26
II	Pb-Sn-Bz 13	13,03	7,55	—	79,42
III	Pb-Sn-Bz 20	19,64	6 18	—	74,18
IV	Pb-Bz 25 A	24,97	2,03	—	73,00
V	Pb-Bz 25 A	25,07	1,12	—	73,81
VI	Bp-Bz 25 A	24,91	—	1,06	74,03

Abb. 207. Warmhärtekurven einiger Blei- und Blei-Zinnbronzen im Bereich bis 250° C.

[1] *Bowden, F. P., D. Tabor:* The Friction and Lubrication of Solids. Oxford 1950.

Weißmetall und die bei Weißmetall beobachteten Deckschichten sind in bezug auf Einbettfähigkeit viel entgegenkommender als Kupferlegierungen und ihre Deckschichten. Die Gefahr des „Fressens" von Lager und Welle ist deshalb bei den Bronzen, auch den hochbleihaltigen, größer und muß durch bessere Ölfilter bekämpft werden. Erleichternd für den Abtransport der Fremdpartikel wirkt das bei Bleibronze gegenüber Weißmetall etwa doppelt so große Lagerspiel und der dadurch bedingte größere Öldurchsatz, allerdings nur, wenn mit dem Mehr an Öl nicht auch ein Mehr an Schmutz verbunden ist. Dünne Blei-Zinn-Deckschichten auf Bleibronze, wie sie in einer Stärke von 0,02 bis 0,05 mm zunehmend üblich werden[1], kommen dem Wunsch nach Einbettfähigkeit entgegen, sind aber durch die geringe Stärke der Weißmetallschicht nicht so wirksam wie die dickeren Schichten der bisher üblichen Weißmetallager. Diese Blei-Zinn-Deckschichten sind ein ausgezeichnetes Mittel, um eine Synthese der guten Lagereigenschaften von Weißmetall und Bleibronze herbeizuführen. Einlauf, Notlauf und Einbettfähigkeit werden verbessert, und vor allem wird ein verschleißarmer Betrieb auch bei Paarung mit ungehärteten Zapfenoberflächen ermöglicht. Beim Übergang vom Weißmetall- zum Bleibronzelager machte nämlich der Motorenbau die Erfahrung, daß vergütete Kurbelwellenzapfen ohne Oberflächenhärtung einem unerwünscht großen Verschleiß ausgesetzt wurden, und nur die Oberflächenhärtung durch Flammen- oder Induktionserwärmung oder das Versticken (Nitrieren) schuf Abhilfe. Bei größeren Motoren wie Schiffsdieselmotoren, bei denen die Oberflächenhärtung der Zapfen sehr schwierig und aufwendig ist, bietet die Aufbringung dünner Blei-Zinnschichten auf Bleibronzelager mit Stützschale zur Zeit die vollkommenste Lösung des sehr schwierigen Lagerproblems.

Die Weißmetall-Deckschicht hat noch eine zusätzliche Bedeutung, nämlich die des Korrosionsschutzes. *Korrosion* war in früheren Jahren im Zusammenhang mit dem Betrieb von Gleitlagern fast unbekannt. Angriffe auf das Lagermetall durch organische Säuren im Schmieröl wurden zunächst bei den gehärteten Bleilagermetallen[2] und später bei Kadmiumlagermetallen[3], schließlich auch bei Bleibronzen[4] gefunden. Korrosionsschwierigkeiten zeigten sich auch auf deutschen Dieselmotorprüfständen, wenn die Öle einen zu hohen Schwefelgehalt besaßen.

---

[1] *Erdmann, R.:* Metalloberfläche Bd. 3 (1949) S. A 38. — [2] *Jakeman, C., G. Barr:* B. N. F. M. R. A. Nr. 289 A Nov. 1931 Res. Nr. 43. Ref. Engng. Bd. 133 (1932) S. 200—203. — [3] *Smart, C. F.:* Metals Techn. Bd. 5 (1938) Nr. 3, 13. S. T. P. 900. — Auszug Met. Ind., Lond., Bd. 52 (1938) S. 520. — [4] *Raymond, L.:* Automob. Engr. Bd. 33 (1943) S. 369—372. — *Swartz, C. E.:* Sleeve Bearing Materials. Cleveland 1949. S. 33—34. — *Zuidema, H. H.:* Oil and Gas Journal (1946) 23. II. und 2. III. — *Livingstone, C. I., W. A. Gruse:* S. A. E. Journal (Transactions) Bd. 50 (1942) S. 437.

Zur Bekämpfung dieser Schwierigkeit wurden Deckschichten aus Blei und **Indium (etwa 5%/₀ Indium)** und später **Blei und Zinn (etwa 9%/₀ Zinn)** galvanisch aufgetragen und durch Erwärmung auf 170 bis 200° C zu ausreichender Diffusion gebracht[1]. Diese Schichten erwiesen sich — im Gegensatz zu Schichten aus reinem Blei — als wirksame Mittel zur Bekämpfung der Korrosion und im übrigen — insbesondere bei den Bleibronzen — als hervorragende Mittel zur Verbesserung der Einlauf- und Notlaufeigenschaften.

Die Bedeutung der *Wärmeleitfähigkeit* der Lagermetalle (Abb. 208) ist auch bei dünnen Lagermetallschichten in Verbundlagern von nicht zu unterschätzender Bedeutung, auch wenn, wie üblich, die Stützschale und vor allem der Übergang im Sitz von der Stützschale zum Lagerstuhl eine wesentlich schlechtere Leitfähigkeit besitzen. Temperaturspitzen können durch örtliche Unvollkommenheiten des Laufspiegels

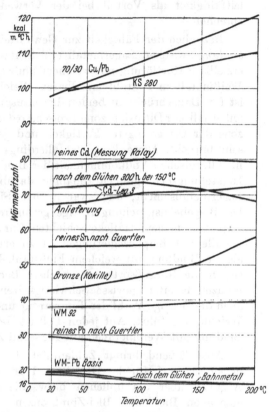

Abb. 208. Wärmeleitfähigkeit einiger Lagermetalle
(*Raisch*, DVL).

und der Schmierung in eng begrenzten Zonen spontan in großer Höhe auftreten. Ausschmelzungen des Lagermetalls müssen dabei vermieden werden, da sie den Ausgangsort für Zerstörungen des Ausgusses bilden können. Eine hohe Wärmeleitfähigkeit ermöglicht im Lagermetall einen schnelleren Abbau solcher Temperaturspitzen, und darin sind Kupferlegierungen und besonders Bleibronzen ohne Zusätze, die im Kupfer in Lösung gehen (mit Ausnahme von Silber!), den Weißmetallen überlegen, zumal der hohe Schmelzpunkt des Kupfers höhere Temperaturspitzen zuläßt. Andererseits lassen es die Weißmetalle infolge ihrer

---

[1] *Schaefer*, R. A.: Sleeve Bearing Materials. Cleveland 1949. S. 194—196.

höheren Plastizität weniger zur Ausbildung örtlicher „Druckstellen" kommen, so daß aus der Wärmeleitfähigkeit allein keine Schlüsse auf das Verhalten beim Auftreten örtlicher Überhitzungen gezogen werden können. Unter gleichartigen Legierungen ist aber die höhere Wärmeleitfähigkeit als Vorteil bei der Verwendung als Lagermetall anzusprechen.

Bezüglich der Fähigkeit zur Gewährleistung einer guten *Diffusionsbindung* zwischen Lagermetall und Stützschale ist die bei Bleibronzen erzielbare Hartlötung mit weichem Flußstahl naturgemäß der zwischen Weißmetall und Stahl erzielbaren Weichlötung überlegen. Trotzdem ist für Dauerbrüche in beiden Lagerausgüssen ein Verlauf neben bzw. außerhalb der Diffusionszone typisch, so daß in keinem Fall die Bindungszone der Ort geringster Festigkeit und geringsten Zusammenhaltes zu sein braucht. Diese Frage ist allerdings in höchstem Maße von der metallurgischen Vollkommenheit der Bindungszone und damit von den Herstellungsbedingungen abhängig, darüber hinaus von der Dicke der Lagermetallschicht, und zwar in dem Sinne, daß dünnere Schichten bei Biegebeanspruchung infolge geringerer Spannungen weniger zum Abplatzen neigen als dicke Schichten. Zur Frage der Bindung der Weißmetalle mit Kupferlegierungen ist zu erwähnen, daß sie geringer ist als die Bindung mit weichem Flußstahl. Unter den Kupferlegierungen zeigen die Rotgußsorten die höchste Bereitschaft zur Bindung, Bleibronzen bereiten gewisse Schwierigkeiten, ebenso Zinnbronzen, wenn auch die richtige Wahl der Temperatur und Zeit zu einer einwandfreien Weichlötung führt. Auf jeden Fall ist der Zinkgehalt im Rotguß der Bindung mit Weißmetallen auf Blei- und Zinnbasis dienlich[1].

Abschließend bringt Zahlentafel 11 und die heutige Fassung des neuen Entwurfs für das DIN-Blatt 1716, Bleibronze, zusammenfassend Angaben über die üblichen bezw. die nunmehr zur Normung vorgesehenen Blei- und Blei-Zinnbronzen. In Ergänzung dazu bringen wir die neuen Entwürfe für DIN 1705, Blatt 1 und 2.

---

[1] *Holligan, P. T.:* Foundry Trade Journal, 3. u. 10. Mai 1945.

Zahlentafel 11. Zusammensetzung und Festigkeitswerte einiger Blei- und Blei-Zinnbronzen. (Nach Werkstoff-Handbuch F 6.)

Kurzzeichen nach DIN 1716	Zusammensetzung in %				Festigkeitswerte							Gieß-Temperatur °C	Gießart Sa = Sandguß Ko = Kokillenguß	Beobachter
	Cu	Pb	Sn	Sonstige Beimengungen	Zugfestigkeit kg/mm²	Streckgrenze kg/mm²	Elastizitätsgrenze kg/mm²	Bruchdehnung %	Einschnürung %	Brinellhärte kg/mm²	Kerbschlagzähigkeit Jzod			
Pb-Bz 15[1]	81,3	18,5	0,05	0,03Sb 0,02As 0,03Ni 0,05Fe	7,85	3,25	—	6,6	8,5	29,2 (20°) 17,0 (200°)	—	—	—	F. Bollenrath, Bungardt und E. Schmidt, Luftfahrt-Forschg. 14 (1937) Nr.8 S.417
Pb-Bz 25	73,2	26,3	—	—	6,37	4,98	—	2,8	4,6	21,6 (20°)	—	1150	Sa	H.K. Hersch-man und J. L. Basil Proc. Am. Soc. Test. Met. 32 (1932), II), S. 536
Pb-Bz 25	73,6	26,0	—	—	6,30	4,37	—	4,5	5,7	19,3 (20°)	—	1100	Sa	
Pb-Bz 25	73,4	26,1	—	—	5,90	4,28	—	2,7	6,1	18,8 (20°)	—	1050	Sa	
Pb-Bz 25	75,9	23,2	—	—	7,52	3,67	—	7,2	3,0	27,1 (20°)	—	1150	Ko	
Pb-Bz 25	75,9	23,3	—	—	5,25	3,50	—	2,5	1,4	27,8 (20°)	—	1100	Ko	
Pb-Sn-Bz 13	80,0	10,0	10,0	—	24,6 bis 31,6	13,4 bis 15,5	7,0 bis 9,1	20 bis 40	18 bis 27	55 bis 70	2 bis 4	—	Sa	Kent's Mechanical Engineer's Handbook New-York-London (1938) S. 4/65
Pb-Sn-Bz 13	80,8	10,0	10,0	—	24,6 bis 31,6	14,1 bis 15,5	—	6 bis 15	5 bis 13	65 bis 73	—	—	Ko	
Pb-Sn-Bz 13	78,0	14,0	8,0	—	21,1 bis 28,1	12,0 bis 13,4	4,2 bis 9,1	15 bis 30	12 bis 24	48 bis 54	4 bis 5	—	Sa	
Pb-Sn-Bz 13	78,0	14,0	8,0	—	25,3 bis 29,5	12,7 bis 15,5	—	10 bis 15	8 bis 13	61 bis 65	—	—	Ko	
Pb-Sn-Bz 20	70,0	21,0	9,0	—	19,0 bis 20,4	12,0 bis 13,4	—	14 bis 17	12 bis 14	59 bis 63	3,7	—	Sa	
—	70,0	26,0	4,0	—	12,7 bis 16,2	8,4 bis 11,2	—	12 bis 20	10 bis 15	41 bis 45	4,3	—	Sa	

[1] Zu Pb-Bz 15: Elastizitäts-Modul 9000 kg/mm²; Quetschgrenze 3,6 kg/mm²; Biegewechselfestigkeit 3,0 kg/mm²

Bleibronze und Blei-Zinnbronze Benennung und Zusammensetzung	Vorschlag Juli 1952 **DIN 1716** Blatt 1

Begriffe (siehe DIN 1719)

Bleibronzen sind Legierungen, die mindestens 60% Kupfer und als Zusatz-metall überwiegend Blei enthalten. Üblich sind Bleigehalte bis 20%, in Sonder-fällen bis 35%.

Blei-Zinn-Bronzen sind Legierungen aus Kupfer, Blei und Zinn. Üblich sind Bleigehalte bis 20% und Zinngehalte bis 10% sowie als weitere Legierungszusätze Nickel und Zink.

Gruppe	Benennung	Kurzzeichen	Zusammensetzung ungefähr $\%$			Zulässige Abweichungen $\%$		Zulässige Höchstmengen in $\%$ an					
			Cu	Pb	Sn	Pb	Sn	Ni	Zn	Fe	Sb	Sn+Sb+Zn	Sonstige
Blei-bronze	Bleibronze 25	Pb Bz 25	75	25	—	$+3 \atop -7$	—	0,4	—	0,7	—	0,7	—
Blei-Zinn-bronze	Blei-Zinnbronze 5	Pb Sn Bz 5	83	5	10	± 2	± 1	1,0	1,0	0,7	0,5	—	0,3
	Blei-Zinnbronze 10	Pb Sn Bz 10	77,5	10	10	± 2	± 1	1,5	1,0	0,7	0,5	—	0,3
	Blei-Zinnbronze 15	Pb Sn Bz 15	72,5	15	7	$+3 \atop -2$	± 1	2,5	3,0	0,7	0,5	—	0,3
	Blei-Zinnbronze 22	Pb Sn Bz 22	67,5	22	5	$+3 \atop -4$	$+0 \atop -3$	2,5	3,0	0,7	0,5	—	0,3

Die für die Abnahme verbindliche chemische Prüfung soll an angegossenen oder, falls das Angießen Schwierigkeiten macht, nach vorheriger Vereinbarung mit dem Besteller an getrennt gegossenen Probestücken vorgenommen werden.

Die Gehaltsfeststellungen sind nach der neuesten Ausgabe der „Analyse der Metalle" des Chemiker-Fachausschusses des Metall und Erz e. V. vorzunehmen.

Eigenschaften und Verwendung siehe DIN 1716, Blatt 2.

Guß-Zinnbronze und Rotguß Benennung und Zusammensetzung	3. Entwurf Ausgabe 1951 DIN 1705 Blatt 1

Begriffe (siehe DIN 1718)

Bronzen sind Legierungen, die mindestens 60% Kupfer und ein oder mehrere Zusatzmetalle — jedoch nicht überwiegend Zink — enthalten.

Guß-Zinnbronzen sind Legierungen aus Kupfer und Zinn. Da sie meist mit Phosphor desoxydiert sind, werden sie oft als Zinn-Phosphorbronze bezeichnet.

Rotguß sind Legierungen aus Kupfer, Zinn, Zink und gegebenenfalls Blei.

Bezeichnung von Guß-Zinnbronze mit 90% Kupfer und 10% Zinn: GSnBz 10 DIN 1705.

Gruppe	Benennung	Kurzzeichen	Zusammensetzung ungefähr %				Zulässige Abweichungen %		Mindestgehalt %	Zulässige Höchstmengen in % an:										Zn
			Cu	Sn	Zn	Pb	Cu	Sn	Cu + Sn	Pb	Sb	Fe	Mn	Bi	Al	Mg	S	As	Ni *)	
Guß-Zinnbronzen	Guß-Zinnbronze 20	GSnBz 20	80	20	—	—	−2,0	+2.0	98,0	1,0	0,5	0,3	0,2	0,01	0,01	0,01	0,05	0,15	0,5	Rest
	Guß-Zinnbronze 14	GSnBz 14	86	14	—	—	±1,0	±1,0	99,0	1,0	0,2	0,2	0,2	0,01	0,01	0,01	0,05	0,15	0,5	
	Guß-Zinnbronze 12	GSnBz 12	88	12	—	—	±1,0	±1,0	99,0	1,0	0,1	0,2	0,2	0,01	0,01	0,01	0,05	0,15	0,5	
	Guß-Zinnbronze 10	GSnBz 10	90	10	—	—	±1,0	±1,0	99,0	1,0	0,1	0,2	0,2	0,01	0,01	0,01	0,05	0,15	0,5	
Rotguß	Rotguß 10	Rg 10	86	10	4	—	±1,0	±1,0	95,0	1,5	0,3	0,3	0,2	0,01	0,01	0,01	0,05	0,15	0,5	Rest
	Rotguß 5	Rg 5	85	5	7	3	±1,0	+1,5	90,0	5,0	0,3	0,2	0,2	0,01	0,01	0,01	0,05	0,15	0,5	
	Rotguß 4	Rg 4	93	4	2	1	±1,0	±1,0	97,0	2,0	0,1	0,2	0,2	0,01	0,01	0,01	0,05	0,15	0,5	
	Rotguß A	Rg A	84	5	7	4	±3,0	+3,0	85,0	6,0	0,4	0,4	0,2	0,01	0,01	0,01	0,05	0,15	0,5	

*) Nickel ist in allen Legierungen dem Kupfer zuzuziehen. Gehaltsfeststellungen sind nach der neuesten Ausgabe der „Analyse der Metalle" des Chemiker-Fachausschusses des Metall und Erz e. V. vorzunehmen.

Die für die Abnahme verbindliche chemische Prüfung soll an angegossenen oder, falls das Angießen Schwierigkeiten macht, nach vorheriger Versicherung mit dem Besteller an getrennt gegossenen Probestücken vorgenommen werden.

Eigenschaften und Verwendung siehe DIN 1705, Blatt 2.

Der Abdruck dieses Vorschlages zur Neugestaltung von DIN 1705, Blatt 1 und Blatt 2, erfolgt mit freundlicher Genehmigung des Deutschen Normenausschusses.

					Festigkeitswerte			

Guß-Zinnbronze und Rotguß
Eigenschaften und Verwendung

3. Entwurf Ausgabe 1951
DIN 1705
Blatt 2

Gruppe	Benennung	Kurz-zeichen	Richtlinien für die Verwendung	Streck-grenze $\sigma_{0,2}$ kg/mm²	Zug-festig-keit σ_B kg/mm²	Deh-nung δ_5 %	Brinell-härte H 10/1000/30 kg/mm²
Guß-Zinn-bronzen	Guß-Zinn-bronze 20 Sandguß	GSnBz 20	Glocken sowie Teile mit starkem Reibungs-druck, z. B. Spurlager, höchstbeanspruchte Verschleißplatten, Schieberspiegel. Bei Schlag- und Stoßbeanspruchung für dünn-wandige Teile nicht geeignet. Beim Einbau gute, satte Auflage erforderlich.	14−20	15−22	0−1	170−200
	Guß-Zinn-bronze 14 Sandguß Schleuder-guß	GSnBz 14 GSnBz 14S	Werkstoff von besonders guter Gleich-mäßigkeit. Geeignet für höher beanspruchte Gleitlagerschalen, Schneckenkränze und Schieberspiegel sowie Teile für Hochdruck-armaturen.	14−17 18−20	20−25 28−32	3−5 2−3	85−115 105−130
	Guß-Zinn-bronze 12 Sandguß Schleuder-guß	GSnBz 12 GSnBz 12S	Hochbeanspruchte Schnecken- und Schrau-benräder, unter Last bewegte Spindel-muttern. Hochbeanspruchte, schnellaufende Schnek-kenräder, insbesondere für Kraftfahrzeuge und Schlepperantriebe.	13−16 15−17	24−28 28−32	8−20 8−15	80−95 95−110
	Guß-Zinn-bronze 10 Sandguß Schleuder-guß	GSnBz 10 GSnBz 10S	Leit- und Laufräder sowie Gehäuse für Pumpen und Turbinen, säurebeständige Armaturen, schnellaufende Schnecken- und Zahnräder mit Stoßbeanspruchung. Schneckenradkränze mit Stoßbeanspruchun-gen und schwachen Zahnprofilen, Ventil-sitzringe.	12−15 14−16	22−28 30−32	15−20 12−20	60−75 80−95
Rotguß	Rotguß 10 Sandguß Schleuder-guß	Rg 10 Rg 10S	Höher beanspruchte Armaturen, Gleitlager-schalen, Büchsen, Schneckenräder mit niedrigen Gleitgeschwindigkeiten, Schiffs-wellenbezüge.	12−14 16−17	20−28 27−30	10−18 8−10	65−90 85−95
	Rotguß 5 Sandguß Schleuder-guß	Rg 5 Rg 5S	Armaturen für Wasser und Dampf bis 200° C, Lokomotiv-Lagerschalen und Gleit-platten, mittelbeanspruchte Gleitlager. Normal- und hochbeanspruchte Gleitlager, Schiffswellenbezüge, Schleifringe, Ventil-sitzringe.	8−10 10−14	15−24 25−30	10−18 12−20	60−80 75−85
	Rotguß 4 Sandguß	Rg 4	Rohrflansche, Bordringe nud andere hart zu lötende Teile.	6−7	20−25	25−30	50−65
	Rotguß A Sandguß	Rg A	Rotguß für Maschinenteile und Gleitlager, bei denen die Lagerung von Stahlwellen in Stahl und Gußeisen vermieden werden soll, z. B. Lager für Winden, Flaschenzüge und Handkrane, Schalthebellagerungen an Ma-schinen.	8−12	15−20	6−15	60−80

Die für die Abnahme verbindliche mechanische Prüfung soll an angegossenen oder, wenn das An-gießen Schwierigkeiten macht, nach vorheriger Vereinbarung mit dem Besteller an getrennt gegossenen Stäben vorgenommen werden.
Für Probestäbe soll der kurze Normalstab oder der kurze Proportionalstab nach DIN 1605, Blatt 2, und zwar beide rund oder flach, gewählt werden. Die Dicke der Probestücke, aus denen die Probe-stäbe herausgearbeitet werden, soll sich der Wanddicke der Gußstücke anpassen.
Die Brinellhärte ist mit einer Kugel von 10 mm Durchmesser und 1000 kg Belastung bei 30 Sekunden Druckdauer als Durchschnittswert aus 6 Prüfungen an möglichst verschieden gelegenen Stellen des Gußstückes nach DIN 50 351 festzustellen.
Die angegebenen Leistungszahlen gelten für Gußstücke mit Wandstärken bis zu 25 mm. Es darf nicht vorausgesetzt werden, daß ein Gußstück an allen Stellen die an den Probekörpern ermittelten Eigenschaften besitzt.
Für Gewichtsberechnungen ist als Mittelwert 8,6 kg/dm³ anzunehmen.
Chemische Zusammensetzung und zulässige Beimengungen siehe DIN 1705, Blatt 1.
Bei Abnahme müssen die Kleinstwerte erreicht werden.

Der Abdruck dieses Vorschlages zur Neugestaltung von DIN 1705, Blatt 1 und Blatt 2, erfolgt mit freundlicher Genehmigung des Deutschen Normenausschusses.

H. Sintermetalle.

Von Dr. H. Wiemer, Mehlem/Rhld.

Mit 33 Abbildungen.

1. Entwicklungsgeschichte.

Nach *R. Kieffer* und *K. Wanke*[1] sind die ältesten Metallurgen in allen Kulturstaaten der Welt wahrscheinlich zuerst Sinter-Metallurgen gewesen, bis es ihnen gelang, die zur Verflüssigung der Gebrauchsmetalle erforderlichen Temperaturen zu erreichen.

Wir kennen gesinterte Schmuckstücke aus Platin, Gold und Kupfer von den Inkas. Noch heute steht im Tempel der Kuwatul-Islam-Moschee in Delhi in Indien eine 6000 kg schwere Säule von 400 mm Durchmesser und einer Höhe von 7 m, die wahrscheinlich im 4. Jahrhundert unserer Zeitrechnung aus Luppen-Eisen — in der Sprache des modernen Pulver-Metallurgen aus sehr grobkörnigem Eisenschwammpulver — zusammengeschweißt bzw. gesintert wurde. Daß die berühmten Damaszener-Klingen in ähnlicher Fertigungstechnik hergestellt wurden, sei ebenfalls erwähnt.

In neuerer Zeit gewann die Pulvermetallurgie zuerst wieder Bedeutung für die Rein-Darstellung hochschmelzender Metalle (Platin um 1810, Wolfram und Molybdän 1900—1910). Es lag nahe, nach dieser Verfahrenstechnik auch poröse metallische Werkstoffe herzustellen. So wurde nach *F. Eisenkolb*[2] bereits im Jahre 1908 in einer Patentschrift von *V. Löwendahl* (DRP. 208752) unter anderem auch der Gedanke an poröse Metall-Lager festgelegt.

Solche Lager fanden dann etwa vom Jahre 1930 an zunächst als poröse, ölgetränkte Bronzelager mit selbstschmierenden Eigenschaften und seit 1938 auch als Sintereisenlager, vornehmlich in Nordamerika, Deutschland und England, sehr schnell Eingang in die Technik.

2. Aufbau, physikalische und mechanische Eigenschaften.

a) **Allgemeine Angaben.** Im Vergleich zu den schmelzmetallurgisch hergestellten Werkstoffen werden die mechanischen Eigenschaften

---

[1] *Kieffer, R* u. *K. Wanke:* Einführung in die Pulver-Metallurgie, Druck Heinrich Stiasny's Söhne, Graz 1949, S. 7.

[2] *Eisenkolb, F.:* Arch. Metallkde. 1 (1947) S. 345/52.

gesinterter Metalle zusätzlich sehr stark von der Dichte, also vom aufgewandten Preßdruck bestimmt.

Poröse Sinterlager mit 20—30% Poren sind verhältnismäßig stark poröse Werkstoffe. Ihre Festigkeits-Eigenschaften liegen demnach erheblich unter den entsprechenden Werten erschmolzener Metalle und Legierungen. Besonders nachteilig wirkt sich die Porosität auf die Dehnung aus, wie im folgenden an Hand von Zahlenbeispielen noch näher ausgeführt wird.

Als Sinterwerkstoffe für Lager stehen heute neben einer Vielzahl weiterer Legierungstypen, die allerdings zumeist auch Kupfer oder Eisen als Hauptbestandteile enthalten, Bronze und Eisen im Vordergrund.

b) **Poröse Bronzelager.** Zinnbronzelager enthalten durchweg 8—10% Zinn. Nach dem Zustandsdiagramm Kupfer-Zinn müßten solche Lager ausschließlich aus Mischkristallen bestehen. Das ist auch mit Sicherheit der Fall, wenn Legierungspulver verwendet werden, die über den Schmelzfluß hergestellt wurden.

Wird aber von Mischungen aus Kupfer und Zinnpulver ausgegangen, so braucht die erst bei der Sinterung erfolgende Legierungsbildung nicht bis zum thermodynamischen Gleichgewicht abzulaufen. Es bereitet sogar Schwierigkeiten, die Legierungsbildung unter Erhaltung der gewünschten Porosität und Formhaltigkeit während der Sinterung so weit zu treiben. Sinterbronzelager aus Mischungen von Kupfer und Zinnpulver können somit α-Mischkristalle enthalten, deren Zinngehalt geringer ist, als es das Zustandsdiagramm gemäß der Gesamtkonzentration verlangt. Daneben können noch zinnfreie Kupfer-Partikelchen vorhanden sein und α + δ-Eutektoid, welches im Gleichgewichtsfall erst bei Zinngehalten über ~ 13% Zinn gebildet werden kann und dann — von der Kupferseite her gesehen — nur neben gesättigten α-Mischkristallen auftritt. Das Eutektoid ist bedeutend härter als α-Mischkristalle und reines Kupfer.

Gleitlager, die aus einer weichen Grundmasse mit Einlagerungen harter Bestandteile bestehen, eignen sich nach A. Eichinger[1] besonders gut bei hohen Gleitgeschwindigkeiten und unvermeidlichen Kantenpressungen, da sie die nötige Tragfähigkeit mit einer bildsamen Nachgiebigkeit im Falle örtlicher Spannungsspitzen ohne eine zurückbleibende Kalthärtung vereinigen. Sie werden zweckmäßig in Verbindung mit möglichst harter Welle von hoher Oberflächengüte und einem flüssigen Schmiermittel verwendet. Demnach ist ein unhomogen gesintertes Gefüge bei Zinn-Bronzelagern für die Laufeigenschaften günstig.

---

[1] *Eichinger, A.:* Mitt. K.-Wilh.-Inst. Eisenforschg. 23 (1941) S. 247/66.

Neben reinen Zinnbronzelagern werden auch solche mit Graphitzusätzen hergestellt. Der Graphitgehalt ist je nach den beabsichtigten Eigenschaften sehr unterschiedlich und kann 1—10 % betragen. Es ist grundsätzlich zu unterscheiden zwischen Bronzelagern mit geringen Graphitzusätzen bis zu etwa 3 % und solchen mit höhern Graphitgehalten. Kleine Graphitgehalte haben den Zweck, die noch vornehmlich durch den Ölgehalt und eventuelle Zusatzschmierung bedingten Gleiteigenschaften des Sinterlagers zu verbessern. Die Welle bekommt durch solche Lager einen dünnen Graphitüberzug. Dadurch wird eine zusätzliche Glättung der Wellenoberfläche bewirkt, die eine besondere Dämpfung und damit eine weitere Geräuschminderung der Lagerung ermöglicht. Gleichzeitig wird der sehr dünne Schmierfilm graphitfreier Lager

Abb. 209. Zinnbronze ohne Graphitzusatz.

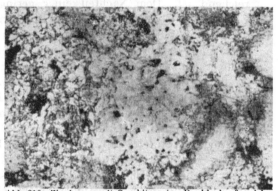

Abb. 210. Zinnbronze mit Graphitzusatz. Dunkle, kupferreiche Mischkristalle neben hellen, zinnreichen Mischkristallen, die als hellgrauen Gefügebestandteil α − + δ − Eutektoid enthalten.

durch die Anteigung mit Graphit etwas verstärkt, womit die Möglichkeit gegeben ist, das Lagerspiel größer zu wählen, als das bei graphitfreien Lagern der Fall ist. Dieser positiven Bewertung kleiner Graphitzusätze zu Bronzelagern stehen im Schrifttum aber auch scharf ablehnende Ansichten gegenüber. So schreibt die Chrysler Corporation in ihrem *Oilite-Katalog* von 1949[1]: „Unsere Sinterbronzelager enthalten keinen Graphit. Graphit ist als Schmiermittel in ölgetränkten Lagern ungeeignet. Es wird zuweilen lediglich aus Ersparnisgründen zugesetzt. Dabei werden aber hochwertige physikalische Eigenschaften und die

[1] Chrysler Corporation, Oilite-Katalog B. 44 (1949).

unbedingt sichere Arbeitsweise des Lagers geopfert. Schon geringe Graphitgehalte behindern den Ölfluß, verursachen Verharzung des Öles und bedingen damit kostspielige Betriebsstörungen." Derartige Gefahren werden nicht durch den Graphitzusatz verursacht, sondern durch die Verwendung ungeeigneter Tränk- und Schmieröle, deren schlechte Eigenschaften durch die Anwesenheit von Graphit in ihrer Auswirkung nur noch verstärkt werden. Solche Fehler können somit genau so gut bei graphitfreien Lagern auftreten. Graphitzusätze bedingen allerdings eine Verringerung der Festigkeit des Metallverbandes, da überall dort, wo Graphitpartikelchen eingelagert sind, die während der Sinterung auftretende Verfestigung durch Kristallisationsvorgänge[1] nicht wirksam werden kann. Dieser Nachteil kann in den meisten Fällen durch ausreichende Wandstärken der Lager ausgeglichen werden und steht in keinem Verhältnis zu den erfahrungsmäßig gegebenen Vorteilen graphithaltiger Bronzelager.

Sinterbronzelager mit erheblich höheren Graphitgehalten als 3% werden vornehmlich unter solchen Betriebsbedingungen eingesetzt, unter denen eine Ölschmierung allein oder überhaupt nicht mehr ausreichend ist. Dem Nachteil einer geringen Festigkeit, insbesondere Zähigkeit, steht der Vorteil hoher Temperaturbeständigkeit gegenüber. Solche Sinterlager enthalten häufig neben ihrem hohen Graphitgehalt auch noch merkliche Bleizusätze als weiteres Schmiermittel bei hohen Temperaturen.

Blei ist überhaupt ein sehr beliebtes Legierungselement in Sinterlagern, da man es pulvermetallurgisch im Gegensatz zur Schmelzmetallurgie sowohl in Kupfer wie in Eisen ohne besondere Schwierigkeiten in feinster Verteilung einbringen kann.

Auch in Sintermetall-Lagern wirken Bleizusätze reibungsvermindernd. Sie setzen allerdings die Festigkeit etwas herab, so daß Sinterlager mit hohen Bleizusätzen, die besonders günstige Gleiteigenschaften aufweisen, für hohe Belastungen nicht ohne weiteres geeignet sind. *W. H. Tait*[2] gibt nachfolgend einige bewährte Zusammensetzungen:

	Geringer Bleigehalt	Mittlerer Bleigehalt	Hoher Bleigehalt
Kupfer $\%$	82,5—88,5	79—85	60—66
Zinn $\%$	9,5—10,5	7—10	6— 9
Blei $\%$	2,0— 4,0	7—10	25—33
Graphit $\%$	1,5 max	1,0 max	0

Bleibronze-Sinterlager mit Bleigehalten bis zu 30 oder auch 35% werden heute mit Erfolg verwendet.

[1] *Hüttig, G. F.:* Arch. Metallkde. 2 (1948) S. 93/99.
[2] *Tait, W. H.:* Symposium on Powder-Metallurgy, Special Report Nr. 38 (1947) S. 157/61.

Die Gefügeausbildung einiger Sinterbronzelager-Werkstoffe sind in den Abb. 209—212 wiedergegeben. Kennzeichnende physikalische und mechanische Eigenschaften sind in Zahlentafel 1 zusammengestellt.

c) Poröse Eisenlager. Die technische Entwicklung nicht nur in Deutschland, sondern wohl im gleichen Maße in U.S.A., führte kurz

Zahlentafel 1. *Physikalische und mechanische Eigenschaften von Sinterbronzelagern.*

Lagermetall	Dichte g/cm³	Ölaufnahme Volumnen- %	Zug-festigkeit kg/mm²	Druck-festigkeit kg/cm²	Dehnung %	Brinellhärte kg/mm²
1	2	3	4	5	6	7
Sinterbronze „Oilite"[1] ohne Graphit	6,0	20	9	n. b.	5	20
Sinterbronze „MK-B"[2] ohne Graphit	6,4—6,5	25—20	6—7	20 000	n. b.	40—45
Sinterbronze „Compo"[3] m. 1,5 Graphit	6,3	27	8	4 900	n. b.	25
Sinterbronze „MK-Z"[2] mit Graphit	6,2—6,3	23—20	4—5	5 800	n. b.	40—45
Bleibronze „MK-L"[2] ohne Graphit	6,4—6,5	25—27	6—7	3 700	n. b.	35—40
Bleibronze „MK-O"[2] mit Graphit	6,8—7,0 15—10		n. b.	2 200	n. b.	35—40
Sinterbronze „Porit"[4] ohne u. m. Graph.	6,2—6,4	18—22	10—12	5 500 — 5 600	5	35—45

[1] *Chrysler:* Zit. S. 321.
[2] Ringsdorff-MK-Lager, Druckschrift MK 143.
[3] Bound Brook Bearings (G. B.) Ltd. Druckschrift Compo-Lager.
[4] Druckschrift, Sintermetallwerk Krebsöge.

vor und im verstärkten Maße während des letzten Krieges, aber auch weiter in der Nachkriegszeit zu einem Übergang von Sinterbronze- auf Sintereisenlager. Neben der Tatsache, daß Eisenpulver erheblich billiger als Kupfer-, Zinn- und Bronzepulver ist, wurde diese Entwicklung dadurch begünstigt, daß Sintereisenlager gegenüber Sinterbronzelagern bei nahezu gleichwertigen Lauf- und Notlaufeigenschaften eine höhere Festigkeit aufweisen und bei den meisten Anwendungsgebieten den Sinterbronzelagern gegenüber keinerlei Nachteile zeigen.

Heute werden reine Sintereisenlager ohne sonstige metallische Zusätze und auch ohne Graphitbeimengung bevorzugt, während nach *E. Rohde*[1] ursprünglich die Ansicht vorherrschte, daß man mit Eisenpulver allein nicht zum Erfolg kommen könne und deshalb zunächst bis zu 20% Kupfer oder bis zu 15% Blei zusetzte. Nach *E. Rohde*[1] können Bleigehalte zwischen 2 und 5% im Gegensatz zu entsprechenden Kupferzusätzen die Gleiteigenschaften des Sintereisenlagers erheblich verbessern.

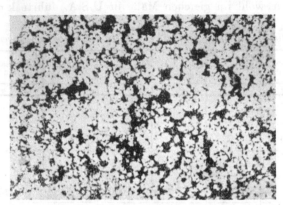

Abb. 211. Bleibronze mit hohem Bleigehalt.

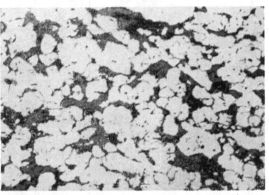

Abb. 212. Bleibronze mit geringem Blei- und hohem Graphit-Gehalt. Der Graphit ist hell- und das Blei dunkelgrau.

Nach den neuesten Schrifttumsangaben dürften aber Kupferzusätze zwischen 5 und 25% für die weitere Entwicklung des Sintereisenlagers im Hinblick auf höhere Belastbarkeit und Umfangsgeschwindigkeit von erheblicher Bedeutung sein. Umfangreiche Untersuchungsergebnisse über den Einfluß verschieden hoher Kupfergehalte in Sintereisen auf die physikalischen und technologischen Eigenschaften solcher Sinterwerkstoffe wurden von *L. Northcott* und *C. J. Leadbeater*[2] und von *R. Cheadwich*, *E. R. Broadfield* und *S. F. Pugh*[3] bekanntgegeben. Zahlentafel 2 bringt einige Ergebnisse aus den Versuchen von *Northcott* und

[1] *Rohde, E.:* Z. VDI. 85 (1941) S. 834/36. — [2] *Northcott, L.* u. *C. J. Leadbeater:* Symposium on Powder-Metallurgy, Special Report Nr. 38 (1947) S. 142/50. — [3] *Cheadwich, R., E. R. Roadfield* u. *S. F. Pugh:* Symposium on Powder-Metallurgy, Special Report, Nr. 38 (1947) S. 151/57.

Zahlentafel 2. *Der Einfluß von Kupferzusätzen auf die physikalischen und mechanischen Eigenschaften von porösen Sintereisen* (nach *L. Northcott und C. J. Leadbeater*).

Kupfer %/o	Dichte g/cm³	Porosität %/o	Zugfestigkeit kg/mm²	Vickers-Härte
0	6,10	22,52	15,3	41,8
4,76	6,43	18,73	28,8	74,4
9,19	6,40	19,57	42,4	110
14,57	6,76	15,67	45,7	125
19,32	7,09	11,98	45,3	137
23,08	7,47	7,69	51,9	170
~ 30	7,40	9,31	26,4	133
~ 35	7,08	13,86	22,7	134

Zahlentafel 3. *Die physikalischen und mechanischen Eigenschaften von Sintereisen ohne Zusatz von Kohlenstoff.*

Lagermetall	Dichte g/cm³	Ölaufnahme Volum.-%	Zug-festigkeit kg/mm²	Druck-festigkeit kg/cm²	Dehnung %	Brinell-härte kg/mm²
1	2	3	4	5	6	7
Sinterweicheisen	6,0	27—25	10—12	5000—6000	4—6	35—45
Sintereisen mit Bleizusatz Presskö[1]	5,5	25—20	12—15	3000	n. b.	40—60
Sintereisen mit 5 % Blei[2]	6,0	n. b.	7,0	n. b.	n. b.	57
Sintereisen mit Kupferzusatz Super-Oilite[3] ..	6,1	25	21	n. b.	1	45
Sintereisen mit 5 % Kupfer Compo[3]	5,5	32	8,0	9800	n. b.	25—40
Sintereisen mit 10 % Kupfer[2]..	6,4	n. b.	16,1	n. b.	n. b.	53

[1] *Koehler, M.:* Demag-Nachr. 14 (1940), S. 29/53.
[2] *Unkel, H.:* Arch. Eisenhüttenw. 18 (1943/44), S. 125/30.
[3] Bound Brook Bearings (G. B.) Ltd. Druckschrift Compo-Lager.

Leadbeater[1], wonach Kupferzusätze bis zu etwa 25% die Festigkeit und die Härte des Werkstoffes um mehr als das Dreifache zu steigern vermögen. Abb. 213 zeigt den Gefügeaufbau eines Sintereisens mit 25% Kupfer nach 4-stündiger Sinterung bei 1100°. Unter diesen Sinterbedingungen hat eine Diffusion stattgefunden, bei der die Eisenteilchen stark abgerundet wurden. *W. H. Tait*[2] glaubt, daß kupferhaltige Sintereisenlager die reinen Sintereisenlager verdrängen werden. Besonders

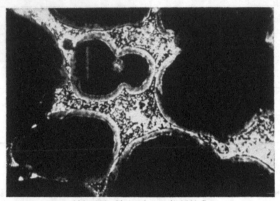

Abb. 213. Sintereisen mit 25% Cu.
(nach *L. Northcott* u. *C. J. Leadbeater*).

guteErgebnisse haben solche Lager sowohl in Deutschland wie auch in U. S. A. bei hohen Flächendrücken und geringen Gleitgeschwindigkeiten erbracht. So stellt die Chrysler-Corporation[3] ein „Super-Oilite"-Lager aus Sintereisen mit Kupferzusatz her, das bei ruhender Belastung einen Flächendruck

bis zu 2000 kg/cm² aushalten soll. Das „Super-Oilite 16"-Lager der gleichen Firma soll bei ruhender Belastung sogar für Flächendrücke von mehr als 7000 kg/cm² geeignet sein. Physikalische und mechanische Eigenschaftswerte verschiedener Sintereisenlagerqualitäten gibt Zahlentafel 3 wieder. Die Abb. 214 und 215 zeigen die Gefügeausbildung von Sintereisenlagern bei Korngrenzen- und Kornflächenätzung.

Zahlentafel 4. *Der Einfluß der Sintertemperatur auf die Anteile an freiem und gebundenem Kohlenstoff und deren Einfluß auf die technologischen Eigenschaften bei Sintereisen mit Graphitzusatz (nach H. Wiemer und W. A. Fischer).*

Sintertemperatur	C-frei (Graphit)	C-geb. (Eisenkarbid)	Dichte g/cm³	Zug-festigkeit kg/mm²	Dehnung %	Brinell-härte kg/mm²
1	2	3	4	5	6	7
1000°	0,88	0,05	5,75	2,3	1,0	29
1050°	0,81	0,35	5,75	4,8	1,5	34
1100°	0,14	0,50	5,75	10,00	2,5	52
1200°	<0,1	0,8	6,0	30	3,0	95

[1] *Northcott L.* u. *C. J. Leadbeater:* Zit. S. 324. — [2] *Tait:* Zit. S. 322. — [3] *Chrysler:* Zit. S. 321.

Während der Graphit in Sinterbronzelagern durch die Sinterung keinerlei Veränderung erfährt, besteht bei der Sinterung von Eisenpulverpreßlingen mit Graphitzusatz die Möglichkeit, je nach der Führung des Sinterpro-

zesses den Graphit als solchen zu erhalten oder ihn ganz oder teilweise in Eisenkarbid zu überführen. Es lassen sich somit Sintereisenlager mit einer ferritisch-graphitischen oder mit einer ferritisch - perlitisch - graphitischen, dem Gußeisen oder einer ferritisch-perlitischen bzw. rein perlitischen, dem Stahl ähnlichen Gefügeausbildung herstellen. Zahlentafel 4 bringt nach Versuchen von *H. Wiemer* und *W. A. Fischer*[1] eine Zusammenstellung, die erkennen läßt, in welchem Maße die Anteile an Graphit und Eisenkarbid durch verschiedenartige Sinterbedingungen verschoben

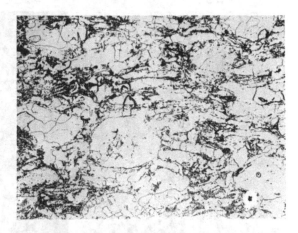

Abb. 214 und 215. Gefügeausbildung eines Sintereisenlagers bei Korngrenzen und -flächenätzung mit feinem Kanalsystem durchs ganze Lager. (Aus Ringsdorff-MK-Lager, Druckschrift MK 143.)

werden können, und zeigt deren weiteren Einfluß auf die technologischen Eigenschaften kohlenstoffhaltiger Sintereisenlager.

Die Abb. 216 bis 219 geben die entsprechenden Gefüge wieder. Es läßt sich somit auch bei Sintereisenlagern, ähnlich wie bei Sinterbronzelagern, eine Zusatzschmierung durch Graphiteinlagerung erzielen. In enger Parallele zu den Sinterbronzelagern mit $\alpha + \delta$-Eutektoid ist auch zur Erhöhung der Tragfähigkeit die Einlagerung harter Perlit-

---

[1] *Wiemer, H.* u. *W. A. Fischer:* Arch. Eisenhüttenw. 19 (1948) S. 125/35.

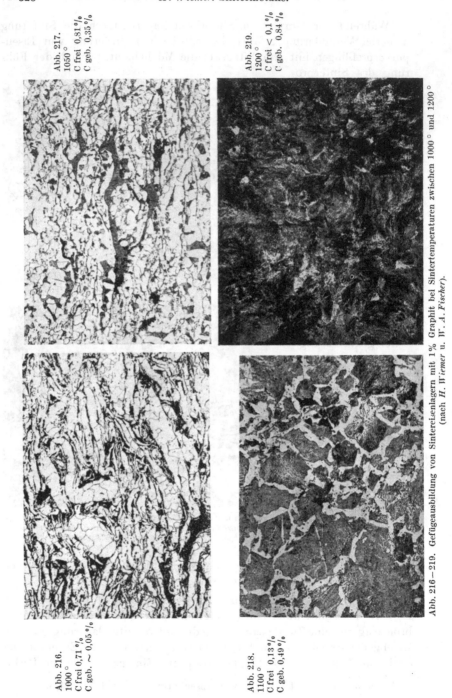

Abb. 217.
1050°
C frei 0,31%
C geb. 0,35%

Abb. 219.
1200°
C frei < 0,1%
C geb. 0,84%

Abb. 216.
1000°
C frei 0,71%
C geb. ~ 0,05%

Abb. 218.
1100°
C frei 0,13%
C geb. 0,49%

Abb. 216—219. Gefügeausbildung von Sintereisenlagern mit 1% Graphit bei Sintertemperaturen zwischen 1000° und 1200° (nach *H. Wiemer* u. *W. A. Fischer*).

lamellen in eine bedeutend weichere ferritische Grundmasse möglich, wobei das Verhältnis zwischen Ferrit, Graphit und Perlit in engen Grenzen eingehalten werden kann. Eine technische Bedeutung haben solche Sinterlager bisher noch nicht erreicht. Da die Wünsche der Verbraucher auf immer größere Flächenbelastbarkeit hinzielen, ist in Übereinstimmung mit *R. Kieffer* und *W. Hotop*[1], möglicherweise in Verbindung mit einer Nitrierung oder Aufschwefelung in dieser Richtung die weitere Entwicklung der Sintereisenlager zu vermuten.

Zahlentafel 5. *Einfluß einer Sauerstoffbehandlung vor der Sinterung auf die physikalischen und mechanischen Eigenschaften von Sintereisenwerkstoffen ohne Kohlenstoffzusatz (nach H Wiemer und R. Hanebuth).*

Sintereisenlager	Dichte g/cm³	Zug-festigkeit kg/mm²	Dehnung %	Schlag-biegearbeit cm kg/cm²	Brinell-härte kg/mm²	Ölaufnahme Gew.-%
1	2	3	4	5	6	7
normal	5,7	4,1	0,8	0,27	27	3,1
voroxydiert ...	5,5	7,6	2,9	0,46	31	3,2

Ein anderer Vorschlag zur Erzielung besonders harter und verschleißfester Lager wurde von *F. V. Lenel*[2] gemacht. *Lenel* setzte graphitfreie oder auch graphithaltige, poröse Sintereisenlager in einem geschlossenen Behälter bei etwa 580° einer Wasserdampfbehandlung aus, wobei die Porenwandungen vornehmlich zu Eisenoxyduloxyd (Fe_3O_4) oxydiert wurden. Diese Oxydation kommt nach etwa einer Stunde zum Stillstand, da die gebildeten Oxydul-Oxydschichten das darunter liegende Metall vor weiterem Angriff schützen. Je nach der Ausgangsporosität wurden bei dieser Behandlung zwischen 2 und 12% Sauerstoff aufgenommen. Durch eine solche Wasserdampfbehandlung wird die Härte und Fließgrenze des Sintereisens, allerdings bei etwa 15-prozentiger Abnahme der Zugfestigkeit, erheblich verbessert. Nach Untersuchungen von *H. Wiemer* und *R. Hanebuth*[3] läßt sich die Zähigkeit kohlenstofffreier Sintereisenlager durch eine Sauerstoffbehandlung vor der reduzierenden Sinterung deutlich erhöhen, ohne daß Härte, Dichte und Porenraum merklich beeinflußt werden, wie aus der Gegenüberstellung in Zahlentafel 5 zu ersehen ist. Vergleichende Prüfstandsversuche, die zahlenmäßige Unterlagen darüber zu geben vermögen, in welchem Maße durch eine derartige Vorbehandlung die Belastbarkeit von Sinter-

---

[1] *Kieffer, R.* u. *W. Hotop:* Sintereisen und Sinterstahl, Wien: Springer-Verlag (1948) S. 344.

[2] *Lenel, F. V.:* Iron-Age 148 (1941) S. 29/35 u. 100. S. *Wiemer, H.:* Stahl u. Eisen 62 (1942) S. 800/01.

[3] *Wiemer, H.* u. *R. Hanebuth:* Arch. Metallk. 3 (1949) S. 129/32.

eisenlagern weiter gesteigert werden kann, stehen noch aus. Die zuletzt angeführten Arbeiten sind hier erwähnt worden, um darzulegen, welche Entwicklungsmöglichkeiten heute für das poröse Sintereisenlager abzusehen sind.

d) Poröse Leichtmetall-Lager. Nach *F. Eisenkolb*[1] haben auch Sinterlager auf Leichtmetallbasis gute Aussichten auf Einführung. Es wird angenommen, daß die günstigen Laufeigenschaften der Leichtmetallgußlagerlegierungen und deren gute Wärmeleitfähigkeit auch bei Sinterlagern vorteilhaft sind. Bei vergleichenden Untersuchungen verschiedener Sinterlagerwerkstoffe wurden von *G. Wassermann* und *R. Weber*[2] mit Sinterlagern aus Aluminium mit $6-9\%$ Al_3Fe bzw. 15% Pb sehr hohe Belastungen erzielt.

Zahlentafel 6. *Physikalische und mechanische Eigenschaften hochverdichteter Kupfer-Graphit- bzw. Eisen-Graphit-Lagerwerkstoffe (nach R. Kieffer und W. Hotop).*

Eigenschaften	Kupfer-Graphit $(5-6\%$ C)	Eisen-Graphit $(5-6\%$ C)	Weichkupfer[1] zum Vergleich
1	2	3	4
Dichte g/cm³ etwa	7,5	6,8	8,9
Elektrische Leitfähigkeit m/Ω mm² ..	$17-19$	$3-5$	$48-56$
Wärmeleitfähigkeit cal/cm²/sec.	$0,186-0,192$	$0,093-0,095$	0,80
Bruchfestigkeit kg/cm²	$500-1000$	$800-1500$	n. b.
Brinellhärte kg/mm² (2,5/187,5)	$60-80$	$90-120$	$60-100$

[1] WK 350 der Fürstlich Hohenzollernschen Hüttenverwaltung Laucherthal (Hohenzollern).

Die Chrysler-Corporation[3] fertigt Aluminiumsinterlager. Sie sollen ähnliche Eigenschaften wie die Sinterbronzelager aufweisen. Nähere Angaben werden nicht gemacht. Als ihr Hauptvorteil wird die durch die Verwendung von Aluminium bedingte Gewichtsersparnis hervorgehoben.

e) Hochverdichtete Sinterlager. Bisher wurden ausschließlich poröse Sinterlager besprochen. Nach *R. Kieffer* und *W. Hotop*[4] haben sich für geringe Gleitgeschwindigkeiten und unterbrochene Bewegungen auch massive, druckgesinterte Lager aus Kupfer-Graphit und Eisen-Graphit

---

[1] *Eisenkolb:* Zit. S. 319.
[2] *Wassermann, G.* u. *R. Weber:* Metallw. 22 (1943) S. 201/06.
[3] *Chrysler:* Zit. S. 321.
[4] *Kieffer, R.* u. *W. Hotop:* Pulvermetallurgie und Sinterwerkstoffe, Berlin: Springer (1943) S. 343 ff. — Sintereisen und Sinterstahl, Wien: Springer S. 363 ff.

mit geringen Legierungszusätzen bewährt. Den Kupfer-Graphit-Lagern kann Zinn, Zink und Blei zugesetzt werden, und bei Eisen-Graphit-Lagern ist ein Zusatz von Kupfer, Blei, Zinn und Zink möglich. Die jeweiligen Gesamtzusätze können zwischen 1 und $20^0/_0$ betragen. In Zahlentafel 6 sind einige physikalische und mechanische Daten solcher Werkstoffe zusammengestellt. Eine teilweise Umsetzung des Graphits zu Eisenkarbid in Eisengraphitsinterlagern bewirkt auch hier wieder eine wesentliche Zunahme der Festigkeit und Härte und eine gemäß den Ausführungen von *A. Eichinger*[1] für Gleitlager besonders günstige Gefügeausbildung. Abb. 220 zeigt die Gefügeausbildung eines hochverdichteten Sinterlangers aus Kupfer-Graphit.

Die schmiertechnische Wirkung dieser Lagerwerkstoffe beruht darauf, daß sich nach kurzer Einlaufzeit die Lagerwelle ähnlich wie bei den porösen ölgetränkten graphithaltigen Lagern mit einem dünnen, zusammenhängenden Graphitfilm überzieht, der wie ein kontinuierlicher Ölfilm eine einwandfreie Schmierung bewirkt. Die Verfasser heben die guten Notlaufeigenschaften die-

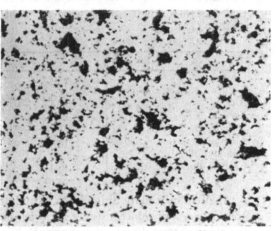

Abb. 220. Gefüge eines hochverdichteten Sinterlagers, Kupfer-Graphit 6,1% C (nach *R. Kieffer* u. *W. Hotop*).

ser Werkstoffe hervor. Sie sollen auch bei tiefsten Temperaturen unmittelbar bei Inbetriebnahme des Lagers ein einwandfreies Gleitverfahren gewährleisten. Derartige Lager können ganz ohne Öl arbeiten.

Eine Weiterentwicklung selbstschmierender, hochverdichteter Sintermetall-Lager stellt nach Schrifttumsangaben von *H. Winkelmann*[2] das *Deva-Metall*[3] dar. Es soll sich durch besonders hohe Gehalte an kolloidalem Graphit in gleichmäßiger Verteilung auszeichnen. Die Hauptmetallkomponenten sind Kupfer, Eisen, Zinn, Zink und Blei. Der Werkstoff ist bisher für die Herstellung von Kolben-Traglagern sowie anderen Gleitlagern, ferner für Abdichtungselemente von Lokomotiv-

---

[1] *Eichinger:* Zit. S. 320.
[2] *Winkelmann, H.:* Metall 4 (1950) S. 504/05; Hansa 87 (1950) S. 1506/07. Deutsche Patentanmeldung A.G. für Bergbau u. Hüttenbedarf vom 23. 1. 1950.
[3] Deventer-Werke GmbH., Hamburg 11.

Dampfmaschinen und Stopfbüchsen aller Art und auch zu Kolbenringen verwendet worden. Seine Vorzüge sollen vor allem in der großen Anpassungsfähigkeit in bezug auf die mechanische und thermische Beanspruchung sowie in der auch im Dauerbetrieb erhalten bleibenden großen Schmierfähigkeit liegen. Daß der neue Werkstoff auch eine gute mechanische Festigkeit besitzt, soll sich bei Abriebmessungen an Kolbenstangen von Lokomotiven gezeigt haben. Die Zugfestigkeit kann zwischen 10 und 25 kg/mm² dem jeweiligen Verwendungszweck angepaßt werden. Die Brinellhärte ist zwischen 80 und 130 kg·mm² veränderlich.

In *USA*[1] werden für hohe Temperaturen und höchste Gleitgeschwindigkeiten heiß gepreßte Sinterlager verwendet, die ähnlich dem Hartmetall in einem Grundmetall aus Kupfer-Nickel-Kobalt Karbide und Boride enthalten. Es werden nachfolgende Zusammensetzungen angegeben:

	Nr. 1	Nr. 2	Nr. 3	Nr. 4	Nr. 5
Kupfer	55	25	25	20	10
Nickel	25	25	—	20	50
Kobalt	10	15	—	20	—
Molybdän	2	—	—	5	—
Aluminium	—	—	—	10	—
Titanhydrid	5	10	—	20	—
Karbide/Boride	3	25	75	5	40

f) Metallgetränkte Sinterlager. Auch durch Tränkung eines porösen Eisenlagers mit einer niedrig, schmelzenden, für Lagerzwecke geeigneten Legierung lassen sich nach *R. Kieffer* und *W. Hotop*[2] massive Sinterlager herstellen. Derartige Gleitkörper, die auch für Gleitschienen und ähnliche Verwendungszwecke geeignet sind, ergeben nach der Darstellung der Verfasser einerseits eine höhere mechanische Festigkeit des Gesamtlagerkörpers, verglichen mit einem Lager, welches ausschließlich aus dem Tränkungsmetall besteht, andererseits nehmen sie in ihren Poren aber so viel Lagermetall auf, daß sie praktisch die gleichen Laufeigenschaften aufweisen wie das Lagermetall, mit welchem sie getränkt wurden. Der besondere Vorteil dieser Lagerwerkstoffe besteht darin, daß bedeutende Mengen an wertvollen Legierungselementen eingespart werden können. Tränköl können solche Lager naturgemäß nicht mehr aufnehmen. Ihre Schmierung erfolgt in der gleichen Weise wie bei erschmolzenen Lagermetallen.

---

[1] *Strauss, H. L. jr.:* Metal Progress 56 (1949) S. 359; s. *F. Benesovsky:* Metall 4 (1950) S. 332/36.

[2] *Kieffer, R. u. W. Hotop:* Pulvermetallurgie u. Sinterwerkstoff Berlin: Springer (1943) S. 206 ff; Sintereisen u. Sinterstahl, Wien: Springer (1948) S. 365 ff.

Nach *R. P. Koehring*[1, 2] läßt sich ein gesintertes Kupfer-Nickel-Gerüst mit einer hochbleihaltigen Legierung mit etwa $85^0/_0$ Blei, $10^0/_0$ Antimon und $5^0/_0$ Zinn tränken. Solche Lager sollen sich an hochbelasteten Stellen im Motorenbau bewährt haben.

Ähnlich wie bei den Tränklagerwerkstoffen wird die Porosität von *Th. Hövel*[3] bei Stützlagerschalen aus Sintereisen ausgenutzt. Solche Stützlagerschalen werden mit einem niedrigschmelzenden Metall ausgeschleudert. Dabei dringt das flüssige Metall infolge seiner Zentrifugal-

Abb. 221. Übergang vom aufgeschleuderten Lagermetall zur Sintereisenunterlage
(nach *Th. Hövel*).

kraft in die Poren des Sintereisens ein und ermöglicht so einen ganz hervorragenden Metallverband, wie aus Abb. 221 zu ersehen ist. Solche Lagerschalen sind mit bestem Erfolg im Automobilbau an höchstbeanspruchten Stellen und auch bereits im Dieselmotor erprobt worden.

Lagerwerkstoffe auf Aluminiumbasis mit Thallium bzw. Thallium-Blei-Legierungen[2, 4] als Tränkmetall sowie Tränklegierungen von Kupfer bzw. Aluminium mit Wismuth[5, 6] werden im Patentschrifttum vorgeschlagen, dürften aber technisch noch keine Anwendung gefunden haben.

Diese Ausführungen über die heute für Lager zur Verfügung stehenden Sinterwerkstoffe führen zu der Erkenntnis, daß den Sinterbronzelagern, mit denen die Entwicklung begann, die Sintereisenlager heute in vieler Beziehung gleichwertig gegenüberstehen.

[1] *Koehring, R. P.:* Metal Progress 38 (1940) S. 173/76 u. 196.
[2] *Kieffer, R.* u. *F. Benesovsky:* Berg- u. Hüttenm. Monatsh. 94 (1949) S. 284/294.
[3] Nach persönlichen Mitteilungen von *Th. Hövel:* s. Stahl u. Eisen, demnächst.
[4] A. P. 2,418 881 (1944). — [5] *Kieffer:* Zit S. 332. — [6] E. P. 590 412 (1944).

Nach dem vorliegenden Stand der Entwicklung ist die noch häufig vertretene Ansicht, das Sintereisenlager sei nur ein „billiger Ersatz" für das Sinterbronzelager, bereits völlig abwegig. Die weitere Entwicklung des Sintermetall-Lagers zu größerer Belastbarkeit dürfte aller Wahrscheinlichkeit nach dem Sinterlager auf der Eisenbasis gegenüber dem Sinterbronzelager den Vorzug geben. Wie weit die Anwendungsbereiche nach dem heutigen Stand der Erfahrungen gegeneinander abzugrenzen sind, wird auf S. 354 ausgeführt.

3. Gleiteigenschaften.

a) Selbstschmierung. In USA und in England werden poröse Sintermetall-Lager als „Oilless"- bzw. „Oilite"-Lager bezeichnet. Diese Bezeichnung wurde dann in Deutschland als „Öllos"-Lager übernommen.

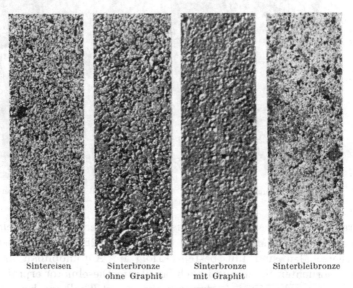

Sintereisen　　Sinterbronze　　Sinterbronze　　Sinterbleibronze
　　　　　　　ohne Graphit　　mit Graphit

Abb. 222. Oberflächenporosität verschiedener Sinterlagerqualitäten.
(Ringsdorff-MK-Lager, Druckschrift MK 143.)

Der Begriff ist aber, wie *E. Rohde*[1] ausführt, irreführend. Auch Sintermetall-Lager arbeiten zumeist nicht ohne Öl; nur wird das Öl nicht von außen zugeführt, sondern durch Tränkung des porösen Lagermetalls vor seinem Einbau. Die Bezeichnung „selbstschmierende Lager" trifft daher die besonderen Eigenschaften dieses Lagermetalls bedeutend besser.

Ein poröses Sinterlager ist in guter Annäherung mit einem Schwamm vergleichbar. Seine Oberfläche besteht aus Tausenden von Poren (Abb. 222). Die geringe Oberflächenspannung von Öl bedingt nach der

---

[1] *Rohde:* Zit. S. 324.

Öltränkung des Lagers einen hauchdünnen Ölüberzug über den gesamten Lagerkörper, der je nach der Wandstärke mit einer mehr oder weniger großen Ölreserve in Verbindung steht. Wird ein solcher Werkstoff auf Gleitung beansprucht, so ist sofort eine ausreichende Schmierung gewährleistet. Poröse ölgetränkte Sintermetalle sind somit hervorragend geeignet für Schub- und Pendelbewegungen.

Bei umlaufenden Bewegungen ergibt sich gegenüber Massivlagern der Vorteil, daß der bei Sintermetall-Lagern immer vorhandene Ölfilm das Gebiet der metallischen oder Grenzreibung beim An- oder Auslaufen der Welle weitgehend einschränkt. Mit zunehmender Gleitgeschwindigkeit entnimmt die umlaufende Welle durch Reibungswärme und auf Grund des dabei entstehenden Unterdruckes im Lagerspalt eine jeweils entsprechende Ölmenge aus der Lagerwandung. Nach dem Stillsetzen der Welle saugen die Kapillaren beim Erkalten des Lagers das Öl wieder auf. Der Ölverbrauch ist denkbar gering, und die Lager können unter geeigneten Betriebsverhältnissen somit lange Zeit ohne Zusatzschmierung betrieben werden. Nach *F. Skaupy*[1] hatte ein Lager von 40 mm Bohrungsdurchmesser, 37 mm Länge und 3 mm Wandstärke nach über 4000 Betriebsstunden mit 1000 Umdrehungen pro Minute und einer Belastung von 10 kg/cm² von ursprünglich 35 Volumen-% Öl 24, also noch nahezu 70%, behalten.

b) Notlaufeigenschaften. *H. Lüpfert*[2] hat die Notlaufeigenschaften von Sintermetall-Lagern zusammen mit zahlreichen anderen Gleitlagermetallen untersucht. Er klärt zunächst die Auffassung des Begriffes „Notlaufeigenschaften". Der Begriff umfaßt im Schrifttum alle Reibungszustände vom Übergang der flüssigen Reibung zur Grenzreibung bis zur Trockenreibung. Nach *Lüpfert* muß scharf unterschieden werden zwischen den Grenzschmierlaufeigenschaften, bei denen die Epilamenschicht noch erhalten ist, und den Notlaufeigenschaften, die er ganz auf das Gebiet der Verschleißreibung beschränkt.

Bei der Verschleißreibung steht das Verhalten der Metalle unter Reiboxydation, wenn die Epilamenschicht zerstört ist, im Vordergrund.

Im Gebiet der Verschleißreibung treten hydrodynamische Drucke nicht mehr auf. Deshalb ist bei dieser Begriffsfestlegung die Ermittlung der Notlaufeigenschaften durch eine Klötzchenprobe gerechtfertigt. Ihr liegt die Vorstellung zugrunde, daß bei dieser Versuchsführung die höchst beanspruchte Stelle der Lageroberfläche unter den ungünstigsten Schmierbedingungen nachgeahmt wird. Voraussetzung dabei ist allerdings, daß die Durchführung der Klötzchenprobe mit der gleichen Genauigkeit und Sauberkeit erfolgt, wie das bei Arbeiten mit Lager-

---

[1] *Skaupy, F.:* Metallkeramik, 4. Aufl., Weinheim/Bergstr. Verlag Chemie, S.236.

[2] *Lüpfert, H.:* Die Notlaufeigenschaften der Gleitlagermetalle in Maschinen der Feinmechanik, VDI-Forschungsheft 417, Ausg. B, Bd. 13 (Nov./Dez. 1942).

prüfständen vorausgesetzt wird. *Lüpfert* konnte seine Behauptungen durch Parallelversuche auf einem Lagerprüfstand bestätigen.

Abb. 223 zeigt die Zunahme des Verschleißes mit der Belastung bei Klötzchenversuchen mit Sintermetallen. Zum Vergleich wurden Versuchsergebnisse, die mit einigen bewährten Lagerbronzen und mit Gußeisen erzielt wurden, mit angeführt.

In Abb. 224 sind die Ergebnisse der Klötzchenversuche über die spezifische Grenzbelastung bei verschiedenartigen Schmierverhältnissen aller untersuchten Lagerwerkstoffe zusammengestellt. Den Versuchen lagen nachfolgende Versuchsbedingungen zugrunde: Die Grenzlast war in der Regel durch das Fressen des Lagers gegeben. Trat kein Fressen ein, so galt als Grenze diejenige spezifische Belastung, bei der die Probe durch Verschleiß eine Verkürzung um 1 mm erfahren hatte. Die Lastaufgabe wurde

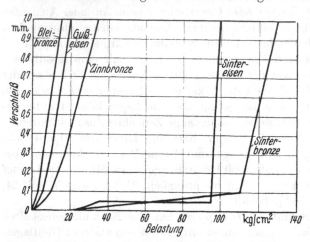

Abb. 223. Zunahme des Verschleißes mit der Belastung bei Sintereisen und Sinterbronze im Vergleich zu erschmolzenen Lagermetallen (nach *H. Lüpfert*).

jeweils nach gleichen Zeitabständen vorgenommen. Die Umfangsgeschwindigkeit betrug einheitlich 4,7 m/sec. Der Walzenstahl war fein geschliffen und ungehärtet mit einer Brinellhärte von 200 kg/mm².

Die Schmierung war folgendermaßen festgelegt:

a) Reichliche Schmierung: Die Walzen durchlaufen ein Ölbad, aus dem sie reichlich Öl (Autosommeröl mit 14 bis 17° E bei 50°) an die Probe heranbringen. Eine Heizvorrichtung bringt das Öl auf 100°. Durch die während des Versuches auftretende Reibungswärme steigt die Temperatur allmählich bis auf 200° an.

b) Knappe Schmierung: Nach dem Einlaufen wurden auf die mit Benzin gereinigte Walzenoberfläche 8 mg Autoöl gleichmäßig verteilt.

c) Keine Schmierung: Walzen- und Probenoberfläche wurden nach dem Einlauf unter Öl sorgfältig mit Benzin gereinigt.

Die mit Sintermetallen erzielten Ergebnisse weisen in beiden Fällen eine deutliche Überlegenheit über alle anderen Lagerwerkstoffe auf, womit die ausgezeichneten Notlaufeigenschaften des Sintermetall-Lagers außer Frage gestellt sind, obwohl, wie *Lüpfert* besonders hervorhebt, ihm keine Sintermetalle aus der neuesten Fertigung zur Verfügung standen, mit denen er damals bereits noch bessere Ergebnisse zu erzielen hoffte.

Versuche von *O. Hummel*[1] über die Notlaufeigenschaften von Sintereisenlagern verschieden hoher Festigkeit ergaben, daß bei Paarungen
Sintereisen-Stahl Kaltschweißerscheinungen kaum auftreten können. Das
gilt auch noch für Sintereisenlager mit stahlähnlichem Gefügeaufbau und
Zugfestigkeiten zwischen 25 und 60 kg/mm². Die hohe Festigkeit verleitet
häufig zu der Annahme, daß Material dieser Art sich nicht von Stahl
unterscheidet.

Diese Anschau-
ung ist nach den
vorliegenden
Versuchsergeb-
nissen irrig. Wäh-
rend Stahl bei
Gleitvorgängen
keinerlei bild-
same Nachgie-
bigkeit und Not-
lauffähigkeit
zeigt, und Öl und
Fett gegenüber
nur geringe Ad-
häsionskräfte
aufweist, besitzt
hochfestes Sin-
tereisen *Ein-
bettungseigen-
schaften*, höherer
Adhäsionskräfte
für Schmiermit-
tel und eine
merkliche Not-
laufeigenschaft.
Die Verschleiß-
festigkeit liegt
dafür allerdings
tiefer als bei
Stahl, jedoch
bedeutend höher
als bei Grau-
guß (Sonderguß
für Lager).

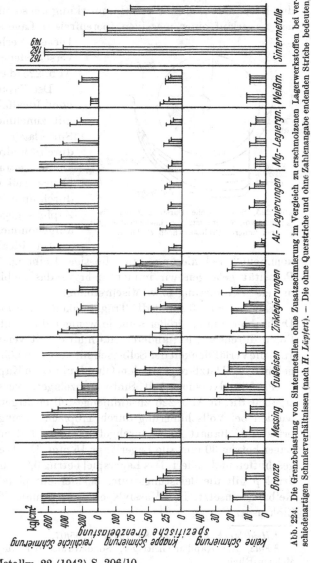

Abb. 224. Die Grenzbelastung von Sintermetallen ohne Zusatzschmierung im Vergleich zu erschmolzenen Lagerwerkstoffen bei verschiedenartigen Schmierverhältnissen (nach *H. Läpfert*). – Die ohne Querstriche und ohne Zahlenangabe endenden Striche bedeuten,
daß der Versuch bei dieser Belastung abgebrochen werden mußte, da die Vorrichtung eine höhere Belastung nicht zuließ.

[1] *Hummel, O.:* Metallw. 22 (1943) S. 206/10.

E. Heidebroek[1] hebt nach Prüfstandsversuchen mit Sintereisenlagern als besonderes Ergebnis hervor, daß diese Lager lange Zeit ohne jede Ölzufuhr, bei bestimmten Belastungen stundenlang, mit niedriger Temperatur und sogar verminderten Reibungszahlen völlig gleichmäßig arbeiten können.

c) Belastbarkeit. Unter Zugrundelegung der Gleitlagertheorie müßte nach Ausführungen von *E. Falz*[2] die Tragfähigkeit eines Sinterlagers durch hydrodynamische Schwimmwirkung um so günstiger sein, je mehr der Lagerlauf einer massiven (porenfreien) Lagerschale nahe kommt.

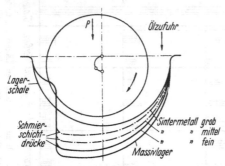

Diese Verhältnisse sind für verschiedene Porositätsgrade in Abb. 225 dargestellt.

Der Zapfen kann, ausgehend vom Idealfall des Massivlagers, mit zunehmender Porosität des Sinterlagers nur noch teilweise durch hydrodynamische Keilkräfte getragen werden. Der übrige Teil der Belastung wird durch unmittelbare Stützung des Zapfens gegen seine Lauffläche aufgenommen.

Abb. 225. Schematische Darstellung der Tragfähigkeit von Sinterlagern verschiedener Porosität bei höherer Drehzahl (nach *E. Falz*).

Im Idealfall besteht „vollkommene" Schmierung bzw. flüssige Reibung. Mit zunehmender Porosität gelangen wir immer mehr in das Gebiet der „unvollkommenen" Schmierung bzw. Mischreibung.

Einerseits muß somit die Tragfähigkeit des Sinterlagers bei höheren Drehzahlen um so größer sein, je weniger die Lauffläche von gröberen Poren durchsetzt ist; andererseits muß damit verständlicherweise aber auch die Verläßlichkeit der Selbstschmierung (bei höheren Drehzahlen) abnehmen, weil letztere ja auf dem Ölumlauf in den Kapillarkanälen beruht.

Prüfstandversuche mit Sinterbronzelagern verschiedener Porosität ergaben die in Abb. 226 zusammengestellten Ergebnisse. Die Versuche wurden bei Vollschmierung durch Tropfschmierung auf einem Sonderprüfstand, Bauart *Falz*, durchgeführt. Der Bohrungsdurchmesser der Lager betrug 30 mm, die Lagerlänge 15 mm. Die Wellen waren gehärtet, geschliffen und poliert. Das Lagerspiel betrug 0,04 mm. Als Grenzflächendruck p gilt die Belastungsstufe, bei der ein plötzliches Ansteigen der Reibung einsetzt. Das Massivlager war normale Phosphorbronze ohne Zinkzusatz.

---

[1] *Heidebroek, E.:* Z. VDI. 88 (1944) S. 205/07.
[2] *Falz, E.:* Kapillar-Gleitlager, Sonderdruck der Ringsdorff-Werke GmbH., Mehlem-Rhein.

Unter Berücksichtigung der Tatsache, daß Lagerversuche immer sehr weitgehend von den jeweiligen Versuchsbedingungen abhängen, und damit eine Verallgemeinerung der ermittelten Werte nahezu unmöglich ist, beschränkt sich *Falz*[1]
auf eine rein qualitative, vergleichende Auswertung.

Das Massivlager erreicht erst bei hoher Drehzahl den Höchstwert seiner Belastbarkeit. Erst bei sehr hohen Drehzahlen würde es an Tragfähigkeit wieder abnehmen, infolge der mit steigender Drehzahl zunehmenden Erwärmung und dementsprechender Abnahme der Schmiermittelszähigkeit. Der Einfluß der Erwärmung ist stärker als die mit der Drehzahl wachsende Keilkraftwirkung, die an sich tragfähigkeitssteigernd wirkt.

Sinterlager sind nach den vorliegenden Ergebnissen bei höheren Drehzahlen — im Gebiet des „dynamischen Schwim-

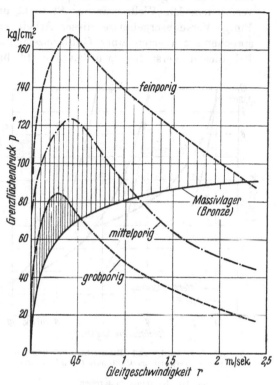

Abb. 226. Belastungskurven von Sinterbronzelagern bei Vollschmierung im Vergleich zu einem Massivbronzelager (nach E. Falz).

mens" der Welle — den Massivlagern unterlegen. Deutlich überlegen sind Sinterlager aber den Massivlagern im Gebiet der kleinsten bis mittleren Drehzahlen, wie aus den über den Linienzug des Massivlagers hinausragenden senkrecht schraffierten Flächen in Abb. 226 eindeutig hervortritt.

W. Reuthe[2] ermittelte für verschiedene Sintereisenqualitäten ohne und mit Bleizusatz die zulässigen Lagerdrücke für Gleitgeschwindigkeiten bis zu 10 m/sec. Die Versuche wurden mit ruhender Belastung und ununterbrochener Zufuhr von etwa 3,3 Tropfen Öl je Minute gefahren. Als Schmiermittel wurde ein gewöhnliches Maschinenöl mit einer Viskosität

---

[1] *Falz:* Zit. S. 338. — [2] *Reuthe, W.:* Z. VDI. 21 (1942) S. 161/63.

von 4,5° E bei 50° genommen. Das Lagerspiel betrug im Mittel 0,04 mm bei einem Wellendurchmesser von 25 mm und einer Lagerlänge von 60 mm. Die große Lagerlänge wurde in Angleichung an den Werkzeugmaschinenbau gewählt. Kantenpressungen wurden so weit wie möglich vermieden. Die Welle war aus St. 60 11 ungehärtet, aber geschliffen. Einige Versuchsergebnisse dieser Arbeit sind in Abb. 227 den entsprechenden Werten eines Gußbronzelagers Gbz 14 gegenübergestellt. Bei diesen Versuchen wurden mit bleihaltigen Werkstoffen höhere Belastungswerte als bei bleifreien Sintereisen erzielt. Lager mit Bleigehalten zwischen 0,5 und 4 % zeigen unabhängig von der Höhe des Bleizusatzes sehr ähnliches Verhalten.

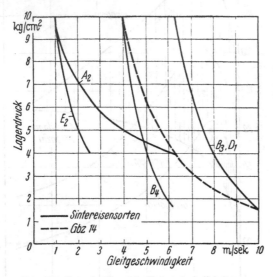

Abb. 227. Lagerdrucke und Gleitgeschwindigkeiten von Sintereisen im Vergleich zu Gußbronze (nach *W. Reuthe*).

A_2, B_4, E_2 reines Sintereisen
B_3 Sintereisen mit 4,1% Pb
D_1 Sintereisen mit 0,52% Pb.

E. Heidebroek[1] vertritt die Ansicht, daß die guten selbstschmierenden Eigenschaften der Sinterlager nach der hydrodynamischen Schmiertheorie nicht ohne weiteres zu erwarten sind, da die Lauffläche von Sinterlagern auch bei sorgfältiger Bearbeitung, mikroskopisch betrachtet, stark zerklüftet und von Löchern und Aussparungen durchsetzt ist. In ihnen können die Molekülketten des Schmierstoffes keine normale Verankerung finden, so daß die für den Ölfilm wesentliche Grenzschicht sich an unzähligen Stellen von der Gegenfläche (der Welle) entfernt. Für Strömungen hoher Geschwindigkeit muß sich somit in Übereinstimmung mit *Falz* ein solcher Zustand ungünstig auswirken. *Heidebroek* führte seine Arbeiten in Vergleichsversuchen auf einer Lagerprüfmaschine mit Zapfen von 60 mm Durchmesser bei einer Lagerbreite von 40 mm durch. Das Lagerspiel betrug gleichmäßig 0,25 mm und war somit sehr hoch gewählt. Das Normalöl, Marke BC 8 der Rhenania-Ossag mit rund 5° E bei 50° wurde der Lagerschale mit einem Druck von 1 atm bei Raumtemperatur zugeführt, soweit Vollschmierung stattfinden sollte.

---

[1] *Heidebroek:* Zit. S. 338,

An die Stelle der Vollschmierung trat bei Mangelschmierung ein Tropföler mit regelbarer Tropfenzahl (etwa 10 Tropfen/min), der zum Schluß ganz abgestellt wurde. Vor jedem Versuch ließ *Heidebroek*[1] das Lager mit Belastung und Umlaufschmierung mehrere Stunden einlaufen. Der Endzustand des Einlaufens zog sich je nach dem Bearbeitungszustand der Lager oft lange hin. Die Grenzlast wurde mittels Thermoelement vor dem Druckscheitel im Ölfilm gemessen. Als Grenztemperatur wurde 80° festgelegt. Alle Versuche wurden mit der gleichen Welle (St. 70 11, geschliffen) gefahren. Einige Ergebnisse dieser Versuche sind in den Abb. 228, 229 und 230 wiedergegeben. Es wurde die gleiche Darstellungsart wie bei *Falz*[2] gewählt, nämlich die Grenzlast in Abhängigkeit von der Gleitgeschwindigkeit. Auch diese Ergebnisse zeigen, daß die Eignung eines Sinterlagers, vornehmlich von seinem Porositätsgrad abhängt. Das Kalibrieren der Bohrung führte zu besseren Laufeigenschaften als eine spanabhebende Fertigbearbeitung durch Drehen. Die günstigsten Anwendungsgebiete für Sintereisenlager liegen bei Gleitgeschwindigkeiten bis zu höchstens 5 m/sec. Daß die Belastbarkeit nach den Versuchen von *Heide-*

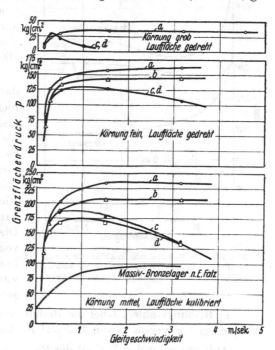

Abb. 228—230. Belastungskurven von Sintereisenlagern (nach *E. Heidebroek*).

a) Vollschmierung nach längerer Einlaufzeit;
b) Vollschmierung nach 4 h Einlaufdauer;
c) Schmierung mittels Tropföler;
d) ohne Zusatzschmierung.

broek[1] bei Sintereisen beträchtlich über den von *E. Falz*[3] ermittelten Werten für Sinterbronze liegt, darf nicht allein auf die verschiedenartigen Werkstoffe zurückgeführt werden. Unterschiede in der Versuchsführung sind bestimmt auch von wesentlichem Einfluß gewesen.

Über die Belastbarkeit gesinterter Aluminiumlager bei verschiedenen Gleitgeschwindigkeiten berichten *G. Wassermann* und *R. Weber*[4]. Die

---

[1] *Heidebroek:* Zit. S. 338. — [2] *Reuthe:* Zit. S. 339. — [3] *Falz:* Zit. S. 338. — [4] *Wassermann* u. *Weber:* Zit. S. 330.

Versuche wurden mit Halbschalenlagern auf dem Prüfstand bei ruhender Belastung unter Verwendung von Zusatzschmierung mit gehärteten und geschliffenen Wellen durchgeführt. Bei einer Gleitgeschwindigkeit von 1,5 m/sec wurden bei Lagern aus Aluminium mit Zusatz von 6—9% Al_3Fe Endlasten von 500—530 kg/cm² erhalten, die gleichen Lager ertrugen bei 3,5 m/sec 225—325 kg/mm² und bei einer Gleitgeschwindigkeit von 4,5 m/sec konnte in einem Fall noch eine Grenzlast von 260 kg/cm² aufgebracht werden.

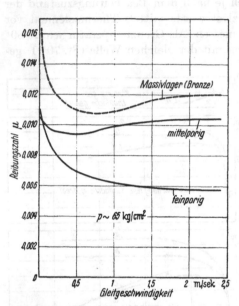

Abb. 231. Die Reibungszahl in Abhängigkeit von der Gleitgeschwindigkeit bei Sinterbronzelagern im Vergleich zum Massiv-Bronzelager (nach *E. Falz*).

Abschließend sei nochmals darauf hingewiesen, daß die hier zusammengestellten Ergebnisse von Prüfstandsversuchen, die im Hinblick auf den Einbau der Lager unter extrem günstigen Bedingungen erzielt wurden, keinesfalls bedingungslos als Richtwerte auf den Maschinenbau übertragen werden dürfen. Die für den praktischen Einsatz von Sinterlagern zusätzlich zu beachtenden Gesichtspunkte werden in dem Abschnitt IV/1 gesondert besprochen.

d) Reibungszahlen. Über die Reibungsverhältnisse bei Sinterbronzelagern geben Versuche von *E. Falz*[1] Auskunft.

Abb. 231 zeigt den Verlauf der Reibungszahlen für Sinterbronzelager verschiedener Porosität bei Vollschmierung und einer Belastung von rund 65 kg/cm² in Abhängigkeit von der Umfangsgeschwindigkeit. Vergleichsweise ist der Kurvenverlauf für ein Massivbronzelager aus Phosphorbronze mit eingetragen. Die Kurven zeigen, daß die Reibungsverhältnisse in Übereinstimmung mit der hydrodynamischen Theorie mit zunehmender Feinporigkeit günstiger werden. Die Kurve für das mittelporige Lager liegt bei den hier zugrunde liegenden Versuchsbedingungen etwas und die für das feinporige Lager deutlich unterhalb der Werte für das Massivlager. Die Abhängigkeit der Reibungszahlen von der spezifischen Flächenbelastung für Umfangsgeschwindigkeiten zwischen 1,6 cm und 2,4 m/sec gibt die Abb. 232 wieder. Man erkennt deutlich,

[1] *Falz:* Zit S. 338.

daß das Reibungsminimum mit zunehmender Gleitgeschwindigkeit bei immer höheren Belastungen auftritt.

Versuchsergebnisse von *E. Heidebroek*[1] geben Auskunft über die Reibungszahlen von Sintereisenlagern bei Vollschmierung. Sie sind in Abb. 233 wiedergegeben. Diese Untersuchungen wurden unter den gleichen Voraussetzungen durchgeführt, wie die in den Abb. 228, 229 und 230 zusammengestellten *pv*-Kurven. Der Abfall der Reibungszahlen bei höheren Gleitgeschwindigkeiten wird von *E. Heidebroek*[1] auf eine stärkere Erwärmung der Ölschicht zurückgeführt.

Daß die Reibungswerte für Sintereisen nach *Heidebroek*[1] niedriger liegen als die entsprechenden Werte für Sinterbronze, nach *Falz*[2], darf wieder nicht verallgemeinert werden. Auch hier dürfte der Einfluß verschiedenartiger Versuchsbedingungen vorherrschend sein. Nach den heute aus der Praxis vorliegenden Erfahrungen besteht zwischen der Reibungszahl für Sintereisen- und Sinterbronzelager kein wesent-

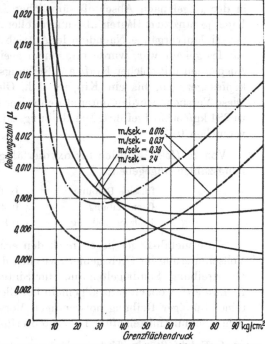

Abb. 232. Abhängigkeit der Reibungszahl vom Grenzflächendruck bei feinporigen Sinterbronzelagern (nach *E. Falz*).

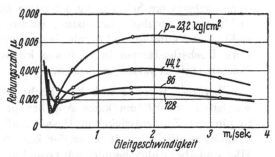

Abb. 233. Die Reibungszahl in Abhängigkeit von der Gleitgeschwindigkeit bei Sintereisenlagern (nach *E. Heidebroek*).

licher Unterschied, und die Reibungszahl dürfte bei beiden Werkstoffgruppen in etwa der einer guten massiven Gleitlagerbronze entsprechen.

---

[1] *Heidebroek:* Zit. S. 338. — [2] *Falz:* Zit. S. 338.

Über die Anfahrreibung, der Reibung im Augenblick des Überganges von dem Wert 0 in einen positiven Wert, allgemein als Reibung der Ruhe bezeichnet, liegen ebenfalls Meßergebnisse von *E. Falz*[1] vor. Diese Messungen erfolgten bei kühlen bzw. nur ganz wenig warmen Lagern, in der Regel nach Abschluß sämtlicher Laufversuche, ohne indes die Lager je ganz zu entlasten, also unter voller Ausnutzung der abgeschlossenen Einlaufvorgänge. Nachdem der Antrieb der Versuchswelle unverrückbar festgekeilt war, wurde mit einem geeigneten Dynamometer durch Anspannen mit solcher Kraft am Reibungshebelarm des Versuchslagerkopfes gezogen, bis ein Kippen, d. h. Gleiten auf der Welle eintrat. Diese Versuche wurden unter stufenweiser Steigerung der Belastung bis zu 284 kg/cm² fortgeführt. Die Reibungszahl betrug nach diesen Anfahrversuchen 0,17.

Von *R. Holm*[2] wurden für oxydierfähige Metalle nachfolgende Reibungszahlen angegeben:

flüssige Reibung	0,002 bis 0,01
Grenzreibung	0,002 bis 0,15
Epilamenreibung	0,11 bis 0,15 (20).

Sintermetall-Lager liegen nach den ermittelten Reibungszahlen bei Vollschmierung im Grenzgebiet zwischen der flüssigen Reibung und der Grenzreibung. Somit gelten auch für Sinterlager die Ausführungen von *H. Lüpfert*[3], wonach ganz allgemein bei Gleitlagern die für die Erzielung reiner flüssiger Reibung notwendigen Voraussetzungen auch bei reichlicher Schmiermittelzufuhr nur selten erfüllt werden.

E. Falz[4] faßt seine Untersuchungsergebnisse dahingehend zusammen, daß es sich bei Sinterlagern um eine Lagerart handelt, die hauptsächlich durch selbsttätige Schmierung, allseitige Belastbarkeit und große Einfachheit eine nützliche Ergänzung der bisherigen Lagergattungen darstellt. Es sei unbillig, und durch nichts gerechtfertigt, von diesem Lager etwa Höchstleistungen in Richtung kleinster Reibung oder höchster Belastbarkeit erwarten zu wollen.

Über das Reibungsverhalten hochverdichteter Sintermetall-Lager wurden im Schrifttum keine Angaben gefunden. Lediglich von dem in jüngster Zeit entwickelten Deva-Metall[5] wird angegeben, daß sein Reibungskoeffizient weit unter der Zahl für normale Gleitlager liege. Hier sind aber wahrscheinlich auf Grund der besonderen Struktur dieses Werkstoffes die Zahlen für die trockene Reibung zum Vergleich herangezogen worden. Nähere Angaben werden nicht gemacht.

---

[1] *Falz:* Zit. S. 338. — [2] *Holm, R.:* Die technische Physik der elektrischen Kontakte, Berlin: Springer 1941. — [3] *Lüpfert:* Zit. S. 335. — [4] *Falz:* Zit. S. 338. — [5] *Winkelmann:* Zit. S. 331.

4. Anforderungen für Einbau und Fertigung. Anwendungsbeispiele.

a) Einbau. Die Lager werden im allgemeinen von der Herstellerfirma einbaufertig und ölgetränkt geliefert.

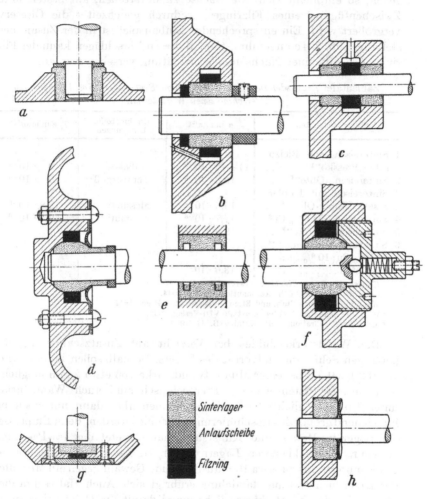

Abb. 234. Einbaubeispiele für Sintermetall-Lager.
(aus Ringsdorff-MK-Lager, Druckschrift 143).

Die zweckmäßige Lagerlänge beträgt nach *E. Rohde*[1] 0,5 bis 1,5 d. Nach heutigen Erfahrungswerten soll bei kleineren Lagertypen bis etwa 10 mm Bohrung die Lagerlänge maximal 2 d, bei Bohrungen bis etwa 30 mm ungefähr 1,5 d und bei noch größeren Bohrungsdurchmessern

---

[1] *Rhode:* Zit. S. 324.

l d möglichst nicht überschreiten. Größere Lagerlängen sind unter Berücksichtigung der Lagerreibung und wegen der Gefahr der Kantenpressung nicht zu empfehlen. Sind größere Lagerlängen nicht zu umgehen, so empfiehlt sich, die Büchse zu unterteilen, am besten unter Zwischenfügung eines Filzringes, wodurch gleichzeitig die Ölreserve vergrößert wird. Ein entsprechendes Einbauspiel ist in der Zusammenstellung Abb. 234c angeführt. Gemäß diesen Vorschlägen kann der Filzring noch mit einer Nachschmiervorrichtung versehen werden.

Zahlentafel 7. *Ausdehnungskoeffizienten von Sinterlagern im Vergleich zu erschmolzenen Werkstoffen.*

Sinterwerkstoffen	α in mm/°C	Erschmolzene Legierungen	α in mm/°C
1. Sintereisen mit Bleizusatz „Pressko"[1]	$11-12 \cdot 10^{-6}$	Gußeisen[3]	$9 \cdot 10^{-6}$
2. Sintereisen „Olite"[*]	$10,8 \cdot 10^{-6}$	Temperguß[3]	$13 \cdot 10^{-6}$
3. Sintereisen mit Kupferzusatz „Super-Olite"[*]	$13,8 \cdot 10^{-6}$	Messing[4]	$18,8 \cdot 10^{-6}$
4. Sintereisen mit 5 % Cu[2]	$17,7 \cdot 10^{-6}$	Silumin[4]	$19 \cdot 10^{-6}$
5. Sinterbronze „Olite"[*]	$18,9 \cdot 10^{-6}$		
6. Sinterbronze „Compo"[2] 88,5 % Cu; 10 % Sn; 1,5 % C	$13,0 \cdot 10^{-6}$		

[1] *Koehler, M.:* Demag-Nachr. 14 (1940), S. 29/33.
[2] *Claus, C.:* Institute of the Aeronautical Scienes, 1944.
[3] Werkstoffhandbuch Stahl und Eisen Verlag Stahl — Eisen, 1944.
[4] Werkstoffhandbuch Nichteisenmetalle VDI-Verlag, 1938.
[*] Chrysler Corporation, Oilite-Katalog B. 44 (1949).

Die Wandstärke bildet bei Verzicht auf Zusatzschmierung den jeweiligen Schmiermittelvorrat des Lagers. Deshalb sollen Wandstärken von 0,2 bis 0,3 d bei einer Mindestwandstärke von etwa 2 mm möglichst nicht unterschritten werden. Preßtechnisch sind auch Wandstärken unter 1 mm möglich. Solche Lager können aber dann nur noch bei hinreichend großer Zusatzschmierung empfohlen werden. Beim Einpressen der Lager in Metall- und Kunststoffgehäuse bietet das Isa-Passungssystem r_6/H_7 bei kleineren Lagern und r_7/H_8 bei größeren Lagern bei Erwärmungen bis zu etwa 100° ausreichende Gewähr gegen ein Mitlaufen der Lagerbuchse. Eine Rändelung erübrigt sich. Auch Halteschrauben und -stifte sind nicht erforderlich, zumal damit die Gefahr verbunden ist, daß die Lagerbohrungen, vornehmlich bei dünnwandigen Lagern, unrund gedrückt werden können. Zahlentafel 7 bringt eine Gegenüberstellung der Ausdehnungskoeffizienten von Sinterlagerwerkstoffen und erschmolzenen Legierungen, die als Gehäusewerkstoffe vornehmlich verwandt werden.

Das Einpressen der Büchsen geschieht mit Hilfe eines Einpreßdornes. Ein Einschlagen ist zu vermeiden, da das poröse Sintermetall dabei

leicht gestaucht und verformt werden kann. Der Einpreßdorn muß sehr
genau geschliffen werden, da sich das Sinterlager auf Grund seiner leichten Verformbarkeit in der Bohrung dem Schliffmaß des Einpreßdornes
weitgehend anpaßt. Wählt man den oben angeführten Preßsitz, so geben
die Sinterlager nach dem Einpressen meist noch etwas nach, so daß die
Bohrung nach dem Einpressen um etwa $0,05\%$
enger ist, als das Schliffmaß des Einpreßdornes.
Es besteht so die Möglichkeit, die Bohrungs-
toleranz eines Sinterlagers beim Einpressen noch
zu verkleinern. Der Einpreßdorn mit der auf-
gesetzten Lagerbüchse muß genau senkrecht zum
Lagerschild stehen. Zur Gewährleitung eines
genauen Lagersitzes nach dem Einpressen soll
die Stirnfläche des Dornes so breit ausgebildet
sein, daß der Dorn sich nach der Stirnfläche des

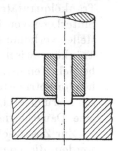

Lagergehäuses, oder einer anderen geeigneten Be-
zugsfläche ausrichten kann. Abb. 235 zeigt, wie

Abb. 235. Einpreßdorn mit
aufgestecktem Lager.

das Einpressen mittels Einpreßdorn zweckmäßig gehandhabt wird.

 Sintermetall-Lager können auch in Metall oder Kunststoff einge-
spritzt, in Gummi einvulkanisiert oder in Metall eingelötet werden.
Hierzu eignen sich allerdings nur ungetränkte Lager. Die poröse Oberfläche des Sintermetalls begünstigt die Haftung des Einbettwerkstoffes.
Es ist anzustreben, so genau zu zentrieren, daß das Lager möglichst
ohne spanabhebende Nacharbeit verwendet werden kann. Ein Nach-
kalibrieren ist dann allerdings wohl immer erforderlich. Zur Tränkung
der Lager wird die einseitig verschlossene Bohrung mit heißem Öl gefüllt und so einige Stunden stehen gelassen.

 Zum Aufweiten von Bohrungen eingepreßter Sinterlager können die
in Abb. 236 angegebenen Werkzeuge verwendet werden. Diese Werkzeuge
arbeiten sämtlichst spanlos, so
daß bei ihrer Verwendung die
größte Gewähr für das Offenhalten
der Poren gegeben ist. Der glatt
zylindrische Dorn gestattet Auf-
weitungen bis etwa zum Toleranzbereich I T 7; die beiden anderen
Dorne wahlweise zum Drücken
oder Drehen, ermöglichen Auf-

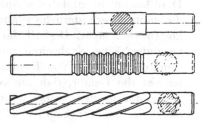

weitungen, die ungefähr dem Toleranzbereich I T 11 entsprechen.

Abb. 236. Werkzeuge zur spanlosen Aufweitung
eingepreßter Sinterlager
(aus Ringsdorff-MK-Lager, Druckschrift 143).

Muß die Bohrung noch größer gemacht werden, so ist spanabhebende
Bearbeitung erforderlich, für die am Schluß dieses Kapitels genauere
Bearbeitungsrichtlinien gegeben werden.

Der Ölgehalt der Sinterlager, gebenenfalls zusammen mit der durch Filzringe oder Öldochte geschaffenen Ölreserve, muß für lange Betriebszeiten ausreichen. Das Tränköl darf auch über große Zeiträume gesehen nicht harzen und muß im Hinblick auf die innige Berührung mit dem porösen Lagermetall vollständig säurefrei sein. Die Wahl geeigneter Tränkölqualitäten ist somit für die Bewährung und die Lebensdauer der Sinterlager von hervorragender Bedeutung. Je nach den an der Lagerstelle vorkommenden Druck- und Temperaturverhältnissen werden Tränköle zwischen etwa 2 und 40° E bei 50° eingesetzt, die im Dauerbetrieb Temperaturen zwischen —10 und +150° zulassen. Für noch höhere Betriebstemperaturen werden mit Erfolg Sinterlager mit Graphitschmierung evtl. mit Bleizusatz verwendet. Solche Lager ermöglichen eine Dauerbetriebstemperatur von 250°.

Zur Zusatzschmierung sollen zweckmäßig die gleichen Öle eingesetzt werden, die vom Hersteller auch zur Tränkung verwandt wurden. Nur so ist ausreichende Gewähr dafür gegeben, daß keine Verharzung durch unzweckmäßige Öle oder durch Ölmischungen im Lagerkörper auftreten.

Über Möglichkeiten einer Zusatzschmierung durch Filzringe und Öldochte unterrichten die Einbaubeispiele in Abb. 234. Soll zusätzlich noch ein Ölsumpf angebracht werden, so ist dieser bei Verwendung von Sinterlagern normaler Porosität zweckmäßig mit lockerem Filz oder Watte auszufüllen, da sonst die Saugwirkung des Kapillarkörpers bei höheren Gleitgeschwindigkeiten so groß wird, daß das Öl in kurzer Zeit aus der Ölwanne herausgesaugt wird und an der Welle wegspritzt. Das Herausschleudern von Öl kann erschwert werden durch Ölfangnuten. Ein entsprechendes Beispiel ist in Abb. 234 e angeführt. Die Ölfangnuten speichern das ausgeschwitzte Öl und saugen es beim Erkalten wieder auf. Nachteilig ist bei dieser Konstruktion allerdings die verkürzte Tragfläche bzw. die Notwendigkeit einer entsprechend größeren Baulänge. Dazu kommt noch, daß die Nuten nicht eingepreßt werden können und die dadurch erforderliche spanabhebende Nacharbeit merkliche Mehrkosten verursacht. Deshalb fanden derartige Lager bisher kaum Verwendung. Eine Nachschmiermöglichkeit ist nur dann zu empfehlen, wenn die Maschine von Fachkräften gewartet wird. In anderen Fällen besteht die Gefahr, daß unzweckmäßige, beispielsweise harzende Öle verwendet werden, wobei dann eine Nachschmierung gefährlicher ist als keine. Bei sachgemäßem Einbau reicht der Ölgehalt der Sinterlager für mehrere tausend Betriebsstunden aus und erreicht somit häufig die Gesamtlebensdauer der Maschine.

Hoch verdichtete Sintermetall-Lager haben für die meisten Verwendungsgebiete keine ausreichenden selbstschmierenden Eigenschaften mehr und die Verdichtung gestattet auch kaum noch eine Schmierung durch Filzringe über die Mantel- oder Stirnfläche. Solche Lager werden daher zweckmäßig genau so eingesetzt wie massive Gleitlager, wodurch sich hier weitere Ausführungen erübrigen.

Die Schrifttumsangaben über das für Sintermetall-Lager zweckmäßige Lagerspiel streuen erheblich, wie aus Abb. 237 zu ersehen ist. Das Bild zeigt die Ab-hängigkeit des Lagerspiels vom Bohrungsdurch-messer nach deutschen, ame-rikanischen und englischen Ar-beiten. Unter Lagerspiel ist hier der Unter-schied im Durch-messer zwischen Lagerbohrung und Welle ver-standen. Nach E. Falz[1] unter-scheiden wir zwischen Kalt-spiel (werkstatt-technische Aus-führung) und dem Warmspiel (im Betrieb). Falls nicht an-ders vermerkt, gelten die Kur-ven in Abb. 237 für das Kalt-spiel eingepreß-ter Buchsen. Be-sonders auffal-lend ist in dieser Zusammenstel-lung das große

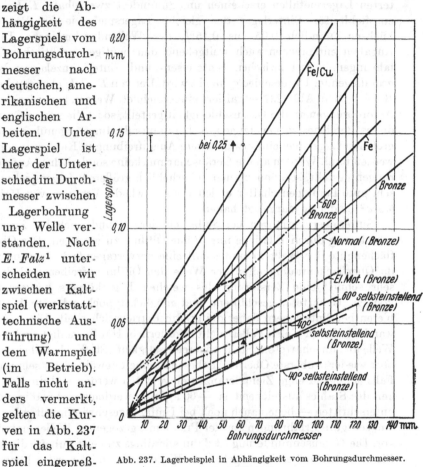

Abb. 237. Lagerbeispiel in Abhängigkeit vom Bohrungsdurchmesser.

×········× O. Hummel
– – – – – Compo
– ·– ·–·– E. Falz
———— Oilite
      E. Heidebroek
||||| 0,05—0,15% vom Wellen- φ, E. Rohde
  I   G. Wassermann u. R. Weber

Lagerspiel, mit dem E. Heidebroek[2] seine Versuche durchgeführt hat. Heidebroek vertritt die Ansicht, daß das Lagerspiel nicht ohne

---

[1] Falz, E.: Das Lagerspiel bei höheren Temperaturen, Petroleum (1934), Heft 2.
[2] Heidebroek: Zit. S. 338.

zwingenden Grund unter 0,2 bis 0,25% des Wellendurchmessers gewählt werden soll. In der Praxis werden aber heute bedeutend engere Lagerspiele bevorzugt. Die von *Oilite* (Chrysler Corporation) angegebenen großen Unterschiede zwischen den verschiedenen gesinterten Lagermetallen erscheinen uns zumindest zweifelhaft. *E. Rohde*[1] empfiehlt für Sinterlager das gleiche Lagerspiel wie für Rotgußbüchsen, nämlich 0,05 bis 0,15% des Wellendurchmessers. Diese Angaben entsprechen auch weitgehend den heutigen praktischen Erfahrungen, wobei zwischen Sintereisen- und Sinterbronzelagern kein grundlegender Unterschied gemacht wird. Der von *E. Rohde*[1] angegebene Bereich ist in Abb. 237 schraffiert eingezeichnet. Werden besonders hohe Anforderungen an die Geräuschlosigkeit gestellt, so ist die untere Grenze dieses Bereiches zu bevorzugen, wobei dann allerdings gegenüber einem größeren Lagerspiel eine etwas höhere Anlaufreibung in Kauf genommen werden muß. Werden an die Geräuscharmut keine sonderlichen Anforderungen gestellt, so können auch bei erheblich größerem Lagerspiel noch sehr gute Laufeigenschaften erzielt werden, wie die Versuche von *Heidebroek*[2] eindeutig dargelegt haben.

Sinterlager vermögen bei Selbstschmierung und auch bei Zusatzschmierung durch Filzringe nur dünne Ölfilme zu erzeugen. Der Oberflächengüte der Welle kommt somit eine hervorragende Bedeutung zu, da Oberflächenrauhigkeiten der Welle den Ölfilm aufreißen und dann sehr schnell eine Zerstörung des weichen Lagerkörpers hervorrufen können. Gehärtete, geschliffene und möglichst noch geläppte Wellen bieten bei Sinterlagern daher die größte Betriebssicherheit. Dieser Aufwand ist aber in vielen Fällen nicht erforderlich. Häufig genügt auch eine Welle aus ungehärtetem Stahl höherer Festigkeit (St. 60 11) wobei dann aber wieder sauberste Oberflächenbeschaffenheit gewährleistet sein muß. Falls genügend enge Ziehtoleranzen eingehalten werden und die Festigkeit des Stahles ausreichend ist — 60 kg/mm² werden zweckmäßig nicht unterschritten — liegen auch noch bei Umfangsgeschwindigkeiten bis zu 3 m/sec gute Erfahrungen aus der Praxis mit gezogenem Wellenmaterial vor. Die Geräuschminderung ist dann allerdings zumeist unbefriedigend. Bis zu welchem Bereich ungehärtete Wellen verwendet werden können, und wann unbedingt gehärtete Wellen vorgesehen werden müssen, kann nicht festgelegt werden, da bei jeder Konstruktion wieder ganz anders geartete Verhältnisse (Lagerabstand, Durchbiegung, Kantenpressung, seitlicher Zug oder Druck u. ä.) vorliegen können.

Zur Aufnahme des Axialschubes werden gehärtete und geschliffene Stahlscheiben empfohlen. Federscheiben haben sich ebenfalls gut bewährt. Die Scheiben sollen im Festsitz auf der Welle gegen die Stirnfläche des Lagers laufen. So werden die selbstschmierenden Eigenschaften des

---

[1] *Rhode:* Zit. S. 324. — [2] *Heidebroek:* Zit. S. 338.

Sinterlagers auch gegenüber der Anlaufscheibe ausgenutzt und Geräusch-bildung und Reibung auf ein Mindestmaß herabgesetzt. Noch günstigere Reibungsverhältnisse werden erzielt, wenn der Axialschub einseitig durch eine Kugel abgefangen werden kann. Mittels einer Schraube oder einer Feder kann dann das Axialspiel sehr genau eingestellt werden.

Der kalibrierten Bohrung ist auf Grund von Erfahrungswerten und auch nach Ergebnissen von Prüfstandsversuchen (*E. Heidebroek*[1]) gegen-über der spanabhebend nachbearbeiteten Bohrung der Vorzug zu geben, da bei spanabhebender Bearbeitung die Gefahr gegeben ist, daß ein Teil der Poren zugeschmiert oder zugedrückt wird und damit die selbstschmierenden Eigenschaften des Lagerkörpers verschlechtert werden. Eine äußere Bearbeitung ist dann ohne Einfluß, wenn die bearbeiteten Flächen nicht als Laufflächen oder zur Zusatz-schmierung verwendet werden. Bei der Be-arbeitung aller Flächen, deren Porosität er-halten bleiben soll, ist größte Sorgfalt und viel Erfahrung erforderlich, die in der Abb. 238 für die Bearbeitung poröser Sintermetalle zusammengestellt ist.

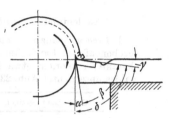

Freiwinkel α	$= 8°$
Keilwinkel β	$= 72°$
Schnittwinkel δ $(\alpha + \beta)$	$= 80°$
Spanwinkel γ $(90°\text{-}\delta)$	$= 10°$
Einstellwinkel	$= 45°$

Abb. 238. Bearbeitung v. Flächen mit Porosität.

b) Fertigungsmöglichkeiten. Können die Lager nicht einbaufertig bezogen werden, so können auch Halbrohlinge (mit kalibrierter Bohrung) oder Vollrohlinge zur Selbstbearbeitung geliefert werden. Die Lieferung von Stangenmaterial ist aus fertigungstechnischen Gründen nicht möglich. Es können nur verhältnismäßig kurze Abschnitte bis zu einer maximalen Länge, die etwa dem dreifachen Durchmesser ent-sprechen, hergestellt werden.

Sinterlager sind auf Grund ihrer Herstellungsweise Massenerzeugnisse. Ihre Fertigung stellt zwar große Anforderungen an den Werkzeugbau, ermöglicht aber auch erhebliche Werkstoffeinsparungen. Diese Werkstoff-einsparungen sind einmal herstellungsmäßig durch das Verpressen von Metallpulvern zu fertigen Formteilen bedingt, wobei kein Abfall, wie beispielsweise Drehspäne oder Schmelzrückstände auftritt, zum anderen durch die Möglichkeit, hochwertige Buntmetalle gegen Eisen auszu-tauschen. Das Fertigungsprogramm ist überaus vielseitig. Hergestellt werden Zylinderlager, Bundlager, Kalottenlager, Halbschalenlager und Gleitlager in Kugellagerabmessungen als Ein- und Zweiringlager (Abb. 239, 240 und 241).

Lager mit Bohrungsdurchmessern bis zu etwa 100 mm werden vor-nehmlich ohne spanabhebende Nacharbeit fertiggepreßt und auf

---

[1] *Heidebroek:* Zit. S. 338.

Toleranzmaß kalibriert. Bei größeren Lagertypen herrscht die spanabhebende Nacharbeit vor, da das Kalibrieren so großer Lager erhebliche Schwierigkeiten bereitet und ihr stückzahlenmäßiger Bedarf auch meist zu gering ist, als daß sich die Herstellung der erforderlichen kostspieligen Gesenke zum Fertigpressen und Kalibrieren lohnt.

Die Gesenkfrage ist überhaupt von entscheidender Bedeutung für die Herstellung von Sinterlagern, da zu einer genauen Fertigung für jede Lagertype ein Preß- und ein Kalibriergesenk vorhanden sein

Zahlentafel 8. *Bearbeitungsrichtlinien für poröse Sintermetall-Lager*[1].

1. *Drehen.* Spanabhebende Bearbeitung erfolgt zweckmäßig mit Hartmetall H 1, gegebenenfalls S 1 auf schnellaufenden, gut gelagerten Maschinen. Der Zerspanungscharakter entspricht etwa Leichtmetallguß. Über die Einspannung des Schneidstahles unterrichtet Abb. 238.

Schnittbedingungen	Schruppen	Schlichten
Schnittgeschw.	180—220 m/min.	140—200 m/min.
Vorschub	0,20—0,30 mm/U.	max. 0,10 mm/U.
Spantiefe	bis 2 mm	0,1—0,4 mm

2. *Schleifen.* Das Schleifen erfolgt zweckmäßig bei Umfangsgeschwindigkeiten zwischen 28 und 32 m/sec. mit Siliziumkarbidscheiben, deren Körnung, bei Härte K, zwischen 60 und 80 liegen soll.

3. *Spannen.* Das Spannen der Teile hat entsprechend den geringen zulässigen Schnittdrücken äußerst vorsichtig und leicht zu erfolgen. Die Bearbeitung der Bohrungen geschieht am besten in Spannzangen oder Spreizringen. Die Spannung im Dreibackenfutter ist nur zulässig bei Wandstärken über 10 mm. Für die Bearbeitung des Außendurchmessers können zum Schruppen kraftspannende Futter verwendet werden. Für Schlichten und Feinschlichten empfiehlt sich die Aufnahme des Teiles auf fliegende Dorne oder Dorne zwischen Spitzen. Die Dorne werden wie üblich mit einer Konizität von 0,02 mm auf 200 mm Länge hergestellt.

4. *Kühlung.* Die Kühlung soll keinesfalls durch Bohrölemulsion oder Schneideöl erfolgen; erstere führen zum Rosten der Kapillaren des Werkstoffes, durch Rückstände wird in beiden Fällen das Tränköl verdorben. Zur Kühlung ist, sofern eine solche wünschenswert erscheint, Preßluft zu verwenden, wobei 1,5—2,0 atü Leitungsdruck ausreichend sind. Durch die Preßluft wird außerdem das Werkzeug und Werkstück rein gehalten.

5. *Bohren.* Beim Bohren ist vor dem Austritt des Bohrwerkzeuges der Vorschub auf ein Mindestmaß herabzusetzen. Für das Spannen und die Werkzeuge gilt das unter *Drehen* gesagte.

6. *Nachbehandlung.* Nach der spanabhebenden Bearbeitung ist eine sorgfältige Reinigung von Spänen und sonstigen Bearbeitungsrückständen erforderlich. Zweckmäßig ist ein Waschen in Tränkungsöl. Grundsätzlich sind alle Teile nach dem Reinigen bzw. vor dem Einbau nochmals in Öl zu tränken. Das Öl wird dabei auf 70—80° C erwärmt und die Teile je nach Wandstärke 5—24 Stunden darin belassen.

---

[1] Ringsdorff-MK-Lager, Druckschrift 143.

müssen. Das Kalibrieren im Preßgesenk ist im Hinblick auf den Glühschwund und dem Werkzeugverschleiß beim Pressen der Lager nur in Ausnahmefällen bei hinreichend großen Toleranzbereichen möglich.

Die Abmessungen der von den einzelnen Firmen hergestellten Lagerreihen sind noch ziemlich willkürlich und weitgehend durch die im Laufe der Jahre aufgetretenen Kundenwünsche bedingt. Die im Fachverband für Pulvermetallurgie zusammengeschlossenen

Abb. 239. Zylinderlager in Kugellagerabmessungen. Bundlager usw.

Sintermetallhersteller haben aber für die verschiedenen Lagertypen Normreihen ausgearbeitet, wobei DIN 147 und DIN 148 als Grundlage dienten. Es ist jedem Verbraucher bei Neukonstruktionen, für die Sinterlager vorgesehen sind, dringend anzuraten, sich rechtzeitig mit den einschlägigen Firmen in Verbindung zu setzen, um so weit wie eben möglich kostspielige Sonderwerkzeuge zu vermeiden. Für Spezialzwecke werden aber auch zukünftig noch Sonderabmessungen verlangt werden müssen. Sollen sich die

Abb. 240. Zweiringlager in Kugellagerabmessungen.

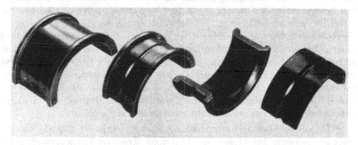

Abb. 241. Stützschalenlager aus Sintereisen (nach *Th. Hövel*).

hierfür aufzuwendenden Werkzeugkosten lohnen, so sind für kleine Lager bis zu einem Stückgewicht von etwa 10 g Stückzahlen von

23 Kühnel, Gleitlager. 2. Aufl.

20- bis 30 000 Voraussetzung. Bei einem Einsatzgewicht von annähernd 50 g lohnen sich Sonderwerkzeuge im allgemeinen von etwa 10 000 Stück an, und bei Lagern mit einem Einsatzgewicht über 200 g lassen sich die Gesenkkosten zumeist schon bei 1000 Stück wirtschaftlich amortisieren.

Erwähnt sei abschließend noch, daß solche Lager in Sonderabmessungen zweckmäßig so zu konstruieren sind, daß sie fertiggepreßt werden können, da spanabhebende Nacharbeit Sinterlager leicht um das Mehrfache ihres ursprünglichen Preises verteuern kann. Der vorherrschende Gesichtspunkt für die Konstruktion ist der, daß das gepreßte Lager nach oben oder unten aus dem Gesenk ausgestoßen werden muß. Unterschneidungen, wie einspringende Winkel oder Gewinde, sind somit preßtechnisch nicht möglich. Weiterhin bereiten große Querschnittsunterschiede in der Preßrichtung, die zumeist in Richtung der Bohrung verläuft, erhebliche Schwierigkeiten, da die Pressen, wenn eben möglich, automatisch gefüllt und dann vor Beginn des Preßvorganges oben abgestrichen werden. Große Querschnittsunterschiede bedingen aber bei einem Verdichtungsverhältnis von etwa 2,5 zu 1 stark unterschiedliche Füllräume, die entweder ein Abstreichen des gefüllten Gesenkes unmöglich machen oder sehr schwierig herzustellende und kostspielige Werkzeuge voraussetzen.

Aus all diesen Gründen ist es den Verbrauchern dringend zu empfehlen, bei Sonderausführungen rechtzeitig mit den Sintermetallherstellern Verbindung aufzunehmen, um beide Seiten vor unnötigen Schwierigkeiten und Kosten zu bewahren.

c) Anwendungsmöglichkeiten. Die Verwendung von porösen Sintermetall-Lagern ist unter nachfolgenden Gesichtspunkten besonders erfolgversprechend:

a) Bei schwieriger Schmierstoffzuführung. Diese Schwierigkeiten können einmal in der Art der Bewegung liegen, wie beispielsweise bei Pendelbewegungen oder auch bei umlaufenden Bewegungen mit besonders niedriger Gleitgeschwindigkeit. Unter der zuletzt genannten Betriebsbedingung vermögen Sinterlager mehrfach höhere Lagerdrücke als massive Gleitlagerwerkstoffe auszuhalten. Die Schwierigkeiten der Schmierstoffzuführungen können aber auch in der Art des Einbaues der Lagerstelle begründet sein, wenn zu wenig Platz für eine Schmierstoffreserve vorhanden ist oder die Lagerstelle zur Nachschmierung nicht zugänglich ist. Weiterhin besteht noch die Möglichkeit, daß es sich um die Lagerung von Geräten handelt, bei denen damit gerechnet werden muß, daß sie aus Unkenntnis oder Nachlässigkeit des Benutzers nicht nachgeschmiert werden.

b) Dort, wo Geräuschminderung verlangt wird. — Gerade dieser Gesichtspunkt steht heute bei vielen Haushaltsmaschinen im Vordergrund. Da Haushaltsgeräte häufig elektrisch angetrieben werden, dehnt sich die Forderung der Geräuschlosigkeit auch auf den einschlägigen Elektromotorenbau aus. Daher haben Sintermetall-Lager für kleine und mittlere Elektromotoren heute eine erhebliche Bedeutung. Sie bilden hier eine ernste Konkurrenz zu den Kugellagern.

c) Dort, wo von den Lagerstellen möglichst große Sauberkeit verlangt wird. Dieser Gesichtspunkt ist beispielsweise überaus wichtig für den Textilmaschinenbau (Ölspritzer im Gewebe), für Druckereimaschinen und für die Nahrungsmittelmaschinen-Industrie.

d) Dort, wo einbaufertige Lager in großen Mengen bezogen werden sollen. Wie *W. Katz*[1] ausführt, setzt die Selbstherstellung von Gleitlagern aus bezogenen Buchsen oder Rohren einen umfangreichen Maschinenpark voraus, der beim Bezug fertiger Sinterlager wegfällt oder für andere Fertigungsmöglichkeiten frei wird. Der Verbraucher kann somit erhebliche Maschineninvestitionen einsparen.

Diesen Vorteilen stehen bei porösen Sintermetall-Lagern nachfolgende Einschränkungen der Verwendungsmöglichkeiten gegenüber:

1. Sie haben eine geringere Festigkeit als entsprechende Massivlager.

2. Sie sind empfindlich gegen stoßartige Beanspruchung.

3. Sie können keine merkliche Kantenpressung vertragen.

4. Sie verlangen häufig beim Einbau sehr hohe Präzision.

5. Sie sind bei Umfangsgeschwindigkeiten über 5 m/sec nur noch bedingt brauchbar.

Es ist auf Grund dieser Darlegungen müßig aufzuzählen, in welchen Geräten und Maschinen Sintermetall-Lager bisher mit Erfolg verwendet wurden; denn praktisch lassen sich Sinterlager in nahezu allen Zweigen des Maschinenbaues erfolgversprechend verwenden, wenn die hierzu erforderlichen Voraussetzungen geschaffen werden. Die von *O. Hummel*[2] herrührende Zusammenstellung von Anwendungsbeispielen, die in Zahlentafel 9 wiedergegeben ist, soll daher auch nur als Anregung gelten.

Massive Sinterlager mit hohen Graphitgehalten haben sich bisher vornehmlich bei hohen Temperaturen im Gebiet zwischen 150 und 200° bewährt, wobei um 150° häufig noch eine gewisse Zusatzschmierung mit hochviskosen Ölen erfolgen kann, während die Schmierung im Temperaturgebiet um 200° allein durch den eingepreßten Graphit und evtl. Zusatzmetalle erfolgt.

Offen gelassen wurde bisher noch die Frage, wo zweckmäßig Eisenlager und wo besser Sinterbronzelager verwendet werden. Billiger ist das Sintereisenlager. Vorteilhaft für das Bronzelager ist, daß es auch mit Graphitzusatz hergestellt wird, und daß es in dieser Ausführung besonders geräuscharm ist. Diese Möglichkeit besteht allerdings auch für Sintereisenlager. Nur hat man bisher noch keinen Gebrauch davon gemacht. Das Bronzelager muß ferner dort eingesetzt werden, wo das Eisenlager aus Korrosionsgründen ausscheidet.

Die Hauptursache für die immer noch sehr starke Bevorzugung des Sinterbronzelagers ist aber bei vielen Verbrauchern in der Tradition zu sehen, die die Bronze nun einmal als Lagerwerkstoff hat, ein Gesichtspunkt, der für Sintermetall-Lager in keiner Weise mehr gerechtfertigt ist.

---

[1] *Katz, W.:* Metall 3 (1949) S. 295/96. — [2] *Hummel, O.:* Metallw. 19 (1940) S. 979/83.

Zahlentafel 9. *Anwendungsbeispiele für poröse Sintermetalle in den verschiedensten Industriezweigen (O. Hummel)*[1]

Industriezweig	Beispiele für die Anwendung von Sintermetallen
Maschinenbau:	Schwinglager mit nur geringer Belastung, Getriebe- und Gleitlager für kleine Stirn- und Schneckenräder mit schleichenden Gleitgeschwindigkeiten zwischen 0,1 und 1 m/sec. bei geringen Flächenpressungen. Gestängerundführungen, Hebellagerungen, Lager für Hand- und Betätigungsräder, Lager für Schaltgestänge, Gleitsteine, Kulissensteine
Automobilbau:	Lager für Kupplungen, Pedalwellen, Bremswellen, Schalthebel, Steuerwellen, Gestänge, Anlasser, Scheibenwischer, Zündverteiler, Servobremsen, Anzeige- und Meßgeräte.
Flugzeugbau:	Lager für Steuerungsbetätigung, Steuerseilleiträder, Schalthebel.
Lokomotivbau:	Lager für Bremsgestänge, Umsteuergestänge, Führungsstücke, Kulissenbetätigung.
Werkzeugmaschinenbau:	Nebenlager für Fräs- und Bohrwerke, Stanzen, Pressen, Drehbänke, Lünettenfutter.
Elektromaschinenbau:	Lager für Kleinventilatoren, Haushaltmaschinen, Haarschneidemaschinen, Haartrockenapparate, Nähmaschinen, Bohnermaschinen, Staubsauger, Kühlschränke, Waschmaschinen, Zählergeräte, Schalt- und Meßgeräte.
Landmaschinenbau:	Lager für Häckselmaschinen, Handmühlen, Drehzapfenlager für Ackerwagen und Erntewagen, Lager für Grasmäher, Strohpressen und für die in Frage kommenden Betätigungsorgane.
Hebezeuge und Förderbau:	Lager für Spindelwellen, kleine Flächenpressungen, Flaschenzüge, Seilrollen, Transportkettenräder, Nebenlager für Förderbänder, Becherwerke, Krane, Hubwerke, Fördermaschinen.
Apparatebau:	Lager für Kupplungen, Regulatoren, Signaleinrichtungen, Betätigungsorgane, langsame Rührwerke.
Feinmechanik:	Lager für Laufwerke, Automaten, Regler, Schaltgeräte, Filmgeräte.
Sonstige Verwendungsgebiete:	Lager für Kinderwagen, Tretroller, Dreiräder, Teewagen, Verkaufswagen für Bahnhöfe, Abstell- und Montagewagen, Türangeln.

[1] Nach *R. Kieffer*, und *W. Hotop*: Pulvermetallurgie und Sinterwerkstoffe, Berlin: Springer 1943 S. 341.

I. Gußeisen.

Von Dipl.-Ing. **W. Meboldt**, Mannheim
und Rb.-Dir. i. R. Dr.-Ing. **R. Kühnel**, Minden.

Mit 14 Abbildungen.

1. Allgemeines.

Für gleitende Reibung ist Gußeisen seit langem als geeigneter Werkstoff bekannt. Man darf nur an seine häufige Verwendung in den Schieber-
und Kolbenringen der Dampf-
maschinen und Motoren erinnern.
Aber auch seine Anwendung als
Vollager geht in die Anfänge des
Dampfmaschinen- und Fahrzeug-
baus zurück. Die steigenden Belastungen und Geschwindigkeiten
stellten ihm aber zu hohe Anforderungen, denen die inzwischen bekannt gewordenen Weißmetalle und
gewisse Bronzen besser gewachsen
waren. In den Zeiten der Rohstoffschwierigkeiten nach 1930 fand sich
aber u. a. ein Anwendungsbereich

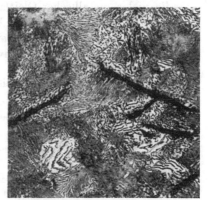

Abb. 242. Perlitisches Gußeisen.

mit den für Gußeisen gerade gut
geeigneten kleineren Drücken und
Geschwindigkeiten — das war der
Landmaschinenbau. Es ist den Bemühungen der Fa. Lanz zu danken,
daß dieses Anwendungsgebiet dem
Gußeisen sozusagen neu erobert
wurde und ihm auch über die
Zeiten der Rohstoffnot hinaus erhalten bleiben konnte.

2. Aufbau.

Da Graphit eine schmierende
Wirkung ausübt, sollte man annehmen, daß die Sorten mit gröbster

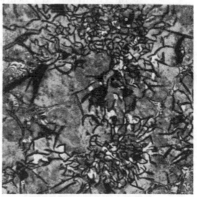

Abb. 243. Sondergußeisen.

Graphitausbildung bevorzugt angewendet würden. Das ist aber nicht
der Fall. Sie sind in der Regel zu wenig verschleißfest. Daher zieht
man ein perlitisches Gefüge vor (s. Abb. 242).

Nach dem alten DIN-Blatt 1691 sind das die Sorten Ge 18, Ge 22 und gelegentlich Ge 26 (heute GG 18 usw. im DIN-Blatt 1691 v. Nov. 49 bezeichnet). Mit Sondergußeisen, das Graphit in eutektischer Ausbildung enthält (ähnlich Abb. 243), sind ebenfalls gute Gleiteigenschaften erzielt worden.

3. Mechanische Eigenschaften.

Die Zugfestigkeit bildet die Grundlage für die Bewertung der Gußeisensorten im Normblatt. Für die Verwendung als Gleitlagerwerkstoff hat sie jedoch weniger Bedeutung. Maßgebend ist neben dem Aufbau die Härte. Diese liegt bei den für Lager verwendeten Gußeisensorten etwa zwischen 180 und 230 Brinell und ist damit 5—6 mal so hoch wie die vieler metallischer Gleitlagerwerkstoffe. Diese ohnehin schon sehr hohe Härte sinkt auch in der Wärme bis zu etwa 150°, wie sie für Lager im allgemeinen als Höchstgrenze anzusetzen ist, kaum ab, und daher bleibt Gußeisen in seiner Anwendbarkeit für Lagerzwecke beschränkt.

4. Bearbeitung und Schmierung.

Infolge der eben erwähnten höheren Warmhärte verformt sich die Oberfläche des Ausgusses beim Einlauf nur sehr wenig, weicht bei

Bearbeitungswerte für Graugußlager

Schnittgeschwindigkeit für Vordrehen und Schruppen, Fertigdrehen oder Schlichten	Ge 18.91	Ge 26.91
	50 — 60 m/min 100 — 120 „ „	35 — 50 m/min 80 — 100 „ „
Vorschub beim Vordrehen oder Schruppen, Fertigdrehen oder Schlichten	$s = 0,4$ mm/Umdr. $s = 0,15$ „ „	$s = 0,4$ mm/Umdr. $s = 0,25$ „ „

Spantiefe beim Fertigdrehen oder Schlichten	0,3 – 0,4 mm
Bohren mit Senker aus Schnellschnittstahl	$v = 12$ m/min $s = 2$ mm Umdr.
Reiten mit Reibahlen mit Schnellschnittschneiden maschinell oder von Hand	$v = 10$ m/min $s = 2$ mm Umdr.

Schleifen mit Carborundumscheiben:

	Körnung	Härte	Umfangsgeschwindigkeit
Innenschliff	36/60 comb.	K — L	10 — 20 m/s
Außenschliff	24/30/46 comb.	Jot bis K	25 — 30 m/s

Kantenpressung nicht aus und greift den Wellenwerkstoff üblicher Zusammensetzung leicht an. Besonders gute Bearbeitung muß also diese nachteilige Eigenschaft ausgleichen, und es muß für eine weitgehende Einebnung der Lauffläche schon vor dem Einlauf und für

gute Schmierung gesorgt werden. Auf einwandfreien Zustand der Schneid-
werkzeuge ist ständig zu achten. Die Einhaltung möglichst großer
Schnittgeschwindigkeit bei
kleinem Vorschub und ge-
ringer Spantiefe ist notwendig,
damit die Kristalle glatt ab-
geschert werden und sich
nicht lockern; nur dann kann
das nun folgende Abziehen
mit Schmirgelleinen und
Öl eine gute Einlauffläche
schaffen. Die umstehende
Tafel enthält eine Zusammen-
stellung der Richtlinien für die Bearbeitung.

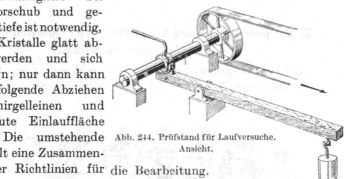

Abb. 244. Prüfstand für Laufversuche.
Ansicht.

5. Formgebung.

Kurze Lager im richtigen Verhältnis von Lagerlänge zu Lagerbreite,
niedrige Belastung und niedrige Geschwindigkeit müssen eingehalten
werden, wenn ein guter Lauf der gußeisernen Lager gewährleistet
bleiben soll.

6. Prüfstandsversuche.

Zunächst begann man mit Prüfstandsversuchen erste Erfahrungen
für die Anwendung des Werkstoffs zu sammeln. Die Abb. 245 zeigt
das Prüfgerät, weitere Ausführungen dazu erübrigen sich.

Da derartige Lauf-
versuche verhältnis-
mäßig lange Zeit in An-
spruch nehmen, so wurde
ein Prüfstand nach
Abb. 246 mit fünf La-
gern erbaut, auch hier
erübrigt sich eine wei-
tere Beschreibung.

Die Abb. 247 enthält
Versuchsergebnisse für
Ge 18 und GSH im
Vergleich zu Zinnbronze.
Es ist hier die ertragene
Belastung bis zum Ein-

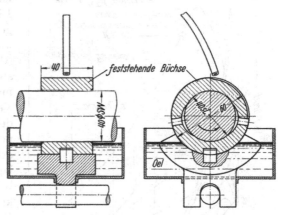

Abb. 245. Prüfstand für Laufversuche. Schnitt.

tritt des Fressens aufgetragen. Vier verschiedene Arten der Schmierung
sind angegeben.

In der Abb. 248 sind bei kleiner Geschwindigkeit und bester Schmierung auf dem Prüfstand erzielte Belastungshöchstwerte von Ge 26 und GBz 14 für verschiedene Bearbeitungsarten eingezeichnet.

7. Beispiele praktischer Verwendung von Gußeisen in Lagern des Landmaschinenbaus.

a) **Grauguß gegen Grauguß.** Graugußlager gegen Graugußbüchse bei Strohpresse Abb. 249. Seit 1937 sind bei Strohpressen sämtliche Lager, die früher aus Bronze oder Rotguß gefertigt wurden, auf Gußeisen umgestellt. Auf der Abbildung ist noch Ge 26 angegeben, man kam aber später mit Ge 18 aus.

Abb. 246. Fünffacher Prüfstand für Laufversuche.

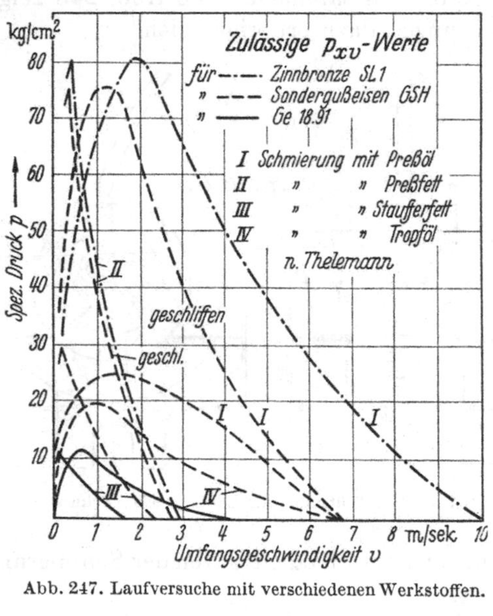

Abb. 247. Laufversuche mit verschiedenen Werkstoffen.

Graugußexzenter Ge 26 gegen Graugußexzenter Ge 26 beim Regler eines Schleppers, Abb. 250. Ein loser Exzenter läuft hier gegen einen festen in hin und her gehender Bewegung. Ähnlich bewährten sich Gleitsteine und Ringe bei Dreschmaschinen. Mit Rücksicht auf Verschleiß durch Staub wurde der Grauguß in diesem Falle noch in Öl gehärtet. — Vorderachse des Dreschmaschinenlagers, Abb. 251: Die Lagerbelastung beträgt hier 100 kg/cm², jedoch nur geringe Drehbewegung um 5°. Fettschmierung: Büchse aus Ge 26, auf die Welle aufgepreßt, gegen Lager aus Ge 18.

b) Grauguß gegen Stahl. Achslagerung eines Kartoffelroders Abb. 252.
Achse St 60 in Laufbuchsen Ge 18 von 40 mm Durchmesser und 75 mm

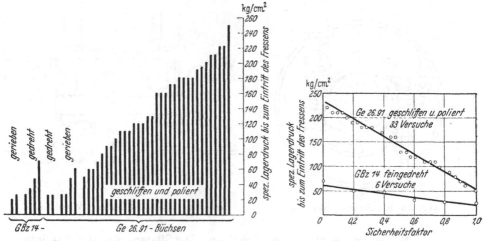

Abb. 248. Höchstbelastung bei Laufversuchen mit Ge 26 und GBz 14.

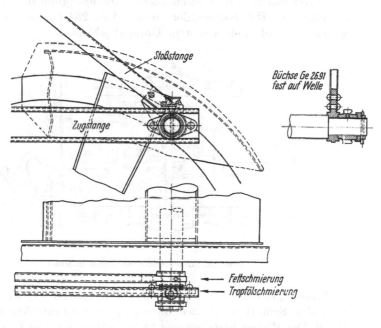

Abb. 249. Strohpresse mit Gußeisenbuchsen.

Länge. Schmierung durch Schleuderwirkung des Zahnrads. Belastungen und Geschwindigkeiten sind in der Abb. 252 vermerkt.

Stößelbüchse aus Ge 26 gegen Stößel aus C 16 61, Abb. 253 links,
Schaltdeckel aus Ge 18 gegen Schaltbolzen aus St 50, Abb. 253 rechts.

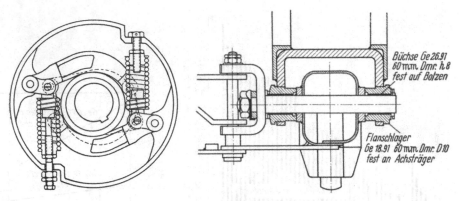

Abb. 250. Regler eines Schleppers.   Abb. 251. Dreschmaschinenlager: Vorderachse.

Schlepper: Steuerung und Schaltung. Die Steuersäule, Abb. 254 links,
aus St 50 macht beim Fahren leichte Drehbewegung in der Grauguß-
führung. Die Differentialräder in der Abb. 254 rechts aus einsatzge-
härtetem Stahl drehen sich in Graugußgehäusen.

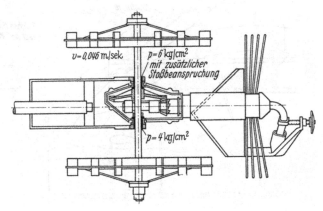

Abb. 252. Kartoffelroder mit Gußeisenbuchsen.

Bindegerät eines Schlepperbinders Abb. 255 rechts. Die Abbildung
zeigt den Schnitt durch den Bindearm mit 8 Graugußlagerstellen aus
Ge 18. Die Wellen bestehen aus St 50. Belastungen und Geschwindigkeiten sind in der Abbildung vermerkt.

Achsschenkelgelenk einer Dreschmaschine, Abb. 255 links. Die
Werkstoffe sind in der Abbildung vermerkt. Belastung 38 kg/cm².

Fettschmierung, zusätzliche Stoßbeanspruchung, jedoch seltene Drehbewegung bis 50°.

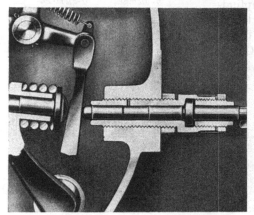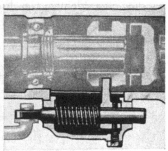

Abb. 253. Stößelbuchse. Schaltdeckel.

8. Zusammenfassung.

Die genannten Beispiele, denen sich noch weitere beifügen ließen,
haben gezeigt, daß Gußeisen als Gleitlagerwerkstoff anwendbar ist. In
vielen Fällen wird man mit Ge 18 und vielleicht auch noch mit einer
ungehärteten Welle auskommen. Bei Ge 26 ist dagegen eine gehärtete
Welle unvermeidbar. Feinstbearbeitung, bei Ge 26 Schleifen und Honen

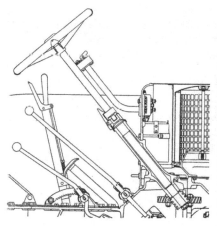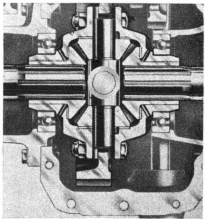

Abb. 254. Schlepper: Steuerung und Schaltung mit Graugußbuchsen.

ist notwendig. Gute Schmierung und entsprechende Formgebung des
Lagers ist Voraussetzung für
einwandfreien Lauf. Auch dann
bleibt das Gußeisen empfindlich und darf nur bei kleinen
Lagerdrücken als Ge 18 bis zu
10 kg/cm² darüber als Ge 26
und bei kleinen Geschwindig-

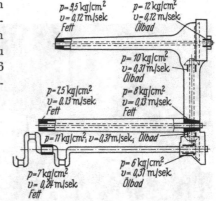

Abb. 255. Links: Achsschenkelgelenk einer Dreschmaschine.
Rechts: Bindegerät eines Schlepperbinders.

keiten — am besten nicht über 2—3 m/s angewendet werden. Als Ersatz
für Rotmetalle kommt es ebenfalls in Frage. Gegen Preßstoff mit
Textileinlagen ist es auch zu verwenden.

Dritter Teil.

Nichtmetallische Werkstoffe.

A. Holz.

Von Obering. **J. Arens**, Saarbrücken.

Mit 15 Abbildungen.

1. Allgemeines.

Bis etwa 1850 war Holz der Lagerwerkstoff der Maschinen und Fahrzeuge. Auch heute noch sind viele Gleitlager und Gelenke aus Holz in Betrieb.

Man kann sich heute vorstellen, daß Stevenrohrlager aus anderen Werkstoffen als Pockholz betriebssicher hergestellt werden können[1]. Es wurde auch des öfteren über den erfolgreichen Austausch des Pockholzes durch Gummi, Hartgewebe usw. bei diesen Lagern berichtet, aber trotzdem wird fast überall wieder Pockholz für die Stevenrohrlagerung bei See- und Flußschiffen verwendet, Abb. 256 und 257.

Das 1839 in Betrieb gesetzte erste amerikanische kontinuierliche Walzwerk arbeitete mit ausgebüchsten Holzlagern, die mit Wasser und Talg geschmiert wurden.

Vermutlich wurden erstmalig 1842 an einer kontinuierlichen Walzenstraße die von Isaac Babbit erfundenen (Patent aus dem Jahre 1839) Weißmetall-Lager verwendet.

Ab 1900 wurden die Lager-Metalle B r o n z e u n d W e i ß m e t a l l so verbessert, daß ihre Verwendung auch in den Walzwerken immer stärker erfolgte, so daß um 1920 nur noch wenige der alten Holzlager in Gebrauch waren. Die meisten Walzwerke arbeiteten mit Weißmetall- oder Bronzelagern oder einer Verbindung zwischen diesen beiden Metallen.

Wenige Jahre später griff man hier wieder auf die Hartholzlager zurück, obwohl gleichzeitig die Wälzlager in steigendem Maße in Walzwerksbetrieben angewendet wurden.

---

[1] *Sass, F.:* Eine neue Stevenrohr-Abdichtung für See- und Flußschiffe. Konstruktion 2 (1950) H. 11 S. 322/23.

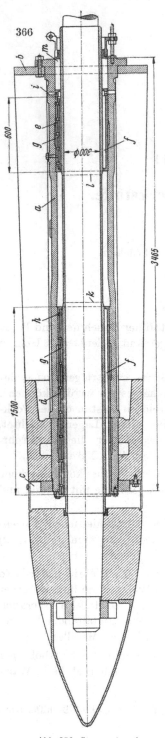

Abb. 256. Stevenrohr mit
Pockholzlagerung.

Von 1931 an verdrängte der Kunstharz-Preßstoff immer mehr die bis dahin
üblichen Metall- und Holzlager, bis dann
während des Krieges wiederum die verbesserten Holzlager, d. h. also Lager aus
vergütetem Holz, teilweise die Preßstofflager verdrängten.

Man sieht daraus, daß die Verwendung
von Holz als Gleitlagerwerkstoff beinahe
einen vollkommenen Kreislauf gemacht hat.

Für Gleitlager mit Betriebstemperaturen
unter 70° C, die reichlich mit Wasser gekühlt und geschmiert werden können,
gegebenenfalls bei gleichzeitiger Zugabe

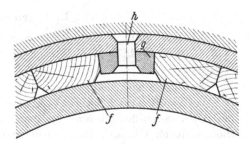

Abb. 257. Schnitt durch Pockholzstäbe mit Sicherungsleiste.

geringer Mengen geeigneter Schmiermittel,
eignen sich ganz besonders gut die Hart-
hölzer, wie z. B. Pockholz, Quebracho,
Eisenholz usw.

Aber auch mit Gleitlagern aus Akazienholz und vergüteten einheimischen Holz-
sorten hat man unter diesen Voraussetzungen
ganz beachtliche Erfolge erzielt.[1]

Bei den kleineren und mittleren Walzenzapfenlagern der Stahlwalzwerke verdrängten ab 1926 die Pockholzlager die
zu der Zeit üblichen Bronzelager. Später
wurden die Pockholzlager an diesen Stellen
durch Lager aus Kunstharz-Preßstoffen ersetzt, da Pockholz Mangelware geworden
und die Lebensdauer der Preßstofflager
größer als die der Pockholzlager war, so

daß sich durch den höheren Preis der Preßstofflager keine höheren Lagerkosten je Tonne Walzgut ergaben[1].

Die bis 1943 gesammelten Erfahrungen mit solchen Walzenzapfenlagern aus vergütetem einheimischem Holz ermöglichen es heute, Walzenzapfenlager aus vergütetem Holz in Betrieb zu nehmen, die wirtschaftlicher sind als Preßstofflager und sogar eine größere Lebensdauer haben als die unter den gleichen Bedingungen laufenden Preßstofflager, so daß z. Zt. wieder der Lagerwerkstoff Holz den Preßstoff an vielen Lagerstellen verdrängt.

Durch besondere Behandlung mit nicht oxydierenden Schmiermitteln stellt man aus Hartholz einen selbstschmierenden Lagerwerkstoff her

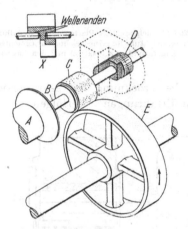

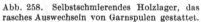

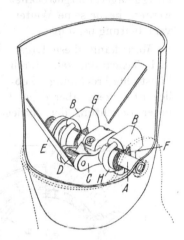

Abb. 258. Selbstschmierendes Holzlager, das rasches Auswechseln von Garnspulen gestattet.

Abb. 259. Selbstschmierendes Holzlager in einem künstlichen Kniegelenk.

(wartungsfreies Lager siehe Abb. 258 und 259), der für manche Verwendungszwecke nahezu unentbehrlich ist[2].

So war ein solches wartungsfreies Lager 1950 bereits 31 Jahre ständig in Betrieb, eine Lebensdauer, die mit anderen Gleitlagerwerkstoffen selten jemals erreicht worden ist.

Will man mit Erfolg Holz als Lagerwerkstoff verwenden, dann müssen nicht nur geeignete Betriebsbedingungen vorliegen, sondern man muß auch bei der Lagerkonstruktion die besonderen Eigenschaften dieses Lagerwerkstoffes berücksichtigen.

---

[1] *Cramer, H.:* Walzenlagerung in Holz und Kunstharz. St. u. E. 57 (1937) H. 17 S. 437/441.

[2] *Mellor, H. C.:* Modern Applications of Precision Wood Bearings Machinery 76 (1950) Nr. 1949 S. 304/09.

2. Auswahl und Behandlung.

Holz, das zu Lagern verarbeitet werden soll, wird sorgfältig ausgewählt.
Es muß gesund, kernig, astfrei und frei von Rissen und Sprüngen sein,
ein gleichmäßiges und dich-
tes Gefüge aufweisen, und
seine Fasern müssen fest
aneinander haften.

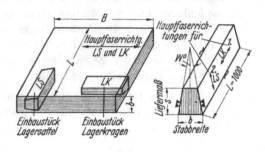

„*Frischgeschlagenes (grü-
nes) Holz darf nie sofort zu
Lagern verarbeitet werden.*"
Es muß 3 bis 5 Jahre sorgfältig gelagert und getrocknet
werden, bevor seine Weiterverarbeitung beginnt.

Man kann diese Lager-
und Trocknungszeit durch
künstliche Trocknung erheb-

Abb, 260. Schichtpreßholz-Platten mit Darstellung der
Hauptfaser-Richtung und eingezeichneten Segmentstücken
für den Lagergrund (Lagersattel) und den Lagerkragen.

lich abkürzen, aber diese künstliche Trocknung hat sehr vorsichtig
unter Beachtung der vorliegenden Erfahrungen zu erfolgen.

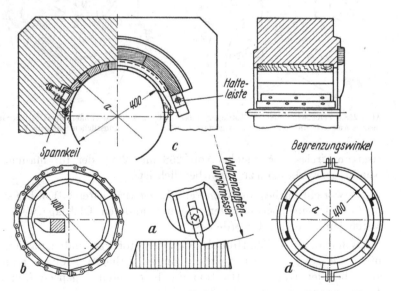

Abb. 261. Bearbeitung von Lagern aus Preß-Vollholz und Schicht-Preßholz
sowie ein zusammengebautes Lager.

Nach dem Lagern und Trocknen beginnen die Arbeiten, die hauptsächlich das Ziel verfolgen, das Holz weitgehendst volumen- und

witterungsbeständig zu machen. Man versucht, die Poren des Holzes mit Leinöl, Kunstharzen, Nitrolacken oder nicht oxydierenden Schmierstoffen zu füllen, um auf diese Weise das Arbeiten des Holzes durch Feuchtigkeitsaufnahme und -abgabe zu verhindern. Bei den vergüteten Preß - Hölzern erfolgt nach dem Tränken mit Kunstharzlacken oder beim Verleimen mit Kunstharzfilmen das Verdichten des Holzes bis zu 50% unter Druck und Hitze. Erst nach dieser Vorbehandlung beginnt die Verarbeitung des Werkstoffes durch spanabhebende Verformung zu Lagern oder Lagersegmenten (Abb. 260, 261a, 262.).

Abb. 262. Aus Schichtpreßholzstäben „OBO-GLEIT" zusammengebautes Walzenzapfenlager eines Warmwalzwerkes.

Eine Ausnahme bilden nur die Holzfurnierschnitzel-Preßstoffe, welche auch fertig formgepreßt geliefert werden können[1].

3. Eigenschaften.

Die Festigkeits- und Verschleißeigenschaften der natürlichen und vergüteten Hölzer sind sehr verschieden. In der beiliegenden Zahlentafel 1 sind einige Werte verschiedener Holzarten zum Vergleich zusammengestellt. Da viele Lager aus Holz durch solche aus Kunstharz-Preßstoff ersetzt wurden, sind auch die entsprechenden Werte für verschiedene Kunstharz-Preßstoff-Typen mit aufgeführt.

Günstig für den Einsatz von Holz als Lagerwerkstoff ist sein niedriges Raumgewicht, sein niedriger Gestehungspreis und seine einfache Bearbeitungsweise; ungünstig ist das Wärmeleitvermögen, die Volumen-Unbeständigkeit, die geringe Festigkeit senkrecht zur Faserrichtung und die geringe Beständigkeit gegen hohe Temperaturen. Daher ist die Verwendung von Lagern aus Holz auf ganz bestimmte Gebiete mit besonderen Betriebsbedingungen beschränkt.

Der Wellenwerkstoff wird auch vom Holz angegriffen. Es können sich Rillen und Unebenheiten in die Welle einschleißen, wenn der Lagerwerkstoff eine ungleichmäßige Härte auf seiner Lagerbreite hat und der Wellenwerkstoff zu weich ist (weniger als 60 kg/mm² Zugfestigkeit). Normaler-

---

[1] *Koall*, W. u. *H. Schröter*: Holzfurnierschnitzel-Preßmasse. Kunststoffe Bd. 34 (1944) H. 5 S. 98/100.

Zahlentafel 1. *Festigkeitseigenschaften verschiedener Holzarten, Holz-Lagerwerkstoffe*

	Werkstoff		Raumgewicht lufttrocken g/cm³	Elastizitätsmodul aus Biegeversuchen ermittelt kg/cm²	Druckfestigkeit kg/cm²	Quetschgrenze kg/cm²
Einheimische Nadelhölzer	Fichtenholz (Europa)	⊥	0,30 − 0,43 − 0,64	1 700 − 5 500 − 7 000	300 − 430 − 670	20 − 58 − 95
	Picea excelsa	=		73 000 − 110 000 − 210 000		
	Kiefernholz	⊥	0,30 − 0,49 − 0,86	2 700 − 4 600 − 11 200	300 − 470 − 800	37 − 77 − 138
	Pinus silvestris (Europa, N.-Asien)	=		69 000 − 120 000 − 201 000		
	Tannenholz (Weißtanne)	⊥	0,32 − 0,41 − 0,71	4 900	260 − 400 − 500	
	Abies pectinata (Europa)	=		66 000 − 110 000 − 172 000		
Einheimische Laubhölzer	Eichenholz (Europa)	⊥	0,39 − 0,65 − 0,93	10 000	410 − 550 − 590	80 − 110 − 185
	Quercus sessiliflora	=		92000 − 13 0000 − 13 5000		
	Rotbuchenholz	⊥	0,49 − 0,69 − 0,88	11 000 − 15 000 − 23 000	350 − 530 − 840	90
	Fagus silvatica (W. u. M., Europa)	=		100 000 − 160 000 − 180 000		
	Weißbuchenholz	⊥	0,50 − 0,79 − 0,82			
	Carpinus betulus (M. u. S., Europa)	=		70 000 − 130 000 − 177 000	440 − 660 − 800	
	Akazienholz	⊥	0,54 − 0,73 − 0,87			
	Robinia pseudo acacia (östl. USA., M. u. S. Europa)	=		13 6000	590	130
Ausländische Harthölzer	Teakholz	⊥	0,44 − 0,63 − 0,82			
	Tectona grandis (Vor. u. Hint. Indien, Malaiischer Archipel)	=		105 000 − 130 000 − 156 000	540 − 630 − 810	170 − 210 − 250
	Bongosi-Eisenholz	⊥	0,96 − 1,00 − 1,14			
	Lophira procera (tro. W., Afrika, Kamerun)	=		240 000	750 − 930 − 1 100	
	Pockholz Guajakholz	⊥	0,95 − 1,23 − 1,31			
	Guaiacum offizinale (Westindien, Kolumbien)	=			1 050	900
	Quebrachoholz (verschiedene Holzarten südamerikanischer Herkunft)	⊥ =				
Vergütetes Holz	Preß-Vollholz (Lignostone)	⊥	1,35 − 1 40		3 000	
	DIN 4076	=		266 000	1 380	
	Preß-Schichtholz (OBO-Gleit)	⊥	1,3 − 1,4	80 000	3 000 − 3 500	
	DIN 7707 Klasse A	=		240 000	2 500 − 2 800	
	Preß-Schichtholz (Lignofol)	⊥	1,2 − 1,4			
	DIN 7707 Klasse A	=		280 000		
	Preß-Schichtholz (ULTEX)	⊥				
	DIN 7707 Klasse A	=	1,4	150 000 Richtwerte	3 000 − 3 200	
	Holzfurnier-Schnitzel-	⊥	1,35		2 250	
	Preßstoff (Lignidur)	=		80 000	1 700	
Kunstharz- preßstoffe	Baumwoll-Hartgewebe	⊥	1,4			
	DIN 7706 Klasse G	=		60 000 − 80 000	2 000	
	Zellwoll-Hartgewebe	⊥	1,42			
	DIN 7706 Klasse GZ	=		80 000 − 100 000	1 800	

und entsprechende Vergleichswerte für Preßstoffe.

Zugfestigkeit kg/cm²	Biegefestigkeit kg/cm²	Scherfestigkeit kg/cm²	Bruchschlag-arbeit mkg/cm²	Brinellhärte kg/mm²	Bemerkungen
$\dfrac{15-27-40}{400-900-2\,450}$	$420-660-1\,163$	$54-67-120$	$0,1-0,5-1,1$	$\dfrac{1,2}{3,2}$	weich
$\dfrac{10-30-44}{350-1\,040-1\,960}$	$350-870-2\,059$	$61-100-146$	$0,2-0,7-1,6$	$\dfrac{1,3-1,9-2,4}{2,5-4,0-7,2}$	weich
$\dfrac{23}{480-840-1\,200}$	$400-620-1\,000$	$37-51-63$	$0,4-0,6-1,1$	$\dfrac{1,8}{1,8-3,4-5,3}$	weich
$\dfrac{26-40-96}{500-900-1\,800}$	$660-940-1\,000$	$60-110-130$	$0,1-0,75-1,6$	$\dfrac{3,4}{4,2-6,9-9,9}$	hart 10—30
$\dfrac{70}{570-1\,350-1\,800}$	$630-1\,050-1\,800$	$65-80-190$	$0,8$	$\dfrac{3,4}{5,4-7,8-11,0}$	hart 30—40
$470-1\,070-2\,000$	$470-1\,070-1\,392$	85	$0,80$	$\dfrac{7,5}{6,7-8,9-12,6}$	hart 50
$\dfrac{43}{1\,000-1\,480-1\,850}$	$1\,200$	160	$1,14$	$\dfrac{7,76}{6,6-8,7-12,1}$	hart 10—70
$\dfrac{23-96-155}{950-1\,190-1\,550}$	$940-1\,190-1\,550$		$0,5$	$\dfrac{4,0}{3,7-4,5-5,2}$	sehr hart
$2\,170$	$1\,950$		$0,9$	$13,4$	steinhart 90—100
				$19,7$	steinhart 90—100
					steinhart 90—100
$1\,250$	$2\,080$	230		$17-34$	steinhart
$1\,400$	$2\,600-2\,800$			$\dfrac{19,00}{29,00-30,00}$	steinhart
	$2\,500-3\,000$			$14,00-16,00$	steinhart
$1\,200$	$2\,000$		$0,45:0,5$	$15,00$	alle angegebenen Werte sind Mindestwerte
	$1\,000$			20	
500	$1\,000$	300		$13,00$	
500	$1\,000$	300		$13,00$	

24*

weise wird der Laufzapfen im Betrieb von den Holzlagerschalen nur poliert. Im allgemeinen ist es so, daß, je höher das spezifische Gewicht des Holzes ist, desto haltbarer sind die aus ihm hergestellten Lager. Die größte Verschleißfestigkeit ergibt sich, wenn der Lagerdruck parallel zur Faserrichtung gerichtet ist, also Beanspruchung auf Hirnholz.

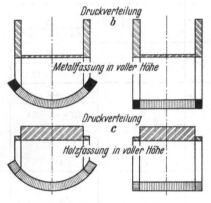

Abb. 263. Ausbiegen der Holzfasern bei Metallfassung in Teilhöhe.

Abb. 264. Wirkung verschiedener Randfassungen.

Da die Haftfestigkeit der einzelnen Fasern aneinander (Spaltfestigkeit) verhältnismäßig gering ist, besteht die Gefahr, daß die Holzfasern[1] dort, wo sie nicht mehr abgestützt sind, unter dem Einfluß der Belastung und der Reibungskraft auszuknicken versuchen oder sich umbiegen. Abb. 263. Man soll daher diese als Hirnholz verlegten tragenden Lagerschalen oder Lagerschalen-Segmente durch Rahmenstücke aus dem gleichen Holz in voller Höhe einfassen. Abb. 264. Bei dieser Holzeinfassung liegen die Holzfasern parallel zum Laufzapfen, um die tragenden Lagerteile gegen die Reibungskräfte abzustützen. Bei den seitlich angeordneten Einfassungen ist die Faserrichtung quer zur Achse angeordnet, um die tragenden Holzfasern gegen den Axialschub abzustützen. Alle diese Lagerschalen aus Holz sind im Lagerkörper stramm einzuspannen, da hierdurch die Lebensdauer der Lager ganz wesentlich erhöht wird.

Wesentlich für einen guten Erfolg ist die Verwendung von gut gelagertem und getrocknetem Holz, das nach Möglichkeit konserviert worden ist.

Die zweckmäßigste Lagerbauart entspricht den VDI-Richtlinien 2004[2]. Die Anordnung der Schmiertaschen und der Wasserkühlung hat entsprechend den vorgenannten Richtlinien zu erfolgen und trägt ganz

---

[1] *Suresch, K.:* Walzenzapfenlager aus einheimischem Holz. St. u. E. 63 (1943) Heft 29 S. 513/15.

[2] VDI-Richtlinien 2004, 2. Ausg., Kunstharz-Preßholz Deutsche Einheitsblätter DIN E 7707.

wesentlich dazu bei, die Lebensdauer der Lager zu erhöhen. Durch Zusatz von kleinen Mengen geeigneter Schmiermittel wird die Lebensdauer ebenfalls erheblich verlängert.

4. Anwendungsbereich der Holzlager.

In der Praxis zeigen sich zwei ganz verschiedenartige Gruppen von Lagerstellen, für die als Lagerwerkstoff mit bestem Erfolg natürliches oder vergütetes Holz verwendet wird.

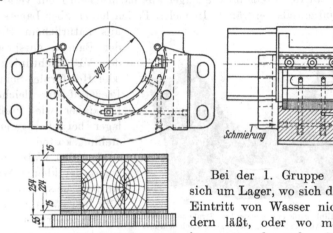

Abb. 265. Lager einer 600er Trio-Straße Lagerschalen Akazienholz.

Bei der 1. Gruppe handelt es sich um Lager, wo sich der ständige Eintritt von Wasser nicht verhindern läßt, oder wo man Wasser in genügend großen Mengen als Schmier- und Kühlmittel anwenden kann. Die Gleitgeschwindigkeit solcher Lager beträgt 0,7 bis 6 m/sek. und die spezifische Flächenpressung, bezogen auf die Projektion des Zapfens ($\frac{p}{d \cdot L}$ kg/cm²) kann bis zu 350 kg/cm² betragen.

(Es muß möglich sein, die entstehende Reibungswärme betriebssicher durch die Wasserkühlung abzuführen!)

Zweckmäßige Lagerkonstruktion vorausgesetzt, sind an diesen Lagerstellen bei nicht zu hohen Betriebsbeanspruchungen Lagerschalen aus Holz wirtschaftlicher als alle anderen Lagerwerkstoffe. Die Verwendung von Preßstofflagern ist erst dann wirtschaftlich, wenn die Lebensdauer der Preßstofflager mindestens 4mal so groß ist als die der Lager aus natürlichem Hartholz. Bei Lagern mit hoher spezifischer Flächenpressung ($p > 150$ kg/cm²) wird diese größere Lebensdauer von den Preßstofflagern beim Vergleich mit Lagern aus natürlichem und nicht vergütetem Holz erreicht, und die Betriebssicherheit ist dann wesentlich größer, nicht aber bei Lagern mit kleiner spezifischer Flächenpressung ($p < 20$ kg/cm²). Lager aus vergütetem Holz sind bei zweckentsprechender Konstruktion in den meisten Fällen *(nicht in allen!)*, wie schon eingangs erwähnt, auch den Preßstofflagern überlegen, zum mindesten aber als gleichwertig zu betrachten.

Für die Steven-Rohrlager bei Fluß- und Seeschiffen hat man bis heute noch keinen besseren und wirtschaftlicheren Lagerwerkstoff als Pockholz gefunden (vgl. Abb. 256 und 257).

Bei den Walzenzapfenlagern für Warmwalzwerke (Feinblech-Warmwalzwerke laufen wegen der hohen Zapfen-Temperatur auf Bronzelagern!) hat der Preßstoff die Lager aus natürlichem nicht vergütetem Holz größtenteils verdrängt. In vielen Fällen haben aber Lagerschalen aus natürlichem Holz in der Bauart, entsprechend den VDI-Richtlinien 2004 oder Holzfurnier-Schnitzel-Preßstoff die gleiche Lebensdauer wie Preßstofflager bei niedrigeren Gestehungskosten.

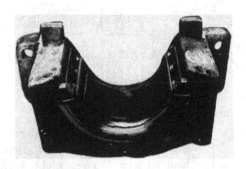

Abb. 266. Einbaustück einer 600er Trio-Straße mit Lagerschalen aus Akazienholz (vgl. Abb. 265), nach dem mit diesen Lagern 100 000 t Stahl gewalzt wurden.

Bei den Walzenzapfenlagern der kleinen Walzenstraßen, beispielsweise von 250 bis 550 mm Ballen-Durchmesser, ist die Verwendung von natürlichem Hartholz, wie Pockholz, Quebracho, Eisenholz und Akazienholz und ganz besonders die Verwendung von vergütetem Holz auch heute noch wirtschaftlicher als die Verwendung von Preßstoffen. (Abb. 265 u. 266.)

Aus der Zahlentafel 2 „Erfahrungen mit Walzenzapfenlagern aus Holz" kann man ersehen, welche Lebensdauer-Zahlen in Stunden oder Leistungszahlen in Tonnen Walzgut erreicht wurden, welche Betriebsbedingungen vorlagen und welche Lagerform angewendet wurde. Wo eben möglich, sind auch zum Vergleich die Lebensdauer-Zahlen von anderen Lagerwerkstoffen an der gleichen Walzenstraße angegeben.

Zu beachten ist bei der Verwendung von Lagerschalen aus Holz die folgende Betriebserfahrung:

Wurden Lagerschalen aus Holz, die in vorzüglichem Betriebszustand waren und voraussichtlich noch eine lange Lebensdauer hatten, aus irgendwelchen betrieblichen Gründen, z. B. Walzenwechsel und Einbau von Walzen mit anderen Zapfen-Durchmessern, ausgebaut und nach einigen Tagen wieder eingebaut, so erreichten diese Lager die erwartete Lebensdauer nicht, sondern verschlissen sehr schnell. Die Ursache

wurde darin gesehen, daß die Lauffläche der Lagerschalen während
dieser kurzen Liegezeit austrocknete und die Lagerschalen rissig wurden.
Es ist in solchen Fällen also unbedingt notwendig, die Lager vor dem
Austrocknen zu schützen, sei es durch Lagern in Leinöl oder ähnlichen
Flüssigkeiten oder durch Einfetten der Laufflächen. Auch bei längeren
Stillständen ist es notwendig, die Lager vor dem Austrocknen zu
schützen.

Bei der 2. Gruppe handelt es sich um Lagerstellen mit kleinen
spezifischen Flächenpressungen ($p < 20$ kg/cm²) und kleinen Gleitgeschwindigkeiten, bei denen

1. die Wartung der mit Fett oder Öl geschmierten Lager durch
schlechte Zugänglichkeit erschwert ist oder bei denen die Gefahr mangelhafter Wartung besteht (Büromaschinen, Laboratoriums-Zentrifugen,
Schubkarren),

2. die Gefahr besteht, daß austretendes Fett oder Schmiermittel
das Erzeugnis beschädigt oder unbrauchbar macht (Nahrungsmittel und
Textilien),

3. nicht Metall auf Metall laufen darf wegen der Möglichkeit des
Heißlaufens und der Funkenbildung (Sprengstoff-Industrie),

4. die Lager mit Flüssigkeiten in Berührung kommen, die den
Schmierstoff wegspülen (Schachtpumpen),

5. die Lager nicht leitend sein dürfen (Radar, Punktschweißgeräte),

6. der Abrieb oder Sand die Lebensdauer metallischer Gleitlager
stark herabsetzen würde (Linsen-Schleifmaschinen, Förderbänder für
Sand in Gießereien).

Man verwendet für diese Lagerstellen ein besonders vorbehandeltes
Hartholz, das mit nichtoxydierenden Schmierstoffen derart imprägniert
ist, daß der vom Holz aufgesogene Schmierstoff bis zu 40% des Vo-
lumens des Endproduktes beträgt. Dieser Lagerwerkstoff (Öllos-Lager)
hat sich nicht nur an den vorgenannten Lagerstellen bewährt, sondern
er eignet sich auch noch ganz vorzüglich zur Herstellung von künstlichen Gelenken und ähnlichen Verwendungszwecken. Vgl. Abb. 258 u. 259.

5. Formgebung.

Auch Gleitlager aus Holz müssen den besonderen Eigenschaften
dieses Werkstoffes entsprechend konstruiert werden, wobei die jeweiligen
Betriebsbedingungen die äußere Lagerform mehr oder weniger stark
beeinflussen.

Jede Lagerkonstruktion stellt einen Kompromiß zwischen den
geforderten und möglichen Eigenschaften dar und die Berücksichtigung
einer bestimmten Betriebsbedingung kann bei der einen Lagerkonstruktion wichtiger sein als bei einer anderen Lagerkonstruktion, die

für andere Betriebsbedingungen angefertigt wurde. Es ist daher sicher,
daß sich im Laufe der Zeit für Lagerstellen mit sehr unterschiedlichen
Betriebsbedingungen auch Lagerformen herausbilden, die den jeweiligen
Betriebsbedingungen am
besten entsprechen und
doch sehr unterschiedlich
in der äußeren Lagerform
sind. So entwickelten sich
in der Praxis für die La-
gerung der Walzenzapfen
folgende Lagerformen:

1. Bei geringen Be-
lastungen ($p < 20$ kg/cm²)
und geringen Gleitge-
schwindigkeiten ($vz < 1,7$
m/sek.) ist es nicht schwer,
die erforderliche Mindest-
Lebensdauer zu erreichen.
Es ist daher auch nicht
erforderlich, alle Maß-
nahmen zu treffen, die
bei hochbelasteten Lagern
notwendig sind, um eine
ausreichende Lebensdauer
zu gewährleisten. Auf
bequemes Wechseln der
Lagerschalen, einfachste
Bearbeitbarkeit und nied-
rige Gestehungskosten ist
mehr Wert zu legen als
auf eine größere Lebens-
dauer, wenn diese auf
Kosten der vorgenannten
Bedingungen erfolgt.

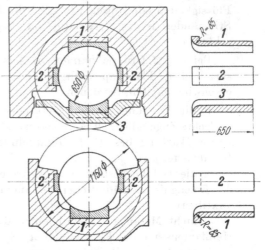

Abb. 267. Dreiteilige Lagerbauart. Ein Haupttraglager zur
Aufnahme des Walzdruckes und zwei meist nachstellbare
Seitenlager zur Aufnahme der Seitenkräfte. (Oberer Einbau
mit Hängelager zur Aufnahme des Eigengewichts der Walze
beim Leerlauf).

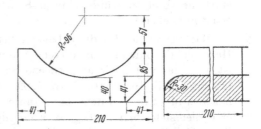

Abb. 268. Klotzlager oder Lager mit 5-flächensitz.

Wegen der geringen Belastung ist es noch möglich, dreiteilige Lager (vgl.
Abb. 267) zu verwenden. Am gebräuchlichsten sind jedoch die Klotzlager
(vgl. Abb. 268), so genannt, weil sie aus einem Klotz herausgearbeitet
wurden. Diese Lagerform ist gekennzeichnet durch einen mehr oder
weniger stark ausgebildeten Fünfflächensitz und dadurch, daß der
Lagerkragen mit dem Lagergrund aus einem Stück hergestellt wird.
Die Lagerschalenstärke ist daher verhältnismäßig groß. Man bevorzugt
hier als Lagerwerkstoff „Schichtpreßholz" mit hochkant gestellten
Fasern, weil sich dabei niedrigere Lagerkosten je Tonne Walzgut

ergeben als bei der Verwendung formgepreßter Klotzlager aus Kunstharz-Schnitzel-Preßstoff Typ 74.

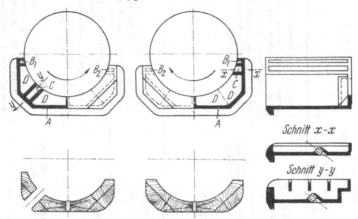

Abb. 269. Kassetten- oder Rahmenlager mit Lagerschalen aus Pockholz.

2. Sind bei diesen Lagern die spezifischen Lagerdrücke höher ($p = 20$ bis 70 kg/cm²), so ist es schon notwendig, etwas zur Vergrößerung der Lebensdauer zu tun. Diese Lagerschalen müssen schon stramm im

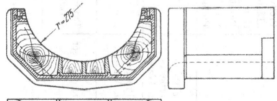

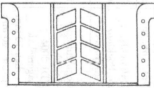

Abb. 270. Rahmenlager für eine 1175er Blockstraße, Rahmen aus Bronze, Lagerfütterung aus Pockholz.

Einbaustück aufliegen oder in besonderen Kassetten oder Rahmen aus Bronze eingespannt werden (vgl. Abb. 269 u. 270). Diese Kassetten- oder Rahmenlager wurden schon 1926 entwickelt und haben die Vorteile und auch die äußere Lagerform der Klotzlager, stellen also lediglich eine Weiterentwicklung dieser Lagerform für höhere Belastungen dar. Wie aus der nachfolgenden Zahlentafel 2, laufende Nr. 2 hervorgeht, hat man mit dieser Lagerform ganz beachtliche Erfolge erzielt. Die betriebssichere Abführung der entstehenden Reibungswärme durch das Kühlwasser war Voraussetzung für diese Erfolge, und die Anwendung einer automatischen Preßfett-Schmierung trug erheblich zur Erreichung der angegebenen Lebensdauer-Zahlen bei [1,2].

---

[1] *Weinlig, H.*: Neue Gleitlagerformen in Walzwerken. Stahl und Eisen 49 (1929) H. 44 S. 1573/79. — [2] *Weinlig, H.*: Das Rahmenlager mit Druckschmierung für Walzwerke. St. u. E. 54 (1934) H. 31 S. 801/08.

Zahlentafel 2. *Erfahrungen mit Walzenzapfenlagern aus Holz.*

Lfd. Nr.	Walzwerksart 1. Walzenabmessungen 2. Zapfenabmessungen 3. spezifische Lagerpressung 4. Drehzahl und Gleitgeschwindigkeit	Lagerform 1. Dreiteilig 2. Blocklager 3. Kassetten oder Rahmenlager 4. entspr. VDI 2004	Schmierung	Werkstoff	Haltbarkeit in t Walzgut u. Betriebsstunden maximal	mittlere	Bemerkungen
1	Umkehrblockstraße 1160/1160 ⌀ × 2800 $d = 560$ ⌀ $l = 580$ $p = 60 - 170$ kg/cm² $n = \pm 60$ U.p.M. $v_z = \pm 0 - 1,75$ m/sec.	Segmentlager ähnlich VDI 2004	Preßfett u. Wasser	Zellwollhartgewebe	340 000 t 2 200 h		(145 t mittlere Stundenleistung) Zweckmäßige Lagerkonstr. ergibt bessere Haltbarkeit. Zunderschutz u. Kühlwasserverhältnisse nachprüfen. Zapfenabmessungen müßten sein min. 650 ⌀ u. 650 mm Länge. Alte, nicht neuzeitliche Blockstraße.
				Preßvollholz „Lignostone"	235 000 t 1 700 h	158 000 t 1 100 h	
				Furnier-Schnitzel-Preßstoff	195 000 t		
2	Umkehrblockstraße 1175/1175 ⌀ × 2800 $d = 550$ ⌀ $l = 475$ $p = 60 - 170$ kg/cm² $n = \pm 40$ U.p.M. $v_z = \pm 0 - 1,16$ m/sec.	Dreiteiliges Bronzelager Vgl. Abb. 267	Fettbriketts u. Wasser		11500–17500 t 112—168 h		(103 t/h) Alte, nicht neuzeitl. Blockstraße, schlechte Kühlwasserverhältnisse, Kühlwassertemp. bis 50° C. Walzenzapfen ⌀ unterschiedlich bis 30 mm Differenz. Zunderschutz ungenügend. Es gibt bessere Lagerkonstr. Zapfenabmessungen müßten sein 660 ⌀ × 660
		Rahmenlager m. Pockholz Vgl. Abb. 270	Preßfett u. Wasser		140 000 t 1 360 h		
3	Umkehrblockstraße 1150/1150 ⌀ × 2810 $d = 600$ ⌀ $l = 560$ $p = 60 - 170$ kg/cm² $n = \pm 60 - 120$ U.p.M. $v_z = \pm 0 - 1,88 -$ 3,76 m/sec.	Segmentlager ähnlich VDI 2004 Lagerschale zu dick 70 mm später 40 mm $\sphericalangle\ \alpha = 130°$	nur Wasser	Baumwollhartgewebe	300 000 t 2 250 h	100 000 t 750 h	(134 t/h) Lagerkonstr. entspr. nicht den Richtl. VDI 2004. Bei Anwendg v. Preßfettschmierg. und günst. Kühlwasserverh. ergibt sich eine wesentl. höhere Haltbarkeit f. alle Lagerwerkstoffe vgl. Umkehrblockstr. Nr. 4 Zapfenabm. u. Haltbarkeit
				Zellwollhartgewebe	104 000 t 780 h		
				Akazienholz	102 000 t 760 h		

Zahlentafel 2 (Fortsetzung).

Lfd. Nr.	Walzwerksart	Lagerform	Schmierung	Werkstoff	Haltbarkeit		Bemerkungen
4	Umkehrblockstraße 1150/1150 $\varnothing \times 2800$ $d = 650$ $\varnothing$ $l = 695$ $p = 60 - 170$ kg/cm² $n = \pm 50 - 100$ U.p.M. $v_z = \pm 0 - 1{,}7 -$ 3,4 m/sec. angestrengter Betrieb	Segmentlager ähnlich VDI 2004 Lagerschale $s = 40$ mm $Kr = 80$ mm dick	Preßfett und Wasser	Baumwoll-hartgewebe	2 980 000 t 29 736 h		(100 t/h)
				Zellwoll-hartgewebe	2 750 000 t 27 400 h	1 980 000 t 19 700 h	Haltbarkeit des Lagergrundes
				Zellwoll-hartgewebe		1 080 000 t 10 700 h	mittl. Haltbarkeit der Lager-kragen. Im Mittel 6 Lagergründe und 11 Kragen
5	Umkehrblockstraße 1150/1150 $\varnothing \times 2715$ $d = 590$ $\varnothing$ $l = 540$ $p = 60 - 170$ kg/cm² $n = \pm 150$ U.p.M.	Segmentlager ähnlich VDI 2004	Fettbriketts und Wasser	Preßvollholz „Lignostone"	310 000 t 3 Monate	105 000 t 5 Monate	(86 t/h) Lagerfläche zu klein. Zapfen besser 650 $\varnothing \times$ 650. Besser Preßfett-schmierung, da lange Stiche. Alte, nicht neuzeitliche Blockstraßen-bauart
6	Umkehrblockstraße 1100/1100 $\varnothing \times 2900$ $d = 600$ $\varnothing \times 480$ $p = 60 - 170$ kg/cm² $n = \pm 80 - 120$ U.p.M. $v_z = \pm 0 - 2{,}5 -$ 3,75 m/sec. angestrengter Betrieb	Dreiteilig Lagerform ähnlich Abb. 267	Fettbriketts und Wasser	Bronze	44 902 t 440 h	40 000 t 400 h	(100 t/h) ohne Zunderschutzdeckel.
				Bronze	196 312 t 1 960 h	170 000 t 1 700 h	mit Zunderschutzdeckel
		Segmentlager ähnlich VDI 2004	Fettbriketts und Wasser	Baumwoll-hartgewebe	784 199 t 7 840 h		Lagerfläche zu klein, alte Bauart. Es müßte sein $d = 640 \times 640$ Zun-derschutz nicht einwandfrei. Kühl-wassereintritt in das Lager entspr. nicht den Richtlinien VDI 2004. Preßfettschmierung ist besser als Brikettschmierung
				Zellwoll-hartgewebe	400 600 t 4 000 h		

24a*

Zahlentafel 2 (Fortsetzung).

Lfd. Nr.	Walzwerksart 1. Walzenabmessungen 2. Zapfenabmessungen 3. spezifische Lagerpressung 4. Drehzahl und Gleitgeschwindigkeit	Lagerform 1. Dreiteilig 2. Blocklager 3. Kassetten oder Rahmenlager 4. entspr. VDI 2004	Schmierung	Werkstoff	Haltbarkeit in t Walzgut u. Betriebsstunden — maximal	Haltbarkeit in t Walzgut u. Betriebsstunden — mittlere	Bemerkungen
7	Umkehrblockstraße 1100/1100 $\varnothing \times 2740$ $d = 640\ \varnothing \times 480$ $p = 60 - 170\ \text{kg/cm}^2$ $n = \pm 80$ U.p.M. $v_z = \pm 0 - 2{,}67$ m/sec. angestrengter Betrieb	Segmentlager ähnlich **VDI 2004**	Preßfett und Wasser	Sonder-Schnitzel-Preßstoff Schicht-Preßholz „OBO-Gleit"	260 000 t 2 976 h 340 000 t 3 840 h		(90 t/h) Alte, nicht neuzeitliche Blockstraße. Laufzapfen wurden verstärkt, Länge des Laufzapfens ist zu kurz Kühlwasser ist nicht einwandfrei, enthält Fremdkörper u. Temperatur ist zu hoch, mitunter 50° C. Laufzapfendurchmesser der Walzen verschieden groß, bis 30 mm Differenz, daher die geringe Haltbarkeit trotz Preßfettschmierung
8	Umkehrblock- und Brammenstraße 1000/1000 $\varnothing \times 2210$ $d = 600\ \varnothing \times 650$ $p = 60 - 170\ \text{kg/cm}^2$ $n = \pm 120$ U.p.M. $v_z = \pm 0 - 3{,}75$ m/sec. angestrengter Betrieb	Segmentlager ähnlich **VDI 2004**	Fettbriketts und Wasser nur Wasser	Zellwoll-hartgewebe Zellwoll-hartgewebe	475 839 t 5 001 h 274 180 t 3 326 h	11 Monate 7 Monate	(95 t/h) Verbrauch 23. 1. 40 bis 5. 3. 41 6 Lager 23. 1. 41 bis 8. 7. 42 12 Lager 17. 5. 42 bis 30. 1. 43 16 Lager Verschlechterung der Qualität und Schmierung
9	2-gerüstige Duo-Knüppelstraße 950/950 $\varnothing \times 2500$ $d = 550\ \varnothing \times 500$ $p = 60 - 120\ \text{kg/cm}^2$ $n = \pm 0 - 110$ U.p.M. $v_z = \pm 0 - 3{,}15$ m/sec.	Dreiteilig Lagerform ähnlich Abb.267	Fettbriketts und Wasser	Baumwoll-hartgewebe Holzfurnier Schnitzel-Preßstoff „Lignidur"	**24 Wochen = 2 304 h** **2 Wochen = 200 h**		Lagerform ungeeignet Lagerform absolut ungeeignet. Tragfläche ist zu klein

Zahlentafel 2 (Fortsetzung).

Lfd. Nr.	Walzwerksart	Lagerform	Schmierung	Werkstoff	Haltbarkeit		Bemerkungen
10	5-gerüstige Duo-Trägerstraße 950/950 $\varnothing \times 2500$ $d = 540 - 565 \; \varnothing \times 560$ $n = \pm 120 - 150$ U.p.M. $p = 60 - 120$ kg/cm² $v_z = \pm 0 - 3,5 - 4,3$ m/sec. Angestrengter Betrieb, sehr große Leistungen	Segmentlager ähnlich VDI 2004	Preßfett und Wasser	Baumwoll-hartgewebe	296 630 t	220 000 bis 262 500 t 2 100 h 9 – 11 Mon.	(105 – 125 t/h)
11	2-gerüstige Knüppel- und Platinenstraße 900/900 $\varnothing \times 2750$ $d = 480 \; \varnothing \times 440$ $p = 60 - 120$ kg/cm² $n = \pm 130$ U.p.M. $v_z = \pm 0 - 3,25$ m/sec.	Segmentlager ähnlich VDI 2004	Preßfett und Wasser	Schnitzel-Preßstoff Schicht-Preßholz „OBO-Gleit"	2 100 h 3 500 h	(60 t/h)	Zunderschutz, Kühlwassereigenschaften u. Kühlwasserzufluß müssen verbessert werden. Laufzapfen aller Walzen müssen gleichen $\varnothing$ haben. Erst nach Behebung all dieser Fehler ergibt sich größere u. ausreichende Haltbarkeit
12	4-gerüstige Umkehr-Block und Fertigstraße 850/850 $\varnothing \times 2300$ $d = 425 \; \varnothing \times 425$ $p = 60 - 120$ kg/cm² $n = \pm 110$ U.p.M. $v_z = \pm 2,5$ m/sec.	Segmentlager ähnlich VDI 2004	Preßfett und Wasser	Baumwoll-hartgewebe	430 000 t 6 500 h 14 Monate	395 000 t 6 000 h	(65 t/h)
13	3-gerüstige Umkehr-Schienenstraße 850/850 $\varnothing \times 2400$ $d = 500 \; \varnothing \times 470$ $n = \pm 125$ U.p.M. $v_z = \pm 0\text{-}3,25$ m/sec.	Segmentlager ähnlich VDI 2004	Fettbriketts und Wasser	Zellwoll-hartgewebe	216 670 t 4 610 h $= 9^1/_2$ Mon.		(47 t/h)

Zahlentafel 2 (Fortsetzung).

Lfd. Nr.	Walzwerksart 1. Walzenabmessungen 2. Zapfenabmessungen 3. spezifische Lagerpressung 4. Drehzahl und Gleitgeschwindigkeit	Lagerform 1. Dreiteilig 2. Blocklager 3. Kassetten oder Rahmenlager 4. entspr. VDI 2004	Schmierung	Werkstoff	Haltbarkeit in t Walzgut u. Betriebsstunden maximal	mittlere	Bemerkungen
14	3-gerüstige Trio-Profilstraße 850/850/850 ⌀ × 2000 $d = 450$ ⌀ × 450 $n = 80 \div 120$ U.p.M. $v_z = \pm 1{,}88 \div 2{,}8$ m/sec.	Segmentlager ähnlich VDI 2004	Fettbriketts und Wasser	Zellwoll-hartgewebe	199 500 t 5 025 h $= 10^{1}/_{2}$ Monate		(37 t/h) Tragfläche zu klein. Zapfen müßten sein: $d = 475 \phi \times 475$
15	Duo und Trio Knüppel- und Formstahlstraße 850/850 ⌀ × 2200 und 850/850/850 ⌀ × 2200 $d = 450$ ⌀ × 410 $p = 60 \div 120$ kg/cm² $n = \pm 150$ U.p.M. $v_z = 3{,}52$ m/sec.	Dreiteilig	Fettbriketts und Wasser	Bronze	3 500 t		(63 t/h)
		Segmentlager ähnlich VDI 2004	Fettbriketts und Wasser	Baumwoll-hartgewebe	104 000 t	71 000 t	
				Preß-Vollholz „Lignostone"	310 000 t 4 950 h	105 000 t 1 670 h	
				Gewebe-Schnitzel-Preßstoff		56 000 t 890 h	
				Holzfurnier-Schnitzel-Preßstoff „Lignidur"	90 000 t 1 420 h		Belastung senkrecht zur Schichtrichtung.
				Holzfurnier-Schnitzel-Preßstoff „Lignidur"	90 000 t 1 420 h		10 500 t in 20 Tagen ohne meßbaren Verschleiß, nachdem Lagerwerkstoff parallel zur Hauptschichtrichtung beansprucht wird, also Beanspruchung des Furn. auf Hirnholz.

Zahlentafel 2 (Fortsetzung).

Lfd. Nr.	Walzwerksart	Lagerform	Schmierung	Werkstoff	Haltbarkeit		Bemerkungen
16	3-gerüstige Trio-Fertigstraße 850/850/850 $\varnothing \times$ 2250 $d = 460\ \varnothing \times 470$ $n = 100$ U.p.M. $v_z = 2{,}4$ m/sec.	Segmentlager ähnlich VDI 2004	nur Wasser	Baumwollhartgewebe	150 000 t	60 000 t	(45 t/h) Lagerschalen und Kragen zu dick
				Zellwollhartgewebe		68 000 t	Lagerkonstr. verbessert gegenüber der 1. Lagerkonstruktion mit Baumwollhartgewebe
			nur Wasser	Akazienholz	64 000 t	29 496 t	
		Segmentlager entspricht den Richtlinien 2004	nur Wasser	Akazienholz	90 529 t	41 112–82 470 4–7 Monate	Lagerkonstr. verbessert
17	2-gerüstige Trio-Vorstraße 750/750/750 $\varnothing \times$ 2100 $d = 410\ \varnothing \times 400$ $n = 100$ U.p.M. $v_z = 2{,}15$ m/sec. angestr. Betrieb, sehr hohe Lagerbelastung	Segmentlager ähnlich VDI 2004		Baumwollhartgewebe	75 000 t	40 000 t	(45 t/h) Lager entspricht nicht den Richtlinien VDI 2004
			nur Wasser	Zellwollhartgewebe	78 000 t		Lagerkonstr. verbessert
				Akazienholz		230 000 t	Lagerkonstr. zum 2. mal verbessert
18	4-gerüstige Trio-Grobstraße 630/610/630 $\varnothing \times$ 2030 $d = 325\ \varnothing \times 300$ $n = 120$ U.p.M. $v_z = 2{,}04$ m/sec. angestr. Betrieb.	Segmentlager ähnlich VDI 2004 $s = 25$ mm	Preßfett und Wasser	Zellwollhartgewebe	45 770 t		(21 t/h) Vorstraße Jahresproduktion 82 292 t in 3 887 Stunden 19 Lager verschlissen mittl. Haltbarkeit 69 120 t
				Zellwollhartgewebe	20 934 t		Fertigstraße Jahresproduktion 82 292 t in 3 887 Stunden 65 Lager verschlissen mittl. Haltbarkeit 20 240 t

Zahlentafel 2 (Fortsetzung).

Lfd. Nr.	Walzwerksart 1. Walzenabmessungen 2. Zapfenabmessungen 3. spezifische Lagerpressung 4. Drehzahl und Gleitgeschwindigkeit	Lagerform 1. Dreiteilig 2. Blocklager 3. Kassetten oder Rahmenlager 4. entspr. VDI 2004	Schmierung	Werkstoff	Haltbarkeit in t Walzgut u. Betriebsstunden maximal	mittlere	Bemerkungen
19	8-gerüstige Konti.-Vorstraße 350 ÷ 367 ⌀ × 508 228 ⌀ × 292 $n = 21 ÷ 216$ U.p.M. $v_z = 0{,}252 ÷ 2{,}57$ m/sec. normaler Betrieb	ähnlich VDI 2004 $s = 30$ mm $≮ α = 140°$	Fett-briketts u. Wasser	Bronze mit Weißmetall-spiegel Pockholz Quebracho Preßstoff	40 000 t 80 000 t 60 000 t 120 000 t		(24 t/h)
20	4-gerüstige Duo-Fertigstraße 290 ÷ 310 ⌀ × 457 $d = 178 ⌀ × 267$ $n = 300 ÷ 360$ U.p.M. $v_z = 2{,}8 ÷ 3{,}35$ m/sec. normaler Betrieb	ähnlich VDI 2004	Fett-briketts u. Wasser	Weißmetall Pockholz Quebracho Preßstoff	50 000 t 90 000 t 70 000 t 140 000 t		(24 t/h)
21	7-gerüstige Duo-Fertigstraße 270 ÷ 315 ⌀ × 630 ÷ 750 $d = 150 ⌀ × 165$ mm $n = 360 ÷ 450$ U.p.M. $v_z = 2{,}8 ÷ 3{,}5$ m/sec. normaler Betrieb	Blocklager $s = 20$ mm $≮ α = 130°$	Fett-briketts u. Wasser	Pockholz Quebracho Preßstoff (im Mittel)	100000 t 80000 t 160000 t	90 000 t 70 000 t 140 000 t	(30 t/h)
22	2-gerüstige Duo-Fertigstraße 200 ÷ 220 ⌀ × 330 $d = 140 ⌀ × 204$ $n = 540$ U.p.M. $v_z = 3{,}69$ m/sec. normaler Betrieb	ähnlich VDI 2004 $s = 25$ mm $≮ α = 135°$	Fett-briketts u. Wasser	Pockholz Quebracho Preßstoff	100 000 t 80 000 t 150 000 t	95 000 t 75 000 t 130 000 t	(24,5 t/h) seit 1923 Pockholz, später Quebrachoholz, ab 1938 Preßstoff

3. Bei hohen spezifischen Lagerpressungen ($p = 50$ bis 170 kg/cm²) entspricht die bestgeeignete Lagerform den Richtlinien VDI-2004 mit etwas dickerer Lagerschalenstärke als in den Richtlinien angegeben ($s + 5$ bis 10 mm). Bei Verwendung von natürlichem nicht vergütetem Holz als Lagerwerkstoff (die Beanspruchung der Lager erfolgt hauptsächlich parallel zur Faserrichtung) ist es vorteilhaft, eine seitliche Abstützung der stehenden Fasern nach den Vorschlägen von *Suresch* vorzunehmen (vgl. Abb. 263 und 264), um ein Ausknicken und Aufblättern der Holzfasern, bzw. Holzschichten zu verhindern. Die Kühlung muß intensiv und reichlich sein. Die Anwendung einer Schmierung durch geeignete Fettbriketts oder noch besser, einer automatischen Preßfettschmierung ist vorteilhaft. Mit Rücksicht auf die größere Betriebssicherheit ist als Lagerwerkstoff vergütetes Holz, also „Preß-Vollholz" oder besser „Schicht-Preßholz" vorzuziehen. Segmentlagerschalen entsprechend den Richtlinien VDI-2004 aus Baumwollhartgewebe Typ 77 haben eine etwas größere Lebensdauer und werden meistens angewendet. Ob solche Lager aber in allen Fällen wirtschaftlicher sind als die Lagerschalen aus vergütetem Holz ist unwahrscheinlich, denn trotz der etwas größeren Lebensdauer spricht der Faktor „Lagerkosten je Tonne erzeugtes Walzgut" in den meisten Fällen für die Verwendung von vergütetem Holz als Lagerwerkstoff.

4. Für sehr hohe spezifische Flächenpressungen ($p > 200$ kg/cm²) und für solche Lager, bei denen sehr hohe Anforderungen an die Genauigkeit und Maßhaltigkeit des Walzgutes gestellt werden, also für Lager, die nur ganz wenig nachgeben dürfen und bei denen der Verschleiß außerordentlich gering, praktisch gleich 0 sein muß, ist der Lagerwerkstoff Holz nicht geeignet. Man verwendet hier besser Wälzlager, Morgoil-Lager und evtl., wenn die Anforderungen nicht zu hoch sind, auch geschlossene Preßstofflager mit Emulsionsschmierung und -kühlung (vgl. Richtlinien VDI-2004).

6. Kühlung und Schmierung.

Die Kühlung der Lager hat aus Gründen der Betriebssicherheit intensiv und reichlich zu erfolgen. Es genügt in den meisten Fällen nicht, wenn man die freie Zapfenfläche mit Kühlwasser berieselt. Meistens muß das Kühlwasser unter Druck in den keilförmigen Spalt zwischen Lagerschale und Zapfenoberfläche eingeführt werden (vgl. VDI-2004). Nur unter dieser Voraussetzung ist es möglich, bei entsprechenden Betriebsbedingungen einen tragenden Film zwischen Lagerschalen- und Zapfenoberfläche zu erhalten und die entstehende Reibungswärme gleich von der Entstehungsstelle aus abzuführen. Das Kühlwasser muß auch frei von festen Schwebestoffen, Sand und Zunder sein, es muß also gefiltert werden. Trinkwassereigenschaften braucht es dagegen nicht zu haben (vgl. Richtlinien VDI-2004). Rückgekühltes, gefiltertes Umlaufwasser genügt den Anforderungen, die an das Kühlwasser zu stellen sind.

Lagerwerkstoffe aus Holz enthalten durch die Vorbehandlung und zum Teil auch von Natur aus geringe Mengen von Schmierstoffen. Durch das Zugeben geringer Mengen geeigneter Schmierstoffe, sei es durch Beilegen von Fettbriketts oder durch automatische Schmierung mittels einer Preßfettschmieranlage, wird der Reibungswert herabgesetzt und die Haltbarkeit der Lager verlängert, also die Betriebssicherheit der Lager vergrößert. Trotz dieser Erkenntnis verzichtet man häufig auf die Anwendung einer besonderen Schmierung, weil die Wartung einfacher ist und man andererseits bei nicht zusätzlich geschmierten Lagern die Lagerkosten pro Tonne erzeugtes Walzgut vergleichen muß mit den Lagerkosten plus Schmiermittelkosten plus Kapitaldienst für die Schmier-Vorrichtung je Tonne Erzeugung, bei den Lagern mit zusätzlicher Schmierung, wobei natürlich auch noch der durch das Lagerschalen-Wechseln bedingte Produktionsausfall berücksichtigt werden muß. Bei mäßig belasteten Lagern spricht dieser Vergleich für die Verwendung nicht zusätzlich geschmierter Lager. Bei hochbelasteten Lagern kann man auf die zusätzliche Schmierung nicht verzichten, da sonst die Haltbarkeit der Lager nicht ausreicht und die erforderliche Betriebssicherheit nicht gegeben ist (z. B. beim Auswalzen breiter und langer Bleche auf alten Duo- oder Trio-Grob- und Mittelblechstraßen).

B. Kunststoffe.

Von Prof. Dr. **A. Thum**, Zürich
und Dr.-Ing. **C. M. Frhr. v. Meysenbug**, Darmstadt.

Mit 49 Abbildungen.

1. Einleitung.

Die Suche nach immer neuen Kombinationen von Gleitkörpern und die Entwicklung so vieler Sonderlegierungen für Gleitlager zeigt, daß die Metalle in ihrer ursprünglich vorliegenden einfachen Form schon früh als für die Lagerung von gleitenden Teilen nicht unbedingt geeignet erkannt wurden. Die Stahlschale neigt zum Verschweißen mit der Stahlwelle, und ebenso wird es in einem früheren Zeitalter der technischen Entwicklung gewesen sein, wenn der bewegte und der feststehende Teil einer Gleitlagerung aus gleichartiger Bronze bestanden. Nichtmetallische Lagerwerkstoffe waren daher ein naheliegender Ausweg, und Holzlager werden schon in Schilderungen von *Homer* und *Xenophon* erwähnt. Aber auch Angaben über Lager aus ,,Gewebeschichtstoffen'' (also einem frühen Vorläufer unserer Kunststoffe) finden sich bereits in Berichten über Kriegswagen der Phönizier und Ägypter: Die Achslager dieser Wagen waren aus lose gewickeltem Baumwollgewebe, das mit tierischem Fett getränkt wurde. Solche Schichtstoffe aus Gewebebahnen mit einem Bindemittel haben wir heute in unserem ,,Kunststoffzeitalter'' wieder vorliegen, und es ist wohl kein Zufall, daß gerade die Hartgewebepreßstoffe sich als gute Lagerwerkstoffe erwiesen haben.

Diese Kunststofflager aus mit Phenolharz verpreßten Gewebebahnen oder auch Holzfurnieren erschienen zunächst für die Lagerung von Walzenzapfen geeignet, wo die alten Holzlager in der verfeinerten Form von Schalen oder Segmenten aus Pockholz oder verdichteten Hölzern heute noch gebräuchlich sind. Sie erweisen sich hier durch ihre Verschleißfestigkeit und Unempfindlichkeit gegen rauhen Betrieb den Metallagern überlegen. Für präzisere Lagerungen haben sich infolge der von den Metallen stark verschiedenen Eigenschaften der Kunststoffe vielfach Schwierigkeiten ergeben, die dazu geführt haben, daß Kunststofflager im Maschinenbau mehr oder weniger als ,,Ersatz'' angesehen werden, auf den man nur in Mangelzeiten zurückgreift. Bei genauer Kenntnis des Werkstoffes und Berücksichtigung seiner Eigen-

25*

heiten in der Konstruktion und im Betrieb des Lagers lassen sich jedoch gute Erfolge und oft sogar Vorteile gegenüber Metallagern erzielen, so daß dem Kunststofflager noch manches Anwendungsgebiet offen steht.

2. Arten der Kunststoffe, Verarbeitung und Eigenschaften.

a) Arten der Kunststoffe. Obwohl heute nicht nur der in irgendeiner Richtung technisch vorgebildete Fachmann, sondern auch der Laie schon von dem Begriff „Kunststoffe" eine mehr oder weniger klar umrissene Vorstellung hat, erscheint es im Hinblick auf die von den gewohnten technischen Werkstoffen zum Teil erheblich abweichenden Eigenschaften dieser Werkstoffgattung doch angebracht, im Rahmen dieses Buches zunächst allgemein auf den Werkstoff „Kunststoff" einzugehen. Wenn der Kunststoff in seiner ursprünglichen Form einen Ersatz für die elektrischen Isolierstoffe Hartgummi, Porzellan, Glas bilden sollte (Entdeckung durch *Adolf v. Bayer*, 1872; erste technische Auswertung durch *Baekeland*, 1909: „Bakelit"), so stellte sich bereits nach kurzer Zeit heraus, daß dieses Material neben seinen elektrischen und thermischen auch hervorragende mechanische Eigenschaften besaß und damit geeignet war, nicht als Ersatzstoff, sondern als vollwertiger neuer Werkstoff in weitere Gebiete der Technik Eingang zu finden. Hinzu kam die einfache Formgebungsmöglichkeit dieses „plastischen" Stoffes, die den Kunststoffen in einigen Sprachen ihren Namen eingebracht hat (Plastics, Matières plastiques). Die Abwandlungsfähigkeit der Eigenschaften durch Zusammensetzung und Verarbeitung führte auf Grund mannigfacher Versuche zur Entdeckung einer Unzahl neuer Kunststoffe binnen weniger Jahre, die mit dem am Anfang dieser Entwicklung stehenden Bakelit nur noch den molekularen Aufbau gemein haben. Auch heute ist die Entwicklung noch nicht abgeschlossen, doch läßt sich eine brauchbare Aufgliederung des gesamten KunststoffGebietes in „härtbare Kunststoffe", „nichthärtbare Kunststoffe" und „abgewandelte Naturstoffe" vornehmen. Soweit diese Stoffe für die Gleitlagerherstellung von Interesse sind, sollen sie im folgenden zunächst von der rein werkstofftechnischen Seite her kurz behandelt werden. Umfassende Überblicke über das gesamte Gebiet der Kunststoffe geben u. a. die Bücher von *Houwink, Stäger* und *Mehdorn*[1].

α) *Härtbare Kunststoffe.* Die *Grundstoffe* für die härtbaren Kunstharze sind Kohle, Wasser und Luft. In Europa sind ausschließlich Steinkohle und Braunkohle, in Amerika daneben auch in erheblichem Umfange Erdöl die Kohlenstoffquellen für die Kunstharzherstellung. Durch

---

[1] *Houwink, R.:* Chemie und Technologie der Kunststoffe. Leipzig 1942. — *Stäger, H.:* Werkstoffkunde der elektrotechnischen Isolierstoffe. Berlin 1944. — *Mehdorn, W.:* Kunstharzpreßstoffe und andere Kunststoffe. Berlin/Göttingen/ Heidelberg: Springer 1950.

entsprechende chemische Umwandlungen erhält man aus der Kohle das Phenol und das Kresol, aus dem Stickstoff der Luft zusammen mit Kohlensäure den Harnstoff oder mit Kalziumkarbid das Melamin. Aus Kohle und Wasser entsteht nach einigen Zwischenstufen das Formaldehyd. Phenol bzw. Kresol einerseits und Harnstoff bzw. Melamin andererseits werden zusammen mit Formaldehyd unter räumlicher Verknüpfung der chemischen Bindungen kondensiert. Damit ergeben sich

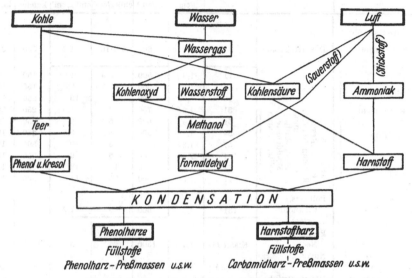

Abb. 271. Kondensationsprodukte — Härtbare Kunstharze.
(Nach „Kunststoff-Taschenbuch", Carl Hanser-Verlag, München 1952).

die zwei Gruppen der Kondensationsharze, die Phenolharze und die Carbamid- und Melaminharze. Abb. 271 veranschaulicht die hier nur knapp skizzierte Abstammung dieser Kondensationsprodukte.

Die *Kondensationsharze* sind in Wasser löslich und in der Wärme zunächst schmelzbar. Bei weiterer Wärmezufuhr (zwischen 100 und 180° C) erfolgt jedoch eine chemische Umwandlung, die nicht reversibel ist und als Aushärtung bezeichnet wird. Ausgehärtete Kunstharze lassen sich nicht wieder erweichen und können nur noch spangebend weiterverarbeitet werden. Die Temperaturgrenze für ihre Verwendung wird durch ihre Zersetzungstemperatur (um 150° C) bestimmt, da ein Schmelzpunkt nicht vorhanden ist.

Die technische Anwendungsform der härtbaren Kunstharze umfaßt einmal die Reinharze (Edelkunstharz, Gießharz, Preßharz) und zum anderen die Preßmassen. Dies sind die Ausgangsprodukte zu den füllstofffreien oder den durch Füllstoffe in bestimmten Eigenschaften verbesserten Fertig- oder Halbfabrikaten.

Zahlentafel 1. *Eigenschaften u*

Art des Kunststoffes	Handelsname z. B.	Typen-bezeich-nung	Mechanische Eigenschaften						
			Spez. Ge-wicht	Biege-festig-keit	Schlag-zähig-keit	Kerb-schlag-zähig-keit	Zug-festig-keit	Druck-festig-keit	Kugel-druck-härte 5/50/6
			g/cm³	kg/cm²	cmkg/cm²	cmkg/cm²	kg/cm²	kg/cm²	kg/cm²
Härtbare Kunststoffe									
Phenolharz, füllstofffrei	Dekorit, Trolon		1,3	800	5÷10	1,2	550	3000	1900
Phenolharz + anorg. Füllstoff	Alberit, Bakelit, Resart, Resinol, Resistan, Gerolith, Trolitan, Supra-plast, Matit, Mouldensite, Isolite, Faturan	11	1,9	500	3,5	1,0	150	1200	1800
		12	1,8	500	3,5	2,0	150	1200	1500
		16	1,95	700	15	15	250	1200	1500
Phenolharz + Holzmehl		31	1,34	700	6	1,5	250	2000	1300
Phenolharz + Zellstoff		51	1,4	600	5	3,5	250	1400	1300
		54	1,4	800	8	5,5	250	1000	1300
		57	1,37	1200	15	10	800	1600	1300
Phenolharz + Textil-Füllstoff		71	1,38	600	6	6	250	1400	1300
		74	1,38	600	12	12	250	1400	1300
		77	1,38	800	25	18	500	1200	1300
Carbamidharz + Zellstoff oder Holzmehl	Pollopas, Cibanoid	131	1,5	600	5	1,2	—	—	1700
Phenolharz + Papier	Pertinax, Neolit	(Klasse II)	1,42	1500	25	15	1200	1500	1300
Phenolharz + Gewebe	Novotext, Ferrozell	(Klasse F)	1,42	1300	30	18	800	2000	1300
Phenolharz + Holzfurnier	Obo, Lignofol, PAG-Holz	(Klasse A)	1,3	2400	50	40	1800	1500	1600
Nichthärtende Kunstst.									
Polystyrol	Trolitul III		1,05	900	20	5	400	950	1200
Polymethakrylsäuremethyl-ester	Plexiglas M 222		1,18	1200	20	2	700	600	1800
Vinylchlorid + Ester (Mischpolymerisat)	Mipolam		1,35	1000	200	5	600	600	950
Polyvinylchlorid	Vinidur		1,38	1100	130	10	500	800	1000
Polyamid	Ultramid A		1,13	900	150	11	750	1100	1000
Vergleichsstoffe									kg/mm
Stahl	Weichstahl	(St 37 11)	7,8	10000	—	(1000)	3700	—	(~ 140
	Vergütungsstahl	(VCMo)	7,8	22000	—	(500)	12000	—	(~ 400
Gußeisen		(Ge 14.91)	7,2	2800	—	—	1400	5000	(180−20
Bleibronze		(PbBz 15)	8,9	—	—	—	2000	7000	(~ 50
Weißmetall		(WM 80)	7,5	—	—	—	900	1200	(22−30
Eichenholz (längs)			0,8	900	30	—	1000	540	—

Anwendung einiger fester Kunststoffe.

E-modul 10^3 kg/cm²	Dauer-biege-festig-keit kg/cm²	Dauer-stand-festigk. (800 h) kg/cm²	lin. Wärme-dehn-zahl $10^{-6}/°C$	Form-bestän-digkeit (Martens) °C	Glut-festig-keit Güte-grad	Dauer-wärme-festig-keit °C	Wasser-aufnahme nach 7 Tagen bei °C mg/cm²	Anwendungsgebiete	Bemerkg. über Verarbeitungszustand, DIN-Vorschriften, usw.
			20° C						
50	300	—	80	150	4	215	40	Medizinische Geräte, Messergriffe, Möbel-beschläge, Gebrauchsartikel, Lager	Preßharz
110	—	—	30	150	4	215	50	stark feuchtigkeitsbeanspr. Teile (Kabel-muffen unter der Erde), wärmebeanspr. Teile (Gerätestecker, Lampenfassungen)	
130	—	—	20	150	4	215	150		
130	200	—	20	150	4	215	150		
75	300	680	40	125	3	130	250	sehr vielseitig; elektr. Isolierteile, Schalter-kappen, Radiogehäuse; Typ 51 u. 54 bei höheren mechan. Beanspruchungen	7705
65	150	—	30	125	3	130	250		
65	—	—	25	125	3	130	600		7708
130	360	900	30	125	3	130	1000	Teile m. hoh. Festigk., ab. einfach. Formgeb.	57320
70	250	—	30	125	2	100	600	wie Typ 51	form-gepreßt
80	250	—	30	125	2	100	1000	hochfeste Teile, bes. Lager	
80	300	770	30	125	2	100	1000	Lagerwerkstoff	
80	—	—	—	100	3	90	400	wie Typ 31, in hellen Farben herstellbar	
95	400	—	20	130	3	130	1200	Platten, Türen, Fenster, Ski, Luft-schrauben, Zahnräder, Reibbeläge, Lager	7706,7735
80	350	—	20	130	3	100	—		Platten-material
250	500	—	—	120	2	130	—		
								(Harte Form: ohne Weichmacher)	
30	—	—	80	65	1	100	0	Halbfabrikate, Apparateteile	Spritzguß
30	250	—	88	70	1	—	100	Scheiben f. Autobusse u. Flugzeuge, optische Gläser, Gebrauchsartikel	Platten-material
50	—	—	80	60	2	—	30	Skalen, Auskleidungen	Platten, Spritzguß
30	170	—	80	67	2	—	20	Halbfabr., Lager, säurefr. Apparate	Platten-material
10	—	—	110	65	1	—	400	Spritzteile, Lager, Fasern, Borsten	Spritzguß
2100	2100	—	11,3	—	5	—	—		(Härte HB 30)
2100	5500	—	11,3	—	5	—	—		
1200	1000	—	11	—	5	—	—		vergütet
1100	—	—	17	—	—	—	—		(Härte 5/250/30)
530	260	—	21	—	—	—	—		
100	—	—	—	—	2	95	12000		

Als *Füllstoffe* können den Kondensationsharzen zur Erhöhung der mechanischen und thermischen Beständigkeit die verschiedenartigsten organischen und anorganischen Materialien zugesetzt werden. In pulveriger oder faseriger Form werden sie mit den noch nicht gehärteten (gemahlenen oder wassergelösten) Harzen vermengt oder als Folien (Papier- oder Gewebebahnen, Holzfurniere) mit dem gelösten Harz getränkt. Abb. 272 gibt einen Überblick über die hauptsächlichen Füllstoffarten und -anwendungsformen.

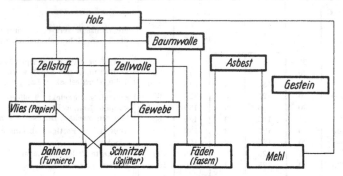

Abb. 272. Herkunft und Verwendungsformen der Füllstoffe.

Die Harz-Füllstoffgemenge werden als *Preßmassen* bezeichnet. Sie können unter Wärmezufuhr zu Formteilen („Formpreßstoffe") oder auch zu Halbzeugen (Platten, Rohren u. dgl.) verpreßt und ausgehärtet werden. Analog werden auch die harzgetränkten Folien vielfach als Preßmassen bezeichnet, die ebenfalls unter Druck und Wärmezufuhr zu „Schichtpreßstoffen" weiterverarbeitet werden und sich vornehmlich für die Herstellung von Halbzeugen eignen.

Die *Einteilung* der härtbaren Preßstoffe wird durch Harzart und Füllstoffart bestimmt. Durch den Fachnormenausschuß Kunststoffe im Deutschen Normenausschuß wurden in der sogenannten Typentafel (DIN 7708) die härtbaren Preßstoffe klassifiziert und mit Typennummern versehen. Die einzelnen Herstellerfirmen haben für die von ihnen produzierten Typen verschiedenartige Handelsnamen. Alle Produkte müssen jedoch in gleicher Weise die in der Typentafel vorgeschriebenen Eigenschaften erfüllen, wenn sie als „typisierte Preßstoffe" gelten sollen (vgl. Zahlentafel 1 und Abschnitt 2. d „Eigenschaften").

β) Nichthärtbare (thermoplastische) Kunststoffe. Als „thermoplastische" Kunststoffe gelten die Polymerisations- und Polykondensationsprodukte, die in der Wärme einen formbaren Zustand erreichen und durch anschließende Abkühlung in der gegebenen Form fest werden. Dieser Vorgang ist reversibel, so daß Formteile aus derartigen

Stoffen oberhalb gewisser Temperaturgrenzen nicht mehr formbeständig sind.

Ausgehend von einfachen chemischen Verbindungen kommt man über polymerisationsfreudige Zwischenprodukte zu den Polymerisaten (Abb. 273), deren wichtigste als Polyvinylchlorid (PVC, Igelit PCU, Mipolam, Vinidur usw.), Polystyrol (z. B. Trolitul), Polymethacryl- und -Acrylester (Plexiglas, Plexigum), Polyäthylen und Polyisobutylen (Oppanol B) bekannt sind. Neuerdings gewinnen auch die Polytetrafluoräthane (Teflon) und die Silikone sowie eine Reihe weiterer neuer Kunststoffe an Bedeutung, deren Entwicklung jedoch noch nicht ab

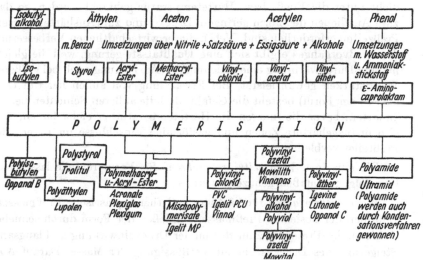

Abb. 273. Polymerisationsprodukte — Nichthärtende (thermoplastische) Kunstharze.
(Nach „Kunststoff-Taschenbuch", Carl Hanser-Verlag, München 1952.)

geschlossen ist. Die Polyamide und Polyurethane (Ultramid, Nylon, Perlon u. a.) können durch Polymerisation oder durch Polykondensation entstehen. Die nichthärtbaren Kunststoffe werden durch Pressen oder Spritzen zu Halbzeugen oder Fertigteilen verarbeitet.

b) Verarbeitung. Die Verarbeitung ist für härtbare und für thermoplastische Preßmassen grundsätzlich gleich. Sie besteht meist in einer Formgebung unter Druck mit gleichzeitiger oder vorangegangener Erwärmung. Die Wärme bewirkt bei den härtbaren Massen zunächst das Fließen und anschließend das Aushärten in der Form. Die thermoplastischen Massen werden durch das Erwärmen in oder außerhalb der Form formbar gemacht und dann in der Form abgekühlt. Sie können auch ohne Anwendung von Preßdruck im Spritzguß verarbeitet werden.

Vorbehandlung. Da Massen mit hohem Schüttvolumen große Füllräume für die Formen erfordern, empfiehlt sich vielfach die Vortablettierung auf Tablettierpressen. Eine Vorwärmung der Massen (zweckmäßig in Tablettenform) erleichtert den Preßvorgang und verbessert die Eigenschaften der Fertigteile bei härtbaren Preßstoffen.

Die bisher übliche Ofenvorwärmung wird in neuester Zeit immer mehr durch die Hochfrequenzvorwärmung verdrängt. Wegen der schlechten Wärmeleitung der Kunststoffe und insbesondere der aufgelockerten Preßmassen bietet die Hochfrequenzbeheizung die einzige Möglichkeit, die Preßmassetablette durch und durch gleichmäßig zu erwärmen. Sie kann auf diese Weise vor Einbringen in die Form bis dicht unter die Fließ- bzw. Härtetemperatur gebracht werden, so daß zum Ausfließen der Form geringere Drücke und zum Aushärten kürzere Preßzeiten erforderlich sind. Neben dieser wirtschaftlichen Verbesserung des Preßvorganges ergibt sich eine Qualitätssteigerung, weil die gleichmäßige Durchwärmung eine gleichmäßige Aushärtung auch bei größeren Wandstärken gewährleistet. Bei Erwärmung von außen her (im Ofen oder in der Form) besteht die Gefahr, daß die äußeren Schichten bereits anhärten, bevor die inneren die Härtetemperatur erreicht haben, daß also unausgehärtete Zonen und gasförmige Einschlüsse im Innern des Preßteiles verbleiben.

Die einzelnen *Verarbeitungsverfahren*[1] für Formpreßteile lassen sich kurz folgendermaßen kennzeichnen:

Warmpreßverfahren für härtbare und thermoplastische Preßmassen: Einfüllen der dosierten Preßmasse, Schließen der Form durch schnelles Zufahren der Presse bis zum Beginn der Druckeinwirkung und langsame Steigerung des Druckes bis zur Verflüssigung der Masse. Darauf Aushärten des Preßgutes in der Form bei härtbaren Preßmassen, bzw. Abkühlen der Preßform bei thermoplastischen Massen.

Spritzpreßverfahren für härtbare und thermoplastische Preßmassen: Die zweckmäßig außerhalb der Form vorgewärmte Masse wird aus einer Spritzkammer durch einen Kanal in die geschlossene Form gespritzt. Bei härtbaren Massen sind sämtliche Teile beheizt, bei thermoplastischen Massen ist die Form gekühlt[2].

Schlagpreßverfahren für thermoplastische Preßmassen: Die außerhalb auf Fließtemperatur vorgewärmte Masse (Tablette oder Zuschnitt) wird in einer kühl gehaltenen normalen Preßform schlagartig ausgeformt. Es genügt eine schnellzufahrende hydraulische Kunststoffpresse.

---

[1] Vgl. *Pabst-Saechtling-Zebrowsky:* Kunststoff-Taschenbuch. München: Carl Hanser-Verlag 1952. — *Stoeckhert, K.:* Kunststoffe 41 (1951) S. 48.

[2] *Weprek, B.:* Kunststoff-Technik 10 (1940) S.289 u. Kunststoffe 32 (1942) S.217.

Spritzgußverfahren für thermoplastische Massen: Zum Unterschied vom Spritzpreßverfahren wird hier die flüssige Masse aus einem beheizten Spritzzylinder durch eine Düse unmittelbar in die geschlossene kühl gehaltene Form gespritzt.

Für die Herstellung von Halbzeugen (Platten, Vliesen, Profilstangen, Rohren usw.) werden im Prinzip ähnliche Verarbeitungsverfahren angewandt. Die Preß- oder Spritzform ist jedoch hier durch geeignete Vorrichtungen zur Erzielung einer fortlaufenden Fertigung ersetzt (Plattenpressen, Strangpreßverfahren, Kalanderverfahren u. a.). Platten aus härtbaren Schichtpreßstoffen werden in der Weise gefertigt, daß die harzgetränkten Bahnen, gegebenenfalls mit gekreuzter Faserrichtung, aufeinandergelegt und auf beheizten Plattenpressen (meist Etagenpressen, Plattengröße bis 2 m²) verdichtet und ausgehärtet werden. Zur Herstellung geschichteter Rohre werden mit Harzlösung getränkte Gewebe- oder Papierbahnen vorgewärmt und auf Wickelmaschinen unter Spannung auf einen eisernen Dorn gewickelt. Durch beheizte Druckrollen wird dabei das Harz erweicht und vorgehärtet. Die Aushärtung erfolgt anschließend im Ofen auf dem Dorn ohne zusätzlichen Druck („nur gewickelte Rohre") oder durch Nachpressen in beheizten Formen („gewickelte und gepreßte Rohre").

Die *Verarbeitungsbedingungen* bewegen sich für die härtbaren Preßmassen in verhältnismäßig engen Grenzen. Die Preßtemperaturen liegen zwischen 140 und 180° C, die üblichen Preßdrücke zwischen 250 und 350 kg/cm² (für hochfeste Massen bis 600 kg/cm²). Die Preßzeit richtet sich nach der Stärke des Preßteils und schwankt zwischen 30 und 60 sec je mm Wanddicke. Bei Vorwärmung verkürzt sich naturgemäß die Standzeit in der Form.

Für die große Zahl der thermoplastischen Kunststoffe sind die Verarbeitungsbedingungen sehr unterschiedlich. Sie werden bestimmt durch die Herkunft des Polymerisates und seine Verarbeitungsart.

c) **Bearbeitbarkeit harter Kunststoffe.** α) *Spangebende Bearbeitung. Härtbare Kunststoffe.* Bei der spanabhebenden Bearbeitung von härtbaren Preßstoffen tritt ein starker Werkzeugverschleiß auf, weshalb am besten Hartmetallwerkzeuge verwendet werden. Auch keramische Werkzeuge (Sintertonerde, Borkabide) haben sich bewährt, da sie auch bei hohen Schnittgeschwindigkeiten eine gute Schneidhaltigkeit haben. Bei großen Stückzahlen lohnt sich vielfach die Verwendung von Diamantwerkzeugen, die den Vorteil haben, mit sehr geringer Wärmeentwicklung zu arbeiten und außerdem durch bessere Glättung der Oberfläche eine geringere Festigkeitsabnahme mit dem Entfernen der Preßhaut zu verursachen als andere Werkzeuge.

Allgemein ähnelt die spanabhebende Bearbeitung der von Hartholz oder Messing, jedoch ist die gegenüber Metallen ungünstige Ableitung der entstehenden Wärme zu beachten. Die Bearbeitungstemperatur darf 150° C nicht überschreiten, da sonst Zersetzung eintritt. Es ist deshalb die Abnahme kleiner Spanquerschnitte erforderlich (geringe Vorschübe), deren Unwirtschaftlichkeit man durch hohe Schnittgeschwindigkeiten auszugleichen sucht. Schmiermittel sollen jedoch wegen der Quellbarkeit der Kunststoffe vermieden werden. Gekühlt wird am besten mit Druckluft oder Saugluft, die zugleich zum Entfernen der Späne und des anfallenden Staubes dienen kann. Bei der Bearbeitung von Schichtstoffen kann leicht ein Trennen der Schichten auftreten. Um das zu verhindern und auch zur Vermeidung des Ausbrechens von Kanten legt man Platten aus Leichtmetall oder Hartholz bei, die mitzerspant werden.

Sägen lassen sich die Preßstoffe mit Kreis- oder Bandsägen mittlerer Zahnung, die nur wenig geschränkt sind. Ungeschränkte Kreissägen mit gut hinterschliffenen Zähnen und vom Rand nach der Mitte zu abnehmender Blattdicke ergeben die besten Schnitte. Vielfach werden auch Trennschleifscheiben geeigneter Körnung zum Schneiden bevorzugt, weil sie einen sehr sauberen Schnitt haben.

Zum *Drehen* soll der Freiwinkel der Stähle etwa 8°, der Spanwinkel 15 bis 25° betragen. Ein leichtes Abrunden der Stahlspitze (2 mm Radius) erhöht die Sauberkeit der Drehflächen.

Fräser werden zweckmäßig mit aufgelöteten Hartmetallschneiden versehen oder als Messerköpfe ausgebildet. Am geeignetsten hat sich, besonders für die Bearbeitung von Schichtstoffen, die Kreuzverzahnung erwiesen, bei der eine Schneide nach links, die nächste nach rechts arbeitet. Der günstigste Spanwinkel der Schneiden liegt bei 20 bis 25°, der Freiwinkel bei 20° und der Keilwinkel bei 40 bis 45°.

Beim *Bohren* ist wegen der ungünstigen Späneabfuhr besonders auf den richtigen Drall und den Spitzenwinkel der Spiralbohrer zu achten. Für Bohrer mit weitem Drall verwendet man Spitzenwinkel von 60 bis 90°, mit engem Drall 90 bis 110°. Wenn sich die Bohrspäne als Flocken oder besser noch als Locken ergeben, sind diese Daten und auch Umlaufgeschwindigkeit und Vorschub richtig. Mehlige Bohrspäne sind dagegen zu vermeiden, sie führen zur Verstopfung des Bohrloches und damit zu Überhitzung und zum Abreißen des Bohrers. Für größere Bohrungen verwendet man meist Ausstechvorrichtungen, wie Kreisschneider u. a. Auch das Ausschlagen mit Diamantwerkzeugen hat sich besonders für die Bearbeitung von Lagerbuchsen bewährt.

Gewindeschneiden erfordert besonders Vorsicht und bringt starken Werkzeugverschleiß. Für kleine Gewinde in Massenteilen hilft man sich

vielfach durch Einpressen von Vierkantlöchern, in die sich die einge-
drehten Schrauben ihr Gewinde selbst schneiden.[1]

Schleifen kann man auf Tellerscheiben oder auf endlosen Schmirgel-
bändern, *polieren* mit geeigneten Poliermitteln auf Schwabbelscheiben.

Zahlentafel 2.
Richtwerte für die spanabhebende Bearbeitung von Schichtstoffen.
(Aus Werkstattblatt 90 Carl Hanser-Verlag)

	Schnittgewindigkeit m/min.	Vorschub mm	Werkzeugform α = Freiwinkel γ = Spanwinkel
Drehen			
Schnellstahl	80—100	0,3—05,	$\alpha = 8°$ $\gamma = 25°$
Hartmetall	100—250	0,1—0,3	$\alpha = 8°\text{-}10°$ $\gamma = 15°$
Fräsen			
Schnellstahl	40—50	0,5—0,8	$\alpha = 20\text{-}30°$
Hartmetall	200—1000 [1]		$\gamma = 20\text{-}25°$
Hobeln			
Schnellstahl	15—20	0,4—0,8	$\alpha = 10°$, $\gamma = 15°$
Hartmetall	50—60	0,2—0,5	Neigungswinkel 6°
Bohren			$\gamma = 10°$
Schnellstahl	40—70	0,2—0,4	Hinterschliff 80°
Hartmetall	90—120	0,2—0,4	steiler Drall, Spitzenwinkel 60-100°
Sägen			
Kreissäge	2500—3000		$\alpha = 30°\text{-}40°$
Bandsäge	1500—2000		$\gamma = 5\text{-}8°$
Schleifen	1800—2000		Körnung 60, Härte M, Wasserkühlung

[1] Höhere Werte auf Oberfräse.

Zum Schleifen oder Polieren von Massenteilen können auch Trommeln
benutzt werden, in denen das Arbeitsgut mit Hartholzspänen und
nassen oder trockenen Schleifmitteln umgewälzt wird.

[1] *Turnwald, H.:* Kunststoffe 38 (1948) S. 105.

Zahlentafel 3. *Mittlere Arbeitsgeschwindigkeit für die Bearbeitung der nichthärtbaren Kunststoffe Vinidur und Plexiglas*
(Aus Werkstattblatt 94, Carl Hanser-Verlag)

	Vinidur			Plexiglas		
	Schnittgeschwindigkeit	Vorschub	Werkzeug	Schnittgeschwindigkeit	Vorschub	Werkzeug
Drehen	600 bis 700 m/min	0,3 bis 0,5 mm/U	Schnellstahl Hartmetall	600 bis 800 m/min	0,2 bis 0,5 mm/U	Schnellstahl Hartmetall
Fräsen	30 bis 45 m/min 250 bis 400 m/min	40 bis 150 mm/min 0,5 bis 0,8 mm/U	Schnellstahl Hartmetall	30 bis 40 m/min 250 bis 400 m/min	40 bis 150 mm/min 0,2 bis 0,5 mm/U	Schnellstahl Hartmetall
Hobeln	15 bis 20 m/min 60 bis 70 m/min	0,2 bis 0,5 mm 0,2 bis 0,8 mm	Schnellstahl Hartmetall	15 bis 20 m/min 60 bis 70 m/min	0,2 bis 0,5 mm 0,2 bis 0,8 mm	Schnellstahl Hartmetall
Bohren	30 bis 40 m/min 40 bis 70 m/min	0,1 bis 0,2 mm/U 0,2 bis 0,4 mm/U	Schnellstahl Hartmetall	30 m/min 50 bis 60 m/min	0,1 bis 0,2 mm/U 0,2 bis 0,4 mm/U	Schnellstahl Hartmetall
Schneiden		gefühlsmäßig von Hand	Schlagschere			Stichel Bandsäge
Sägen	25 m/min 40 m/min	gefühlsmäßig von Hand gefühlsmäßig von Hand	Bandsäge Kreissäge	20 bis 25 m/min 30 bis 40 m/min	gefühlsmäßig von Hand gefühlsmäßig von Hand	Kreissäge
Schleifen	25 bis 35 m/s	0,2 bis 0,4 m/min	Korundscheiben	450 bis 500 m/min	0,2 m/min	Schleifscheibe 400 - 500 mm Dmr.
Polieren	1500 bis 2000 m/min		Schwabbelscheibe 200 bis 400 mm Dmr. 40 bis 60 br.	1 400 m/min		Schwabbelscheibe 300-500 mm Dmr.

Das *Entgraten* von Formpreßteilen kann in Trommeln aus Maschendraht geschehen, meist aber durch Handbearbeitung mit Hilfe von Schaber, Feile, Sandpapier usw.

Nichthärtende Kunststoffe. Die thermoplastischen Kunststoffe lassen sich sehr gut bearbeiten, jedoch ist in jedem Fall zu starke Erwärmung zu vermeiden, damit die Stoffe nicht erweichen. Man kühlt deshalb mit Druckluft oder, soweit die Quellbarkeit des Stoffes es zuläßt, mit Seifenwasser, Terpentin- oder Maschinenöl. Die geringe Wärmeerzeugung bei Diamantwerkzeugen ist hier besonders vorteilhaft.

Zum *Sägen* können die gleichen Werkzeuge wie für die Holzbearbeitung verwendet werden. Beim *Drehen* hält man sich mit Werkzeugen und Schnittgeschwindigkeiten etwa an die Bearbeitung von Leichtmetall. Ebenso haben sich beim *Fräsen* die Werkzeuge und die Bearbeitungsweisen der Leichtmetall- oder Messingverarbeitung bewährt. Zum *Bohren* sind wie bei härtbaren Kunststoffen stumpfere Spitzenwinkel als bei Metallbohrern erforderlich. Für größere Bohrungen sind auch hier Ausstechvorrichtungen zweckmäßig. Das *Polieren* ist bei den verhältnismäßig weichen Stoffen sehr einfach und kann auch in Trommeln vorgenommen werden. Bei durchsichtigen Thermoplasten, deren Oberfläche durch spanende Bearbeitung matt geworden ist, wird vielfach das Flammpolieren angewandt, ein rasches Bestreichen der Fläche mit einer Wasserstoff-Sauerstoff- oder Sauerstoff-Azetylen-Flamme, das aber einige Geschicklichkeit erfordert.

Für genauere Einzelheiten über Schnittgeschwindigkeiten, Vorschübe und sonstige Daten zur Bearbeitung von härtbaren und nichthärtenden Kunststoffen sei auf die Literatur[1] und auf die von verschiedenen Stellen herausgegebenen Werkstattblätter[2] verwiesen.

β) Verbindende Arbeiten. Das *Schweißen* von härtbaren Kunststoffen ist wegen der erfolgten Aushärtung der darin enthaltenen Harze nicht möglich. Dagegen ist ein großer Teil der thermoplastischen Kunststoffe sowohl mit als auch ohne Auftrag schweißbar[3]. Die Erwärmung kann bei der nötigen Vorsicht mit dem Brenner meist aber im Heißluftstrom vorgenommen werden, neuerdings setzt sich jedoch die Hochfrequenzerwärmung unter gleichzeitigem Druck immer mehr durch. Auf diesem Prinzip arbeiten die Punkt- und Nahtschweißmaschinen für Kunststoffe, die besonders in England und den USA schon sehr verbreitet sind[4].

---

[1] z. B. *Jahn, W.:* Kunststoffe 32 (1942) S. 143. — *Zickel, H.:* Kunststoffe. 41 (1951) S.77. — [2] Werkstattblätter: München: Carl Hanser-Verlag, VDI-Richtlinien. Düsseldorf, VDI-Verlag.
[3] *Krannich, W.:* Handbuch für Vinidur und Oppanol.
[4] *Haim, G.* u. *H. P. Zade:* Welding of Plastics. London 1947.

Zum *Kleben* sowohl von härtbaren als auch von thermoplastischen Kunststoffen eignen sich eine große Anzahl von Kunstharzklebern, die je nach dem Anwendungszweck auszuwählen sind und durch Lösungsmittel, Katalysatoren und Beschleuniger entsprechend eingestellt werden können[1]. Zu ihrer Aushärtung wird ebenfalls vielfach die Hochfrequenzbeheizung angewandt.

d) **Eigenschaften.** Die in den vorangegangenen Abschnitten skizzierte Herkunft und Entstehung der Kunststoffe bedingen ihre von den gewohnten Konstruktionswerkstoffen zum Teil stark abweichenden Eigenschaften. Erst die Kenntnis dieser Eigenschaften ermöglicht die „werkstoffgerechte" Verwendung der einzelnen Kunststoffsorten auf den verschiedenen Gebieten der Technik. Während für die härtbaren Kunststoffe die Werkstoffkennwerte weitgehend festliegen und bei den typisierten Sorten dieser Gruppe auch mit Sicherheit erzielbar sind, hängen bei den Thermoplasten die Eigenschaftswerte, besonders die mechanischen Festigkeiten, stark von der Verarbeitungsart und von den Zusätzen an härtenden oder weichmachenden Bestandteilen ab. Wenn daher im folgenden eine Übersicht über die zahlenmäßig erfaßbaren Eigenschaften gegeben wird, so stellen die Werte für die härtbaren Kunststoffe Mindestwerte, für die thermoplastischen Kunststoffe Richtwerte für den harten Zustand dar.

Ein Teil der mechanischen, thermischen und elektrischen Eigenschaften ist für die härtbaren Preßstoffe in der Typentafel DIN 7708 festgelegt, die als Grundlage für die amtliche Überwachung zur Typisierung dieser Stoffe dient. Die Herstellerfirmen können sich einer solchen Überwachung durch das Materialprüfungsamt Berlin-Dahlem oder durch die Staatliche Materialprüfungsanstalt Darmstadt unterziehen und erhalten von dort die Berechtigung, ihre Produkte mit dem Überwachungszeichen nach DIN 7702 in den Handel zu bringen, sofern sich bei der Überprüfung keine Beanstandungen ergeben. Damit soll den Verbrauchern die Einhaltung der in der Typentafel vorgeschriebenen Mindestwerte garantiert werden. In der Zusammenstellung Zahlentafel 1 sind die typisierten Preßstoffe und die in der Typentafel geforderten Eigenschaften durch stärkere Umrandung hervorgehoben.

Das *spezifische Gewicht* ist bei den härtbaren Kunststoffen von der Art und Menge des Füllstoffes abhängig und bewegt sich zwischen 1,4 (organischer Füllstoff) und 1,9 g/cm³ (anorganischer Füllstoff). Für die nichthärtenden Kunststoffe kann es mit etwa 1,0 bis 1,4 g/cm³ angegeben werden.

---

[1] *Höchtlen, A.:* Kunststoffe 41 (1951) S. 53.

Die *mechanischen Eigenschaften* sichern vielen der ursprünglich als „gummifreie nichtkeramische Isolierpreßstoffe" entwickelten Kunststoffe die Verwendung als Konstruktionswerkstoff im Maschinenbau und für Gebrauchsgegenstände, bei denen es auf mechanische Festigkeit ankommt. Sie sind dabei nicht als Ersatz- oder „Austausch"-Stoffe zu werten, sondern sie bringen bei sinnvoller Anwendung und geeigneter Gestaltung der Konstruktionsteile vielfach Vorteile, die mit den vorher an der gleichen Stelle verwendeten Werkstoffen nicht erzielt werden konnten. Es sei hier nur an den geräuscharmen Lauf von Kunststoffzahnrädern und an die beträchtliche Gewichtsersparnis erinnert, die neben der einfachen Formgebungsmöglichkeit überall in Erscheinung tritt, wo Metallteile durch Kunststoffteile abgelöst werden.

Die *Festigkeitswerte* werden analog den Festigkeitsversuchen der allgemeinen Materialprüfung ermittelt, und zwar gilt als wesentlicher Kennwert die *Biegefestigkeit*. Für nichtgeschichtete Phenolharzpreßstoffe kann man mit Biegebruchspannungen zwischen 500 und 1000 kg/cm² [1] rechnen, für Thermoplaste je nach Zähigkeit mit etwa 900 bis 1200 kg/cm². Phenolharzschichtstoffe haben, wenn die Biegeebene parallel zu den Schichten verläuft, Biegefestigkeiten von 1200 bis 2400 kg/cm². Die Proben werden nach Möglichkeit in vorgeschriebenen Abmessungen in besonderer Form gepreßt oder auch (z. B. Schichtpreßstoffe) aus Platten herausgeschnitten. Die Ergebnisse sind stark von der Probengröße und von den Prüfbedingungen abhängig, weshalb zur Bestimmung der Biegefestigkeit, *Schlag- und Kerbschlagzähigkeit* besondere Prüfgeräte entwickelt wurden. Um diese Eigenschaftswerte auch an kleinen, aus Fertigteilen entnommenen Probestücken erfassen zu können, bedient man sich bislang des sog. Dynstatgerätes, dessen Meßwerte aber wegen der Struktur- und Kerbempfindlichkeit der kleinen Proben sehr stark streuen und nur untereinander vergleichbar sind. Die *Zugfestigkeit* wird an Flachstäben, die *Druckfestigkeit* an Würfeln vorgeschriebener Größe ermittelt. Die Zugfestigkeit interessiert hauptsächlich beim Vergleich mit metallischen Werkstoffen. Für nichtgeschichtete Phenolharzpreßstoffe liegt sie zwischen 150 und 800 kg/cm², für Polymerisate im Durchschnitt etwas höher. Schichtpreßstoffe kommen an die Zugfestigkeit von Gußeisen heran. Die *Härte* errechnet sich mit Rücksicht auf die Kriecheigenschaften der Kunststoffe nicht aus dem Eindruckdurchmesser, sondern aus der Eindrucktiefe einer 5 mm-Kugel, die unter Last (50 kg) nach 10 und nach 60 sec abgelesen wird. Die Prüfvorschriften zur Ermittlung dieser Eigenschaften sind in den DIN-Blättern 53452—53457 festgelegt. Zahlentafel 1 gibt Richtwerte

---

[1] Bei der Festigkeitsprüfung von Kunststoffen ist die Dimension kg/cm² üblich.

für die verschiedenen Kunststoffsorten im Vergleich mit einigen Lagerwerkstoffen.

Die *Dauerfestigkeit* kann bei härtbaren Kunststoffen für Zugschwellbeanspruchung mit etwa 50—60% der Zugfestigkeit, für Biegewechselbeanspruchung mit 25—40% der Biegefestigkeit angenommen werden. Bei Schichtstoffen ist das Verhältnis ungünstiger als bei Preßstoffen mit pulvrigem Füllstoff, weil die Zerrüttung durch ein Lösen der Schichten eingeleitet wird. Dauerfestigkeitswerte für nichthärtende Kunststoffe liegen bisher nur wenige vor, danach scheint aber die Biegewechselfestigkeit bei nur etwa 15—20% der Biegefestigkeit anzunehmen zu sein.

Die *Dauerstandfestigkeit* sämtlicher, insbesondere aber der thermoplastischen Kunststoffe liegt infolge des starken Kriechens schon bei Raumtemperatur tiefer als die Festigkeit bei kurzzeitiger Beanspruchung[1]. Versuche über 800 Stunden ergaben z. B. für die Biegefestigkeit bei Typ 31 nur mehr 93%, bei Typ 57 nur 71—75% der Biegefestigkeit im Kurzversuch[2]. Bei Extrapolation über 5 Jahre erhält man eine Dauerstandzugfestigkeit der Phenolharzpreßstoffe von nur noch 35% der Kurzzeitzugfestigkeit, während sie bei verschiedenen Thermoplasten schon nach 1 Jahr auf rund 20% absinkt[3].

Von den *thermischen Eigenschaften* ist bei der Kombination von Kunststoffteilen mit Stahl und anderen Metallteilen vor allem die lineare *Wärmeausdehnung* von Interesse. Der Ausdehnungskoeffizient mancher Schichtpreßstoffe unterscheidet sich nicht wesentlich von dem von Stahl ($11.10^{-6}/°C$), bei Typ 31 kann er jedoch den 4- bis 5-fachen, bei einigen Thermoplasten den 10-fachen Wert erreichen. Von den Auswirkungen dieser unterschiedlichen Wärmedehnungen, insbesondere bei eingebauten Lagerbuchsen, wird an anderer Stelle (S. 409) noch die Rede sein. Die *Wärmeleitfähigkeit* liegt wesentlich niedriger als bei Metallen, sie kann — mit durch Aufbau bzw. Füllstoff bedingten Abweichungen — im Durchschnitt für alle Kunststoffe zu etwa $1/_{1000}$ von der des Kupfers angenommen werden.

In dem Maße, wie das Kriechen schon bei Raumtemperatur auftritt, macht sich auch die Temperaturabhängigkeit der Festigkeit bei den Kunststoffen bemerkbar. Als Maßstab hierfür gilt die „*Dauerwärmefestigkeit*", d. i. die Temperatur, bei der das Material 200 Stunden ge-

---

[1] Für Stahl sind diese Erscheinungen erst bei erhöhten Temperaturen zu beobachten: *A. Thum* u. *K. Richard:* Arch. f. Eisenhüttenw. 17 (1943/44), S. 29. — *Richard, K.:* Archiv f. Metallkde. 3 (1949) S. 157.

[2] Vgl. *Thum, A.* u. *H. R. Jacobi:* VDI-Forschungsheft 396. Berlin: VDI-Verlag, 1939. — [3] Vgl. *Staff, Quackenbos* u. *Hill:* Modern Plastics 27 (Febr. 1950), S. 93; bespr. in Kunststoffe 40 (1950) S. 365.

halten werden kann, ohne mehr als 10% in seinen mechanischen Eigenschaften abzunehmen. Im allgemeinen wird jedoch nur die rasch zu ermittelnde „*Formbeständigkeit in der Wärme*" angegeben, um einen Anhalt für das Festigkeitsverhalten des Werkstoffes bei steigender Temperatur zu haben. In einem Wärmeschrank mit vorgeschriebenem stetigem Temperaturanstieg wird nach dem *Martens*verfahren ein Probestab festgelegter Abmessungen, nach dem *Vicat*verfahren eine beliebige Probe (auch Fertigteil) einer definierten mechanischen Beanspruchung ausgesetzt. Als Kenngröße wird die Temperatur gemessen (Martensgrad bzw. Vicatgrad), bei der eine bestimmte Verformung erreicht ist. Die Prüfung ist rein konventionell und erfordert deshalb genaueste Einhaltung der Versuchsbedingungen.

Die *Glutfestigkeit* gibt darüber Aufschluß, wie sich das Material bei auftretenden Feuererscheinungen verhält, d. h. wenn es, meist kurzzeitig, mit offener Flamme oder Glut, also einer Heizquelle von konstanter hoher Temperatur, in Berührung kommt. Das Verfahren nach *Schramm-Zebrowski* ist hierfür recht gut geeignet, wenngleich es auch nur ein Vergleichsverfahren sein kann. Die Stoffe werden hier nach Gütegraden klassifiziert: Gütegrad 0 verbrennt völlig, Gütegrad 5 ist unbrennbar.

Die *Maßhaltigkeit* der Kunststoffe wird nicht allein durch die Feuchtigkeitsaufnahme, sondern schon bei der Herstellung der Formteile durch die *Schwindung* beeinflußt. Die härtbaren Kunststoffe schwinden zwischen 0,25 und 0,8 $\%$, wobei die Typen mit anorganischen Füllstoffen die geringste und Typ 31 die stärkste Schwindung aufweisen. Für nichthärtende Spritzgußmassen rechnet man mit Schwindungen von 0,5 bis 2 $\%$ je nach Art des Stoffes. Der *Feuchtigkeitsgehalt* beeinflußt natürlich nicht nur das Gewicht des Kunststoffes, sondern die meist wesentlichere Auswirkung ist die Maßveränderung durch Quellung und Schrumpfung, die durch Feuchtigkeitsaufnahme bzw. -abgabe bedingt werden. Quellung und Schrumpfung (bei Wasser- oder Ölbenetzung) sind zeit-, richtungs- und temperaturabhängig[1]. Im einzelnen wird auf diese Maßänderung durch Schrumpfung und Wärmedehnung an anderer Stelle noch eingegangen (S. 408).

Die *elektrischen Eigenschaften* sind besonders für die härtbaren Kunststoffe von Bedeutung, die den Hauptanteil der heute gebräuchlichen Isolierstoffe ausmachen. Für die Verwendung als Lagerwerkstoffe sind sie jedoch uninteressant und deshalb auch in der Zahlentafel 1 nicht aufgeführt.

---

[1] *Röhrs, W.* u. *R. Morhard:* Kunststofftechnik 10 (1940) S. 113. — *Vieweg, R.* u. *W. Schneider:* Kunststoffe 31 (1941) S. 215.

Die *chemische Beständigkeit* der Kunststoffe ist je nach Art des angreifenden und des angegriffenen Stoffes sehr unterschiedlich. Viele Kunststoffe zeichnen sich durch hohe Beständigkeit gegen Säuren und Laugen und besonders gegen Kohlenwasserstoffe der verschiedensten Fraktionen aus. Im einzelnen soll hierauf im Rahmen dieser Arbeit nicht näher eingegangen werden. Von grundlegendem Interesse ist jedoch die *Wasseraufnahme*, da alle Kunststoffe bei jeglicher Verwendung irgendwie mit Wasser im flüssigen oder dampfförmigen Zustand in Berührung kommen. Leider sind die Prüfmethoden noch nicht einheitlich festgelegt, es wird die Gewichtszunahme sowohl nach 4-tägiger als auch nach 7-tägiger Wasserverlagerung in $\%$ oder in mg/Oberflächeneinheit angegeben. Dabei spielen die Abmessungen der Probe und die Beschaffenheit der Oberfläche (Preßhaut oder Schnittfläche) eine erhebliche Rolle. Neuerdings wird daher vorgeschlagen, die Prüfung an Flachstababschnitten von $30 \times 15 \times 4$ mm vorzunehmen und die Wasseraufnahme nach 1, 4 oder 7×24 Stunden in mg/cm^2 zu bestimmen.

3. Anforderungen der Lagerherstellung an den Kunststoff.

a) Verwendbare Werkstoffe. Für die Herstellung von Kunststofflagern werden in erster Linie Phenolharzpreßstoffe mit verschiedengearteten Füllmitteln verwendet. In den letzten ahren gewinnen auch einige Polymerisate und besonders die Polyamide als Lagerwerkstoffe an Bedeutung.

Als Füllmittel der härtbaren Preßstoffe sind für Lagerzwecke die fasrigen den pulvrigen vorzuziehen. So kommen holzmehlgefüllte Preßmassen als Lagerwerkstoffe kaum in Betracht, Gesteinsmehlfüllungen sind wegen ihrer verschleißbegünstigenden Wirkung zu vermeiden. Zellstoff- und Textilschnitzel, für Lager mit hoher thermischer Beanspruchung auch Asbestfasern und -gespinste, sind die Füllstoffe für nichtgeschichtete Preßstofflager. Für hohe Lagerbelastungen haben sich bei geeigneter Herstellung die Zellstoff-, Papier- und Textilschichtstoffe am besten bewährt. Füllstofffreie Edelkunstharze (Preßharz oder Gießharz) sind gelegentlich auch als Lagerwerkstoffe verwendet worden.

Wie bei Metallegierungen, so wird auch bei Kunststoffen versucht, durch besondere Zusätze zur Preßmasse die für die Verwendung als Lagerwerkstoff erwünschten Eigenschaften hervorzuheben. So kann man z. B. dem Tränkharz für Gewebebahnen kolloidalen Graphit beigeben, um eine gleichmäßige Durchsetzung der Hartgewebelager mit diesem Gleitmittel zu erzielen. Im Hinblick auf die Wärmebeanspruchung werden auch Glasgewebe oder Glaswolle als Füllstoffe verwendet und zur Erhöhung der Gleiteigenschaften Kreide zugesetzt.

Die Polyamide führen ihren Ursprung auch auf das Phenol zurück und werden durch Polymerisation oder auch durch Kondensation als nichthärtende Harze in verschiedenen Verfahren gewonnen. In Amerika gehen sie unter dem Namen Nylon — was nicht zu der irrigen, aber vielfach gehörten Annahme verleiten darf, daß Nylonlager mit Nylonfasern gefüllte Kunstharzpreßstofflager wären. In Deutschland ist einem solchen Irrtum vorgebeugt, indem die Spinnfaser Perlon, das feste Produkt aber Ultramid, Trogamid u. ä. genannt wird.

Wenngleich eine Aufzählung von Lagerwerkstoffen niemals Anspruch auf Vollständigkeit erheben kann, so dürften doch als Kunststoffe für Lagerzwecke folgende Arten zu nennen sein: Typ 16, Typ 54, Typ 74, Typ 57, Typ 77 (DIN 7708), Hartpapier 2068, Hartgewebe 2088 (DIN 7735), Furnierpreßholz, Edelkunstharz, Polyamidsorten und gegebenenfalls einige Polymerisationsharze.

Der für die Phenolpreßstoffe gültigen Einteilung nach der Art des Füllstoffes in geschichtete und nichtgeschichtete Lagerwerkstoffe können also als dritte Gruppe die füllstofffreien Kunststoffe angereiht werden.

b) Formgebung und Behandlung. Als *geschichtete Preßstoffe* haben sich für kleinere Abmessungen vor allem geschlossene Buchsen aus gewickelten und nachgepreßten Hartgewebe- oder Hartpapierrohren bewährt. Die mit Harzlösung getränkten Gewebe- oder Papierbahnen werden vorgewärmt und auf Wickelmaschinen unter Spannung auf einen Stahldorn gewickelt. Dabei werden durch beheizte Druckrollen die Lagen aufeinandergepreßt, so daß das Harz erweicht und vorhärtet. Die Aushärtung erfolgt dann auf dem Dorn entweder im Ofen (nur gewickelte Rohre) oder besser unter Druck in einer Form (gewickelte und nachgepreßte Rohre) bei Temperaturen zwischen 120 und 150° C. Die Wickelrohre können in den erforderlichen Lagerdurchmessern hergestellt werden, so daß die Buchsen nur auf Länge abzutrennen sind. Für genaue Einhaltung der Durchmessertoleranzen sind sie jedoch spanabhebend nachzuarbeiten, wobei dann die unterschiedliche Quellbarkeit der gepreßten und der gespanten Lauffläche mit dem Schmiermittel beachtet werden muß (vgl. S. 408). Auch geteilte Lager lassen sich nach dem Wickelverfahren anfertigen, wenn man den Dorndurchmesser entsprechend kleiner wählt, die Rohre dicker aufwickelt, dann auf Lagerlänge absticht, teilt und nacharbeitet.

Größere Halbschalen oder Segmente für Walzenlager mit oder ohne Bund aus Schichtstoffen werden in der Weise hergestellt, daß die Bahnen zuerst auf die Form des Preßlings zugeschnitten, aufeinandergeschichtet und anschließend in Formen verpreßt werden. Beim Verpressen von Schichtstoffen zu komplizierteren Formen besteht die Gefahr, daß an Stellen schroffer Übergänge die Bahnen zerreißen und damit die Festigkeit derartiger Preßteile beträchtlich herabgesetzt wird. Um dies zu vermeiden, wird vielfach eine gestufte Aufbereitung angewandt, d. h. schwierige Formstücke werden aus einfachen, in entsprechenden Formen vorverdichteten Einzelteilen, z. B. Lagerkörper und Bund, zusammengefügt und anschließend in der endgültigen Preßform zu einem Stück warmverpreßt.

Zu den geschichteten Lagern sind auch die Wellenwickellager zu zählen, bei denen der Preßstoff in Form harzgetränkter bandförmiger Gewebe in mehreren dünnen Schichten (bis zu einer Gesamtschichtdicke von 2 mm) auf die Laufbahn des Zapfens gewickelt wird. Durch gleichzeitiges Verpressen härtet das Harz an und verleimt haftsicher mit der metallischen Unterlage. Anschließend wird nachgehärtet und die Oberfläche durch Spanabnahme geglättet (vgl. auch S. 429 u. 441).

Senkrecht zur Achse geschichtete Lagerbuchsen können aus ringförmigem Zuschnitt leicht formgepreßt werden, bedürfen jedoch dann meist einer Nachbearbeitung der Lauffläche. Ihre praktische Verwendbarkeit ist durch die Quell- und Spaltempfindlichkeit der angeschnittenen Schichten in der Lauffläche beschränkt. Für Einzelanfertigungen werden gelegentlich solche Lager aus Platten oder vollen Blöcken herausgearbeitet. Hier gilt das gleiche hinsichtlich der praktischen Bewährung; zur Serienfertigung ist dieses Verfahren natürlich zu unwirtschaftlich.

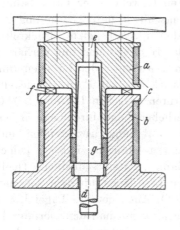

Abb. 274. Beispiel einer Preßform für Lagerbuchsen.

Nichtgeschichtete Preßstoffe werden für Lager fast ausschließlich formgepreßt. Die Preßwerkzeuge sind zweiteilige, aus Ober- und Unterstempel bestehende Formen aus gehärtetem Stahl mit polierter, besser noch verchromter Oberfläche. Ihre Herstellung ist kostspielig und macht sich erst bei großen Stückzahlen bezahlt. Bei sachgemäßer Behandlung ist jedoch die Lebensdauer der Preßformen sehr hoch. Bei kleinen Lagerabmessungen und großen Produktionsmengen lohnen sich unter Umständen auch Mehrfachformen, in denen mit einem Preßvorgang mehrere Lager gefertigt werden können. Die Formen werden je nach Gegebenheiten elektrisch oder mit Dampf oder auch mit Gas beheizt. Hochfrequenzbeheizung von Preßformen ist wohl schon erprobt worden, jedoch wird dieses Heizverfahren bisher vornehmlich zur Vorwärmung von Preßmassen angewendet. In Abb. 274 ist das Prinzip einer Preßform für bundlose Lagerbuchsen dargestellt, deren Ober- und Unterstempel durch Heizbänder (c) elektrisch beheizt werden. Vielfach werden auch elektrische Heizpatronen in den Formkörper eingesetzt. Bei Dampfbeheizung ist der Formblock von Dampfkanälen durchzogen. Die hier gezeigte Form ist als Überlaufform konstruiert, d. h. der konische Innendorn (d), der auch als Auswerfer dient, läßt die überschüssige Preßmasse durch den Oberstempel (Kanal e) entweichen. Die Form wird deshalb bis zum Aufsitzen des Oberstempels (a) auf dem Unterteil (b), bzw. auf den für verschiedene Lagerlängen auswechselbaren Distanzstücken (f) zugefahren. Bei Formen ohne Überlauf muß die Füllung genau so dosiert werden, daß die Form nur bis auf einen schmalen Luftspalt zwischen Ober- und Unterteil zugefahren werden kann und somit der volle Preßdruck auf der Masse liegt.

Durch geeignete Ausbildung des Werkzeuges ist es möglich und auch zweckmäßig, Schmiernuten und Öltaschen oder auch Verdrehsicherungsleisten gleich in der Form vorzusehen und Metallteile, wie Schraubenbolzen, Verdrehstifte oder dergleichen, in die Lagerbuchse mit einzupressen. Dadurch wird nachträgliche Verspanungsarbeit erspart. Wo allerdings besondere Anforderungen an Maßhaltigkeit, Oberflächenbeschaffenheit der Lauffläche usw. gestellt werden, muß die Buchse ohnehin spanabhebend bearbeitet werden. (Über maßgerechte Bearbeitung s. S. 425.)

Füllstofffreie Kondensationsharze (reines Phenolharz, Edelkunstharz) werden nur selten verwendet. Ihre Herstellung entspricht der Formpressung der gefüllten nichtgeschichteten Lager. Die Vorteile, die ihnen vielleicht gegenüber den Füllstofflagern zugesprochen werden konnten, sind hinfällig geworden, seit die Polyamide in die Reihe der Lagerwerkstoffe gezählt werden. Polyamidlager werden als Halbschalen

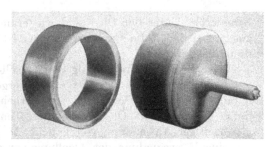

Abb. 275. Lagerbuchsen aus Polyamid. Spritzrohling und abgestochene Buchse.

oder als Segmente für Walzenzapfenlager im Spritzgußverfahren hergestellt und bedürfen dann wegen ihrer Anpassungsfähigkeit und guten Einlaufeigenschaften praktisch keiner Nacharbeit. Buchsen werden aus fließtechnischen Gründen meist in axialer Richtung als geschlossene Tüllen gespritzt, deren „Deckel" dann abgestochen werden muß (vgl. Abb. 275). Bei dünnwandigen Buchsen wird dieses Abstechen zweckmäßig nach Einbringen in das Lagergehäuse oder in einen Stahlring vorgenommen.

4. Betriebsverhalten von Kunststofflagern.

Sinngemäß sollten auf den Abschnitt über die Herstellungsverfahren nun einige Angaben über die Bemessung der Lager und die bewährtesten Lagerbauformen folgen. Es erscheint jedoch angebracht, zunächst auf das aus der Eigenart des Werkstoffes bedingte Verhalten der Kunststofflager einzugehen, wie es bei Prüfstandversuchen und im praktischen Betrieb beobachtet werden konnte. Erst die Kenntnis dieser bei Metallagern vielfach unbekannten Erscheinungen vermittelt das notwendige Verständnis für eine werkstoffgerechte Gestaltung und Anwendung der Kunststofflager.

a) Verhalten gegen Schmiermittel (Quellen und Schrumpfen). Die Quellneigung der Kunststoffe tritt bei Lagern infolge der notwendigen Anwendung von Schmier- und Kühlmitteln immer in Erscheinung.

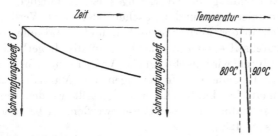

Abb. 276. Schematische Darstellung der Zeit- und Temperaturabhängigkeit der Schrumpfung von Kunststoffen. (Nach *Vieweg* und *Schneider*.)

Dabei ist die Größe der Quellung zunächst von der Beschaffenheit des benetzenden Mittels abhängig: Wasser verursacht die stärkste Quellung, die bei Emulsionen mit geeigneten emulgierbaren Ölen nur unwesentlich verringert wird. Schmierfette haben höheren Quelleinfluß als Schmieröle. Unter den Ölen sind wiederum die zähflüssigen zu bevorzugen, bei denen die Quellung geringer ist und später einsetzt als bei dünnflüssigen Ölen.

Versuche zur Ergründung der Quell- und Schrumpfwirkungen wurden hauptsächlich an Hartgewebe vorgenommen[1]. Es ergaben sich daraus verschiedene Verfahren zur Vorbehandlung von Lagerbuchsen durch Tränken mit Öl bei erhöhter Temperatur[2] und auch unter gleichzeitiger Anwendung von Druck[3]. In jedem Fall handelt es sich um eine Vorwegnahme der Quellung vor der Verwendung als Lager, so daß, da die Flüssigkeitsaufnahme einen Grenzwert erreicht, nach dem Einbau keine größeren Maßveränderungen mehr festzustellen sind. Es ist jedoch zu beachten, daß der Einbau bald nach der Vorbehandlung erfolgen muß, weil sonst die „Vorquellung" durch Trocknen wieder teilweise oder ganz zurückgehen kann.

---

[1] z. B. *P. Beuerlein:* Schweizer Arch. angew. Wiss. Techn. 4 (1938) S. 191. — *Nitsche*, *R.:* Kunststoffe 33 (1943) S. 11.

[2] *Beuerlein*, *P.:* Kunststoffe 29 (1939) S. 251.

[3] *Röhrs*, *W.* u. *R. Morhard:* Kunststofftechnik 10 (1940) S. 113.

Die Schrumpfung, als Umkehrung der Quellung: Verlust der im Kunststoff enthaltenen Feuchtigkeit, ist nämlich wie die Quellung zeit- und temperaturabhängig, wie dies schematisch in Abb. 276 dargestellt ist[1]. Der Steilabfall des Schrump-

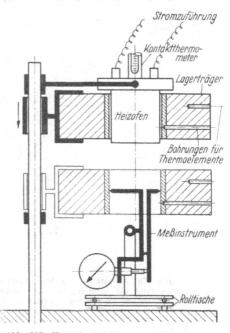

fungskoeffizienten liegt gerade in dem bei Lagern sehr häufig vorkommenden Temperaturbereich von 80 bis 90° C. Bei den untersuchten Gewebeschichtstoffen wurde darüber hinaus noch eine Richtungsabhängigkeit festgestellt, und zwar ist die Schrumpfung (also auch die Quellung) in Richtung der Gewebebahnen größer als senkrecht dazu.

An Buchsen aus ungefülltem Phenolharz (Gießharz, Preßharz) wurden keine oder nur bei bearbeiteter Oberfläche sehr geringe Quellerscheinungen beobachtet. Polyamidlager quellen bei Öl- wie bei Wasserschmierung sehr stark.

Neben der Wirkung der Schmiermittel auf den Kunststoff ist auch umgekehrt die Wirkung der Kunststoffe auf das Öl von Interesse. Hier kann allgemein gesagt werden, daß im Gegensatz zu manchen Lagermetallen die Kunststoffe keinen katalytischen, das Öl verschlechternden Einfluß ausüben.

Abb. 277. Versuchseinrichtung zur Messung der Durchmesserveränderung von eingebauten Lagerbuchsen.

b) Wärmedehnung. Die Wärmedehnung überlagert sich bei Kunststofflagern meist mit den Quell- und Schrumpferscheinungen, so daß die Dehnungsverhältnisse insgesamt recht kompliziert werden. Der lineare Wärmeausdehnungskoeffizient ändert sich wie der Schrumpfungskoeffizient mit der Zeit (Abb. 278)

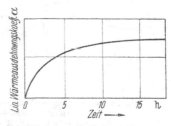

Abb. 278. Schematische Darstellung der Zeitabhängigkeit der Wärmedehnung von Kunststoffen. (Nach *Vieweg* und *Schneider*.)

und ist bei Schichtpreßstoffen wiederum richtungsabhängig: In Richtung der Schichten ist er kleiner ($\alpha_{\parallel}$) als senkrecht dazu ($\alpha_{\perp}$). Hinzu

---

[1] *Vieweg, R.* u. *W. Schneider:* Kunststoffe 31 (1941) S. 215.

kommt, daß bei eingepreßten Kunststofflagerbuchsen die Wärmedehnungen sich nicht frei auswirken können, sondern durch den
umgebenden Metallkörper behindert werden.

Einen Einblick in diese Vorgänge geben Untersuchungen, die mit
einer hierfür entwickelten
Versuchseinrichtung an
Hartgewebebuchsen bei
der Staatlichen Material-
prüfungsanstalt Darm-
stadt durchgeführt wur-
den [1]. Die Kunststoff-
buchsen waren in ring-
förmige Stahlträger ein-
gepreßt, die unter stark
vereinfachenden Annah-
men das Lagergehäuse
darstellen, und wurden
durch einen elektrischen
Ofen, dessen Abmessun-
gen denen der Welle ent-
sprachen, von innen her
aufgeheizt (Abb. 277).
Die Durchmesserverände-
rungen konnten mit einem
Fühlhebelmeßinstrument
gemessen werden, dessen
Wirkungsweise aus der
Zeichnung hervorgeht.
Die grundsätzlichen Er-
gebnisse dieser Versuche
sind in Abb. 279 und
Abb. 280 als Verlauf der
Abmessungen über der
Zeit aufgetragen. In Abb.
279 ist eine freie (nicht
eingepreßte) Buchse an-
genommen, deren Innen-

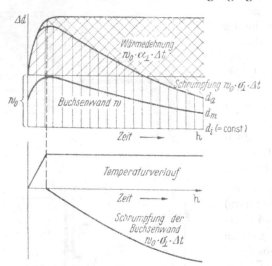

Abb. 279. Auswirkung von Wärmedehnung und
Schrumpfung bei nichteingebauten Kunststoffbuchsen.
Schematische Darstellung des zeitlichen Verlaufs.

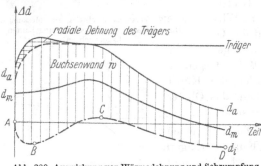

Abb. 280. Auswirkung von Wärmedehnung und Schrumpfung
bei eingebauten Kunststofflagerbuchsen.
Schematische Darstellung des zeitlichen Verlaufs.

durchmesser d_i der Einfachheit halber unverändert bleibe. Infolge der
Wärmeeinwirkung vergrößert sich die ursprüngliche Wanddicke w_0 der
Buchse um $w_0 \cdot \alpha \perp \cdot \Delta t$. Praktisch erst mit Erreichen der Beharrungs-
temperatur setzt die Schrumpfung ein und verkleinert die Wanddicke
wieder um $w_0 \cdot \sigma \perp \cdot \Delta t$. Etwas später beginnt der mittlere Durch-

---

[1] *v. Meysenbug, C. M.:* Kunststoffe 37 (1947) S. 69.

messer d_m der Buchse gleichfalls zu schrumpfen und $d_{mo} \cdot \sigma_\| \cdot \varDelta t$. Bei eingepreßten Buchsen ist weiterhin noch die Ausdehnungsbehinderung durch den Lagerträger zu berücksichtigen, der einerseits einen geringeren Ausdehnungskoeffizienten als die Buchse hat, andererseits bei Aufheizung von innen her nicht sehr stark erwärmt wird. Dieser Einfluß ergibt einen Kurvenverlauf nach Abb. 280. Die anfängliche Verringerung des Buchseninnendurchmessers d_i ist durch das Einpreßübermaß bedingt. Bei kleineren Einpreßübermaßen nimmt der Innendurchmesser beim Beginn der Aufheizung zu (Abb. 281). Wird der Einfluß der Schrumpfung durch Hinzutreten von Feuchtigkeit (Schmiermittel) aufgehoben, so tritt der Abfall der Kurven (Durchmesserverkleinerung) nach Erreichen des Zustandes C. (Abb. 280) weniger stark in Erscheinung. In Abb. 281 ist dieser Kurventyp schwach eingezeichnet. Die behinderten Dehnungen führen

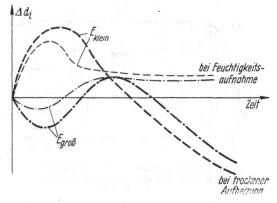

Abb. 281. Verlauf der Durchmesseränderung bei eingebauten Kunststofflagerbuchsen in Abhängigkeit vom Einpreßübermaße und von der Feuchtigkeitsaufnahme.

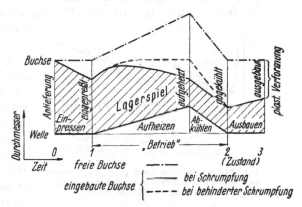

Abb. 282. Schematische Darstellung der Veränderung des Lagerspiels während des Versuchs bzw. Betriebs.

vielfach zu plastischen Verformungen, d. h. zum Herausfallen der Lagerbuchse aus dem Tragkörper nach dem Abkühlen.

c) **Lagerspielveränderungen.** Die Anwendung dieser Erkenntnisse auf den praktischen Betrieb ergibt die in Abb. 282 schematisch zusammengestellten Veränderungen, die durch Einpreßspannungen, Temperatur und Schrumpfung vom Einbau über die Betriebszeit bis zum Ausbau in der Lagerung vor sich gehen. Die Darstellung zeigt als Differenz zwischen Wellendurchmesser und Buchseninnendurchmesser zugleich die Veränderung des Lagerspiels vom Einbau der „freien" Buchse bis zu deren plastischer Verformung. Die angedeutete Schrumpfungsbehinderung kann durch Einwirkung des Schmiermittels oder auch durch konstruktive Maßnahmen erfolgen.

Versuchsmäßig hat sich als konstruktive Maßnahme z. B. der Einbau einer Feder in einen Längsschlitz der Buchse bewährt, die alle Maßveränderungen ausgleicht und das Auftreten plastischer Verformungen verhindert. Solche Buchsen ergaben im Vergleich zu Abb. 280 einen Kurvenverlauf nach Abb. 283. Da alle Lagerspielveränderungen, ob

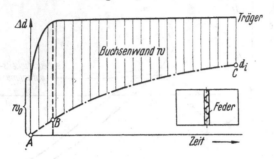

Abb. 283. Durchmesserveränderung bei einer eingebauten Lagerbuchse, deren Dehnungskoeffizient durch Einfügen einer Feder verändert ist.

durch Quellung, Schrumpfung oder Wärmedehnung hervorgerufen, temperaturabhängig sind, ist das Laufverhalten sowohl bei Metallagern als insbesondere bei Kunststofflagern durch die Wärmeabfuhr zu beeinflussen. Die temperaturbedingte Lagerspielverkleinerung kann nämlich zu einer „Umklammerung" der Welle führen, womit die Lagerung festsitzt und möglicherweise zerstört wird, ohne daß die Tragfähigkeit des Lagerwerkstoffes erschöpft zu sein braucht. Abb. 284 zeigt am Verlauf der Reibungs- und Temperaturkurve über der Lagerbelastung,

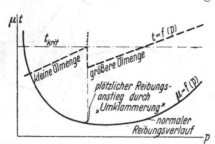

Abb. 284. Schematische Darstellung des Reibungs- und Temperaturverlaufs über der Belastung bei Vergrößerung der Kühlölmenge.

wie dieser Vorgang durch stärkere Kühlung „hinausgeschoben" werden kann. Die kritische („Umklammerungs"-)Temperatur wird durch Vergrößerung der Schmierölmenge erst im Gebiet höherer Belastungen erreicht, der normale Reibungsverlauf wird jedoch durch die Änderung der Ölmenge nicht beeinflußt, da für die reine Schmierung ja nur eine optimale Ölmenge nötig ist.

d) Verhalten beim Einlauf. Das Einlaufen wird durch die Quellneigung der Kunststoffe in gewisser Weise begünstigt, da der aufgequollene Stoff eine größere Anpassungsfähigkeit besitzt. Dies tritt besonders in Erscheinung, wenn die Öltränkung nicht erst beim Ein-

laufen erfolgen muß, sondern durch Vorbehandlung (s. S. 408) vorweg-
genommen ist. Die anfängliche Lagerspielverkleinerung (vgl. Abb. 281
oder AB in Abb. 280) tritt dann nicht auf und die zuerst etwas erhöhte
Reibung kann sich rasch ausgleichen. Bei neueingebauten Kunststofflagern empfiehlt sich stets eine sorgfältige Überwachung des Einlaufs
und mehrmaliges Hochfahren der Maschine auf die betriebliche Höchstlast. (Dies gilt natürlich nicht für Groblagerungen wie an Walzenzapfen,
Förderkarrenachsen usw.)

Im Gegensatz zu Metallagern sind die Preßstofflager recht empfindlich
gegen Belastungsänderungen, da bei Erhöhung der Lagerlast Reibungs-

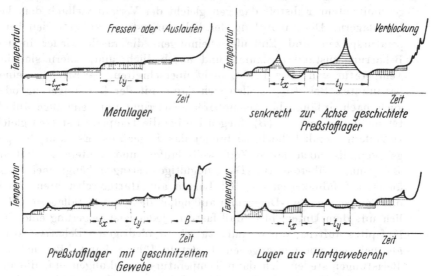

Abb. 285. Zeitlicher Temperaturverlauf bei stufenweiser Belastung von Kunststofflagern im
Vergleich zum Metallager t_x, t_y: verschiedene Dauer der Belastungsstufen;
B: instabiler Blockungsbereich.

und Temperaturspitzen auftreten und praktisch jedesmal ein neues
Einlaufen erforderlich wird. Bei offenen Lagern mit großem Spiel, wie
z. B. in Walzwerken und Förderkarren, wirkt sich das nicht störend aus,
aber bei genaueren Buchsenlagerungen mit höheren Gleitgeschwindigkeiten muß darauf geachtet werden. Abb. 285 veranschaulicht das Einlaufverhalten von Preßstoffbuchsen gegenüber Metallagern am zeitlichen
Temperaturverlauf bei Prüfstandversuchen[1]. Die Lager wurden in
Stufen von 20 zu 20 kg/cm² belastet und für jede Stufe Beharrung in der
Temperatur- und Reibungsanzeige abgewartet.Die Zeiten für die einzelnen Laststufen sind deshalb nicht gleich (t_x, t_y). Bei den senkrecht zur
Achse geschichteten Preßstofflagern wurde ein unregelmäßiges „Blocken"

[1] v. Meysenbug, C. M.: Kunststoffe 36 (1946) S. 5.

beobachtet, d. h. ein plötzlicher Reibungs- und Temperaturanstieg entweder gleich nach der Belastung oder im späteren Verlauf einer Laststufe. Von einer eigentlichen Beharrung der Temperatur, wie sie sich bei Metallagern nach anfänglichem geringem Anstieg für jede Laststufe schnell einstellt, kann man also bei diesen Lagern nicht sprechen. Die ungesetzmäßig auftretenden Spitzen klingen ab und führen dann zu einem vielfach unter der Ausgangstemperatur gelegenen „Beharrungswert". Mit Erreichen einer gewissen Höchstlast zeigt sich dann eine „Verblockung", d. i. eine rasche Folge von Temperaturspitzen, die bald mit der völligen Zerstörung des Lagers endet. Bei Preßstofflagern mit geschnitzeltem Füllstoff dagegen gleicht der Verlauf vielfach dem bei Metallagern. Die am Anfang der Belastungsstufen auftretenden Temperaturspitzen sind Einlauferscheinungen, die rasch wieder in den Beharrungszustand auslaufen und unschädlich sind, sofern sie eine Temperatur von etwa 120° C nicht überschreiten. Bei Erreichen einer bestimmten Belastung stellen sich dann mit der Laststeigerung oder auch nach anfänglicher scheinbarer Beharrung unregelmäßige anhaltende Blockungen ein (*B*). Liegen hierbei die Temperaturspitzen gleich zu Anfang ziemlich hoch, so brennt das Lager aus. Es kann aber gegebenenfalls noch lange Zeit weiterlaufen und weitere zusätzliche Belastungen überdauern. Das endgültige Versagen hängt meist von äußeren Zufälligkeiten ab. Bei Lagern aus Hartgeweberohren ähnelt das Temperatur-Zeit-Diagramm anfänglich dem von Metallagern, lediglich mit dem Unterschied, daß fast mit jeder Laststeigerung eine Einlaufspitze auftritt, die oftmals zu einem niedrigeren Beharrungswert als bei der vorangegangenen Laststufe führen kann. Bei höheren Belastungen stellen sich dann Temperaturschwankungen ein, die den Beginn der Zerstörung durch Blasenbildung anzeigen. Polyamidlager zeigen beim ersten Lauf sehr starke Einlaufspitzen. Bei richtiger Konstruktion (Bearbeitung, Einbau, Kühlung) und sachgemäßem Einfahren scheinen sie jedoch nachher weitgehend unempfindlich gegen Belastungsänderungen zu sein.

e) Belastbarkeit und Reibung. Belastbarkeit und Reibung sind Größen, die beim Lagerlauf nicht voneinander zu trennen sind. Ein dritter Faktor ist die Temperatur, die ja durch die Reibung hervorgerufen wird, und schließlich müssen dabei mitgenannt werden die Gleitgeschwindigkeit und die Schmierverhältnisse (Art und Menge des Schmiermittels). Die Kunststofflager reagieren auf diese Faktoren meist ungünstiger als Metallager wegen der schon erwähnten Schrumpf- und Quellneigung und des hohen Wärmedehnungskoeffizienten. Hinzu kommt die geringe Warmfestigkeit und die Empfindlichkeit gegen Kantenpressung.

Messungen über die verschiedenen Abhängigkeiten anzustellen, ist Aufgabe der Lagerversuche, die in zahlreichen Laboratorien und auf den verschiedensten Lagerprüfständen, gelegentlich auch im praktischen Versuch vorgenommen werden. Die Ergebnisse sind leider nicht immer aufeinander abzustimmen, da die Untersuchungsmethoden noch zu uneinheitlich sind. Im folgenden seien nur einige kennzeichnende Abhängigkeiten und Gegenüberstellungen, soweit sie in vorliegenden Versuchsberichten besonders deutlich hervortreten, als Beispiele angeführt.

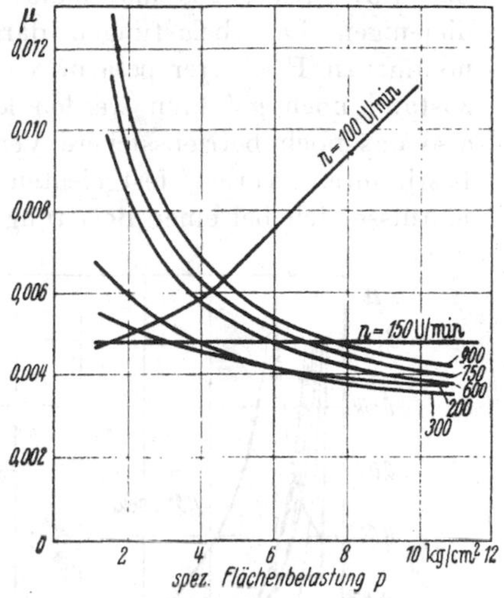

Die Beziehung zwischen Belastung, Reibung und Gleitgeschwindigkeit bei Laufversuchen von *Heidebroek* mit einem Kunststofflager vom Typ 54 (Kunststoffbuchse auf die Welle aufgezogen, in Stahlschale laufend) ist recht klar aus Abb. 286 ersichtlich. Es ergibt sich die schon aus den Versuchen von *Stribeck*[1] zu entnehmende Tatsache, daß mit einer bestimmten „Grenzgeschwindigkeit" zu rechnen ist (hier entsprechend $n = 150$ U/min), bei der der μ-Wert unabhängig von der Belastung bleibt[2]. Die Größenordnung des Reibungsbeiwertes ist die gleiche wie bei Metallagern.

Einen Vergleich der Belastbarkeit von Kunststofflagerbuchsen mit der einiger metallischer Lagerwerkstoffe erhalten *Heidebroek* u. *Döring* in einer

Abb. 286. Verlauf von Prüfstandversuchen mit Kunststofflagern. (Nach *Heidebroek*.) Kunststoffbuchse (Typ 54) auf Welle aufgezogen, in Gußeisenschale laufend. Laufdurchmesser: 220 mm; Lagerlänge: 1,36 · d; Lagerspiel: ~ 2°/₀₀. Schmieröl: Shell Turbinenöl, ~ 0,7 atü.

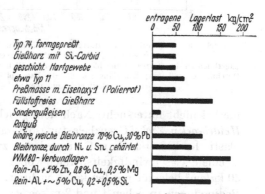

Abb. 287. Ertragbare Betriebslasten für Kunststofflager verschiedener Herkunft.
(Nach Prüfstandversuchen von *Heidebroek* und *Döring*.)
Lagerbuchsen in starres Stahlgehäuse eingepreßt; Welle St. 70.11, naturhart, geschliffen; Durchmesser: 60 mm; Lagerlänge: 0,66 · d; Lagerspiel: ~ 4°/₀₀. Schmieröl: Shell BC 8; 12 l/h. Gleitgeschwindigkeit: 0,15÷1,5 m/sec.

[1] *Stribeck*, *R.*: Z. VDI 46 (1902) S. 1341. (Erste systematische Lageruntersuchungen.) — [2] *Heidebroek*, *E.*: Kunst- u. Preßstoffe 2, S. 11. Berlin 1937.

anderen Versuchsreihe[1] für einen Geschwindigkeitsbereich von 0,157 bis 1,57 m/sec. Als maximale Tragfähigkeiten sind in Abb. 287 diejenigen Lagerbelastungen dargestellt, die unterhalb einer angenommenen Höchsttemperatur von 80° C und bei stabilem Reibungszustand noch gefahren werden konnten. Die Gegenüberstellung gibt also das noch betriebssichere Verhalten der einzelnen Werkstoffe bei bestimmten, vorher festgelegten Bedingungen wieder. Welche Verhältnisse sich bei einer Belastung bis zur Zerstörung einstellen, wurde

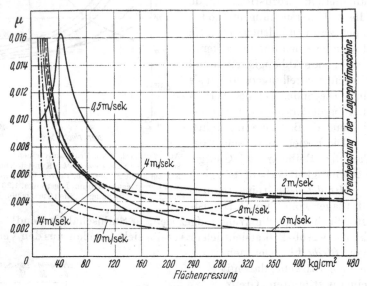

Abb. 288. Reibungsverlauf für Hartgewebebuchsen in Abhängigkeit von Belastung und Gleitgeschwindigkeit. (Nach Prüfstandversuchen von *Lehr.*)
Lagerbuchsen in starres Stahlgehäuse eingepreßt. Welle: ECN 35, einsatzgehärtet und poliert; Durchmesser: 60 mm; Lagerlänge: 0,66 · d; Lagerspiel: 6 ⁰/₀₀. Schmieröl: Maschinenöl; 1 l/h; Gleitgeschwindigkeit: 0,5÷14 m/sec.

hierbei nicht untersucht. Nach dem gleichen Versuchsverfahren stellen *Heidebroek* u. *Zickel* Grenzbelastungsdiagramme für härtbare und thermoplastische Kunststoffe auf[2], aus denen zu entnehmen ist, daß Typ 74 in einem Geschwindigkeitsbereich von 1 bis 5 m/sec mit Sicherheit bis 50 kg/cm² belastet werden kann, während Mipolam unter sonst gleichen Bedingungen zwischen 1 und 2 m/sec etwa 30 kg/cm² erträgt.

Bei Versuchen zur Ermittlung der Grenztragfähigkeit von Kunststofflagern mit verschiedenen Gleitgeschwindigkeiten fand *Lehr*[3] für Hartgewebebuchsen die in Abb. 288 und für Typ 74 die in Abb. 289 auf-

[1] *Heidebroek, E.* u. *A. Döring:* Deutsche Kraftfahrtforschung, H. 52 Berlin 1941.
[2] *Heidebroek, E.* u. *H. Zickel:* Kunststoffe 33 (1943) S. 242.
[3] *Lehr, E.:* Kunststoffe 28 (1938) S. 161.

gezeigte Abhängigkeit der Reibung von der Belastung bei den von ihm gewählten Versuchsbedingungen. Der aus Abb. 289 ersichtliche Kurvenverlauf ist charakteristisch für das Verhalten von gewebegefüllten Preßstofflagern (insbesondere Typ 74), sofern sie durch Vermeidung vorzeitiger Lagerspielverkleinerung („Umklammerung", vgl. Abschn. 4c) bis zur Grenze ihrer Tragfähigkeit ausgefahren werden können. Auf Grund ähnlich gearteter Versuche schlägt *v. Meysenbug*[1] vor, bei der Beurteilung dieser Lagerwerkstoffe zwischen den Begriffen „Grenzlast" und

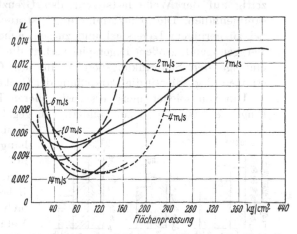

Abb. 289. Reibungsverlauf für Kunststoffbuchsen Typ 74 in Abhängigkeit von Belastung und Gleitgeschwindigkeit. (Nach Prüfstandsversuchen von *Lehr*.) Bedingungen wie bei Abb. 288.

„Höchstlast" zu unterscheiden. Der Versuchsverlauf weicht von dem bei Metallagern gewohnten ab, indem die Kurve $\mu = f(p)$ aus dem Gebiet der Flüssigkeitsreibung plötzlich steil ansteigt und dann zu schwanken beginnt (Abb. 290). Die Temperatur folgt in diesem Gebiet dem Reibungsverlauf und hat damit die in Abb. 285 mit B gekennzeichnete Zone erreicht (vgl. die Blockungen im zeitlichen Temperaturverlauf, S. 414). Bei Lagern aus Hartgeweberohren dürften die Schwankungen mit der Blasenbildung zusammenfallen, die erst bei höheren Temperaturen auftritt, aber dann zu ähnlichen Erscheinungen wie die Blockungen führt. Die diesen

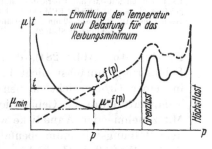

Abb. 290. Schematische Darstellung des Versuchsverlaufs bei Kunststofflagern für das Gebiet höherer Belastungen.

Schwankungsbereich abschließende Höchstlast ist also nicht die Tragfähigkeit, denn es ist mehr oder weniger von Zufälligkeiten abhängig, wie lange Zeit und über wie viele Laststufen das Lager noch weiterläuft. Als Grenzlast kann daher nur die Belastung eingesetzt werden, bei der die Schwankungen beginnen. Der Unterschied zwischen Grenzlast

---

[1] *v. Meysenbug, C. M.:* Kunststoffe 36 (1946) S. 5.

und Höchstlast zeigt sich besonders stark bei geringen Wanddicken, da bei großen Wanddicken infolge der stärkeren Wärmestauung und des größeren Absolutbetrages der Wärmedehnung die Buchsen oft vorzeitig auf der Welle festsitzen, also Grenzlast und Höchstlast zusammenfallen. Die „Umklammerung" ist auch für kleine Wanddicken bei zu geringem Lagerspiel und zu schwacher Kühlung zu erwarten. Bei genügend großem Lagerspiel verlegt die Verminderung der Kühlölmenge den Schwankungsbereich in das Gebiet niedrigerer Belastungen. Vgl. hierzu die Darstellung der Größenordnungen in Abb. 291.

Um von solchen meist erst bei höheren Lasten auftretenden Störungen einerseits und zum andern von gegebenenfalls auch zufälligen Einlauferscheinungen unabhängig zu sein, deren Ursache nicht immer erfaßbar ist, wird als Kriterium für die Belastbarkeit von Lagern vielfach (auch bei Versuchen mit Metallagern) die Lage des Reibungsminimums herangezogen. In Abb. 290 ist die Ermittlung der zugeordneten Temperatur und Belastung angedeutet, in Zahlentafel 4 sind die Mittelwerte für die Versuche angegeben, die der Darstellung in Abb. 291 zugrunde liegen. Es ist daraus wiederum zu ersehen (vgl.

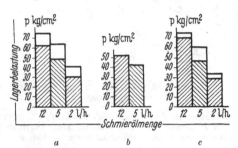

Abb. 291. Höchstlast und Grenzlast bei Prüfstandversuchen mit Kunststoffbuchsen Typ 74 in Abhängigkeit von Schmierölmenge, Wanddicke und Lagerspiel (Mittelwerte). *a* Wanddicke 3 und 5 mm; Lagerspiel 10 °/₀₀. *b* Wanddicke 10 mm; Lagerspiel 10 °/₀₀. *c* Wanddicke 5 mm; Lagerspiel 6 °/₀₀. Lagerbuchsen mit 0,05 mm Übermaß in starres Stahlgehäuse eingepreßt. Welle ECMo 80, gehärtet und geschliffen; Durchmesser 40 mm; Lagerlänge 0,8 · d. Schmieröl: Shell 2x.

Abschn. 4c, Abb. 284), daß eine Verringerung der Ölmenge die Schmierung zunächst nicht beeinflußt, d. h. das Reibungsminimum in seiner Größe nicht nennenswert verändert, es aber mit höheren Temperaturen in das Gebiet niedrigerer Flächenbelastungen verschiebt. Mit zunehmender Wanddicke werden aus Gründen der Wärmestauung dem Reibungsminimum ebenfalls kleinere Lasten zugeordnet.

Der Einfluß der Kühlölmenge auf die Belastbarkeit von Kunststofflagern geht auch aus Versuchen von *Strohauer* hervor[1], die an Buchsen mit senkrecht zur Achse geschichteten Gewebebahnen vorgenommen wurden. In Abb. 292 sind die Grenzkurven für die Belastbarkeit bei verschiedenen Ölmengen und zwei untersuchte Wandstärken eingezeichnet.

Die versuchsmäßig ermittelten Belastungen gelten für den praktischen Betrieb nur, soweit es sich um geschlossene Lager mit höheren Gleitgeschwindigkeiten handelt, bei denen Spieländerungen wegen der

[1] *Strohauer, R.:* Z. VDI 82 (1938) S. 1441.

Zahlentafel 4. *Laufversuche an Kunststofflagern Typ 74.* (Vgl. Abb. 291)

Lagerspiel	Wanddicke	Ölmenge	Reibungsminimum		
mm	mm	l/h	μ	t °C	p kg/cm²
	3	12	0,0035	20	50
		5	0,0051	22	35
		2	0,0051	30	25
0,4	5	12	0,0048	25	45
		5	0,0043	25	35
		2	0,0040	40	30
	10	12	0,0055	18	35
		5	0,0052	25	25
		2	—	—	—
0,25	5	12	0,0048	15	50
		5	0,0050	30	40
		2	0,0035	35	30

Wellenwerkstoff: ECMo 80, Oberfläche gehärtet u. geschliffen
Gleitgeschwindigkeit: 2,5 m/sek; Schmiermittel: Shell 3x; Eintrittstemperatur ~20°C.

Genauigkeit der Lagerung vermieden werden müssen und Reibungsschwankungen sich störend auswirken können. Für solche präzisere Lagerungen ist deshalb die Anwendungsmöglichkeit der Preßstofflager begrenzt (Werkzeugmaschinen, Kraftfahrzeugmotor und -fahrwerk usw.). Die besten Ergebnisse werden dabei mit Lagern erzielt, bei denen der Kunststoffbelag mit der Welle (vgl. Abb. 318 u. 319) in einer Stahlschale umläuft. Die Reibung ist bei härtbaren Preßstoffen im allgemeinen geringer, wenn die Oberfläche spanabhebend bearbeitet ist, da an der Preßhaut das Schmiermittel schlecht haftet. Die Polyamidlager[1] eignen sich wegen der starken Quellerscheinungen bisher nicht für Präzisionslagerungen.

Bei groben Lagerungen wie Walzenzapfenlagern, Achslagern von

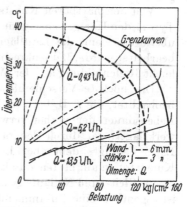

Abb. 292. Belastbarkeit von Kunststofflagern bei verschiedenen Schmierölmengen (Nach *Strohauer*). Lagerbuchsen: senkrecht zur Achse geschichtetes Baumwoll-Feingewebe; eingepreßt in starres Stahlgehäuse. Welle: ECMo 80, gehärtet und geschliffen; Durchmesser: 40 mm; Lagerlänge: 0,8 · d; Lagerspiel: 4,5 °/₀₀. Schmieröl: Shell X; Gleitgeschwindigkeit: 2,1 m/sec.

[1] *Akin*, R. B.: Mod. Plastics, Bd. 27 (Okt. 1949) S. 114.

27*

Förderwagen usw., wo offene Halbschalen verwendet werden, können etwa auftretende Reibungs- und Temperaturspitzen den Kunststofflagern weniger schaden als den Metallagern, die meist niedrige Schmelzpunkte haben und verschleißempfindlicher sind. Da ein Festbremsen der Welle durch Umklammern nicht eintreten kann, haben die Spitzen Gelegenheit, rasch wieder abzuklingen, und richten keinen Schaden an. Man kann daher für solche Lager mit Belastungen zwischen 200 und 400 kg/cm² rechnen, wie sie an Walzengerüsten im Dauerbetrieb ertragen wurden. Der Vorteil der Kunststofflager gegenüber Metallagern liegt jedoch hier in erster Linie in der bedeutend höheren Lebensdauer, die neuerdings besonders augenfällig bei den Polyamidlagern in Erscheinung tritt.

f) Verschleiß. Der Verschleiß ist bei Kunststofflagern nur während des Einlaufens infolge der Quellerscheinungen etwas stärker. Nachdem die Lager eingelaufen sind, ist jedoch kaum mehr ein Verschleiß festzustellen. Voraussetzung ist einwandfreie Bearbeitung der Lauffläche und möglichst eine feingeschliffene oder polierte Welle.

Der *Wellenwerkstoff* und der Oberflächenzustand der Welle spielen bei jeder Lagerung eine wichtige Rolle nicht nur für den Verschleiß beim Notlauf, sondern für die gesamten Reibungs- und Gleitverhältnisse des Lagers überhaupt. Während verschleißmäßig natürlich die harte Stahlwelle am geeignetsten ist, laufen bei richtiger Schmierung in Schalen und Buchsen auf Phenolharzbasis gleichermaßen auch ungehärtete Stahlwellen und Gußeisenzapfen.

Von den härtbaren Kunststoffen sind die formgepreßten Lager aus Typ 74 den Hartgewebelagern hinsichtlich Verschleißfestigkeit nur dann überlegen, wenn die Lauffläche vor dem Einbau nicht spanabhebend bearbeitet wurde. Bei senkrecht zur Achse geschichteten Lagern entsteht leicht Riefenbildung auf der Wellenlauffläche.

Die höchste Verschleißfestigkeit wurde bisher an Polyamidlagern beobachtet, die z. B. bei Verwendung als Walzwerkslager bis zu 70-fache Lebensdauer der vorher verwendeten Metallager ergaben[1]. Bei Walzwerkslagern ist durch den rauhen Betrieb ein starker Verschleiß der Lager bedingt, dem aber Lager aus härtbaren und nichthärtenden Kunststoffen am besten standzuhalten vermögen.

g) Gleit- und Notlaufeigenschaften. Der Begriff Gleiteigenschaften ist eigentlich eine Zusammenfassung sämtlicher für den Lagerlauf bestimmenden Eigenschaften nicht allein des Lagerwerkstoffes, sondern die Laufeigenschaften werden auch durch dessen Zusammenwirken mit Wellenwerkstoff und Schmiermittel und nicht zuletzt auch durch die Konstruktion des Lagers bedingt. Es wäre also besser, von den Gleiteigenschaften des Lagers zu sprechen als von denen des Lagerwerkstoffes.

---

[1] *Liebetanz, R.:* Kunststoffe 39 (1949) S. 40.

Soweit nun der Lagerwerkstoff am Gleiten beteiligt ist, ergibt sich bereits aus der vorangegangenen Erörterung der verschiedenen Betriebsbeobachtungen, daß die Gleiteigenschaften der Kunststoffe als durchaus gut bezeichnet werden können. Dafür spricht zunächst das günstige Einlaufverhalten als Folge der Tränkung des Kunststoffes mit dem Schmiermittel, die zugleich auch eine innige Verbindung zwischen Lauffläche und Schmierschicht gewährleistet. Die Haftung, d. h. das Kräftespiel zwischen den Oberflächenmolekülen des Gleitwerkstoffes und des Schmiermittels ist ja bekanntlich die Voraussetzung für eine zuverlässige Schmierung[1]. Das Reibungsminimum bewegt sich in der auch bei Metallagern üblichen Größenordnung. Der Verschleiß ist bei Kunststofflagern äußerst gering, und wenn der werkstoffbedingten Temperatur- und Belastungsempfindlichkeit durch geeignete Maßnahmen begegnet wird, lassen sich mit Kunststofflagerungen immerhin beträchtliche Gleitgeschwindigkeiten und Tragfähigkeiten und vor allem eine sehr hohe Lebensdauer erzielen.

Die Notlaufeigenschaften sind hervorragend, denn bei aussetzender Schmierung läuft der mit Schmiermittel getränkte Kunststoff zunächst weiter, und nach dem Verdampfen des Schmierstoffes beginnt die Lauffläche bei härtbaren Preßstoffen allmählich zu verkohlen, bei Thermoplasten dagegen zu erweichen, ohne daß ein Fressen mit der Welle eintritt. Die Welle läßt sich in allen Fällen nach Entfernen des aufgeschmierten bzw. veraschten Kunststoffes wieder verwenden. Auch gegen Verunreinigungen des Schmiermittels sind Kunststofflager weitgehend unempfindlich. Eingedrungene Fremdkörper drücken sich in die Lauffläche ein und führen, wenn gehärtete Wellen verwendet werden, zu keinerlei Beschädigungen.

5. Werkstoffgerechte Gestaltung von Kunststofflagern.

Die werkstofftechnischen Eigenarten der Kunststofflager, die sich in den vorangegangenen Abschnitten aus ihren reinen Werkstoffeigenschaften, ihrer Herstellung und aus den Betriebsbeobachtungen ergeben, lassen erkennen, daß man bei der Lagerkonstruktion nun nicht ohne weiteres den Kunststoff in die von den Metallagern her überlieferten Bauformen hineinzwingen kann. Anfängliche Mißerfolge mit Kunststofflagern beruhten zum großen Teil darauf, daß das von den Metallen sehr verschiedene Verhalten des ungewohnten Werkstoffes nicht beachtet wurde. Insbesondere muß also dem geringen Wärmeleitvermögen, der hohen Wärmedehnung sowie den Quell- und Schrumpferscheinungen durch konstruktive und schmiertechnische Maßnahmen begegnet werden, wenn die Kunststofflager ihren Platz neben den Metallagern

---

[1] Vgl. Veröffentlichungen von *K. L. Wolff, E. Heidebroek, E. Falz, Gümbel, Sommerfeld, Michell, Hardy, Reynolds, Petroff* usw.

auch in Zeiten, da sie nicht nur als willkommener Ersatz für Mangelmetalle angesehen werden, behaupten und womöglich ihr Anwendungsgebiet erweitern sollen. Daneben erfordern die Festigkeitseigenschaften vielfach andere Formen als bei Metallagern, und die einfachen Formgebungsmöglichkeiten durch Pressen, Spritzen oder Gießen unterstützen von seiten des Werkstoffes selbst die werkstoffgerechte Gestaltung.

Ein Teil der bisher in dieser Hinsicht mit Preßstofflagern gesammelten Erfahrungen findet sich in Merkblättern wie den „VDI-Richtlinien für die Gestaltung von Preßteilen aus Kunstharzpreßstoff", den „VDI-Richtlinien für die Gestaltung und Verwendung von Lagern und Buchsen aus Kunstharzpreßstoff" und den „VDI-Richtlinien für Preßstoff-Walzenzapfenlager"[1], den DIN-Blättern 7703, 16902, für Sonderbauformen DIN 9188 und 9189 sowie in verschiedenen Werkstattblättern[2] und internen Betriebsvorschriften. Die Angaben in solchen Blättern können nur Hinweise sein und dazu beitragen, System in die anfangs recht unübersichtliche Fertigung von Kunststofflagern zu bringen. Sie können bei Voranstellung eines bestimmten Gesichtspunktes nicht immer die gestaltungstechnisch günstigsten Lösungen finden, die alle Werkstoffeigenheiten berücksichtigen. Für ihre sinngemäße Verwendung seien deshalb im folgenden noch einmal die Forderungen zusammengefaßt, die sich für die werkstoffgerechte Gestaltung von Kunststofflagern bezüglich der verschiedenen Varianten ergeben. Dabei sind 3 Ausführungsformen zu unterscheiden: Die normale Lagerbuchse oder -schale, die als Massivlager in einen Tragkörper eingesetzt wird, ihre Abwandlung als Verbundlagerbuchse und die bei Metallagern nicht gebräuchliche Form der kunststoffbewehrten Welle, die in Stahl- oder Gußeisenschale läuft.

a) Lagerbuchsen und -schalen. Die Ausführungsform einer massiven Buchse oder Halbschale aus Kunststoff wurde zunächst von den Metalllagern übernommen und ist nach wie vor die häufigste, obwohl die Verwendung von Verbundlagern bei Metallen jetzt allgemein gebräuchlich ist und für Kunststoffe wegen der möglichen dünnen Schichten durchaus vorzuziehen wäre (s. S. 428). Die bei Kunststoffen so einfache Herstellung selbsttragender Formstücke wie Buchsen, Halbschalen oder Segmentstücke verleitet aber wohl dazu, besonders bei Walzwerklagern und ähnlichen Groblagerungen, daran festzuhalten.

Zur *Formgebung* solcher Lager lassen sich die preß-, spritz- und gießtechnischen Möglichkeiten voll ausnutzen, so daß es nicht schwer ist, scharfe Querschnittsübergänge, z. B. von der Schale zum Bund, zu vermeiden und die Lagerenden zur Umgehung der Kantenpressung gut abzurunden bzw. die Kanten schon bei der Herstellung gebrochen

---

[1] VDI 2002 u. VDI 2004, Düsseldorf: VDI-Verlag, 1951.

[2] München: Carl-Hanser-Verlag, 1947 bis 1950.

vorzusehen. Bei Walzwerkslagern wird der ausgerundete Kragen (vgl. Abb. 300) vielfach getrennt von der Schale hergestellt, damit er wegen seines starken Verschleißes leicht ausgewechselt werden kann. Die Lagerschalen selbst werden meist aus mehreren Segmenten zusammengesetzt, die gut miteinander und mit dem Stützkörper verspannt sein müssen.

Die *Wandstärke* ist bei Kunststofflagern in noch weit stärkeremMaße als bei Metallagern maßgebend für den einwandfreien Lagerlauf. Quellung und Schrumpfung sowie Wärmeausdehnungen geben kleinere Absolutbeträge, je kleiner die Wandstärke ist. Damit wird einmal die Gefahr der plastischen Verformung und eines dadurch bewirkten Loslösens der Buchse aus ihrem Sitz verringert und zum anderen die Lagerspielveränderung in tragbaren Grenzen gehalten, so daß eine Umklammerung der Welle vermieden werden kann. Außerdem wird die an sich bei Kunststoffen schlechte Wärmeableitung über das Gehäuse durch dünnere Wandungen verbessert. Festigkeitsmäßig ist der Wandstärke natürlich eine untere Grenze gesetzt, da zu dünne

Abb. 293. Axiales Verquetschen von Kunststofflagerbuchsen infolge zu hoher Flächenpressung.

Schalen zum Durchbrechen neigen, wenn sie nicht sehr sorgfältig in ihren Sitz eingepaßt sind. Als Richtwert kann deshalb gelten, daß die Wandstärke für Kunststoffschalen und -buchsen, die als selbsttragende Teile in Gehäuse eingebaut werden, etwa 5 bis 10% des Wellendurchmessers betragen soll.

Für die *Lagerlänge* hat sich bei Metallagern das günstigste Verhältnis zum Wellendurchmesser mit $l/d = 0,5$ ergeben. Hier ist die Belastbarkeit am größten, weil sich bei kleineren Lagerlängen das Absinken des Ölfilmdruckes, bei größeren die Kantenpressung störend bemerkbar machen[1]. Bei Kunststofflagern läßt sich dieses Optimum an Flächenbelastung nicht ohne weiteres erreichen, denn infolge der Kriechneigung der Kunststoffe und ihrer geringen Wärmefestigkeit werden beim genannten Lagerlängenverhältnis die spezifischen Flächendrücke nicht mehr ertragen. Die Lauffläche wird dann in Längsrichtung verquetscht und die Schale wächst aus dem Tragkörper heraus. Besonders deutlich hat sich das bei senkrecht zur Achse geschichteten Lagerbuchsen gezeigt,

[1] Vgl. *E. Falz*: Grundzüge der Schmiertechnik, Berlin 1930.

die bei kleiner Lagerlänge vollkommen zerstört wurden, während bei dem
längeren Lager die Aufspaltung an der Kante wohl hauptsächlich der
nicht sehr glücklichen senkrechten Schichtung zuzuschreiben ist
(Abb. 293).

Durch seitliche Armierung der Lager mittels eines Stahlbundes oder
dergleichen kann das Wegdrücken des Kunststoffes unter Last vermieden
werden, so daß sich das für die Belastbarkeit günstigste Lagerlängenverhältnis ausnutzen läßt. In Abb. 294 sind verschiedene Möglichkeiten
einer solchen Abstützung angedeutet, wobei die Lösung c schon dem
Verbundlager nahekommt.

Für die nicht abgestützten Lagerbuchsen und -schalen muß mit
einem Lagerlängenverhältnis l/d = 0,8 bis 1 gerechnet werden.

Das *Lagerspiel* wird in seiner Größe gefordert durch den Werkstoff,
die Schmier- und Kühlverhältnisse und die Betriebsgrößen (Belastung
und Gleitgeschwindigkeit). Von
seiten des Werkstoffes bedingt
zunächst rein äußerlich die erzielbare Oberflächenbeschaffenheit und sodann die Wärmeausdehnung die Größe des Lagerspiels. Bei Kunststoffen kommt
gegenüber Metallen neben einer
verstärkten Wärmedehnung das

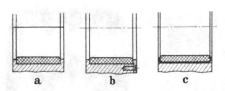

a   b   c

Abb. 294. Möglichkeiten der Abstützung
des Buchsenrandes.

Quellen und Schrumpfen hinzu. Das Lagerspiel muß also für Kunststofflager größer als für Metallager sein. Da Kunststoffbuchsen durch
den Einbau, besonders durch Einpressen mit Übermaß (vgl. Abschn. 4 b)
ihren Innendurchmesser stark verändern, ist das Spiel zweckmäßig
im eingebauten Zustand und möglichst nach einer Vorbehandlung zur
Vorwegnahme der Quellung festzulegen. Bei der üblichen Angabe in
Prozent des Wellendurchmessers kommt man auf einen Richtwert
von 0,4 bis 0,6% für Lager aus härtbaren Preßstoffen. Dabei ist jedoch zu beachten, daß bei kleinen Durchmessern relativ größere
Lagerspiele erforderlich sind, da die Quellung und auch die Wärmedehnung nicht vom Durchmesser allein, sondern in der Auswirkung
auch von der Wandstärke abhängig sind.

Die in DIN 7703 angegebenen Wanddickenabmaße ergeben für
Preßstofflager im eingedrückten Zustand Lagerspiele, die besonders
für größere Wellendurchmesser meist zu niedrig liegen. Eine zweckmäßige
und den Werkstoffeigenheiten Rechnung tragende Tolerierung gibt *Frank*
in Anlehnung an DIN 16 902 für die Innendurchmesser von eingebauten
Lagerbuchsen[1] (Abb. 295). Die Stufung überschneidet sich zum Teil mit

---

[1] *Frank, H.:* Kunststoffe 37 (1947) S. 46.

der ISO-Toleranz C 11[1] und gilt für den Toleranzbereich h 8 oder h 9 des Wellendurchmessers. Voraussetzung für die Einhaltung dieser Lagerspiele ist der *Einbau*, d. h. in erster Linie die Passung zwischen Buchsenaußendurchmesser und Gehäusebohrung. Es werden deshalb die in Abb. 296 ange-

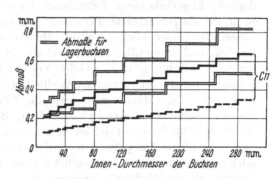

geben Einpreßübermaße in der Gehäusebohrung mit der ISO-Toleranz H 8 zugrunde gelegt. Wie weit diese Einbauverhältnisse einen festen Sitz der Buchse unter allen Betriebsbedingungen gewährleisten, läßt sich nicht mit Sicherheit sagen.

Abb. 295. Abmaße für Innendurchmesser von Kunststofflagerbuchsen. (Nach *Frank*).

In DIN 16902 wird als allgemeine Anweisung verlangt, daß „Preßstofflagerbuchsen mit genügend großem Übermaß in die Gehäusebohrungen eingedrückt werden müssen, damit sie sich (ohne Verwendung zusätzlicher Sicherungen) nicht lockern können". Das läßt vermuten, daß man am besten das Übermaß so groß wählt, wie sich die Buchse gerade noch ohne aufzureißen ein-

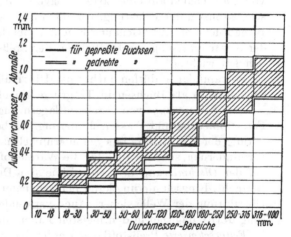

Abb. 296. Abmaße für Außendurchmesser von gedrehten Kunststofflagerbuchsen. (Nach *Frank*).

pressen läßt. Erfahrungsgemäß tritt dann aber erst recht eine Lockerung während des Betriebes ein, weil sich zu den Einpreßspannungen die Spannungen aus behinderter Wärmedehnung und Quellung hinzuaddieren[2] und die Buchse plastisch verformt wird, so daß sie sich beim Abkühlen lösen muß. Da diese Maßveränderungen von der

---

[1] International Standardising Organisation. Eine dem gezeichneten Bereich entsprechende Toleranzreihe zwischen A und B ist nicht vorgesehen.

[2] Vgl. S. 410 Fußnote 1.

Wandstärke, der Temperatur und der Schmiermittelaufnahme der Buchse abhängen und der elastische Verformungsbereich nur sehr klein ist, wird sich bei einem gewählten Einpreßmaß praktisch nur für einen ganz bestimmten Betriebszustand (resultierend aus Gleitgeschwindigkeit, Lagerbelastung, Schmierung und Kühlung) eine noch nicht plastisch aufgenommene Pressung der Buchse im Gehäuse erzielen lassen. Mit einer Lockerung der Buchse muß also immer gerechnet werden, und es empfiehlt sich deshalb, in jedem Fall eine Sicherung gegen Verdrehung und axiale Verschiebung vorzusehen. Hierzu genügen radial oder tangential in die Buchsenwand eingreifende Stifte oder auch an die Buchse mitangepreßte Führungsleisten, die eine Ausfräsung in der Gehäusewand erfordern. Bei Lagerausführungen entsprechend Abb. 294 c läßt sich leicht eine Nase im Gehäusebund anbringen, die in eine kleine Aussparung im Buchsenrand eingreift. Für Halbschalen oder Segmentstücke sind ohnehin Verschraubungen nötig, die eine Festlegung auch bei Maßveränderungen des Kunststoffes ermöglichen.

Im Bereich der angegebenen Toleranzen ist besonders beim Einbau von Halbschalen auf eine satte Auflage zu achten, weil die Kunststoffschale sonst unter Belastung, vor allem bei wechselnder Beanspruchung, Biegebrüche erfährt. Genaues Fluchten der Lagerbohrungen ist wegen der Kantenpressungsempfindlichkeit der Preßstoffe für Buchsen wie für Schalen wichtig.

Polyamidlager dürfen nicht mit Übermaß eingepreßt werden und sind deshalb als Buchsen in Tragringe einzukleben (s. Verbundlager).

Als *Schmierung* von Preßstofflagern eignen sich Ölschmierung, Fettschmierung und Wasserschmierung. Da bei der schlechten Wärmeleitung der Kunststoffe das Schmiermittel nicht nur für die Reibungsverminderung, sondern auch für die Wärmeabfuhr zu sorgen hat, kommt bei der *Ölschmierung* in erster Linie die Druckumlaufschmierung in Betracht. Ringschmierung kann bei geeigneter Bauart, die eine ständige Überflutung der Welle sichert, auch verwendet werden, Tropfölschmierung dürfte dagegen in den meisten Fällen ungeeignet sein.

Fettgeschmierte Preßstofflager werden bei geringen Gleitgeschwindigkeiten oder im zeitweilig aussetzenden Betrieb auch bei höheren Belastungen verwendet. Das Fett kann nach Art der Staufferbüchsen[1] oder als Preßfett zugeführt werden. Walzenzapfenlager werden meist mit Fettbriketts geschmiert, die gleichzeitig die Wellen gegen Korrosion schützen sollen, da die Lager zur Wärmeabfuhr zusätzlich mit Wasser überflutet werden. Diese Art der *Wasserschmierung* wird auch sonst meist angewandt; z. B. bei Stevenrohrlagerungen wird das unter Wasser laufende Lager zusätzlich mit Fett geschmiert, um die Reibung beim

---

[1] Staufferfett führt bei Phenolpreßstofflagern zu starken Quellungen infolge des Seifengehaltes.

Anfahren zu vermindern und die Welle vor Korrosion, das Lager gegen zu starke Quellung durch das Wasser zu schützen. Eine ähnliche Wirkung erzielt man durch Schmierung mit Emulsionen, deren hoher Wassergehalt die Kühlung und deren Ölgehalt den Korrosionsschutz übernehmen.

Wegen der Quellneigung der Kunststoffe sind nicht alle Öle und Fette zur Schmierung von Kunststofflagern geeignet. Die zäheren Öle sind den dünnflüssigeren vorzuziehen, sie sollen eine Mindestzähigkeit von $\sim$ 22 cSt ($=$ 3° E) bei 50° C haben. Geschwefelte Mineralöle ergeben geringere Quellungen als gefettete oder reinmineralische Öle. Die Schmierfette sollten einen Tropfpunkt von mindestens 150° C haben und frei von ungebundenen Säuren sein.

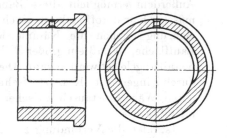

Abb. 297. Kunststofflagerbuchse mit breiter Öltasche.

Hinsichtlich der Schmiermittelzuführung gelten im wesentlichen die gleichen Grundsätze wie bei Metallagern. Da jedoch bei Kunststofflagern das Schmiermittel den Anteil der Reibungswärme zusätzlich abführen muß, der bei Metallagern durch das Lager selbst abgeleitet wird, muß die Möglichkeit eines größeren Schmiermitteldurchsatzes vorgesehen werden. Zu diesem Zweck können z. B. die üblichen seitlichen Öltaschen, die bei Metalllagern meist durch eine querlaufende Ölnut verbunden sind, bei Preßstofflagern um die ganze unbelastete Lagerhälfte herumgeführt werden (Abb. 297). Ein anderer Vorschlag zur guten Benetzung der ganzen Lagerlänge entsprechend (Abb. 298) wird auch in den VDI-Richtlinien 2002 angegeben.

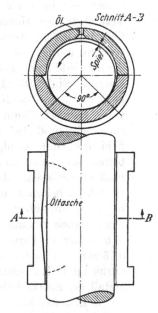

Abb. 298. Ausbildung der Ölzuführung bei großen Lagerlängen.

b) Verbundlager. Das Ausquetschen von Kunststoffbuchsen in axialer Richtung (Abb. 293) unter zu hohen Flächenpressungen führte bereits im Jahre 1938 nach einem Vorschlag von *Thum*[1] zu einer Lagerbauform nach Abb. 299. Bei dieser Konstruktion wird in das Innengewinde einer Leichtmetall-

---

[1] Veranlassung waren Versuche, die an der Staatl. Materialprüfungsanstalt Darmstadt in Zusammenarbeit mit der Kunststofferzeugenden Industrie durchgeführt wurden.

buchse eine dünne Kunststoffschicht unmittelbar eingepreßt oder gespritzt. Die Gewindegänge nehmen bei Belastung die Schubkräfte auf, so daß ein seitliches Ausweichen des Kunststoffes verhindert wird. Außerdem ermöglicht diese Bauart eine bessere Wärmeableitung als massive Kunststoffbuchsen. Nach der spanabhebenden Bearbeitung der Bohrung reichen die Kämme des Spitzgewindes bis dicht unter die Lauffläche, so daß ein großer Teil der Reibungswärme durch das Leichtmetall abgeleitet werden kann. Die seitlichen Öltaschen sowie die Ölnuten durchdringen die Kunststoffschicht und ermöglichen ebenfalls einen guten Wärmeaustausch zwischen dem Schmiermittel und der Leichtmetallbuchse.

Ist hier die Verbindung zwischen Preßstoff und Metallbuchse noch eine rein mechanische Verklammerung, die an die Schwalbenschwanzausgüsse von Weißmetallschalen er-

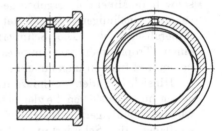

innert — denn ein dauerhaftes Verkleben des Harzes mit dem Leichtmetall konnte zunächst nicht erreicht werden —, so entsteht daraus bald das Folienverbundlager. In Stahl- oder Leichtmetallbuchsen wird eine Kunststoffolie von 0,18 bis 0,35 mm Dicke heiß eingeklebt und bei den dünnen Schichten nur wenig nachgearbeitet, bei den stärkeren auf Soll-

Abb. 299. Mechanische Verankerung einer eingepreßten Kunststofflaufschicht in einer Leichtmetallbuchse.

maß ausgerieben. Als „Schäfer-Lager"[1] sind diese Buchsen seit etwa 10 Jahren bekannt, und in DIN 9188 und 9189 wurden die Toleranzen für ihre einbaufertige Herstellung festgelegt. Ähnliche Ausführungen werden auch von anderen Firmen geliefert[2]. Auch Polyamidlager haben sich bisher in Form solcher Verbundlager mit Wandstärken bis min. 0,75 mm am besten bewährt. Die verwendeten Klebemittel sind meist aushärtende Kunstharze, die geeignet sind, eine feste Bindung mit dem Metall der Stützschale einzugehen.

In neuester Zeit führen sich auch Verbundlager ein, zu deren Herstellung ein Polymerisationsharz in flüssiger Form unmittelbar in eine Metallbuchse eingebracht und polymerisiert wird[3]. Die Laufschicht aus dieser sog. „Schubert - Kunstharz - Verbund - Gleitmasse" gleicht also einem dünnen Lacküberzug.

Die dünnen Kunststoffschichten der Verbundlager erfahren durch Wärmedehnung, Quellung und Schrumpfung weit geringere Formänderungen als die Kunststoffschalen. Sie behindern außerdem den

---

[1] Ehemals Schäfer-Preßstoff GmbH., Berlin. — [2] Z. B. Dr. Beck, Sünnunghausen über Oelde/Westf. — [3] Als „ZSV"-Lager durch die Fürstl. Hohenzollernsche Hüttenverwaltung, Laucherthal, hergestellt.

Abfluß der Reibungswärme weniger, so daß die Lagerspielverkleinerung hauptsächlich durch die umschließende Metallbuchse bestimmt wird. Zweckmäßig werden sie deshalb mit Stahlbuchsen ausgeführt, da dann die gleichen Ausdehnungsverhältnisse wie bei der Stahlwelle vorliegen. (Bei eingepreßten Leichtmetallbuchsen kann durch „behinderte Ausdehnung" bei Temperaturerhöhung eine Lagerspielverengung ähnlich wie bei den massiven Kunststoffbuchsen auftreten)[1].

Die Verbundlager brauchen also für den Betrieb kaum anders behandelt zu werden als Metallager gleicher Abmessungen. Sie werden wie Metallagerbuchsen eingebaut, die Lagerlänge kann entsprechend der günstigsten Belastbarkeit $l/d = 0,5$ gewählt werden, da keine Gefahr der Verquetschung besteht und der Lagerdruck durch die dünne Folie hindurch von der Stahlschale aufgenommen wird. Das Lagerspiel wird mit Rücksicht auf mögliche geringe Quellerscheinungen an der oberen Seite der Toleranz für Metallager angenommen, die Schmierung mit Öl oder Fett gleicht ebenfalls der bei Metallagern.

c) **Kunststoffbewehrte Welle.** An Stelle der gewohnten Bauform, daß die Stahlwelle in einer Schale oder Buchse aus Lagerwerkstoff läuft, schlug zuerst *Heidebroek* vor, eine Kunststoffbuchse fest auf die Welle aufzuziehen und mit der Welle in einer Stahl- oder Gußeisenschale laufen zu lassen[2]. Dieses Verfahren wird den Eigenheiten des Kunststoffes hinsichtlich der Wärmeableitung, der Dehnungs- und Schrumpfungsverhältnisse in den meisten Fällen besser gerecht als die feststehende, insbesondere die dickwandige Kunststoffschale. Es führte zuerst zur praktischen Anwendung in den Folienlagern, bei denen eine Kunststoffolie ähnlich wie bei den Verbundlagern auf den Laufzapfen aufgeklebt und mit geringer Nacharbeit in entsprechend tolerierte Stahlschalen eingebaut wird. Eine herstellungsmäßige Vereinfachung bilden die Preßstoffwickellager[3]: Der Preßstoff wird in Form harzgetränkter Gewebebänder in mehreren dünnen Schichten (0,2 bis 0,4 mm Dicke) auf den Laufzapfen gewickelt, warm verpreßt, wobei die Schichten mit der metallischen Oberfläche haftsicher verleimen, und anschließend bei etwa 140° C nachgehärtet[4]. — Auch die erwähnten Kunstharzlackschichten werden mit gutem Erfolg auf die Welle aufgebracht.

Diese Lagerbauformen haben sich mindestens ebensogut bewährt wie die Folienverbundlager. Die betriebstechnischen Erfordernisse sind die gleichen wie bei Metallagern.

6. Anwendungsbeispiele.

Bei Beachtung der Werkstoffeigenheiten und der dadurch gegebenen Grenzen haben sich Kunststofflager auf einer Reihe von Anwendungs-

---

[1] *v. Meysenbug, C. M.:* Dissertation TH Darmstadt 1948. — [2] *Heidebroek, E.:* Kunst- und Preßstoffe I, S. 33, Berlin 1937. — [3] Ehemals Schäfer-Preßstoff GmbH., Berlin. — [4] Vgl. *E. Gilbert* u. *K. Lürenbaum:* Z. VDI 86 (1942) S. 139.

gebieten bewährt. Daß man nach der Überwindung von Mangelzeiten auf dem Metallmarkt wie z. B. nach dem 2. Weltkrieg an den meisten Stellen wieder zu althergebrachten metallischen Lagerwerkstoffen zurückkehrte, liegt nicht immer an der Unterlegenheit der Kunststofflager, sondern ist vielfach durch eine gewisse Voreingenommenheit der Konstrukteure bedingt und durch die abweichende Behandlung dieser Werkstoffe, die sich in den Montage- und Reparaturwerkstätten nur sehr langsam einführt.

Von den nachfolgenden Beispielen bezieht sich daher ein Teil auf Versuchsläufe und auf gelegentliche Anwendungen. So sind z. B. die Straßenbahnachslager in Versuchswagen der Dresdener Straßenbahn erprobt worden, eine serienmäßige Verwendung in Straßenbahnwagen ist jedoch bisher nicht bekannt. Die kunststoffbewehrten Wellen in Automobil- und Flugzeugmotoren sind ebenfalls bisher nur versuchsweise, wenn auch mit vielversprechendem Erfolg gelaufen. Die Kunststofflagerung von Werkzeugmaschinenwellen dürfte allerdings wegen der hohen Anforderungen an die Laufgenauigkeit (geringes Lagerspiel) nach wie vor auf Schwierigkeiten stoßen. Dagegen werden Kunststoffgleitführungen an Werkzeugmaschinenbetten von einigen Firmen serienmäßig angewandt. Am besten geeignet sind die Kunststofflager natürlich im gröberen Betrieb, wo die Lagerstellen der Verschmutzung und dem Verschleiß ausgesetzt und die Wartungsmöglichkeiten beschränkt sind. Man findet sie deshalb häufiger in Fördermaschinen, Aufbereitungsmaschinen und Landmaschinen. Den unbestrittenen Vorrang vor anderen Lagerwerkstoffen haben sich die Kunststoffe für Walzenzapfenlagerungen erobert, die daher schon als das „klassische" Anwendungsgebiet der Kunststofflager bezeichnet werden können.

a) Walzenlager[1]. Für die Zapfenlagerungen an Walzgerüsten verwendet man in erster Linie geschichtete Hartgewebe (Typ 77), gelegentlich auch Preßstoff mit Gewebeschnitzeln (Typ 74) oder Kombinationen aus beiden. Für geringere Anforderungen werden auch Lager mit Zellstoff- oder Papierbahnen (Typ 57), Zellstoffschnitzeln (Typ 54) oder Holzschnitzeln verpreßt. Die mit Kunstharz gebundenen Holzfurniere (Kunstharzpreßholz) treten vielfach an die Stelle der geschichteten Hartgewebelager. Neuerdings liegen auch, vor allem in den USA., sehr gute Erfahrungen mit Polyamidlagern für Walzgerüste vor, die sich durch ihre besonders hohe Verschleißfestigkeit auszeichnen. Als Gegenwerkstoff für den

---

[1] *Arens, J.:* Stahl u. Eisen 1939, S. 213. — Plastics, Bd. 2 (1938) S. 328. — *Rohde, E.:* Z. VDI 1940, S. 832, Stahl u. Eisen 1940, S. 997. — *Philippe, C. D.:* Iron Coal Tr. Rev. Bd. 139 (1939) S. 797. — *Philippe, C. D.:* Engineering Bd. 49 (1940) S. 99. — *Koegel, A.:* Kunststoffe 1940, S. 298. — Modern plastics, Bd. 17 (1940) Nr. 7, 54, 70 (Kst. Techn. Kst. Anw. 1942, S. 43 u. 303). — *Czichos, F.:* Masch.-Bau-Betrieb 1941, S. 30 — *Arens, J.:* Kunststoffe 1942, S. 237. — *Rohde, E* u. *Hellmanns:* Stahl u. Eisen 1943, S. 209. — *Liebetanz, R.:* Kunststoffe 1949, S. 40.

Zapfen ist in allen Fällen gehärteter Stahl mit geschliffener oder mindestens feingeschlichteter Oberfläche am besten geeignet.

Die Walzenzapfenlager werden entweder als Halbschalen gleicher Wandstärke ausgeführt oder als Blocklager. Daneben ist der Zusammen-

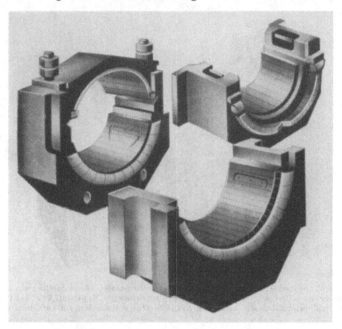

Abb. 300. Walzwerkslager mit Segmentstäben aus Kunstharzpreßholz.

bau aus einzelnen Segmentstäben gebräuchlich, die in Einbaustücken verschraubt werden. Ferner findet man auch Umkleidungen des Zapfens mit Kunststoffsegmenten (nicht mit dünnen Folien), die dann in Stahlgußschalen laufen. Die Segmentaufteilung ermöglicht das Auswechseln einzelner Segmente bei Verschleiß. Aus dem gleichen Grund hat sich die getrennte Ausführung des Lagerkragens als vorteilhaft erwiesen, die außerdem eine einwandfreie Auflage der glatten Segmentstäbe gewährleistet, so daß Biegebeanspruchungen vermieden werden (Abb. 300).

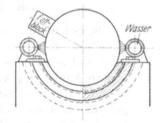

Abb. 301. Schmierung und Kühlung eines Walzenzapfenlagers.

Zur Schmierung und Kühlung werden die Lager an Warmwalzwerken mit Wasser überflutet, wobei dann der Zapfen zusätzlich an Fettbriketts ablaufen kann, um die Schmierung zu verbessern und korrosive Wirkungen zu vermeiden. In Abb. 301 ist eine solche Anordnung skizziert, Abb. 302 läßt dagegen die Bewässerungsbrausen und die Haltevorrichtung für das Fettbrikett gut erkennen. Für höhere Zapfendrücke oder hohe Umlaufgeschwindigkeiten kommt man ohne Fettschmierung nicht mehr aus.

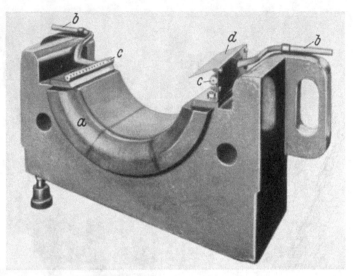

Abb. 302. Segment-Walzenlager für eine Trio-Walzenstraße. Zapfendurchmesser 400 mm, Lagerlänge 400 mm, Drehzahl 100 U/min. *a* Segmentlagerschale aus Kunststoff Typ 77, *b* Kühlrohr für die Wasserzufuhr, *c* Brausen zu beiden Seiten des Zapfens, *d* Halteblech zur Aufnahme des Fettbriketts.

Die nachfolgende Zusammenstellung wird als Richtlinie für den Anwendungsbereich der reinen Wasserschmierung angegeben:

Belastung		Gleitgeschwindigkeit	
bis 42	kg/cm²	0,5 −20 m/sec	Wasser-schmierung
42 −126		0,75−15	
126 −335		1,25−12,5	
über 335		Fettschmierung erforderlich	

Die Schmierung mit Ölemulsionen wird ebenfalls angewendet. Bei schlechter Schmiermöglichkeit können Kunststofflager vorgesehen werden, denen bereits bei der Herstellung Graphit zugesetzt ist.

Die Anwendung von Kunststoffwalzenlagern beschränkt sich nicht nur auf Warmwalzwerke. Sie bewähren sich auch an Blechschleppgerüsten und an Kaltwalzwerken, wo allerdings die Wasserkühlung vermieden werden sollte. Für die Lagerung von Kalanderwalzen in der Papier- und Gummiindustrie sind Kunststoffe gleichermaßen gut geeignet. Bei den dampfbeheizten Walzen der Gummikalander erweist sich die geringe Wärmeableitung der Kunststofflager als besonders vorteilhaft, da hierdruch eine Ersparnis an Heizdampf erzielt werden kann.

Im allgemeinen liegen die Vorteile der Kunststoffwalzenlager zunächst in der niedrigen Reibung, die in einem weiten Geschwindigkeits-

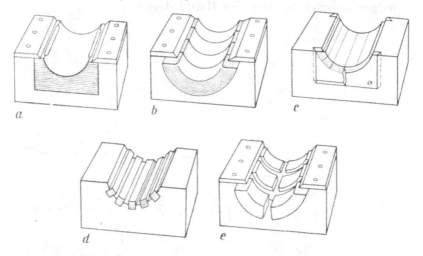

Abb. 303. Ausführungsformen für Walzenlager. *a* Rahmenlager mit einteiligem Einsatzstück, *b* Rahmenlager mit halbkreisförmigen Preßstoffsegmenten, *c* Rahmenlager mit aneinanderliegenden Segmentstäben, *d* Rahmenlager mit Einzelnuten für die Segmentstäbe, *e* Rahmenlager mit eingesetzten Kunststoffklötzen.

bereich konstant bleibt. Die dadurch erzielte Energieersparnis kann im Durchschnitt mit etwa 18% beziffert werden. Der geringe Verschleiß

Abb. 304. Halbschalen aus verpreßtem Hartgewebe zur Lagerung von Walzenzapfen.

bringt dazu eine wesentlich höhere Lebensdauer, als sie die sonst verwendeten Metallager oder die Pockholzlager aufweisen. Damit ist zugleich eine bessere Maßhaltigkeit des Walzgutes gegeben, die außerdem noch dadurch erreicht wird, daß die Kunststofflager während des Betriebes nachgestellt werden können. Metallager würden bei einer solchen

Nachstellung im Lauf sofort fressen. Schließlich ergibt sich bei reiner Wasserschmierung eine spürbare Schmiermittelersparnis gegenüber den fettgeschmierten Bronze- oder Hartbleilagern.

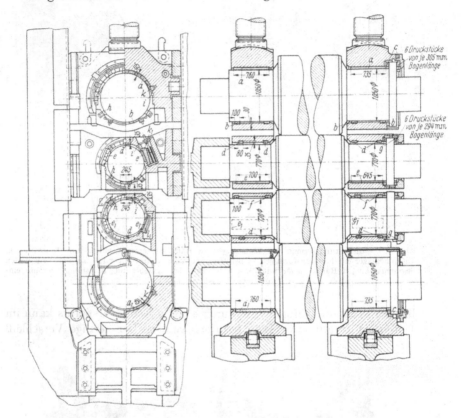

Abb. 305. Gesamtanordnung der Walzenlagerungen an einem großen Walzgerüst. Lagerwerkstoff Hartgewebe 2081 (DIN 7735). *a, a₁* Traglager für die Stützwalzen aus je 9 Segmenten, *b* Hängelager für die obere Stützwalze aus je 3 Segmenten, *c* Lagerkragen für die Stützwalzen, *d* Dübel für die Arbeitswalzen, *e* je drei Grund- und Seitenschalen für die obere Arbeitswalze, *e₁* je zwei Grund- und Seitenschalen für die untere Arbeitswalze, *f* Hängelager für die untere Arbeitswalze, *g* Lagerkragen für die Arbeitswalzen, *h* Schmierschuh, *i* Kühlwasserdüsen, *k₁, l₁* Keil mit Schrauben zum Verspannen der Segmente.

b) Lager für Lasthebe- und Fördermaschinen[1]. In dem verhältnismäßig rauhen Betrieb der Lasthebemaschinen haben sich die Kunststofflager ebenfalls wegen ihrer geringen Verschleißempfindlichkeit gut bewährt. Ähnlich wie bei den Walzwerkslagern liegen hier hauptsächlich kleine Gleitgeschwindigkeiten im nicht kontinuierlichen Betrieb vor, so daß

---

[1] *Lehr, E.:* Kunststoffe 1937, S. 313. — *Albrecht, K. H.:* Kunststoffe 1938, S. 150. — *Ehlers, G.:* Z. VDI 1939, S. 684. — *Eckenberg, H.:* Kunststoffe 1940, S. 77. — *Ehlers, G.:* Kunststoffe 1942, S. 132. — *Graebing, A.:* Kunststoffe 1943, S. 44.

bei geeigneter Konstruktion und Schmierung auch hohe Belastungen aufgenommen werden können.

An *Kranen* sind Kunststoffe schon für sämtliche vorkommenden Lagerungen verwendet worden: Die Lang- und Katzfahrwerkswelle, die Schnecke der Katzfahrt, die Seilrollen, die Laufräder, Ausgleichs- und Flaschenrollen, die Schneckenradwelle liefen z. B. einwandfrei mit Kunststoffbuchsen oder auch mit kunststoffbelegten Zapfen in Gußeisenschalen. Zur Schmierung kommt hier hauptsächlich Fett in Frage, für die Lagerstellen in den Schnecken- und Radkästen erwiesen sich Kunststofflager mit Ringschmierung als geeignet. Das Lagerspiel muß wie bei allen Kunststofflagern verhältnismäßig groß gehalten werden, was bei den nicht sehr hohen Anforderungen an die Laufgenauigkeit dieser Aggregate ohne weiteres möglich ist. Schwierigkeiten ergeben sich allenfalls bei Kranen, die großer Hitze ausgesetzt sind.

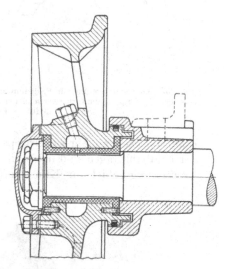

Bei der Lagerung von *Förderschnecken* zeigen Kunststofflager erheblich geringeren Verschleiß als Rotguß- oder Gußeisenschalen, wenn gehärtete Zapfen und Fettschmierung verwendet werden. Dadurch ergibt sich auch eine Schonung der übrigen Konstruktionsteile. An Förderschneckenlagern aus Typ 74 in einer Brikettfabrik war z. B. nach 25 000 Betriebsstunden praktisch kein Verschleiß

Abb. 306. Kranlaufrad mit Kunststofflagerbuchse.

zu beobachten. Die Lager liefen mit Wellen aus St 50 bei Fettschmierung. Weißmetallager mußten an der gleichen Stelle nach 3—6 Monaten ausgewechselt werden und brachten starke Wellenabnutzung.

An *Eimer- und Löffelbaggern* lassen sich die Lager für Laufachsen und Fahrwerksvorgelegewellen mit Erfolg aus Kunststoff ausführen, ebenso die Polygonwellenlager und die Lagerungen für Eimerleitrollen und Seiltrommeln. Preßstofflagerungen für die Pendelzapfen der Raupenträger und Laufradschwingen wurden für einen Raupenbagger z. B. mit 520 bzw. 560 mm Durchmesser bei einer Lagerlänge von 400 mm ausgeführt; die Lagerdrücke betrugen 65 bzw. 130 kg/cm².

Über gelegentliche Verwendung von Kunststofflagern wird berichtet bei Kurbelwellenhauptlagern von Schachtfördermaschinen (Ölschmierung)

sowie für Kreuzkopfschuhe, Achslagerführungen und Steuerungsbuchsen
von Abraumdampflokomotiven.

c) Schienenfahrzeuge[1]. Ebenso wie die zuletzt erwähnten Abraum-
lokomotiven zählen auch die Förderwagen, Abraumwagen oder *Feld-*

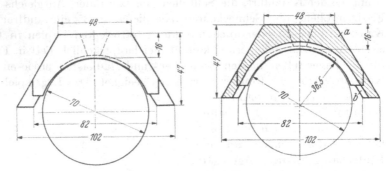

Abb. 307. Kunststofflagerung für Feldbahnwagenachsen. Links: Trapezförmige Preßstoffschale in
derselben Bauform wie die vorher verwendeten Bronzeschalen. Rechts: Trapezförmiges Einbaustück
aus Stahl (*a*) mit Preßstoffausfütterung (*b*).

bahnwagen schon mehr zur Gruppe der Schienenfahrzeuge. Die Achslager
der Feldbahnwagen sind neben den Walzwerkslagern wohl das häufigste
Anwendungsgebiet für Kunststofflagerelemente. Sie werden entweder
als Buchsen auf fest-
stehenden Zapfen oder als
Halbschalen ausgeführt.
Beim Einbau der Schalen
ist auf gute Auflage zu
achten, denn die Sitze in
den Achsstühlen sind vielfach unbearbeitet. An
den Kunststoffschalen
brechen dann leicht die
Kanten aus oder treten
Querbrüche auf. Als Ab-
hilfe hat sich eine ver-
gröberte Form des Ver-
bundlagers bewährt: eine
Kunststoffhalbschale von

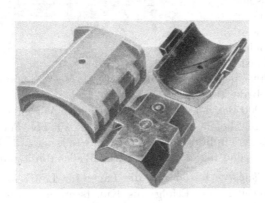

Abb. 308. Feldbahnwagenlager aus Kunststoff.

etwa 5 mm Wandstärke wird in ein stählernes Einbaustück montiert
und mit diesem in den Achsstuhl eingebaut. Diese Anordnungen
haben außerdem den Vorteil, daß die verhältnismäßig dünne Kunst-

[1] *Mäkelt, H.:* Kunststoffe 1939, S. 143. — *Otto, K.:* Z. VDI 1940, S. 644. —
Günther, W.: Kunststoffe 1940, S. 244. — *Höfinghoff, H.:* Kunststoffe 1941, S. 1

stoffschale eine bessere Wärmeableitung zuläßt als ein selbsttragender Kunststoffeinsatz (Abb. 307).

Bei *Eisenbahn*fahrzeugen werden Kunststofflager für umlaufende Teile (Wellen- oder Achslagerungen) bisher nicht verwendet. Dagegen haben sich Zapfenlager aus Hartgewebe für Bremsgestänge im Lokomotivbau verschiedentlich bewährt. Achslagergleitplatten, Verschleißringe in den Drehpfannen und Gleitstücke für Drehgestelle an Personenwagen werden zum Teil serienmäßig aus Hartgewebe (Typ 77) hergestellt. Abb. 309 zeigt ein solches Gleitstück und seine Lage im Drehgestell. Die in der Mitte angeordnete Drehpfanne ist in anderer Ausführung in Abb. 310 wiedergegeben. Eine 5 mm starke Schleißscheibe aus Hartgewebe (Typ 77) nimmt an dieser Stelle den Druck zwischen Wagenkasten und Drehgestell auf.

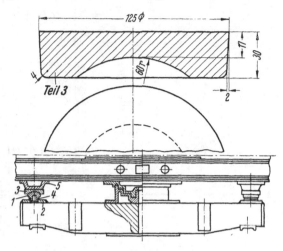

Abb. 309. Kunststoffgleitplatte im Drehgestell eines Eisenbahnwagens. *1.* Unteres Gleitstück (Stahl), *2.* Grundplatte (Stahl), *3.* Zwischenstück (Kunststoff Typ 77), *4.* Zwischenring, *5.* Oberes Gleitstück.

Tatzenlager für *Straßenbahn*motoren wurden gelegentlich versuchsweise mit Kunststoffschalen ausgerüstet. Zweiteilige Lager von 115 mm Durchmesser

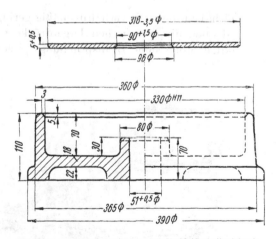

Abb. 310. Drehpfanne mit Kunststoffschleißscheibe (oben).

und 200 mm Länge errichten bei maximaler Gleitgeschwindigkeit von 1,2 m/sec und Lagerbelastungen bis 10 kg/cm² eine Lebensdauer von 150 000 Fahrkilometern, d. h. nicht weniger als die vorher eingebauten Zinnlager.

d) Landmaschinen[1]. Im Landmaschinenbau ist wie in allen staubigen Betrieben die Verschleißfestigkeit der Kunststofflager von Vorteil. Die Lager laufen hier im allgemeinen mit geringen Umfangsgeschwindigkeiten

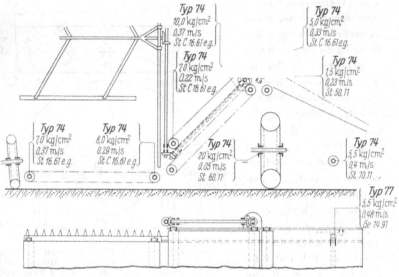

Abb. 311. Kunststofflagerstellen in einem Erntebinder.

und haben dadurch verhältnismäßig geringe Wärmeentwicklung, meist sind auch die spezifischen Lagerdrücke niedrig, jedoch können durch häufige Stöße hohe Beanspruchungsspitzen entstehen. Die Wartungsmöglichkeit ist fast durchweg schlecht, die Einbau- und Laufgenauigkeit kann nicht immer die beste sein. Anfänglich waren daher bei Einführung von Kunststofflagern sehr viele Fehlschläge zu verzeichnen,

Abb. 312. Erntebinder mit 48 Kunststofflagerstellen.

[1] *Meboldt, W.:* Kunststoffe 1939, S. 221. — *Rauh, K.:* Entwicklungslinien im Landmaschinenbau. Essen 1950.

wenn sie einfach an die Stelle der vorher verwendeten Metall-(meist Bronze-)Lager gesetzt wurden. Nach entsprechender Umstellung in Einbau und Auflage, vielfach Vergrößerung der Lagerlänge (l : d bis zu 2) und des Lagerspiels, Änderung des Wellenwerkstoffes oder zumindest der Oberflächenbehandlung (Einsatzhärtung) konnten jedoch Preßstofflager vom Typ 74 und 77 in Schleppern, Bindern, Mähern und sonstigen Landmaschinen mit gutem Erfolg serienweise eingebaut werden.

In Abb. 311 ist als Beispiel die Anwendungsmöglichkeit von Kunststofflagern (mit Angaben über Lagerdruck, Gleitgeschwindigkeit und Wellenwerkstoff) in einem Binder dargestellt, von dem Abb. 312 eine Ansicht vermittelt. Leider war wie fast überall ein akuter Mangel an Lagermetallen die treibende Kraft für die Verwendung solcher Lagerungen im Landmaschinenbau, so daß in neuerer Zeit über die Auflage von Serien mit Kunststofflagern nichts bekannt ist.

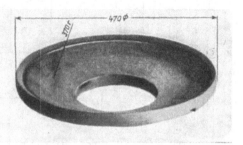

Abb. 313. Lagerpfanne aus Hartgewebe für einen Rundbrecher.

e) Aufbereitungs- und Verarbeitungsmaschinen[1]. An Hartzerkleinerungs- und Aufbereitungsmaschinen, Steinbrechern, Mahlanlagen in Zementfa-

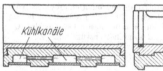

Abb. 314. Wassergekühlte Lagerung eines Steinbrechers. Links: Metallager mit Kühlung der Lagerschale. Rechts: Kunststofflager mit Kühlung der Welle.

briken usw. haben sich Buchsen- und Schalenlager aus Kunststoff wiederum besonders wegen ihrer Unempfindlichkeit gegen Verschleiß auch bei stärkerer Verschmutzung bewährt. Auch Gleitplatten und Lagerpfannen aus Hartgewebe werden verwendet (Abb. 313). Wo bei den Maschinen Wasserkühlung der Lager vorgesehen ist, kann diese zugleich zur Schmierung der Kunststofflager dienen (Abb. 314). Sonst wird meist Fettschmierung bevorzugt.

f) Pressen- und Pumpenbau[2]. Führungslager an Gleitführungen von *hydraulischen Pressen* als Buchsen oder Doppelhalbschalen aus Kunststoff ergeben die gleiche Lebensdauer wie sonst an dieser Stelle ver-

---

[1] *Lutze, W.:* Z. VDI 1940, S. 691. — *Brieger:* Kunststoffe 1941, S. 96. — *Kissler:* Kunststoffe 1941, S. 333.

[2] *Kling, H.:* Kunststoffe 1939, S. 330, Z. VDI 1940, S. 39. — *Hensky, W.:* Z. VDI 1940, S. 159. — *Dreher, E.:* Kunststoffe 1939, S. 139.

wendete Stahlbronze (Abb. 315). Bei Tablettierpressen sind die Lagerung
der Kurbelwelle und der Antriebsscheibe sowie die Führungsbuchsen
der Stößel ein geeignetes
Anwendungsgebiet für
Kunststofflager. Für die
Stößelführungen emp-
fiehlt sich der Übergang
von der Öl- zur Fett-
schmierung (Abb. 316).

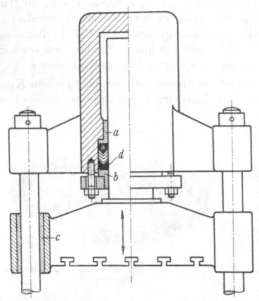

Abb. 315. Kunststoff-Führungsbuchsen an einer hydraulischen
Presse. *a* Grundbuchse für den Preßkolben, *b* Stopfbuchse
für den Preßkolben, *c* Führungsbuchse für das Querhaupt,
d Manschettenstützring.

Wellenlagerungen von
Wasserpumpen können
bei Verwendung von
Kunststofflagern mit
Wasserschmierung lau-
fen (Abb. 317). Neuer-
dings findet man hier
auch Polyamidlager.
Auch Gleitführungen
und Schwungradlager
an hydraulischen Pum-
pen können aus Kunst-
stoffen hergestellt wer-
den. In *Säurepumpen*
werden mit Vorteil Gieß-
harzlager verwandt, so-
fern nicht die ganzen
Gehäuse und Einzelteile
aus Edelkunstharz oder
säurebeständigen Ther-
moplasten gepreßt oder
gespritzt werden.

g) Schiffsbau[1]. Stevenrohrlager, die ständig
im Wasser laufen, gaben
Anlaß zur Verwendung
von Kunststoffen, da
diese gut für Wasser-
schmierung geeignet
sind. Allerdings blieben
solche aus Segmentstä-
ben zusammengesetzten

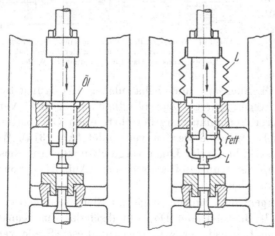

Abb. 316. Kunststoffbuchse zur Stößelführung an einer Ta-
blettenpresse. Links: Ölschmierung wie bei Bronzebuchsen.
Rechts: Abgeänderte Ausführung für Fettschmierung.

---

[1] *Irwin:* Modern plastics, Bd. 14 (1942) S. 146. — *Keller, G.:* Kunststoffe 1944,
S. 27. — Mechan. Enging. Bd. 70 (1948) S. 599. — *Sass, F.:* Konstruktion 1950, S. 321.

Lagerungen (bis 600 mm Durchmesser bei 1500 mm Länge und 30 mm Wandstärke) auf wenige Versuchsbauten beschränkt. Die anfänglich sehr starke Quellung im Wasser erfordert hier großes Lagerspiel und sorgfältige Überwachung beim Einlauf. Zusätzliche Fettschmierung empfiehlt sich zum Schutz der Welle.

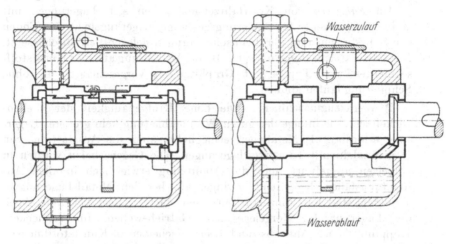

Abb. 317. Zweiteiliges Ringschmierlager einer Schleuderradwasserpumpe. Links: Weißmetall in Rotgußstützschale, Ölschmierung. Rechts: Lagerschale aus Kunststoff, Wasserschmierung.

h) Kraftfahrzeugbau[1]**.** Die Anwendung von Folienlagern oder Preßstoffwickellagern für Kurbel- und Pleuelzapfen in *Verbrennungsmotoren* kam leider über wenige

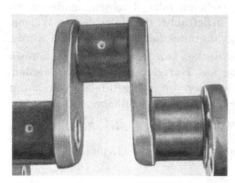

Abb. 318. Wellenwickellager an der Kurbelwelle eines Junkers-Flugdieselmotors, Jumo 205 C nach 210 Betriebsstunden.

Abb. 319. Lagerung der Kurbelwelle eines Einzylindermotors mit Wellenwickellagern nach 120 Betriebsstunden. Höchstbelastung 130 kg/cm², Gleitgeschwindigkeit 12 m/sec (3000 U/min).

---

[1] Plastics Bd. 4 (1940) S. 221. — *Gilbert, E.* u. *K. Lürenbaum:* Z. VDI 1942, S. 139. — *Gilbert, E.:* Mot. Techn. Z. 1947, S. 58.

erfolgreiche Versuche nicht hinaus. Derartige Lager liefen z. B. im Motor eines Opel-Olympia störungsfrei über 100 000 km Fahrstrecke. Eine preßstoffbewehrte Kurbelwelle bestand eine 200 Stunden-Erprobung in einem Junkers-Flugdieselmotor mit verhältnismäßig sehr hohen Lagerdrücken.

Im *Fahrwerk* von Kraftfahrzeugen haben sich Lagerungen mit geringen Gleitwegen für Steuerungsgestänge, Lagerkugeln an den Enden der Spurstangen und der Lenkschubstangen gelegentlich durchgesetzt. Für solche Gelenkskugeln wird z. B. die Ausführung aus vier Kunststoffsegmenten vom Typ 74 mit Graphitzusatz vorgeschlagen, die ohne Schmierung laufen können.

i) Werkzeugmaschinen[1]. Die hohe Laufgenauigkeit der Wellenwickellager, die infolge der guten Wärmeableitung kein größeres Lagerspiel erfordern als Metallager, ermöglichte auch die Ausstattung von Drehspindeln mit Kunststofflagerungen. Die Gegenschalen wurden in Gußeisen ausgeführt, und die Abnutzung erwies sich in allen Anwendungsfällen bedeutend geringer als bei den Metall-Lagerungen. Trotzdem sind nur Einzelausführungen solcher Lager bekannt. Auch die Lagerung für Vorgelege und Getriebewellen, für Schnecken, Kupplungshebel, Antriebs- und Leerlaufscheiben in Kunststoffbuchsen hat sich bei Werkzeugmaschinen bisher nicht einführen können. Ein bewährtes Anwendungsgebiet sind jedoch Gleitführungen an Betten von Drehbänken, Hobelmaschinen usw., die mit Gleitplatten z. B. aus Hartgewebeschichtstoffen belegt werden.

k) Elektromotoren[2]. Wellenwickellager oder auf die Welle aufgezogene Kunststoffbuchsen wurden auch zur Lagerung von Drehstrommotoren erprobt. Kunststofflagerschalen oder -buchsen, in denen die Welle läuft, kommen hier nicht in Betracht, da die schlechte Wärmeabfuhr ein für die Ankerlagerung zu großes Lagerspiel erfordern würde.

l) Feingerätebau[3]. Für Laufwerke von Synchronuhren können Platinen für die Zapfenlagerung aus Hartgewebe hergestellt werden. Die meist geringen Lagerdrücke lassen im Feingerätebau überhaupt vielfache Anwendungsmöglichkeiten für Kunststofflager zu.

---

[1] *Gilbert, E.* u. *K. Lürenbaum:* Z. VDI 1942, S. 139. — *Akin, R. B.:* Mod. Plast Bd. 27 (1949) S. 114 u. 174.

[2] *Kuntze, A.:* Z. VDI 1937, S. 338. — [3] Schweizer Archiv 1944, S. 75.

C. Kohle.

Von Dr. **H. Wiemer**, Mehlem/Rhld.

Mit 4 Abbildungen.

1. Allgemeines.

Kohlelager sind ein Erzeugnis der Kohlekeramik. In Anlehnung an die Verfahrenstechnik der keramischen Industrie wird Kohlepulver mit Bindemitteln zu Formkörpern gepreßt, und die Preßlinge werden dann durch Verkokung des Bindemittels verfestigt.

Kunstkohle wird gebraucht für Kohlebürsten und Schleifkontakte in der Elektroindustrie, für Kohleschweißstäbe, Lichtbogenkohlen und Batteriestifte und für Kohleformteile für die verschiedensten Verwendungszwecke, wozu auch die Kohlelager zu rechnen sind. Diese Angaben lassen erkennen, daß die Kohlekeramik einen grundlegend wichtigen und vielseitigen Industriezweig darstellt.

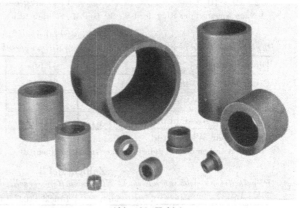

Abb. 320. Kohlelager.
(Werkfoto: Ringsdorff-Werke GmbH., Mehlem/Rh.)

2. Aufbau und Eigenschaften.

Für Lager wird vornehmlich elektrographitierte Kohle verwendet. Bei der Elektrographitierung wird die bereits gebrannte Kohle im direkten Stromdurchgang auf Temperaturen über 2500° gebracht. Dabei verdampfen alle Verunreinigungen, und die Graphitkristalle zeigen ein merkliches Kornwachstum. Gerade die letztere Beobachtung ist für die Gleiteigenschaften eines Kohlelagers besonders wichtig. Grobkristalliner Graphit vermag besonders gut zu schmieren, da dieser Schuppen absondern kann, die dick genug sind, um nach weiterer Aufspaltung wieder spaltbare Reste zu liefern[1].

---

[1] *Neukirchen, J.:* Ringsdorff-Werke GmbH., Prüffeldmitteilung 16 (1951).

Zahlentafel 1 gibt Auskunft über die mit Elektrographit erreichbaren physikalischen und mechanischen Eigenschaften, und in Zahlentafel 2 sind entsprechende Werte verschieden dichter Werkstoffe zusammengestellt, die für Lager verwendet werden.

Zahlentafel 1.

Physikalische und mechanische Eigenschaften von Elektrographit (nach J. Neukirchen)[1].

Dichte g/cm³ 1,55 - 1,85	Rückprallhärte nach Shore t/cm² 0,75 - 1,2
Elastizitätsmodul kg/cm² 50 000 - 150 000	Vergleichswerte Kupfer 3,5 - 5 Bronze 7
	Zugfestigkeit kg/cm² 30 - 60
Reibwert μ 0,08 - 0,17	Biegefestigkeit kg/cm² 100 - 500
Thermische Ausdehnung 2 - 10 · 10⁻⁶	Druckfestigkeit kg/cm² 200 - 500

[1] Nach Angaben der Ringsdorff-Werke GmbH., Mehlem/Rh.

Zahlentafel 2.

Physikalische und mechanische Eigenschaften einiger verschieden dichter Elektrographite[1].

Dichte g/cm³	1,55	1,65	1,70
Bruchfestigkeit kg/cm²	300	300	500
Härte (Rückprallhärte Shore)	50	60	75
Thermische Ausdehnung · 10⁻⁶	2,6	4,2	7,9
Spezifischer Widerstand	20	45	35

[1] Nach Angaben der Ringsdorff-Werke GmbH., Mehlem/Rh.

Zahlentafel 3.

Physikalische und mechanische Eigenschaften verschieden dichter Hartkohlelager[1].

Dichte	Härte (Shore)	Druckfestigkeit kg/cm²	Bruchfestigkeit kg/cm²
1,60	75	700—800	400
1,67	87	1500—1700	535

[1] Nach Angaben der Ringsdorff-Werke GmbH., Mehlem/Rh.

Bei extrem hoher Flächenbelastung und niedriger Gleitgeschwindigkeit haben sich auch nichtelektrographitierte Hartkohlelager mit hohen
Graphitzusätzen bewährt. Physikalische und technologische Eigenschaften solcher Werkstoffe bringt Zahlentafel 3.

3. Anwendung.

Für eine Temperaturbeständigkeit bis 200° und bei Gleitgeschwindigkeit unter 1 m/sec. werden auch für hohe Belastungen kunstharz-
gebundene Graphitkohlen verwendet. Sie können bei nicht zu engen
Toleranzforderungen ($\sim$ IT9) auf Fertigmaß gepreßt werden und vermögen so bei größeren Stückzahlen gegenüber den bei hohen Temperaturen gebrannten und anschließend spangebend bearbeiteten Lagern
preisliche Vorteile zu bieten.

Kohlelager (Abb. 320) werden bevorzugt eingesetzt, wenn metallische Gleitlager oder Kunststofflager nicht verwendet werden können; so zum Beispiel dort, wo chemischer Angriff den Einsatz von Metallen und Kunststoffen verbietet. Diese Verhältnisse sind im chemischen Apparatebau häufig gegeben. Da Kohle gegen verdünnte Säuren, Säuredämpfe und Laugen sehr widerstandsfähig ist, werden Kohlelager mit Vorteil in entsprechenden Pumpen und in Exhaustoren für säurehaltige Gase verwendet. In Gegenwart konzentrierter, stark oxydierender Säuren, wie beispielsweise Schwefelsäure und Perchlorsäure, ist Graphit nicht beständig, da er unter Bildung von Graphitbisulfat bzw. Graphitperchlorat oder entsprechenden Verbindungen bei anderen Säuren stark aufquillt. Konzentrierte Salzsäure zeigt demgegenüber keinerlei Einwirkung auf Graphit[1].

Ein weiteres Anwendungsgebiet ist Kohlelagern bei sehr niedrigen und sehr hohen Temperaturen, also unter solchen Bedingungen vorbehalten, bei denen eine Öl- oder Fettschmierung nicht mehr anwendbar ist. Zu tiefen Temperaturen ist praktisch keine Grenze gesetzt. Die Verbrennung in Luft oder Kohlensäure beginnt erst bei etwa 450°. So haben sich Kohlelager für Transportrollen in Durchlauföfen sehr gut bewährt. Auf Grund der Vereinigung guter elektrischer und thermischer Eigenschaften mit entsprechenden Gleiteigenschaften werden Kohlelager auch erfolgreich in elektrischen Geräten an stromführenden Lagerstellen verwendet, zum Beispiel für die Lagerung von Stromabnehmerrollen der Straßenbahnen.

Im Kraftfahrzeugbau werden Kohlelager als Kupplungs- und Ausrücklager gebraucht[2]. Die Lager haben die Aufgabe, den bei der Betätigung der Kupplung auftretenden axialen Druck aufzufangen. Hier haben sie sich so gut bewährt, daß es heute kaum noch Getriebe an Kraftfahrzeugen gibt, in die sie nicht eingebaut sind. Auch der Axialschub kleiner Dampfturbinen, wie sie zum Beispiel auf Lokomotiven zum Antrieb des Beleuchtungsgenerators vorgesehen werden, wird von solchen Drucklagern aus Kohle aufgenommen. Ihre guten Gleit- und Poliereigenschaften, ihre ausreichende mechanische Festigkeit haben das früher benutzte axiale Kugellager aus derartigen Getriebestellen fast ganz verdrängt. Die vielseitig verwendeten Kohledichtungsringe sind in etwa auch noch zu den Kohlelagern zu rechnen, da ihr Einsatz auf der der Kohle eigentümlichen ausgeprägten chemischen und thermischen Beständigkeit im Verein mit guten Gleiteigenschaften beruht. Abb. 321 zeigt verschiedenartige Ausführungsformen von Kohledichtungsringen.

4. Schmierung.

Bei den bisher besprochenen Einsatzgebieten wird nur der Graphit als Gleitmittel verwendet. Kohlelager können zusätzlich auch mit Öl oder

---

[1] *Neukirchen, J.:* Chemie-Ing.-Techn. 22 (1950) S. 345/47.
[2] S u. E-Erzeugnisse, Druckschrift Schunk & Ebe GmbH., Gießen.

Fett geschmiert werden. Mit einer derartigen Zusatzschmierung ist aber die Gefahr verbunden, daß durch Kantenpressung oder Oberflächenrauhigkeiten der Welle größere Mengen von Graphitstaub abgerieben werden, die dann bei Gegenwart flüssiger Schmierstoffe eine sehr zähflüssige Paste bilden können, die die Gleiteigenschaften eines Kohlelagers gegenüber einer reinen Graphitschmierung erheblich verschlechtert.

Abb. 321. Kohledichtungsringe
(Werkfoto: Ringsdorff-Werke GmbH., Mehlem/Rh.).

Deshalb ist diese Möglichkeit bisher auf Sonderfälle beschränkt geblieben.

Bei hochbeanspruchten Elektromotoren von 2 bis 665 kW bei 3000 bis 600 U/Min wurden Lager mit Graphitauskleidung gemäß Abb. 322 verwendet[1]. Diese Lager wurden bei einem Lagerspiel von 0,3% über einen losen Schmierring mit Dynamoöl geschmiert. Nach zweijähriger Laufzeit (10 800 Betriebsstunden) war der Verschleiß der Lager und der Wellen geringer als bei

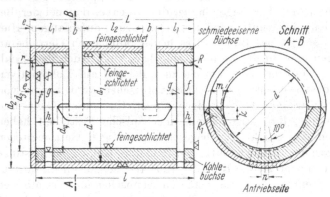

Abb. 322. Kohlelager für Elektromotoren nach *H. Semmler*[2]

jedem anderen Lagerwerkstoff. Bei einem Notlaufversuch, bei welchem der Schmierring 14 Tage festgehalten wurde, so daß das Lager ohne Ölzufuhr weiterarbeitete, trat keine Beschädigung des Lagers oder der Welle, kein Heißlaufen und kein merkbarer Verschleiß auf. Nach einer französischen Patentanmeldung[3] werden Kohlelager zur Verbesserung der Gleiteigenschaften mit flüssigen Metallen oder Metallsalzen und anschließend mit einem Gemisch von Leinöl und Schwefel getränkt.

---

[1] *Rohde, E.:* Stahl u. Eisen 63 (1943) Sl. 85/94. — [2] *Semmler, H.:* Stahl u. Eisen 59 (1939) S. 377/78. — [3] P. V. Nr. 484700 (3. XI. 1943).

Derartig vorbehandelte Kohlelager zeigten nach 5-monatiger Beanspruchung in einer Bohrmaschinenspindel bei 6000 U/Min. ohne Zusatzschmierung keine merkliche Abnutzung. Nach dem Kriege sollen sie sich im Textilmaschinenbau gut bewährt haben.

5. Herstellung, Bearbeitung.

Kohlelager können zumeist nicht wie Sinterlager einbaufertig gepreßt werden. Sie müssen aus Stangen oder Rohren herausgearbeitet werden. Wenn dadurch auch ihre Herstellung erheblich verteuert wird, so ergibt sich andererseits der Vorteil, daß ihr Einbau hinsichtlich Zentrierung, Fluchtung und Lagerspiel einfacher ist als bei Sintermetall-Lagern. Sind beim Einbau keine Schwierigkeiten zu erwarten, so können Kohlelager einbaufertig bearbeitet vom Hersteller bezogen werden. Im anderen Falle empfiehlt es sich, Rohre oder Vollstücke außen auf Maß zu bearbeiten und diese durch Einschrumpfen im Lagergehäuse zu befestigen. Die Bohrung kann nachträglich wie bei einem massiven Gleitlager durch Bohren und Aufreiben genau zentriert und auf Toleranzmaß gebracht werden. Wie Kohle zweckmäßig bearbeitet wird, ist aus den in Zahlentafel 4 zusammengestellten Bearbeitungsrichtlinien und

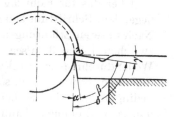

Freiwinkel	α	=	25-30⁰
Keilwinkel	β	=	60⁰
Schnittwinkel	$\delta\,(\alpha+\beta)$ =		85-90⁰
Spanwinkel	$\gamma\,(90^0\text{-}\delta)$ =		0-5⁰
Einstellwinkel		=	45⁰

Abb. 323. Bearbeitung von Kohle.

aus Abb. 323 zu entnehmen. Da Kohlelager nachträglich fast immer bearbeitet werden, sind auch kompliziertere Abmessungen, wie beispielsweise Kalottenlager oder Halbschalenlager, selbst in kleinen Mengen lieferbar.

Zahlentafel 4. *Bearbeitungsrichtlinien für Kohlelager*[1].

1. *Drehen.* Spanabhebende Bearbeitung erfolgt zweckmäßig mit Hartmetall H 1, gegebenenfalls S 1, auf schnellaufenden, gutgelagerten Maschinen. Kohle zerstäubt beim Drehen. Für entsprechende Absaugung muß gesorgt werden. Über die Einspannung des Schneidstahles unterrichtet Abb. 323.

Schnittbedingungen	Schruppen	Schlichten
Schnittgeschw. . . .	300-500 m/min.	200-300 m/min.
Vorschub	0,20-0,30 mm/U	max. 0,10 mm/U
Spantiefe	bis 7 mm	0,1-0,4 mm

2. *Schleifen.* Das Schleifen erfolgt zweckmäßig bei Umfangsgeschwindigkeiten zwischen 30 und 36 m/sec mit Siliziumkarbidscheiben, deren Körnung zwischen 36 und 40 bei einer Härte von K—M liegen soll.

3. *Spannen.* Das Spannen der Teile hat entsprechend den geringen zulässigen Schnittdrücken äußerst vorsichtig und leicht zu erfolgen.

[1] Nach Angaben der Ringsdorff-Werke GmbH. Druckschrift MK 143.

Die Bearbeitung der Bohrungen geschieht am besten in Spannzangen oder Spreizringen. Die Spannung im Drehbackenfutter ist nur zulässig bei Wandstärken über 10 mm. Zum Schlichten und Feinschlichten empfiehlt sich die Aufnahme des Teiles auf fliegende Dorne oder Dorne zwischen Spitzen. Die Dorne werden, wie üblich, mit einer Konizität von 0,02 mm auf 200 mm Länge hergestellt.

4. *Kühlung.* Die Kühlung soll bei Kohle keinesfalls durch Bohrölemulsionen oder Schneidöl erfolgen. Es genügt der Luftstrom der Absaugung.

5. *Bohren.* Beim Bohren von Kohle ist vor dem Austritt des Bohrwerkzeuges der Vorschub auf ein Mindestmaß herabzusetzen. Für das Spannen und die Werkzeuge gilt das unter Drehen Gesagte.

6. Einbau.

Über das für Kohlelager zweckmäßige Lagerspiel konnten aus vorliegendem Schrifttum keine umfassenden Angaben entnommen werden. Nach unseren Erfahrungen dürfte für höhere Umfangsgeschwindigkeiten zwischen 1 und 3 m/sec ein Lagerspiel zwischen 0,5 und 0,3% vom Wellendurchmesser zweckmäßig sein. Für sehr geringe Gleitgeschwindigkeiten (unter 0,5 m/sec) aber sehr hohe Belastungen, Betriebsbedingungen, wie sie bei Transportrollen in Trocken- und Glühöfen häufig vorkommen, kann ein bedeutend größeres Lagerspiel gewählt werden. Hier liegen die Erfahrungswerte bei 1 bis 3% vom Wellendurchmesser.

Die Lagerlänge soll zwischen 0,5 und 1,0 d liegen, wobei 1,0 d nur für kleine Bohrungsdurchmesser bis zu etwa 20 mm gilt. Die Wandstärke soll bei Kleinstlagern bis zu etwa 10 mm Bohrungsdurchmesser 3 mm möglichst nicht unterschreiten. Bei größeren Lagerbohrungen werden zweckmäßig Wandstärken von mindestens 5 mm gewählt.

An die Wellenfestigkeit werden auf Grund der geringen Härte von Kohlelagern keine besonderen Anforderungen gestellt, wohl aber an die Oberflächengüte der Welle, die immer feinstgeschliffen und möglichst auch noch geläppt sein sollte.

Zylindrische Kohlelager werden meist auch im Preßsitz eingebaut. Günstige Passungssysteme für Betriebstemperaturen bis etwa 200° sind n6 oder r6 gegen H7 für Durchmesser bis etwa 50 mm und darüber n7 oder r7 gegen H8. Bei Betriebstemperaturen über 200° empfiehlt sich ein Einschrumpfen in H7 bzw. H8, wobei dann die zweckentsprechende Außenpassung des Kohlelagers z6 oder z8 ist. Kohlelager müssen wie Sintermetallager mit einem geschliffenen Dorn eingepreßt werden, wenn sie nicht, was ohne Einschränkung möglich ist, nach dem Einbau noch auf Toleranzmaß aufgerieben werden.

Zusammenfassend ergibt sich aus diesen Ausführungen, daß Kohlelager heute bevorzugt dort eingesetzt werden, wo metallische Gleitlager und solche aus Kunststoff nicht verwendet werden können. Sie bilden somit in erster Linie eine willkommene Erweiterung der für Gleitlager aus Metall oder Kunststoff gegebenen Möglichkeiten.

Sachverzeichnis.

Druck: H. Heenemann KG, Berlin-Wilmersdorf

Reine und angewandte Metallkunde in Einzeldarstellungen. Herausgegeben von Professor Dr. **Werner Köster,** Stuttgart.

VIII. Band: **Metallographie des Magnesiums und seiner technischen Legierungen.** Von Dr. phil. **Walter Bulian,** Leiter des Metall-Laboratoriums der Wintershall A. G. und Dr. phil. **Eberhard Fahrenhorst,** Heringen a. d. Werra. Zweite, verbesserte und erweiterte Auflage, bearbeitet von **W. Bulian.** Mit 250 Abbildungen. V, 139 Seiten. 1949. DM 16.50

IX. Band: **Pulvermetallurgie und Sinterwerkstoffe.** Von Dr. **Richard Kieffer,** Betriebsdirektor der Metallwerke Plansee G. m. b. H., Reutte (Tirol) und Dr. **Werner Hotop,** Betriebsleiter der Abteilung Sintermetalle der Magnetfabrik Dortmund (Deutsche Edelstahlwerke A.-G.), Dortmund-Aplerbeck. Zweite, verbesserte Auflage. Mit 244 Abbildungen. IX, 412 Seiten. 1948. DM 36.—

XI. Band: **Magnetische Werkstoffe.** Von Dr. techn. Ing. **Franz Pawlek,** o. Professor an der Technischen Universität Berlin-Charlottenburg. Mit 270 Abbildungen. VII, 303 Seiten. 1952. Ganzleinen DM 42.—

Sintereisen und Sinterstahl. Von Dr. **R. Kieffer** und Dr. **W. Hotop.** Unter Mitarbeit von **H. J. Bartels** und Dipl.Ing. **F. Benesovsky,** sämtlich Metallwerk Plansee G. m. b. H., Reutte (Tirol). Mit 264 Textabbildungen. X, 556 Seiten. 1948. (Springer-Verlag, Wien.) DM 54.—

Die Metallurgie der Ferrolegierungen. Bearbeitet von Ingenieur **F. V. Andreae,** Dr.-Ing. **W. Dautzenberg,** Dipl.-Ing. **A. Driller,** Professor Dr. **R. Durrer,** Dr. **G. Fiore,** Dr. **W. Freigang,** Dipl.Ing. **W. Hilgers,** Dipl.-Ing. **K. Kintzinger, Walther Mareth,** Dr.-Ing. **O. Rösner,** Professor Dr. **E. Schwarz v. Bergkampf,** Dr. **O. Smetana,** Dr. phil. **G. Volkert,** Dipl.-Ing. **W. Wilke,** Dr.-Ing. **J. Wotschke.** Herausgegeben von Professor Dr. **R. Durrer,** Zürich und Dr. phil. **G. Volkert,** Söllingen/Karlsruhe. Mit 188 Abbildungen. Etwa 420 Seiten. 1952. (In Vorbereitung.)

Hochwertiges Gußeisen (Grauguß), seine Eigenschaften und die physikalische Metallurgie seiner Herstellung. Von Dr.-Ing. habil. **Eugen Piwowarsky,** o. Professor der Eisenhüttenkunde, Direktor des Instituts für allgemeine Metallkunde und das gesamte Gießereiwesen der Rheinisch-Westfälischen Technischen Hochschule Aachen. Zweite, verbesserte Auflage. Mit 1063 Abbildungen. XII, 1070 Seiten. 1951. Ganzleinen DM 135.—

Die Edelstähle. Von Professor Dr.-Ing. **Franz Rapatz,** Stahlwerk Gebr. Böhler & Co. A.-G., Kapfenberg (Steiermark). Vierte, verbesserte und erweiterte Auflage unter Mitwirkung von Dr.-Ing. **Helmut Krainer** und Dipl.-Ing. **Josef Frehser,** Stahlwerk Gebr. Böhler & Co., A.-G., Kapfenberg (Steiermark). Mit 338 Abbildungen und 121 Zahlentafeln. V, 730 Seiten. 1951. Ganzleinen DM 49.50

Zu beziehen durch jede Buchhandlung

Das Elektrostahlverfahren. Ofenbau, Elektrotechnik, Metallurgie und Wirtschaftliches. Nach **F. T. Sisco,** „The Manufacture of Electric Steel". Zweite deutsche, erweiterte Auflage. Von Dr.-Ing. **Heinz Siegel,** Düsseldorf-Oberkassel. Mit 140 Abbildungen. XI, 432 Seiten. 1951. Ganzleinen DM 31.50

Die Edelstahlerzeugung. Schmelzen, Gießen, Prüfen. Von **Franz Leitner,** Dr. mont., Dr. techn., Dipl.-Ing., Leoben und **Erwin Plöckinger,** Dr. mont., Dipl.-Ing., Dipl.-Ing. chem., Leoben. Mit 174 Textabbildungen. VIII, 490 Seiten. 1950. (Springer-Verlag, Wien.) DM 57.—; Ganzleinen DM 60.—

Lehrbuch der allgemeinen Metallkunde. Von Dr. **Georg Masing,** o. ö. Professor an der Universität Göttingen, Direktor des Instituts für allgemeine Metallkunde Göttingen. Unter Mitwirkung von Dr. **Kurt Lücke,** Assistent am Institut für allgemeine Metallkunde Göttingen. Mit 495 Abbildungen. XV, 620 Seiten. 1950. DM 56.—; Ganzleinen DM 59.60

Grundlagen der Metallkunde in anschaulicher Darstellung. Von Dr. **Georg Masing,** o. ö. Professor an der Universität Göttingen, Direktor des Instituts für allgemeine Metallkunde Göttingen. Dritte, verbesserte Auflage. Mit 140 Abbildungen. VIII, 148 Seiten. 1951. Steif geheftet DM 12.60

Materialprüfung mit Röntgenstrahlen unter besonderer Berücksichtigung der Röntgenmetallkunde. Von Dr. **Richard Glocker,** Professor für Röntgentechnik an der Technischen Hochschule Stuttgart. Dritte, erweiterte Auflage. Mit 349 Abbildungen. VIII, 440 Seiten. 1949. Ganzleinen DM 58.—

Korrosionstabellen metallischer Werkstoffe geordnet nach angreifenden Stoffen. Von Dr. techn. **Franz Ritter,** Leoben-Linz. Dritte, erweiterte Auflage. Mit 29 Textabbildungen. IV, 283 Seiten. 1952. (Springer-Verlag, Wien.) Ganzleinen DM 34.50

Ausgewählte chemische Untersuchungsmethoden für die Stahl- und Eisenindustrie. Von Chem.-Ing. **Otto Niezoldi.** Vierte, vermehrte und verbesserte Auflage. VII, 184 Seiten. 1949. DM 9.60

Analyse der Metalle. Herausgegeben vom Chemiker-Fachausschuß der Gesellschaft Deutscher Metallhütten- und Bergleute e. V. Leiter: Dr.-Ing. **O. Proske** und stellv. Leiter Prof. Dr. **H. Blumenthal.**∣
Erster Band: **Schiedsverfahren.** Zweite Auflage. Mit 25 Abbildungen. VIII, 508 Seiten. 1949. DM 36.—; Halbleinen DM 38.40
Zweiter Band: **Betriebsverfahren.** Etwa 1200 Seiten. (In Vorbereitung.)

Kunstharzpreßstoffe und andere Kunststoffe. Eigenschaften, Verarbeitung und Anwendung. Von Oberingenieur **Walter Mehdorn,** Berlin. Dritte, erweiterte Auflage. Mit 276 Abbildungen und einer Ausschlagtafel. VIII, 354 Seiten. 1949. Ganzleinen DM 36.—

Zu beziehen durch jede Buchhandlung

Printed in the United States
By Bookmasters

Printed in the United States
By Bookmasters